Kosmos Himmelsjahr 2016

Sonne, Mond und Sterne im Jahreslauf

Herausgegeben von Hans-Ulrich Keller
unter Mitarbeit von Erich Karkoschka

KOSMOS

Pluto

Am 14. Juli 2015 hat die Weltraumsonde New Horizons nach einer über neun Jahre langen Reise ihr Ziel erreicht und ist am Zwergplaneten Pluto vorbeigeflogen. Die große Aufnahme zeigt Pluto und seinen Mond Charon im richtigen Größenverhältnis. Sie entstand fünf Stunden vor der Passage aus einer Entfernung von 250 000 Kilometern.

Das kleine Bild unten rechts zeigt ein 130 Kilometer breites Gebiet der Plutooberfläche nahe dem Äquator. Auf ihm sieht man bis zu 3500 Meter hohe Berge, die zum überwiegenden Teil aus Wassereis bestehen.
Alle Aufnahmen:
NASA/Johns Hopkins University Applied Physics Laboratory/Southwest Research Institute.

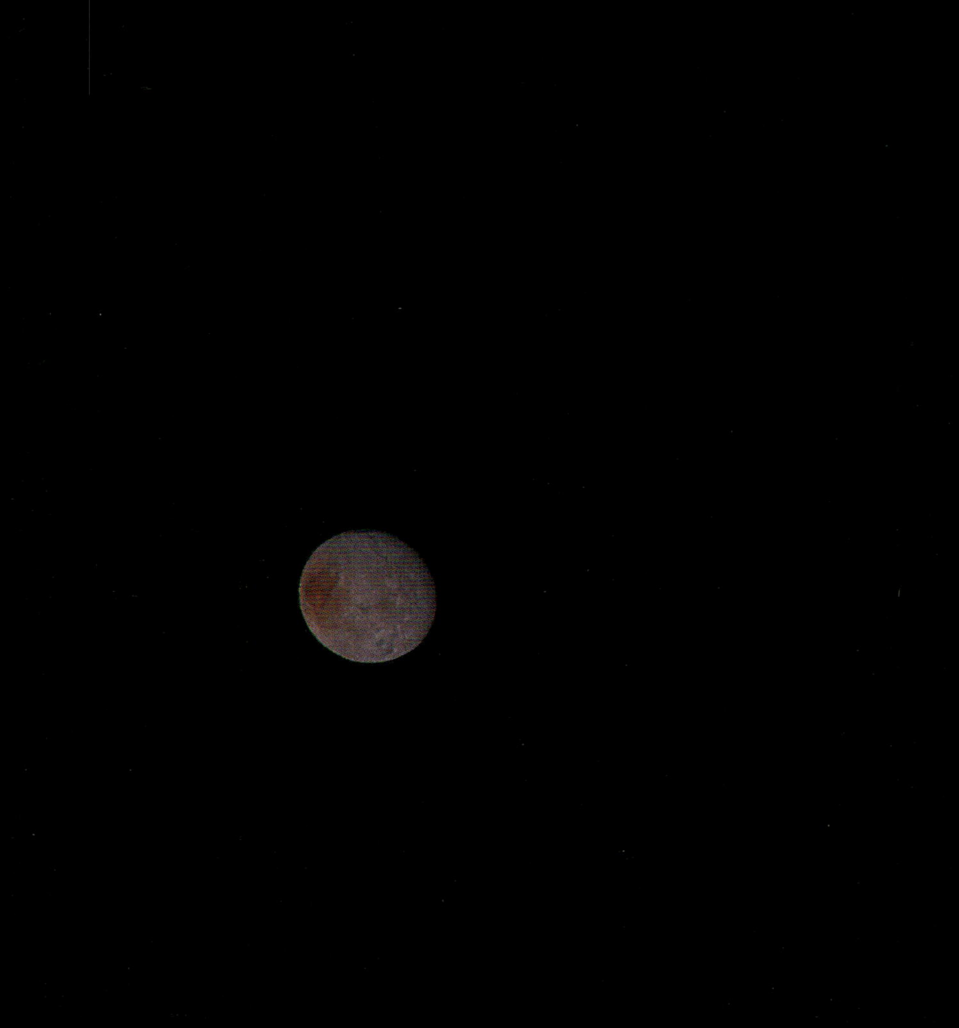

Inhalt

Am 9. Mai 2016: Merkur vor der Sonne 126

Die Monatsthemen Januar – Juni

Abbildungen zu den Planeten

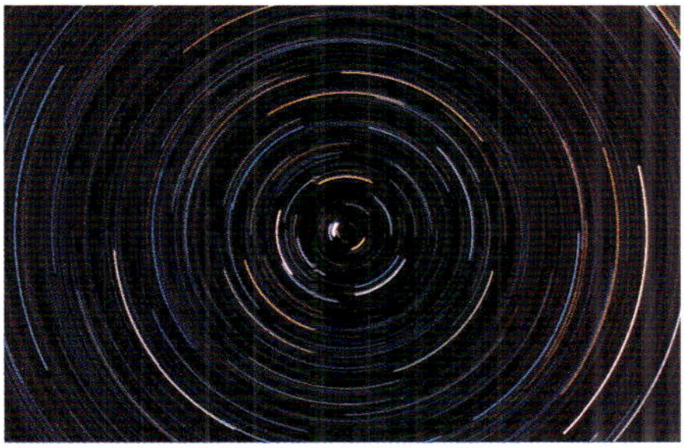

Die Monatsthemen Juli – Dezember

Wichtige Abbildungen und Tabellen

Juli 152

August 170

September 188

Oktober 208

November 226

Dezember 246

Anhang und Service 276

Das Kosmos Himmelsjahr – ein Führer durch die Welt der Gestirne

Du selber machst die Zeit,
dein Uhrwerk sind die Sinnen.
Hemmst du die Unruh nur,
so ist die Zeit von hinnen.

Angelus Silesius

Angelus Silesius, der „Schlesische Bote", wurde 1624 in Breslau geboren. Mit bürgerlichem Namen hieß er Johannes Scheffler. Er studierte in Straßburg Medizin und Staatsrecht und promovierte anschließend an der Universität Padua zum Doktor der Philosophie und Medizin. Zunächst Leibarzt des lutherischen Herzogs Silvius Nimrod zu Württemberg-Oels, trat er im Juni 1653 der römisch-katholischen Kirche bei und betrieb die Gegenreformation in Schlesien. 1654 wurde er Hofarzt des Kaisers Ferdinand III. und Mitglied der Rosenkranzbruderschaft. 1661 wurde er in der Diözese Breslau zum Priester geweiht. Von 1664 bis 1666 war er Hofmarschall des Fürstbischofs Sebastian von Rostock zu Breslau. Am 9. Juli 1677 starb er und fand seine letzte Ruhestätte in der Breslauer Matthiaskirche.

Angelus Silesius war ein Mystiker. Etliche seiner Aussagen beziehen sich auf die Mysterien der Zeit. Sein oben zitierter Spruch ist in gewissem Sinne Vorläufer von Einsteins Zitat: „Zeit ist eine Illusion, wenn auch eine hartnäckige".

Vom Himmel zum Kalender

In der Astronomie ist für Mystik kein Raum. Das Uhrwerk des Himmels ermöglicht es, den Zeitablauf zu erfassen, Kalender zu erstellen und Uhren mit dem Weltgetriebe zu synchronisieren. Die Astronomen sind gewissermaßen die Hüter der Zeit. Den Lauf der Gestirne bewusst zu verfolgen und interessante Himmelsereignisse zu beobachten, zählt zu den spannendsten und befriedigendsten Tätigkeiten. Was, wann und wo sich am Sternenhimmel ereignet, ist daher im *Kosmos Himmelsjahr* vermerkt.

Auch der 106. Jahrgang des vorliegenden Jahrbuches soll sowohl dem Einsteiger in die Himmelskunde als auch der kundigen Amateurastronomin die erforderlichen Hinweise und Daten für eigene astronomische Beobachtungen bieten.

Der erfahrene Himmelsbeobachter findet auf der vorderen Umschlagklappe Kurzhinweise zum Gebrauch dieses Jahrbuches. Ausführliche Erläuterungen zu den wichtigsten Grundtatsachen der Astronomie findet der Einsteiger in die Himmelskunde ab Seite 10.

Eine kalendarische Übersicht enthält das Kapitel „Das Jahr 2016 auf einen Blick" auf Seite 8. Dem Hauptteil vorangestellt ist die Beschreibung der Sonnen- und Mondfinsternisse, die sich im Jahr 2016 ereignen (siehe Seite 24).

Der Anhang enthält ein Verzeichnis von Planetarien und Sternwarten sowie eine Liste von amateurastronomischen Einrichtungen, die den Kontakt zu Gleichgesinnten erleichtern soll.

Ein Jahrbuch für alle

Um möglichst allen Leserinnen und Lesern – vom Einsteiger bis zur versierten Beobachterin – zu dienen, wird in den Monatsübersichten eine einfache, beschreibende Darstellung aller interessanten Himmelsvorgänge gebracht, während im Tabellenteil am Schluss wichtige Beobachtungsdaten in Form von Zahlentafeln vermerkt sind.

Eine ausführliche Erläuterung zu den einzelnen Fachbegriffen findet man im *Wörterbuch der Astronomie*, in dem alle wichtigen Begriffe verständlich erklärt werden. Das *Wörterbuch der*

Der Komet Lovejoy (C/2014 Q2) am 16. Februar 2015. Aufnahme von Martin Gertz/Sternwarte Welzheim.

Astronomie ist im Kosmos-Verlag erschienen und überall im Buchhandel erhältlich.

Professionelle Daten

Die Daten für das vorliegende Jahrbuch stammen, soweit nicht nachstehend besonders vermerkt, vom Planetarium Stuttgart. Das Institut de Mécanique Céleste et de Calcul des Éphémérides (IMCCE), Observatoire de Paris, lieferte die Daten für die Jupitermonderscheinungen, die Sonnenfleckenrelativzahlen das Observatoire Royal de Belgique, Brüssel, und die Daten für die Sternschnuppenströme die International Meteor Organization (IMO), wofür Herrn Dr. Jürgen Rendtel (Leibniz-Institut für Astrophysik, Potsdam) zu danken ist.

Mein besonderer Dank gilt meinem Mitarbeiter, Herrn Dr. Erich Karkoschka (Lunar and Planetary Laboratory, University of Arizona, Tucson) für seine Ephemeridenberechnungen, die Kalkulation der Sternbedeckungen durch den Mond und die Anfertigung vieler Skizzen und Abbildungen. Dank schulde ich auch Herrn Gerhard Weiland, der mit großer Sorgfalt und Umsicht die Reinzeichnungen der Grafiken angefertigt hat, sowie Herrn Wil Tirion für die Herstellung der Monatssternkarten und Abbildungen zum Planetenlauf. Dankbar bin ich auch Herrn Michael Vogel, der sorgfältig Korrektur gelesen hat.

Zu danken habe ich ferner Herrn Martin Gertz von der Beobachtergruppe des Planetariums Stuttgart für die hervorragenden Astroaufnahmen, die er auf der Sternwarte Welzheim gewonnen hat. Nicht zuletzt gebührt auch Dank Frau Claudia Dintner für die sorgfältige Reinschrift des Manuskripts sowie den Mitarbeiterinnen und Mitarbeitern des Verlages, namentlich den Herren Siegfried Fischer und Sven Melchert, für die hervorragende Zusammenarbeit, ohne die dieses Jahrbuch nicht pünktlich erscheinen könnte.

Stuttgart, im März 2015
Hans-Ulrich Keller

Das Jahr 2016 auf einen Blick

Das Jahr 2016 ist nach dem Gregorianischen Kalender ein **Schaltjahr** mit **366** Tagen.
Beginn der Jahreszeiten:
Frühling (Tagundnachtgleiche): 20. März, 5^h30^m
Sommer (Sonnenwende): 20. Juni, 23^h34^m
Herbst (Tagundnachtgleiche): 22. September, 15^h21^m
Winter (Sonnenwende): 21. Dezember, 11^h44^m
Sommerzeit: Die Mitteleuropäische Sommerzeit (MESZ) geht gegenüber der Mitteleuropäischen Zeit (MEZ) um eine Stunde vor. Sie soll vom **27. März** bis **30. Oktober** 2016 gelten. Kurzfristige Änderungen sind möglich.

Fest- und Feiertage 2016

Neujahrstag:	**Freitag,**	1. Januar
Aschermittwoch:		10. Februar
Karfreitag:		25. März
Ostersonntag:		**27. März**
Ostermontag:		28. März
Maifeiertag:	**Sonntag,**	1. Mai
Christi Himmelfahrt:	Donnerstag,	5. Mai
Pfingstsonntag:		15. Mai
Pfingstmontag:		16. Mai
Fronleichnam:	Donnerstag,	26. Mai
Allerheiligen:	Dienstag,	1. November
Buß- und Bettag:	Mittwoch,	16. November
Totensonntag:		20. November
1. Advent:	Sonntag,	27. November
Heiliger Abend:	Samstag,	24. Dezember
1. Weihnachtstag:	**Sonntag,**	25. Dezember
2. Weihnachtstag:	Montag,	26. Dezember
Silvester:	**Samstag,**	31. Dezember

Staatsfeiertage 2016

Tag der deutschen Einheit:	Montag,	3. Oktober
Österreichischer Nationalfeiertag:	Mittwoch,	26. Oktober
Schweizer Bundesfeier:	Montag,	1. August
Liechtensteiner Staatsfeiertag:	Montag,	15. August

Kalenderären 2016

Das **jüdische Jahr** 5777 beginnt am 2. Oktober mit Sonnenuntergang. Der jüdische Neujahrstag fällt daher auf den 3. Oktober 2016.
Das **islamische Jahr** 1438 beginnt am 2. Oktober mit Sonnenuntergang. Der erste Tag des islamischen Jahrs 1438 korrespondiert mit dem 3. Oktober 2016.

Am 8. Februar 2016 beginnt das 33. Jahr im 79. Zyklus des traditionellen **chinesischen Kalenders**. Es ist das Jahr des Affen (bing shen).

Am 14. September beginnt in der **byzantinischen Ära** das Jahr 7525.

Am 1. Januar beginnt das **japanische Jahr** 2676.

Am 11. September beginnt das Jahr 1733 der **Ära Diokletians**.

Am 14. September beginnt das Jahr 2328 der **Seleukidenära**.

Am 14. Januar beginnt das Jahr 2769 der **römischen Ära a.u.c.**

Der 14. Januar 2016 des **Gregorianischen** Kalenders korrespondiert mit dem 1. Januar 2016 des **Julianischen** Kalenders.

Das Jahr 2016 entspricht dem Jahr 6729 der **Julianischen Periode**.

Der 1. Januar 2016 (0^h Weltzeit = 1^h Mitteleuropäische Zeit) hat die **Julianische Tagesnummer** 2 457 388,5

Chronologie 2016

Sonnenzirkel: 9
Goldene Zahl (Mondzirkel): III
Sonntagsbuchstabe: C, B
Indiktion (Römerzinszahl): 9
Epakte: 21
Jahresregent: Mars

Finsternisse 2016

Im Jahr 2016 ereignen sich fünf Finsternisse und ein Merkurtransit. Am 8./9. März findet eine totale und am 1. September eine ringförmige Sonnenfinsternis statt. Beide Sonnenfinsternisse bleiben von Mitteleuropa aus unbeobachtbar. Dreimal zieht der Mond durch den Halbschatten der Erde. Am 23. März, am 18. August und am 16. September kommt es jeweils zu einer Halbschattenfinsternis des Mondes. Während die ersten beiden Halbschattenfinsternisse in unserem Gebiet unbeobachtbar bleiben, kann die Finsternis vom 16. September unter sehr guten Sichtbedingungen um die Mitte der Finsternis bald nach Mondaufgang andeutungsweise erkannt werden.

Am 9. Mai zieht Merkur als dunkler Punkt vor der Sonnenscheibe vorbei. Es ereignet sich ein Merkurdurchgang oder -transit, der in voller Länge von Mitteleuropa aus zu verfolgen ist (nicht mit bloßen Augen!).

Ausführliche Erläuterungen zu den Finsternissen findet man im Kapitel „Sonnen- und Mondfinsternisse 2016“ ab Seite 24.

Planeten 2016

Merkur zeigt sich in den ersten drei Januartagen sowie Mitte April am Abendhimmel. Am Morgenhimmel bietet der flinke Planet von Ende Januar bis Anfang Februar sowie Ende September bis Anfang Oktober eine Sichtbarkeitschance.

Venus beginnt das Jahr als Morgenstern. Mitte März zieht sie sich vom Morgenhimmel zurück. Am 6. Juni steht sie in oberer Konjunktion mit der Sonne. Mitte August taucht sie am Abendhimmel auf und bleibt bis Jahresende Abendstern.

Mars kann zu Jahresbeginn zunächst am Morgenhimmel und ab April in der zweiten Nachthälfte gesehen werden. Am **22. Mai** steht Mars im Sternbild Skorpion in **Opposition** zur Sonne und ist die gesamte Nacht sichtbar. Bis Jahresende bleibt Mars am Abendhimmel beobachtbar.

Jupiter kommt am **8. März** im Sternbild Löwe in **Opposition** zur Sonne. Bis Anfang August kann der Riesenplanet am Abendhimmel gesehen werden. Am 26. September steht er in Konjunktion mit der Sonne. Gegen Ende Oktober taucht Jupiter am Morgenhimmel auf und wird Ende des Jahres zum Planeten der zweiten Nachthälfte.

Saturn steht am **3. Juni** im Sternbild Schlangenträger in **Opposition** zur Sonne. Bis Ende Oktober ist der Ringplanet am Abendhimmel vertreten. Am 10. Dezember wird er von der Sonne eingeholt und steht in Konjunktion mit ihr. Im Januar 2017 erscheint der Ringplanet wieder am Morgenhimmel.

Am 12. April 2015 zog Venus am Siebengestirn vorbei. Aufnahme Martin Gertz/Sternwarte Welzheim.

Uranus kommt am **15. Oktober** im Sternbild Fische in **Opposition** zur Sonne. In Konjunktion mit der Sonne steht Uranus am 9. April.

Neptun erreicht seine **Opposition** am **2. September** im Sternbild Wassermann. In Konjunktion mit der Sonne steht Neptun am 28. Februar.

Pluto, der prominenteste Zwergplanet unseres Sonnensystems, steht am **7. Juli** im Sternbild Schütze in **Opposition** zur Sonne. Seine Konjunktion mit der Sonne erreicht Pluto schon am 6. Januar.

Ausführliche Angaben über die Sichtbarkeit der Planeten entnehme man der Rubrik „Planetenlauf“ in den Monatsübersichten.

Erläuterungen zum Gebrauch

Wer zum ersten Mal dieses Jahrbuch in Händen hält, dem bieten nachstehende Erläuterungen eine erste Einführung in seine Benutzung. Wer jedoch schon mit den Grundlagen der Himmelskunde vertraut ist, kann sofort die „Kurzhinweise zum Gebrauch" dieses Jahrbuches auf der vorderen Umschlagklappe aufschlagen.

Im *Kosmos Himmelsjahr* ist das Bild des abendlichen Fixsternhimmels für jeden Monat beschrieben. Eine Sternkarte erleichtert die Übersicht. Außerdem ist die Stellung des Großen Wagens und des Himmels-Ws um 22^h MEZ für jeden Monat aus einer Grafik ersichtlich. Der Große Wagen und das Himmels-W sind in jeder klaren Nacht zu beobachten, da sie bei uns zirkumpolar sind, also niemals untergehen.

Während die Fixsterne ihre Stellungen zueinander nicht ändern, sondern nur gemeinsam infolge der Erdrotation über das Firmament ziehen, gibt es Gestirne, die ihre Position im Laufe von Wochen und Monaten ändern. Man nennt sie Wandelsterne oder Planeten. Sie sind die Geschwister unserer Erde, die ebenfalls ein Planet ist. Mit freiem Auge sind fünf Planeten zu sehen: Merkur, Venus, Mars, Jupiter und Saturn.

Von der Erde aus gesehen wandert somit die Sonne in einem Jahr durch die bekannten Sternbilder des Tierkreises. Der Wanderweg der Sonne heißt Ekliptik. Mond und Planeten bewegen sich ebenfalls in der Nähe der Ekliptik. Sie sind daher stets in den Tierkreissternbildern zu finden.

Sterne, Sternbilder und Sternkarten

Je nach Fantasie und Kultur haben die einzelnen Völker Sterne und Sternbilder unterschiedlich benannt. Die Internationale Astronomische Union (IAU) hat für die gesamte Himmelskugel 88 Sternbilder festgelegt, die für alle Astronomen und Sternfreunde verbindlich sind. Diese 88 Sternbilder haben lateinische Namen und jeweils eine Abkürzung von drei Buchstaben; Beispiel: der Krebs, lat.: Cancer, Abkürzung: Cnc.

Speziell für die Benutzer des Himmelsjahres empfehlen sich zur ersten Orientierung die Sternkarten im *Atlas für Himmelsbeobachter* von Erich Karkoschka. Neben den klassischen Sternatlanten gibt es heute auch gute Computerprogramme, die einen gewünschten Himmelsausschnitt am Monitor erscheinen lassen.

Nur die hellsten oder auffällige Sterne, die beispielsweise periodisch ihre Helligkeit ändern, haben Eigennamen erhalten. So heißen die beiden hellsten Sterne im Wintersternbild Orion Beteigeuze und Rigel, der berühmte veränderliche Stern im Perseus Algol.

Etwas systematischer hat Johannes Bayer im Jahre 1603 die Sterne bezeichnet, nämlich mit griechischen Buchstaben und dem Genitiv des lateinischen

Sternbildnamens. So bekam der hellste Stern in der Leier die Bezeichnung α Lyrae (oder kurz α Lyr), der zweithellste β Lyrae, der dritthellste γ Lyrae usw. Die Helligkeitsfolge ist aber nicht immer streng eingehalten, manchmal hat die Mythologie Vorrang; von den beiden hellen Zwillingssternen trägt der hellere Pollux die Bezeichnung β Geminorum, der etwas schwächere Kastor α Geminorum. Bei Doppelsternen wird gelegentlich noch ein Index an den griechischen Buchstaben angehängt. Beispiel: ε_1 und ε_2 Lyrae, der berühmte Vierfachstern in der Leier (jede Komponente ist ihrerseits ebenfalls ein Doppelstern). Die 24 griechischen Buchstaben (siehe Seite 20) pro Sternbild reichen natürlich nicht aus, um alle Sterne zu benennen.

Den ersten umfangreichen Sternkatalog nach Erfindung des Fernrohrs hat John Flamsteed (1646–1719) im Jahre 1712 herausgegeben. Flamsteed hat die Sterne in einem Sternbild durchnummeriert. So hat ω Aurigae beispielsweise bei Flamsteed die Bezeichnung 4 Aurigae. Viele Sterne, die keine Bayer-Bezeichnung haben, sind jedoch mit Flamsteed-Nummern gekennzeichnet.

Bei schwächeren Sternen gibt man die Katalognummer an, unter der sie verzeichnet sind, oder einfach die genauen Koordinaten. Beispiele für Katalognummern: BD +52°1312 bedeutet Stern Nummer 1312 in der Deklinationszone von +52° bis +53° der sogenannten Bonner Durchmusterung. HD 128974, Stern aus dem Henry-Draper-Katalog, SAO 146912, Stern aus dem Smithsonian Astrophysical Observatory Star Catalogue, FK5: 1051, Stern aus dem 5. Fundamental-Katalog.

Sterne, deren Helligkeit variiert, werden häufig mit großen lateinischen Buchstaben und ihren Sternbildnamen versehen: RR Lyrae, T Coronae Borealis. Man kann somit aus der Bezeichnung auf die Eigenart dieser Sterne schließen.

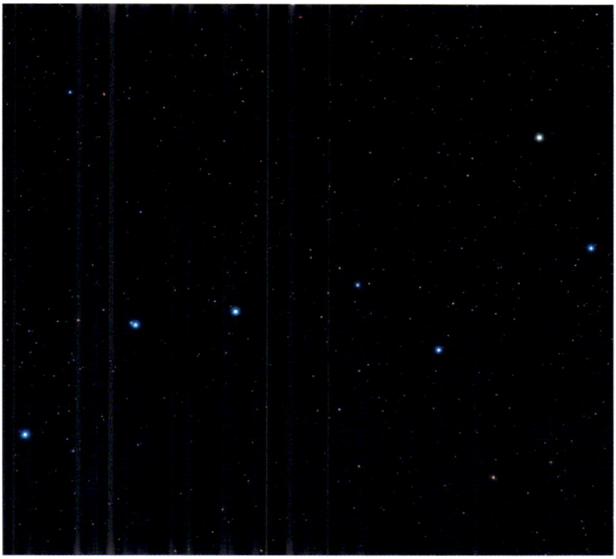
Martin Gertz, Sternwarte Welzheim

E.1 Der Große Wagen gilt als das bekannteste „Sternbild", ist aber nur ein Teil des Sternbildes Großer Bär.

Sternhaufen und Nebel

Man unterscheidet offene und kugelförmige Sternhaufen. Offene Sternhaufen enthalten Dutzende bis einige hundert Sterne, die alle einzeln als Lichtpunkte erkennbar sind. Kugelhaufen haben Hunderttausende bis Millionen Mitgliedssterne und sind als verwaschene, kreisrunde Lichtfleckchen zu sehen. Nur die Randpartien sind in Einzelsterne auflösbar, im Zentrum stehen die Sterne zu dicht, um als einzelne Lichtpunkte erkannt zu werden.

Zwischen den punktförmigen Sternen zeigen sich auch nebelhafte Gebilde. Bei den „Nebeln" gilt es zwei Kategorien zu unterscheiden: Einmal beobachtet man tatsächlich Staub- und Gasmassen zwischen den Sternen unserer Milchstraße, wie zum Beispiel im Sternbild Orion den berühmten Orionnebel. Andere

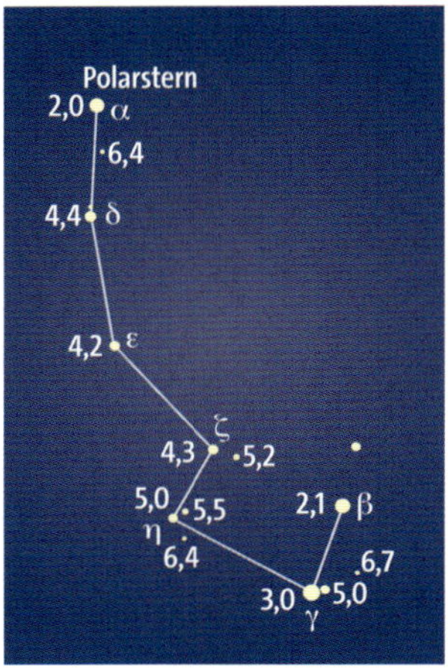

E.2 Sternbild Kleiner Wagen mit Helligkeitsangaben in Größenklassen für die einzelnen Sterne.

nebelhafte Lichtfleckchen lassen sich jedoch mit sehr großen Teleskopen in einzelne Sterne auflösen. Hier sieht man fremde, ferne Milchstraßensysteme. Das Licht von Milliarden Sternen wird von uns nur als schwaches Nebelfleckchen registriert, wie beispielsweise beim Andromedanebel. Wegen ihrer häufig spiraligen Gestalt spricht man auch von Spiralnebeln oder Galaxien.

Der französische Astronom Charles Messier (1730–1817) hat einen Katalog mit über hundert Sternhaufen und Nebeln zusammengestellt. Der Orionnebel wird z. B. mit M 42, der Andromedanebel mit M 31, der Kugelhaufen im Herkules mit M 13 bezeichnet. Wesentlich umfangreicher ist der Katalog von John L. E. Dreyer mit dem Namen *New General Catalogue of Nebulae and Clusters of Stars*, abgekürzt NGC. Später erschienen noch zwei Ergänzungen (*Index-Catalogue I and II*, kurz IC I und IC II) und schließlich der überarbeitete *Revised New General Catalogue* (RNGC). Daher trägt der Andromedanebel M 31 auch die Bezeichnung NGC 224.

Die Helligkeit der Sterne

Man teilt die Sterne in Größenklassen ein. Diese Größenklassen geben nicht den Durchmesser oder die wahre Leuchtkraft der Sterne an, sondern ihre scheinbare Helligkeit am Himmel. Sterne erster Größe sind dabei heller als solche zweiter Größe. Ein schwaches Sternpünktchen sechster Größe ist eben noch mit bloßen Augen zu erkennen. Ein Stern erster Größe ist dabei hundertmal heller als ein Stern sechster Größe. Daraus folgt, dass ein Stern zweiter Größe 2,512-mal lichtschwächer ist als ein Stern erster Größe. Ein Stern dritter Größe wiederum ist 2,512-mal lichtschwächer als ein Stern zweiter Größe, denn $2{,}512^5 = 100$. Die Größenklassenskala ist somit ein logarithmisches Maß.

Als Abkürzung verwendet man ein kleines hochgestelltes ^{m} für magnitudo (lat.) = Größe. Sterne, die heller als 1^m sind, bezeichnet man mit 0^m, -1^m, -2^m usw. Die Venus kann -4^m hell sein. Das bedeutet, dass sie dann hundertmal heller strahlt als ein Stern erster Größe, also mit 1^m! In manchen Schriften findet man gelegentlich die Abkürzung „mag“ für Größenklasse. In der Fachastronomie ist sie jedoch nicht in Gebrauch. Mit Teleskopen lassen sich auch Sterne beobachten, die schwächer sind als 6^m. In einem guten Fernglas sind Sterne bis 10^m erkennbar.

In großen Teleskopen werden Sterne bis 26^m beobachtet, also Objekte, die hundert Millionen Mal lichtschwächer sind als die schwächsten, dem menschlichen Auge zugänglichen Sterne mit 6^m. Die Helligkeiten der Sterne zu schätzen, sollte man üben. Abb. E.2 zeigt den Kleinen Wagen, wobei die Helligkeiten der einzelnen Sterne vermerkt sind. Da das Sternbild Kleiner Wagen zirkumpolar ist, kann es in jeder klaren Nacht zu jeder Uhrzeit gesehen werden.

Stünden alle Sterne gleich weit entfernt, sozusagen in einer Normentfernung, dann entspräche die beobachtete scheinbare Helligkeit auch ihrer wirklichen Leuchtkraft. Eine solche Normentfernung wurde mit 10 Parsec (knapp 33 Lichtjahre) festgelegt. Man rechnet nun die Helligkeit aus, die ein Stern in 10 Parsec Entfernung hätte, und bezeichnet diese Größe als „absolute Helligkeit“ oder „wahre Leuchtkraft“ eines Sterns.

Um die absolute nicht mit der scheinbaren Helligkeit zu verwechseln, wird sie mit einem großen M (Magnitudo) abgekürzt. Beispiel: Unsere Sonne hat die enorme scheinbare Helligkeit von -27^m am Firmament und eine absolute Helligkeit von

+4,8^M. Das heißt, in 33 Lichtjahren Entfernung erschiene uns die Sonne nur noch als Sternchen 5. Größe. Anmerkung: Da ^{m} auch für Minute steht, ist aus dem Textzusammenhang zu entnehmen, ob Helligkeiten oder Zeiten beziehungsweise Koordinaten gemeint sind.

Entfernungsangaben

In der Astronomie verwendet man, um große Zahlenungetüme zu vermeiden, für die Distanzen im Sonnensystem als Längenmaß die Astronomische Einheit (AE). Eine Astronomische Einheit entspricht der mittleren Entfernung der Erde von der Sonne, das sind rund 150 Millionen Kilometer.

Es gilt: 1 AE = 149 597 870 km

Diese Strecke legt das Licht in 8^m20^s zurück. Man spricht von der Lichtlaufzeit der Astronomischen Einheit. Jupiter ist beispielsweise 5,2 AE von der Sonne und Neptun rund 30 AE von ihr entfernt. Die Lichtlaufzeiten der Planetendistanzen betragen Minuten bis wenige Stunden. Die Sterne sind jedoch so weit entfernt, dass ihr Licht Jahre, Jahrhunderte und Jahrmillionen zur Erde unterwegs ist. Man gibt daher ihre Distanzen in Lichtlaufzeiten an, wobei man ein Lichtjahr (LJ) als Einheit nimmt. In einem Jahr legt ein Lichtstrahl im Vakuum rund zehn Billionen Kilometer zurück.

Es gilt: 1 LJ = $9{,}46 \times 10^{12}$ km
= 63 240 AE

Ein Lichtjahr ist somit keine Zeit-, sondern eine Entfernungsangabe. In der Stellarastronomie wird ferner das Parsec (Parallaxensekunde) verwendet. Ein Parsec entspricht 3,26 Lichtjahren. Die Definition des Parsec findet man im Begleitbuch zum *Himmelsjahr*, dem *Kompendium der Astronomie* im Abschnitt „Entfernungseinheiten in der Astronomie".

Im *Himmelsjahr* werden die Entfernungen im Sonnensystem in AE und die Fixsterndistanzen in Lichtjahren angegeben. Parsec werden nicht verwendet.

Zeitangaben

Alle Uhrzeiten im *Himmelsjahr* sind grundsätzlich in Mitteleuropäischer Zeit (MEZ) angegeben. Die Mitteleuropäische Zeit ist die mittlere Sonnenzeit des Meridians 15° östlich von Greenwich (Nullmeridian der Erde). Sie geht gegenüber der Weltzeit (UT = Universal Time) um eine Stunde vor. Es gilt: Weltzeit plus eine Stunde = MEZ.

Wenn es in Greenwich Mitternacht (0^h) ist, dann haben wir schon 1^h (MEZ) morgens. Für ortsabhängige Angaben (z. B. Auf- und Untergänge) gelten alle Zeiten genau für den Ort 10° östlich von Greenwich und 50° nördlicher Breite. Dieser Punkt liegt für Mitteleuropa ziemlich zentral.

Die Sommerzeit ist eine willkürliche Verschiebung der Zonenzeit um eine Stunde, um die Tageshelligkeit besser auszunutzen und (angeblich) Energie einzusparen. Sie beruht nicht auf astronomischen Grundlagen und ist außerdem von Staat zu Staat verschieden. Um die Benutzer des Himmelsjahres nicht zu verwirren und die Daten konsistent zu halten, sind alle Angaben das ganze Jahr durchgehend in MEZ vermerkt. Es gilt: MEZ plus eine Stunde = MESZ (Mitteleuropäische Sommerzeit). Gilt in einem Land die Sommerzeit, so ist zu den Zeitangaben im *Himmelsjahr* einfach eine Stunde zu addieren.

Achtung: Fällt ein Ereignis in die letzte Stunde vor Mitternacht, so ändert sich auch das Datum um einen Tag.

Während der Dauer der Sommerzeit sind alle Zeitangaben in den Tabellen in einem dunkleren Farbton unterlegt.

Auf- und Untergangszeiten

Alle Auf- und Untergangszeiten (MEZ) gelten exakt für 10° östlicher Länge und 50° nördlicher Breite.

Für andere Orte in Mitteleuropa können diese Zeiten erheblich differieren (bis etwa eine halbe Stunde). Um schnell auch für andere Orte die Auf- und Untergänge ermitteln zu können, ist das Nomogramm auf Seite 292 gedacht.

Im Nomogramm sind die wichtigsten Städte in Mitteleuropa eingetragen. Man wähle eine Stadt, die dem eigenen Standpunkt am nächsten kommt. Dann lege man ein Lineal so auf das Nomogramm, dass es mit der

Deklination des Gestirns beziehungsweise der Uhrzeit laut Tabelle „Sonnenlauf" am oberen Bogen übereinstimmt. Dabei gilt das obere Vorzeichen für den Aufgang, das untere für den Untergang. Die Verbindungslinie (Lineal) gibt dann am unteren Bogen die Korrektur für die Auf- bzw. Untergangszeit an. Positive Werte bedeuten eine Verspätung, ein negativer Wert deutet an: Der Auf- oder Untergang erfolgt entsprechend früher. Die Zahlen geben die Minuten an.

Beispiel: Wann geht in Wien am 31. März die Sonne auf? Man verbinde mit einem Lineal den Punkt „Wien" mit der 6-Uhr-Marke am oberen Bogen. Denn laut Tabelle „Sonnenlauf" auf Seite 78 erfolgt der Sonnenaufgang am 31. März um 5^h58^m. Die Verbindungslinie schneidet den unteren Bogen bei -24^m. Der Sonnenaufgang erfolgt in Wien somit 24 Minuten früher, also um 5^h34^m MEZ bzw. 6^h34^m Sommerzeit. Wem die Verwendung des Nomogramms zu kompliziert erscheint, der kann auch die Tabelle zur Auf- und Untergangskorrektur auf Seite 293 benutzen. Man suche die seinem Wohnort nächstliegende Stadt und lese einfach die Korrekturzeit in Minuten ab, wobei für Mond, Planeten oder Sterne noch vorher die Deklination zu ermitteln ist. Bei der Sonne beachte man das Datum.

Die Sternzeit: Um mit einem Fernrohr ein bestimmtes Gestirn zu finden, muss man die Stellung des Beobachters auf der Erde zu einer bestimmten Uhrzeit des Tages relativ zur Fixsternwelt kennen. Man braucht dazu einen Referenzpunkt unter den Sternen. Dies ist der Frühlingspunkt. Er ist der Schnittpunkt der aufsteigenden Sonnenbahn mit dem Himmelsäquator. Im Frühlingspunkt steht die Sonne zu Frühlingsbeginn. Er ist auch der Nullpunkt der äquatorialen Himmelskoordinaten. Nimmt man statt der Sonne den unter den Fixsternen (fast) feststehenden Frühlingspunkt, erhält man statt der Sonnenzeit die Sternzeit.

Steht der Frühlingspunkt im Süden (Meridian), spricht man von 0^h Sternzeit, eine Stunde später von 1^h Sternzeit, usw. Es gilt: **Sternzeit = Stundenwinkel des Frühlingspunktes**.

Im *Himmelsjahr* ist die Sternzeit jeweils für 1^h MEZ (= 0^h Weltzeit) von zehn zu zehn Tagen für den Meridian von Greenwich

Sommerzeit (MESZ) in der Bundesrepublik Deutschland

	Beginn Sonntag	Ende Sonntag		Beginn Sonntag	Ende Sonntag
1980	06. April	28. September	2000	26. März	29. Oktober
1981	29. März	27. September	2001	25. März	28. Oktober
1982	28. März	26. September	2002	31. März	27. Oktober
1983	27. März	25. September	2003	30. März	26. Oktober
1984	25. März	30. September	2004	28. März	31. Oktober
1985	31. März	29. September	2005	27. März	30. Oktober
1986	30. März	28. September	2006	26. März	29. Oktober
1987	29. März	27. September	2007	25. März	28. Oktober
1988	27. März	25. September	2008	30. März	26. Oktober
1989	26. März	24. September	2009	29. März	25. Oktober
1990	25. März	30. September	2010	28. März	31. Oktober
1991	31. März	29. September	2011	27. März	30. Oktober
1992	29. März	27. September	2012	25. März	28. Oktober
1993	28. März	26. September	2013	31. März	27. Oktober
1994	27. März	25. September	2014	30. März	26. Oktober
1995	26. März	24. September	2015	29. März	25. Oktober
1996	31. März	27. Oktober	2016	27. März	30. Oktober
1997	30. März	26. Oktober	2017	26. März	29. Oktober
1998	29. März	25. Oktober	2018	25. März	28. Oktober
1999	28. März	31. Oktober	2019	31. März	27. Oktober

(Nullmeridian) angegeben (siehe Tabelle auf Seite 286).

Die Tabelle auf Seite 290 erlaubt eine schnelle Bestimmung der Sternzeit zur abendlichen Beobachtungsstunde. Die Tabelle „Sternzeit" gibt die Sternzeit um 20^h MEZ (= 21^h MESZ) am Ortsmeridian 10° östlicher Länge für jeden Tag des Jahres an. Um den Stundenwinkel eines Gestirns zu ermitteln, bilde man die Differenz: Sternzeit minus Rektaszension des Gestirns, dann hat man den Stundenwinkel zum Beobachtungszeitpunkt und kann das Teleskop entsprechend einstellen.

Für die Bestimmung des Stundenwinkels eines Planeten kann man auch seine Kulminationszeit (Zeit des Meridiandurchganges) benutzen, wenn man keine Sternzeituhr zur Verfügung hat und sich die Berechnung der Sternzeit zum Beobachtungszeitpunkt ersparen will. Die Kulminationszeiten der Planeten und Kleinplaneten sind auf den Seiten 280 bis 284 angegeben. Die Kulminationszeit gilt für 10° östlicher Länge. Zunächst ist die Korrektur für die Längendifferenz des Beobachtungsortes anzubringen (siehe Seite 291, Spalte Zeitkorrektur gegen 10° östlicher Länge). Um diese so erhaltene Zeit geht der Planet durch den Meridian des Beobachters und hat somit den Stundenwinkel Null. Man bilde nun die Zeitdifferenz zwischen der Beobachtungszeit und der Zeit des Meridiandurchganges. Sie entspricht direkt dem Stundenwinkel (im Zeitmaß).

Die Dynamische Zeit: In der Astronomie wird seit 1984 eine Dynamische Zeit verwendet, die die vorher verwendete Ephemeridenzeit abgelöst hat. Nähere Erläuterungen zu den Dynamischen Zeitskalen finden sich in dem Buch *Kompendium der Astronomie*. Die genaue Differenz der Dynamischen Zeit (TT = Terrestrial Time) zur Weltzeit (UT = Universal Time) kann erst im Nachhinein aus Beobachtungen der Gestirnspositionen bestimmt werden. Der extrapolierte Wert für das Jahr 2016 lautet: $\Delta T = +68$ Sekunden, wobei $\Delta T = TT - UTC$ gilt. Die koordinierte Weltzeit (UTC) hinkt somit der Dynamischen Zeit (TT) um mehr als eine Minute nach.

Der beobachtende Sternfreund kann die TT unberücksichtigt lassen, wenn er nicht hohe Genauigkeitsansprüche hat. Wer jedoch die Angaben im *Himmelsjahr* mit anderen Jahrbüchern vergleicht, muss beachten, dass alle Zeitangaben hier in MEZ = UTC + 1^h und nicht in TT vermerkt sind.

Der Himmelskalender

Jede Monatsübersicht beginnt mit dem zweiseitigen Himmelskalender. Auf der ersten Seite wird in kurzen Stichworten auf aktuelle Ereignisse im betreffenden Monat hingewiesen. Eine kleine Grafik zeigt die Stellung von Großem Wagen und Himmels-W jeweils um 22 Uhr MEZ relativ zum Nordhorizont. Sie soll zum schnellen Auffinden des Polarsterns dienen. Außerdem ist ein Himmelsanblick mit einer interessanten Konstellation – meist Begegnungen von hellen Planeten mit dem Mond – dargestellt.

Die zweite Seite des Himmelskalenders enthält eine Tabelle mit den Wochentagen und für jeden Tag die entsprechende Mondphase in einer kleinen Grafik. Vermerkt sind in der Tabelle ferner Feiertage, die Hauptphasen des Mondes, sichtbare Konstellationen von Mond und Planeten sowie bei uns beobachtbare Finsternisse.

Der Sonnenlauf

Die Bewegung der Sonne durch den Tierkreis ist zu Beginn jeder Monatsübersicht aus einer kleinen Grafik zu entnehmen. Die Grenzen der Sternbilder sind eingetragen sowie die wichtigsten Bahnpunkte der Sonne.

Die Tages- und Nachtstunden sowie Dämmerungslängen werden durch eine dreiteilige Zeichnung (Uhrensymbole) veranschaulicht. Diese soll einen groben und schnellen Überblick über die Länge der Tages- und Nachtzeit geben. Für die Dämmerungszeiten wurde die nautische Dämmerung (Sonne 12° unter dem Horizont) eingesetzt.

Die Tabelle „Sonnenlauf" gibt die Auf- und Untergangszeiten, Meridiandurchgang (Kulmination), Zeitgleichung und die Mittagshöhe der Sonne an sowie die äquatorialen Koordinaten Rektaszension und Deklination für 1^h MEZ jeweils von fünf zu fünf Tagen.

Die Zeiten gelten exakt für einen zentralen Ort mit 10° östlicher Länge und 50° nördlicher Breite. Für diesen Ort gelten auch die Dämmerungszeiten. Angegeben ist jeweils der Beginn und das Ende der nautischen Dämmerung.

Die Sonnenhöhe zu Mittag: Sie ist in der Tabelle „Sonnenlauf" für 50° nördlicher Breite angegeben. Für andere Breiten ist sie einfach zu ermitteln: 90° minus geografische Breite des Beobachters plus Sonnendeklination. Beispiel: Wie hoch steht die Sonne am 10. Juni zu Mittag (Kulmination) in Düsseldorf (geografische Breite: +51°)? 90° – 51° + 23° = 62° (Im Winterhalbjahr die negativen Deklinationen der Sonne beachten!).

In der Grafik „Sonnenlauf" jeweils zu Monatsbeginn ist die scheinbare Sonnenbahn (Ekliptik) durch die Sternbilder des Tierkreises für den jeweiligen Monat eingezeichnet. Ferner sind die Eintritte der Sonne sowohl in die einzelnen Tierkreissternbilder als auch in die Tierkreiszeichen vermerkt sowie die Äquinoktien (Tagundnachtgleichen) und Solstitien (Sommer- und Winterbeginn).

Die Zeitgleichung: Die Sonnenzeit wird nach einer fiktiven „mittleren Sonne" gerechnet. Die wahre Sonne läuft nämlich ungleichförmig. So geht sie einmal vor, dann wieder nach. Die Differenz kann bis zu einer Viertelstunde plus oder minus betragen. Diese Differenz wird Zeitgleichung (ZGL) genannt. Sie ist definiert zu:

ZGL = Wahre Sonnenzeit minus Mittlere Sonnenzeit

Die Zeitgleichung und die Kulmination der wahren Sonne sind tabellarisch aufgeführt. Ein negativer Wert der Zeitgleichung bedeutet, die wahre Sonne geht nach der mittleren durch den Meridian.

Der Mondlauf

Auf- und Untergangszeiten (MEZ) gelten genau für 10° östlicher Länge und 50° nördlicher Breite (siehe Zeitangaben). Ferner sind die Kulminationszeiten (Meridiandurchgänge) für 10° östlicher Länge tabelliert.

Der Mond bewegt sich recht schnell durch den Tierkreis. Deshalb sind für jeden Tag des Jahres seine Koordinaten angegeben. Sie gelten jeweils für 1^h MEZ (= 0^h Weltzeit). Wem diese Zahlen nichts sagen, der findet in der Spalte „Sterne und Sternbilder" die Position des Mondes im Tierkreis vermerkt. Ein Sternchen (*) deutet auf eine Sternbedeckung hin.

Die Position des Mondes gilt wie erwähnt für 1^h MEZ. Wer also abends beobachtet, sollte die Stellung des Mondes im Tierkreis aus der Zeile des folgenden Tages entnehmen, denn der Mond läuft recht rasch. Nähere Angaben zu den Sternbedeckungen finden sich in der Tabelle „Sternbedeckungen durch den Mond" auf Seite 288. Die letzte Spalte enthält die Mondphasen sowie wichtige Punkte in der Bahn.

Die Mondbahn ist rund 5° gegen die Ekliptik (scheinbare Sonnenbahn) geneigt. Aufsteigender Knoten bedeutet, der Mond überschreitet die Ekliptik nach Norden; absteigender Knoten, er wechselt wieder nach Süden. Größte Nordbreite: Der Mond steht am weitesten in nördlicher Richtung von der Ekliptik entfernt; analog dazu heißt größte Südbreite: Der Mond hat maximalen südlichen Abstand von der Ekliptik.

Im Tabellenteil findet man auf Seite 278/279 die Mondbahn relativ zur Ekliptik eingetragen. Wegen der Rückläufigkeit der Mondbahnknoten verläuft die Mondbahn unter den Sternen in jedem Jahr anders.

Die Libration: Bei größter Südbreite ist die Nordhalbkugel des Mondes uns ein wenig mehr zugekehrt, man spricht von maximaler Libration Nord; entsprechend sieht man bei größter Nordbreite mehr vom Südpolgebiet des Mondes. Libration West: Westrand des Mondes, Libration Ost: Ostrand des Mondes ist uns zugekehrt (Astronomische Definition West/Ost siehe auch *Kompendium der Astronomie*, Kapitel „Der Mond der Erde").

„Libration West" bedeutet, das Mare Crisium zeigt sich randfern, das Mare Smythii wird sichtbar. „Libration Ost" heißt, das Mare Crisium rückt an den Westrand, im Osten zeigt sich der Ringwall Grimaldi randfern und das Mare Orientale wird gut sichtbar.

Bei Erdnähe und Erdferne ist die Distanz des Mondes jeweils in tausend Kilometer vermerkt. Außerdem ist der scheinbare Monddurchmesser in Bogenminuten angegeben. Neben der Phase „Neumond“ steht die Brownsche Lunationsnummer. Eine Lunation ist die Zeitspanne, die der Mond benötigt, um einmal alle Phasen zu durchlaufen, also von einem Neumond bis zum nächstfolgenden. Diese Zeitspanne heißt „Synodischer Monat“. Auf Vorschlag von Ernst William Brown werden die Lunationen seit dem Neumond vom 16. (17.) Januar 1923 fortlaufend nummeriert.

Der Planetenlauf

Planeten sind Geschwister der Erde. Sie laufen gemeinsam mit ihr um die Sonne. Je näher ein Planet der Sonne steht, desto schneller wandert er um sie. Wir beobachten die Planeten nicht von einem ruhenden Punkt aus, sondern vom Raumschiff Erde, das ständig in Bewegung ist. Deshalb erscheinen uns von der Erde aus (geozentrisch) die Bewegungen der Planeten vor dem Hintergrund der fernen Fixsterne – dem Muster der Sternbilder also – recht kompliziert. Überholt die Erde einen weiter außen laufenden Planeten, so scheint er einige Wochen lang zurückzubleiben, er ist „rückläufig“, wie man zu sagen pflegen. Anschließend bewegt er sich wieder in der ursprünglichen Richtung wie die Sonne von West nach Ost, er ist wieder „rechtläufig“. Durch diesen Bewegungswechsel bildet die Bahn des Planeten eine Schleife.

Ob ein Planet am Himmel zu sehen ist, hängt von der gegenseitigen Stellung von Sonne und Planet ab. Steht ein äußerer Planet von der Erde aus gesehen hinter der Sonne, Planet – Sonne – Erde bilden also eine Linie, so ist er nicht beobachtbar (Abb. E.3). Da er in Sonnenrichtung steht, geht er mit der Sonne auf und unter, bleibt somit nachts unter dem Horizont verborgen. Diese Konstellation heißt Konjunktion.

Steht der Planet von der Erde aus gesehen der Sonne gegenüber, also in der Reihenfolge Sonne – Erde – Planet (Abb. E.3), so spricht man von Opposition oder Gegenschein. Der Planet ist die ganze Nacht über zu sehen, da er mit Sonnenuntergang aufgeht und morgens mit Sonnenaufgang unter dem Westhorizont verschwindet. Bilden Sonne – Erde – Planet ein rechtwinkliges Dreieck, so spricht man von einer Quadratur.

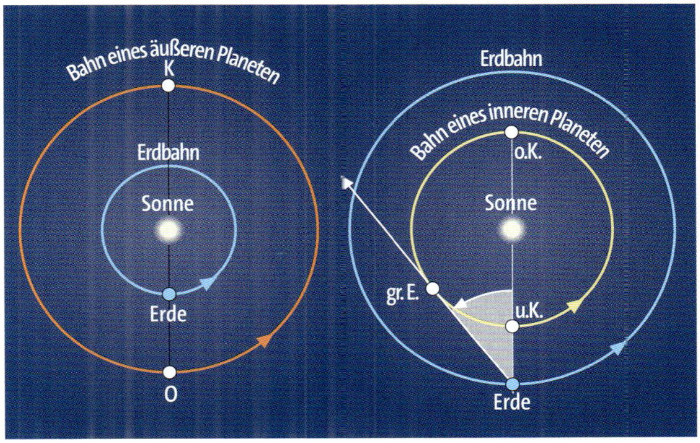

E.3 Die linke Zeichnung zeigt die Erdbahn und die Bahn eines äußeren Planeten. Bei O steht der Planet in Opposition, bei K in Konjunktion. Auf der rechten Seite der Abbildung sind die Erdbahn und die Bahn eines inneren Planeten dargestellt. Bei u.K. steht der Planet in unterer, bei o.K. in oberer Konjunktion mit der Sonne. Bei gr. E. steht er in größter Elongation (Winkel grau gerastert).

Die inneren Planeten Merkur und Venus können niemals in Oppositionsstellung kommen. Dafür unterscheidet man bei ihnen zwischen oberer und unterer Konjunktion (Abb. E.3). In diesen beiden Stellungen bleibt der Planet unsichtbar. Nur wenn der Planet westlich oder östlich der Sonne „in Elongation“ steht, kann er gesehen werden. Steht Venus in östlicher Elongation, so geht sie erst nach Sonnenuntergang unter, sie ist dann Abend-

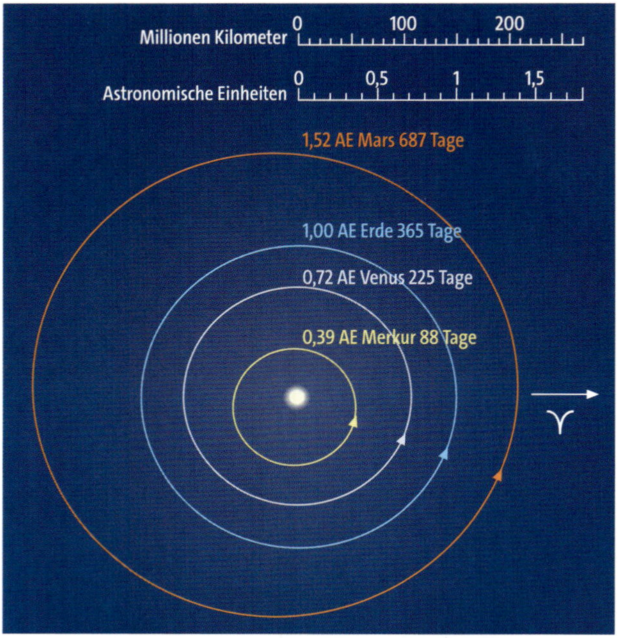

E.4 Die Bahnen der inneren Planeten um die Sonne (1 AE = 1 Astronomische Einheit = 149,6 Millionen Kilometer). Der Pfeil deutet die Richtung zum Frühlingspunkt an (Symbol: ♈).

stern. Steht sie in westlicher Elongation, so geht sie vor der Sonne auf und ist am Morgenhimmel zu sehen.

Ähnliches gilt für Merkur. Die größte Elongation (Winkelabstand von der Sonne) kann für die Venus 48° betragen, für den sonnennäheren Merkur aber nur 28°. Merkur ist daher schwierig zu beobachten – entweder abends kurz nach Sonnenuntergang tief im Westen oder kurz vor Sonnenaufgang tief am Osthimmel. Die Sichtbarkeiten der Planeten hängen nicht nur von den geometrischen Verhältnissen (Stellung des Planeten und der Sonne), sondern auch von meteorologischen Gegebenheiten ab. Eine starke Dunstglocke, hohe Luftfeuchtigkeit (Nebel) oder irdisches Streulicht (Neonreklame, Fahrzeugscheinwerfer, Lichtdom eines Stadions) beeinträchtigen die Beobachtung.

Eine Grafik vor der Rubrik „Planetenlauf“ ermöglicht einen

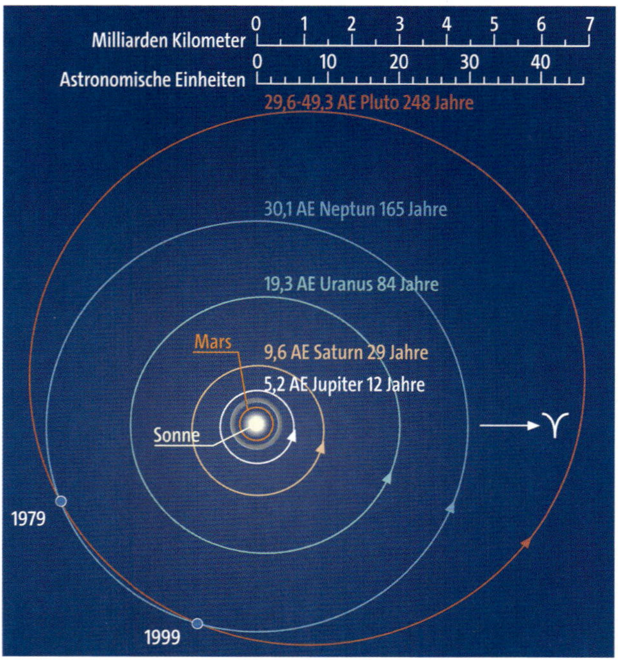

E.5 Die Bahnen der äußeren Planeten. Zwischen der Marsbahn und der Jupiterbahn laufen Abertausende Kleinplaneten (Planetoiden) um die Sonne. Wegen seiner stark exzentrischen Bahn war Pluto von 1979 bis Anfang Februar 1999 der Sonne näher als Neptun.

E.6 Größenverhältnisse der Planeten und der Mondbahn im Vergleich zur Sonne. Darunter sind die astronomischen Symbole der Planeten vermerkt, die auch in den monatlichen Sternkarten des Himmelsjahres die Orte der betreffenden Planeten markieren.

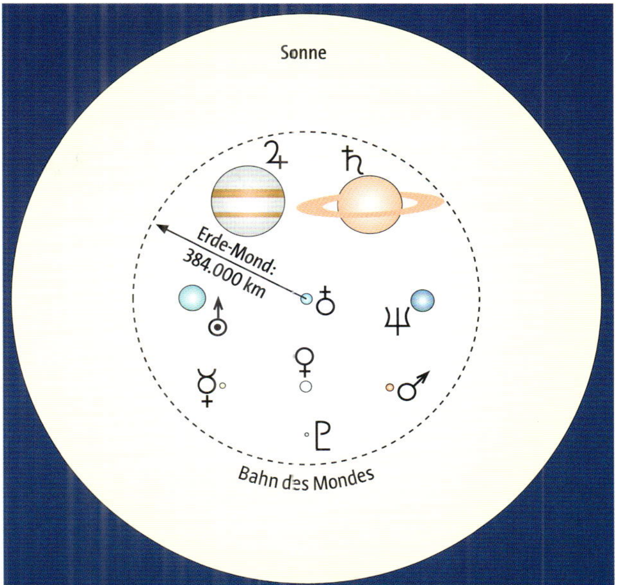

☉ Sonne	ø	1.392.000 km	♃ Jupiter	ø	142.796 km
☿ Merkur	ø	4.878 km	♄ Saturn	ø	120.536 km
♀ Venus	ø	12.104 km	♅ Uranus	ø	51.118 km
♁ Erde	ø	12.756 km	♆ Neptun	ø	49.424 km
♂ Mars	ø	6.794 km	♇ Pluto	ø	2.300 km

schnellen Überblick, welche Planeten am Abend, die ganze Nacht über, am Morgen oder gar nicht zu sehen sind. Eine grafische Jahresübersicht der Stellung, Größe, Helligkeit und Sichtbarkeit der Planeten findet sich auf den Seiten 276–277.

Die großen Planeten

Merkur: Sonnennächster Planet, zwischen $+3^m$ und $-1^m{,}5$ hell; schwer zu beobachten, da nur kurze Sichtbarkeitsperioden und stets horizontnahe Stellung; chromgelbes Licht.
Venus: Nach Sonne und Mond hellstes Gestirn, oft als Abend- bzw. Morgenstern bezeichnet. Helligkeiten von $-3^m{,}9$ bis $-4^m{,}9$; strahlend weißes Licht; entweder abends am Westhimmel oder morgens in der östlichen Himmelshemisphäre zu sehen.
Mars: Äußerer Nachbarplanet der Erde, auffallend seine rötliche Farbe (der „rote Planet"); sehr unterschiedliche Helligkeiten von $+1^m{,}8$ bis $-2^m{,}9$.
Jupiter: Der größte aller Planeten, ein auffallend heller Planet, daher kaum zu übersehen; Helligkeit von $-1^m{,}7$ bis $-2^m{,}9$, weißlichgelbes Licht.
Saturn: Der sonnenfernste mit freiem Auge noch sichtbare Planet strahlt in einem fahlen Licht zwischen $+1^m{,}3$ und 0^m, in Ausnahmefällen bis $-0^m{,}5$. Den berühmten Ring kann man mit einem Fernrohr ab etwa 30-facher Vergrößerung erkennen.
Uranus: Ist theoretisch mit bloßem Auge gerade noch erkennbar (Oppositionshelligkeit $5^m{,}5$). Wohlgemerkt „theoretisch", es empfiehlt sich auf alle Fälle ein gutes Fernglas, um Uranus zu finden! Farbe: grünlich. Die im März 1977 entdeckten Ringe sind jedoch selbst in großen Fernrohren für Hobbyastronomen nicht zu sehen.
Neptun: sonnenfernster Planet, Helligkeit um $7^m{,}9$; zeigt im Fernrohr ein winziges, grünblaues Scheibchen.
Pluto: Seit IAU-Beschluss vom August 2006 als Zwergplanet eingestuft, ist sehr lichtschwach, Helligkeit 14^m. Nur gut ausgerüstete Amateurastronomen können ihn beobachten.

Die Angaben der scheinbaren Helligkeiten sind – wie international üblich – V-Helligkeiten (nach dem UBV-System von Johnson). Die früher gebräuchlichen „visuellen" (m_{vis}) Helligkeiten sind um ca. $0^m{,}2$ geringer, werden aber in manchen anderen Quellen noch verwendet.

Kleinplaneten

Außer den acht großen Planeten schwirren noch Tausende kleiner und kleinster Planeten (Planetoiden oder Asteroiden) um die Sonne. Der erste wurde in der Neujahrsnacht des Jahres 1801 von Giuseppe Piazzi in Palermo entdeckt und auf den Namen Ceres getauft. Heute sind einige hunderttausend Planetoiden katalogisiert. Die meisten bewegen sich zwischen Mars und Jupiter um die Sonne. Einige haben jedoch sehr langgestreckte Bahnen, die die Bahnen anderer Planeten kreuzen. Sie können auch der Erde recht nahe kommen. Einige Planetoiden, die in diesem Jahr heller als 9^m werden, sind in der Rubrik „Planetenlauf" verzeichnet.

Die Monde der Planeten

Die beiden winzigen Marsmonde, die zahlreichen Uranusmonde, die Neptunmonde und die Plutomonde sind so lichtschwach, dass sie nicht mit den bescheidenen optischen Hilfsmitteln der Sternfreunde zu beobachten sind. Deshalb sind sie hier nicht aufgeführt.

Jupiter: Die vier hellsten Monde sind schon in kleinen Teleskopen leicht zu sehen: I Io, II Europa, III Ganymed und IV Kallisto. In den Monaten, in denen Jupiter zu beobachten ist, findet man jeweils eine Grafik, aus der die Positionen der Jupitermonde im umkehrenden Fernrohr ersichtlich sind. Sie lassen die gegenseitigen Stellungen und die Bewegungsabläufe der Jupitermonde erkennen.

Die waagerechten Linien in der Grafik beziehen sich auf 1^h MEZ des jeweiligen Datums, das links angegeben ist. Die Schnittpunkte der waagerechten Linien mit den Kurven der Jupitermonde geben somit deren Positionen jeweils um 1^h MEZ an.

Am unteren Rand jeder Grafik findet man eine Darstellung der Jupitermondbahnen relativ zum Beobachter.

Erscheinungen der Jupitermonde: Für den Fernrohrbesitzer ist es reizvoll, Bedeckungen, Verfinsterungen, Durchgänge und Schattenwürfe der Monde des Riesenplaneten auf Jupiter selbst zu beobachten.

Sofern diese Ereignisse von Mitteleuropa aus beobachtbar sind, findet man sie in der Rubrik „Jupitermonderscheinungen" verzeichnet. Es gelten folgende Abkürzungen:

B = Bedeckung, Mond verschwindet hinter der Jupiterscheibe
D = Durchgang, Mond geht vor der Planetenscheibe vorbei
S = Schattendurchgang, Mond wirft seinen Schatten auf Jupiter
V = Verfinsterung, Mond wird vom Jupiterschatten getroffen
A = Anfang der Erscheinung
E = Ende der Erscheinung
I: Io, II: Europa, III: Ganymed, IV: Kallisto.

Beispiel:

Januar: 4. 0 48 II SA

bedeutet: Am 4. Januar um 0^h48^m MEZ beginnt der Schatten von Mond II (Europa) über die Jupiterkugel zu wandern.

Saturn: Schon mit einem guten Fernglas ist der Riesenmond Titan zu erkennen. Im Fernrohr sind auch die Monde Rhea, Dione und Tethys sowie Japetus in westlicher Elongation (er ist dann rund 2^m heller) zugänglich.

Das griechische Alphabet

Α	α	Alpha	a	Η	η	Eta	e	Ν	ν	Nü	n	Τ	τ	Tau	t
Β	β	Beta	b	Θ	ϑ	Theta	th	Ξ	ξ	Xi	x	Υ	υ	Ypsilon	y
Γ	γ	Gamma	g	Ι	ι	Jota	i, j	Ο	ο	Omikron	o	Φ	φ	Phi	ph
Δ	δ	Delta	d	Κ	κ	Kappa	k	Π	π	Pi	p	Χ	χ	Chi	ch
Ε	ε	Epsilon	e	Λ	λ	Lambda	l	Ρ	ϱ	Rho	r	Ψ	ψ	Psi	ps
Ζ	ζ	Zeta	z	Μ	μ	Mü	m	Σ	σ ς	Sigma	s	Ω	ω	Omega	o

Für die Monate, in denen Saturn zu beobachten ist, findet man jeweils eine Grafik, aus der die Stellungen und die Bewegungsabläufe der Saturnmonde Tethys, Dione, Rhea, Titan und Japetus zu entnehmen sind. Die Bahnlagen der Saturnmonde relativ zum Beobachter sind jeweils darunter abgebildet.

Sternschnuppen

Sternschnuppen, die in Strömen periodisch auftreten, sind in den Monatsübersichten angegeben. Bei den verzeichneten Daten, vor allem, was die Häufigkeit betrifft, ist mit erheblichen Abweichungen zu rechnen. Die in vorliegendem Jahrbuch verwendeten Daten stammen von der International Meteor Organization (IMO) und werden jährlich aktualisiert.

Die angegebene Meteorrate bezieht sich auf die unter besten Sichtbedingungen (ohne Störung durch irdische Lichtquellen oder Mondlicht) mit bloßen Augen pro Stunde sichtbare Zahl der Sternschnuppen für den Idealfall, dass der Radiant im Zenit steht. Vor allem bei horizontnahen Radianten ist die pro Stunde zu beobachtende Sternschnuppenzahl erheblich geringer.

Konstellationen und Ereignisse

Diese Übersicht weist auf Konjunktionen (Begegnungen) zwischen den großen Planeten, mit Sonne und Mond sowie auf alle Oppositionen zur Sonne und die größten Elongationen der inneren Planeten hin. Auch Perihel- (Sonnennähe) und Aphelstellungen (Sonnenferne) der Planeten sind angegeben.

Sind Begegnungen des Mondes mit Planeten prinzipiell beobachtbar, so sind die Winkeldistanzen topozentrisch (für +50° Breite) angegeben und durch **Fettdruck** hervorgehoben.

Für die übrigen Konjunktionen sind die Abstandsangaben geozentrische Werte (Normaldruck). Denn durch die relative Erdnähe des Mondes ergibt sich eine große Parallaxe, das heißt, der Winkelabstand des Mondes von einem Planeten kann bis etwa 1° differieren zwischen einem (fiktiven) Beobachter im Erdmittelpunkt (geozentrisch) und einem Beobachter auf der Erdoberfläche (topozentrisch). Ferner sind wichtige Ereignisse durch **Fettdruck** hervorgehoben.

Fixsternhimmel

Da die Sonne täglich um rund 1° unter den Sternen nach Osten vorrückt, ändert sich der Anblick des Himmels im Laufe eines Jahres. Genauer: Täglich durchschreiten die Fixsterne den Meridian vier Minuten früher als am Vortag. In 30 Tagen also einem Monat, macht das schon zwei Stunden!

Mitte Dezember steht das Sternbild Orion gegen Mitternacht im Süden. Mitte Januar schon um 22 Uhr, und Mitte Februar geht Orion um 20 Uhr durch den Meridian. Dadurch ändert sich zur gleichen Beobachtungsstunde die Himmelsszene mit dem Datum. Nach einem Monat ist der Anblick noch nicht allzu verschieden vom Vormonat, aber nach einem Vierteljahr (sechs Stunden!) hat sich die Szenerie völlig umgestellt.

Man spricht daher von einem typischen Frühlings-, Sommer-, Herbst- und Wintersternhimmel. Gemeint ist der Anblick des Fixsternhimmels in den Abendstunden der jeweiligen Jahreszeit.

Die Monatssternkarte dient der schnellen Orientierung. Sie zeigt den beobachtbaren Himmelsausschnitt für 50° nördlicher Breite zur Standardbeobachtungszeit (am Monatsersten um 23^h MEZ, am 15. um 22^h MEZ).

Ebenfalls in die Monatssternkarten eingetragen sind die fünf hellen Planeten (Merkur bis Saturn), sofern sie zur Monatsmit-

E.7 **Sternbilder am Winterhimmel**

te um 22^h MEZ über dem Horizont stehen.

Zum Rand hin erscheint die Sternkarte aufgehellt. Es werden damit die Extinktion und die durch künstliche Lichtquellen fast immer aufgehellten Horizonte nachempfunden.

Die monatlichen Sternkarten können auch zur Beobachtung am Morgenhimmel herangezogen werden. Unter jeder Sternkarte finden sich die entsprechenden Datums- und Uhrzeitangaben.

Man beachte noch, dass für andere Monate der Planetenstand nicht aktuell ist. Man entnehme ihn der Grafik „Planetenlauf" im aktuellen Monat.

Monatsthemen

Hier wird monatlich ein Kapitel aus der Himmelskunde kurz und bündig dargestellt, zum leichteren und allmählichen Eindringen in die Wissenschaft von den Sternen. Auch über neue Forschungsergebnisse aus der Astronomie wird berichtet.

Wer ältere Jahrgänge des Himmelsjahres besitzt, möchte gelegentlich in einem Monatsthema der letzten Jahre nachsehen. Im *Kosmos Himmelsjahr 2010* findet man auf Seite 273 ein Verzeichnis der Monatsthemen von 2001–2010. Ferner ist im *Kosmos Himmelsjahr 2001* auf Seite 249 ein Verzeichnis der Monatsthemen 1990–2000 und im *Himmelsjahr 1989* auf Seite 193 ein Verzeichnis der Monatsthemen 1982–1989 abgedruckt.

Tabellen und Ephemeriden

Für den fortgeschrittenen Amateurastronomen sind im Anhang wichtige Beobachtungsgrundlagen vermerkt. Der Anfänger kann diese Angaben unberücksichtigt lassen. Ab Seite 278 findet man die **ekliptikalen Koordinaten** des Mondes, der Sonne und der großen Planeten von Merkur bis Saturn.

Die **äquatorialen Koordinaten** der Planeten und Kleinplaneten sind für das Äquinoktium J2000.0 angegeben, damit man sie leichter in vorhandene Sternkarten einzeichnen kann. Die Aufsuchkärtchen gelten ebenfalls für J2000.0. Ferner sind Kulminationszeiten sowie die Auf- bzw. Untergangszeiten, Scheibchendurchmesser in Bogensekunden und beleuchteter Teil der Planetenscheibchen vermerkt. Bei Saturn ist noch die Ringöffnung zur Erde und zur Sonne sowie die scheinbare Ausdehnung der großen und der kleinen Ringachse angegeben.

Für Sonne, Mars und Jupiter (System I und II) sind die **Zentralmeridiane** (Meridiane durch den Scheibenmittelpunkt) jeweils für 1^h MEZ vermerkt. Ferner gibt die Sonnenephemeride die Entfernung der Sonne von der Erde in AE an sowie ihren scheinbaren Durchmesser, die Achsenlage und die Sternzeit an.

Sternbedeckungen durch den Mond sind für Berlin, Dresden, Hamburg, Hannover, Düsseldorf, Frankfurt (Main), Leipzig, München, Nürnberg, Stuttgart, Wien und Zürich angegeben. Aus Platzersparnisgründen ist jeweils nur ein Positionswinkel angegeben, der lediglich dem leichteren Aufsuchen des zu bedeckenden Sternes dienen soll. In den Monatsübersichten wird unter der Rubrik „Mondlauf" in der Spalte „Sterne und Sternbilder" durch ein Sternchen (*) auf eine Sternbedeckung hingewiesen.

Veränderliche Sterne sind im Anschluss an die Fixsternmonatsübersichten aufgeführt. Für Algol (β Perseï) und β Lyrae findet der Sternfreund jeweils die Minima-Zeiten, für δ Cepheï die Lichtmaxima und für den langperiodischen Veränderlichen Mira (ο Ceti) den jeweiligen Helligkeitszustand. Die Aufsuchkärtchen findet man auf der hinteren Umschlagklappe. Bei den Minima-Angaben für Algol ist die Lichtzeitkorrektur (heliozentrisch auf geozentrisch) berücksichtigt.

Eine **Sternzeittafel** soll die rasche Bestimmung der Sternzeit zur abendlichen Beobachtungsstunde ermöglichen. Die Sternzeit für 1^h MEZ, bezogen auf den Meridian von Greenwich (Nullmeridian), findet man in der Tabelle „Ephemeride der Sonnenscheibe" (letzte Spalte).

Das **Julianische Datum** ist jeweils für den Monatsersten in der Rubrik „Sonnenlauf" angegeben. Das Julianische Datum stellt eine fortlaufende Tageszählung dar, die mit dem 1. Januar des Jahres −4712 (= 4713 v. Chr.) beginnt.

Im Anhang finden sich **zwei Verzeichnisse astronomischer Institutionen.** Im Verzeichnis „Astronomische Institute, Planetarien und Sternwarten" findet man die professionellen Einrichtungen im deutschen Sprachraum. Das Verzeichnis „Amateurastronomische Vereinigungen, Beobachtungsstationen und Privatsternwarten" enthält astronomische Vereine, Schulsternwarten sowie ehrenamtlich betriebene Sternwarten mit Publikumsverkehr.

Dieses Verzeichnis soll dem Leser den Kontakt zu Gleichgesinnten erleichtern und die eigene Beobachtungstätigkeit fördern. Das Verzeichnis erhebt keinen Anspruch auf Vollständigkeit.

Weitere Adressen nimmt der Herausgeber gerne auf (Anschrift: Planetarium Stuttgart, Mittlerer Schlossgarten, 70173 Stuttgart).

Literaturhinweise

Erklärung astronomischer Fachbegriffe:
H.-U. Keller,
Wörterbuch der Astronomie

Einführung in die Astronomie:
W. E. Celnik, H.-M. Hahn,
Astronomie für Einsteiger

H.-U. Keller,
Kompendium der Astronomie

Sternkarten für eigene Beobachtungen:
H.-M. Hahn, G. Weiland,
Drehbare Kosmos-Sternkarte

E. Karkoschka,
Atlas für Himmelsbeobachter

R. W. Sinnott,
Kosmos Sternatlas kompakt

E. Karkoschka,
Drehbare Welt-Sternkarte

Software:
H.-U. Keller, E. Karkoschka,
Kosmos Himmelsjahr in Kombination mit Redshift für PC

United Soft Media
Redshift für PC, MacOS und als App für iPhone/iPad

Astronomie im Internet:
www.kosmos-himmelsjahr.de
www.astronomie.de
www.astrotreff.de
www.sternfreunde.de
www.sternwarte.de

Impressum

Umschlaggestaltung von eStudio Calamar unter Verwendung einer Illustration von Mark Garlick (Science Photo Library/Agentur Focus).

Mit 45 Farb- und Schwarzweißfotos, 211 Illustrationen von Gerhard Weiland, einer Illustration von Gunther Schulz (Seite 131) sowie zwölf Planetenlauf- und zwölf Monatssternkarten von Wil Tirion.

Unser gesamtes Programm finden Sie unter **kosmos.de**.
Über Neuigkeiten informieren Sie regelmäßig unsere Newsletter, einfach anmelden unter **kosmos.de/newsletter**

Gedruckt auf chlorfrei gebleichtem Papier

MIX
Papier aus verantwortungsvollen Quellen
FSC® C084279
FSC www.fsc.org

ISSN: 1438-3306
ISBN: 978-3-440-14580-7
Redaktion: Sven Melchert
Produktion: Ralf Paucke, Siegfried Fischer
Printed in Slovenia/Imprimé en Slovénie

Anschrift des Herausgebers:
Prof. Dr. Hans-Ulrich Keller
Planetarium Stuttgart
Mittlerer Schlossgarten
D-70173 Stuttgart

Sonnen- und Mondfinsternisse 2016

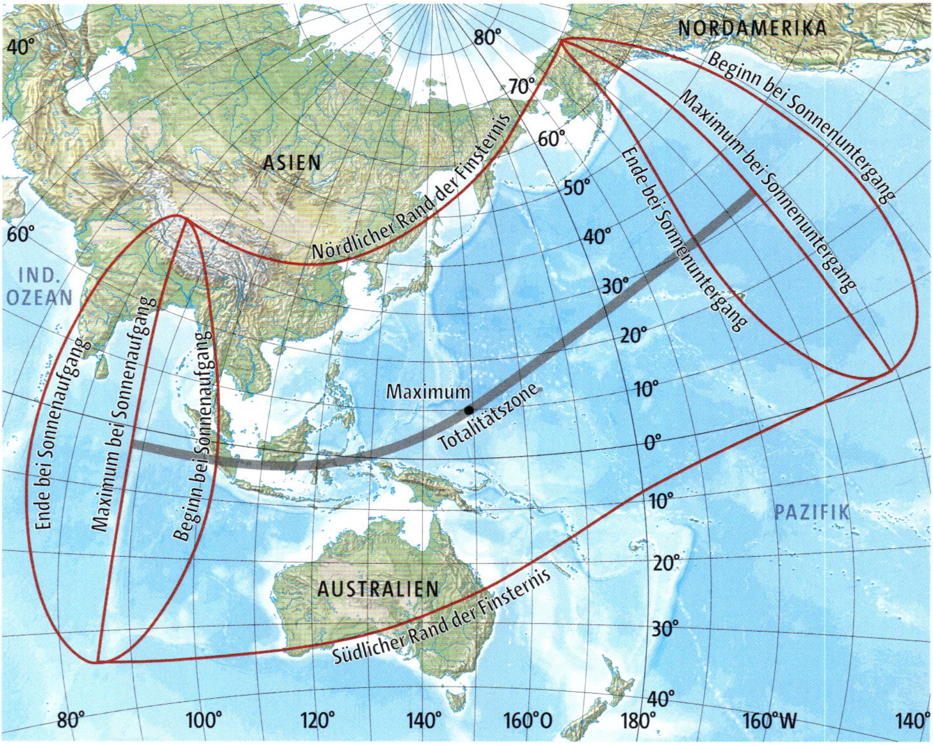

F.1 Globaler Verlauf der totalen Sonnenfinsternis vom 8./9. März 2016

Im Jahr 2016 finden eine totale und eine ringförmige Sonnenfinsternis statt sowie drei Halbschattenfinsternisse des Mondes. Von Mitteleuropa aus kann unter guten Sichtbedingungen lediglich die Halbschattenfinsternis des Mondes vom 16. September andeutungsweise beobachtet werden. Alle anderen Finsternisse bleiben von Mitteleuropa aus unsichtbar.

Außerdem findet am 9. Mai ein Merkurtransit statt, der in voller Länge von Mitteleuropa aus verfolgt werden kann.

Totale Sonnenfinsternis am 8./9. März

Diese Sonnenfinsternis findet in der Nacht von Dienstag, 8., auf Mittwoch, 9. März 2016 statt. Von ganz Europa aus bleibt sie auch in ihren partiellen Phasen unbeobachtbar. Die Finsternis ist sichtbar in Ostasien, östlichen Teilen Indiens, Japan, Indonesien, weiten Gebieten Australiens, vom Indischen Ozean, vom nördlichen Pazifik und von Alaska. Die Totalitätszone zieht sich vom Indischen Ozean über Sumatra, Borneo, einigen Südseeinseln und den Pazifischen Ozean, wo sie bei 144°33′ westlicher Länge und 32°35′ nördlicher Breite endet (siehe Abb. F.1 auf Seite 24).

Der Höhepunkt der Finsternis wird um 2^h58^m MEZ im Pazifischen Ozean am Ort 148°50′ östlicher Länge und 10°07′ nördlicher Breite erreicht, wobei die Breite der Totalitätszone 155 Kilometer beträgt. Die maximale Dauer der totalen Verfinsterung erreicht 4^m14^s. Zum Maximum steht die Sonne 75° hoch in südlicher Richtung.

Die Finsternis beginnt am 8. März um 23^h19^m UTC = 9. März um 0^h19^m MEZ (1. Kontakt) am Ort 102°13′ östlicher Länge und 7°38′ südlicher Breite und endet um 5^h35^m am Ort 158°21′ westlicher Länge und 27°13′ nördlicher Breite.

Die Finsternis ist die 52. im Saros-Zyklus Nr. 130, der insgesamt 73 Sonnenfinsternisse umfasst.

Halbschattenfinsternis des Mondes am 23. März

Diese Finsternis findet in den Mittagsstunden am Mittwoch, 23. März 2016 statt. Der Mond taucht dabei zu 77,5 Prozent seines scheinbaren Durchmessers in den Halbschatten der Erde. Sie ist von Europa und Afrika aus nicht zu verfolgen. Zu beobachten ist sie von Nord- und Südamerika aus, wobei der Mond während der Finsternis untergeht. In Mittel- und Ostasien geht er während der Finsternis auf. Für den gesamten Pazifischen Ozean ist der Mond während der kompletten Finsternisdauer über dem Horizont. Allerdings sind weder der Eintritt noch der Austritt des Mondes aus dem Halbschatten beobachtbar. Zum Höhepunkt der Finsternis zeigt die Südkalotte einen leichten Grauschleier. Halbschattenfinsternisse des Mondes sind weitgehend unauffällig und werden oft kaum wahrgenommen.

Die Finsternis nimmt folgenden Verlauf:

	MEZ
Eintritt des Mondes in den Halbschatten	10^h37^m
Mitte der Finsternis	12^h47^m
Austritt des Mondes aus dem Halbschatten	14^h57^m

Zur Mitte der Finsternis stehen 77,5 % des scheinbaren Monddurchmessers im Halbschatten der Erde.

Diese Mondfinsternis ist die 18. im Saroszyklus Nr. 142, der insgesamt 74 Mondfinsternisse umfasst.

F.2 Verlauf der Halbschattenfinsternis des Mondes vom 23. März 2016

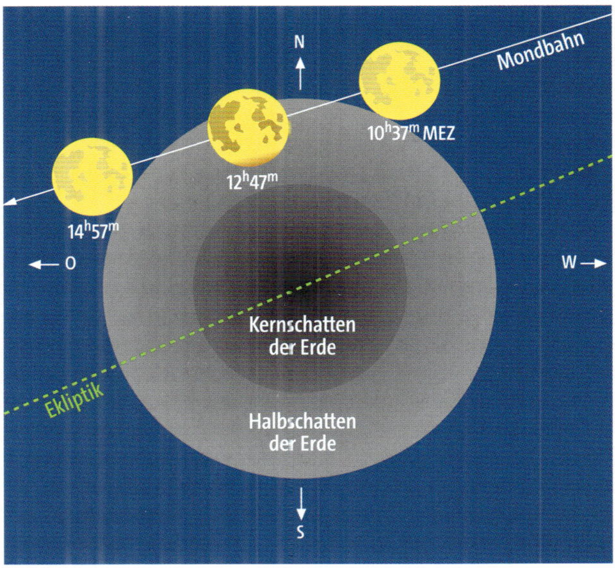

Merkurdurchgang am 9. Mai

Am Montag, 9. Mai 2016, findet wieder einmal das seltene Ereignis eines Merkurtransits oder -durchgangs statt. Der sonnennächste Planet zieht als winziger dunkler Punkt vor der Sonnenscheibe vorbei. Merkur kommt am 9. Mai um 16^h10^m MEZ (= 17^h10^m MESZ) in untere Konjunktion mit der Sonne. Am gleichen Tag passiert er um 8^h49^m MEZ seinen absteigenden Knoten. Er hält sich somit zur Konjunktion knapp südlich der Ekliptik auf, weshalb er vor der Sonnenscheibe vorbeiwandert und seine unbeleuchtete Seite der Erde zukehrt (Phase: Neumerkur). Der gesamte Durchgang dauert von 12^h12^m bis 19^h40^m (= 20^h40^m Sommerzeit). Somit kann der diesjährige Merkurtransit von Europa aus beobachtet werden. Für östlich gelegene Städte geht allerdings die Sonne noch vor Ende des Transits unter (siehe Abb. F.3 unten und Tabelle „Merkurtransit am 9. Mai 2016 in Europa“ auf Seite 129).

Der Merkurdurchgang vom 9. Mai nimmt folgenden Verlauf:

Geozentrisch UT	50°Nord/10° Ost MESZ
1. Kontakt (Merkur berührt die Sonnenscheibe):	
$11^h12^m18^s$	$13^h12^m09^s$
2. Kontakt (Merkur löst sich vom Sonnenrand):	
$11^h15^m30^s$	$13^h15^m21^s$
Mitte (Merkur erreicht geringste Distanz vom Sonnenscheibenmittelpunkt):	
$14^h57^m25^s$	$16^h56^m04^s$
3. Kontakt (Merkur berührt den Sonnenrand von innen):	
$18^h39^m13^s$	$20^h37^m18^s$
4. Kontakt (Merkur trennt sich von der Sonnenscheibe):	
$18^h42^m25^s$	$20^h40^m30^s$

F.3 Globaler Verlauf des Merkurtransits vom 9. Mai 2016

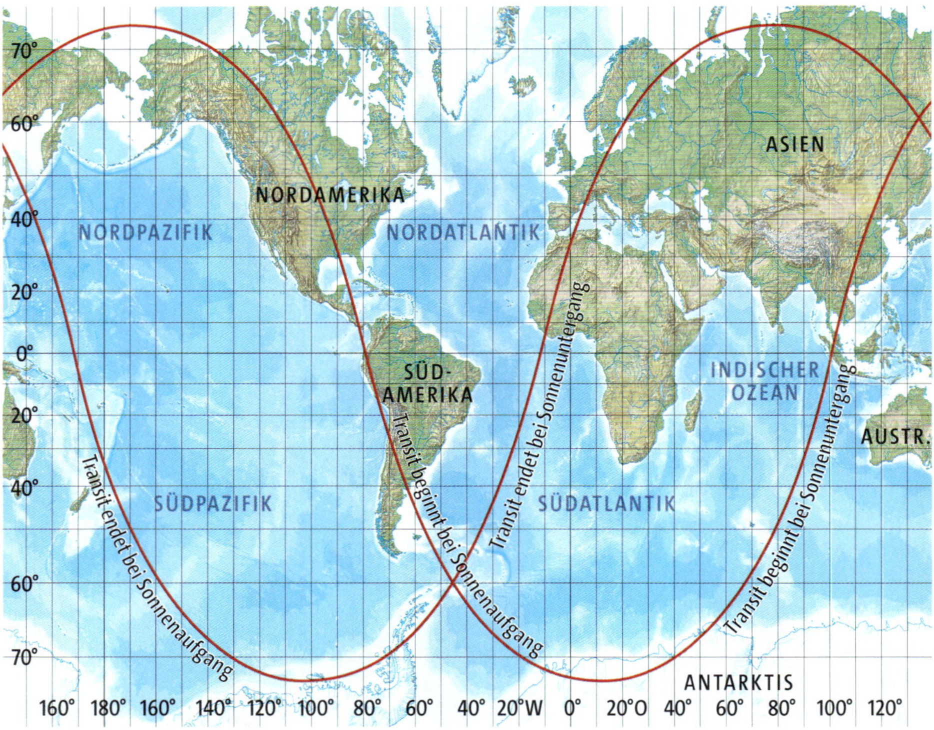

Die Tabelle enthält sowohl die Kontaktzeiten für das Geozentrum (Erdmittelpunkt) in Weltzeit (UT – Universal Time, Mittlere Sonnenzeit des Null-Meridians der Erde) als auch für den für Mitteleuropa zentralen Referenzpunkt 50° nördlicher Breite und 10° östlicher Länge in MESZ (= Mitteleuropäische Sommerzeit). Die topozentrischen Kontaktzeiten für einige europäische Städte sind in der erwähnten Tabelle auf Seite 129 angegeben.

Zur Mitte des Transits um 15^h56^m MEZ (= 16^h56^m Sommerzeit) erreicht Merkur den geringsten Abstand vom Sonnenscheibenmittelpunkt. Die Minimumsdistanz misst dabei 5′19″ bei einem scheinbaren Sonnenradius von 15′50″ am 9. Mai 2016. Merkur legt dabei eine vergleichsweise lange Sehne auf der kreisförmigen Sonnenscheibe zurück (siehe Abb. 5.11 auf Seite 130). Der Sonnenuntergang erfolgt am 9. Mai 2016 für 50° Nord und 10° Ost um 20^h50^m MESZ.

Die Wanderung von Merkur vor der Sonne erfolgt rückläufig, also von Ost nach West, da er sich in der Zeit um die untere Konjunktion befindet und somit die Erde auf der Innenbahn überholt.

Da das Merkurscheibchen zum Transit nur 12″ scheinbaren Durchmesser aufweist, ist das schwarze Merkurpünktchen mit bloßen Augen nicht zu sehen. Um Merkur zu erkennen, ist ein Teleskop erforderlich. Vor **unvorsichtigen Sonnenbeobachtungen** ohne ausreichende Schutzmaßnahmen wird **dringend gewarnt**.

Nähere Erläuterungen zum Merkurtransit findet man im Monatsthema Mai „Merkur vor der Sonne“ auf Seite 126.

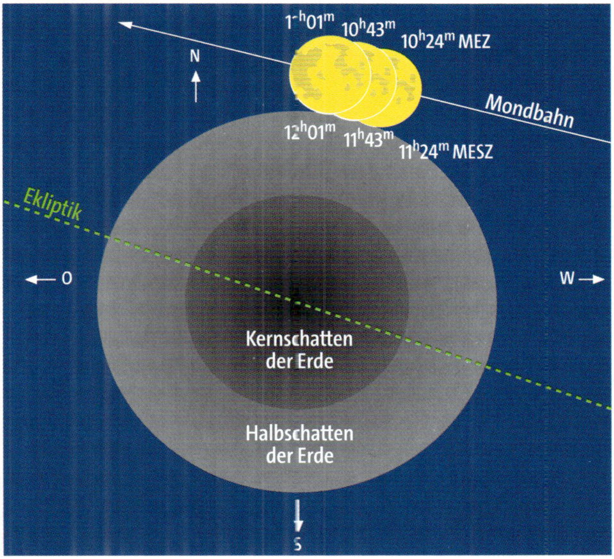

F.4 Verlauf der Halbschattenfinsternis des Mondes vom 18. August 2016

Halbschattenfinsternis des Mondes am 18. August

Diese Finsternis ereignet sich in den Vormittagsstunden am Donnerstag, 18. August 2016, wobei der Vollmond in Mitteleuropa bereits untergegangen ist. Sie ist gewissermaßen der Grenzfall einer „Finsternis“. Denn der Mond taucht mit seiner Südkalotte maximal nur knapp zwei Prozent in den Halbschatten der Erde ein. Somit bleibt diese Finsternis generell unbeobachtbar. Der Vollständigkeit halber sei dennoch ihr Verlauf angemerkt:

	MEZ	MESZ
Eintritt des Mondes in den Halbschatten	10^h24^m	11^h24^m
Mitte der Finsternis	10^h43^m	11^h43^m
Austritt des Mondes aus dem Halbschatten	11^h01^m	12^h01^m

Zur Mitte der Finsternis befinden sich 1,7 % des scheinbaren Mondscheibendurchmessers im Halbschatten der Erde.

Es ist dies die letzte Finsternis des Saros-Zyklus Nr. 109, zu dem insgesamt 73 Mondfinsternisse

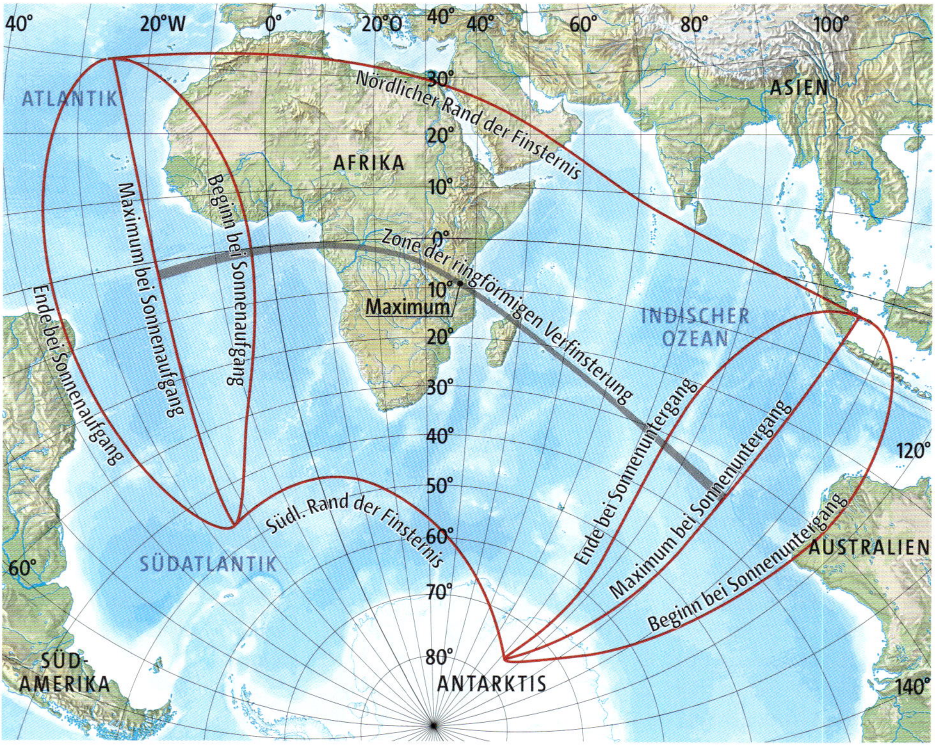

F.5 Globaler Verlauf der ringförmigen Sonnenfinsternis vom 1. September 2016

gehören. Die erste Finsternis des Saros-Zyklus 109 war die Halbschattenfinsternis vom 27. Juni 736.

Ringförmige Sonnenfinsternis am 1. September

Diese Finsternis findet am Donnerstag, 1. September 2016 statt. Von ganz Europa bleibt sie auch in ihren partiellen Phasen unbeobachtbar. Sie ist sichtbar in Afrika mit Ausnahme der Küstenbereiche am Mittelmeer, im südöstlichen Atlantik und im Indischen Ozean.

Die Zone der ringförmigen Phase beginnt im Atlantik am Ort 19°23′ westlicher Länge und 3°04′ südlicher Breite um $8^{h}19^{m}$ MEZ und endet über dem Indischen Ozean ein gutes Stück vor der Westküste Australiens am Ort 100°33′ östlicher Länge und 35°38′ südlicher Breite um $11^{h}54^{m}$ MEZ. Der Höhepunkt der Finsternis wird um $10^{h}07^{m}$ MEZ im südöstlichen Afrika nahe dem Malawisee am Ort 37°48′ östlicher Länge und 10°41′ südlicher Breite erreicht, wobei die Zone der ringförmigen Phase eine Breite von knapp 100 Kilometer aufweist. Die maximale Dauer der ringförmigen Verfinsterung erreicht $3^{m}06^{s}$. Zum Maximum steht die Sonne 71° über dem Nordhorizont in nur knapp 16° östlichem Azimut vom Nordpunkt aus gerechnet. Der scheinbare Durchmesser der dunklen Neumondscheibe entspricht dabei 97,4 % des Durchmessers der Sonnenscheibe.

Die Finsternis beginnt am 1. September um $7^{h}13^{m}$ MEZ

F.6 Verlauf der Halbschattenfinsternis des Mondes vom 16. September 2016

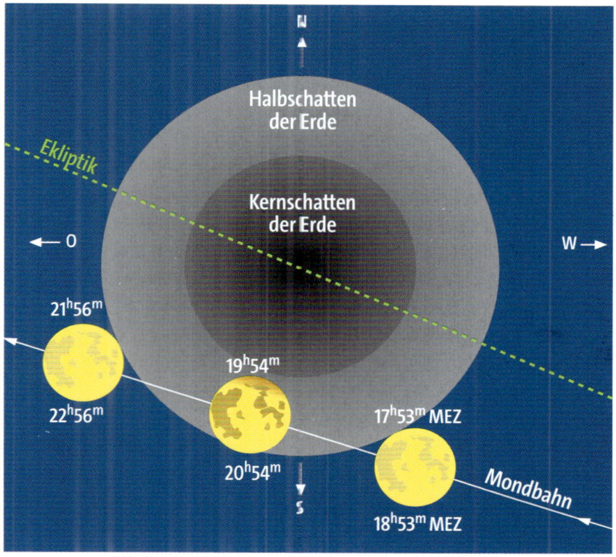

(1. Kontakt) am Ort 3°52′ westlicher Länge und 4°00′ nördlicher Breite und endet um 13^h01^m MEZ (4. Kontakt) am Ort 85°23′ östlicher Länge und 28°35′ südlicher Breite.

Diese Sonnenfinsternis ist die 39. im Saros-Zyklus 135, der insgesamt 71 Finsternisse umfasst.

Halbschattenfinsternis des Mondes am 16. September

Diese Finsternis findet in den Nachmittags- und Abendstunden am Freitag, 16. September 2016 statt. Da der Vollmond zu 93 % in den Halbschatten der Erde eintaucht, ist diese Mondfinsternis als geringfügige Verdunklung der Nordkalotte des Mondes beobachtbar. Allerdings geht der Mond über dem deutschen Sprachraum erst während der Finsternis auf. Der Mondaufgang erfolgt für 10° östlicher Länge und 50° nördlicher Breite am 16. September um 18^h31^m MEZ (= 19^h31^m MESZ).

Die Finsternis nimmt folgenden Verlauf:

	MEZ	MESZ
Eintritt des Mondes in den Halbschatten	17^h53^m	18^h53^m
Mitte der Finsternis	19^h54^m	20^h54^m
Austritt des Mondes aus dem Halbschatten	21^h56^m	22^h56^m

F.7 Sichtbarkeitsgebiet der Halbschattenfinsternis des Mondes vom 16. September 2016

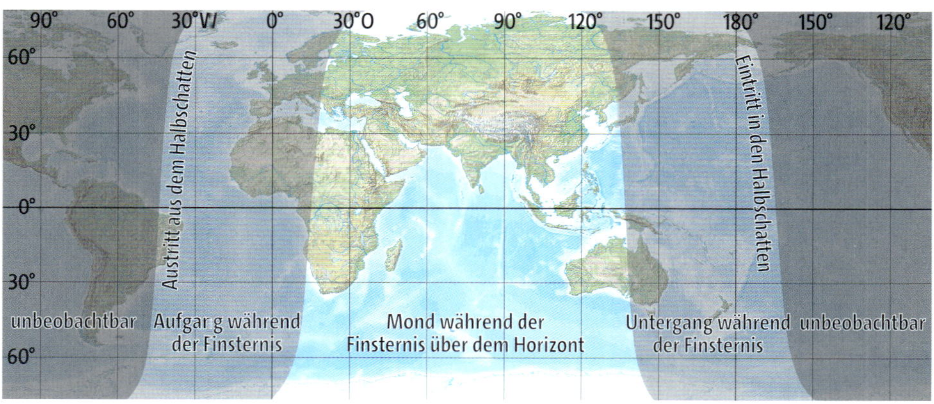

F.8 Der vom Halbschatten verfinsterte Mond am 15. März 2006. Aufnahme: Mario Weigand.

Zur Mitte dieser Finsternis befinden sich 93,3 % des Mondscheibendurchmessers im Halbschatten der Erde.

Halbschattenfinsternisse sind unauffällige Ereignisse. Ein- und Austritt aus dem Halbschatten sind grundsätzlich unbeobachtbar. Auch zur maximalen Phase ist erst ab einer Mindestgröße von rund 70 % die leichte Verdunklung einer Mondkalotte auszumachen. Dem Gros der Bevölkerung fallen Halbschattenfinsternisse nicht auf. Sie werden daher in den meisten Medien und Kalendern gar nicht erwähnt. Bei dieser Halbschattenfinsternis sind die nördlichen Partien der Mondscheibe um das Mare Frigoris schon deutlich von einem Grauschleier überzogen.

Die Finsternis ist beobachtbar von Europa, Asien, Australien, Afrika und dem Indischen Ozean sowie von Teilen der Antarktis aus.

Diese Finsternis ist die 9. im Saros-Zyklus 147, zu dem insgesamt 71 Mondfinsternisse gehören.

Januar 2016

- Venus eröffnet den Jahresreigen als Morgenstern.
- Merkur erscheint Ende Januar am Morgenhimmel.
- Am 9. kommt es zu einer engen Begegnung von Venus mit Saturn.
- Die Erde befindet sich am 3. mit 147 Millionen Kilometer in Sonnennähe.

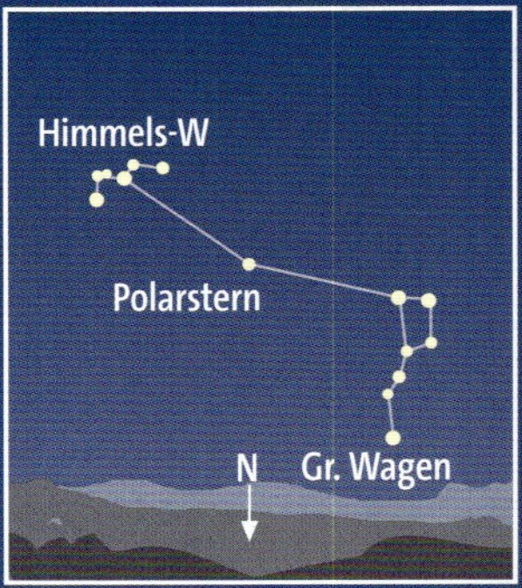

Großer Wagen und Himmels-W Anfang Januar um 22 Uhr

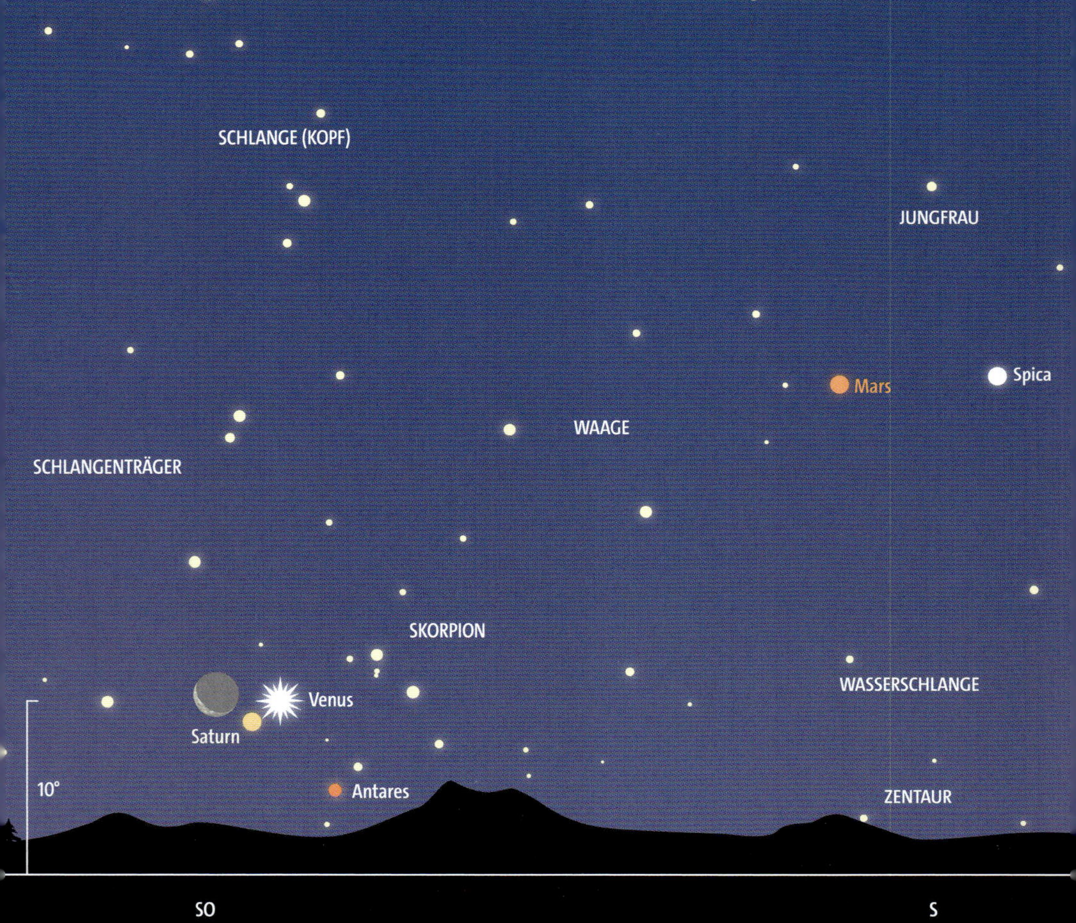

1.1 Anblick des Südosthimmels gegen 7[h] MEZ am 7. Januar. Knapp über dem Horizont sind Venus und Saturn zu sehen, zu denen sich die schmale Sichel des abnehmenden Mondes gesellt.

1	Fr	Neujahr
2	Sa	Mond im letzten Viertel Mond in Erdferne
3	So	Erde in Sonnennähe
4	Mo	Mond bei Mars (Morgenhimmel)
5	Di	
6	Mi	Heilige drei Könige
7	Do	Mond bei Venus und Saturn (Morgenhimmel)
8	Fr	
9	Sa	Venus bei Saturn (Morgenhimmel)
10	So	**Neumond**
11	Mo	
12	Di	
13	Mi	Mond bei Neptun (Abendhimmel)
14	Do	
15	Fr	Mond in Erdnähe
16	Sa	
17	So	Mond im ersten Viertel
18	Mo	
19	Di	
20	Mi	
21	Do	
22	Fr	
23	Sa	
24	So	**Vollmond**
25	Mo	
26	Di	
27	Mi	
28	Do	Mond bei Jupiter (Mitternacht)
29	Fr	
30	Sa	Mond in Erdferne
31	So	

Sonne – Sternbilder

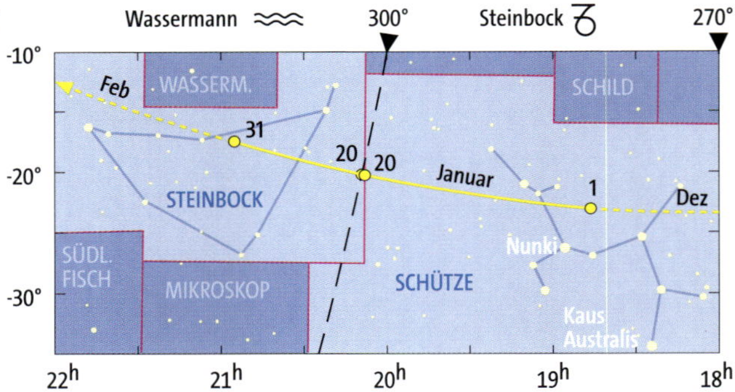

20. 1. 14h:
Sonne tritt in das Sternbild Steinbock
20. 1. 17h:
Sonne tritt in das Tierkreiszeichen Wassermann
Julianisches Datum am
1. Januar, 1h MEZ: 2 457 388,5

Tabelle Sonnenlauf

Tag	Dämmerg. Anfang	Aufgang MEZ	Kulmination	Untergang MEZ	Dämmerg. Ende	Mittagshöhe	Zeitgleichg.	Rektaszension	Deklination
	h m	h m	h m	h m	h m	o	m	h m	o
1.	6 59	8 19	12 23	16 28	17 48	17,0	– 3	18 42	–23,1
5.	6 59	8 18	12 25	16 33	17 52	17,4	– 5	19 00	–22,7
10.	6 58	8 16	12 27	16 39	17 57	18,0	– 7	19 22	–22,1
15.	6 56	8 13	12 29	16 46	18 03	18,8	– 9	19 44	–21,3
20.	6 53	8 09	12 31	16 53	18 10	19,8	–11	20 05	–20,3
25.	6 48	8 04	12 32	17 01	18 17	21,0	–12	20 26	–19,2
31.	6 42	7 56	12 33	17 11	18 26	22,5	–13	20 51	–17,7

Tages- und Nachtstunden

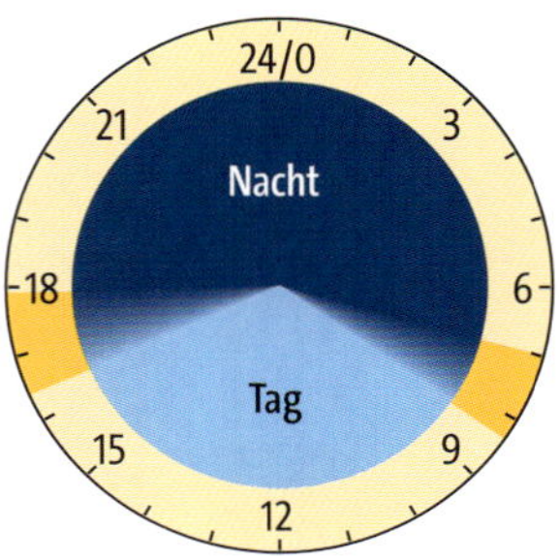

5. Januar

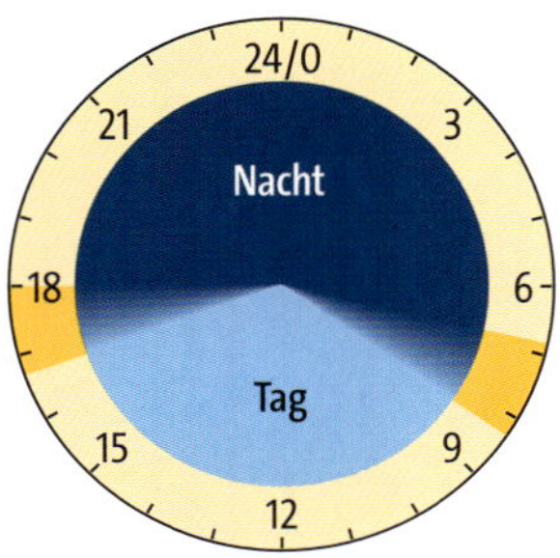

15. Januar

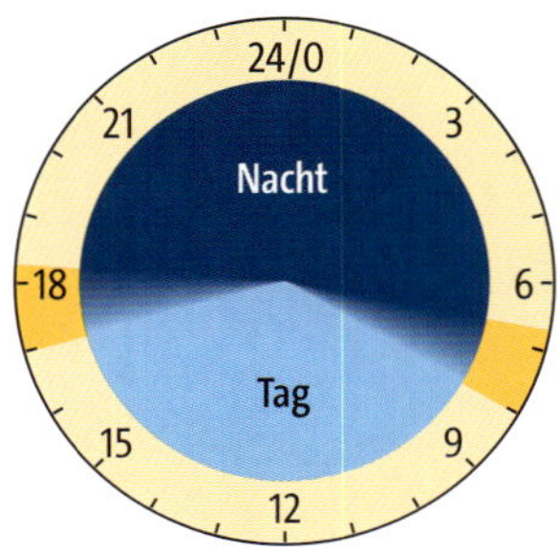

25. Januar

Tabelle Mondlauf

Datum		Aufg. MEZ	Kulmination	Unterg. MEZ	Rektaszension	Deklination	Sterne und Sternbilder	Phase	MEZ
		h m	h m	h m	h m	°			
Fr	1.	–	5 36	11 45	11 47	+ 1,6	Jungfrau		
Sa	2.	0 19	6 18	12 08	12 32	– 2,2	Jungfrau	**Letztes Viertel**	**6h 30m**
								Erdferne 404/29′,6	13h
So	3.	1 20	7 01	12 33	13 18	– 5,8	Spica		
Mo	4.	2 21	7 44	13 00	14 03	– 9,3	Jungfrau		
Di	5.	3 23	8 29	13 30	14 51	–12,4	Waage		
Mi	6.	4 24	9 17	14 04	15 40	–15,0	Waage		
Do	7.	5 25	10 06	14 46	16 31	–16,9	Schlangenträger		
Fr	8.	6 22	10 59	15 34	17 24	–18,1	Schlangenträger	Größte Nordbreite	
								Libration Ost	
Sa	9.	7 16	11 52	16 30	18 20	–18,4	Schütze		
So	10.	8 04	12 47	17 34	19 16	–17,6	Schütze	**Neumond Nr. 1151**	**2h 31m**
Mo	11.	8 47	13 42	18 43	20 13	–15,9	Steinbock		
Di	12.	9 24	14 36	19 56	21 09	–13,1	* Wassermann		
Mi	13.	9 57	15 29	21 10	22 05	– 9,6	Wassermann		
Do	14.	10 27	16 21	22 25	23 00	– 5,5	Wassermann	Absteigender Knoten	
Fr	15.	10 57	17 13	23 40	23 54	– 1,1	Fische	Erdnähe 370/32′,3	3h
Sa	16.	11 26	18 05	–	0 48	+ 3,3	* Fische		
So	17.	11 58	18 57	0 55	1 42	+ 7,6	* Fische	**Erstes Viertel**	**0h 26m**
Mo	18.	12 32	19 51	2 09	2 37	+11,4	Widder		
Di	19.	13 11	20 46	3 20	3 33	+14,5	Stier		
Mi	20.	13 56	21 41	4 28	4 30	+16,8	* Stier, Hyaden		
Do	21.	14 47	22 37	5 30	5 27	+18,1	* Stier	Größte Südbreite	
Fr	22.	15 44	23 31	6 25	6 24	+18,3	Alhena		
Sa	23.	16 46	–	7 13	7 20	+17,5	Zwillinge	Libration West	
So	24.	17 50	0 23	7 53	8 15	+15,8	Krebs, Krippe	**Vollmond**	**2h 46m**
Mo	25.	18 55	1 13	8 27	9 07	+13,3	Krebs		
Di	26.	19 59	2 01	8 57	9 57	+10,2	Löwe, Regulus		
Mi	27.	21 02	2 46	9 23	10 45	+ 6,7	Löwe		
Do	28.	22 04	3 30	9 48	11 32	+ 3,1	Löwe	Aufsteigender Knoten	
Fr	29.	23 06	4 13	10 12	12 17	– 0,7	Jungfrau		
Sa	30.	–	4 55	10 36	13 02	– 4,4	* Jungfrau	Erdferne 405/29′,5	10h
So	31.	0 07	5 38	11 02	13 48	– 7,9	Spica		

Der Mond wandert am 19./20. durch die Hyaden (siehe Seite 288)

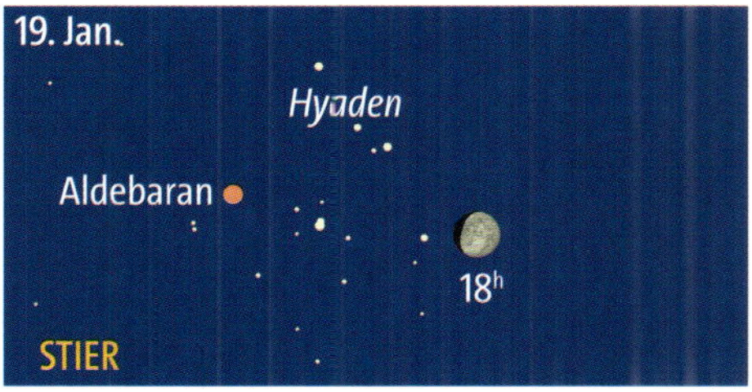

1 Der Planetenlauf

Januar 2016

Merkur zeigt sich zu Jahresbeginn noch kurz am Abendhimmel. Südlich von 56° nördlicher Breite kann man ihn gegen 17^h in der Abenddämmerung knapp über dem Südwesthorizont erspähen. Der $-0{,}^m4$ helle Planet geht am 1. um 18^h02^m unter. Im Teleskop zeigt sich das 7″,3 große Planetenscheibchen halb beleuchtet. Bis 3. geht die Merkurhelligkeit rapide auf $-0{,}^m1$ zurück, die Untergangszeit bleibt gleich. Schon etwa eine Viertelstunde vor seinem Untergang verschlucken ihn die dichten Dunstschichten am Horizont. Nach dem 3. wird man vergeblich nach Merkur Ausschau halten.

Am 5. wird der flinke Planet stationär und eilt anschließend

1.2 Heliozentrischer Anblick des Planetensystems im ersten Jahresviertel 2016. Eingetragen sind links die Positionen der inneren Planeten für den 1. Januar (1), 1. Februar (2) sowie 1. März (3) und 1. April (4). Der rechte Teil zeigt das äußere Planetensystem und einige Planetoiden zu Anfang und Ende des ersten Quartals. Die Pfeile deuten die Richtungen zu den ferneren Planeten und zum Frühlingspunkt an.

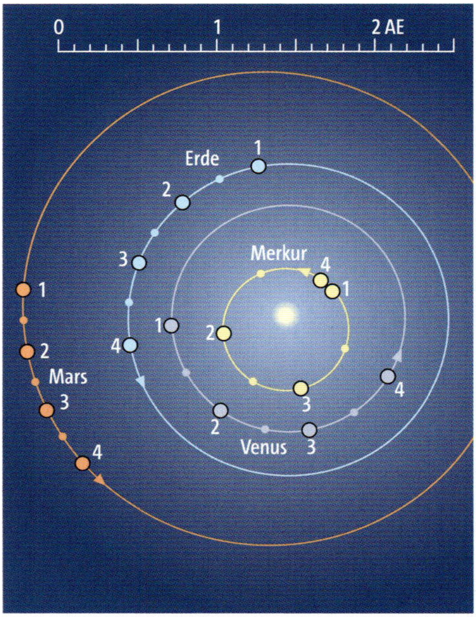

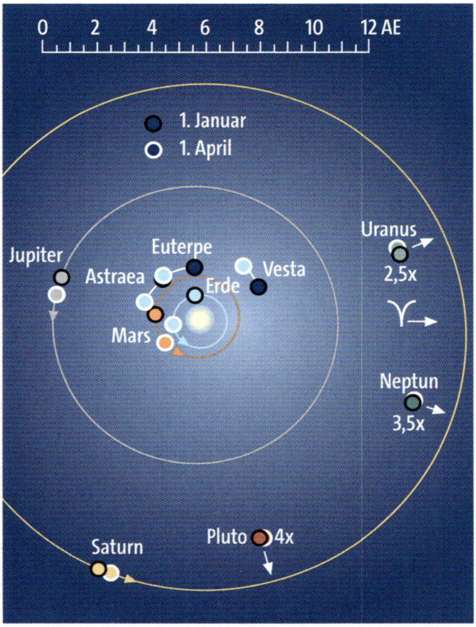

rasch rückläufig auf die Sonne zu, die ihm im Tierkreis entgegenkommt. Mit ihr trifft er schon am 14. zusammen, er kommt in untere Konjunktion. In unterer Konjunktion überholt ein Planet die Erde auf der Innenbahn. Merkur läuft dabei wegen seiner Bahnneigung von 7° nördlich an der Sonne vorbei. Am 9. Mai wird er aber die Erde überholen, wenn er am selben Tag die Bahnebene der Erde (die Ekliptikebene) im absteigenden Knoten passieren wird, also die Ekliptik von Nord nach Süd kreuzt. Dabei kommt es zu einem Merkurtransit, wobei Merkur als dunkler Punkt vor der Sonnenscheibe zu sehen ist (siehe Seite 26, 118 und 125, Monatsthema „Merkur vor der Sonne").

Nach seiner unteren Konjunktion gewinnt Merkur rasch westlichen Winkelabstand von der Sonne, die ihm davonläuft. Am 25. wird der sonnennächste Planet stationär und wandert anschließend wieder rechtläufig durch den Tierkreis. Seine Kon-

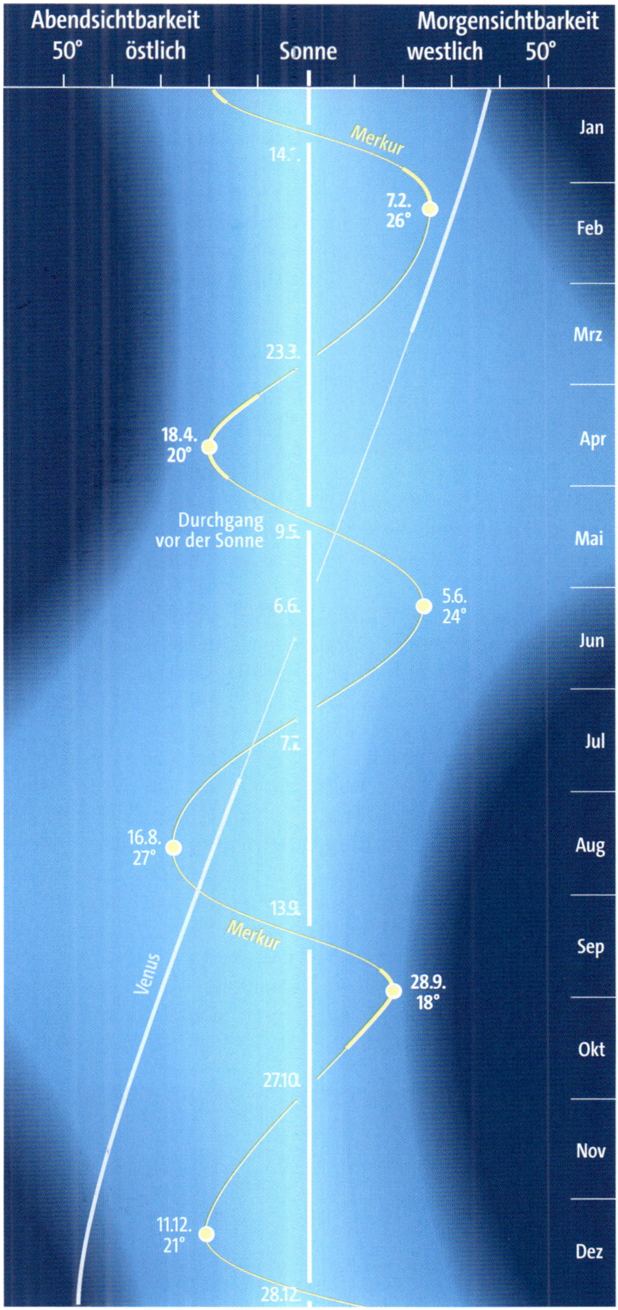

1.3 Winkelabstand zur Sonne von Merkur und Venus:
Elongationen und Konjunktionen der inneren Planeten Merkur und Venus von bzw. mit der Sonne im Jahre 2016. Die Datumsangaben beziehen sich jeweils auf die größten Elongationen sowie die Konjunktionen. Fettgedrucktes Datum bedeutet: in Mitteleuropa mit freiem Auge sichtbar. Unterbrochener Sonnenbalken weist auf eine untere Konjunktion hin, unterbrochene Planetenlinie auf eine obere Konjunktion.

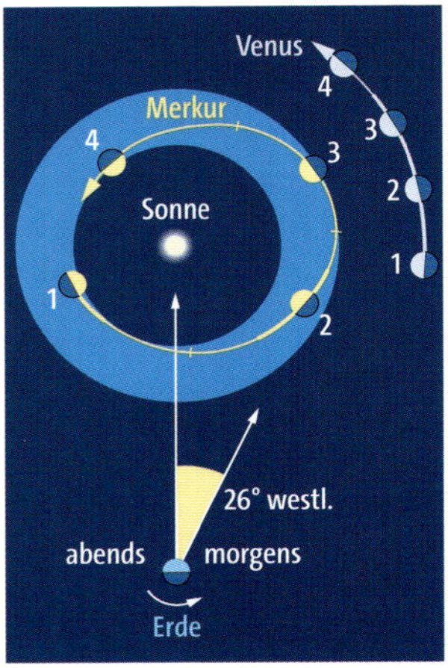

1.4 Bahnen von Merkur und Venus: **Heliozentrische Bewegungen von Merkur und Venus *relativ* zur Erde. In den dicker ausgezogenen Bahnteilen sind die Planeten beobachtbar. Die Zahlen markieren die Positionen jeweils zum Monatsersten. Östlicher Winkelabstand bedeutet Abendsichtbarkeit, westliche Elongation: Planet steht am Morgenhimmel.**

junktionsschleife zieht Merkur im Gebiet der Sternbilder Schütze und Steinbock (siehe Abb. 1.5 unten).

Südlich von 52° nördlicher Breite zeigt sich Merkur schon Ende Januar tief am Südosthimmel (siehe Abb. 2.2 und Abb. 2.3 auf Seite 60). Auch Venus kann als Aufsuchhilfe dienlich sein.

Am 31. geht der $0^m{,}0$ helle Merkur um 6^h33^m auf. Etwa zwanzig Minuten später sollte man ihn in der beginnenden Morgendämmerung ausmachen können. Weitere zwanzig Minuten später verblasst er in der zunehmenden Morgenhelle. Am 31. zieht Merkur eine Vollmondbreite am Stern π im Schützen vorbei. Da π Sgr nur $2^m{,}9$ hell ist, benötigt man ein Fernglas, um ihn zu sehen.

Am 8. eilt Merkur durch sein Perihel (sonnennächster Bahnpunkt), wobei ihn 0,307 AE, das sind 46,00 Millionen Kilometer, von der Sonne trennen.

Venus eröffnet den Jahresreigen als Morgenstern. Allerdings verkürzt sich ihre Sichtbarkeitsdauer deutlich. Ihre Glanzzeit als Morgenstern ist vorbei.

Am 1. geht die $-4^m{,}0$ helle Venus um 5^h12^m auf. Wenige Minuten danach macht sich bei freier Horizontsicht unser innerer Nachbarplanet am Morgenhimmel im Südosten bemerkbar. Bis Monatsende verspäten sich die Venusaufgänge um über eine Stunde auf 6^h13^m. Die Venushelligkeit nimmt kaum merkbar auf $-3^m{,}9$ ab. Da die Sonne morgens immer früher erscheint, schrumpft die Sichtbarkeitsdauer von Venus um etwa eineinhalb Stunden im Laufe des Januars. Venus wandert rechtläufig durch den Skorpion und Schlangenträger in den Schützen. Am 6. passiert sie in 6° nördlichem Abstand Antares, den Hauptstern im Skorpion. Am 9. kommt es zu einer engen Begegnung mit Saturn. Venus zieht nur 5′ nördlich am Ringplaneten vorbei (siehe Abb. 1.6 rechts oben). Zwei Tage vorher steht die extrem schmale Sichel des abnehmenden Mondes nahe bei Venus und Saturn (siehe Abb. 1.1 auf Seite 32). Den Winterpunkt passiert Venus am 24. in $1{,}^\circ1$ nördlichem Abstand.

Im Teleskop zeigt Venus ein relativ kleines Planetenscheibchen, das im Laufe des Monats von $14{,}''4$ auf $12{,}''5$ an scheinbarem Durchmesser abnimmt. Der Beleuchtungsgrad hingegen nimmt von 77 % auf 85 % zu. Dies ist ein deutliches Zeichen, dass Venus ihrer oberen Konjunktion mit der Sonne zustrebt. Aber erst Anfang Juni wird sie die Sonne einholen.

Die Entfernung unseres inneren Nachbarplaneten von der Erde wächst von 174 Millionen Kilometer (= 1,16 AE) bis Ende

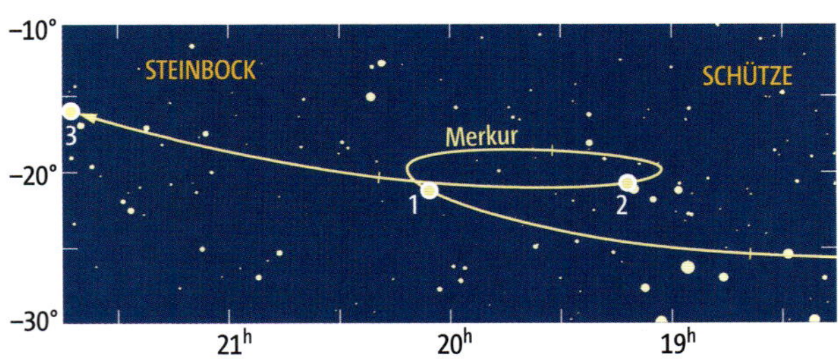

1.5 Bahn von Merkur: **Scheinbare Merkurschleife im Gebiet der Sternbilder Schütze und Steinbock. Die Zahlen geben die Merkurposition zum jeweiligen Monatsersten an (2 = 1. Februar)**

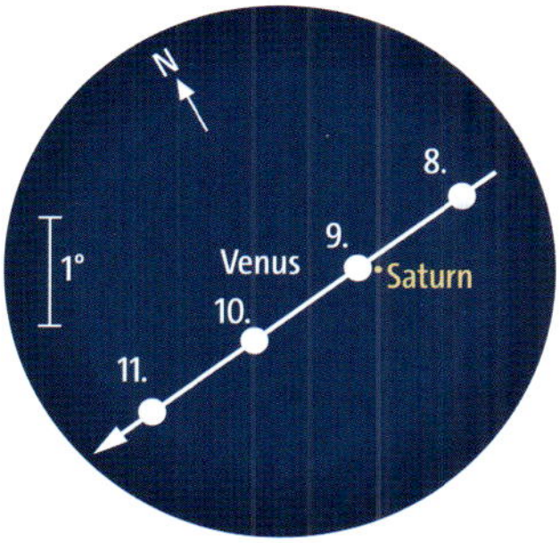

1.6 Venus bei Saturn:
Venus zieht am 9. Januar an Saturn vorbei. Fernglasanblick gegen 6^{h} MEZ bei 5° Gesichtsfelddurchmesser.

Januar auf 202 Millionen Kilometer (= 1,35 AE) an. Damit ist Venus zurzeit deutlich weiter als die Sonne von uns entfernt.

Mars kann zu Jahresbeginn am Morgenhimmel aufgefunden werden. Der rote Planet strebt südlicheren Gefilden des Tierkreises zu. Am 17. verlässt er das Sternbild Jungfrau und tritt in das Sternbild Waage.

Am 1. geht der $1^{\mathrm{m}},2$ helle Mars um $2^{h}11^{m}$ auf, am 31. bereits um $1^{h}41^{m}$. Bis 31. nimmt die Marshelligkeit auf $0^{\mathrm{m}},8$ deutlich zu. Ende Mai wird Mars in Erdnähe kommen und als auffälliges Gestirn die gesamte Nacht über die Blicke auf sich ziehen.

Der scheinbare Durchmesser des Marsscheibchens wächst von $5'',6$ auf $6'',8$ an. Damit sind für Fernrohrbeobachter noch kaum Details auf der Marsoberfläche zu erkennen. Am 3. wandert der abnehmende Mond $1^{\circ},5$ nördlich an Mars vorbei. Für die Nordhalbkugel des Mars beginnt am 3. der Sommer.

Jupiter wird am 8. im Sternbild Löwe stationär und setzt zu seiner Oppositionsschleife an. Anschließend wandert er rückläufig durch den Löwen und steuert auf Regulus zu, den hellsten Stern im Löwen (siehe Abb. 3.2 auf Seite 81). Vor Aufgang der Venus am Morgenhimmel zieht Jupiter als weitaus hellster Planet die Blicke auf sich. Die Jupiterhelligkeit steigt während des Monats um $0^{\mathrm{m}},2$ auf $-2^{\mathrm{m}},4$ an. Damit ist der Riesenplanet Glanzpunkt am Nachthimmel und kaum zu übersehen.

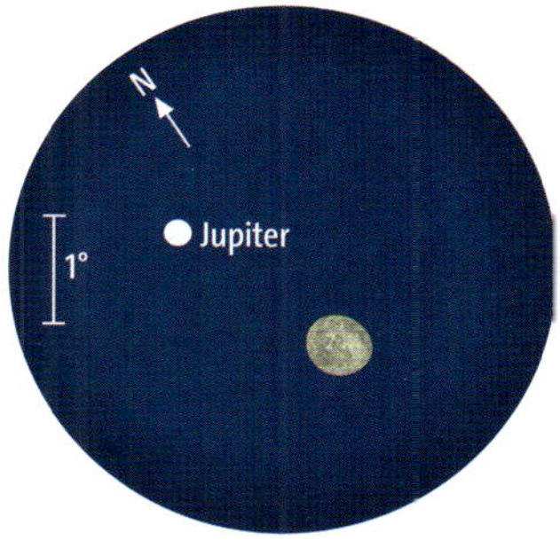

1.7 Mond bei Jupiter:
Begegnung des abnehmenden Mondes mit dem Riesenplaneten am 27. Januar gegen Mitternacht.

1.8 Mars, Jupiter und Saturn: **Stellungen der Planeten Mars, Jupiter und Saturn im Jahr 2016. Im linken Teil sind die Positionen am Morgenhimmel jeweils eine Stunde vor Sonnenaufgang eingetragen, im rechten Teil die Positionen am Abendhimmel jeweils eine Stunde nach Sonnenuntergang. Im Mittelteil sind die Stellungen zur Kulminationszeit angegeben sowie die Kulminationshöhe.**

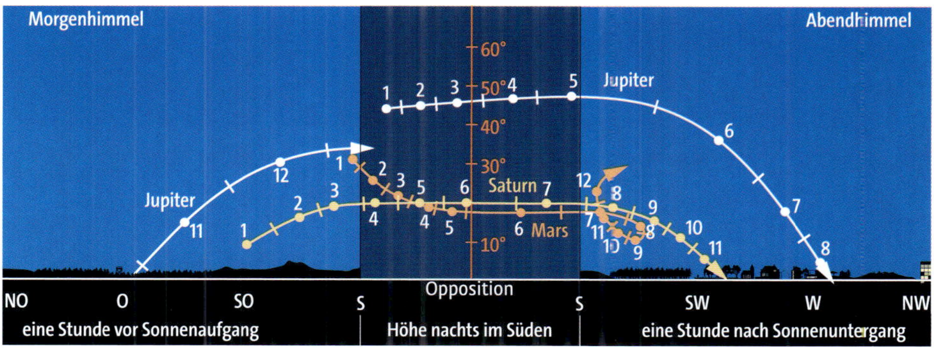

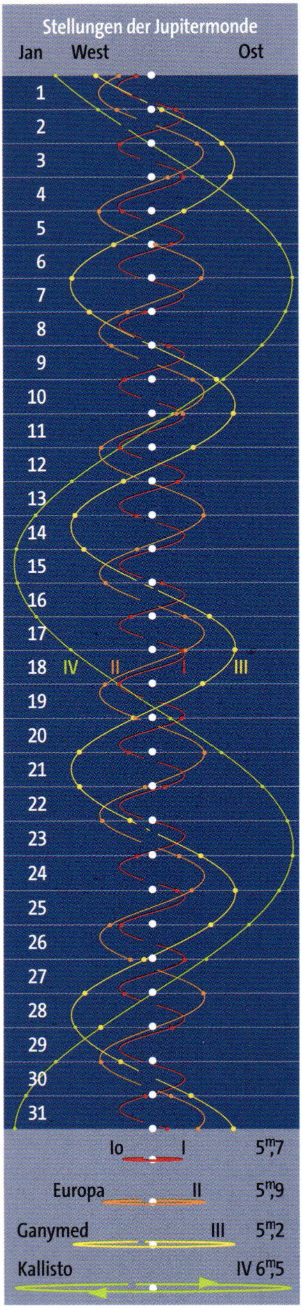

Jupitermonde

Tag	MEZ h	MEZ m	Vorgang	
1.	23	19	III	BE
2.	6	35	II	VA
3.	0	24	IV	BA
	2	42	IV	BE
4.	0	48	II	SA
	3	10	II	DA
	3	37	II	SE
	5	54	II	DE
5.	5	13	III	SA
	5	36	I	VA
6.	0	54	II	BE
	2	57	I	SA
	4	05	I	DA
	5	12	I	SE
	6	19	I	DE
7.	0	04	I	VA
	3	29	I	BE
	23	40	I	SE
8.	0	46	I	DE
	23	50	III	BA
9.	3	01	III	BE
11.	1	43	IV	SE
	3	23	II	SA
	5	37	II	DA
	6	12	II	SE
12.	7	29	I	VA
13.	3	19	II	BE
	4	50	I	SA
	5	54	I	DA
	7	05	I	SE
14.	1	58	I	VA
	5	18	I	BE
	23	18	I	SA
15.	0	21	I	DA
	1	33	I	SE
	2	35	I	DE
	23	09	III	VA
	23	45	I	BE
16.	2	34	III	VE
	3	30	III	BA
	6	40	III	BE
18.	5	58	II	SA

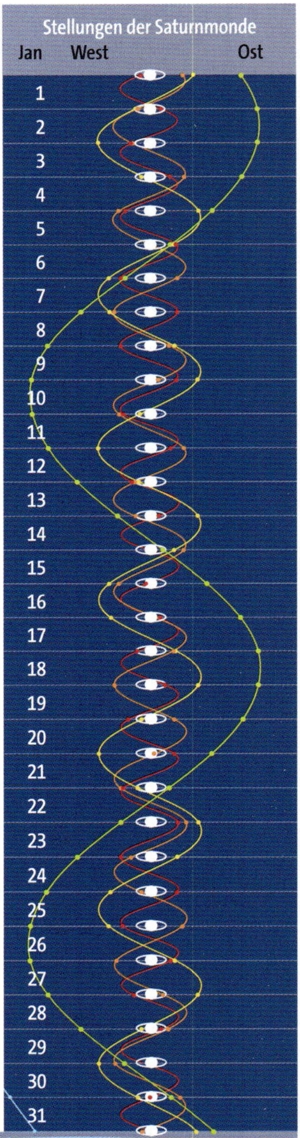

Japetus

5.	$11^{m}0$
10.	$10^{m}9$
15.	$10^{m}9$
20.	$10^{m}9$
25.	$11^{m}0$
30.	$11^{m}2$

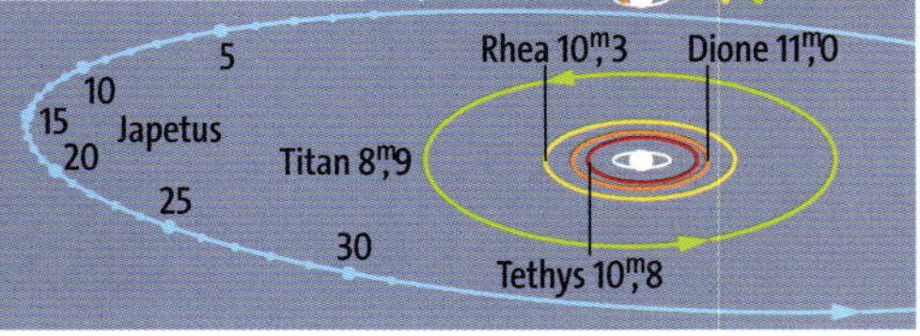

Tag	MEZ		Vorgang	
	h	m		
19.	6	32	IV	VA
20.	0	59	II	VA
	5	42	II	BE
	6	43	I	SA
21.	3	51	I	VA
	7	06	I	BE
	22	04	II	SE
	23	58	II	DE
22.	1	11	I	SA
	2	09	I	DA
	3	26	I	SE
	4	22	I	DE
	22	20	I	VA
23.	1	33	I	BE
	3	07	III	VA
	6	31	III	VE
	7	04	III	BA
	21	55	I	SE
	22	49	I	DE
26.	23	53	III	DE
27.	3	32	II	VA
28.	1	03	IV	DA
	2	55	IV	DE
	5	45	I	VA
	21	51	II	SA
	23	37	II	DA
29.	0	39	II	SE
	2	21	II	DE
	3	04	I	SA
	3	55	I	DA
	5	20	I	SE
	6	09	I	DE
30.	0	13	I	VA
	3	20	I	BE
	7	05	III	VA
	21	33	I	SA
	22	22	I	DA
	23	48	I	SE
31.	0	36	I	DE
	21	46	I	BE

Seine Aufgänge verfrühen sich um rund zwei Stunden. Steigt Jupiter am 1. noch um 22^h51^m über die östliche Horizontlinie, so erfolgt sein Aufgang am 15. um 21^h56^m und am 31. schon um 20^h48^m. Jeweils eine Viertelstunde nach dem Aufgang macht er sich am Osthorizont bemerkbar. Die beste Beobachtungszeit sind die Stunden nach Mitternacht, wenn Jupiter relativ hoch am Südhimmel steht.

Bereits in einem Fernglas sind die vier großen und hellen Jupitermonde zu erkennen. Im Teleskop erscheint das Jupiterscheibchen nicht kreisrund sondern oval. Durch seine schnelle Rotation – eine Jupiterumdrehung dauert nur knapp zehn Stunden – ist der Jupiterglobus deutlich abgeplattet. Auf dem Riesenplaneten sieht man die Wolkenbänder und -streifen in der Jupiteratmosphäre.

Während des Januars nimmt der scheinbare Äquatordurchmesser von 39″,1 auf 42″,5 zu und der Poldurchmesser von 36″,5 auf 39″,8.

Der abnehmende Mond passiert am 28. den Riesenplaneten in 1°,4 südlichem Abstand (siehe Abb. 1.7 auf Seite 39).

Saturn, rechtläufig im Schlangenträger, lässt sich nach seiner Konjunktion wieder am Morgenhimmel blicken. Am 1. geht der $0^m,5$ helle Saturn um 6^h00^m auf, am 15. um 5^h12^m und am 31 schon um 4^h16^m.

Im Fernrohr zeigt Saturn einen relativ weit geöffneten Ring (26°,2). Der scheinbare Längsdurchmesser des Ringes beträgt knapp 36″, der Äquatordurchmesser des Planetenscheibchens 15″,8.

Am 9. kommt es zu einer engen Begegnung mit Venus. Venus passiert in nur 0°05′ nördlichem Abstand den Ringplaneten (siehe Abb. 1.6 auf Seite 39). Die extrem schmale Sichel des abnehmenden Mondes gesellt sich am 7. zu Saturn und Venus – ein hübscher Himmelsanblick knapp über dem Südosthorizont gegen 7^h morgens (siehe Abb. 1.1 auf Seite 32).

Uranus, wieder rechtläufig in den Fischen, kommt zunächst kaum voran (siehe Abb. 10.7 auf Seite 215). Der grünliche Planet kann noch in der ersten Nachthälfte aufgesucht werden. Allerdings verlegt er seine Untergänge in die Zeit vor Mitternacht. Auch nimmt seine scheinbare Helligkeit um $0^m,1$ ab und erreicht Ende des Monats $5^m,9$. Mit Einbruch der Dunkelheit hält er sich bereits in Meridiannähe auf.

Am 1. erfolgt der Uranusuntergang um 1^h14^m, am 15. um 0^h20^m und am 31. schon um 23^h15^m.

Neptun, rechtläufig im Sternbild Wassermann, nähert sich seiner Konjunktion mit der Sonne, die er am 28. Februar erreicht.

In den ersten Januartagen ist der bläuliche Planet noch am Abendhimmel mit lichtstarker Optik aufzuspüren (siehe auch Abb. 9.6 auf Seite 195). Seine Helligkeit sinkt um $0^m,1$ auf $8^m,0$ ab.

Am 1. passiert Neptun um 16^h15^m den Meridian und geht um 21^h32^m unter. Bis 15. verfrühen sich die Neptunkulminationen auf 15^h22^m und die Untergänge auf 20^h39^m. Nach der Monatsmitte wird man vergeblich nach dem sonnenfernsten Planeten Ausschau halten.

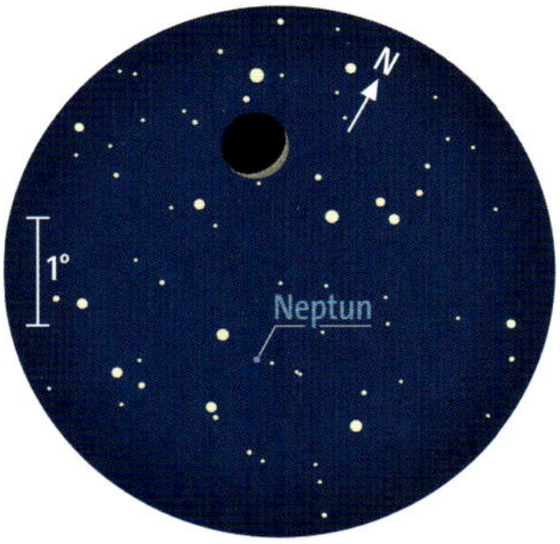

1.9 Mond bei Neptun:
Die zunehmende Mondsichel überholt am 13. Januar Neptun. Fernglasanblick um 18^h MEZ bei 5° Gesichtsfelddurchmesser.

Die Sichel des zunehmenden Mondes begegnet dem lichtschwachen Planeten am 13. in 2°,0 nördlichem Abstand (siehe Abb. 1.9 links).

In diesem Jahr bedeckt der Mond 7-mal den bläulichen Planeten. Alle diese Bedeckungen bleiben allerdings von Mitteleuropa aus unbeobachtbar.

Pluto, bekanntester Zwergplanet, steht am 6. im Sternbild Schütze in Konjunktion mit der Sonne. Zur Konjunktion ist Pluto 5086 Millionen Kilometer (= 34,0 AE) von der Erde entfernt. Am 7. Juli kommt er in Opposition zur Sonne. In der Rubrik „Planetenlauf" wird er in den Monaten April, Juli und September erwähnt. Eine Aufsuchkarte für Pluto findet man auf Seite 159.

Konstellationen und Ereignisse

Datum	MEZ	Ereignis
3.	0^h	Erde in Perihel-Sonnennähe, Abstand Erde – Sonne 147,100 Millionen Kilometer
3.	20	**Mond bei Mars**, Mond 1,5° nördlich, **Abstand 3°,8 um 3^h am 4.**
5.	6	Merkur im Stillstand, anschließend rückläufig
6.	4	Pluto in Konjunktion mit der Sonne
7.	1	**Mond bei Venus**, Mond 3°,1 nördlich, **Abstand 3°,5 um 6^h**
7.	6	**Mond bei Saturn**, Mond 3°,3 nördlich, **Abstand 2°,6 um 6^h**
8.	18	Merkur im Perihel
8.	21	Jupiter im Stillstand, anschließend rückläufig
9.	5	**Venus bei Saturn**, Venus 0°,09 nördlich, **Abstand 0°,1 um 6^h**
13.	16	**Mond bei Neptun**, Mond 2°,3 nördlich, **Abstand 2°,0 um 18^h (Fernglas!)**
14.	15	Merkur in unterer Konjunktion mit der Sonne
16.	7	Mond bei Uranus, Mond 1°,5 südlich
25.	20	Merkur im Stillstand, anschließend rechtläufig
28.	2	**Mond bei Jupiter**, Mond 1°,4 südlich, **Abstand 1°,9 um 0^h**

Planetoiden

Pallas – Planetoid Nr. 2 – steht am 19. in Konjunktion mit der Sonne. Von der Erde trennen sie an diesem Tag 641 Millionen Kilometer (= 4,28 AE). Ihre Sonnendistanz beträgt 508 Millionen Kilometer (= 3,40 AE).

Vesta – Planetoid Nr. 4 – eilt rechtläufig durch den Walfisch und strebt nach Nordosten. Sie kann noch am frühen Abendhimmel aufgefunden werden. Ein Aufsuchkärtchen findet man in Abb. 9.7 auf Seite 196 im *Himmelsjahr 2015*. Der weitere Bahnverlauf ist aus Abb. 10.7 auf Seite 215 zu ersehen.

Zu Jahresbeginn noch $7^m,9$ hell, sinkt Vestas Helligkeit bis Ende Januar auf $8^m,2$ ab.

Vesta kulminiert am 1. um 18^h11^m, am 15. um 17^h30^m und am 31. schon um 16^h46^m. Ende Januar erfolgt ihr Untergang um 22^h53^m.

Astraea – Planetoid Nr. 5 – wird am 9. im Sternbild Löwe stationär und strebt anschließend rückläufig nach Nordwesten. Am 30. zieht sie nur 0°,8 am Löwenhauptstern Regulus ($1^m,4$) vorbei (siehe Abb. 2.5 auf Seite 64). Mit ihrer Umkehr in Rektaszension beginnt ihre Oppositionsperiode. Im Laufe des Januars nimmt ihre Helligkeit von $10^m,1$ auf $9^m,3$ deutlich zu. Dennoch ist Astraea auch im lichtstarken Fernglas nicht leicht zu finden. Am 1. kulminiert Astraea um 3^h52^m, am 15. um 2^h57^m und am 31. bereits um 1^h48^m.

Periodische Sternschnuppenströme

Gleich zu Jahresbeginn sind die **Quadrantiden** (scheinbarer Ausstrahlungspunkt oder Radiant im Sternbild Bootes) zu erwarten. Vom 1. bis 10. Januar flammen sie in der zweiten Nachthälfte auf. Erst nach Mitternacht erreicht der Radiant eine größere Höhe, weshalb es sich lohnt, in den Morgenstunden nach den Quadrantiden Ausschau zu halten. In der Nacht vom 3. auf 4. Januar tritt nach Mitternacht das spitze Maximum auf. Rund hundert Objekte tauchen im Maximum pro Stunde auf. In manchen Jahren wurden sogar über zweihundert pro Stunde beobachtet. Helle Sternschnuppen kommen dabei nur selten vor. Das Licht des abnehmenden Halbmondes stört in diesem Jahr allerdings die Beobachtung der Sternschnuppen zur Zeit des Maximums.

Ein Erzeugerkomet ist nicht sicher bekannt, doch gilt der Komet 96P/Machholz als Hauptverdächtiger. Auch zum Planetoiden 2003 EH1 scheint dieser Strom eine Affinität zu besitzen. Die einzelnen Meteoroide haben mittlere Eintrittsgeschwindigkeiten in die Erdatmosphäre von rund 40 Kilometer pro Sekunde. Da der Radiant im Sternbild Bootes liegt, wird dieser Strom auch **Bootiden** genannt.

Ein wenig bekannter Strom sind die **Delta-Cancriden**. Sie erscheinen zwischen dem 1. und 24. Januar. Das Maximum fällt auf den 17. Januar. Die Meteore entströmen dem Sternbild Krebs. Es handelt sich um langsame Sternschnuppen mit Geschwindigkeiten um 30 Kilometer pro Sekunde. Pro Stunde ist lediglich mit etwa vier Meteoren zu rechnen.

Der Fixsternhimmel

Am nächtlichen Sternenhimmel beginnt man seine Beobachtungen am besten mit dem Aufsuchen des Polarsterns, denn er deutet uns die Nordrichtung an. Blickt man zum Polarstern, so ist rechter Hand Osten, linker Hand Westen und im Rücken hat man Süden. Als Objekt zweiter Sterngröße ist der Polarstern nicht übermäßig auffällig. Daher dient sowohl der Große Wagen als auch das Himmels-W, das Sternbild Kassiopeia, als Polfinder. Ihre Stellungen relativ zum Nordhorizont sind jeweils für den Monatsanfang, 22 Uhr MEZ, aus einer kleinen Grafik auf der Startseite zur Monatsübersicht ersichtlich. Das Sternbild Kassiopeia hilft uns bei der Orientierung. Seine Sterne sind in Form eines großen W angeordnet, das leicht erkannt werden kann. Wie der Große Wagen, so ist auch das Himmels-W in unseren Breiten zirkumpolar, das heißt, es geht nie unter und ist somit in jeder klaren Nacht des Jahres zu sehen. Die mittlere Spitze des Himmels-Ws deutet ungefähr zum Polarstern, wie die Abb. rechts erkennen lässt.

Der Anblick des abendlichen Sternenhimmels wechselt im Laufe des Jahres. Im Winter sieht man zur gleichen Abendstunde andere Sterne und Sternbilder als im Frühling, Sommer oder Herbst. Ein schneller Blick zum sternenübersäten Abendhimmel lässt daher die Jahreszeit erkennen. Im Winter sieht man in Südrichtung den Himmelsjäger Orion, im Frühjahr den

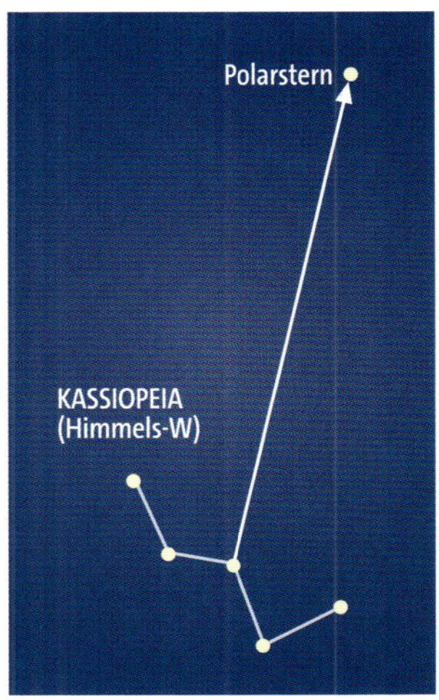

1.10 Das Himmels-W:
Das Sternbild Kassiopeia (auch als Himmels-W bekannt) dient als Polweiser.

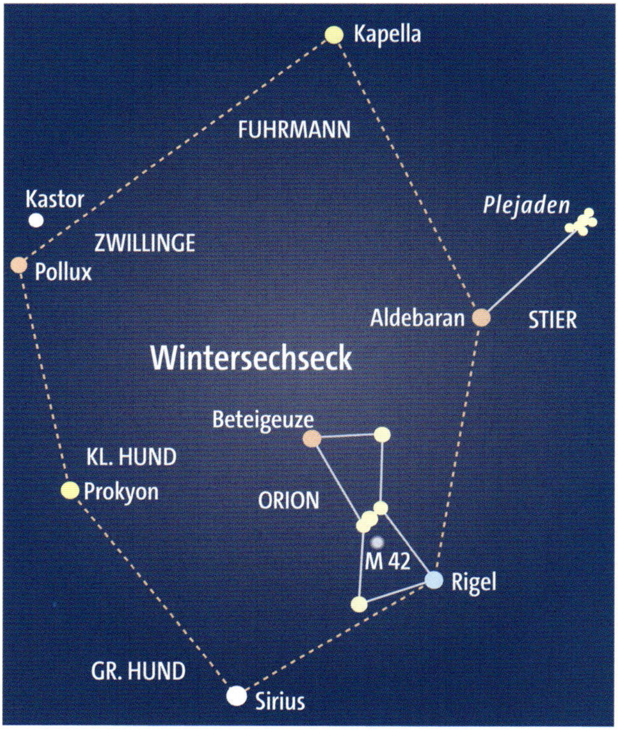

1.11 Das Wintersechseck:
Es setzt sich aus den sechs hellen Sternen Kapella im Fuhrmann, Aldebaran im Stier, Rigel im Orion, Sirius im Großen Hund, Prokyon im Kleinen Hund und Pollux in den Zwillingen zusammen.

mächtigen Löwen, im Sommer das einprägsame Sommerdreieck und im Herbst das Pegasusquadrat, auch als Herbstviereck bekannt. Manchmal wird der Sternenhimmel mit der Drehbühne eines Theaters verglichen. Das Aussehen des Sternenhimmels wechselt wie die Kulissen in einem Theaterstück. Im Westen verschwinden Sternbilder unter dem Horizont, im Osten tauchen neue auf und steigen zum Meridian empor.

Der Winterhimmel ist besonders reich an hellen Sternen. Zu keiner anderen Jahreszeit bietet der abendliche Sternenhimmel auf der Nordhalbkugel der Erde einen so schönen Anblick.

Lichtschwache Milchstraße

Auch die Milchstraße schmückt den Winterhimmel. Allerdings sieht man ihr zart schimmerndes Lichtband nur fernab irdischer Lichtquellen, die leider den Nachthimmel immer mehr aufhellen. Wer jedoch einen dunklen Beobachtungsplatz eingenommen hat, bemerkt, dass das Band der Milchstraße im Südosten emporsteigt, durch den Scheitelpunkt oder Zenit geht und zum Nordwesthorizont hinabsinkt.

Die monatliche Beschreibung des abendlichen Fixsternhimmels gilt für eine Standardbeobachtungszeit, nämlich für 22^h MEZ (oder 23^h MESZ – Mitteleuropäische Sommerzeit) zur Monatsmitte (15.) und für die geografische Breite 50° Nord. Diesen Anblick zeigt auch die monatliche Übersichtskarte, die das Auffinden von Sternen und Sternbildern erleichtern soll.

Beobachtet man zu Monatsbeginn, so ist die Sternkarte um 23^h MEZ zu benutzen. Zu Monatsende zeigt die Sternkarte den sichtbaren Himmelsausschnitt bereits um 21^h MEZ. Denn pro Stunde dreht sich der Himmel um 15° weiter ($360°/24^h$). Nach einem Monat gehen die Sterne und Sternbilder jeweils zwei Stunden früher auf, kulminieren zwei Stunden früher und gehen zwei Stunden früher unter als am gleichen Tag des Vormonats.

Auch für andere Nachtstunden sind die Sternkarten zu verwenden. So zeigt die Januar-Sternkarte auch den Himmelsanblick, wie er dem Betrachter am 1. November um 3^h MEZ erscheint. Für welches Datum und welche Uhrzeit die jeweilige Monatssternkarte genützt werden kann, ist in der Bildlegende links unterhalb der Sternkarte vermerkt.

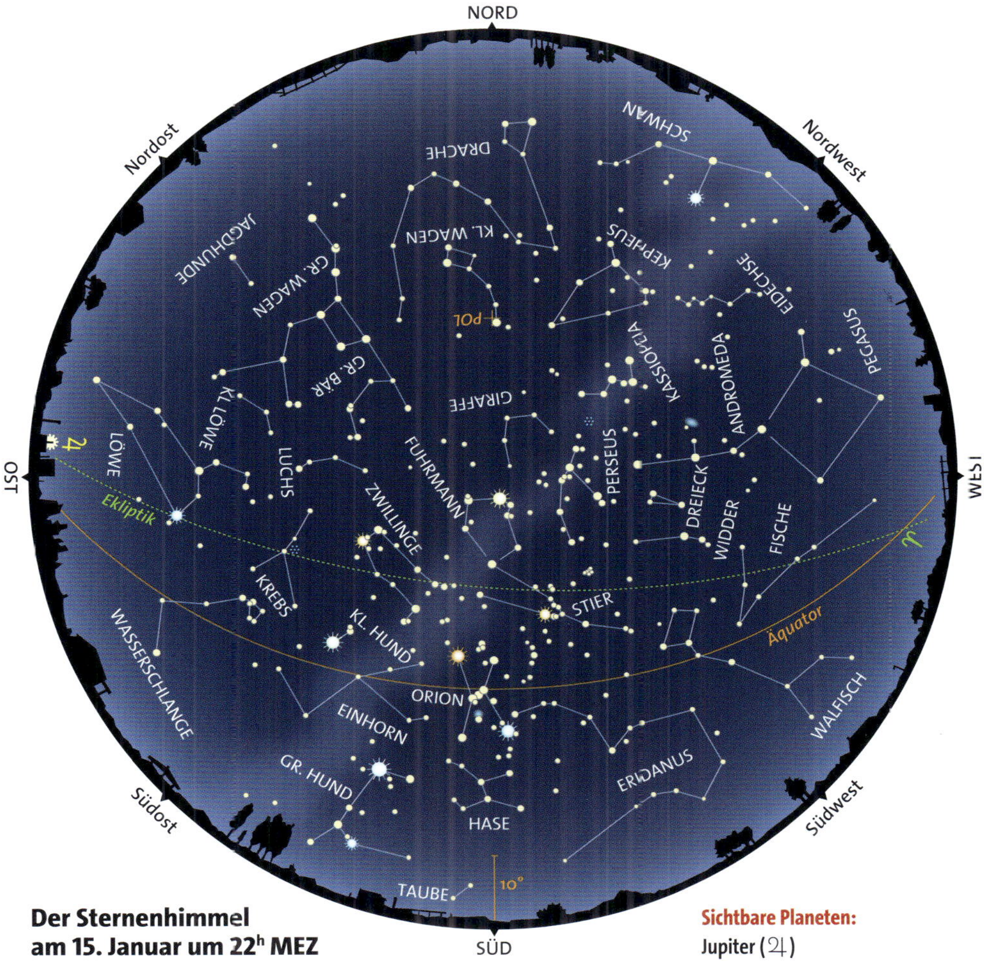

Der Sternenhimmel am 15. Januar um 22^h MEZ

Sichtbare Planeten:
Jupiter (♃)

Die Sternkarte ist auch gültig für:

	MEZ	MESZ
1.10.	5^h	6^h
15.10.	4	5
1.11.	3	
15.11.	2	
1.12.	1	
15.12.	0	
1. 1.	**23**	
15. 1.	**22**	
31. 1.	**21**	
15. 2.	20	

Zu berücksichtigen ist, dass die eingetragenen Planetenpositionen nur für den aktuellen Monat gelten, in dem die Sternkarte platziert ist. Die jeweils gültigen Planetenpositionen entnimmt man der monatlichen Grafik vor der Rubrik „Planetenlauf".

In der Monatssternkarte markiert die ausgezogene, rote Linie den Himmelsäquator, die gestrichelte, grüne Linie die Ekliptik (scheinbare Sonnenbahn), die zum Himmelsäquator um 23,°4 geneigt ist. In der Nähe der Ekliptik sind die Planeten zu finden. Die hellen, mit freien Augen sichtbaren Planeten (Merkur, Venus, Mars, Jupiter und Saturn) sind mit ihren Symbolen in der Sternkarte eingetragen, wenn sie zur Standardbeobachtungszeit über dem Horizont stehen. Die Planetensymbole sind in der vor-

1.12 Sternbild Orion:
Der Orion ist das Leitsternbild des Winterhimmels.

deren Umschlagklappe und aus Abb. E.6 auf Seite 19 zu ersehen. So kann die angehende Sternfreundin schnell erkennen, ob in einem Tierkreissternbild eventuell ein heller Planet steht. Zum Beispiel befindet sich im Januar 2016 am Abendhimmel der helle Riesenplanet Jupiter im Sternbild Löwe. Die eingetragenen Planetenpositionen gelten jeweils exakt für die Monatsmitte.

Der markante Himmelsjäger

Das Leitsternbild des Winterhimmels ist der Orion. Er ist am auffallendsten und darum leicht zu finden. In der Mythologie ist Orion ein Jäger und Krieger. Seine einprägsame Sternenfigur steht im Januar zur Standardbeobachtungszeit halbhoch im Süden. Orion passiert eben die Mittagslinie, auch Meridian genannt. Ein heller, rötlicher Stern deutet die östliche Schulter an. Er heißt Beteigeuze (α Orionis). Der zweite helle Stern erster Größe markiert den westlichen Fuß des Jägers. Er funkelt in einem bläulich-weißen Licht und heißt Rigel (β Orionis). Beteigeuze und Rigel sind arabische Namen und bedeuten „Schulter" beziehungsweise „Fuß". Zwischen Beteigeuze und Rigel stehen drei Sterne auffällig in einer Reihe. Sie sollen den Gürtel des Orion darstellen. Der westliche

Veränderliche Sterne im Januar

Algol-Minima	10. 3^h30^m	13. 0^h18^m	15. 21^h08^m	18. 17^h57^m		
β-Lyrae-Minima	1. 18^hH	8. 6^hN	14. 17^hH	21. 4^hN	27. 16^hH	
δ-Cepheï-Maxima	3. 1^h	8. 10^h	13. 19^h	19. 3^h	24. 12^h	29. 21^h
Mira-Helligkeit	1. 10^m	10. 9^m	20. 9^m	31. 9^m		

(rechte) Gürtelstern (δ Orionis) wird Mintaka genannt und sitzt fast genau auf dem Himmelsäquator, er erleichtert das Abschätzen, wo am Firmament der Himmelsäquator verläuft. Der Himmelsäquator geht außerdem durch den Ost- und Westpunkt am Horizont.

Ein wichtiger Hinweis für den beginnenden Himmelsbeobachter: Am natürlichen Sternenhimmel erscheinen die Sternbilder viel größer als man sie vermutet, wenn man sie zuerst in der Sternkarte gesehen hat. Besonders deutlich wird dies beim Sternbild Orion. Man vergleiche seine Darstellung in der Monatssternkarte und am Himmel!

Tief im Südosten flackert unübersehbar der blau-weiße Sirius. Er ist der Hauptstern des Sternbildes Großer Hund (α Canis Maioris). Mit −1,5 Größenklassen ist Sirius der hellste Fixstern am irdischen Himmel. Nur noch Venus und Jupiter sowie gelegentlich Mars übertreffen Sirius an Helligkeit.

Der Vorhund

Ein wenig höher als Sirius steht der gelbliche Stern Prokyon (α Canis Minoris) im Kleinen Hund. Der Name Prokyon kommt aus dem Griechischen und bedeutet so viel wie Vorhund. Prokyon geht nämlich in unseren Breiten vor Sirius auf. Er kündigt mit seinem Auftauchen am Osthorizont den baldigen Aufgang des Sirius an.

Blickt man senkrecht nach oben, so sieht man einen hellen, gelblichen Stern erster Größenklasse, die Kapella (α Aurigae), Hauptstern des Fuhrmanns. Der Sage nach ist der Fuhrmann (lat.: Auriga) der Erbauer des Himmelswagens.

Knapp südwestlich vom Fuhrmann ist das Sternbild Stier beheimatet mit seinem orangegelben Hauptstern Aldebaran (α Tauri) und den beiden offenen Sternhaufen Hyaden und Plejaden.

Dem Stier folgen im Tierkreis die Zwillinge, die im Wesentlichen von zwei Sternenketten dargestellt werden. An den östlichen Enden beider Ketten stehen zwei helle Sterne, nämlich Kastor (α Geminorum) und Pollux (β Geminorum).

An die Zwillinge schließt sich im Osten der unscheinbare Krebs an, in dem der bekannte offene Sternhaufen Krippe zu finden ist.

Die sechs hellen Sterne Kapella, Aldebaran, Rigel, Sirius, Prokyon und Pollux bilden das sogenannte Wintersechseck. Es ist gewissermaßen das Gegenstück zum Sommerdreieck.

Tief am Osthimmel macht sich ein Vorbote des kommenden Frühlings bemerkbar: Der mächtige Löwe mit seinem Hauptstern Regulus ist gerade aufgegangen. Er ist das markante Leitsternbild des Frühlings.

Wer hat die Sternbilder erfunden?

1.13 Der Psychologe Christian von Ehrenfels (1850 – 1932)

Dem Namen nach sind den meisten Zeitgenossen einige Sternbilder bekannt, etwa Großer Wagen, Orion und Kreuz des Südens. Von den Horoskopen der Sterndeuter sind jedem die Namen der Tierkreisbilder wie Fische, Widder, Jungfrau oder Waage wohl vertraut. Doch wer hat diese Sternbilder erfunden beziehungsweise benannt und eingeführt? Blickt man zum Sternenhimmel, so sieht man keinen Himmelsjäger und keinen Löwen! Wie mag man wohl auf die Idee gekommen sein, Tiere und Gegenstände an den gestirnten Himmel zu versetzen? Für uns moderne Zivilisationsmenschen ist es nicht nachvollziehbar, wie man am Sternenhimmel einen Stier oder fliegenden Adler sehen kann. Dies ist auch nicht verwunderlich. An unserem durch Lichtsmog aufgehellten Nachthimmel sind nur wenige Dutzend weit verstreute und wenig auffällige Lichtpunkte zu erkennen. Selbst in dunklen, ländlichen Gegenden Mitteleuropas sind bei guten Sichtbedingungen am wolkenlosen Nachthimmel nicht mehr als 400 bis 500 Sterne auszumachen. An wirklich dunklen, abgeschiedenen Orten kann man jedoch zweitausend bis dreitausend Sterne am klaren Nachthimmel erkennen – ein unvergessliches Erlebnis, das einem nur selten zuteil wird.

In der antiken Welt gab es in jeder klaren Nacht einen prächtigen Sternenhimmel. Ohne künstliche Beleuchtung, ohne Fernsehen und ähnliche Zerstreuungen hatte man Muße und ausreichend Gelegenheit, das funkelnde und glitzernde Sternenzelt zu betrachten. Zudem diente die Beobachtung der Sterne zur Orientierung, zur Zeitbestimmung (wie weit ist die Nacht fortgeschritten, wann wird es wieder hell?) und zur Bestimmung der Jahreszeiten (welche Sterngruppierungen zeigen in der Morgendämmerung den kommenden Frühling an?).

Doch dies ist noch keine Erklärung, weshalb unsere fernen Vorfahren einst die Sternbilder schufen, die man auch heute noch benutzt, um sich am Sternenhimmel zurecht zu finden oder die Position eines Gestirns grob anzugeben („Saturn steht im Sternbild Waage“).

Eine Funktion des Gehirns

Das „Erkennen“ von Tieren, Fabelwesen und Gegenständen im Gewimmel der Sterne hat etwas mit dem komplizierten Vorgang der Wahrnehmung und Mustererkennung zu tun. Ausführlich hat dies der österreichische Psychologe Christian von Ehrenfels (1859–1932) untersucht und seine Ergebnisse 1890 in dem Buch mit dem Titel *Über Gestaltqualitäten* publiziert. Das auf der Netzhaut entstehende Bild von Objekten, die ins Blickfeld des Auges gelangen, wird zunächst im Strang der Sehnerven zur Sehnervenkreuzung (Chiasma Opticum) geleitet. Von hier folgen die Reize über die Faserstränge der Tractus Opticus in den Hinterhauptlappen des Gehirns in das Nervenzellsystem des Sulcus Calcarinus im Okzipital-Lappen, der Sehrinde im Hinterkopf. Hier endet die Sehnervenleitung.

Das Millionen Bit an Informationen enthaltende Netzhautbild wird dort auf zehn bis maximal 25 bit/s reduziert – mehr wird nicht aufgenommen. Die einzelnen Sinnesreize (Informationen) werden mit den im Gedächtnis gespeicherten Erfahrungskomponenten in einem komplexen Vorgang verknüpft, woraus ein instantaner Bewusstseinsinhalt entsteht, den man als Wahrnehmung bezeichnet. Im Gehirn werden bereits vorhandene Bildmuster mit neuen optischen Reizen kombiniert und entsprechend interpretiert, wobei die mit einem Gesichtssinn ausgestatteten Spezies (Menschen und Tiere) Objekte in der Außenwelt optisch erkennen. Wird das Gehirnareal Sulcus Calcarinus durch eine Verletzung beschädigt, so kann das zur „Rindenblindheit“ führen. Die so geschädigte Person erkennt nichts mehr, obwohl Augen und Sehnerven völlig intakt sind.

Wenn die Zellsysteme in unmittelbarer Nachbarschaft des Sulcus Calcarinus ausfallen, sieht der Mensch zwar etwas, weiß aber nicht, was es ist. Es erfolgt keine Mustererkennung. Die Bedeutung der Gegenstände wird nicht mehr erkannt (Seelenblindheit). Er sieht in Abb. 1.15 nur einen Kreis, zwei Punkte und zwei Striche, erkennt aber weder ein lachendes, noch ein ernstes oder betrübtes Gesicht.

Der Vorgang der Mustererkennung

Ein Quadrat wird immer als solches erkannt, egal ob nur vier Punkte (::) als Netzhautbild erscheinen, vier Striche oder eine quadratische Kachel. Ebenso wird ein Sessel erkannt, unabhängig ob er gerade oder schräg oder perspektivisch verzerrt auf der Netzhaut abgebildet wird. In Abb. 1.15 sind viermal ein Kreis, zwei Striche und zwei Punkte zu sehen. In Teilbild (a) wird nichts weiter wahrgenommen. In Teilbild (b) wird ohne langes Nachdenken augenblicklich ein fröhliches Gesicht wahrgenommen, in (c) ein indifferentes Gesicht und in (d) ein betrübtes. Dies sind klassische Beispiele für eine Mustererkennung. Das Netzhautbild wird automatisch mit gespei-

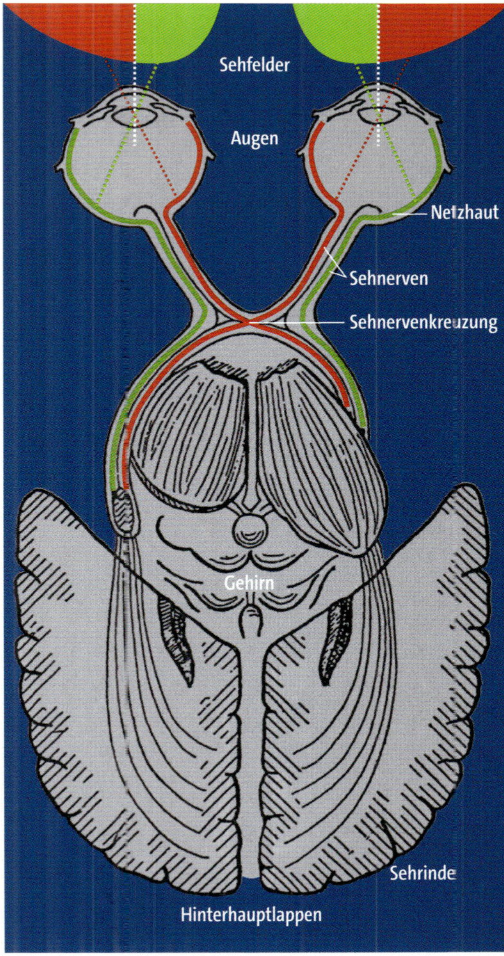

1.14 Die optischen Reize werden von den Augen über die Sehnervenleitungen in den Hinterhauptlappen des Gehirns geleitet, wo die bewusste Wahrnehmung von Bildern erfolgt.

1.15 Beispiele von Mustererkennung: In a) sieht man lediglich zwei Striche und zwei Punkte. In b), c) und d) wird ein lachendes, ernstes und ein trauriges Gesicht erkannt.

cherten Gedächtnisinhalten verglichen und entsprechend interpretiert. Ebenso kann mit wenigen Strichen beispielsweise ein Politiker karikiert werden. Man erkennt in der Karikatur sofort, um welche Person es sich handelt. Allerdings nur dann, wenn das Gesicht der Person schon als Muster abgespeichert wurde. Ist dies nicht der Fall, wie bei einem unbekannten Politiker, so erkennt man die Person nicht. Die Wahrnehmung erfolgt außerdem selektiv. Einem Autofahrer am Steuer fallen sofort Verkehrszeichen und ihre Bedeutung auf, andere Eindrücke werden ausgeblendet. Der Beifahrer ohne Führerschein achtet nicht auf die Verkehrszeichen, wenn er deren Bedeutung nicht kennt. Wer nie beim Militär war, der achtet kaum auf Rangabzeichen wie Sterne und Streifen auf der Uniform eines Militärangehörigen. Der Soldat hingegen nimmt schnell wahr, ob es ich bei seinem Gegenüber um einen Leutnant oder einen Major handelt.

Ähnliche Mustererkennung erlebten unsere fernen Vorfahren beim Anblick des Sternenhimmels. Nacht für Nacht starrten die Priesterastronomen in Babylon auf das Gewimmel glitzernder Sterne. Sie erkannten dabei nicht nur geometrische Figuren, sondern gemäß ihrer Einstellung und gespeicherter Muster auch Tiere wie Widder, Stier, Krebs, Löwe sowie Fabelgestalten wie Pegasus, ein geflügeltes Pferd, oder Cetus, das Meeresungeheuer. Auch Könige wie Kepheus oder Prinzessinnen wie Andromeda schlichen sich in ihre Wahrnehmung. Dabei war ihnen wohl bewusst, dass es sich um Bilder handelt und nicht um reale Menschen oder Tiere, ähnlich wie man heute auch weiß, dass es sich bei einer Karikatur nicht um ein komplettes Abbild der angedeuteten Person handelt.

Ursprung weitgehend unbekannt

Die Sternbilder sind uralt. Über die ersten Figuren und Gestalten, die Menschen am Sternenhimmel erkannten, wissen wir kaum etwas. Die ersten Sternbilder, die uns überliefert sind, wurden vor 6000 Jahren geschaffen. Die Akkadier, die im Gebiet des heutigen Irak siedelten, sahen

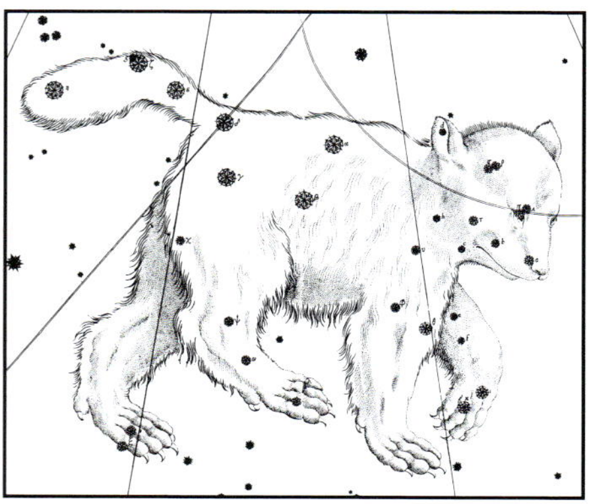

1.16 Figürliche Darstellung des Großen Bären im Sternatlas *Uranometria* von Johannes Bayer aus dem Jahre 1603.

NASA/JPL

3900 v. Chr. in dem Areal, das wir heute als Sternbild Stier bezeichnen, ihren Herrscher Sargon, den Großen. Denn damals lag der Frühlingspunkt in dieser Himmelsgegend. Von 4525 bis 1875 v. Chr. stand die Sonne zu Frühlingsbeginn vor den Sternen, die den Stier darstellen sollen.

Die ersten Weltumsegler der Neuzeit, insbesondere Nicolas Louis de Lacaille, der von 1751 bis 1754 am Tafelberg bei Kapstadt den südlichen Sternenhimmel ausgiebig studierte, hatten eine andere Einstellung. Sie nahmen daher am Himmel Gegenstände aus der Seefahrt wahr wie Schiffskompass (Pyxis), Sextant (Sextans), Oktant (Octans), Schiffsegel (Vela), Netz (Reticulum), Zirkel (Circinus), Winkelmaß (Norma), Fernrohr (Telescopium), Mikroskop (Microscopium), Pendeluhr (Horologium) und Luftpumpe (Antlia). Auch den Tafelberg (Mensa) hat Lacaille unter die Sterne versetzt.

In den verschiedenen Kulturkreisen erkannte man somit je nach Einstellung und den im Gedächtnis der Menschen vorhandenen Mustern in gleichen Sternenanordnungen jeweils andere Bilder. In den sieben Sternen, die wir heute als Großen Wagen bezeichnen, sahen einst die Araber einen Sarg, dem drei Klageweiber weinend folgen. Im alten Rom hießen die sieben Wagensterne Septemtriones, die sieben Dreschochsen, bei den Griechen bildeten sie das Hinterteil und den Schwanz des Großen Bären. Die Eskimos hingegen erkannten hier Hunrakan, den einbeinigen Riesen. Die US-Amerikaner sehen hier den Big Dipper, den großen Schöpflöffel.

1.17 Das berühmte Marsgesicht (kleines Bild) entpuppt sich bei höherer Auflösung schlicht als ein Bergrücken und nicht als Denkmal ausgestorbener Marsianer.

Beispiel Marsgesicht

Ein schönes astronomisches Beispiel für die Mustererkennung ist das berühmte Marsgesicht. Die Raumsonde VIKING 1 nahm das in Abb. 1.17 links unten dargestellte Foto auf. Es zeigt einen länglichen Bergrücken. Unwillkürlich nimmt man allerdings ein Gesicht wahr. Während die meisten dies schlicht als optische Täuschung erkannten, gab es einige Zeitgenossen, die hartnäckig darauf bestanden, die Aufnahme zeige ein Gesicht als Denkmal, das Marsianer uns überlassen hätten, um von ihrer Existenz Zeugnis zu geben. Hochaufgelöste Aufnahmen jüngerer Marssonden lassen eindeutig eine Geländeformation erkennen – vom Marsgesicht keine Spur!

Johannes Hevelius, *Firmamentum Sobiescianum*

1.18 Figürliche Darstellung des Sternbildes Schiff Argo.

Fazit: Die meisten Sternbilder wurden schon in grauer Vorzeit am nächtlichen Firmament „erkannt", wobei Mustererkennung, Einstellung und Fantasie eine entscheidende Rolle spielten. Aus den eingangs erwähnten Gründen können wir dies heute nicht mehr unmittelbar nachempfinden.

Zu den ältesten überlieferten Sternbildern zählen die Einkerbungen auf Tierknochen in China aus der Zeit der Shang-Dynastie (ca. 1600 bis 1050 v. Chr.). Auf Schildkrötenpanzern findet man entsprechende Bilder: Huhn, Ratte, Pferd, Schlange, Drache etc. sind auch heute noch im chinesischen Tierkreis vertreten. Die so gekennzeichneten Knochen dienten damals für Orakelsprüche und zur Wahrsagerei.

Schon 1200 v. Chr. zeichneten die Babylonier ihre Sternbilder in Form von Tontäfelchen mit Keilschrifttexten auf. Sie teilten den Tierkreis in vier Abschnitte ein, in denen sich die Sonne je drei Monate aufhielt.

Der griechische Dichter Homer (um 780 v. Chr.), der Schöpfer der poetischen Werke *Ilias* und *Odyssee*, erwähnte in ihnen fünf Sternbilder: den Großen Bär, Orion, Bootes, die Hyaden und die Plejaden. Thales von Milet beschreibt den Bärenjungen (Kleiner Bär) und empfiehlt ihn zur Navigation, denn er weise die Nordrichtung.

Die Tierkreisbilder

Bei allen Völkern spielen jene Sternenmuster, durch die Sonne, Mond und Planeten hindurchwandern, eine ausgezeichnete Rolle. Schon um 350 v. Chr. nannten die Griechen diese Bilder Ζοδίακος κύκλος, Tierkreis (lat.: Zodiacus). Mit Ausnahme von Jungfrau, Waage und Wassermann stellen diese Bilder Tiere dar. Die Chinesen teilten den Zodiacus in vier Abschnitte ein: den azurblauen Drachen, die schwarze Schildkröte, den weißen Tiger und den zinnoberroten Vogel. Jeder dieser Abschnitte wurde wiederum in sieben Bereiche unterteilt, so dass sich 28 Felder ergaben, die sogenannten Himmelsstationen. Im Mittel wechselte der Mond täglich in eine neue Himmelsstation. Eudoxos von Knidos fertigte um 330 v. Chr. einen Himmelsglobus, auf dem er die damals bekannten Sternbilder einzeichnete. Der griechische Dichter Aratos beschrieb in seinem Werk *Phainomene* die 44 Sternbilder des Himmelsglobus von Eudoxos.

Die meisten der in die moderne Astronomie übernommenen Sternbilder stammen aus der klassischen Antike, wie sie in dem Sternkatalog von Hipparkos von Nikaia (um 150 v. Chr.) aufgelistet sind. Klaudios Ptolemaios (60 bis 140 n. Chr.) hat in seinem Hauptwerk Σύνταξεως μέγιστη τῆς μαθηματικῆς – arabisch schlicht Almagest (das Große [Buch]) genannt – die damals bekannten 48 Sternbilder in Form eines Kataloges zusammengestellt. Diese Standardsammlung wurde bis in die Neuzeit übernommen, wobei im Laufe der Zeit neue Sternbilder hinzukamen. Der lateinische Begriff „constellatio" taucht um 350 n. Chr. auf und wird ins Deutsche als „Sternbild" übersetzt.

Der chinesische Astronom Su Song stellte um 1090 n. Chr. fünf Holzschnitte mit Sternkarten her und nannte diesen ersten gedruckten Sternatlas in der Geschichte Xinyl Xiangfayao.

Der italienische Seefahrer Amerigo Vespucci erwähnt 1503 in einem Brief an Lorenzo de Medici die Sternbilder Crux (Kreuz des Südens) und Triangulum Australe (Südliches Dreieck). Im Jahre 1551 führt der holländische Kartograf Gerhard Mercator auf einem Himmelsglobus das Sternbild Coma Berenices (Haar der Berenike) ein. Es ist das bis heute einzige Sternbild, das auf einen einst lebenden Menschen zurückgeht. Berenike war die Gemahlin des ägyptischen Herrschers Ptolemaios III. Euergetes (3. vorchristliches Jahrhundert), die ihr blondes Haupthaar den Göttern opferte, als ihr Gemahl unversehrt aus einer Schlacht zurückkehrte. Das Sternbild Columba (Taube) erscheint erstmals 1592 auf einer Sternkarte des flämischen Astronomen Petrus Plancius.

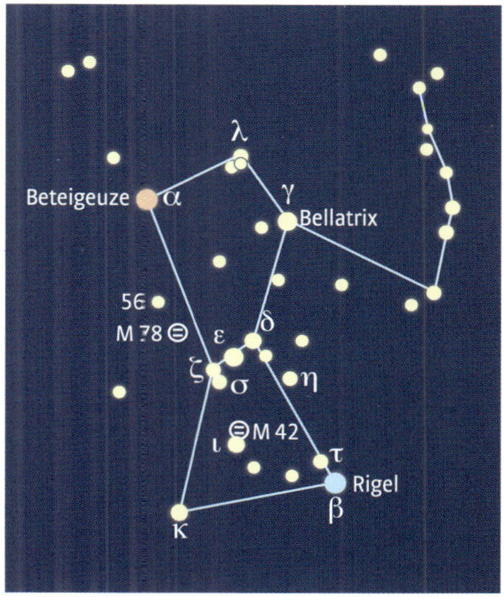

1.19 **Das Sternbild Orion in einer modernen Sternkarte. Die Gestalt eines Jägers oder Kriegers ist nicht zu erkennen.**

Bayers maßgebliche Arbeit

Als grundlegendes Werk der heutigen Sternbilderkunde ist der Himmelsatlas *Uranometria* zu nennen, der 1603 von dem Juristen und Amateurastronomen Johannes Bayer in Augsburg veröffentlicht wurde. Außer den Ptolemaischen Sternbildern fügte Bayer noch zwölf weitere Sternbilder hinzu, die von den holländischen Seefahrern Fredrick de Houtman und Pieter Dirkszoon Keyzer am Südhimmel ausgemacht wurden. Nicht übernommen hat Bayer die Plejaden als Sternbild, die Ptolemaios in seinem Werk erwähnt. Weitere Sternbilder wurden in der Neuzeit von Johannes Hevelius aus Danzig eingeführt, die erstmals in seinem 1690 posthum publizierten Sternatlas *Firmamentum Sobiescianum* auftauchen. Schließlich hat der schon erwähnte Weltumsegler Nicolas Louis de Lacaille

NASA/ESA/STScI

1.20 Die Gravitationslinse des Galaxienhaufens SDSS J1038+4849 ist ein schönes Beispiel für Mustererkennung. Manche erkennen ein lachendes Gesicht.

die zahlreichen Sternbilder des Südhimmels kreiert sowie das Schiff Argo in die drei Sternbilder Carina (Schiffskiel), Puppis (Hinterdeck) und Vela (Segel) aufgeteilt.

Die Grenzen der Sternbilder waren meist nicht eindeutig festgelegt. Hinzu kamen immer wieder Versuche, weitere Sternbilder – vor allem aus anderen Kulturkreisen – in Sternkarten und Himmelsgloben mit aufzunehmen. Um dem Wirrwarr ein Ende zu bereiten, beschloss die neu gegründete Internationale Astronomische Union (IAU) auf ihrer Konferenz in Rom im Jahre 1922, einen verbindlichen Katalog aller Sternbilder zu schaffen, die die gesamte Himmelskugel überdecken. Diese Aufgabe übernahm der belgische Astronom Eugène Joseph Delporte (1882–1955). Acht Jahre später war die Arbeit getan. Unter dem Titel *Délimitation Scientifique des Constellations (Tables et Cartes)* erschien Delportes Sternbilderkatalog samt Sternkarten. Das Werk führt 88 Sternbilder auf, wobei es keine figürlichen Darstellungen mehr gibt, sondern nur mehr 89 Felder mit den Namen der Sternbilder, die die gesamte Himmelskugel mit ihren 41 253 Quadratgrad überdecken. Die rechtwinkligen Grenzen entsprechen dabei Abschnitten von Deklinations- und Rektaszensionskreisen. Die 88 Sternbilder tragen lateinische Namen, wobei das Sternbild Serpens (Schlange) durch den Ophiuchus (Schlangenträger) in zwei Teile zerfällt – daher gibt es insgesamt 89 Felder. Auf Vorschlag des amerikanischen Astronomen Henry Norris Russell erhielten alle nunmehr offiziellen, international genormten Sternbilder eine Abkürzung aus drei Buchstaben (z. B. Cas = Cassiopeia, Aqr = Aquarius, Aql = Aquila, Ari = Aries, Cnc = Cancer usw.). Eine vollständige Liste der 88 internationalen Sternbilder mit lateinischen und deutschen Namen samt Abkürzungen findet man im *Wörterbuch der Astronomie* auf den Seiten 118 und 119.

Einen Großen Wagen gibt es nicht in der IAU-Sternbilderliste. Er ist ein Teil des Sternbildes UMa (Ursa Maior – Großer Bär). Einprägsame Sternenkonstellationen wie eben der Große Wagen, das Sommerdreieck, das Herbstviereck, das Wintersechseck und ähnliche nennt man Asterismen (Sternfiguren). Sie sind jedoch keine offiziellen Sternbilder, sondern dienen nur zur leichteren Orientierung am Firmament. Die Positionen von Himmelsobjekten werden ausschließlich nach dem genormten Sternbild angegeben, in dem sie sich befinden. So liegt der offene Sternhaufen M 45, die Plejaden, im Sternbild Taurus (Tau) oder der Kugelhaufen M 13 im Sternbild Hercules (Her).

Erleben Sie die Erde
im Jahr 5104
Perry Rhodan
Die größte SF-Serie der Welt
Jede Woche ein neues Heft
im Zeitschriftenhandel
www.perry-rhodan.net
Kostenloses Infopaket
anfordern bei:
PERRY RHODAN-Kommunikation
Stichwort »Himmelsjahr 2016«
Postfach 2352, D-76413 Rastatt
Perry Rhodan
Die größte Science-Fiction-Serie
Nr. 2803
Marc A. Herren
Unter dem Sextadim-Banner
Ein Sonnensystem wird angegriffen –
Perry Rhodan gerät zwischen die Fronten

Februar 2016

- Merkur ist Anfang Februar am Morgenhimmel sichtbar.
- Mars, Saturn und Venus schmücken den Morgenhimmel.
- Jupiter im Sternbild Löwe wird zum Planeten der gesamten Nacht.

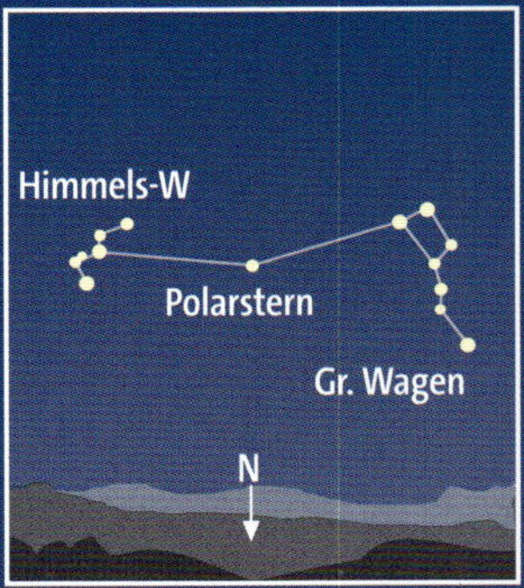

Großer Wagen und Himmels-W Anfang Februar um 22 Uhr

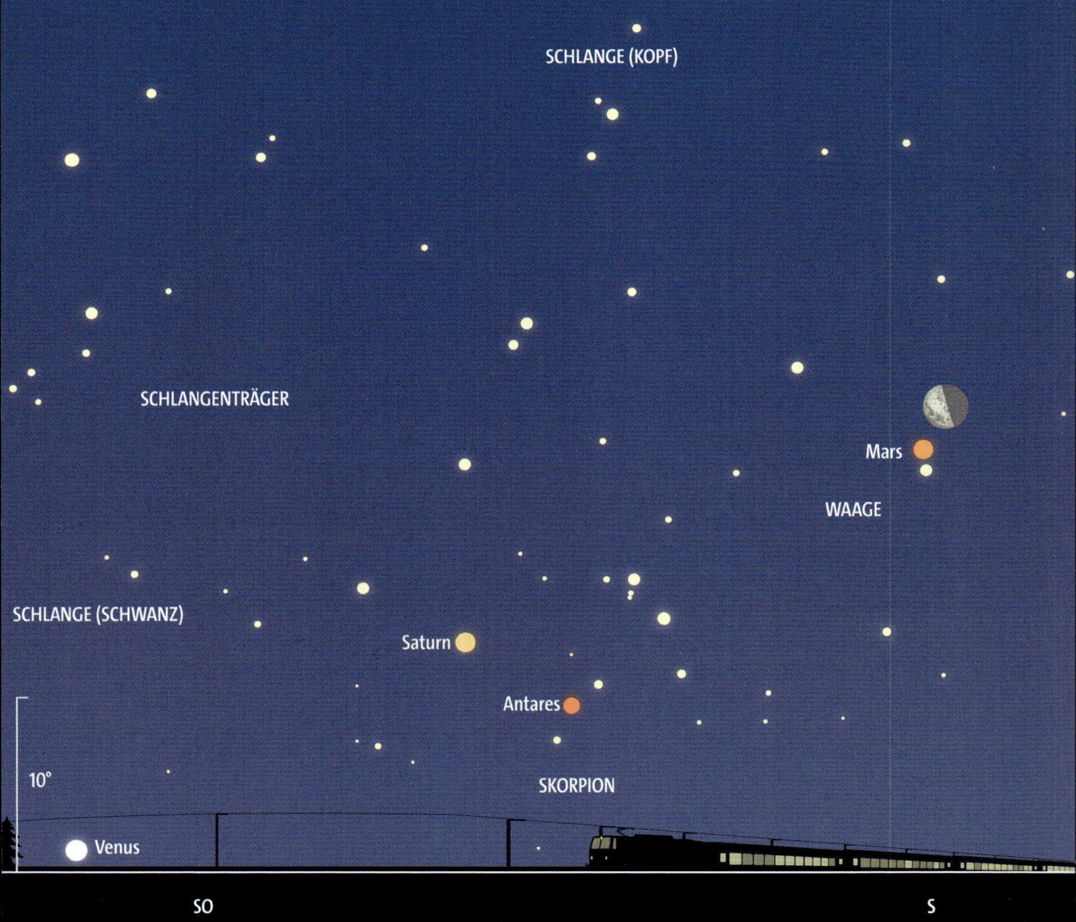

2.1 Himmelsanblick am 1. Februar gegen 6h30m MEZ. Am Südosthimmel ist die Planetenkette Venus – Saturn – Mars zu sehen. Bei Mars steht der abnehmende Halbmond.

1 Mo	Mond im letzten Viertel Mond bei Mars (Morgenhimmel)
2 Di	
3 Mi	
4 Do	Mond bei Saturn (Morgenhimmel)
5 Fr	
6 Sa	Mond bei Venus und Merkur (Morgenhimmel)
7 So	
8 Mo	**Neumond**
9 Di	
10 Mi	Aschermittwoch
11 Do	Mond in Erdnähe
12 Fr	
13 Sa	
14 So	
15 Mo	Mond im ersten Viertel
16 Di	

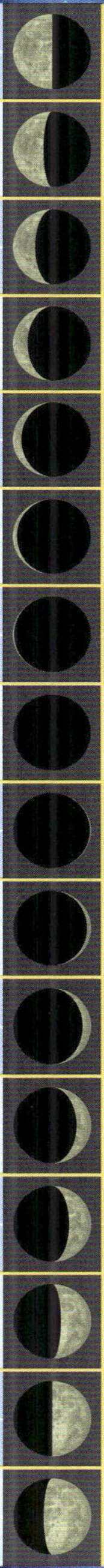

17 Mi	
18 Do	
19 Fr	
20 Sa	
21 So	
22 Mo	**Vollmond**
23 Di	
24 Mi	Mond bei Jupiter (Morgenhimmel)
25 Do	
26 Fr	
27 Sa	Mond in Erdferne
28 So	
29 Mo	Mond bei Mars (Morgenhimmel)

Sonne – Sternbilder

17. 2. 0^h:
Sonne tritt in das Sternbild Wassermann
19. 2. 7^h:
Sonne tritt in das Tierkreiszeichen Fische
Julianisches Datum am
1. Februar, 1^h MEZ: 2 457 419,5

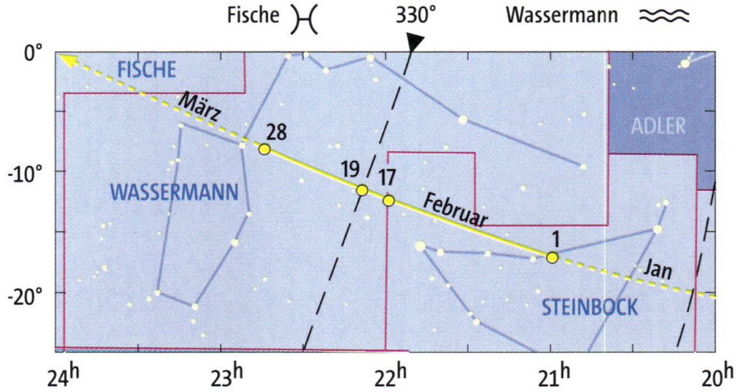

Tabelle Sonnenlauf

Tag	Dämmerg. Anfang	Aufgang MEZ	Kulmination	Untergang MEZ	Dämmerg. Ende	Mittagshöhe	Zeitgleichg.	Rektaszension	Deklination
	h m	h m	h m	h m	h m	°	m	h m	°
1.	6 41	7 55	12 34	17 13	18 27	22,8	−14	20 55	−17,4
5.	6 36	7 49	12 34	17 20	18 33	24,0	−14	21 11	−16,2
10.	6 28	7 41	12 34	17 29	18 41	25,6	−14	21 31	−14,7
15.	6 21	7 32	12 34	17 37	18 49	27,2	−14	21 51	−13,0
20.	6 12	7 23	12 34	17 46	18 57	29,0	−14	22 10	−11,3
25.	6 03	7 13	12 33	17 54	19 05	30,8	−13	22 30	− 9,5
29.	5 55	7 05	12 32	18 01	19 11	32,3	−12	22 45	− 8,0

Tages- und Nachtstunden

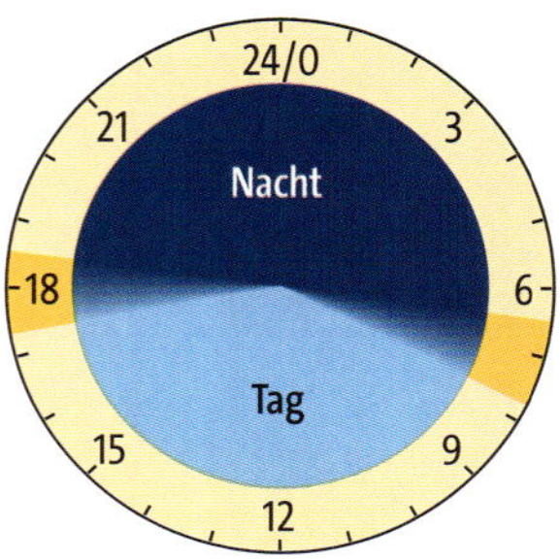

5. Februar

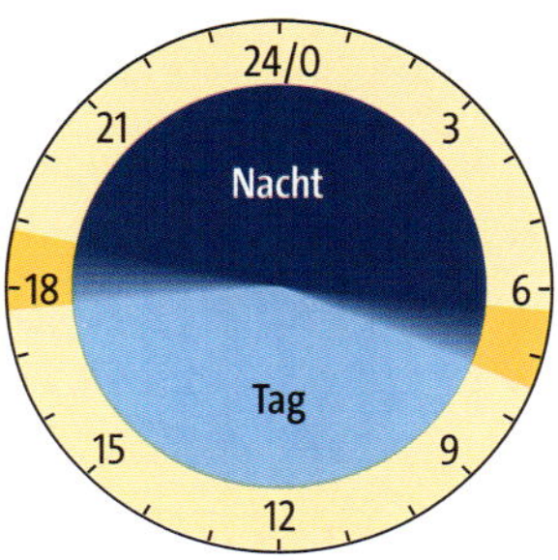

15. Februar

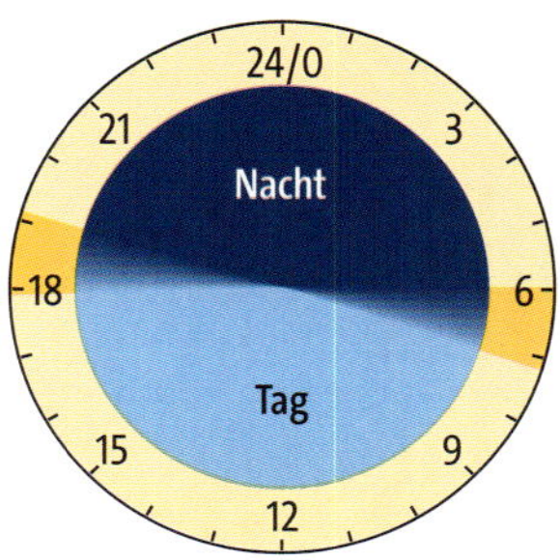

25. Februar

Tabelle Mondlauf

Datum		Aufg. MEZ	Kulmination	Unterg. MEZ	Rektaszension	Deklination		Sterne und Sternbilder	Phase	MEZ
		h m	h m	h m	h m	°				
Mo	1.	1 08	6 22	11 30	14 34	−11,1		Waage	**Letztes Viertel**	**$4^h\,28^m$**
Di	2.	2 09	7 08	12 02	15 22	−13,9		Waage		
Mi	3.	3 09	7 56	12 39	16 12	−16,1		Skorpion		
Do	4.	4 07	8 46	13 23	17 03	−17,6		Schlangenträger	Größte Nordbreite	
Fr	5.	5 02	9 38	14 15	17 57	−18,3		Schütze	Libration Ost	
Sa	6.	5 53	10 33	15 15	18 53	−18,0		Schütze, Nunki		
So	7.	6 39	11 28	16 22	19 50	−16,7		Schütze		
Mo	8.	7 19	12 23	17 35	20 47	−14,3		Wassermann	**Neumond Nr. 1152**	**$15^h\,39^m$**
Di	9.	7 56	13 18	18 50	21 44	−11,1		Steinbock		
Mi	10.	8 28	14 13	20 08	22 41	− 7,1		Wassermann	Absteigender Knoten	
Do	11.	8 59	15 07	21 26	23 37	− 2,7		Fische	Erdnähe 364/32′,8	4^h
Fr	12.	9 30	16 00	22 42	0 33	+ 1,9		Walfisch		
Sa	13.	10 01	16 54	23 58	1 28	+ 6,4	*	Fische		
So	14.	10 35	17 48	–	2 24	+10,4		Walfisch		
Mo	15.	11 13	18 42	1 11	3 20	+13,7	*	Widder	**Erstes Viertel**	**$8^h\,46^m$**
Di	16.	11 55	19 37	2 20	4 17	+16,2		Stier, Hyaden		
Mi	17.	12 43	20 31	3 23	5 13	+17,8		Stier	Größte Südbreite	
Do	18.	13 37	21 25	4 20	6 10	+18,3		Alhena	Libration West	
Fr	19.	14 36	22 17	5 09	7 05	+17,8		Alhena		
Sa	20.	15 38	23 07	5 51	7 59	+16,3		Krebs		
So	21.	16 42	23 55	6 27	8 51	+14,1		Krebs, Krippe		
Mo	22.	17 46	–	6 58	9 41	+11,3		Löwe, Regulus	**Vollmond**	**$19^h\,20^m$**
Di	23.	18 49	0 41	7 26	10 30	+ 7,9		Löwe, Regulus		
Mi	24.	19 52	1 25	7 51	11 17	+ 4,3		Löwe	Aufsteigender Knoten	
Do	25.	20 54	2 08	8 15	12 03	+ 0,6		Jungfrau		
Fr	26.	21 55	2 51	8 40	12 48	− 3,1		Jungfrau		
Sa	27.	22 56	3 34	9 05	13 34	− 6,7		Spica	Erdferne 405/29′,5	4^h
So	28.	23 56	4 17	9 32	14 20	−10,0		Jungfrau		
Mo	29.	–	5 02	10 01	15 06	−12,9		Waage		

Der Mond wandert am 23./24. an Jupiter vorbei

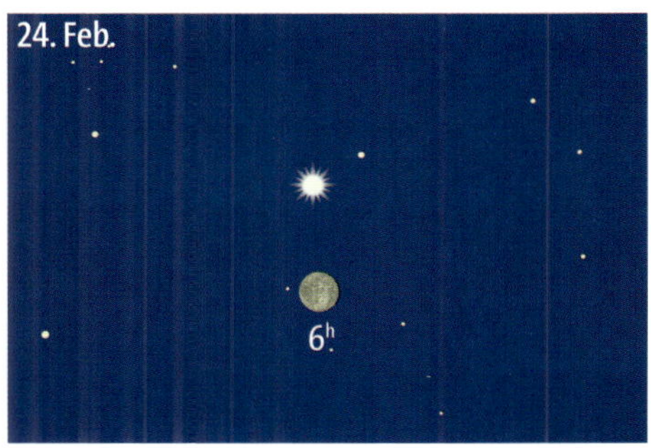

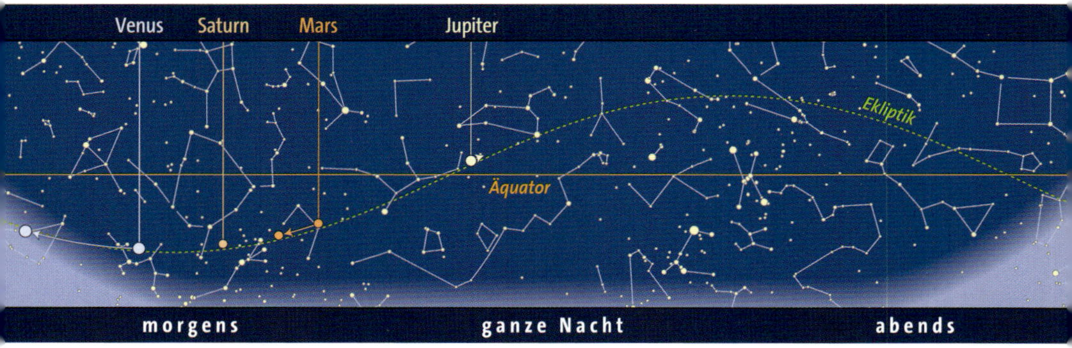

Merkur kann in den ersten Februartagen am Morgenhimmel gesehen werden. Am 1. geht der 0m,0 helle Merkur um 6^h32^m auf. Etwa eine Viertelstunde später hat er sich so weit über die ärgsten Dunstschichten am Horizont erhoben, dass er tief am Südosthimmel sichtbar wird. Im Teleskop sieht man das 7″,5 große Merkurscheibchen halb beleuchtet. Am 1. tritt nämlich die Dichotomie (Phase Halbmerkur) ein. Danach wird Merkur merklich runder. Bis 7. nimmt die Merkurhelligkeit leicht auf –0m,1 zu, die Aufgangszeit bleibt fast konstant. Nach dem 5. wird man Merkur kaum mehr freisichtig erkennen können, bis 7. eventuell mit lichtstarkem Fernglas. Am 6. passiert die schmale Sichel des abnehmenden Mondes den Götterboten.

Am 7. erreicht Merkur mit 25°33′ Winkelabstand seine größte westliche Elongation von der Sonne. Am 13. kommen Venus und Merkur bis auf 4° einander nahe, der Fachmann spricht von einer Quasikonjunktion. Sie ist nur mit lichtstarker Optik im Prinzip beobachtbar.

2.2 Merkur am Morgenhimmel:
Stellung von Merkur über dem Südosthorizont zu den angegebenen Daten jeweils eine Stunde vor Sonnenaufgang. Die Pfeile geben die Bewegungen von Merkur und Sonne in der folgenden halben Stunde an.

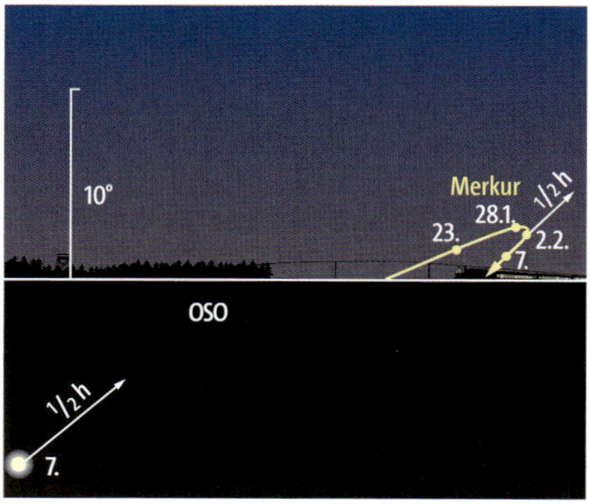

2.3 Sichtbarkeitsdiagramm für Merkur:
Es gilt genau für 50° nördlicher Breite und 10° östlicher Länge. Dunkelgelbe Fläche: Unter günstigen Sichtbedingungen kann man Merkur mit bloßen Augen erkennen.

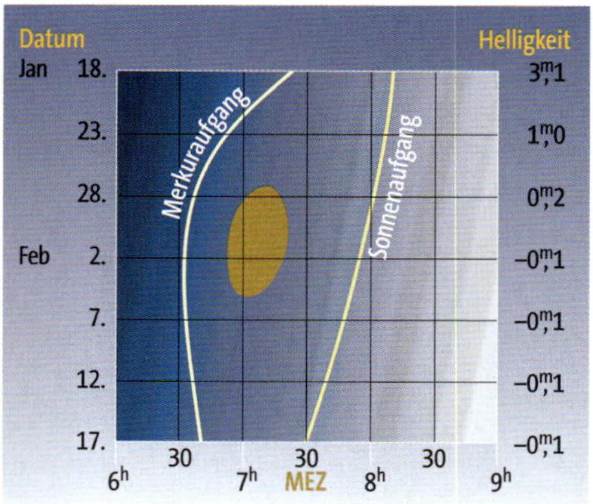

Sichtbarkeitszeiten und Stellungen über dem Osthorizont sind aus der Abb. 2.2 und 2.3 auf Seite 60 ersichtlich.

Sein Aphel (sonnenfernster Bahnpunkt) passiert Merkur am 21., wobei ihn 0,467 AE, das sind 69,8 Millionen Kilometer, vom Tagesgestirn trennen.

Venus ist weiterhin am Morgenhimmel vertreten, wenn auch ihre Sichtbarkeitsbedingungen deutlich ungünstiger werden. Ihr Rückzug vom Morgenhimmel kündigt sich an. Am 17. wechselt sie aus dem Sternbild Schütze in das des Steinbocks.

Die Venusaufgänge erfolgen am 1. um 6^h14^m, am 15. um 6^h23^m und am 29. um 6^h18^m. Die Venushelligkeit bleibt konstant bei $-3^m,9$ im Laufe des Februar.

Am 6. wandert die schmale Sichel des abnehmenden Mondes 4°,3 nördlich an Venus vorbei (siehe Abb. rechts).

Im Fernrohr zeigt sich das Venusscheibchen klein und rundlich. Am Monatsende hat es nur noch einen scheinbaren Durchmesser von 11″,3, wobei es zu 91 % beleuchtet ist.

Mars ist Planet der zweiten Nachthälfte. Seine Helligkeit nimmt im Laufe des Februars kräftig um eine halbe Größenklasse zu. Am Monatsende leuchtet er mit $0^m,3$ und zählt damit zu den hellsten Gestirnen der Nacht. Jupiter und Sirius übertreffen ihn an Glanz. Venus geht erst morgens kurz vor Sonnenaufgang auf. Auch Kapella und Wega sind noch ein wenig heller als der rötliche Planet.

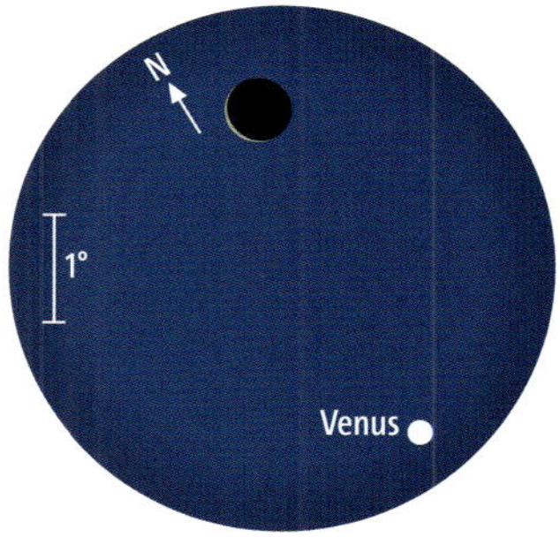

2.4 Mond bei Venus:
Die schmale Sichel des abnehmenden Mondes passiert am 6. Februar Venus. Fernglasanblick gegen 7^h MEZ bei 5° Gesichtsfelddurchmesser.

Der rötliche Planet wandert durch die Waage und zieht bereits am 1. an α Librae (Zubenelgenubi; $2^m,6$) etwa 1°,2 nördlich vorbei (siehe Abb. 5.3 auf Seite 119).

Am 1. erfolgt der Aufgang des noch $0^m,8$ hellen Mars um 1^h39^m, am 15. um 1^h21^m und am 29. schon um 0^h59^m. Der abnehmende Halbmond begegnet Mars am 1. und am 29. (siehe Abb. 2.1 auf Seite 56).

Jupiter, rückläufig im Löwen, ist strahlender Planet fast der gesamten Nacht, wenn man von den frühen Abendstunden absieht. Zu Monatsende wird er zum Planeten der gesamten Nacht. Der Riesenplanet strebt seiner Opposition zur Sonne entgegen, die er im ersten Märzdrittel erreicht. Seine Helligkeit nimmt weiter leicht auf $-2^m,5$ zu. Seine Aufgänge verlagert er von 20^h44^m am 1. auf 19^h41^m am 15. und auf 18^h37^m am 29. Februar.

Konstellationen und Ereignisse

Datum	MEZ	Ereignis
1.	10^h	**Mond bei Mars**, Mond 2°,7 nördlich, **Abstand 2°,6 um 7^h**
3.	20	**Mond bei Saturn**, Mond 3°,5 nördlich, **Abstand 5°,7 um 5^h am 4.**
6.	9	**Mond bei Venus**, Mond 4°,3 nördlich, **Abstand 3°,5 um 7^h**
6.	18	**Mond bei Merkur**, Mond 3°,8 nördlich, **Abstand 5°,6 um 7^h**
7.	2	Merkur in größter westlicher Elongation (26°)
10.	1	Mond bei Neptun, Mond 2°,1 nördlich
12.	15	Mond bei Uranus, Mond 1°,7 südlich
21.	18	Merkur im Aphel
24.	5	**Mond bei Jupiter**, Mond 1°,7 südlich, **Abstand 2°,4 um 4^h**
28.	17	Neptun in Konjunktion mit der Sonne
29.	19	**Mond bei Mars**, Mond 3°,6 nördlich, **Abstand 4°,3 um 2^h am 1.3.**

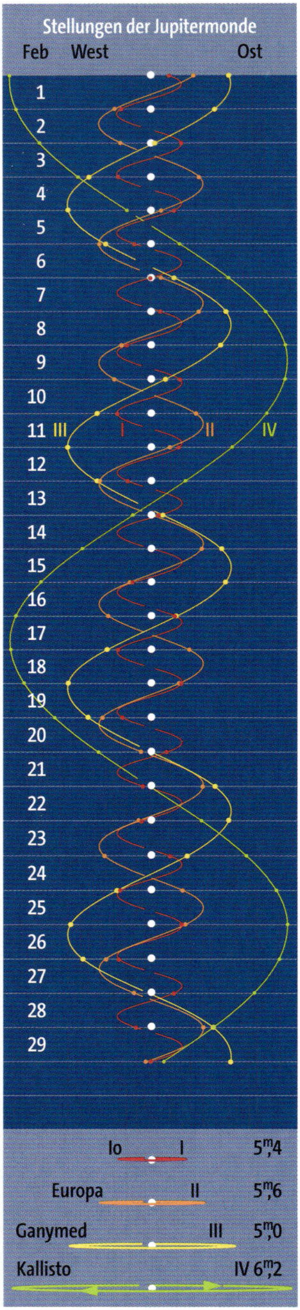

Jupitermonde

Tag	MEZ	Vorgang	
	h m		
2.	21 01	III	SA
3.	0 13	III	DA
	0 23	III	SE
	3 20	III	DE
	6 06	II	VA
5.	0 26	II	SA
	0 34	IV	VA
	1 57	II	DA
	3 15	II	SE
	3 56	IV	VE
	4 41	II	DE
	4 57	I	SA
	5 41	I	DA
6.	2 07	I	VA
	5 06	I	BE
	23 26	I	SA
	23 30	II	BE
7.	0 07	I	DA
	1 41	I	SE
	2 21	I	DE
	23 32	I	BE
8.	20 47	I	DE
10.	0 59	III	SA
	3 37	III	DA
	4 21	III	SE
	6 45	III	DE
12.	3 02	II	SA
	4 15	II	DA
	5 51	II	SE
	6 51	I	SA
13.	4 01	I	VA
	6 51	I	BE
	20 32	III	BE
	21 56	II	VA
14.	1 19	I	SA
	1 46	II	BE
	1 52	I	DA
	3 34	I	SE
	4 06	I	DE
	22 29	I	VA
15.	1 17	I	BE
	20 09	II	DE

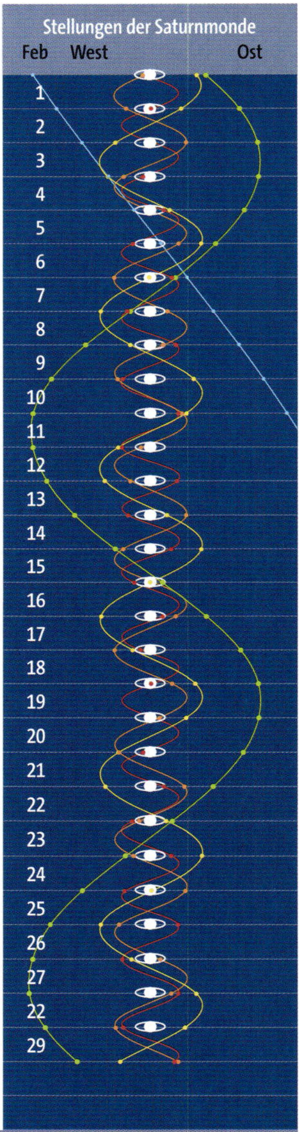

Japetus

5.	$11^m{,}5$
10.	$11^m{,}9$
15.	$12^m{,}3$
20.	$12^m{,}6$
25.	$12^m{,}7$
28.	$12^m{,}5$

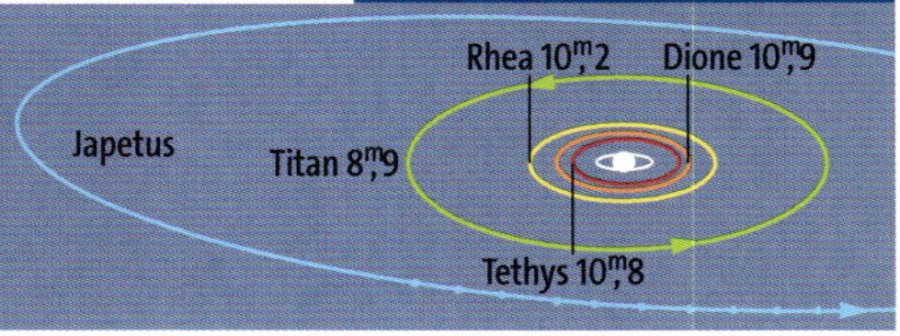

Tag	MEZ	Vorgang	
	h m		
15.	20 18	I	DA
	22 03	I	SE
	22 32	I	DE
17.	4 57	III	SA
19.	5 38	II	SA
	6 32	II	DA
20.	5 55	I	VA
	23 51	III	BE
21.	0 29	II	VA
	3 12	I	SA
	3 36	I	DA
	4 00	II	BE
	5 28	I	SE
	5 50	I	DE
	21 49	IV	VE
	22 53	IV	BA
22.	0 23	I	VA
	0 38	IV	BE
	3 02	I	BE
	19 41	II	DA
	21 41	I	SA
	21 45	II	SE
	22 02	I	DA
	22 26	II	DE
	23 56	I	SE
23.	0 16	I	DE
	21 28	I	BE
27.	22 57	III	VA
28.	3 03	II	VA
	3 08	III	BE
	5 06	I	SA
	5 19	I	DA
	6 14	II	BE
29.	2 18	I	VA
	4 46	I	BE
	21 33	II	SA
	21 57	II	DA
	23 34	I	SA
	23 45	I	DA

Saturn, rechtläufig im Schlangenträger, baut seine Morgensichtbarkeit aus. Geht der $0^{m}{,}5$ helle Ringplanet am 1. um 4^h13^m und am 15. um 3^h22^m auf, so überschreitet er am 29. bereits um 2^h31^m die südöstliche Horizontlinie. Gegenüber dem Vormonat verzögert Saturn seine rechtläufige Wanderung durch den Schlangenträger (siehe Abb. 6.3 auf Seite 137).

Am 4. sieht man gegen 5^h morgens die Sichel des abnehmenden Mondes fast 6° nördlich von Saturn. Die Konjunktion von Saturn mit dem Mond findet bereits am Vorabend um 20^h statt, wobei der Abstand $3^{\circ}{,}5$ beträgt. Allerdings sind zu diesem Zeitpunkt beide Gestirne unter dem Horizont.

Uranus, rechtläufig in den Fischen, ist noch am frühen Abend beobachtbar. Im nächsten Monat verlässt der grünliche Planet den Abendhimmel und zieht sich an den Taghimmel zurück. Im ersten Aprildrittel steht er dann mit der Sonne am Taghimmel.

Am 1. geht der $5^{m}{,}9$ lichtschwache Uranus um 23^h11^m unter, am 15. um 22^h19^m und am 29. bereits um 21^h27^m. Die Uranuskulminationen verfrühen sich von 16^h39^m zu Monatsbeginn auf 14^h53^m Ende Februar.

Um Uranus mit einem guten Fernglas aufzufinden, nutze man die Aufsuchkarte Abb. 10.7 auf Seite 215. Der Stern ε Piscium ($4^{m}{,}3$) kann dabei als Aufsuchhilfe dienen.

Neptun, rechtläufig im Wassermann, steht am 28. in Konjunktion mit der Sonne. Der sonnenfernste Planet hält sich am Taghimmel auf und bleibt nachts unbeobachtbar unter dem Horizont. Am Tag der Konjunktion ist Neptun 4630 Millionen Kilometer von der Erde entfernt, dies sind 30,95 AE. Von der Sonne trennen den bläulichen Planeten zu diesem Termin 4482 Millionen Kilometer (= 29,96 AE). Das Sonnenlicht ist somit vier Stunden und neun Minuten zu Neptun unterwegs.

Planetoiden

Vesta (4) kann noch am frühen Abend mit lichtstarker Optik beobachtet werden. Sie eilt rechtläufig durch den Walfisch und wechselt am 12. in das Sternbild Fische. Am 25. passiert sie in $0''{,}3$ Abstand südlich den Stern ν Piscium ($4^{m}{,}4$), der als Aufsuchhilfe dienen kann (siehe Abb. 10.7 auf Seite 215). Ihre Helligkeit geht leicht von $8^{m}{,}2$ auf $8^{m}{,}4$ zurück.

Am Monatsbeginn erfolgt die Vesta-Kulmination um 16^h44^m und am 15. um 16^h07^m. Am 29. passiert sie den Meridian schon um 15^h32^m und geht um 22^h02^m unter. Die beste Zeit, um Vesta aufzufinden, ist die Stunde von 19^h30^m bis 20^h30^m.

Astraea (5) kommt am 15. in **Opposition** zur Sonne. Sie wandert rückläufig durch den Löwen und passiert knapp nördlich ν Leonis ($5^{m}{,}3$) im ersten Februardrittel (siehe Abb. 2.5 auf Seite 64). Zu Monatsbeginn noch $9^{m}{,}3$ hell, steigert Astraea bis zur Opposition ihre Helligkeit auf $8^{m}{,}7$. Bis Monatsende sinkt sie wieder auf $9^{m}{,}3$ ab.

Am 1. erfolgt die Meridianpassage von Astraea um 1^h43^m, in der Oppositionsnacht um 0^h38^m und Ende Februar bereits um

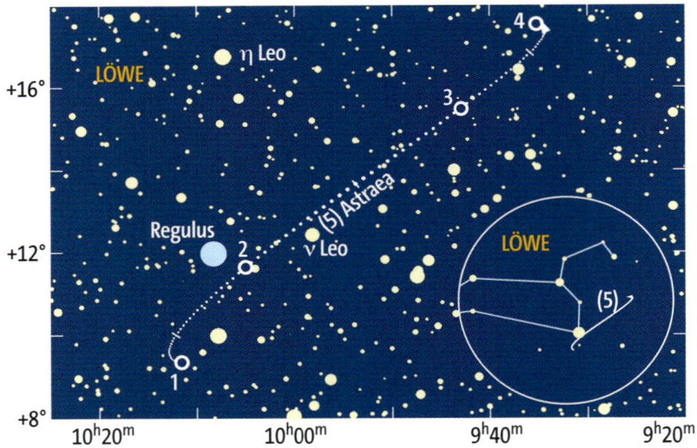

2.5 Bahn von Astraea: Scheinbare Bahn des Kleinplaneten (5) Astraea im Sternbild Löwe von Januar bis April 2016. Die Zahlen geben die Position von Astraea zum jeweiligen Monatsbeginn an (2 = 1. Februar).

Oppositionen von (5) Astraea 2006 – 2025

Datum			Hell.	Dekl.
			m	o
2006	Okt	24.	10,3	+ 4
2008	Apr	6.	9,4	+ 1
2009	Jul	23.	10,9	−17
2010	Okt	11.	10,5	+ 1
2012	Mrz	12.	9,0	+ 8
2013	Jul	13.	10,8	−18
2014	Sep	29.	10,7	− 3
2016	**Feb**	**15.**	**8,7**	**+13**
2017	Jul	2.	10,8	−17
2018	Sep	19.	10,8	− 6
2020	Jan	21.	8,9	+16
2021	Jun	20.	10,6	−17
2022	Sep	8.	10,9	− 9
2023	Dez	28.	9,3	+16
2025	Jun	6.	10,4	−15

Die Opposition im Jahr 2016 ist die günstigste zwischen 1950 und 2050.

23^h27^m. Von der Erde ist Astraea zur Opposition Millionen Kilometer (= 1,10 AE) entfernt. Von der Sonne trennen sie am 15. immerhin 312 Millionen Kilometer (= 2,09 AE).

Die diesjährige Opposition von Astraea ist die günstigste im Zeitraum von 1950 bis 2050 (siehe Tabelle links).

Periodische Sternschnuppenströme

Der Februar zeigt die geringste Sternschnuppenaktivität aller Monate. Dies hat mitunter auch den Vorteil, eventuell neue, noch unbekannte Meteorströme aufspüren zu können.

Die **Alpha-Aurigiden** wurden bis Ende der 1980er Jahre zwischen dem 6. und 9. Februar beobachtet. Ihr Maximum war nicht sehr ausgeprägt.

Der Ausstrahlungspunkt lag in der Nähe von Kapella. Nur wenige, aber helle und langsame Meteore tauchten auf. Offensichtlich ist dieser Strom in den letzten Jahren versiegt. Dennoch lohnt es sich, nach den Aurigiden Ausschau zu halten. Vielleicht werden sie wieder aktiv.

Die **Delta-Leoniden** erreichen ihr Maximum um den 25. Februar. Sie sind ein schwacher Strom, der sich zwischen dem 15. Februar und dem 10. März bemerkbar macht, wobei es sich um langsame Objekte handelt (um 23 Kilometer pro Sekunde).

Zum Monatsende erscheinen die ersten **Virginiden** am Morgenhimmel.

Auch wenn periodische Sternschnuppenströme im Februar weitgehend ausbleiben, so ist dennoch mit Überraschungen zu rechnen. Helle Boliden oder Feuerkugeln wurden schon öfter im Februar registriert. Man denke an den Fall im russischen Tscheljabinsk vom 15. Februar 2013, bei dem es viele Verletzte und große Sachschäden gab.

Der Fixsternhimmel

Im Nordosten schiebt sich der Große Wagen langsam höher, wobei der Wagenkasten vorangeht und die Deichsel folgt. Der Wagen wird also nicht gezogen, sondern geschoben. Die Kassiopeia, das Himmels-W, sinkt langsam zum Horizont hinab, erreicht ihn aber als Zirkumpolarbild nicht. Zirkumpolarbilder

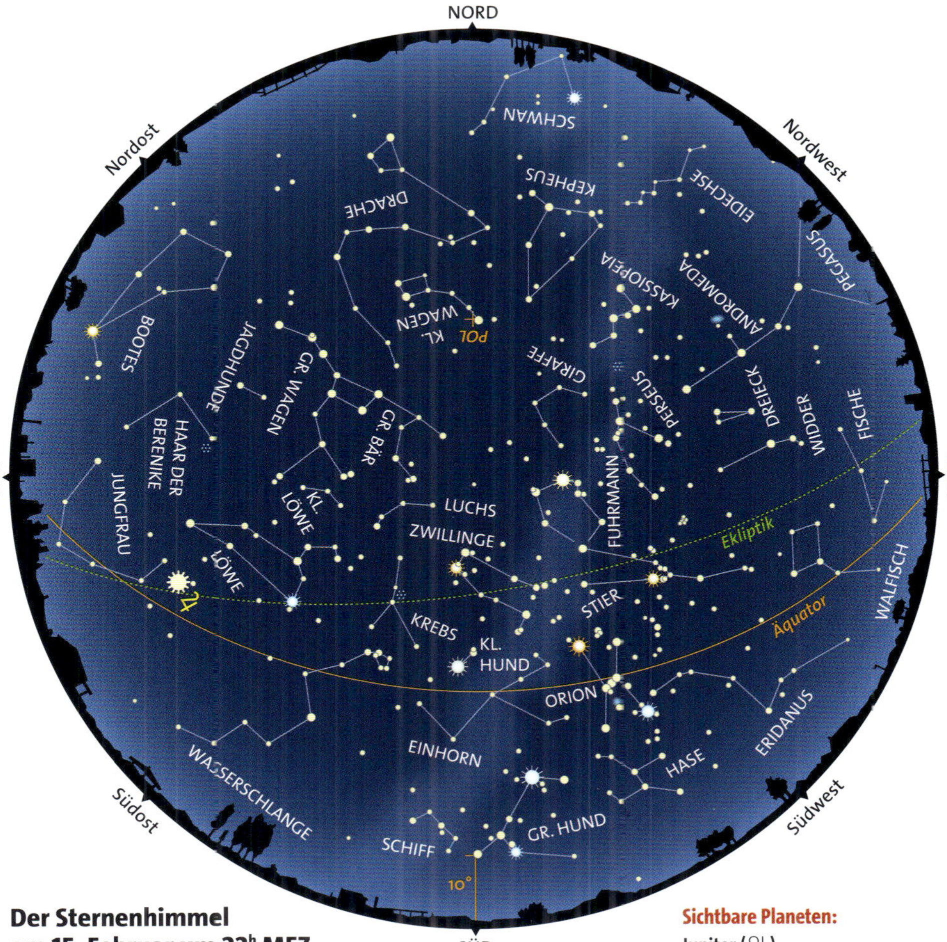

Der Sternenhimmel am 15. Februar um 22h MEZ

Sichtbare Planeten:
Jupiter (♃)

Die Sternkarte ist auch gültig für:

	MEZ	MESZ
1.11.	5h	
15.11.	4	
1.12.	3	
15.12.	2	
1. 1.	1	
15. 1.	0	
1. 2.	**23**	
15. 2.	**22**	
28. 2.	**21**	
15. 3.	20	

gehen nämlich nie unter. Welche Sterne zirkumpolar sind, hängt von der geografischen Breite des Beobachters ab. Sterne, die nicht weiter vom Himmelspol entfernt sind als es der geografischen Breite entspricht, kreisen um den Pol ohne unterzugehen. Sie sind daher in jeder klaren Nacht des Jahres zu sehen. Auf den Polen der Erde sind alle Sterne zirkumpolar, am Erdäquator gibt es keine Zirkumpolarsterne.

Die Wintersternbilder beherrschen noch eindeutig die Szene. Der Südhimmel ist bis in Zenitnähe reich an hellen Sternen. Sirius kulminiert eben. Unter „kulminieren" versteht man „die höchste Stellung im Süden einnehmen". Das dazu gehörige Substantiv heißt „die Kulmination". Ein Gestirn kulminiert, wenn es den Meridian (die Mittagslinie) durchwandert. Der Himmelsjäger Orion hat seinen Meridiandurchgang zur Standardbeobachtungszeit (22^h MEZ zur Monatsmitte) schon hinter sich. Gegenüber dem Vormonat hat sich der Schwerpunkt des Wintersechsecks schon ein wenig nach Westen verlagert.

Von den Herbstbildern sind nur noch Andromeda und Perseus erwähnenswert. Die anderen Herbstbilder sind inzwischen ganz oder teilweise unter dem Horizont verschwunden.

Vorboten des Frühlings

Im Osten ist bereits der Löwe vollständig aufgegangen. Sein Hauptstern Regulus steht als einzelner Stern erster Größenklasse einsam in dieser Region. Die alten Griechen sahen hier den Löwen von Nemea, der vom Helden Herkules mit bloßen Händen erwürgt wurde. Es war dies die erste seiner zwölf Heldentaten. Der Löwe wird daher auch als Nemeïsches Monster bezeichnet. Er war nämlich kein gewöhnlicher Löwe. Geboren von der Mondgöttin Selene, war sein Fell unverwundbar. Weder Steine noch Eisen- oder Bronzespeere konnten es verletzen. Von göttlicher Abstammung, kehrte der Löwe nach seinem irdischen Ende wieder an den Himmel zurück, wo wir ihn noch heute bewundern können.

Zwischen dem Löwen und den Zwillingen, die hoch im Süden stehen, findet sich der Krebs. Er gehört zum Tierkreis und ist gut bekannt, denn in Horoskopen wird er regelmäßig erwähnt. Den Krebs aber am Himmel zu entdecken, ist nicht ganz einfach: Dieses Bild wird nur von lichtschwachen Sternen angedeutet. In mondloser Nacht kann man schon mit bloßen Augen im Krebs den offenen Sternhaufen Praesepe (lat., Krippe) erkennen. Die Amerikaner sehen in diesem Sternengewimmel einen Schwarm von Bienen und nennen den Haufen „beehive“ (engl., Bienenstock). Im Fernglas ist die Krippe (Katalogbezeichnung: M 44) leicht zu erkennen. Sie steht eingerahmt zwischen zwei Sternchen, die nördliches und südliches Eselchen genannt werden (lat.: Asellus Borealis oder γ Cnc und Asellus Australis oder δ Cnc).

Hoch im Süden, ebenfalls gerade den Meridian durchschreitend, sieht man die beiden Sternenketten der Zwillinge. Die Hauptsterne der Zwillinge heißen Kastor und Pollux. Fast im Zenit leuchtet ferner die gelbliche Kapella, der nördlichste Stern erster Größenklasse. Weit im Westen ist noch das kleine Sternbild Widder auszumachen.

Objekte für Feldstecher und Fernrohr

Wer mit seinem Fernglas oder Teleskop den Sternenhimmel beobachten will, sollte wissen, bis zu welcher Größenklasse man erwarten kann, Sterne zu erkennen. Gegenüber der Pupille des menschlichen Auges bringt das Objektiv eines Fernrohrs infolge seines im Vergleich zur Pupillenöffnung größeren Durchmessers mehr Licht auf die Netzhaut. Kurz: Der Helligkeitsgewinn ist abhängig vom Objektivdurchmesser (auch Apertur, Eintrittspupille oder freie Öffnung genannt). Je größer die freie Öffnung eines Teleskops, desto mehr Licht wird eingefangen und umso schwächere Sterne kann man sehen. Mit bloßen Augen kann man unter sehr günstigen Sichtbedingungen (klare Luft, gute Durchsicht, kein Mondlicht und kein durch irdische Beleuchtung aufgehellter Himmel, sondern

Veränderliche Sterne im Februar

Algol-Minima	2. 2^h04^m	4. 22^h53^m	7. 19^h43^m	25. 0^h39^m	27. 21^h28^m
β-Lyrae-Minima	3. 3^hN	9. 14^hH	16. 2^hN	22. 13^hH	29. 0^hN
δ-Cepheï-Maxima	4. 6^h	9. 15^h	14. 23^h	20. 8^h	25. 17^h
Mira-Helligkeit	1. 9^m	10. 8^m	20. 8^m	29. 7^m	

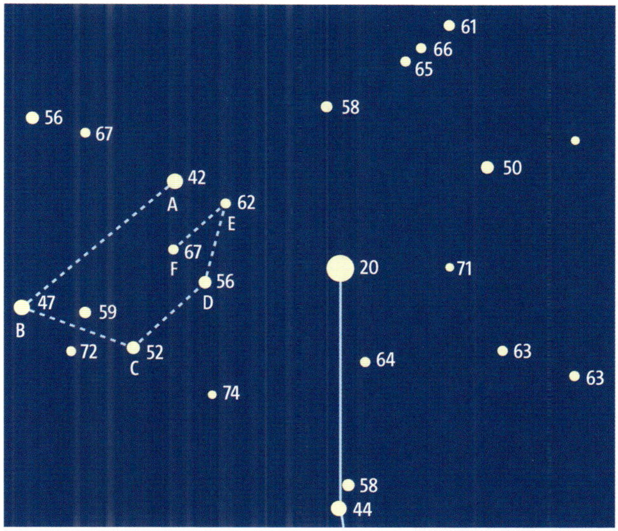

2.6 Testfeld für Ferngläser:
Der Polarstern befindet sich im Zentrum (20 = $2{,}^{m}0$). Die gerade Linie deutet das Deichselende des Kleinen Wagens an.

pechschwarzes Firmament und dunkeladaptierte Augen) punktförmige Gestirne bis zur 6. Größenklasse (6^{m}) sehen. Ein dreizölliger Refraktor (Apertur: 7,5 cm) zeigt jedoch hundertmal lichtschwächere Sterne (bis 11^{m}).

Der Lichtgewinn nimmt mit dem Quadrat des Objektivdurchmessers D zu. Ein 20-cm-Objektiv sammelt viermal mehr Sternenlicht ein als eines mit nur 10 cm Durchmesser. Zu berücksichtigen ist, dass bei Refraktoren (Linsenteleskopen) die Glaslinsen einen Teil des Lichtes absorbieren. Bei Reflektoren (Spiegelteleskopen) wiederum schattet der Fangspiegel im Strahlengang einen Teil des Hauptspiegels ab. Um die Öffnung und damit die lichtsammelnde Eigenschaft eines Fernrohres voll auszunützen, ist eine Mindestvergrößerung zu wählen, damit der Himmelshintergrund entsprechend dunkel erscheint und der Kontrast optimal wird, um Sternpünktchen zu erkennen.

Eine empirische Formel zur Bestimmung der Grenzgröße m, die man mit einem Objektiv von D Zentimeter Durchmesser erreichen kann, lautet:

$m = 7 + 5 \cdot \log D$

Nebenstehende Tabelle erspart das Rechnen nach obiger Formel.

Die Tabelle gilt für *punktförmige* Gestirne. Bei flächenhaften Objekten, wie interstellare Nebel oder Galaxien, sind die Grenzgrößen wesentlich geringer. Sie sind abhängig von der Gesamthelligkeit des Objektes *und* seiner Ausdehnung, woraus sich die Flächenhelligkeit ergibt, die meist in Größenklassen pro Quadratbogenminute angegeben wird.

Es empfiehlt sich, zunächst sein Instrument zu testen: Bis zu welcher Helligkeit kann man mit ihm noch Sterne erkennen? Als Testfeld bietet sich die Nordpolarfolge an (siehe Abb. oben und Abb. 10.15 auf Seite 225). Sie hat den Vorteil, dass alle Sterne um den Pol in jeder klaren Nacht zu sehen sind, denn sie sind zirkumpolar, wie der Fachbegriff lautet. Außerdem stehen sie stets in gleicher Höhe über dem Nordhorizont entsprechend der geografischen Breite des Beobachters (Polhöhe = geografische Breite). Dadurch hat man auch immer die gleiche atmosphärische Extinktion (bei gleichen atmosphärischen Bedingungen). Ab 52° bis 90° kann man die Extinktion vernachlässigen. Von 36° bis 52° ist zu den in Abb. 2.6 vermerkten Helligkeiten $0{,}^{m}1$ zu addieren. Auch kreuzen bei der Nordpolarfolge niemals störende Planeten das Gesichtsfeld.

D [cm]	m	Vergrößerung
5	10,5	30 ×
7,5	11,4	45 ×
10	12,0	60 ×
15	12,9	90 ×
20	13,5	120 ×
25	14,0	150 ×
30	14,4	180 ×
35	14,7	210 ×
40	15,0	240 ×

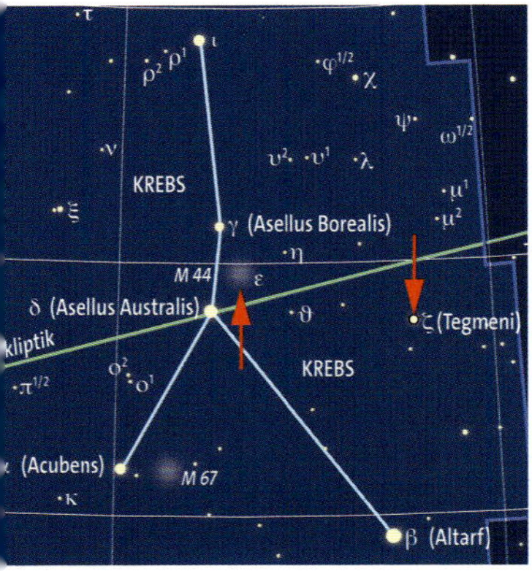

2.7 Sternbild Krebs:
Das Sternbild Krebs (lat.: Cancer) mit dem offenen Sternhaufen M 44 (Krippe) sowie dem Dreifachstern Tegmeni (ζ Cnc).

In Abb. 2.6 steht der Polarstern im Zentrum, Helligkeit 2^{m},0. Eingetragen sind die visuellen Helligkeiten in Zehntel Größenklassen. Dezimalpunkte sind vermieden, damit es nicht zur Verwechslung mit punktförmigen Sternen kommt und die Übersicht besser wird. „58" bedeutet somit 5^{m},8. Die ausgezogene Linie markiert das Deichselende des Kleinen Wagen. Die mit A bis F gekennzeichneten Sterne sind mit gestrichelten Linien verbunden und markieren die Folge abnehmender Sternhelligkeiten.

Schöne Sternhaufen

Zu den prominenten Kandidaten am abendlichen Winterhimmel zählen die beiden offenen Sternhaufen Hyaden und Plejaden (M 45) im Stier sowie der große Orionnebel (M 42), ein gewaltiges Sternentstehungsnest in 1500 Lichtjahren Entfernung. Sie zählen zum Standardprogramm jeder Führung auf einer öffentlichen Sternwarte. Auch für Einsteiger in die Astronomie oder Gelegenheitsbeobachter sind sie Ziele erster Wahl. Denn sie sind am Sternenhimmel leicht zu finden und schon mit bloßen Augen zu erkennen. Die Plejaden sind übrigens in letzter Zeit ins Gerede gekommen. Die Astronomen sind uneins, was die Entfernung dieses hellen und wunderschönen Sternhaufens betrifft.

Mit Hilfe des Astrometriesatelliten HIPPARCOS wurde die Distanz zu 390 Lichtjahren gemessen. Neuere, radiointerferometrische Parallaxenmessungen kommen jedoch zu dem Ergebnis: M 45 ist 440 Lichtjahre entfernt. Man hofft, mit Hilfe der Astrometrieraumsonde GAIA diesen Widerspruch bald auflösen zu können.

Ein weiterer offener Sternhaufen sei empfohlen: M 35 im Sternbild Zwillinge. Er liegt etwa 2°,5 nordwestlich von Propus (η Geminorum) und ist schon im Fernglas gut zu erkennen. Aber erst im Teleskop wirkt M 35 mit rund 300 Mitgliedssternen eindrucksvoll. Die Entfernung dieser Sternengesellschaft liegt bei 2800 Lichtjahren.

Auch M 44, die Krippe im Sternbild Krebs, zählt zu den Juwelen am Winterhimmel. Mit bloßen Augen als mattes, aber deutliches Lichtfleckchen sichtbar, entpuppt sich M 44 im Fernglas als prächtiger offener Sternhaufen. Im Gesichtsfeld wimmelt es nur so von Sternen. Die Amerikaner nennen diesen Sternhaufen Beehive, der Bienenstock, weil sie den Eindruck haben, Sterne wie schwirrende Bienen zu sehen. Die lateinische Bezeichnung für Krippe lautet Praesepe. Die rund 300 Sterne des Haufens sind 580 Lichtjahre von uns entfernt. Im Fernglas sieht man aber nur die 50 hellsten Sonnen von M 44. Der hellste Einzelstern im Haufen ist ε Cancri mit 6^{m},3, ein weißer Stern (Spektraltyp A2).

Lohnende Doppelsterne

Ein interessanter Dreifachstern im Krebs ist Tegmeni (ζ Cnc) in 84 Lichtjahren Entfernung. Die Hauptkomponente ist ein 5^{m},0 heller, gelber Stern (G0) mit einem Begleiter von 6^{m},0, der ebenfalls gelblich leuchtet. Die Separation beider beträgt 6″, was jeder Dreizöller trennt. Die Hauptkomponente selbst ist ein enger Doppelstern von 1″,1 Distanz mit 5^{m},6 und 6^{m},0 Helligkeit der Einzelkomponenten.

Für Doppelsternjäger sei auch Kastor in den Zwillingen genannt (α Geminorum). Zwei weiße Sonnen (A2) mit 1^{m},9 und 2^{m},9 Helligkeit sind zurzeit 5″,1 voneinander getrennt. Sie umkreisen einander in 470 Jahren. Kastor ist 52 Lichtjahre entfernt. Genau genommen ist Kastor ein Sechsfachstern (siehe auch Monatsthema Dezember „Kastor – der sterbliche Zwillingsbruder" im *Himmelsjahr 1995* auf Seite 210).

Auf den Spuren des Urknalls

2.8 Die Beobachtungsstation mit dem BICEP2-Teleskop am Südpol der Erde.

In den Jahren 1924 bis 1928 entdeckten Edwin P. Hubble und Milton L. Humason mit dem 2,5-m-Hooker-Reflektor, dem damals größten Spiegelteleskop der Welt auf dem Mt.-Wilson-Observatorium in Kalifornien, dass die Milchstraßensysteme anscheinend von uns fliehen. Je weiter eine Galaxie von uns entfernt ist, umso schneller entfernt sie sich von uns. Die Fluchtgeschwindigkeit nimmt mit der Entfernung zu. Daraus folgt: Das Universum ist nicht statisch, sondern es expandiert. Wenn sich aber der Kosmos permanent ausdehnt, muss er früher kleiner, dichter und auch heißer gewesen sein. Das Weltall entstand aus einem winzigen, überdichten und superheißen Feuerball, der sich rasend schnell auszudehnen begann – das Urknallmodell war geboren. Freilich war der Urknall (engl.: Big Bang) keine gewöhnliche Explosion in dem Sinne, dass sich der Feuerball in einen bereits vorhandenen Raum ausbreitete. Vielmehr wurden auch Raum und Zeit im Big Bang erst erschaffen.

Nach dem Standardmodell des Big Bang wurden in den ersten Sekunden und Minuten Elementarteilchen gebildet wie Photonen, Neutrinos, Elektronen und Quarks, wobei sich je drei Quarks zu Protonen und Neutronen zusammenfanden. Nach drei Minuten war die primordiale Elementensynthese abgeschlossen: Wasserstoff, Helium und Spuren von Lithium füllten den expandierenden Feuerball. Schwerere Elemente gab es damals noch nicht. Die extrem energiereichen Photonen wurden an den Elektronen ständig gestreut (Thomson-Streuung). Durch die Ausdehnung kühlte der Feuerball immer mehr ab. Als die Temperatur unter 2700 °C gesunken war, fingen die Protonen und Alpha-Teilchen (Heliumatomkerne) die allermeisten Elektronen ein. Dadurch konnten sich die Photonen nun frei bewegen, die Strahlung entkoppelte sich von der Materie. Damit war die strahlungsdominierte Ära zu Ende, das Weltall wurde gewissermaßen

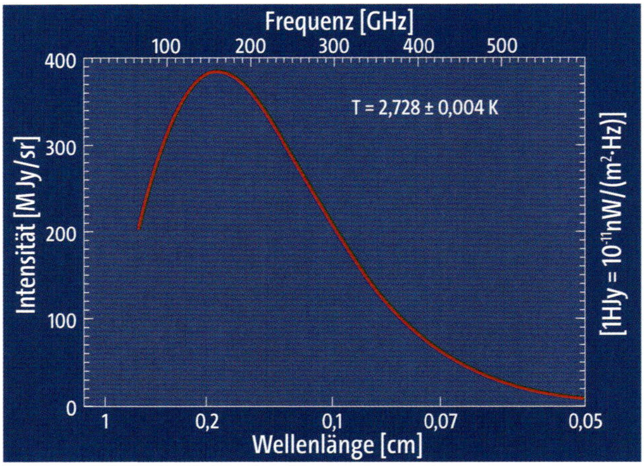

2.9 Die Plancksche Strahlungskurve des kosmischen Mikrowellenhintergrundes (CMB – Cosmic Microwave Background).

durchsichtig. Das geschah bei einem Weltalter von knapp 400 000 Jahren.

Die Hintergrundstrahlung

Die nun frei beweglich gewordenen Photonen künden vom Beginn des Universums. Sie bilden den Rest des Strahlungsblitzes vom Urknall. Allerdings kühlte der ursprüngliche Feuerball immer weiter ab. Genauer: Durch die Expansion wurden die Photonen permanent energieärmer, die Frequenz nahm ab, die Wellenlänge entsprechend zu. Einer der prominentesten Kosmologen, George A. Gamow (1904–1968), berechnete die Energie dieser Photonen und kam zu dem Schluss: Sie entspricht einem Planckschen Strahler von nur 5 Kelvin (= –268 °C) über dem absoluten Nullpunkt der Temperaturskala. Jeder Körper emittiert gemäß seiner Temperatur elektromagnetische Strahlung, also Photonen, die eine charakteristische Spektralverteilung aufweisen, die sogenannte Plancksche Strahlungskurve.

Seine Überlegungen publizierte Gamow 1948 in der Fachzeitschrift *Nature*. Niemand dachte damals ernsthaft, eine so energiearme Strahlung je beobachten zu können. Vor fünfzig Jahren fand man sie jedoch rein zufällig: Die beiden Physiker Arno A. Penzias und Robert W. Wilson von den Bell Laboratories in Holmdel, New Jersey, registrierten mit einer Hornantenne ein schwaches Rauschen im Mikrowellenbereich, das in allen Richtungen gleichmäßig stark zu empfangen war. Bald stellte sich heraus: Es ist die von Gamow vorausgesagte Reststrahlung des Urknalls.

Das Spektrum dieser Mikrowellenstrahlung entspricht einem Planckschen Strahler von nur drei Grad über dem absoluten Nullpunkt, weshalb man von der 3K-Strahlung spricht. K steht dabei für Kelvin, die Einheit der absoluten Temperaturskala (0 K = –273,15 °C und 273,15 K = 0 °C). Die Entdeckung der Hintergrundstrahlung, die aus allen Richtungen gleichmäßig einfällt, war eine glänzende Bestätigung für die 1965 noch als Hypothese geltende Vorstellung vom heißen Beginn unseres Universums.

Genaue Messungen zeigten, dass die Hintergrundstrahlung tatsächlich aus allen Richtungen gleich stark einfällt. Die Abweichungen von ihrer Intensität müssen kleiner als 1/1000 sein. Sie entspricht einem Objekt mit einer Temperatur von 2,735 K, wobei das Energiemaximum bei einer Wellenlänge von 1,1 mm liegt, also im Mikrowellenbereich. Deshalb nennt man die Hintergrundstrahlung gerne Cosmic Microwave Background, abgekürzt CMB.

Abweichung von der Uniformität?

Eigentlich müsste man auch Spuren der großräumigen, honigwabenartigen Struktur der Materieverteilung im CMB entdecken. Denn Galaxienhaufen und -superhaufen bilden riesige Wände oder Mauern (engl.: walls), die gewaltige Leerräume (engl.: voids) von mehreren hundert Millionen Lichtjahren Durchmesser umschlie-

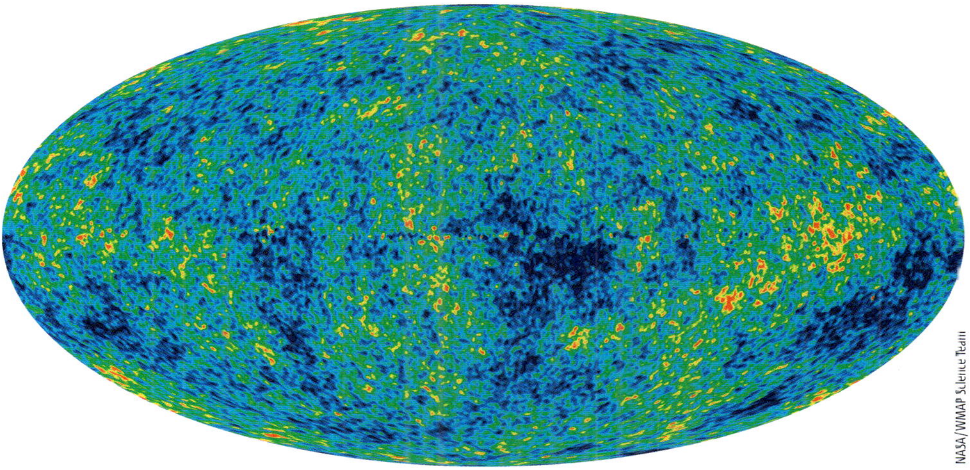

2.10 Die kosmische Hintergrundstrahlung – aufgenommen von der Raumsonde WMAP.

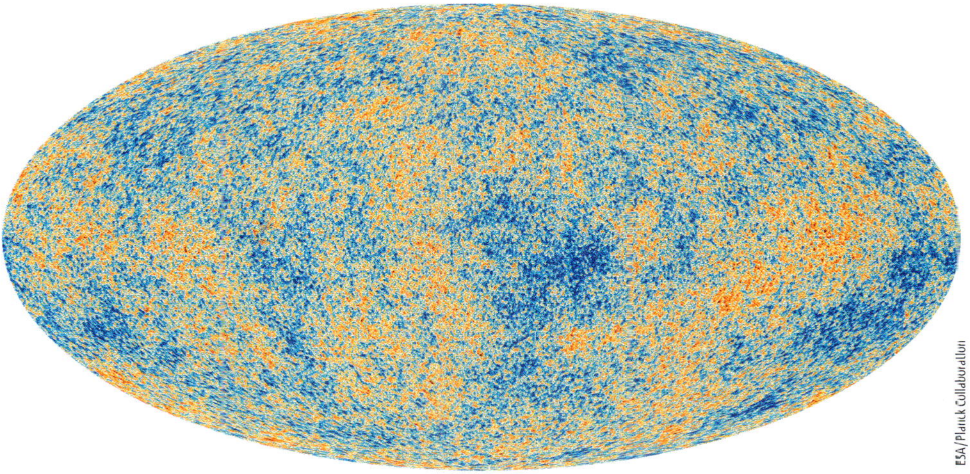

2.11 Hochaufgelöste Aufnahme der kosmischen Hintergrundstrahlung, gewonnen von der Raumsonde PLANCK. Aus ihren Mustern lassen sich wichtige kosmologische Parameter ermitteln wie Expansionsrate und Alter des Universums.

ßen. Um dies zu überprüfen, startete man im November 1989 den Erdsatelliten COBE (**CO**smic **B**ackground **E**xplorer) zur Erforschung der kosmischen Hintergrundstrahlung.

In der Größenordnung von Tausendstel und gar Millionstel Kelvin Temperaturdifferenzen zeigen sich Muster und Strukturen im CMB. So ist diejenige Strahlung, die aus Richtung des Sternbildes Jungfrau kommt, um etwa zwei Promille energiereicher. In der entgegengesetzten Richtung sind die Photonen des CMB entsprechend energieärmer. Die Ursache war schnell gefunden: Unser Milchstraßensystem driftet mit einer Geschwindigkeit von 600 Kilometer pro Sekunde zum Zentrum des Virgo-Galaxiensuperhaufens. Der dabei auftretende Doppler-Ef-

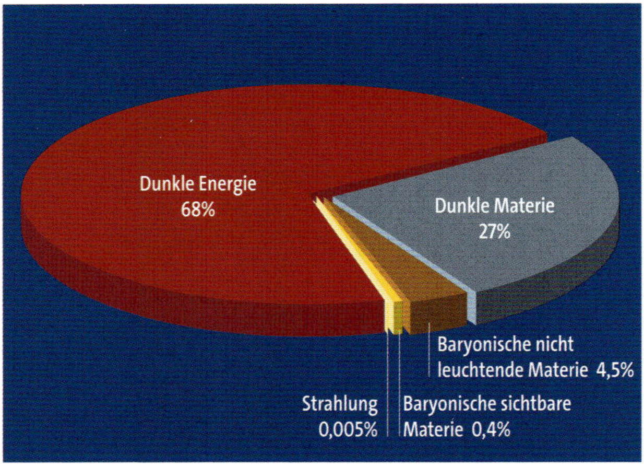

2.12 Die uns vertraute baryonische („gewöhnliche") Materie beinhaltet nur fünf Prozent aller Massen im Universum. Der Löwenanteil entfällt auf die Dunkle Materie und auf die Dunkle Energie.

fekt ruft diese Anisotropie in der Hintergrundstrahlung hervor.

COBE entdeckte noch weitere Anisotropien in der Größenordnung von wenigen Zehntausendstel Kelvin. Sie deuten auf primäre Strukturen in der Frühphase des Weltalls hin. Die Entwicklung der honigwabenartigen Struktur des Universums auf Skalenlängen von einigen hundert Millionen Lichtjahren scheint in den winzigen Inhomogenitäten des CMB ihre Ursache zu haben.

Die Daten von COBE bestätigen glänzend die Vorstellung von einem heißen, superdichten Beginn in der Frühphase des Universums. Während COBE von einem Erdorbit aus operierte, wurden die beiden Nachfolgeraumsonden WMAP (**W**ilkinson **M**icrowave **A**nisotropic **P**robe) und PLANCK in den Lagrange-Punkt Nr. 2 verfrachtet. Dieser Punkt L2 befindet sich von der Erde aus gesehen in Opposition zur Sonne in etwa 1,5 Millionen Kilometer Entfernung (siehe auch Monatsthema „Die Punkte des Herrn Lagrange" im *Himmelsjahr 2006* auf Seite 224). In dieser großen Distanz vermeidet man Beeinflussungen der Messungen durch die Wärmestrahlung der Erde.

WMAP beobachtete von Oktober 2001 bis August 2010 mit einer wesentlich höheren Winkelauflösung als COBE. Den Vogel schoss jedoch die europäische Raumfahrtmission PLANCK ab, die von Mai 2009 bis Oktober 2013 den CMB mit bisher unübertroffener Auflösung von 4′ bei einer Frequenz von 857 Gigahertz und immer noch 33′ bei 33 Gigahertz abtastete und vermaß. Aus den gewonnenen Daten konnten zahlreiche kosmologische Parameter abgeleitet werden: Der Urknall fand vor 13,8 Milliarden Jahren statt, die Expansionsrate, der Hubble-Parameter, hat heute den Wert 68 Kilometer pro Sekunde und pro Megaparsec, der Anteil der direkt beobachtbaren baryonischen Materie beträgt lediglich knapp fünf Prozent. Die ausschließlich gravitativ wirkende Dunkle Materie füllt zu 27 % das Universum und die Dunkle Energie, die seit sechs Milliarden Jahren für eine beschleunigte Expansion sorgt, beansprucht den Löwenanteil von 68 % der im Weltall vorhandenen Massen. (Gemäß der Speziellen Relativitätstheorie ist Energie einer Masse äquivalent: $E = mc^2$.)

Die Inflation

Der Blick zurück geht bis zur undurchsichtigen Feuerwand des CMB, als das Universum 380 000 Jahre alt war. Aber bereits in dem winzigen Augenblick von 10^{-35} bis 10^{-32} Sekunden soll sich nach Vorstellung der Kosmologen das damals noch winzige Weltall exponenziell aufgebläht haben, und zwar um den Faktor 10^{30}, das Volumen vergrößerte sich somit um das 10^{90}-fache. Diese inflationäre Phase blähte das Universum von 10^{-25} cm auf zehn Kilometer Durchmesser auf.

Diese Hypothese von der kosmologischen Inflation geht auf Alan Guth zurück, der sie 1984 erstmals formulierte, um folgende drei Probleme zu lösen:

1. Trotz der Anwesenheit von Massen zeigt sich der Weltraum nahezu euklidisch, ist also flach, es lässt sich keine Raumkrümmung feststellen (Flachheitsproblem).
2. Die fast absolute Homogenität und Isotropie des Universums lässt sich schwer verstehen, da weite Bereiche des Weltraums wegen der endlichen Lichtgeschwindigkeit nicht kausal zusammenhängen. Eventuell vorhandene Dichte- und Temperaturunterschiede hätten nicht ausgeglichen werden können (Homogenitätsproblem).
3. Nach der GUT (Grand Unified Theory) müssen aus der Frühphase des Universums bei Energiedichten von 10^{15} Gigaelektronenvolt sogenannte magnetische Monopole in großen Mengen entstanden sein. Man sucht sie aber bisher vergeblich (Problem der fehlenden Magnetmonopole).

Alle drei Probleme lassen sich mit dem inflationären Szenario höchst elegant lösen. Unser Blick reicht nur bis zur Feuerwand des CMB. Es gibt jedoch eine Möglichkeit, die Hypothese der kosmologischen Inflationsphase zu überprüfen. Nach der Allgemeinen Relativitätstheorie müssten im inflationären Szenario Gravitationswellen entstanden sein. Gravitationswellen stauchen die Raumdimensionen und zerren an ihnen. Als Folge davon müssten in der Hintergrundstrahlung charakteristische Polarisationsmuster zu beobachten sein. Photonen oder Lichtquanten schwingen zufällig verteilt in beliebige Richtungen. Wird Licht jedoch gespiegelt, so wird es polarisiert eine Schwingungsebene wird bevorzugt. Licht wird auch polarisiert, wenn es von Partikeln wie Staubkörnchen oder Elektronen

2.13 Die europäische Raumsonde Planck zur Erforschung der kosmischen Hintergrundstrahlung.

ESA

gestreut wird. Die Partikel absorbieren die Photonen und strahlen diese unmittelbar wieder ab. Dabei ist der einfallende Lichtstrahl unpolarisiert, das wieder emittierte Licht jedoch meist linear polarisiert. Bestimmte Schwingungsrichtungen werden also bevorzugt, andere jedoch ausgeblendet.

Die Spuren der Inflation

Die Gravitationswellen der kosmischen Inflation führen zu einer Quadrupolanisotropie des Raumes. Die drei Raumdimensionen werden einzeln rhythmisch gedehnt und gestaucht. Die hochenergetischen Photonen werden bei Streuung an den Elektronen polarisiert. Entsprechend der Geometrie der Gravitationswellen wird ein strudelartiges Polarisationsmuster erzeugt. Die Fachleute sprechen von B-Moden.

Um die Spuren der Urknallinflation als Polarisationsmuster im CMB, also in der kosmischen Hintergrundmikrowellenstrahlung, zu erkennen, hat man am Südpol der Erde nahe der Amundsen-Scott-Forschungsstation ein Spezialteleskop aufgestellt, das die Bezeichnung BICEP (**B**ackground **I**maging of **C**osmic **E**xtragalactic **P**olarisation) trägt. Für derartige Beobachtungen bietet der Südpol gute Voraussetzungen: Die Polarnacht dauert mehrere Monate, in denen ohne Unterbrechung beobachtet werden kann. Die Luft ist bei extremer Kälte und in 2900 m Seehöhe sehr trocken, Wasserdampf stört kaum die Messungen im Mikrowellenbereich. Von 2006 bis 2008 wurde gemessen, allerdings ohne eindeutige Resultate. Deshalb wurde nach einer Weiterentwicklung das Projekt BICEP2 im Jahre 2010 gestartet. Das BICEP2-Linsenteleskop hat eine freie Öffnung von lediglich 28 cm bei einer Brennweite von einem Meter. In der Fokalebene befinden sich spezielle CCD-Detektoren, deren Sensoren auf 0,27 K (!) gekühlt in einem Messbereich von 150 Gigahertz empfindlich sind. Bis Ende 2012 hatte man den Himmelsausschnitt von 22^h bis 2^h Rektaszension und von −50° bis −65° Deklination mehrfach aufgenommen (siehe Abb. 2.15 auf Seite 75)

In diesem Bereich vermutete man einen besonders geringen Anteil an interstellarem Staub, der ebenfalls Licht polarisiert. Nach umfangreicher Datenanalyse gab das BICEP2-Wissenschaftlerteam im Jahre 2014 bekannt, man habe die Spuren der Urknallinflation gefunden. Die Beobachtungsergebnisse lassen eine strudelförmige, nichtlineare Polarisation in der kosmischen Hintergrundstrahlung erkennen, die erwähnten B-Moden.

2.14 Gravitationswellen von der primordialen Inflationsphase durcheilen das Weltall – manchmal als „Zittern des Urknalls" beschrieben.

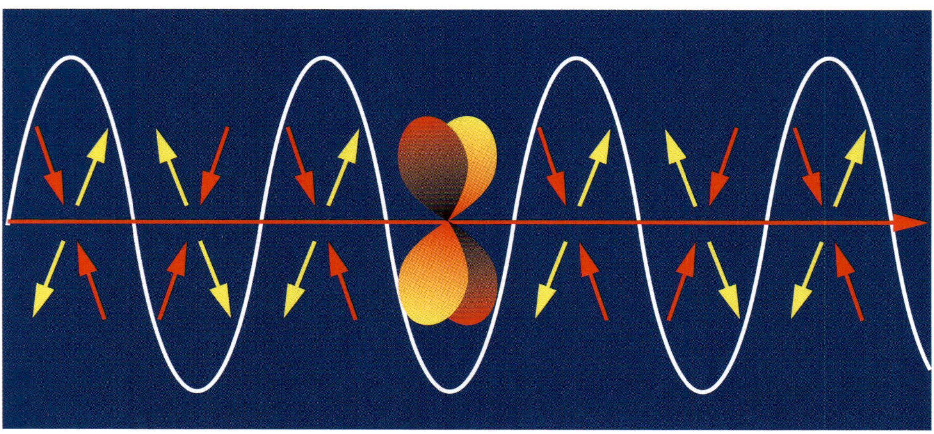

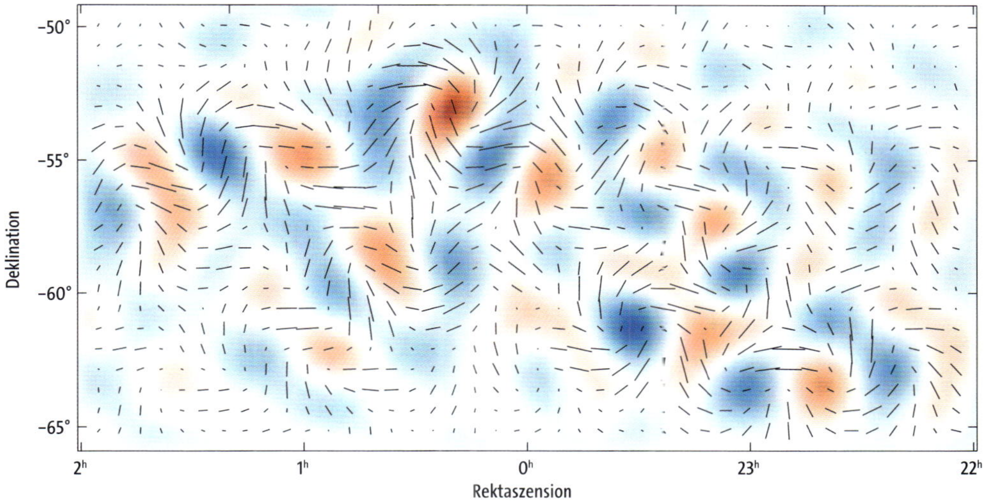

2.15 Himmelsausschnitt, den das BICEP2-Teleskop beobachtet hat. Angedeutet sind die wirbelartigen Polarisationsmuster. Aus den roten Bereichen strömen die energiearmen, aus den blauen die energiereichen Photonen.

Damit sei der eindeutige Beweis erbracht, dass die primordiale Inflation tatsächlich stattgefunden hat.

Wohl ein falscher Alarm

Doch die Begeisterung der BICEP2-Leute wurde erheblich gedämpft, als das große Wissenschaftlerteam der PLANCK-Mission die Ergebnisse anzweifelte. Im Unterschied zu BICEP2 hatte die Raumsonde PLANCK nicht nur einen vergleichsweise kleinen Himmelsausschnitt beobachtet, sondern mehrmals den gesamten Himmel abgetastet. Auch hat BICEP2 nur in einem einzigen Frequenzbereich von 150 GHz beobachtet, während PLANCK von 30 GHz bis 857 GHz in mehreren Kanälen den CMB vermaß.

Nicht nur die Gravitationswellen der Inflationsphase prägen dem CMB ein spezielles Polarisationsmuster auf. Auch die primordialen Dichtefluktuationen polarisieren das Licht des Urknallfeuerballs. Der interstellare Staub in unserer Milchstraße sorgt ebenfalls für Polarisationseffekte, denn die Staubkörner sind nicht kugelrund, sondern länglich, und werden durch das galaktische Magnetfeld ausgerichtet. Schließlich liefert die Synchrotronstrahlung von Akkretionsscheiben um Schwarze Löcher sowie von Quasaren ebenfalls polarisiertes Licht. Synchrotronstrahlung entsteht, wenn geladene Elementarteilchen von Magnetfeldern beschleunigt werden. Die dabei gebildeten Polarisationsmuster sind kaum von den durch die kosmische Inflationsphase erzeugten zu unterscheiden.

Nun werden die PLANCK-Daten einer genauen Analyse unterzogen. Auch ist man sich noch nicht ganz sicher, welche Intensität die primordialen Gravitationswellen wohl haben. Schon plant man BICEP3 sowie weitere Projekte (SPT – South Pole Telescope, ACT – Atacama Cosmology Telescope und das Ballonteleskop SPIDER).

Sollten die ursprünglichen Gravitationswellen als beobachtbare Spuren der bis dato noch hypothetischen Inflationsphase nicht gefunden werden, dann haben die Kosmologen ein ernstes Problem.

März 2016

- Die Sonne passiert am 20. um 5^h30^m den Frühlingspunkt und wechselt auf die Nordhalbkugel des Himmels.
- Der Riesenplanet Jupiter kommt am 8. im Sternbild Löwe in Opposition zur Sonne.
- Venus zieht sich vom Morgenhimmel zurück.

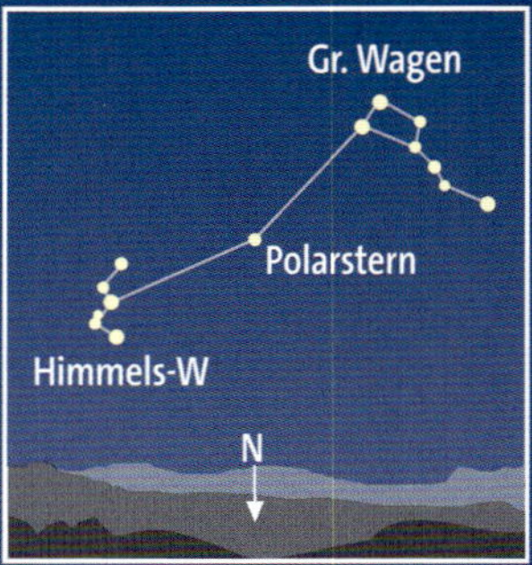

Großer Wagen und Himmels-W Anfang März um 22 Uhr

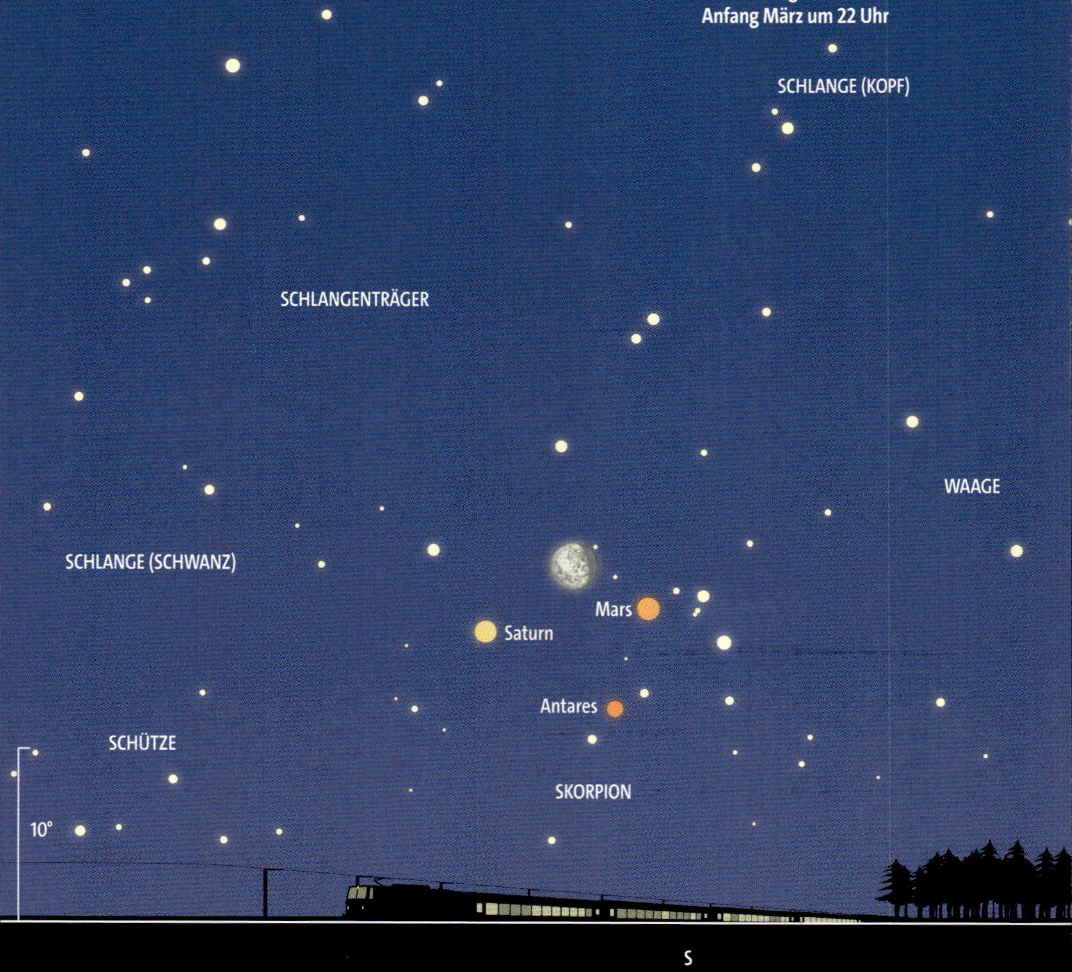

3.1 Anblick des morgendlichen Südhimmels am 29. März gegen 4^h MEZ. Im Gebiet Skorpion/Schlangenträger sind Mars, Saturn und der abnehmende Mond versammelt.

1 Di	**17 Do**
2 Mi Mond im letzten Viertel und bei Saturn (Morgenhimmel)	**18 Fr**
3 Do	**19 Sa**
4 Fr	**20 So** **Frühlingsbeginn**
5 Sa	**21 Mo**
6 So	**22 Di** Mond bei Jupiter (ganze Nacht)
7 Mo	**23 Mi** **Vollmond**
8 Di Jupiter in Opposition	**24 Do**
9 Mi **Neumond**	**25 Fr** Karfreitag, Mond in Erdferne
10 Do Mond in Erdnähe	**26 Sa** Karsamstag
11 Fr	**27 So** Ostersonntag Beginn der Sommerzeit
12 Sa	**28 Mo** Ostermontag, Mond bei Mars (Morgenhimmel)
13 So	**29 Di** Mond bei Saturn (Morgenhimmel)
14 Mo	**30 Mi**
15 Di Mond im ersten Viertel	**31 Do** Mond im letzten Viertel
16 Mi	

Sonne – Sternbilder

12.3. 2^h:
Sonne tritt in das Sternbild Fische
20.3. 5^h30^m:
Sonne tritt in das Tierkreiszeichen Widder
Julianisches Datum am
1. März, 1^h MEZ: 2 457 448,5

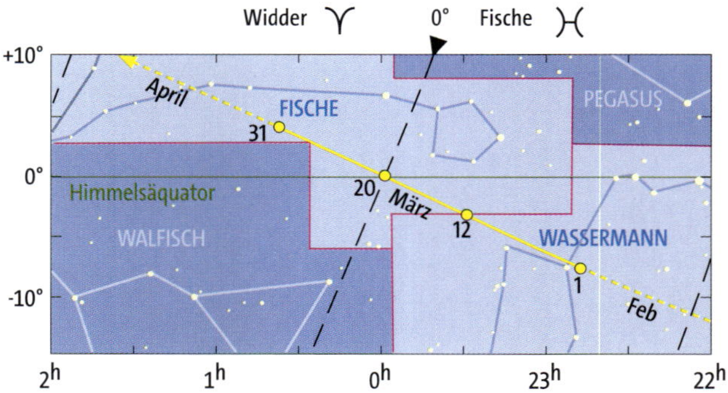

Tabelle Sonnenlauf

Tag	Dämmerg. Anfang	Aufgang MEZ	Kulmination	Untergang MEZ	Dämmerg. Ende	Mittagshöhe	Zeitgleichg.	Rektaszension	Deklination
	h m	h m	h m	h m	h m	°	m	h m	°
1.	5 53	7 03	12 32	18 03	19 13	32,7	–12	22 48	–7,6
5.	5 45	6 54	12 31	18 09	19 19	34,2	–11	23 03	–6,1
10.	5 34	6 44	12 30	18 17	19 27	36,2	–10	23 22	–4,1
15.	5 23	6 33	12 29	18 26	19 36	38,1	– 9	23 40	–2,1
20.	5 12	6 22	12 27	18 33	19 44	40,1	– 7	23 58	–0,2
25.	5 00	6 11	12 26	18 41	19 53	42,1	– 6	0 17	+1,8
31.	4 46	5 58	12 24	18 51	20 03	44,4	– 4	0 39	+4,2

Achtung: Ab Sonntag, 27. März 2016, gilt die Sommerzeit. Zu allen im Himmelsjahr angegebenen Zeiten eine Stunde addieren!

Tages- und Nachtstunden

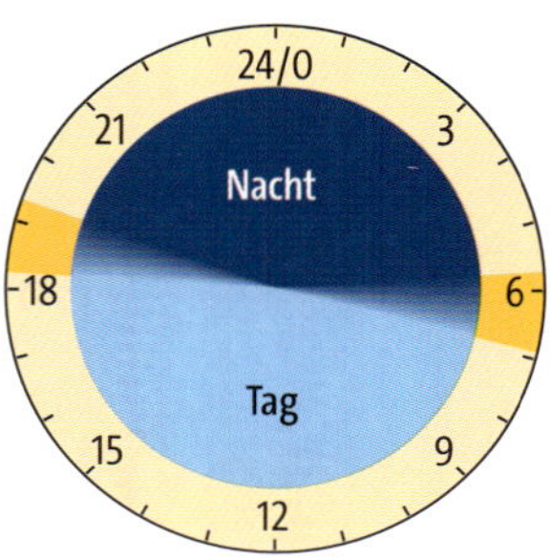

5. März

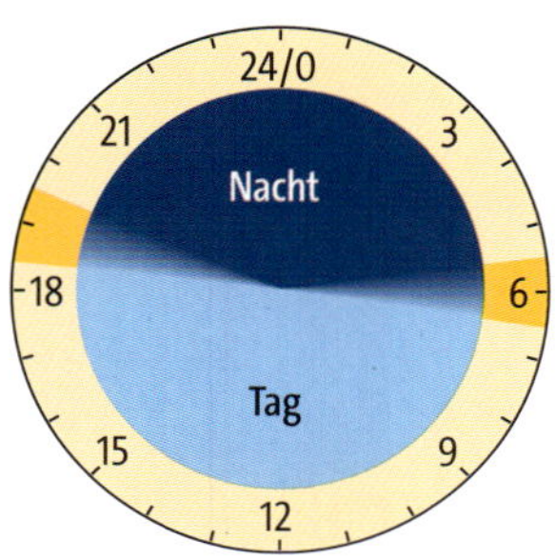

15. März

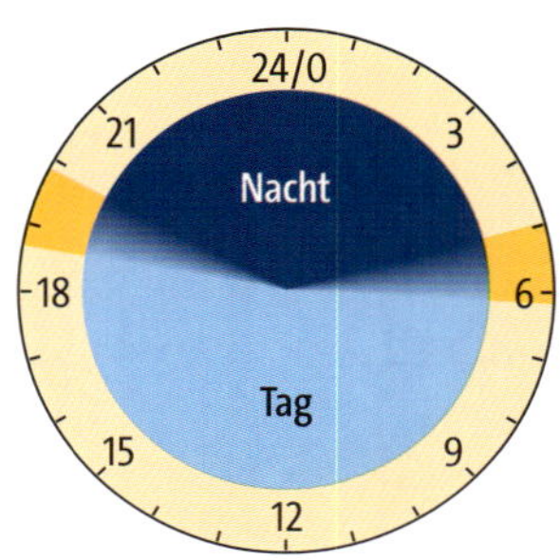

25. März

Tabelle Mondlauf

Datum		Aufg. MEZ h m	Kulmination h m	Unterg. MEZ h m	Rektaszension h m	Deklination °	Sterne und Sternbilder	Phase	MEZ
Di	1.	0 56	5 48	10 36	15 55	−15,3	Waage		
Mi	2.	1 54	6 36	11 16	16 45	−17,0	Schlangenträger	**Letztes Viertel**	**$0^h 11^m$**
								Größte Nordbreite	
Do	3.	2 49	7 26	12 03	17 37	−18,0	Schlangenträger		
Fr	4.	3 41	8 18	12 57	18 31	−18,1	Schütze	Libration Ost	
Sa	5.	4 28	9 12	13 59	19 26	−17,3	Schütze		
So	6.	5 11	10 06	15 08	20 22	−15,4	Steinbock		
Mo	7.	5 49	11 02	16 23	21 19	−12,6	Wassermann		
Di	8.	6 24	11 57	17 40	22 16	− 8,9	Wassermann		
Mi	9.	6 56	12 52	19 00	23 13	− 4,6	Wassermann	**Neumond Nr. 1153**	**$2^h 54^m$**
								Absteigender Knoten	
Do	10.	7 28	13 48	20 20	0 11	+ 0,1	Fische	Erdnähe 360/33,′2	8^h
Fr	11.	8 00	14 43	21 39	1 08	+ 4,7	Fische		
Sa	12.	8 34	15 39	22 56	2 06	+ 9,0	Fische		
So	13.	9 11	16 36	–	3 04	+12,7	Widder		
Mo	14.	9 53	17 32	0 09	4 02	+15,6	Stier, Hyaden		
Di	15.	10 41	18 27	1 16	5 00	+17,4	* Aldebaran	**Erstes Viertel**	**$18^h 03^m$**
								Größte Südbreite	
Mi	16.	11 33	19 22	2 16	5 57	+18,2	* Orion	Libration West	
Do	17.	12 31	20 14	3 07	6 53	+17,9	Alhena		
Fr	18.	13 32	21 04	3 51	7 47	+16,7	Zwillinge		
Sa	19.	14 34	21 52	4 28	8 39	+14,7	Krebs, Krippe		
So	20.	15 37	22 38	5 01	9 29	+12,0	Löwe		
Mo	21.	16 40	23 22	5 29	10 17	+ 8,8	Löwe, Regulus		
Di	22.	17 42	–	5 55	11 04	+ 5,3	Löwe	Aufsteigender Knoten	
Mi	23.	18 44	0 06	6 19	11 50	+ 1,6	Jungfrau	**Vollmond**	**$13^h 01^m$**
Do	24.	19 46	0 48	6 43	12 36	− 2,1	Jungfrau		
Fr	25.	20 47	1 31	7 08	13 21	− 5,7	Spica	Erdferne 406/29,′4	15^h
Sa	26.	21 47	2 14	7 34	14 07	− 9,1	Jungfrau		
So	27.	22 47	2 58	8 03	14 53	−12,2	Waage		
Mo	28.	23 45	3 44	8 35	15 41	−14,7	Waage		
Di	29.	–	4 30	9 12	16 30	−16,6	Schlangenträger		
Mi	30.	0 41	5 19	9 56	17 21	−17,9	Schlangenträger	Größte Nordbreite	
Do	31.	1 33	6 09	10 46	18 13	−18,2	Schütze	**Letztes Viertel**	**$16^h 17^m$**

Der Mond wandert am 21./22. an Jupiter vorbei

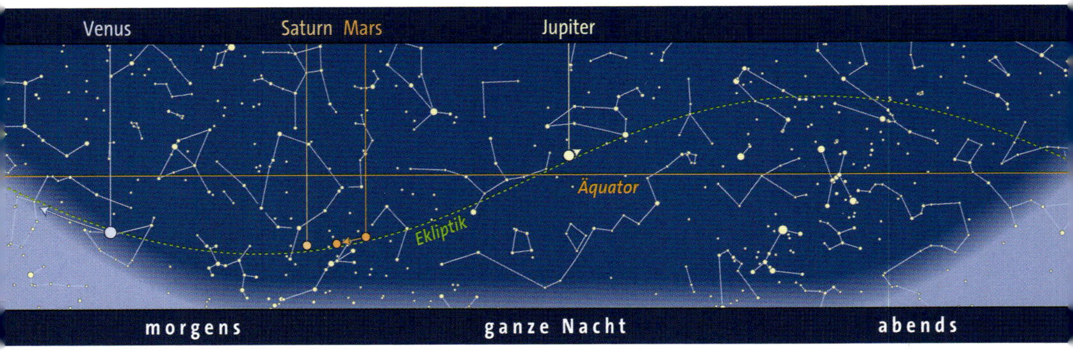

Merkur eilt der Sonne nach und holt sie am 23. im Sternbild Fische ein. An diesem Tag steht er in oberer Konjunktion mit der Sonne. Merkur zeigt sich im März nicht und bleibt unbeobachtbar.

Mit den fernen Planeten Uranus und Neptun kommt es je zu einer Konjunktion, die unbeobachtbar bleibt. Am 10. begegnet Merkur 1°,5 südlich dem sonnenfernen Neptun. In der Nacht vom 31. März auf 1. April zieht Merkur wiederum 38′ nördlich an Uranus vorbei.

Konstellationen und Ereignisse

Datum	MEZ	Ereignis
2.	8^h	**Mond bei Saturn**, Mond 3°,6 nördlich, **Abstand 2°,9 um 6^h**
7.	12	Mond bei Venus, Mond 3°,5 nördlich
8.	12	**Jupiter in Opposition** zur Sonne
9.	3	Totale Sonnenfinsternis – von Mitteleuropa aus unbeobachtbar – siehe Seite 24
10.	23	Merkur bei Neptun, Merkur 1°,5 südlich
11.	2	Mond bei Uranus, Mond 1°,9 südlich
20.	5^h30^m	**Sonne im Frühlingspunkt, Tagundnachtgleiche**
20.	17	Venus im Aphel
20.	15	Venus bei Neptun, Venus 0°,5 südlich
22.	5	**Mond bei Jupiter**, Mond 2°,1 südlich, **Abstand 2°,8 um 4^h**
23.	13	Halbschattenfinsternis des Mondes – von Mitteleuropa aus unbeobachtbar – siehe Seite 25
23.	21	Merkur in oberer Konjunktion mit der Sonne
25.	14	Saturn im Stillstand, anschließend rückläufig
28.	20	**Mond bei Mars**, Mond 4°,2 nördlich, **Abstand 4°,3 um 1^h am 29.**
29.	16	**Mond bei Saturn**, Mond 3°,5 nördlich, **Abstand 5°,7 um 1^h am 30.**

Venus verabschiedet sich vom Morgenhimmel. Sie eilt der Sonne im Tierkreis nach, wobei sie rechtläufig durch die Sternbilder Steinbock und Wassermann wandert. Obwohl ihre Tagbögen größer werden, da sie im Tierkreis nach Norden strebt und sich dadurch ihre Aufgänge von 6^h17^m zu Monatsbeginn auf 5^h37^m (= 6^h37^m Sommerzeit) am Monatsende sogar verfrühen, wird der $-3^m,9$ helle Planet im zweiten Monatsdrittel für das freie Auge unsichtbar. Die Begegnung mit Neptun am 20. bleibt unbeobachtbar. Im Fernrohr zeigt sich das nur noch 11″ große Planetenscheibchen fast voll beleuchtet (92 % am 10.).

Ihr Aphel (sonnenfernster Bahnpunkt) passiert Venus am 20., wobei ihre Sonnendistanz dann 109 Millionen Kilometer (= 0,729 AE) beträgt. Das Sonnenlicht ist damit sechs Minuten und drei Sekunden zur Venus unterwegs, während es zur Erde mehr als acht Minuten benötigt.

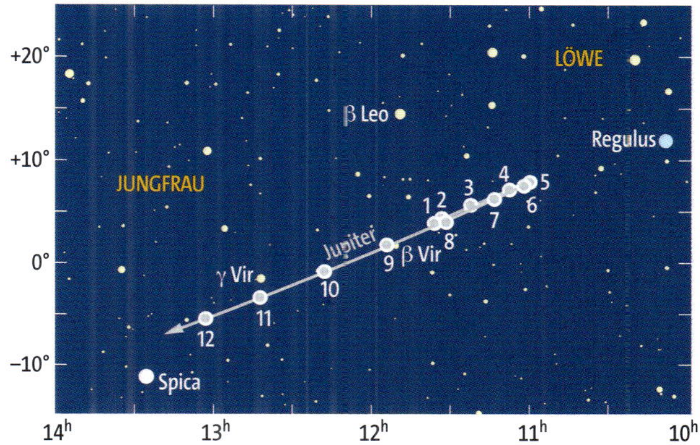

3.2 Bahn von Jupiter: **Scheinbare Bahn des Planeten Jupiter von Januar bis Dezember 2016 im Gebiet der Sternbilder Löwe und Jungfrau. Die Zahlen geben die Jupiterposition zum jeweiligen Monatsersten an (3 = 1. März).**

Mars wird allmählich zu einem auffallenden Gestirn in der zweiten Nachthälfte. Seine Helligkeit steigt weiter kräftig an und erreicht zu Monatsende $-0{,}^{m}5$, ein deutlicher Hinweis auf die bevorstehende Opposition.

Der rote Planet verlässt am 13. das Sternbild Waage und wechselt in den Skorpion. Am 16. zieht er nur $0{,}^{\circ}15$ nördlich an β Scorpii (Acrab; $2{,}^{m}5$) vorbei. Seine rechtläufige Bewegung bremst Mars deutlich ab – ein weiteres Indiz für die kommende Opposition (siehe Abb. 5.3 auf Seite 119 und Abb. 6.3 auf Seite 137). Am 1. geht der $0{,}^{m}3$ helle Mars um $0^{h}57^{m}$ auf, am 15. um $0^{h}29^{m}$ und am 31. bereits um $23^{h}46^{m}$ (= $0^{h}46^{m}$ Sommerzeit am 1. April).

Der abnehmende Mond passiert den roten Planeten am 28. etwa 4° nördlich (siehe Abb. 3.1 auf Seite 76).

Jupiter, rückläufig im Löwen, kommt am 8. in **Opposition** zur Sonne. Er ist somit die gesamte Nacht über am Firmament vertreten.

Am 8. geht der Riesenplanet um $18^{h}00^{m}$ auf, kulminiert in der Oppositionsnacht um $0^{h}35^{m}$ und geht am 9. morgens um $7^{h}02^{m}$ unter. Mit $-2{,}^{m}5$ Oppositionshelligkeit ist Jupiter das dominierende Gestirn am Nachthimmel.

Bis Monatsende verfrühen sich die Jupiteruntergänge auf $5^{h}31^{m}$ (= $6^{h}31^{m}$ Sommerzeit). Die scheinbare Jahresbahn von Jupiter ist aus Abb. 3.2 oben zu ersehen. In der Nacht vom 21. auf 22. gesellt sich der fast volle Mond zum Riesenplaneten (siehe Mondlaufgrafik auf Seite 79).

Zur Opposition nimmt Jupiter seine kleinste Entfernung von der Erde ein. Es trennen ihn dabei 664 Millionen Kilometer (= 4,44 AE) von uns, also die mehr als vierfache Distanz Sonne – Erde. Dies entspricht einer Lichtlaufzeit von 36 Minuten und 53 Sekunden. Von der Sonne ist Jupiter am Oppositionstag 812 Millionen Kilometer (= 5,43 AE) weit weg. Blickt man zum Riesenplaneten, so sieht man das Licht, das unsere Sonne vor rund eineinhalb Stunden verlassen hat.

Im Fernrohr zeigt sich das abgeplattete Jupiterscheibchen mit einem scheinbaren Äquatordurchmesser von $44{,}''5$ und einem scheinbaren Poldurchmesser von $41{,}''6$. Mit Hilfe des in den letzten Jahren geschrumpften „Großen Roten Flecks“ (GRF) kann man versuchen, die Rotationszeit des Jupiterglobus zu bestimmen. Dies gelang schon im Jahre 1665 dem Direktor der Pariser Sternwarte Giovanni Domenico Cassini. In nicht einmal zehn Stunden dreht sich der riesige Planet einmal um seine Achse.

Saturn ist Planet der zweiten Nachthälfte. Er bremst seine Wanderung deutlich ab und kommt am 25. zum Stillstand. Dabei setzt er zu seiner Oppositionsschleife im Schlangenträger an und bewegt sich anschließend rückläufig durch den Tierkreis, wobei er auf ω Ophiuchi ($4{,}^{m}5$) zusteuert (siehe Abb. 6.3 auf Seite 137).

Die nahende Opposition macht sich auch in einer Helligkeitszunahme bemerkbar. Die Saturnhelligkeit steigt um $0{,}^{m}2$ auf $0{,}^{m}3$ im Laufe des März an.

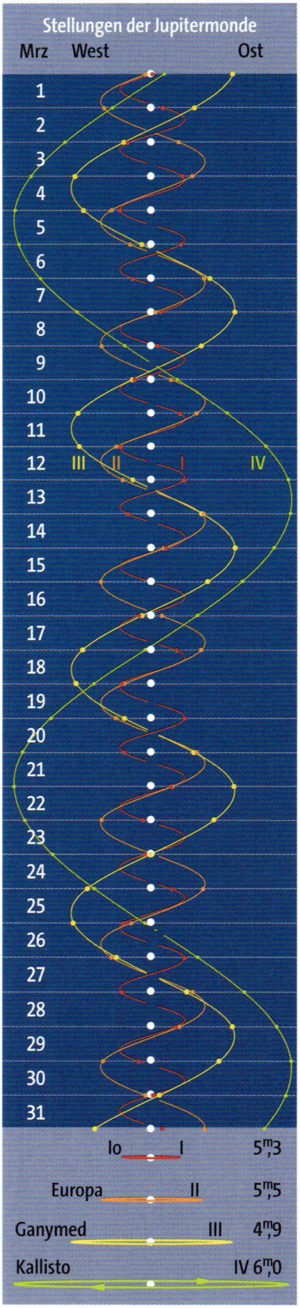

Jupitermonde

Tag	MEZ h m		Vorgang	
1.	0	21	II	SE
	0	42	II	DE
	1	50	I	SE
	2	00	I	DE
	4	08	IV	SA
	20	46	I	VA
	23	12	I	BE
2.	19	21	II	BE
	20	18	I	SE
	20	25	I	DE
6.	2	57	III	VA
	5	37	II	VA
7.	4	12	I	VA
8.	0	09	II	SA
	0	12	II	DA
	1	28	I	SA
	1	29	I	DA
	2	57	II	DE
	2	58	II	SE
	3	43	I	DE
	3	43	I	SE
	22	40	I	BA
9.	0	57	I	VE
	19	54	I	DA
	19	56	I	SA
	19	58	III	DE
	20	10	III	SE
	21	39	II	VE
	22	09	I	DE
	22	12	I	SE
10.	19	26	I	VE
15.	2	27	II	DA
	2	46	II	SA
	3	12	I	DA
	3	22	I	SA
	5	13	II	DE
	5	27	I	DE
	5	34	II	SE
	5	37	I	SE
16.	0	24	I	BA
	2	52	I	VE
	20	03	III	DA

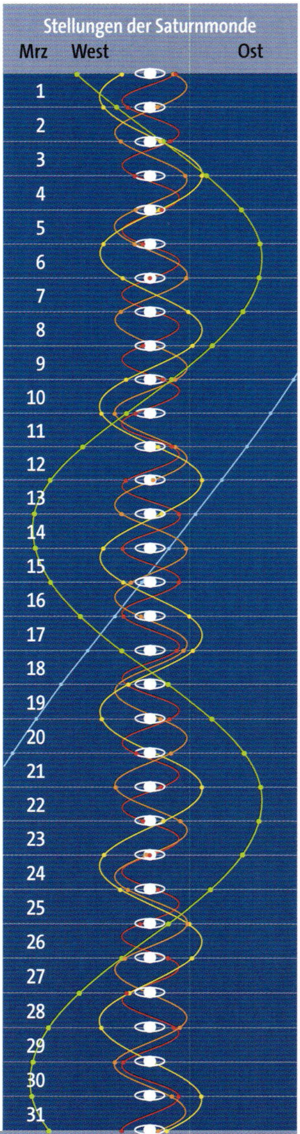

Japetus

5.	$12^{m}{,}1$
10.	$11^{m}{,}6$
15.	$11^{m}{,}3$
20.	$11^{m}{,}0$
25.	$10^{m}{,}8$
30.	$10^{m}{,}7$

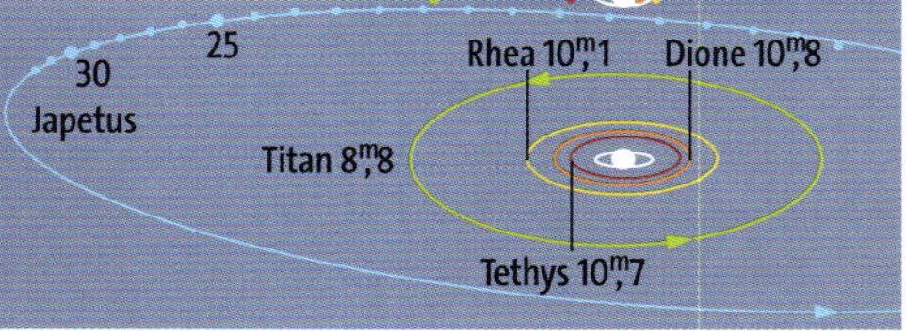

Tag	MEZ	Vorgang	
	h m		
	20 49	III	SA
	21 04	II	BA
	21 38	I	DA
	21 50	I	SA
	23 14	III	DE
	23 53	I	DE
17.	0 05	I	SE
	0 07	III	SE
	0 13	II	VE
	20 24	IV	DA
	21 20	I	VE
	22 10	IV	SA
	22 36	IV	DE
18.	1 08	IV	SE
22.	4 43	II	DA
	4 56	I	DA
	5 15	I	SA
	5 23	II	SA
23.	2 09	I	BA
	4 46	I	VE
	23 17	II	BA
	23 20	III	DA
	23 22	I	DA
	23 44	I	SA
24.	0 47	III	SA
	1 37	I	DE
	1 59	I	SE
	2 32	III	DE
	2 47	II	VE
	4 05	III	SE
	20 35	I	BA
	23 15	I	VE
25.	20 03	I	DE
	20 28	I	SE
	20 37	II	DE
	21 29	II	SE
26.	2 55	IV	BA
30.	3 54	I	BA
31.	1 07	I	DA
	1 32	II	BA
	1 38	I	SA
	2 39	III	DA
	3 21	I	DE
	3 53	I	SE
	4 47	III	SA
	22 20	I	BA

Seine Aufgänge verlagert der Ringplanet von 2^h27^m am 1. auf 1^h34^m am 15. und auf 0^h31^m (= 1^h31^m Sommerzeit) am Monatsletzten.

Am 2. wandert der abnehmende Halbmond etwa 4° nördlich an Saturn vorbei (siehe Abb. 3.3 rechts).

Bei seiner monatlichen Tour kommt der Mond am 29. ein zweites Mal am Ringplaneten vorbei. Gegen 4^h morgens sieht man den abnehmenden Mond dann zwischen Mars und Saturn tief am Südhimmel (siehe Abb. 3.1 auf Seite 76).

Uranus kann allenfalls für erfahrene Beobachter noch Anfang März weit am Westhimmel aufgefunden werden. Der grünliche Planet steuert auf ζ in den Fischen zu (ζ Psc; $4^m{,}9$), wie aus der Aufsuchkarte Abb. 10.7 auf Seite 215 zu entnehmen ist. ζ Psc ist übrigens ein Doppelstern. Am 1. kulminiert der $5^m{,}9$ helle Uranus um 14^h59^m und geht um 21^h24^m unter.

Neptun im Wassermann hat seine Konjunktion mit der Sonne gerade hinter sich. Der bläuliche Planet bleibt unbeobachtbar. Die Begegnung mit Merkur am 10. und die mit Venus am 20. entgehen uns.

Planetoiden

Ceres – Planetoid Nr. 1 – steht am 3. in Konjunktion mit der Sonne. Von der Erde ist sie an diesem Tag 591 Millionen Kilometer (= 3,95 AE) entfernt. Ihr Sonnenabstand beträgt am Tag der Konjunktion 445 Millionen Kilometer (= 2,97 AE).

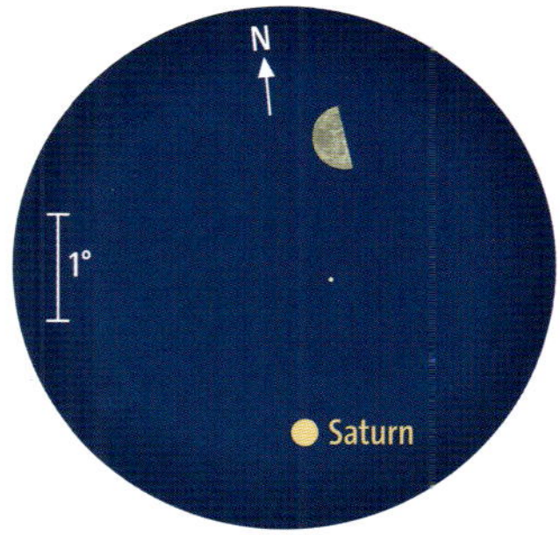

3.3 Mond bei Saturn:
Der abnehmende Halbmond begegnet dem Ringplaneten am 2. März. Fernglasanblick gegen 6^h MEZ bei 5° Gesichtsfelddurchmesser.

Juno – Planetoid Nr. 3 – kehrt ihre Bewegungsrichtung am 6. in Rektaszension um und wird rückläufig. In Deklination wandert sie im Sternbild Waage nach Norden. Am 26. zieht sie nur $0^\circ{,}07$ nordöstlich am Stern 16 Librae ($4^m{,}5$) vorbei, der helfen kann, Juno aufzufinden. Mit $10^m{,}4$ scheinbarer Helligkeit ist Juno Ende März kein leichtes Objekt. Am 6. kulminiert Juno um 4^h26^m, am 31. bereits um 2^h40^m (= 3^h40^m Sommerzeit). Die Aufsuchkarte Abb. 4.6 auf Seite 105 soll helfen, Juno aufzuspüren.

Astraea (5) stand Mitte des Vormonats in Opposition zur Sonne. Sie wandert rückläufig in nordwestlicher Richtung durch den Löwen. Am 24. kehrt sie ihre Bewegungsrichtung in Rektaszension um und wird rechtläufig. Damit endet ihre Oppositionsperiode, was auch an der von $9^m{,}3$ auf $10^m{,}1$ abfallenden Helligkeit deutlich wird. In Deklination strebt sie nach Norden (siehe Abb. 2.5 auf Seite 64). Astraea passiert am 1. um 23^h23^m den Meridian, am 15. um 22^h21^m und am 31. bereits um 21^h18^m (= 22^h18^m Sommerzeit).

Periodische Sternschnuppenströme

Auch im März sind nicht allzu viele Sternschnuppen zu erwarten. Die **Virginiden** sind während des ganzen Monats in der Zeit um Mitternacht zu beobachten. Ihr Radiant (Ausstrahlungspunkt) liegt in der Jungfrau. Die Häufigkeit der Virginiden ist nicht besonders groß. Pro Stunde sind kaum mehr als fünf Meteore zu erwarten.

Ein schwacher Strom sind die **Hydraïden**, die zwischen Mitte März und Anfang April auftauchen. Ihr Maximum ist wenig ausgeprägt – es sind nur einige wenige Sternschnuppen pro Stunde zu erwarten, die außerdem noch recht langsam sind. Der Radiant liegt im Sternbild Wasserschlange. Vermutlich sind die Hydraïden ein Zweigstrom der Virginiden.

Gegen Ende des Monats tauchen die ersten Exemplare der **Sigma-Leoniden** auf, ein schwacher, breit gestreuter Strom, dessen Radiant im Löwen liegt.

Der Erdapex, also der Zielpunkt des Erdumlaufes um die Sonne, erreicht um 6^h morgens seine höchste Position im Süden. Man bewegt sich gewissermaßen mit dem Gesicht nach vorne durchs Weltall. Daher ist mit Kollisionen von meteoritischem Material morgens häufiger als abends zu rechnen. Allerdings ist die Kulminationshöhe des Erdapex im März recht niedrig, da die südlichsten Partien der Ekliptik durch den Meridian wandern.

Der Fixsternhimmel

Die Wintersternbilder sind nun allesamt am Westhimmel zu finden. Orion und Sirius stehen vor dem Untergang. Der Stier mit dem roten Aldebaran ist weit im Westen zu sehen. Höher noch stehen die Zwillinge mit Kastor und Pollux und der Fuhrmann mit Kapella. Der Kleine Hund mit seinem Hauptstern Prokyon hält sich im Südwesten auf.

Die Kassiopeia, das Himmels-W, ist herabgesunken, während hoch im Nordosten, in Zenitnähe, der Große Wagen uns hilft, den Polarstern zu finden.

Der Krebs hat den Gipfel erklommen und krabbelt eben durch den Meridian. Nun ist die günstigste Gelegenheit, dieses lichtschwache Sternbild auszumachen. Denn der Krebs ist die unscheinbarste Figur des gesamten Tierkreises (Zodiacus). Der Krebs wurde von Herkules zerschmettert, als er ihn während seines Kampfes mit der schrecklichen Hydra in die große Zehe zwickte.

Mitten im Krebs liegt der schöne, offene Sternhaufen Praesepe oder Krippe. In unseren lichtüberflutenden Städten ist er immer schwerer mit bloßen Augen zu erkennen. Aber im Fernglas ist er einwandfrei zu sehen. Wirklich beeindruckend ist der Sternhaufen der Krippe aber erst im Teleskop bei mäßiger Vergrößerung.

Dem Krebs folgt im Tierkreis der Löwe mit seinem Hauptstern Regulus, der die Ekliptik markiert. Leicht ist das mächtige Sternentrapez des Löwenrumpfes mit dem hellen Stern Regulus an der Spitze zu erkennen. Im Ostteil des Löwen hält sich in diesem Jahr der hell strahlende Riesenplanet Jupiter auf.

Die Jungfrau ist im Südosten aufgegangen, wenn auch ihr Hauptstern Spica noch so horizontnah steht, dass er kaum zur Geltung kommt. Tief im Osten leuchtet ein heller, orange-rötlicher Stern: Arktur, der Bärentreiber im Bild des Rinderhirten (lat.: Bootes).

Die Wasserschlange (lat.: Hydra), deren Kopf südlich vom Krebs liegt und die so ausgedehnt ist, dass sie bis zur Waage reicht, schlängelt sich am Horizont entlang. Alphard, das Herz der Wasserschlange, passiert

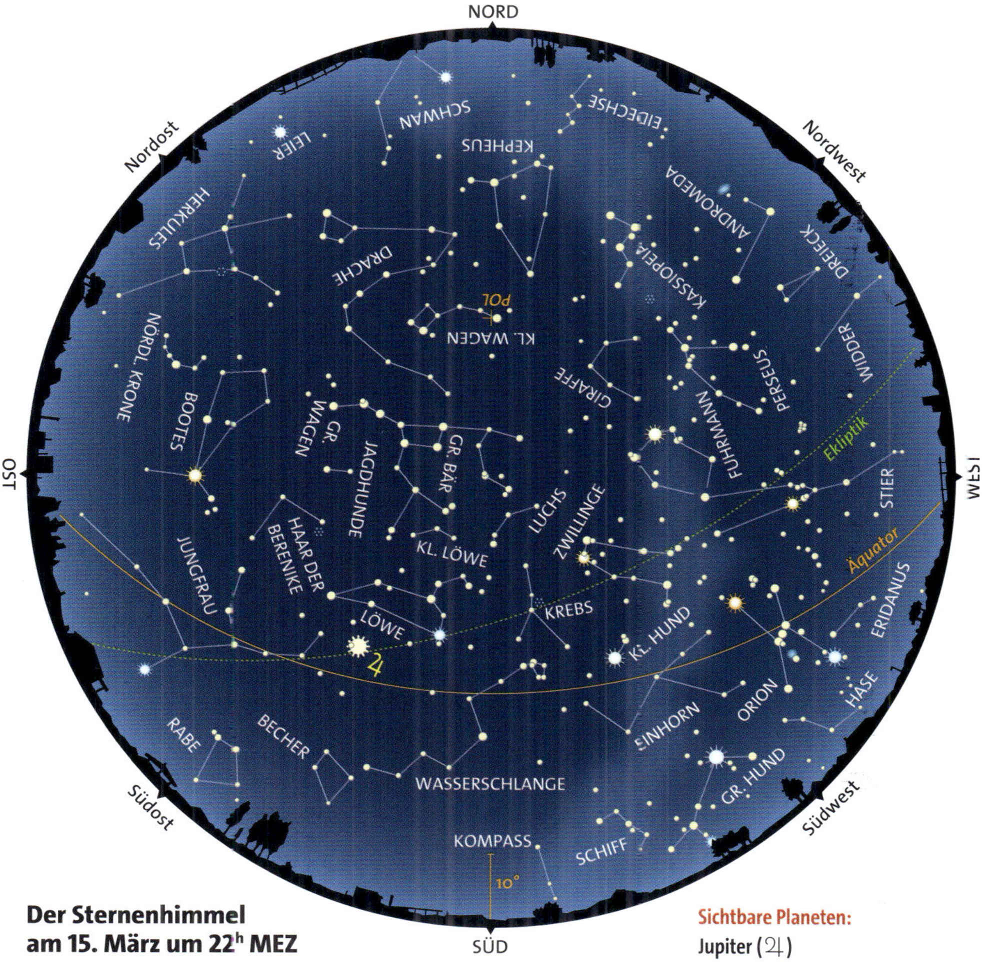

Der Sternenhimmel am 15. März um 22^h MEZ

Sichtbare Planeten:
Jupiter (♃)

Die Sternkarte ist auch gültig für:		
	MEZ	MESZ
15.11.	6^h	
1.12.	5	
15.12.	4	
1. 1.	3	
15. 1.	2	
1. 2.	1	
15. 2.	0	
1. 3.	**23**	
15. 3.	**22**	
31. 3.	**21**	22^h

soeben den Meridian. Das Schwanzende der Wasserschlange hingegen ist noch gar nicht aufgegangen. Die Wasserschlange ist weiblichen Geschlechts. Ihr Partner, die männliche Wasserschlange (lat.: Hydrus, Abk. Hyi), hält sich tief am Südhimmel nahe dem Himmelssüdpol auf. Das Sternbild wird auch kleine Wasserschlange genannt. Eingeführt wurde das Sternbild Hydrus erst in der Neuzeit von holländischen Seefahrern.

Unscheinbare Sternbilder

Zwischen Wasserschlange und Jungfrau finden sich zwei kleine Sternbilder: der Rabe und der Becher. Der Rabe wird von einem kleinen, aber durchaus einprägsamen Sternenviereck markiert. Es ist relativ gut zu erkennen. Der Becher (lat.: Crater)

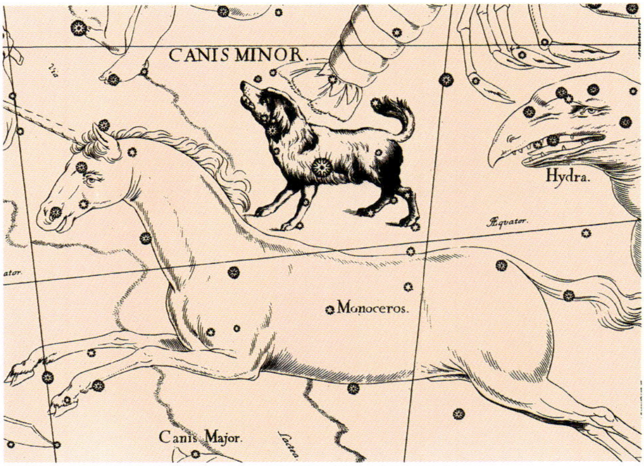

Johannes Hevelius, *Firmamentum Sobiescianum*

3.4 Der Kleine Hund:
Figürliche Darstellung des Sternbildes Kleiner Hund (lat.: Canis Minor)

hingegen ist außerordentlich lichtschwach und nur sehr schwer am Himmel zu finden.

Zwischen dem Großen und dem Kleinen Hund ist das Einhorn beheimatet. Das Einhorn gehört zu den unauffälligen und daher wenig bekannten Sternbildern. Es setzt sich nur aus Sternen vierter Größe und schwächer zusammen. Der hellste Stern im Einhorn, α Monocerotis, wird Lucida genannt und ist $3\overset{\mathrm{m}}{,}6$ hell. Die übrigen Sterne des Einhorns haben keine Eigennamen erhalten. Das Einhorn ist ein neuzeitliches Sternbild und hat keinen mythologischen Hintergrund aus der klassischen Sagenwelt der Antike.

Nordöstlich des Löwen stößt man auf das unscheinbare Bild der Jagdhunde. Es liegt zwischen den Sternbildern Großer Bär, Bootes und Löwe. Genau wie das Einhorn, so sind auch die Jagdhunde ein neuzeitliches Sternbild. Der Hauptstern der Jagdhunde, α Canum Venaticorum, steht südlich der Deichsel des Großen Wagens. Mit $2\overset{\mathrm{m}}{,}9$ Helligkeit kann man ihn leicht mit bloßen Augen erkennen. Er ist ein Doppelstern in 110 Lichtjahren Entfernung. Seine Komponenten sind $2\overset{\mathrm{m}}{,}9$ und $5\overset{\mathrm{m}}{,}5$ hell. Mit $18\overset{\prime\prime}{,}2$ Separation trennt ihn jedes kleine Teleskop. Die hellere Komponente ist der Prototyp einer ganzen Klasse von veränderlichen Sternen (Ap-Sterne, magnetische Veränderliche).

Das Sternbild Kleiner Hund (Canis Minor)

Am abendlichen Winterhimmel stößt man östlich von Orion und südlich der Zwillinge auf das Sternbild Kleiner Hund. Es gehört zu den nicht sehr großen, aber dennoch markanten Sternbildern. Seine lateinische Bezeichnung lautet Canis Minor, abgekürzt CMi. Der helle Hauptstern des Kleinen Hundes, Prokyon, gehört zum Wintersechseck. Dem freisichtigen Beobachter fallen im Wesentlichen nur zwei Sterne auf, die den Kleinen Hund markieren, nämlich α (Prokyon) und β (Gomeisa) Canis Minoris. Der berühmte Astronom Friedrich Wilhelm Argelander, der einst den Sternkatalog *Bonner Durchmusterung* samt dazugehörigem Sternatlas erstellt hat, gibt fünfzehn Mitgliedssterne an, die mit bloßen Augen im Kleinen Hund zu sehen sind. Dies galt zur Zeit Argelanders und ist heute nur unter

Veränderliche Sterne im März

Algol-Minima	1. 18^h18^m	18. 23^h14^m	21. 20^h03^m			
β-Lyrae-Minima	6. 12^hH	12. 23^hN	19. 10^hH	25. 22^hN		
δ-Cephei-Maxima	2. 2^h	7. 11^h	12. 19^h	18. 4^h	23. 13^h	28. 22^h
Mira-Helligkeit	1. 7^m	10. 7^m	20. 6^m	31. 4^m		

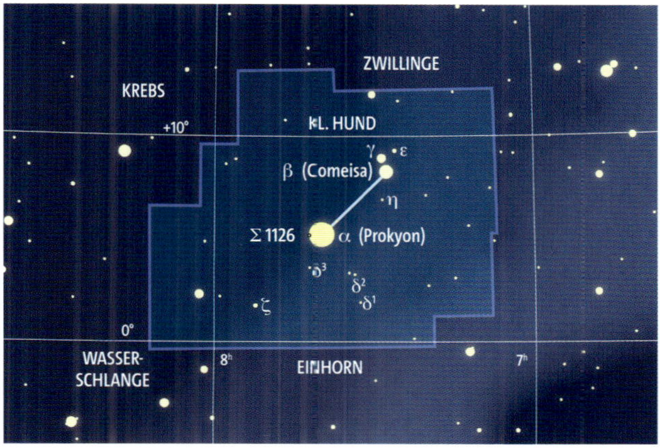

3.5 Sternbild Kleiner Hund: Skelettkarte des Sternbildes Kleiner Hund

extrem günstigen Sichtbedingungen der Fall.

Der klassischen Überlieferung nach sind sowohl der Große als auch der Kleine Hund die Begleiter des Himmelsjägers Orion, wobei auch die Beute, das Sternbild Hase, zu Füßen des Orion zu finden ist. Diese Geschichte ist uns von den alten Griechen überliefert. Schon die Babylonier sahen hier einen Hund, der vor Nässe trieft, weil er eben einen Fluss durchquert hat. Gemeint ist hier wohl die Milchstraße, an deren östlichem Rand der Kleine Hund seinen Platz hat. Die babylonische Bezeichnung lautet denn auch Kakkab Paldara, was etwa „Stern des Hundes, der das Wasser kreuzt" bedeutet.

Einer anderen griechischen Sage nach ist der Kleine Hund nicht einer von Orions Jagdhunden, sondern der treue Gefährte des Ikarios, der in Hellas den Weinbau einführte. Der fleißige Landwirt Ikarios (nicht zu verwechseln mit Ikarus!) nahm einst Dionysos, den Gott des Weines, gastfreundlich auf. Zum Dank dafür schenkte ihm Dionysos beim Abschied eine Weinrebe. Ikarios pflanzte sie ein und wurde so zum ersten Weinbauer Griechenlands. Er füllte das köstliche Getränk in Ziegenhäute, lud diese auf einen Wagen und fuhr über Land. Überall, wo er hinkam, spendete Ikarios Wein. Etlichen Hirten aber stieg der Wein zu Kopfe. Sie glaubten, Ikarios wolle sie vergiften. Daraufhin erschlugen sie den edlen Spender und begruben ihn. Verzweifelt suchte ihn seine Tochter Erigone. Schließlich fand sie mit Hilfe der treuen Hündin Maja sein Grab. Der Göttervater Zeus versetzte alle unter die Sterne: Ikarios wird vom Sternbild Bootes und Erigone von der Jungfrau dargestellt. Der Große Wagen wiederum ist das Transportfahrzeug samt den Weinschläuchen. Die Hündin Maja findet man im Sternbild Kleiner Hund wieder.

Bei den Arabern bildeten die Hundssterne die Tatzen eines mächtigen Löwen, zu dem auch Kastor und Pollux, der Krebs, Teile der Jungfrau, der Rabe sowie Arktur gehörten.

In China hieß das Sternbild Nan Ho, der südliche Fluss, während man im christlichen Sternbilderhimmel hier das Osterlamm zu erkennen glaubte (um 1627). Als Orions zweiter Hund findet man manchmal die Bezeichnung Canis Orionis (Hund des Orion).

Der Hauptstern (α Canis Minoris) heißt Prokyon. Die Bezeichnung stammt aus dem Griechischen und bedeutet soviel wie „der vorauslaufende Hund". Gemeint ist, dass Prokyon wegen seiner nördlicheren Deklination stets vor dem strahlenden Sirius aufgeht.

Mit $0^{m}{,}4$ ist Prokyon ein ausgesprochen heller Stern, der gelblich leuchtet (Spektraltyp F5 IV–V). Mit nur 11,4 Lichtjahren Entfernung gehört α CMi zur engeren Nachbarschaft unserer Sonne.

Prokyon besitzt einen Begleiter, der ihn einmal in 41 Jahren umkreist. Mit $10^{m}{,}7$ ist dieser allerdings so lichtschwach, dass er vom Hauptstern überstrahlt wird und nur großen Fernrohren zugänglich ist. Die scheinbare Winkeldistanz (Separation) schwankt zwischen $2''{,}2$ (2009) und 5″ (2031). Der Begleiter ist ein Weißer Zwerg ähnlich dem

Begleiter des hellen Sirius. Prokyon B, so die Bezeichnung dieses Weißen Zwergs, wurde im Jahre 1896 mit dem Großen Refraktor (91 cm Öffnung) der Lick-Sternwarte auf dem Mt. Hamilton (Kalifornien) entdeckt.

Der zweithellste Stern im Kleinen Hund, β CMi, zählt mit $2^m_,9$ scheinbarer Helligkeit zu den Sternen dritter Größe. Er strahlt ein bläuliches Licht aus (sein Spektraltyp ist B8 V). Ihn trennen 170 Lichtjahre von uns. Sein Name Gomeisa stammt aus dem Arabischen. Die Bedeutung dieser Bezeichnung ist bisher noch nicht eindeutig geklärt.

Die Winkeldistanz Prokyon – Gomeisa beträgt $4^\circ_,3$. Diese Strecke wird manchmal „Kleine Himmelselle" genannt.

Im Kleinen Hund sind keine Messier-Objekte und auch keine helleren galaktischen Nebel oder Galaxien zu finden.

Die Vermessung des Kosmos

Wenn jemand etwas Unmögliches erreichen will, dann „greift er nach den Sternen". Denn die Sterne sind so unendlich weit entfernt, dass man sie nie erreichen kann. Nun, unendlich weit sind die Sterne nicht entfernt. „Unendlich" ist ein mathematischer Begriff, in der Natur gibt es keine Unendlichkeiten. Aber die Sterne sind immerhin sehr, sehr weit von uns entfernt. Sie sind so weit weg, dass sich das Muster der Sternbilder selbst in Hunderten von Jahren nicht ändert, obwohl die Sterne mit einigen Tausend Kilometer pro Stunde durch das Weltall rasen. Man nennt sie daher Fixsterne. Die großen Distanzen in den Fixsternräumen machten auch Galileo Galilei und seinen Zeitgenossen Schwierigkeiten bei der Verteidigung des kopernikanischen Weltsystems. Denn ein Gegenargument lautete: Wenn die Erde wirklich um die Sonne liefe, dann müssten doch die näheren Sterne gegenüber den ferneren kleine Verschiebungen aufweisen, sogenannte Parallaxen. Aber die hatte man damals nicht beobachtet. Die erste Messung einer Sternentfernung gelang 1838 dem ersten Direktor der Königsberger Sternwarte, Friedrich Wilhelm Bessel. Er bestimmte durch präzise Positionsmessungen über vier Jahre hinweg die Parallaxe des Sternes Nr. 61 im Sternbild Schwan. Unter Parallaxe versteht man den Winkel, unter dem man von einem Stern aus die mittlere Distanz Erde – Sonne (entspricht einer Astronomischen Einheit = 150 Millionen Kilometer) sieht. Erscheint die Entfernung Erde – Sonne unter einem Winkel von einer Bogensekunde (1″), so sagt man, der Stern ist eine Parallaxensekunde – oder abgekürzt: ein Parsec (pc) – weit weg. Eine Bogensekunde ist ein winziger Winkel, der 3600. Teil ei-

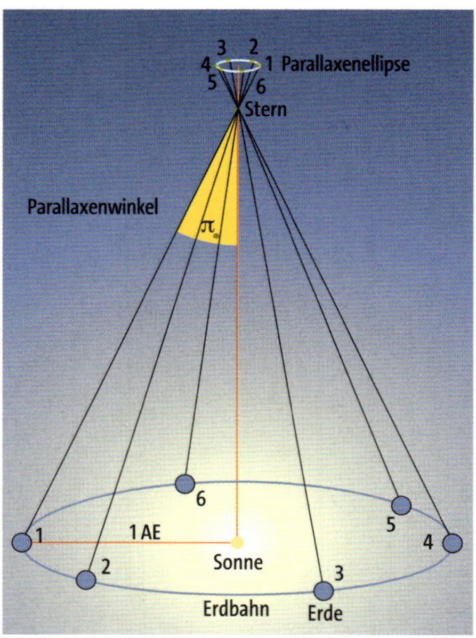

3.6 Die Sterne beschreiben als Spiegelbild des Erdumlaufes um die Sonne kleine Ellipsen. Der Winkel π_*, unter dem man vom Stern aus die mittlere Distanz Erde – Sonne sieht, heißt Parallaxe.

nes Grades. Der scheinbare Durchmesser unseres Mondes am Himmel entspricht rund 1800″. Ein voller Kreis hat 360 · 3600″ = 1 296 000″.

Damit ist die Einheit des Bogenmaßes (1 rad) gleich Umfang durch 2π, das ergibt: 1 rad = 206 265″. Erscheint also eine Strecke unter einem Winkel von 1″, so ist man von ihr 206 265-mal weiter entfernt. Ein Parsec hat somit eine Länge von 206 265 AE, das sind leicht gerundet 30,86 Billionen ($3{,}086 \cdot 10^{13}$) Kilometer! Eine unvorstellbar große Distanz, die das Licht in 3,26 Jahren zurücklegt. Ein Lichtjahr ist somit eine Strecke von $9{,}46 \cdot 10^{12}$, also nahezu neuneinhalb Billionen Kilometer.

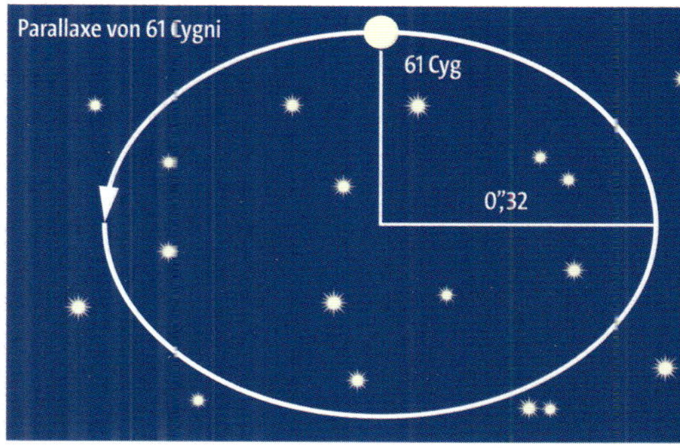

3.7 Die Parallaxenellipse von 61 Cygni.

Winzige Winkel

Bessel maß bei 61 Cygni einen Parallaxenwinkel von 0,″32. Dies entspricht einer Distanz von 1/0,32 = 3,125 pc oder etwa zehn Lichtjahren. Trotz dieser enormen Entfernung gehört 61 im Schwan zu den nächsten Nachbarsternen unserer Sonne. Die meisten Sterne sind Dutzende, Hunderte, Tausende von Lichtjahren entfernt, fremde Milchstraßensysteme, Galaxien genannt, sogar Millionen und Milliarden Lichtjahre.

Die Parallaxenwinkel sind stets kleiner als eine Bogensekunde. Selbst bei dem nächsten Sternenpaar Toliman (α Centauri A und B) sowie der roten Zwergsonne Proxima Centauri misst die Parallaxe lediglich 0,″7. Dies ergibt eine Entfernung von 1,3 pc oder 4,3 Lichtjahre. Zu Zeiten Galileis und auch im 18. Jahrhundert war man weit davon entfernt, so winzige jährliche Ortsverschiebungen zu messen. Erst Bessel stieß das Tor zu den Tiefen der Fixsternwelt auf.

Infolge der Wanderung der Erde um die Sonne beschreiben die Sterne winzig kleine Ellipsen am Firmament, deren große Halbachsen dem Parallaxenwinkel entsprechen (die Größe der kleinen Halbachse wird durch die ekliptikale Breite des Sterns bestimmt).

Wie aus Abb. 3.6 auf Seite 88 ersichtlich ist, entspricht die Basislinie der trigonometrischen Entfernungsmessung dem Erdbahndurchmesser von 300 Millionen Kilometer.

Die Messung der jährlichen Parallaxen von Fixsternen ist ein schwieriges Geschäft, nicht nur, weil sie sehr klein sind, sondern auch, weil die Positionen der Sterne durch Präzession, Nutation, Aberration infolge der endlichen Lichtgeschwindigkeit und Eigenbewegung verändert werden. Alle diese Effekte, die im Laufe des Jahres zu Koordinatenveränderungen führen, müssen berücksichtigt werden, will man die trigonometrische Parallaxe eines Sterns bestimmen.

Grenzen des geometrischen Verfahrens

Trotz feinster Messmethoden gelingt es mit Hilfe von trigonometrisch gewonnenen Parallaxen, die Entfernung von Sternen nur bis rund 300 Lichtjahre zu bestimmen. Bei dieser Distanz ist der Messfehler fast so groß wie der Messwert. Bei größeren Entfernungen – und die allermeisten Sterne sind sehr viel weiter entfernt – muss man sich anderer Methoden bedienen, um Distanzen zu messen (z. B. Sternstromparallaxen, fotometrische Parallaxen etc.). Aber fast alle Methoden zur Entfernungsbestimmung im interstellaren Raum und darüber hinaus müssen mit Hilfe trigonometrischer Parallaxen direkt oder indirekt geeicht werden.

Die genauen Entfernungen der Sterne sind ein Schlüssel zum Verständnis von Aufbau und Entwicklung des Kosmos. Erst wenn man die Entfernungen kennt, kann man auf Parameter wie

3.8 Die Astrometrie-Raumsonde Gaia.

Größe, wahre Leuchtkraft, Raumgeschwindigkeit u. v. m. schließen. Verständlich, wenn die Messung von Parallaxen oberstes Gebot bei der Erforschung der Sternenwelt war und immer noch ist. Bis in die jüngste Zeit waren die Entfernungen der Sterne nur sehr grob bekannt. In verschiedenen Astronomiebüchern findet man stark voneinander abweichende Entfernungsangaben.

Erster Satellit für die Astrometrie

Eine deutliche Verbesserung brachte der Astrometriesatellit Hipparcos (**H**igh **P**recision **P**arallax **C**ollecting **S**atellite), der am 9. August 1989 in eine Erdumlaufbahn gehievt wurde, wobei allerdings die gewünschte Bahn nicht erreicht wurde. Hipparcos maß von etwas mehr als 118 000 Sternen bis zur 10. Größenklasse die Parallaxen, genaue Positionen, Eigenbewegungen und Helligkeiten in zwei Spektralbereichen. Bis zu einer Grenzgröße von 12^m wurden genaue Positionen und Helligkeiten bestimmt. Die Auflösung betrug dabei 0,″002 (zwei Millibogensekunden; mas = milliarcsecond). Hipparcos lieferte bis 1993 Daten. Dann wurde sein Betrieb eingestellt.

Höhepunkt der Sammlung extrem präziser Parallaxendaten ist jedoch die Mission Gaia. Gaia ist der griechische Name für die Erdgöttin. Für die Mission ist Gaia jedoch ein Akronym für „**G**lobales **A**strometrisches **I**nterferometer für **A**strophysik". Zwar hat man statt einem Interferometer ein anderes optisches System gewählt, aber der einmal festgelegte Name der Mission wurde beibehalten. Gaia ist ein außerordentlich ehrgeiziges Projekt. Von rund einer Milliarde Sterne sollen genaue Positionen, Parallaxen und Helligkeiten in mehreren Farben sowie Eigenbewegungen gemessen werden. Damit werden praktisch alle Sterne bis zur 20. Größenklasse erfasst. Von allen Sternen bis 17^m sollen außerdem je drei Spektren gewonnen und die Radialgeschwindigkeiten, also die Bewegungskomponenten in der Sichtlinie (auf den Beobachter zu

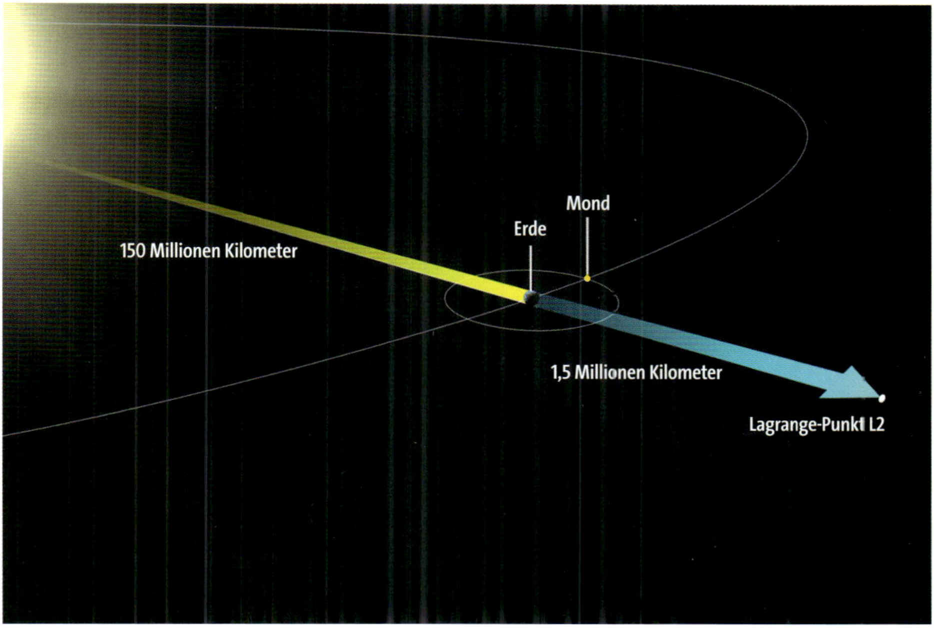

3.9 Der Lagrange-Punkt L2 liegt von der Erde aus gesehen der Sonne genau gegenüber.

oder von ihm weg) bestimmt werden. Aus den Spektren lassen sich zudem Temperatur und chemische Zusammensetzung der Sterne ableiten. GAIA wird rund 10 000-mal mehr Sterne vermessen als der Vorgänger HIPPARCOS. Die Genauigkeit der Positionsbestimmung übertrifft die HIPPARCOS-Daten um das Hundertfache. Die Positionen aller Sterne heller als 12^m werden auf 10 bis 15 μas (μas; microarcsecond = Millionstel Bogensekunde) gemessen, bei schwächeren Sternen immerhin noch auf 500 μas oder 0,5 mas. 10 μas sind ein winziger Winkel, er entspricht dem hundertmilliardsten Teil eines vollen Kreises, anschaulicher ausgedrückt: dies ist der Winkel, unter dem man eine 10-Cent-Münze aus 412 529 Kilometer, also in Mondentfernung, sieht. Sterne heller als 6^m können nicht gemessen werden, sie überstrahlen die CCD-Arrays in der Brennebene. Im Infraroten können selbst Sterne in der Nähe des galaktischen Zentrums erfasst werden, das immerhin 27 000 Lichtjahre von der Sonne entfernt ist. Die Missionsdauer von GAIA ist zunächst auf fünf Jahre ausgelegt.

Hochgezüchtete Beobachtungsmaschine

Am 19. Dezember 2013 war es soweit: Die Raumsonde GAIA wurde vom europäischen Weltraumbahnhof Kourou in Französisch-Guayana mit einer Sojus-Rakete ins Weltall geschossen. Am 7. Januar 2014 erreichte sie ihr Zielgebiet in der Umgebung des Lagrange-Punktes Nr. 2. Der Punkt L2 liegt knapp 1,5 Millionen Kilometer von der Erde entfernt in Opposition zur Sonne. L2 befindet sich also von der Erde aus gesehen der Sonne gegenüber und kulminiert um Mitternacht (siehe Abb. 3.9 oben). GAIA kurvt aus Stabilitätsgründen in einer Schleifenbahn um den Lagrange-Punkt L2.

GAIA hat die Form eines Zylinders von drei Meter Höhe und drei Meter Durchmesser. An Bord sind zwei Spiegelteleskope mit einer rechteckigen Öffnung von 145 cm mal 50 cm und einer

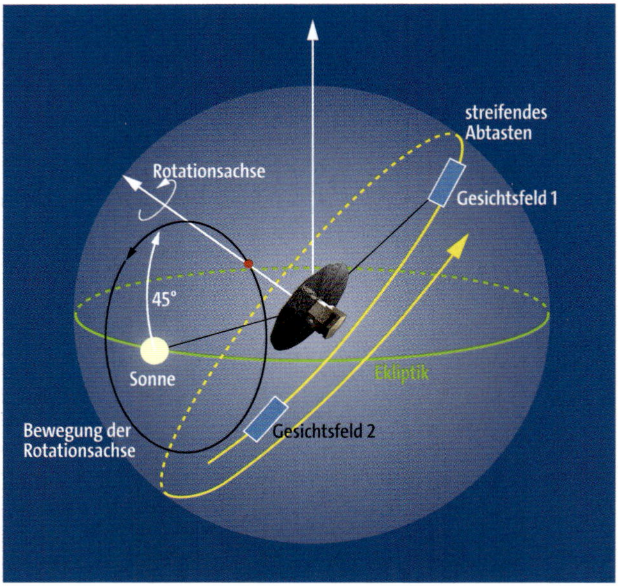

3.10 Lage der Rotationsachse von Gaia.

Brennweite von 35 m. Sie erzeugen ein nutzbares rechteckiges Gesichtsfeld von 1,°5 mal 0,°7. Die optischen Achsen der Teleskope bilden einen Winkel von 106,°5. Für die Genauigkeit der Messungen ist es von entscheidender Bedeutung, dass dieser Winkel möglichst exakt eingehalten wird. Deshalb beträgt die Temperatur der Optiken nur −150 °C. Das einfallende Sonnenlicht wird durch einen Schirm von elf Meter Durchmesser, an dem auch die Solarzellen angebracht sind, abgeschattet. Das Sternenlicht fällt von beiden Teleskopen simultan auf die Brennebene, in der eine Anordnung von 106 CCD-Chips die Photonen in elektrische Impulse umwandeln. 62 CCD-Chips dienen zur astrometrischen Messung, wobei die exakten Distanzen der Sterne beider Teleskope zueinander gemessen werden. Die Winkeldistanzen liegen zwischen 106° und 107°. Gaia rotiert in sechs Stunden einmal um ihre Achse. Die Sterne wandern daher mit einer Geschwindigkeit von einer Bogenminute (1′) pro Sekunde durch das Gesichtsfeld. Damit wird alle sechs Stunden ein Großkreis am Firmament überstrichen. Die Rotationsachse von Gaia nimmt einen konstanten Winkel von 45° mit einer Genauigkeit von weniger als einem Grad zur Sonnenrichtung ein. Die Achse präzidiert dabei um die Sonne als Ruhepol (siehe Abb. 3.10 links). Auf diese Weise wird in einem halben Jahr die gesamte Himmelskugel mit einer Fläche von 41 253 Quadratgrad erfasst.

Die mit 106 CCD-Chips ausgestattete Kamera ist die größte und leistungsfähigste Digitalkamera, die jemals im Weltall eingesetzt wurde.

Jeder CCD-Chip hat ein Array von 19 660 × 45 000 Pixel von nur 10 × 30 Tausendstel Millimeter. Damit verfügt die Kamera über insgesamt fast eine Milliarde Pixel auf einer Fläche von 42 cm × 93 cm Größe. 62 CCD-Chips nehmen pro Stern neun astrometrische Einzelmessungen vor, wobei auch die Helligkeiten erfasst werden. 14 CCD-Chips bestimmen die Farben der Sterne in zehn Wellenlängenbereichen. Über zwölf CCD-Chips befindet sich ein Gitterspektrograf. Mit ihm werden relativ hoch aufgelöste Spektren erzeugt, die auch zu Radialgeschwindigkeitsmessungen verwendet werden. Der Messbereich liegt dabei im nahen Infraroten (8500 bis 8750 Ångström).

14 CCD-Chips bilden den Skymapper, der die Rotationsdaten, die Richtung eines Teleskops und die erfassten Sternfelder registriert. Zwei CCD-Chips dienen als Wellenfrontsensor, der für die Fokussierung der Teleskope zuständig ist. Schließlich sind vier CCD-Chips zur Prüfung des Winkels zwischen den optischen Achsen beider Teleskope zuständig, der zwar stets konstant sein sollte, aber doch auch winzig kleinen Variationen unterliegt. Die Fokalebene der Kamera wird auf −110 °C konstant gehalten.

Eine gewaltige Datenflut

Da bei der Himmelsabtastung alle Lichtpunkte erfasst werden, registriert GAIA nicht nur Sterne, sondern auch schätzungsweise eine halbe Million Quasare, Tausende Exoplaneten mit Massen, die größer als die Jupitermasse sind, zahllose Supernovae und sonstige veränderliche Sterne, darunter etwa 5000 Cepheïden, 60 Millionen Doppelsterne sowie rund 400 000 Planetoiden in unserem Sonnensystem.

Ferner wird man auch lichtschwache Objekte in großer Zahl detektieren wie Weiße Zwerge, die Reste ausgebrannter Sterne, sowie Braune Zwerge, Himmelskörper deren Masse zu gering ist, um die Kernfusion zu zünden, gewissermaßen verhinderte Sterne. Die statistische Verteilung dieser Objekte gibt Auskunft über die Entwicklung der Galaxis.

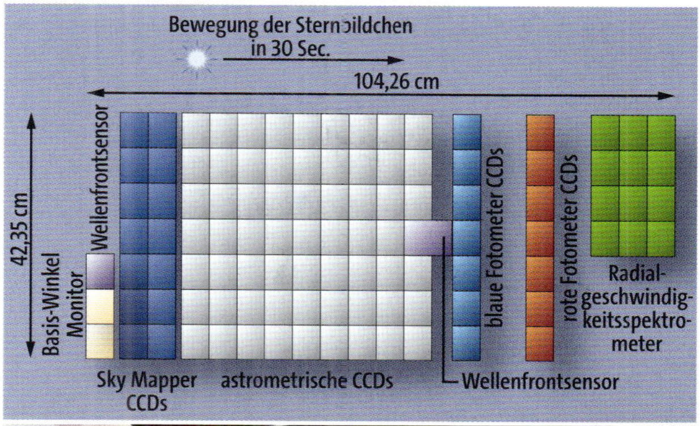

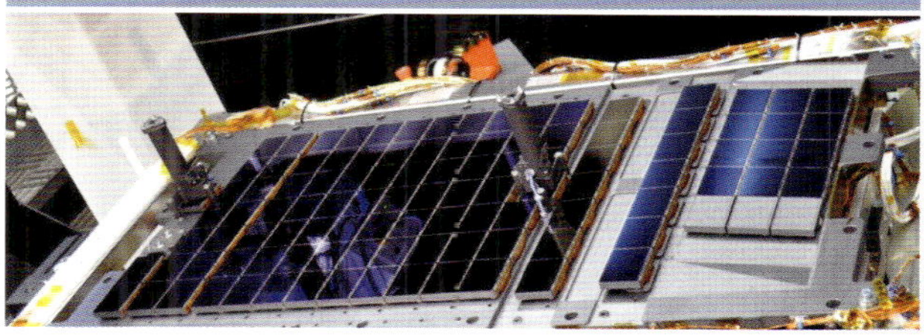

3.11 Der Skymapper und die Anordnung der CCD-Chips in der Fokalebene der Kamera von GAIA.

Zu den weiteren Zielen von GAIA gehört auch die wesentlich verbesserte Bestimmung der Milchstraßenrotation. Insbesondere aus der Umlaufgeschwindigkeit der Sterne am Rande der Galaxis wird man deren Gesamtmasse ermitteln. Sie ist offensichtlich erheblich größer als die Massen aller Sterne und interstellaren Staub- und Gaswolken zusammengenommen. Denn der größte Teil der Masse unserer Milchstraße versteckt sich in der immer noch mysteriösen Dunklen Materie.

Jeder Lichtpunkt wird 50- bis 250-mal registriert. Im Mittel wird jeder Stern 80-mal erfasst, wobei bei jedem mehr als 800 astrometrische, rund 1000 fotometrische und 140 spektrometrische Messungen vorgenommen werden. Dies ergibt eine enorme Datenmenge. Beim Auslesen der einzelnen Pixel entsteht eine Datenflut von einem Gigabit pro Sekunde. Täglich werden 24 Stunden lang die Daten von mehr als 40 Millionen Sternen zur Erde übertragen. Empfangen werden die Daten von den drei Bodenstationen in Spanien (Cebreros), in Argentinien (Malargue) und in Australien (New Norcia), die jeweils über eine 35-m-Schüsselantenne verfügen. Von dort werden sie nach Darmstadt zum europäischen Raumfahrtkontrollzentrum ESOC (European Space Operation Centre) übertragen, das für die technische Überwachung und Steuerung der GAIA-Mission verantwortlich ist. Die wissenschaftlich relevanten Daten hingegen werden in Villafranca (Spanien) gesammelt und aufbereitet.

Die Auswertung der Daten erfolgt durch mehrere Wissenschaftlerteams, die im GAIA Data Processing and Analysis Consortium (DPAC) zusammengefasst sind. Insgesamt arbeiten im DPAC mehr als 400 Wissenschaftler zusammen. Die vollständige Auswertung aller Daten wird Jahre dauern. Mit dem endgültigen Ergebnis ist 2022 zu rechnen. Aber schon vorher werden ers-

3.12 Die Bodenstation New Norcia in Australien zum Empfang der GAIA-Daten. Der Durchmesser der Antennenschüssel beträgt 35 Meter.

te Ergebnisse und Datensätze allen Astronomen zur Verfügung stehen.

Die Milchstraße – hochpräzise

Mit den Daten von GAIA werden nicht nur exakte Parallaxen von einer riesigen Zahl von Sternen verfügbar. Ziel ist es, eine sechsdimensionale Darstellung eines Teils unserer Milchstraße zu erhalten, indem die drei Ortskoordinaten und die drei Geschwindigkeitskoordinaten von dieser Sternmenge ermittelt werden. Aufbau, Struktur und Entstehung der Milchstraße lassen sich damit besser verstehen. Im Laufe der zehn Milliarden Jahre währenden Geschichte der Galaxis hat sie sich zahlreiche Zwerggalaxien einverleibt. Die Sternströme werden Aufschluss darüber geben, wann, wo und wie dies passiert ist.

Doch nicht nur dies. Die trigonometrisch ermittelten Parallaxen sind ohne Annahme über Parameter wie Leuchtkraft oder Spektraltyp die besten direkt gemessenen Distanzen. Mit Hilfe dieser genauen Parallaxen lassen sich andere Methoden der Entfernungsbestimmung prüfen und verbessern. Insbesondere erhofft man sich eine wesentlich genauere Eichung der Perioden-Leuchtkraft-Beziehung der verschiedenen Cepheïden-Typen. Mit deren Hilfe wiederum lässt sich die extragalaktische Entfernungsskala eichen. Die GAIA-Daten sind damit der Schlüssel zur Vermessung des gesamten überschaubaren Universums. So wird auch die Expansionsrate des Universums, der Hubble-Parameter, und seine Veränderung im Laufe der Entwicklung des Kosmos, viel genauer als bisher zu ermitteln sein. Dabei wird man auch mehr über die erst seit kurzem entdeckte Dunkle Energie erfahren, die das Universum heute beschleunigt vergrößert und die Galaxien auseinandertreibt. Dann wird man auch erfahren, ob sich der Kosmos in alle Ewigkeit ausdehnen wird oder es eines Tages zum Big Rip, dem großen Zerreißen, kommt, bei dem Galaxien, Sterne, Planeten, Moleküle und Atome für immer zerstört werden (siehe *Himmelsjahr 2015*, Monatsthema Dezember auf Seite 262).

April 2016

- Merkur zeigt sich am Abendhimmel – die einzige gute Abendsichtbarkeit in diesem Jahr.
- Mars im Gebiet Schlangenträger/Skorpion wird zu einem auffälligen Gestirn der gesamten Nacht.
- Jupiter im Löwen beherrscht die erste Nachthälfte.
- Saturn im Schlangenträger wird von Mars verfolgt.

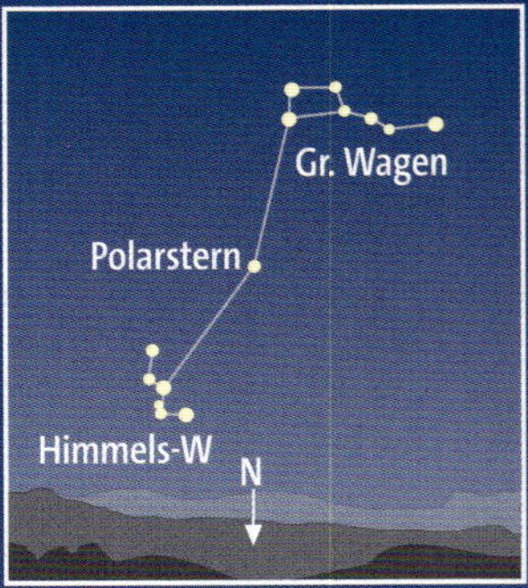

Großer Wagen und Himmels-W Anfang April um 22 Uhr

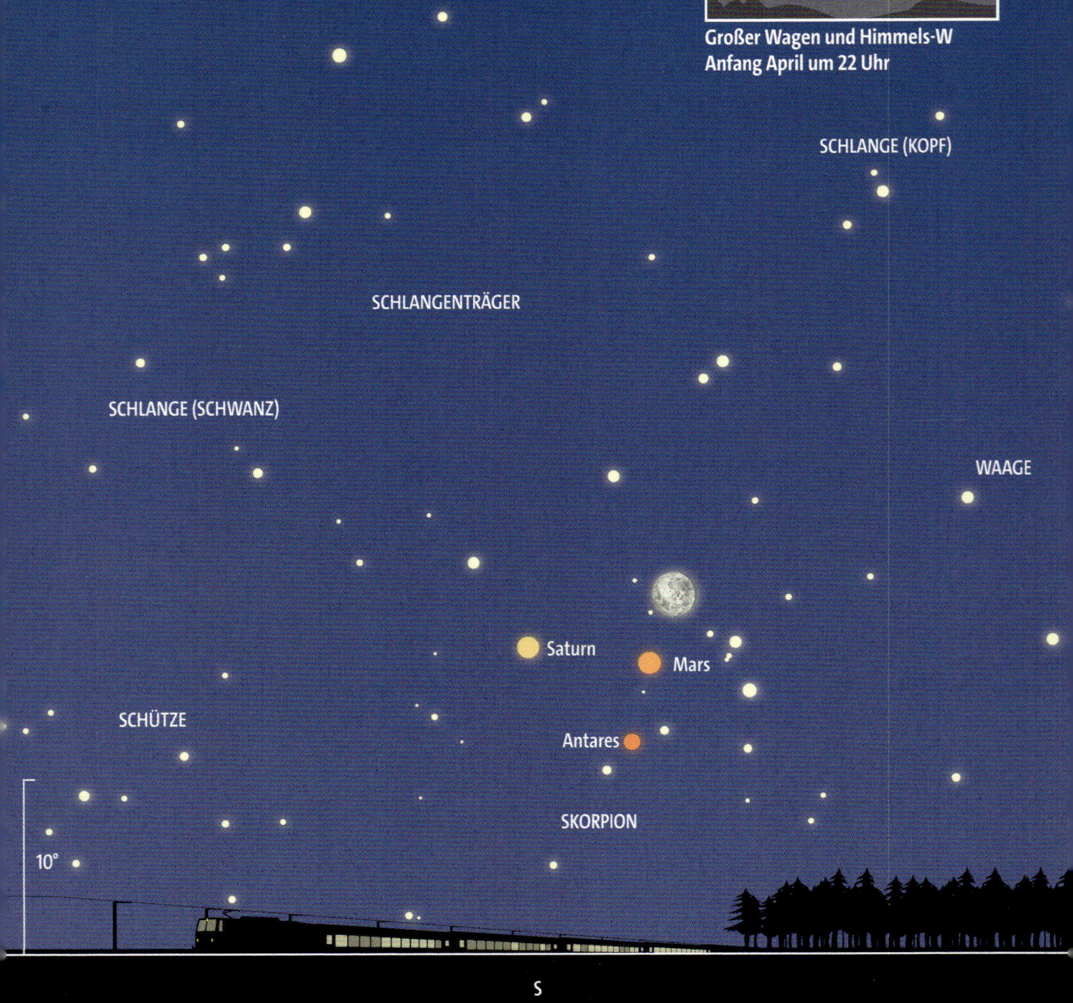

4.1 Anblick des Südhimmels am 25. April gegen 4h MEZ (= 5h MESZ). Knapp über dem Horizont steht das Dreigestirn Mars, Saturn und Antares, zu dem sich der abnehmende Mond gesellt.

1	Fr	
2	Sa	
3	So	
4	Mo	
5	Di	
6	Mi	Mond bei Venus (Morgenhimmel)
7	Do	**Neumond,** Mond in Erdnähe
8	Fr	
9	Sa	
10	So	
11	Mo	
12	Di	
13	Mi	
14	Do	Mond im ersten Viertel
15	Fr	
16	Sa	

17	So	
18	Mo	Mond bei Jupiter (Morgenhimmel) Merkur in gr. östl.Elongation (Abendhimmel)
19	Di	
20	Mi	
21	Do	Mond in Erdferne
22	Fr	**Vollmond**
23	Sa	
24	So	
25	Mo	Mond bei Mars und Saturn (Morgenhimmel)
26	Di	
27	Mi	
28	Do	
29	Fr	
30	Sa	Mond im letzten Viertel

Sonne – Sternbilder

18. 4. 14^h:
Sonne tritt in das Sternbild Widder
19. 4. 17^h:
Sonne tritt in das Tierkreiszeichen Stier
Julianisches Datum am
1. April, 1^h MEZ: 2457479,5

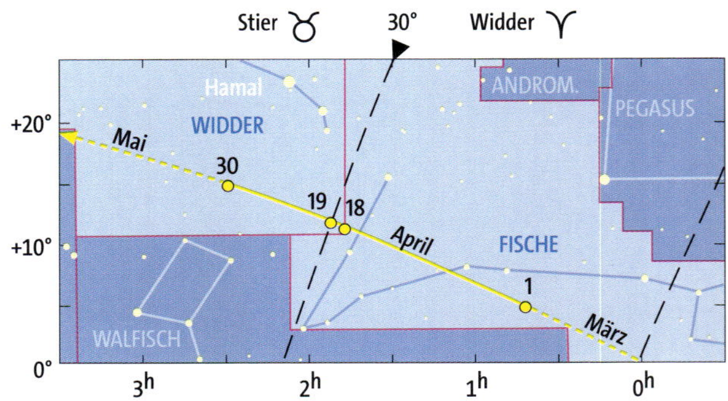

Tabelle Sonnenlauf

Tag	Dämmerg. Anfang	Aufgang MEZ	Kulmination	Untergang MEZ	Dämmerg. Ende	Mittagshöhe	Zeitgleichg.	Rektaszension	Deklination
	h m	h m	h m	h m	h m	o	m	h m	o
1.	4 44	5 56	12 24	18 52	20 05	44,8	–4	0 42	+ 4,5
5.	4 34	5 48	12 23	18 59	20 12	46,3	–3	0 57	+ 6,1
10.	4 22	5 37	12 21	19 07	20 21	48,2	–1	1 15	+ 7,9
15.	4 10	5 27	12 20	19 14	20 31	50,0	0	1 34	+ 9,8
20.	3 58	5 17	12 19	19 22	20 41	51,8	+1	1 52	+11,5
25.	3 46	5 07	12 18	19 30	20 51	53,4	+2	2 11	+13,2
30.	3 35	4 58	12 17	19 38	21 01	55,0	+3	2 30	+14,8

Tages- und Nachtstunden

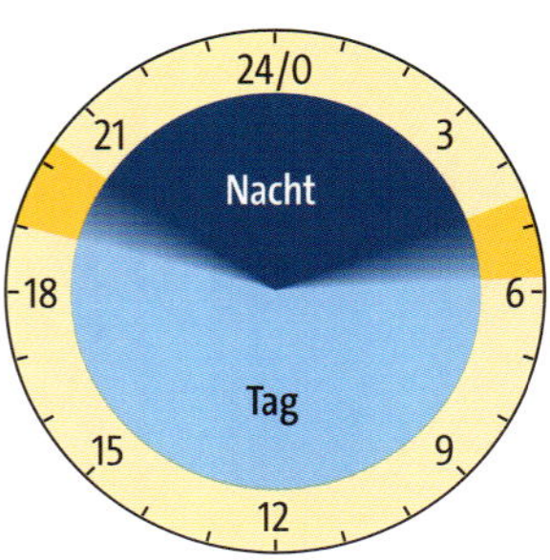

5. April

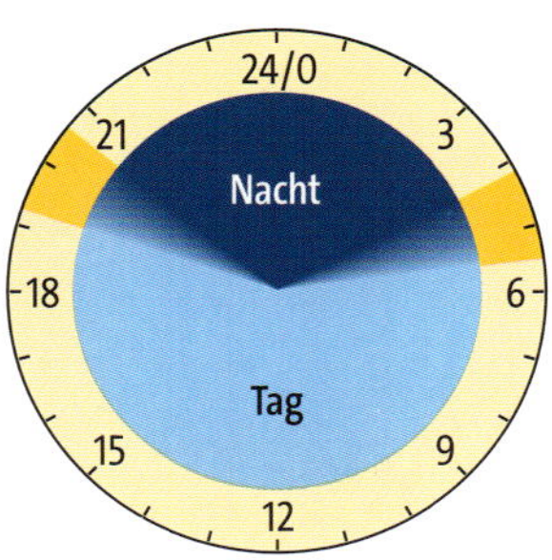

15. April

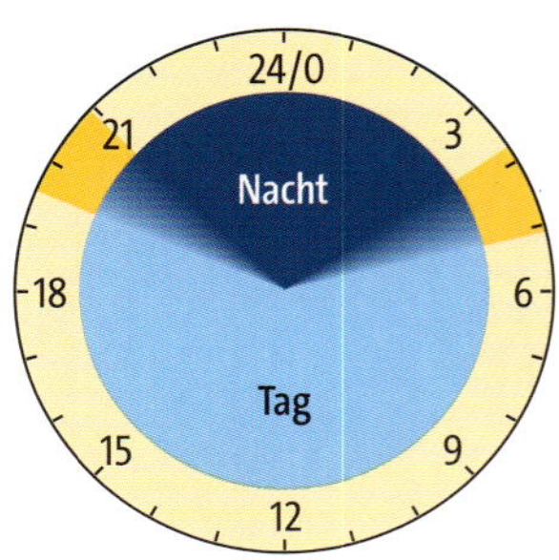

25. April

Tabelle Mondlauf

Datum		Aufg. MEZ	Kulmination	Unterg. MEZ	Rektaszension	Deklination	Sterne und Sternbilder	Phase	MEZ
		h m	h m	h m	h m	°			
Fr	1.	2 21	7 00	11 43	19 06	−17,7	Schütze	Libration Ost	
Sa	2.	3 04	7 53	12 47	20 00	−16,3	Schütze		
So	3.	3 43	8 46	13 57	20 56	−13,9	Wassermann		
Mo	4.	4 18	9 40	15 11	21 51	−10,6	Steinbock		
Di	5.	4 51	10 34	16 29	22 47	− 6,6	Wassermann	Absteigender Knoten	
Mi	6.	5 23	11 30	17 49	23 44	− 2,1	* Fische		
Do	7.	5 55	12 26	19 10	0 42	+ 2,6	Walfisch	**Neumond Nr. 1154**	**$12^h 24^m$**
								Erdnähe 357/33,′5	19^h
Fr	8.	6 28	13 23	20 30	1 40	+ 7,2	Fische		
Sa	9.	7 05	14 21	21 48	2 40	+11,3	Widder		
So	10.	7 46	15 19	23 01	3 40	+14,7	* Stier		
Mo	11.	8 33	16 18	–	4 40	+17,0	* Aldebaran	Größte Südbreite	
Di	12.	9 25	17 14	0 06	5 39	+18,1	Stier		
Mi	13.	10 23	18 09	1 03	6 37	+18,2	Alhena	Libration West	
Do	14.	11 24	19 01	1 51	7 33	+17,2	Zwillinge	**Erstes Viertel**	**$4^h 59^m$**
Fr	15.	12 27	19 50	2 30	8 26	+15,3	Krebs, Krippe		
Sa	16.	13 30	20 37	3 04	9 17	+12,8	Krebs		
So	17.	14 33	21 21	3 33	10 06	+ 9,7	Löwe, Regulus		
Mo	18.	15 35	22 05	4 00	10 53	+ 6,2	Löwe	Aufsteigender Knoten	
Di	19.	16 37	22 47	4 24	11 39	+ 2,6	Jungfrau		
Mi	20.	17 38	23 29	4 48	12 24	− 1,2	Jungfrau		
Do	21.	18 39	–	5 12	13 09	− 4,8	* Spica	Erdferne 406/29,′4	17^h
Fr	22.	19 40	0 12	5 38	13 55	− 8,3	Spica	**Vollmond**	**$6^h 24^m$**
Sa	23.	20 41	0 56	6 05	14 41	−11,5	Waage		
So	24.	21 40	1 41	6 36	15 29	−14,2	Waage		
Mo	25.	22 36	2 28	7 12	16 18	−16,3	Skorpion		
Di	26.	23 29	3 15	7 53	17 08	−17,7	Schlangenträger	Größte Nordbreite	
Mi	27.	–	4 05	8 40	17 59	−18,4	Schütze		
Do	28.	0 18	4 55	9 34	18 52	−18,1	Schütze, Nunki		
Fr	29.	1 02	5 46	10 34	19 45	−17,0	Schütze	Libration Ost	
Sa	30.	1 41	6 37	11 40	20 38	−14,9	Steinbock	**Letztes Viertel**	**$4^h 29^m$**

Der Mond nähert sich am 17./18. Jupiter

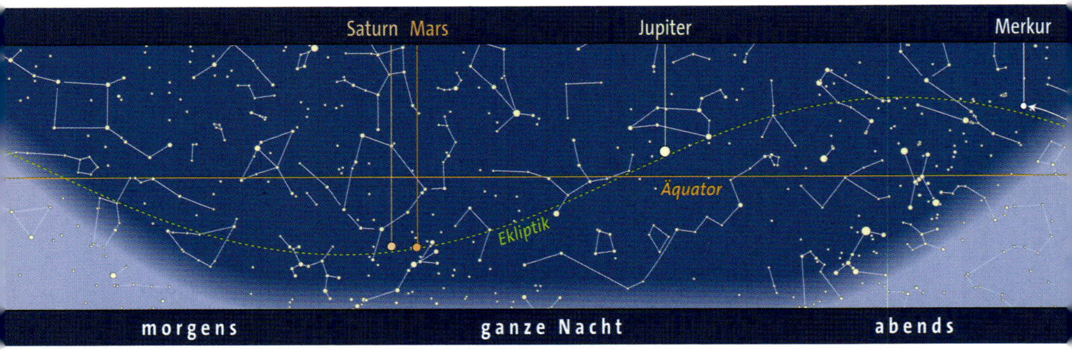

Merkur bietet Mitte April die einzige gute Abendsichtbarkeit in diesem Jahr. Selbst im hohen Norden bis etwa 70° nördlicher Breite kann man den schwierigen Planeten in der Abenddämmerung erkennen. Am 18. erreicht Merkur seine größte östliche Elongation von der Sonne mit einem Winkelabstand von 19°56′.

Unter guten Sichtbedingungen kann man Merkur bereits ab 4. knapp über dem Westhorizont aufstöbern. Gegen 19^h30^m (= 20^h30^m Sommerzeit) macht sich der $-1^m\!,3$ helle Merkur bemerkbar. Sein Untergang erfolgt um 20^h07^m. Eine Viertelstunde vorher verblasst Merkur in den dichten horizontnahen Luftschichten. Bis 10. nimmt die

4.2 Heliozentrischer Anblick des Planetensystems im zweiten Jahresviertel 2016. Eingetragen sind links die Positionen der inneren Planeten für den 1. April (4), 1. Mai (5), 1. Juni (6) und 1. Juli (7). Der rechte Teil zeigt das äußere Planetensystem zu Anfang und Ende des zweiten Jahresviertels. Die Pfeile deuten die Richtungen zu den ferneren Planeten sowie zum Frühlingspunkt an.

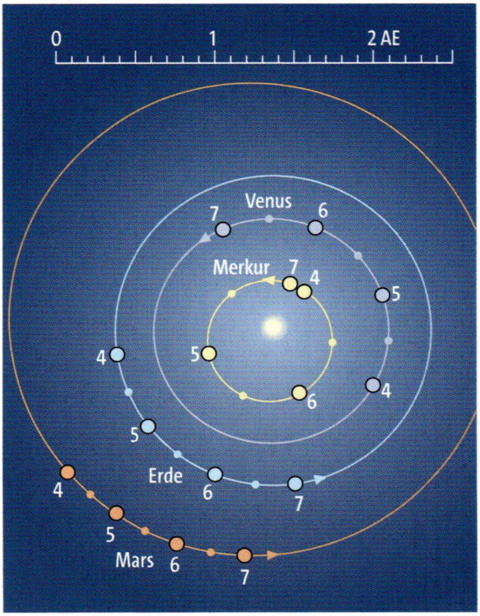

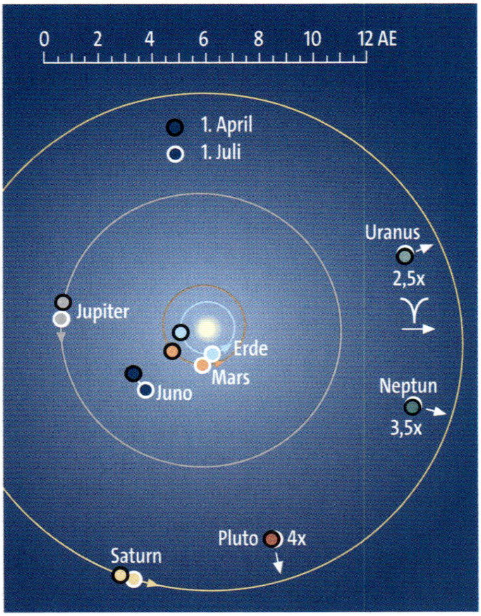

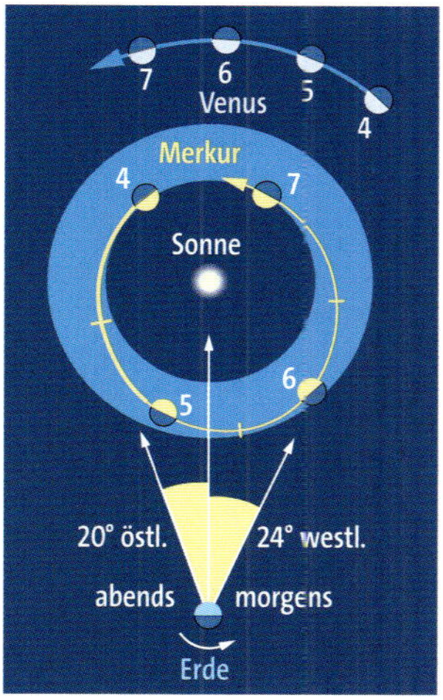

4.3 Merkur und Venus:
Heliozentrische Bewegungen von Merkur und Venus *relativ* zur Erde. In den dicker ausgezogenen Bahnteilen sind die Planeten beobachtbar. Die Zahlen markieren die Positionen jeweils zum Monatsersten. Östlicher Winkelabstand bedeutet Abendsichtbarkeit, westliche Elongation: Planet steht am Morgenhimmel.

Merkurhelligkeit auf $-0^{\mathrm{m}}{,}8$ ab, die Untergänge verspäten sich auf $20^{\mathrm{h}}49^{\mathrm{m}}$. Vom 10. bis 19. ist der flinke Planet relativ leicht auszumachen. Wer noch nie Merkur beobachten konnte, hat in diesem Zeitraum die beste Gelegenheit, ihn zu erspähen. Am 19. geht der inzwischen $0^{\mathrm{m}}{,}3$ helle Merkur um $21^{\mathrm{h}}23^{\mathrm{m}}$ (= $22^{\mathrm{h}}23^{\mathrm{m}}$ Sommerzeit) unter. Nach dem 19. wird es zunehmend schwieriger, den sonnennächsten Planeten zu erkennen. Die letzte Chance dafür ergibt sich am 25., wenn der nur noch $1^{\mathrm{m}}{,}5$ helle Merkur um $21^{\mathrm{h}}18^{\mathrm{m}}$ unter die Horizontlinie sinkt (siehe dazu Abb. 4.4 und Abb. 4.5 unten).

Die Dichotomie (Halbmerkur) tritt am 15. ein, wobei das halb beleuchtete Planetenscheibchen einen scheinbaren Durchmesser von $7''{,}1$ aufweist. Bis 25. wird Merkur zu einer Sichel (Beleuchtungsgrad 20 %), wobei das Merkurscheibchen auf $9''{,}3$ anwächst.

Am 29. wird Merkur stationär und eilt rasch rückläufig auf die Sonne zu, mit der er am 9. Mai zusammentrifft. Da er am gleichen Tag durch den absteigenden Knoten seiner Bahn läuft, kommt es zu dem seltenen Ereignis eines Merkurtransits.

Die Konjunktion mit Uranus am 1. bleibt unbeobachtbar. Am 5. passiert Merkur das Perihel seiner Bahn.

4.4 Merkur am Abendhimmel:
Stellung von Merkur über dem Westhorizont zu den angegebenen Daten jeweils eine Stunde nach Sonnenuntergang. Die Pfeile geben die Bewegungen von Merkur und Sonne während der letzten halben Stunde an.

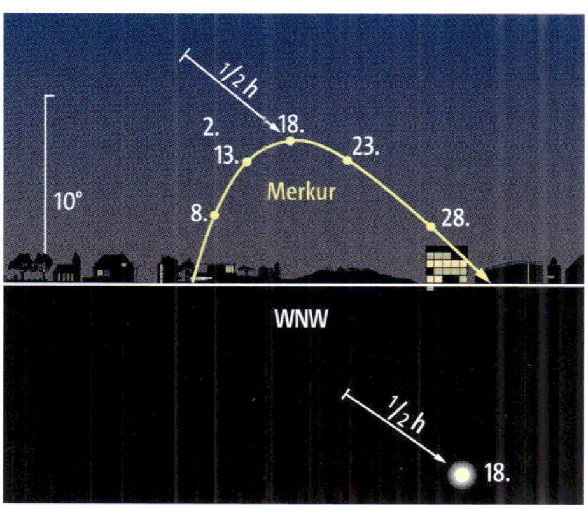

4.5 Sichtbarkeitsdiagramm für Merkur:
Es gilt genau für 50° nördlicher Breite und 10° östlicher Länge. Dunkelgelbe Fläche: Unter günstigen Sichtbedingungen kann man Merkur mit bloßen Augen erkennen; hellgelbe Fläche: Merkur ist leicht zu sehen.

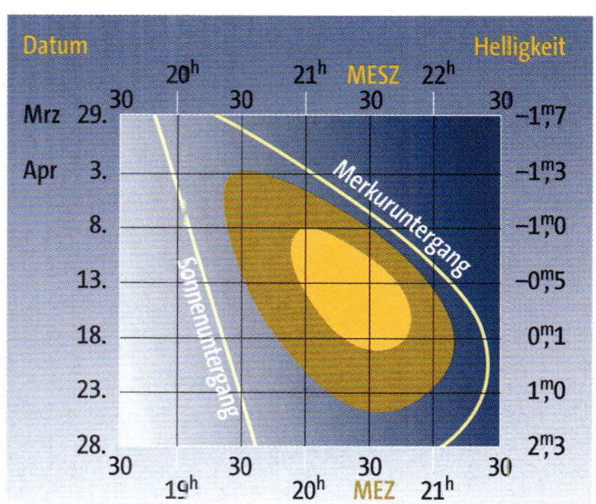

Venus hat sich im Vormonat vom Morgenhimmel zurückgezogen und bleibt unbeobachtbar. Sie eilt der Sonne nach, die ihr im Tierkreis vorausläuft. Bis Ende April nimmt ihr westlicher Winkelabstand (Elongation) auf knapp zehn Grad ab. Die Begegnung mit Uranus am 22. entgeht uns.

Am 6. bedeckt der abnehmende Mond von 8^h30^m (= 9^h30^m Sommerzeit) bis 9^h20^m Venus. Die genauen Uhrzeiten für einige Städte findet man in der Tabelle „Sternbedeckungen" auf Seite 288. Das Ereignis kann mit Teleskopen verfolgt werden. Doch Vorsicht! Da sich der abnehmende Mond kurz vor Neumondposition befindet, sind er und Venus nur 10° westlich der Sonne. Auf alle Fälle muss vermieden werden, dass Sonnenlicht die Optik trifft. Nur erfahrene Beobachter sollten versuchen, die Venusbedeckung zu verfolgen!

Mars bremst seine Wanderung durch den Schlangenträger ein wenig nördlich vom Skorpion am 17. vollends ab und wird stationär. Damit setzt er zu seiner Oppositionsschleife an. Anschließend zieht er rückläufig durch den Tierkreis, wobei er am Monatsletzten in den Skorpion zurückkehrt (siehe Abb. 5.3 auf Seite 119 und Abb. 6.3 auf Seite 137).

Die Marshelligkeit steigert sich bis Monatsende um eine ganze Größenklasse auf $-1{,}^m5$ – die Opposition ist nicht mehr fern!

Der Aufgang des $-0{,}^m5$ hellen Mars erfolgt am 1. um 23^h43^m, am 15. um 22^h58^m und am 30. schon um 21^h56^m (= 22^h56^m Sommerzeit). Mars zieht fast parallel mit Saturn seine Oppositionsschleife im Gebiet Schlangenträger/Skorpion. Ihren Minimalabstand voneinander von $7{,}^\circ2$ erreichen die beiden Planeten am 20., wobei das die geringste Distanz während einer Oppositionsperiode in den Jahren 1985 bis 2045 ist.

Der noch fast volle Mond gesellt sich am 25. zu Mars. Mond, Mars und Saturn bilden ein Dreigestirn, zu dem noch Antares, der Hauptstern des Skorpions, hinzukommt. Es ergibt sich ein netter Himmelsanblick gegen 3^h (= 4^h Sommerzeit) morgens über dem Südhorizont (siehe Abb. 4.1 auf Seite 96).

Am 28. passiert Mars den absteigenden Knoten seiner um nur $1{,}^\circ8$ zur Ekliptik geneigten Bahn.

Im Fernrohr zeigt sich, dass das Marsscheibchen deutlich größer wird – von knapp 12″ zu Anfang April auf gut 16″ am Monatsende. Mars erscheint fast voll von der Sonne beleuchtet.

Jupiter beherrscht nach wie vor den nächtlichen Sternenhimmel. Mit Einbruch der Dunkelheit steht er schon hoch im Südosten. Der Riesenplanet verzögert deutlich seine rückläufige Bewegung durch das Sternbild Löwe. Sein Stillstand ist nicht mehr fern (siehe Abb. 3.2 auf Seite 81).

Konstellationen und Ereignisse

Datum	MEZ	Ereignis
1.	1^h	Merkur bei Uranus, Merkur $0{,}^\circ6$ nördlich
5.	2	Mond bei Neptun, Mond $1{,}^\circ9$ nördlich
5.	18	Merkur im Perihel
6.	9	**Mond bei Venus**, Mond $0{,}^\circ7$ nördlich **(Bedeckung), Abstand $0{,}^\circ2$ um 9^h** (siehe Seite 288)
8.	12	Mond bei Merkur, Mond $5{,}^\circ1$ südlich
9.	22	Uranus in Konjunktion mit Sonne
17.	3	Mars im Stillstand, anschließend rückläufig
18.	6	**Mond bei Jupiter**, Mond $2{,}^\circ2$ südlich, **Abstand $3{,}^\circ0$ um 4^h**
18.	14	Pluto im Stillstand, anschließend rückläufig
18.	15	**Merkur in größter östlicher Elongation** von der Sonne (20°)
22.	15	Venus bei Uranus, Venus $0{,}^\circ9$ südlich
25.	5	**Mond bei Mars**, Mond $4{,}^\circ9$ nördlich, **Abstand $4{,}^\circ2$ um 4^h**
25.	20	**Mond bei Saturn**, Mond $3{,}^\circ3$ nördlich, **Abstand $3{,}^\circ4$ um 24^h**
29.	5	Merkur im Stillstand, anschließend rückläufig

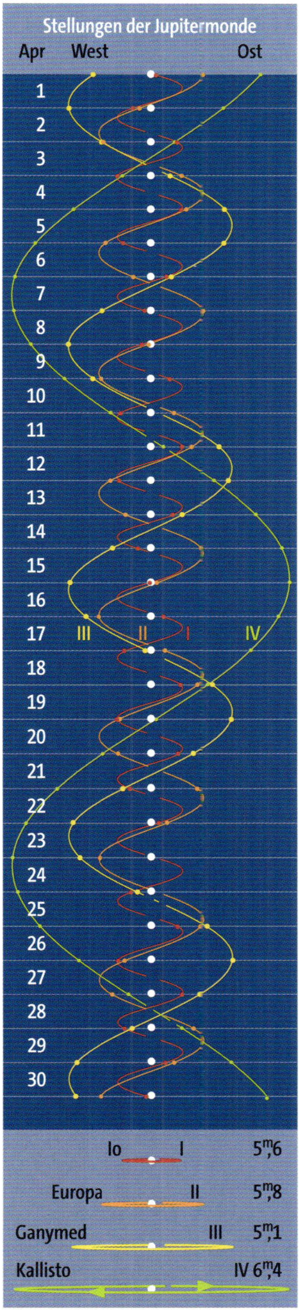

Jupitermonde

Tag	MEZ h m	Vorgang	
1.	1 10	I	VE
	19 33	I	DA
	20 07	I	SA
	20 09	II	DA
	21 18	II	SA
	21 48	I	DE
	22 22	I	SE
	22 55	II	DE
2.	0 05	II	SE
	19 38	I	VE
3.	22 11	III	VE
7.	2 52	I	DA
	3 32	I	SA
	3 48	II	BA
8.	0 06	I	BA
	3 04	I	VE
	21 19	I	DA
	22 01	I	SA
	22 28	II	DA
	23 33	I	DE
	23 55	II	SA
9.	0 16	I	SE
	1 15	II	DE
	2 42	II	SE
	21 33	I	VE
10.	19 48	III	BA
	21 11	II	VE
11.	2 09	III	VE
	20 08	IV	BE
12.	0 48	IV	VA
	3 30	IV	VE
15.	1 53	I	BA
	23 05	I	DA
	23 55	I	SA
16.	0 49	II	DA
	1 20	I	DE
	2 10	I	SE
	2 32	II	SA
	3 36	II	DE
	20 20	I	BA
	23 28	I	VE
17.	20 38	I	SE
	23 16	III	BA

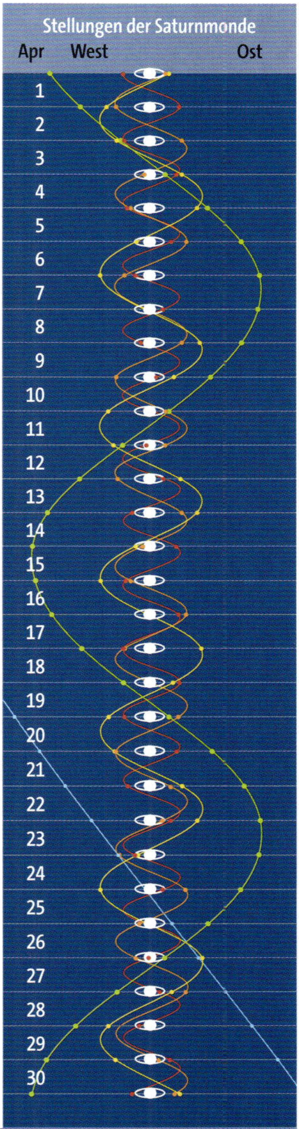

Japetus

5.	$10^m,6$
10.	$10^m,7$
15.	$10^m,8$
20.	$11^m,0$
25.	$11^m,3$
30.	$11^m,6$

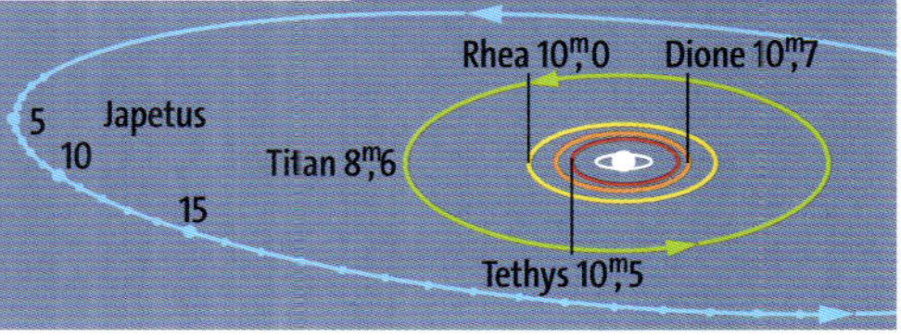

Seine Opposition hat Jupiter hinter sich. Im ersten Märzdrittel stand er im Gegenschein zur Sonne. Vom Morgenhimmel zieht sich der Riesenplanet langsam zurück. Am 1. erfolgt sein Untergang um $5^{h}26^{m}$, am 15. um $4^{h}29^{m}$ und am 30. schon um $3^{h}28^{m}$ (= $4^{h}28^{m}$ Sommerzeit). Die Jupiterhelligkeit geht leicht auf $-2^{m},3$ zurück. Der zunehmende Mond eilt am 18. frühmorgens am Riesenplaneten vorbei.

Saturn, rückläufig im Schlangenträger (lat.: Ophiuchus), verlagert seine Aufgänge in die Zeit vor Mitternacht. Am 1. geht der Ringplanet um $0^{h}27^{m}$ (= $1^{h}27^{m}$ Sommerzeit) auf, am 15. um $23^{h}26^{m}$ und am 30. bereits um $22^{h}24^{m}$ (= $23^{h}24^{m}$ Sommerzeit). Die Saturnhelligkeit nimmt leicht von $0^{m},3$ auf $0^{m},2$ zu. Damit zählt der Ringplanet zu den hellsten und auffälligsten Gestirnen am Nachthimmel. Der noch ziemlich volle Mond begegnet Saturn am 25. am Morgenhimmel (siehe Abb. 4.1 auf Seite 96).

Uranus steht in den späten Abendstunden des 9. im Sternbild Fische in Konjunktion mit der Sonne. Der 1781 von William Herschel per Zufall entdeckte siebte Planet unseres Sonnensystems steht mit der Sonne am Taghimmel und bleibt nachts unter dem Horizont. Seine Opposition zur Sonne erreicht der grünliche Planet in diesem Jahr Mitte Oktober. Auch die Begegnung mit Merkur am 1. und Venus am 22. bleiben unbeobachtbar. Am Tag der Konjunktion ist Uranus 3137 Millionen Kilometer (= 20,97 AE) von der Erde entfernt. Seine Sonnendistanz beträgt 2987 Millionen Kilometer (= 19,97 AE).

Neptun, rechtläufig in den Fischen, steigert seine Helligkeit ein wenig von $8^{m},0$ auf $7^{m},9$. Noch kann er sich allerdings nicht aus den Strahlen der Sonne befreien. Der sonnenfernste Planet bleibt unsichtbar.

Pluto sei in diesem Monat erwähnt, da er am 18. stationär wird und im Sternbild Schütze zu seiner Oppositionsschleife ansetzt (siehe Abb. 7.5 auf Seite 159). Die Opposition zur Sonne dieses prominenten Zwergplaneten tritt am 7. Juli ein (siehe „Planetenlauf im Juli"). Am 18. geht Pluto um $1^{h}32^{m}$ (= $2^{h}32^{m}$ Sommerzeit) auf und kulminiert um $5^{h}48^{m}$.

Jupitermonde

Tag	MEZ h	m	Vorgang	
	23	45	II	VE
18.	2	34	III	BE
	2	51	III	VA
20.	1	38	IV	DA
21.	19	57	III	SE
23.	0	53	I	DA
	1	50	I	SA
	3	08	I	DE
	3	12	II	DA
	22	08	I	BA
24.	1	23	I	VE
	20	18	I	SA
	21	35	I	DE
	21	37	II	BA
	22	33	I	SE
25.	2	19	II	VE
	2	48	III	BA
26.	21	14	II	SE
28.	20	43	III	SA
	21	24	IV	VE
	23	55	III	SE
30.	2	42	I	DA
	23	57	I	BA

Planetoiden

Juno (3) steht am 27. in **Opposition** zur Sonne. Sie wandert rückläufig durch die Jungfrau, nachdem sie am 14. die Waage verlassen hat (siehe Abb. 4.6 auf Seite 105). Anfang April noch $10^{m},3$ hell, erreicht sie eine Oppositionshelligkeit von $10^{m},0$. Zu Monatsbeginn kulminiert Juno um $2^{h}36^{m}$, am Oppositionstag bereits um $0^{h}36^{m}$ (= $1^{h}36^{m}$ Sommerzeit). Ihre Oppositionsentfernung von der Erde misst 344 Millionen Kilometer (= 2,30 AE), dies entspricht einer Lichtlaufzeit von 19 Minuten. Von der Sonne trennen Juno am Oppositionstag 491 Millionen Kilometer (= 3,28 AE).

Periodische Sternschnuppenströme

In der Zeit vom 16. bis 25. April werden die **Lyriden** aktiv. Ihr Ausstrahlungspunkt liegt in der Leier, etwa 7° südwestlich von Wega. Die Lyriden sind schnelle Objekte, im Mittel liegen ihre Geschwindigkeiten um 50 Kilometer pro Sekunde. Günstigste Beobachtungszeit: 22^{h} bis 4^{h}. Das Maximum am 22. April ist nicht sehr ausgeprägt. Zehn bis zwanzig Meteore, darunter eini-

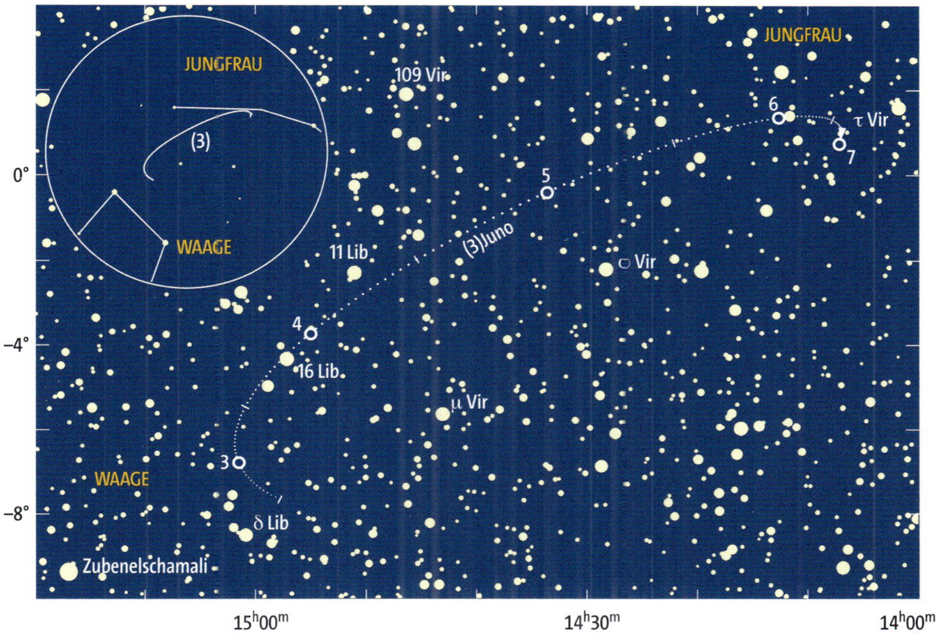

4.6 Bahn von Juno: **Scheinbare Bahn des Kleinplaneten (3) Juno von März bis Juli 2016 im Gebiet der Sternbilder Waage und Jungfrau. Die Zahlen geben die Position von Juno zum jeweiligen Monatsersten an (4 = 1. April).**

ge helle Exemplare, leuchten dann pro Stunde auf. Allerdings stört diesmal Mondlicht, denn ausgerechnet zum Maximum tritt die Vollmondphase ein. Als Ursprungskomet der Lyriden wurde der Komet C/1861 G1 (Thatcher) ausgemacht, der für eine Sonnenumrundung im Mittel 415 Jahre benötigt.

Um den 16. April erreichen die **Sigma-Leoniden** ihr Maximum. Vereinzelte Objekte dieses schwachen Stromes sind noch bis Mitte Mai nachweisbar. Bei ihnen fehlen Beobachtungen in den letzten Jahren. Eventuell ist dieser Strom versiegt.

Wenig bekannt sind die **Pi-Puppiden**, deren Radiant im Sternbild Hinterdeck des Schiffes (lat.: Puppis) liegt. Damit ist alles gesagt: Der Strom ist nur in südlichen Gegenden (südlich von 30° nördlicher Breite) einigermaßen gut zu verfolgen. Das Maximum tritt am 23. April ein mit unterschiedlich hohen Raten. Ursprungskomet ist 26P/Grigg-Skellerup. Die Puppiden sind mit nur 15 Kilometer pro Sekunde ausgesprochen lahme Sternschnuppen.

Veränderliche Sterne im April

Algol-Minima	10.	21^h48^m	13.	18^h37^m	25.	5^h54^m	28.	2^h42^m				
β-Lyrae-Minima	1.	9^hH	7.	20^hN	14.	8^hH	20.	19^hN	27.	6^hH		
δ-Cepheï-Maxima	3.	6^h	8.	15^h	14.	0^h	19.	9^h	24.	18^h	30.	2^h

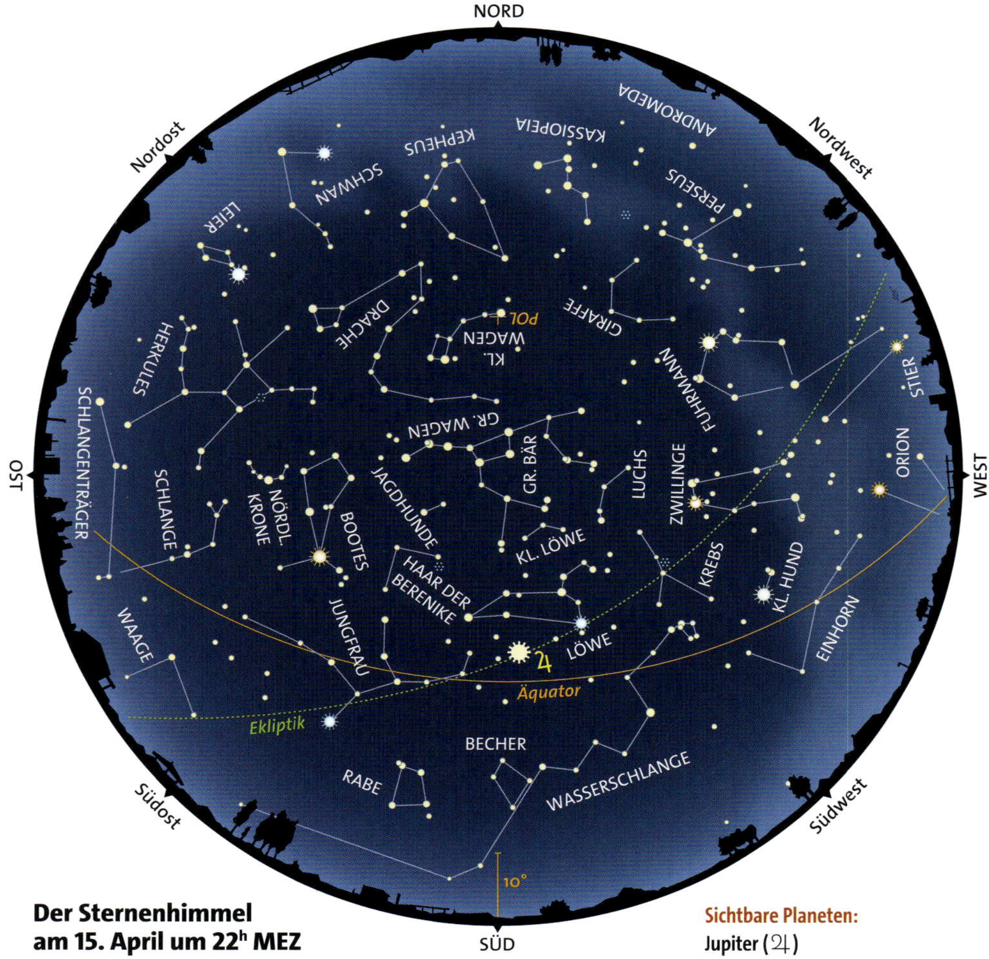

Der Sternenhimmel am 15. April um 22h MEZ

Sichtbare Planeten:
Jupiter (♃)

Die Sternkarte ist auch gültig für:		
	MEZ	MESZ
15.12.	6h	
1. 1.	5	
15. 1.	4	
1. 2.	3	
15. 2.	2	
1. 3.	1	
15. 3.	0	
1. 4.	**23**	**24h**
15. 4.	**22**	**23**
30. 4.	**21**	**22**

Die Wintersternbilder haben das Feld geräumt. Orion geht gerade im Westen unter, Sirius ist bereits von der Himmelsbühne abgetreten. Tief im Südwesten erinnert noch Prokyon im Kleinen Hund an vergangene Wintertage. Ebenfalls noch im Westen zu sehen sind die Zwillinge. Die helle Kapella im Fuhrmann steht im Nordwesten. Der Himmelswagen steht hoch über unseren Köpfen, fast im Zenit. Der Wagen dient zum Auffinden des Polarsterns – die fünfmalige Verlängerung der Strecke zwischen den Kastensternen des hinteren Wagenendes trifft Polaris.

Verbindet man jeweils zwei Kastensterne miteinander und verlängert diese Strecke in der dem Polarstern entgegengesetzten Richtung, so schneiden sich beide Linien etwa im Sternbild

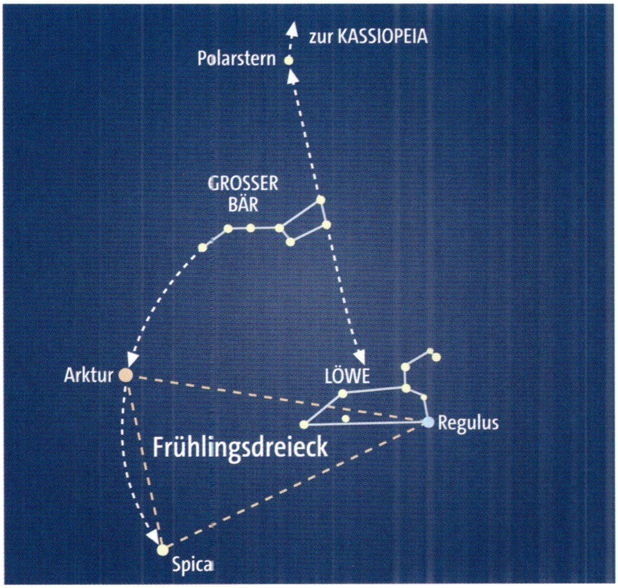

4.7 Das Frühlingsdreieck: **Es setzt sich aus den drei hellen Sternen Arktur im Bootes, Regulus im Löwen und Spica in der Jungfrau zusammen.**

Löwe. Der Löwe ist das Leitsternbild des Frühlings. Er marschiert gerade durch den Meridian. Hoch im Süden ist jetzt leicht das große Sternentrapez zu erkennen, das den Löwenrumpf darstellen soll. Daran schließt sich in nordwestlicher Richtung ein kleineres Trapez an, der mähnenbehangene Kopf dieses königlichen Tieres. Der Hauptstern des Löwen heißt Regulus (lat., kleiner König), sein zweithellster Stern wird Denebola genannt. Die Bezeichnung kommt aus dem Arabischen und bedeutet so viel wie „Schwänzchen des Löwen". Der Löwe gehört zu den Tierkreissternbildern. Durch die Tierkreissternbilder verläuft die scheinbare Sonnenbahn, auch Ekliptik genannt. Die Lage der Ekliptik lässt sich gut abschätzen, denn Regulus steht fast genau auf der Ekliptik. Im Ostteil des Löwen sieht man den hellglänzenden Jupiter.

Im Südosten trifft man auf das Sternbild Jungfrau mit seinem Hauptstern Spica. Ein wenig südwestlich von Spica stößt man auf das Sternentrapez des Raben.

Lässt man den Blick zurück zum Großen Wagen wandern und folgt dem Bogenschwung der Wagendeichsel, so trifft man auf einen hellen, orange leuchtenden Stern Namens Arktur. Mit Sirius, Kanopus, Toliman, Wega und Kapella gehört Arktur zu den hellsten Fixsternen des Himmels. Arktur ist der hellste Stern im Bild des Bootes (lat., Rinderhirt). Die drachenähnliche Figur des Bootes ist leicht zu erkennen.

Die drei hellen Sterne Regulus, Arktur und Spica bilden das sogenannte Frühlingsdreieck. Es deutet den Helligkeitsschwerpunkt des abendlichen Frühlingshimmels an.

Zwischen Wega und Arktur

Tief im Nordosten blinkt ein heller Stern im Horizontdunst. Es ist die Wega im Sternbild der Leier, die den kommenden Sommer erahnen lässt. Zieht man in Gedanken von der Wega zu Arktur eine Linie, so geht diese durch zwei lichtschwächere Sternbilder, nämlich durch den Herkules und die Nördliche Krone. Die Krone liegt näher bei Bootes: Ein einprägsamer Halbkreis von Sternen mit einem etwas helleren Stern namens Gemma (lat., Edelstein). In der Krone befindet sich auch der veränderliche Stern R Coronae Borealis. Dieser Stern gehört zu den eruptiv Variablen. Er gilt als „rußender" Stern, der im günstigsten Falle als Objekt sechster Größe im Fernglas gut zu sehen ist. Im Lichtminimum kann er bis auf 15^m absinken.

Der Herkules wiederum ist ein sehr ausgedehntes Sternbild. Seine Gestalt zu erkennen, erfordert schon einige Übung im Aufsuchen von Sternbildern. Im Herkules befinden sich auch die beiden Kugelsternhaufen M 13 und der lichtschwächere M 92.

Furcht und Schrecken – die Begleiter des Kriegsplaneten

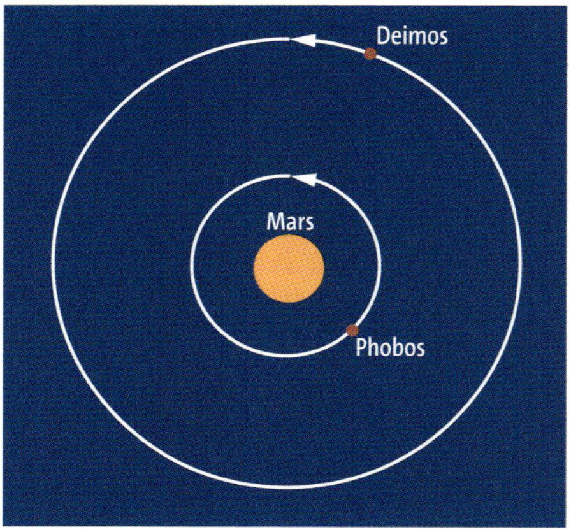

4.8 Die Marsmonde Phobos und Deimos laufen in fast kreisförmigen Bahnen um Mars.

Am 22. Mai 2016 ist es wieder einmal soweit: Mars, unser äußerer Nachbarplanet kommt im Sternbild Skorpion in Opposition zur Sonne und zieht hell strahlend die Blicke auf sich. Acht Tage später wird mit 75 Millionen Kilometer die geringste Entfernung von der Erde erreicht. Viele Teleskope werden in den Wochen um die Opposition auf den roten Planeten gerichtet. In fast allen wird man aber vergeblich nach den beiden Trabanten Ausschau halten, die den Kriegsplaneten auf seinem Weg um die Sonne begleiten. Mars – so hieß bei den Römern der Kriegsgott. Die Begleiter des Kriegsgottes sind aber so lichtschwach, dass sie nur in sehr großen Fernrohren gesichtet werden können. Sie sind vor knapp 140 Jahren entdeckt worden.

Mit Erfindung des Teleskops vor gut 400 Jahren wurden zahlreiche Himmelskörper in unserem Sonnensystem entdeckt. Zunächst fand man schon 1609/10 die vier hellen Jupitermonde. Christian Huygens spürte 1656 den Riesenmond des Saturn, Titan, auf. 1671 bis 1684 entdeckte Giovanni Domenico Cassini, Direktor der Pariser Sternwarte, vier weitere Satelliten des Ringplaneten. 1781 wurde Uranus als siebenter Planet von Wilhelm Herschel gefunden und sechs Jahre später sah er die beiden größten Uranusmonde. Bis zu Beginn des 19. Jahrhunderts hatte man dreizehn Monde entdeckt (ohne den Erdmond). Nur unser äußerer Nachbarplanet schien keine Monde zu besitzen, obwohl schon Johannes Kepler in seiner Schrift *Narratio de Iovis Satellitibus* (1610) die Vermutung äußerte, Mars besäße zwei Monde. Im Jahre 1643 meinte der Kapuzinermönch Anton Maria Schyrl, zwei Marsmonde gesehen zu haben. Dies war aber mit den damaligen Fernrohren völlig unmöglich. Schyrl hat vermutlich Fixsterne nahe bei Mars für Satelliten gehalten. Verwunderlich ist jedoch, dass in *Gullivers Reisen*, dem Roman von Jonathan Swift aus dem Jahre 1727, berichtet wird, dass die laputanischen Astronomen über hervorragende Teleskope verfügen. Damit hätten sie nicht nur einen Katalog von über 10 000 Fixsternen erstellt, sondern auch zwei winzige Trabanten des Mars entdeckt. Der innere der beiden sei drei, der äußere fünf Durchmesser von Mars entfernt, wobei ersterer in nur zehn Stunden, der fernere aber in 21,5 Stunden Mars umkreise. Eine erstaunlich genaue Vorhersage, und das 150 Jahre vor der eigentlichen Entdeckung der Marssatelliten!

Gezielte Suche im 19. Jahrhundert

Josef Johann von Littrow, Direktor der Universitäts-Sternwarte in Wien, ruft in seinem 1834 erschienenen Werk *Die Wunder des Himmels* dazu auf, mit großen Teleskopen nach Marsmonden zu fahnden. Zur Opposition Anfang Dezember 1864 bemühte sich Heinrich Ludwig d'Arrest, Mitentdecker des Neptun, mit dem 10,5-Zoll-Refraktor auf der Sternwarte Kopenhagen, Marstrabanten zu finden – allerdings vergeblich.

Die Entdeckung der beiden Marsmonde gelang schließlich Asaph Hall (1829–1907) bei der extrem günstigen Marsopposition vom 5. September 1877, als die Erde am 2. September bis auf 56 Millionen Kilometer an den roten Planeten herankam. Hall beobachtete mit dem 26-Zoll- (= 65 cm) Refraktor der Marine-Sternwarte in Washington, D. C., ein exzellentes Linsenteleskop mit knapp zehn Meter Brennweite.

Hall begann mit seinen Marsbeobachtungen am 10. August 1877, wobei er gezielt nach Trabanten des roten Planeten Ausschau hielt. Am 11. August sah er ein Objekt in unmittelbarer Nähe von Mars, das er für einen Trabanten hielt. Kurz darauf zog Nebel vom Potomac herauf und Hall musste seine Beobachtungen abbrechen. Hall notierte in seinem Beobachtungsbuch: „Ich wiederholte meine Untersuchungen von der vorigen Nacht und fand wieder nichts. Doch wenige Stunden später sah ich ein schwaches Objekt auf der dem Planeten folgenden Seite und ein wenig nördlich. Ich hatte kaum Zeit, die beobachtete Position zu sichern, als Nebel vom Fluss die Arbeit stoppte.“ Am 16. August war ihm klar, dass er einen Marsmond entdeckt hatte. Es war der äußere von zwei Satelliten. Hall berichtet weiter: „Um 3 Uhr morgens sagte ich meinem Assistenten George Anderson, dem ich das Objekt gezeigt hatte, dass ich denke, einen Marsmond entdeckt zu haben. Auch sagte ich ihm, er solle still schweigen und solange nichts sagen, bis die Angelegenheit zweifelsfrei feststeht.“ Am 17. August schließlich sah Hall nur wenige Bogensekunden vom Marsscheibchen entfernt noch ein Objekt, das bald darauf verschwunden war. Kurz darauf bemerkte er ein Lichtpünktchen in gleichem Abstand wie zuvor, nur auf der anderen Seite des Planetenscheibchens. Hall vermutete nun, es gäbe drei Marsmonde. In den Nächten am 20. und 21. August wurde ihm aber klar, dass es sich um ein und denselben Mond handelt, der in weniger als acht Stunden um den Marsglobus eilt. In der Beobachtungsnacht vom 17. August kam kurz nach ein Uhr morgens sein

University of Michigan

4.9 Asaph Hal (1829 – 1907), der Entdecker der Marsmonde

Chef, Professor Simon Newcomb, Direktor des US Naval Observatory, in die Kuppel und erfuhr als Erster, dass Mars von Monden umrundet wird. Die Entdeckung von zwei Marsmonden wurde kurz darauf von Admiral Rogers, dem das Marine-Observatorium unterstand, der Öffentlichkeit bekannt gegeben. Auf Vorschlag von Henry Madan (1838–1901), Wissenschaftler aus Eton (England), wurden die beiden Monde Phobos (Φόβος, griech., Furcht) und Deimos (Δείμος, griech., Schrecken) passend zum Kriegsgott benannt.

Zwei Möndchen

Phobos kreist nur 9376 Kilometer vom Marsmittelpunkt entfernt und braucht für eine Marsumrundung lediglich sieben Stunden und 39 Minuten. Deimos ist weiter entfernt. Seine große Bahnhalbachse misst 23 458 Kilometer. Er wandert in einem Tag und sechseinviertel Stunden um den roten Planeten. Beide Monde laufen auf fast exakt kreisförmigen Bahnen in der Äquatorebene um Mars. Da der Planet in 24 Stunden und

37 Minuten sich einmal um seine eigene Achse dreht (= ein Sterntag auf Mars), überholt der schnellere Phobos permanent die Marslandschaften und taucht alle elf Stunden und sechs Minuten am Westhorizont auf. Sein Untergang erfolgt am Osthorizont.

Auch mit Riesenteleskopen sind von der Erde aus nur zwei winzige Lichtpünktchen 12. und 13. Größenklasse zu sehen. Die Größe der Marsmonde konnte daher nur grob geschätzt werden. Phobos Durchmesser wurde zu 16 Kilometer angenommen, Deimos Durchmesser wurde zu neun Kilometer geschätzt.

Nachdem seit 1877 von Marskanälen fabuliert wurde, die von Marsbewohnern errichtet wurden, um ihren wasserarmen Planeten zu versorgen, erlaubte sich der amerikanische Journalist Walter Scott Houston im Jahre 1959 einen Aprilscherz mit weitreichenden Folgen: Im April-Heft der Zeitschrift *Great Plains Observer* behauptete er, ein gewisser „Dr. Arthur Hayall of the University of the Sierras“ hätte berichtet, die Marsmonde seien so klein, weil sie keine natürlichen Trabanten, sondern Raumstationen der Marsianer

4.10 Marsmond Phobos zeigt eine bizarre Oberfläche. Aufnahme des Mars Reconnaissance Orbiter/NASA.

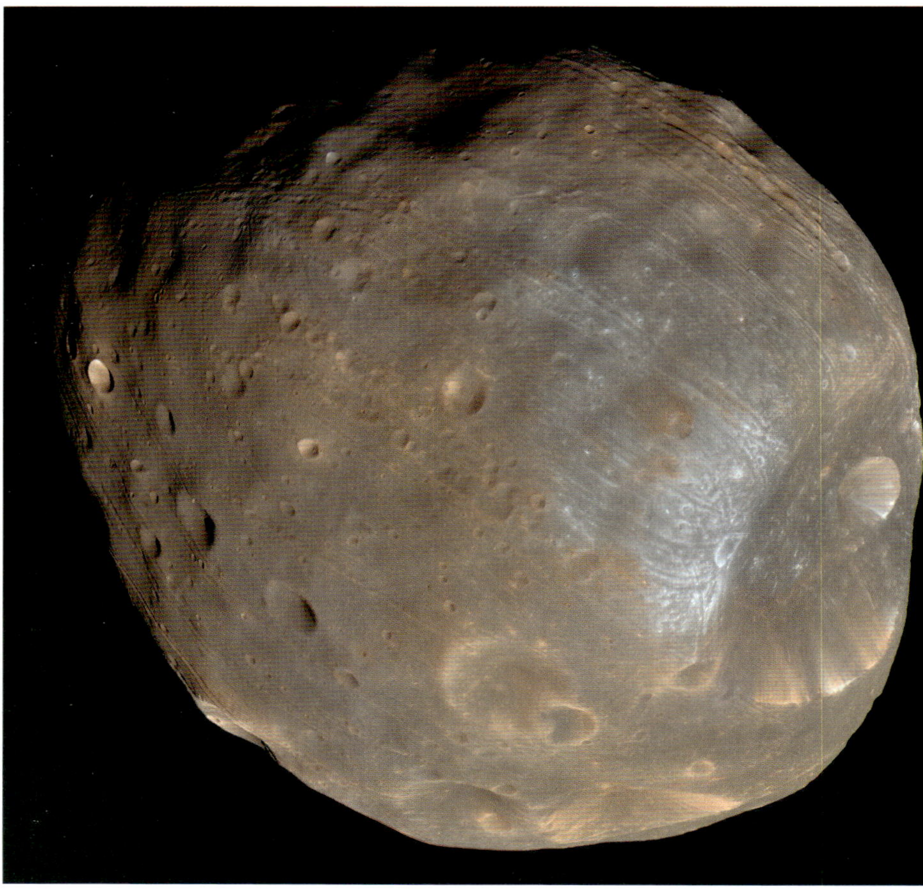

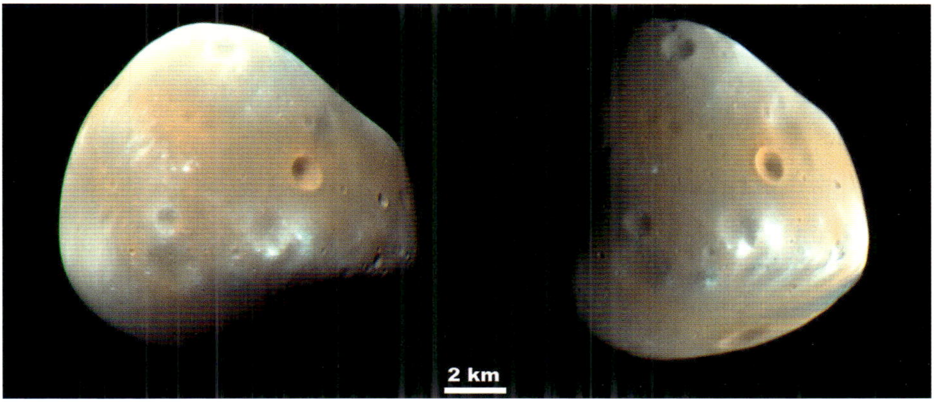

4.11 **Marsmond Deimos – seine Oberfläche erscheint glatter als die von Phobos. Aufnahme: MRO/NASA.**

seien. Die Nachricht verbreitete sich in Windeseile über die ganze Welt und wurde ernst genommen. Viele dachten nicht an einen Aprilscherz, obwohl weder ein „Dr. Hayall" noch eine „Universität der Sierras" existierten. Insbesondere der sowjetische Wissenschaftler Josef Schklowski war davon überzeugt, die Marsmonde seien künstliche Satelliten. Nur zwei Jahre nach dem Start von SPUTNIK 1, dem ersten künstlichen Erdsatelliten, war sogar verständlich, dass man an künstliche Marssatelliten glaubte.

Raumsonden erforschen die Marsmonde

Erst die Beobachtungen irdischer Raumsonden beendeten solch fantasiereiche Spekulationen und entschleierten die wahre Natur der Marsmonde. Am 26. November 1971 gelang dem Marsorbiter MARINER 9 die erste Aufnahme von Deimos, drei Tage später funkte er Bilder von Phobos zur Erde. Auf ihnen sind zahlreiche Einschlagkrater zu erkennen. Phobos und Deimos sind die ersten Trabanten außer dem Erdmond, auf denen Impaktkrater entdeckt wurden. Wesentlich detailreichere Aufnahmen der Marsmöndchen lieferte dann der VIKING 2-Orbiter im Herbst 1976. Aus 880 Kilometer Distanz zeigen die Aufnahmen der Monde zahlreiche Krater mit Zentralbergen, Streifen und Gräben, Sekundärkrater und langgezogene Kraterketten. Die Auflösung ließ Oberflächenformationen von 40 Meter Größe erkennen, spätere Aufnahmen zeigen sogar noch wesentlich kleinere Strukturen. Als VIKING 2 schließlich in nur 23 km Distanz im Oktober 1977 Deimos passierte, konnten Details von nur fünf bis sechs Meter Größe auf den Aufnahmen erkannt werden.

Zudem lieferten die Marssonden genaue Dimensionen der Marsmöndchen. Sie sind unregelmäßige Körper. Wegen ihrer geringen Größe und somit kleinen Masse war die Schwerkraft nicht in der Lage, sie zu Kugeln zu formen. Vor allem Phobos sieht aus wie eine Kartoffel. In erster Näherung sind die Marstrabanten dreidimensionale Ellipsoide. Der deutlich größere Phobos hat die Abmessungen von $27 \times 22 \times 18$ Kilometer während Deimos $15 \times 12 \times 10$ Kilometer groß ist (siehe auch Tabelle „Phobos und Deimos in Zahlen" auf Seite 113). Die Längsachsen sind dabei stets auf Mars gerichtet, die mittleren Achsen, gewissermaßen die Breitseiten, stehen senkrecht auf den Längsachsen und liegen parallel zur Marsoberfläche. Die kürzesten Achsen entsprechen den Rotationsachsen. Beide Marsmonde rotieren gebunden, das heißt, ihre Umlaufzeiten sind gleich ihren Rotationszeiten. Somit kehren die Monde der Marsoberfläche immer dieselbe Seite zu.

Phobos rotiert einmal in sieben Stunden und 39 Minuten um seine Achse, Deimos in einem Tag, sechs Stunden und 18 Minuten.

Phobos erscheint bizarrer und zerklüfteter als Deimos, dessen Oberfläche etwas glatter aussieht. Vermutlich wird Deimos von einer dicken Staubschicht (Regolith) bedeckt. Aufnahmen von Phobos, gewonnen im Mai 1977 vom VIKING 1-Orbiter, zeigen auch Rillen und Furchen von maximal 500 Meter Breite, die nicht mit Kraterketten zu verwechseln sind. Diese Furchen ziehen sich weit über die Phobosoberfläche, unterbrochen sowohl von erodierten als auch von frischen, gut erhaltenen Kratern. Auf Deimos sind solche Furchen nicht auszumachen. Die Phobos-Gräben wurden vermutlich durch die Gezeitenkräfte des Mars hervorgerufen, denn Phobos befindet sich bedenklich nahe an Mars, nämlich bereits innerhalb der Roche-Grenze. Wäre er ein Mond aus festem Gestein mit einer Dichte von 3,5 g/cm^3, dann liefe er noch knapp außerhalb der Rocheschen Stabilitätsgrenze, die für ein derartiges Objekt bei 8670 Kilometer liegt. Die Dichteabschätzungen für Phobos liegen bei 1,89 bis 2,20 g/cm^3. Die dazugehörigen Roche-Grenzen sind dann 10650 km und 10120 km.

Mit einem Bahnradius von 9376 km zieht Phobos eindeutig innerhalb der Roche-Grenze seine Kreise um Mars. Die Konsequenz: Phobos wird in den nächsten hundert Millionen Jahren zerbröseln. Seine Bruchstücke werden dann einen Ring um Mars bilden.

Weitere Marsmissionen haben noch weitaus schärfere Bilder zur Erde gefunkt, so dass man heute die Oberflächenstrukturen der Marsmonde recht gut kennt. Die Versuche, eine Sonde weich auf Phobos landen zu lassen, sind bisher allerdings gescheitert.

Namen für die Kraterlandschaften

Auf Phobos wurden inzwischen 260 Krater registriert. Davon sind 53 % kreisförmig, 35 % länglich und 12 % irregulär. Die größeren Krater wurden sowohl auf Phobos als auch auf Deimos von der IAU (International Astronomical Union) benannt. Der mit 13 km Durchmesser größte Krater am Südpol von Phobos wurde nach dem Entdecker der Marsmonde „Hall“ getauft. Der zweitgrößte Krater (11 km) wurde „Stickney“ genannt, dem Mädchennamen von Angeline Hall (1830–1892), Asaph Halls Ehefrau, die ihren Mann zur Suche nach den Marsmonden ermuntert haben soll.

Ein 20 km langer, 1,5 bis 3 km breiter und ein Kilometer hoher Bergrücken auf Phobos wurde Kepler-Dorsum (= Rücken) genannt. Auch Heinrich Louis d'Arrest, der vergeblich nach den Marsmonden Ausschau gehalten hat, sowie Edouard Albert Roche, wurden durch Kratertaufen verewigt. Auf Deimos wurden Krater Jonathan Swift und Francois Voltaire gewidmet.

Der höchste Punkt auf Phobos liegt 1,6 km über der Referenzoberfläche des dreiachsigen Ellipsoids und hat die Koordinaten 206° West und 42° Süd. Der tiefste Punkt mit 1,5 km unter der Oberfläche liegt im Stickney-Krater bei 64° West und 13° Süd. Der Koordinatenursprung befindet sich am marsnächsten Punkt.

Phasen der Marsmonde

Zukünftigen Raumfahrern bieten die Marsmonde ein spannendes Wechselspiel. Im Zenit erscheint die Breitseite von Phobos unter einem Winkel von knapp 13′, also ein wenig kleiner als ein halber Vollmonddurchmesser, am Horizont sieht man Phobos nur mehr unter gut acht Bogenminuten. Wie erwähnt, geht Phobos alle elf Stunden und sechs Minuten am Westhorizont auf. Seine Phasen – von Neuphobos bis Neuphobos – durchläuft er in $7^h39^m27^s$. Seine synodische Umlaufzeit ist also nur um dreizehn Sekunden länger als die siderische. Allerdings variiert diese Zeitdifferenz ein wenig, je nachdem ob Mars in Sonnennähe oder in Sonnenferne ist. Regelmäßig taucht er in den Schatten des Mars, Phobos-Finsternisse sind somit häufig. Eine totale Sonnenfinsternis kann Phobos nicht bieten, denn der scheinbare Sonnendurchmesser schwankt von Mars aus gesehen zwischen 19′12″ (Aphel) und 23′09″ (Perihel). Phobos ruft nur partielle oder ringförmige Sonnenfinsternisse hervor –

mit einem sehr breiten Ring bis zu fünf Bogenminuten.

Deimos erscheint mit zwei Bogenminuten Durchmesser in Zenitnähe wie ein heller Stern. Gute Augen nehmen ihn als winziges Scheibchen wahr. Alle fünf Tage und elfeinhalb Stunden erfolgt sein extrem langsamer Aufgang am Osthimmel. Seine synodische Umlaufzeit beträgt einen Tag, sechs Stunden und 21 Minuten, so dass man rund zwei „Lunationen" beobachten kann, bevor er im Westen untergeht.

Wegen ihrer geringen Entfernungen vom Mars können Phobos und Deimos nicht von allen Punkten der Marsoberfläche aus beobachtet werden. Nördlich und südlich von 69° areografischer Breite bleibt Phobos stets unter dem Horizont. Der weiter entfernte Deimos kann in einer Zone von +82° bis –82° Breite gesichtet werden. In den Polargebieten des Mars bleiben beiden Trabanten unsichtbar.

Ungeklärt ist bisher die Herkunft der Marsmonde. Manche vermuten, sie seien eingefangene Kleinplaneten. Dagegen spricht, dass beide auf nahezu kreisförmigen Bahnen und fast exakt in der Äquatorebene den roten Planeten umrunden. Dies wäre ein extrem unwahrscheinlicher Zufall beim Einfangen.

Wem große Instrumente zugänglich sind, mag den Wunsch verspüren, selbst nach Phobos und Deimos Ausschau zu halten. Um die Zeiten maximaler Elongation zu kalkulieren, sind folgende Angaben nützlich:

Phobos in größter östlicher Elongation:
2016 Jan 21, 5^{h} UT/Orbitalperiode: $0\overset{d}{,}31891011$

Deimos in größter östlicher Elongation:
2016 Jan 8, 4^{h} UT/Orbitalperiode: $1\overset{d}{,}2624408$.

Phobos und Deimos in Zahlen

Bahnen		Phobos	Deimos
Große Halbachse/mittl. Entfernung	a =	9376 km	23458 km
Siderische Umlaufzeit	U =	$7^{h}39^{m}14^{s}$	$1^{d}06^{h}17^{m}55^{s}$
Numerische Exzentrizität	e =	0,0151	0,00033
Bahnneigung zum Marsäquator	i =	$1\overset{\circ}{,}06$	$1\overset{\circ}{,}79$
Maximale Elongation in mittlerer Opposition	E =	25′	1′02″
Synodische Umlaufzeit (Durchgang durch Marsmeridian)	U_{syn} =	$11^{h}06^{m}22^{s}$	$5^{d}11^{h}26^{m}$
Synodischer Monat (Phase zu Phase)		$7^{h}39^{m}27^{s}$	$1^{d}06^{h}21^{m}16^{s}$
Mittlere Bahngeschwindigkeit im Marsorbit	v =	2,14 km/s	1,35 km/s
Gebundene Rotation (Umlaufzeit = siderische Rotation)	U_{sid} =	$7^{h}39^{m}14^{s}$	$1^{d}06^{h}17^{m}55^{s}$
Physikalische Daten			
Masse		$1{,}06 \times 10^{16}$ kg	$1{,}8 \times 10^{15}$ kg
Dimensionen (Halbachsen) in km <Dreiachsiges Ellipsoid>		$13{,}4 \times 11{,}2 \times 9{,}2$	$7{,}5 \times 6{,}1 \times 5{,}2$
Mittlere Dichte		1,89 g/cm³	1,7 g/cm³
Albedo		0,07	0,07
Oberflächentemperatur		–110 °C bis –5 °C	–110 °C bis –5 °C
Scheinbare Helligkeit in mittlerer Opposition		$11\overset{m}{,}5$	$12\overset{m}{,}5$

Mai 2016

- Am 9. zieht Merkur als dunkles Pünktchen vor der Sonnenscheibe vorbei, das seltene Ereignis eines Merkurtransits tritt ein. Der Merkurdurchgang ist von Mitteleuropa in voller Länge beobachtbar – allerdings nur im Teleskop (Vorsicht bei Sonnenbeobachtung!).
- Mars steht am 22. im Sternbild Skorpion in Opposition zur Sonne. Seine geringste Entfernung von der Erde erreicht der rote Planet am 30. mit 75 Millionen Kilometer.

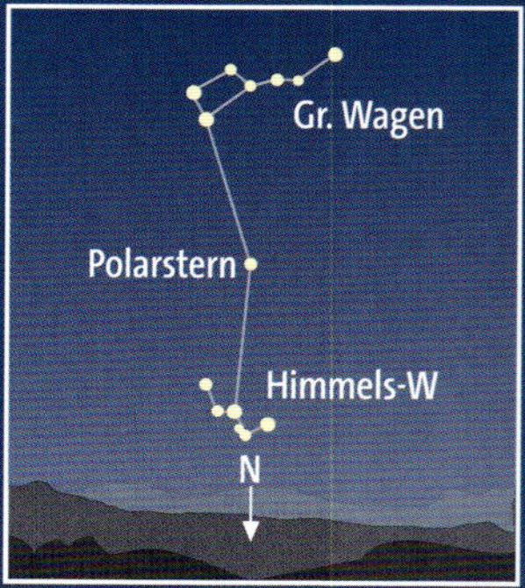

Großer Wagen und Himmels-W Anfang Mai um 22 Uhr

5.1 Himmelsanblick am 21. Mai gegen 22^h MEZ (= 23^h MESZ). Am Südosthimmel sind horizontnah die Planeten Mars und Saturn zu sehen, an denen der Vollmond vorüberzieht.

1 So	Maifeiertag
2 Mo	
3 Di	
4 Mi	
5 Do	Christi Himmelfahrt
6 Fr	**Neumond,** Mond in Erdnähe
7 Sa	
8 So	
9 Mo	**Merkurtransit (Taghimmel)**
10 Di	
11 Mi	
12 Do	
13 Fr	Mond im ersten Viertel
14 Sa	
15 So	Pfingstsonntag, Mond bei Jupiter (Abendhimmel)
16 Mo	Pfingstmontag
17 Di	
18 Mi	Mond in Erdferne
19 Do	
20 Fr	
21 Sa	**Vollmond,** Mond bei Mars (ganze Nacht)
22 So	Mars in Opposition Mond bei Saturn (Mitternacht)
23 Mo	
24 Di	
25 Mi	
26 Do	Fronleichnam
27 Fr	
28 Sa	
29 So	Mond im letzten Viertel
30 Mo	Mars in Erdnähe
31 Di	

Sonne – Sternbilder

14.5. 1^h:
Sonne tritt in das Sternbild Stier
20.5. 16^h:
Sonne tritt in das Tierkreiszeichen Zwillinge
Julianisches Datum am
1. Mai, 1^h MEZ: 2 457 509,5

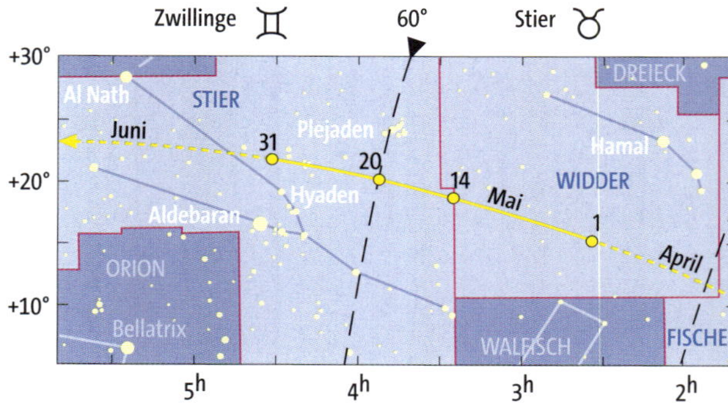

Tabelle Sonnenlauf

Tag	Dämmerg. Anfang	Aufgang MEZ	Kulmination	Untergang MEZ	Dämmerg. Ende	Mittagshöhe	Zeitgleichg.	Rektaszension	Deklination
	h m	h m	h m	h m	h m	°	m	h m	°
1.	3 32	4 56	12 17	19 39	21 03	55,3	+3	2 34	+15,1
5.	3 23	4 49	12 17	19 45	21 12	56,4	+3	2 49	+16,2
10.	3 12	4 41	12 16	19 53	21 22	57,8	+4	3 08	+17,6
15.	3 02	4 34	12 16	20 00	21 33	59,0	+4	3 28	+18,9
20.	2 52	4 27	12 17	20 07	21 43	60,1	+3	3 48	+20,0
25.	2 43	4 22	12 17	20 13	21 52	61,1	+3	4 08	+20,9
31.	2 34	4 16	12 18	20 20	22 03	62,0	+2	4 32	+21,9

Tages- und Nachtstunden

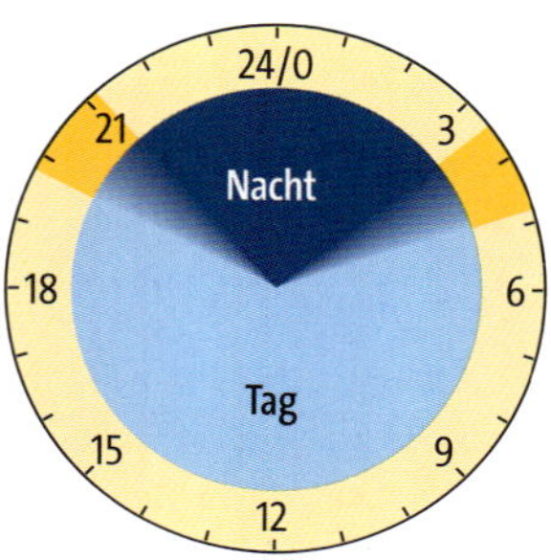

5. Mai

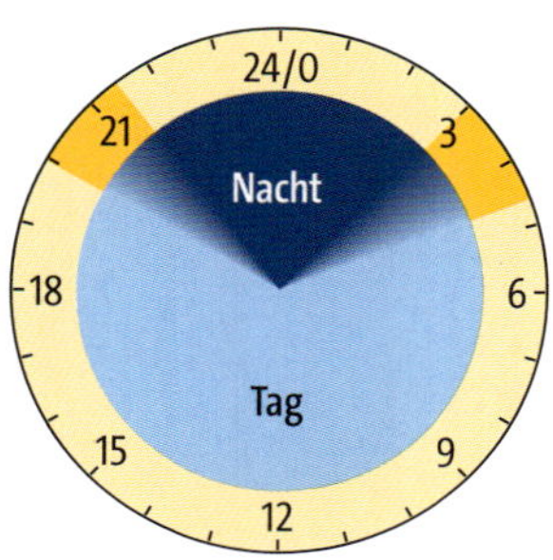

15. Mai

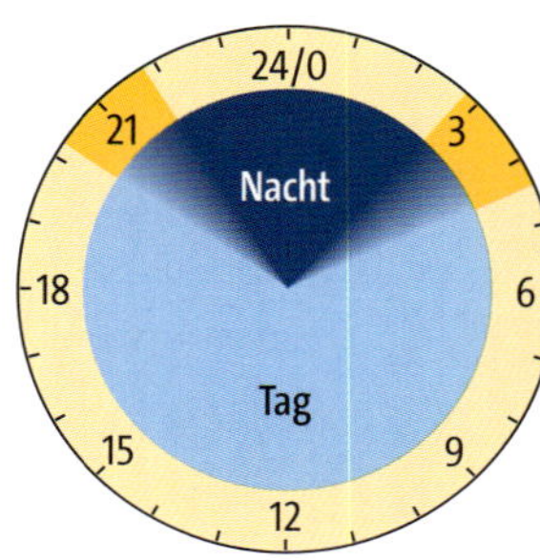

25. Mai

Tabelle Mondlauf

Datum		Aufg. MEZ	Kulmination	Unterg. MEZ	Rektaszension	Deklination	Sterne und Sternbilder	Phase	MEZ
		h m	h m	h m	h m	°			
So	1.	2 17	7 29	12 50	21 32	−12,0	Steinbock		
Mo	2.	2 49	8 21	14 03	22 26	− 8,4	Wassermann		
Di	3.	3 20	9 14	15 20	23 21	− 4,1	Wassermann	Absteigender Knoten	
Mi	4.	3 50	10 08	16 39	0 17	+ 0,5	Fische		
Do	5.	4 22	11 04	17 59	1 14	+ 5,1	Fische		
Fr	6.	4 56	12 02	19 19	2 12	+ 9,5	Walfisch	**Neumond Nr. 1155**	**$20^h 30^m$**
								Erdnähe 358/33,'4	5^h
Sa	7.	5 35	13 01	20 37	3 12	+13,3	Widder		
So	8.	6 19	14 01	21 48	4 14	+16,2	Stier, Hyaden		
Mo	9.	7 11	15 00	22 51	5 15	+17,9	Stier	Größte Südbreite	
Di	10.	8 08	15 58	23 45	6 15	+18,5	Alhena		
Mi	11.	9 10	16 53	–	7 14	+17,8	* Zwillinge		
Do	12.	10 14	17 45	0 29	8 10	+16,2	Krebs	Libration West	
Fr	13.	11 19	18 33	1 06	9 03	+13,8	Krebs	**Erstes Viertel**	**$18^h 02^m$**
Sa	14.	12 23	19 19	1 37	9 53	+10,8	* Löwe, Regulus		
So	15.	13 26	20 03	2 05	10 41	+ 7,3	Löwe	Aufsteigender Knoten	
Mo	16.	14 28	20 46	2 30	11 27	+ 3,7	Löwe		
Di	17.	15 30	21 28	2 54	12 13	− 0,1	Jungfrau		
Mi	18.	16 31	22 11	3 17	12 58	− 3,8	Jungfrau	Erdferne 406/29,'4	23^h
Do	19.	17 32	22 54	3 42	13 43	− 7,4	Spica		
Fr	20.	18 33	23 39	4 08	14 29	−10,7	Waage		
Sa	21.	19 33	–	4 38	15 16	−13,6	Waage	**Vollmond**	**$22^h 14^m$**
So	22.	20 32	0 25	5 12	16 05	−15,9	Skorpion		
Mo	23.	21 27	1 13	5 51	16 55	−17,6	Schlangenträger	Größte Nordbreite	
Di	24.	22 17	2 02	6 36	17 47	−18,4	Schütze		
Mi	25.	23 03	2 52	7 28	18 39	−18,4	Schütze, Nunki		
Do	26.	23 43	3 43	8 26	19 32	−17,5	Schütze		
Fr	27.	–	4 34	9 30	20 26	−15,7	Steinbock	Libration Ost	
Sa	28.	0 19	5 25	10 37	21 19	−13,0	Wassermann		
So	29.	0 52	6 15	11 48	22 12	− 9,6	Wassermann	**Letztes Viertel**	**$13^h 12^m$**
Mo	30.	1 22	7 06	13 01	23 05	− 5,7	Wassermann	Absteigender Knoten	
Di	31.	1 51	7 58	14 17	23 58	− 1,3	Fische		

Der Mond wandert am 22./23. an Saturn vorbei

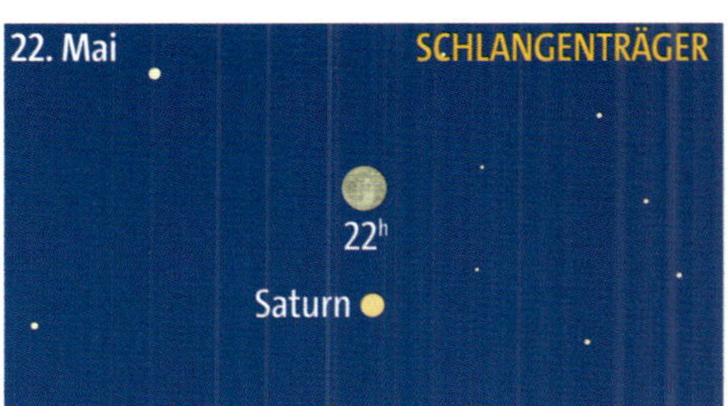

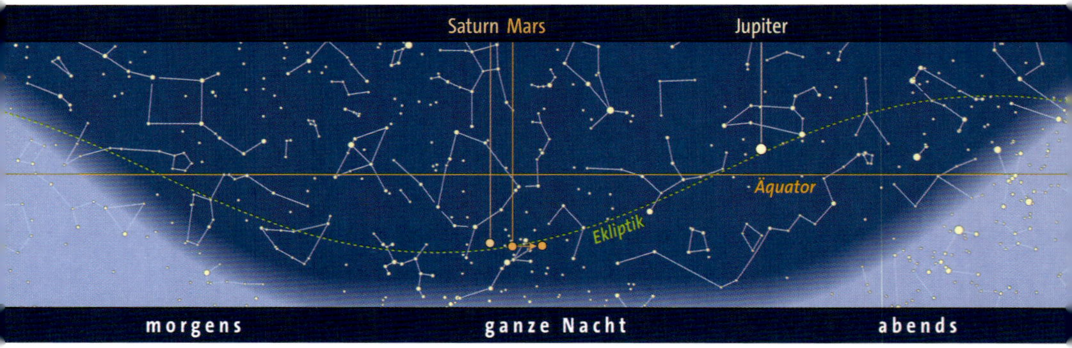

Merkur bot Mitte des Vormonats die günstigste Abendsichtbarkeit des gesamten Jahres. Der flinke Planet eilt rückläufig auf die Sonne zu. Schon am 9. kommt er in untere Konjunktion mit ihr. Da er an diesem Tag auch seinen absteigenden Knoten passiert, befindet er sich zur Konjunktion fast genau in der Erdbahnebene. Er zieht deshalb von 12^h12^m (= 13^h12^m Sommerzeit) bis 19^h41^m als dunkler Punkt vor der Sonnenscheibe vorbei, es kommt zu einem **Merkurdurchgang**. Eine ausführliche Beschreibung findet man im Monatsthema Mai auf Seite 126 sowie im Kapitel „Sonnen- und Mondfinsternisse" auf Seite 26. Mit bloßen Augen ist der Merkurtransit nicht zu sehen. Vor unvorsichtigen Beobachtungen mit Ferngläsern oder Teleskopen sei auch an dieser Stelle dringend gewarnt. Niemals darf man einen Feldstecher oder ein Fernrohr ohne Sonnenfilter direkt auf die Sonne richten!

In unterer Konjunktion erreicht Merkur einen Minimalabstand von der Erde von 0,55 AE (= 83 Millionen Kilometer), dies entspricht einer Lichtlaufzeit von vier Minuten und 37 Sekunden. Seine Konjunktionsschleife zieht Merkur im Sternbild Widder (siehe Abb. 5.2 unten).

Nach seiner unteren Konjunktion wächst der westliche Winkelabstand bis Monatsende auf beachtliche knapp 24° an. Wegen der flach zum Osthorizont verlaufenden morgendlichen Ekliptik reicht dies jedoch nicht für eine Morgensichtbarkeit. Auch die enge Begegnung mit Venus am 13. bleibt unbeobachtbar. Am 21. beendet Merkur seine Rückläufigkeit und wird wieder rechtläufig.

Venus strebt ihrer oberen Konjunktion mit der Sonne entgegen, die sie aber erst Anfang Juni erreicht. Vom Morgenhimmel hat sich der innere Nachbarplanet der Erde längst zurückgezogen. Venus hält sich mit der Sonne am Taghimmel auf und bleibt nachts unbeobachtbar.

Mars steht am 22. in **Opposition** zur Sonne. Der rote Planet wandert rückläufig durch den Skorpion und überschreitet am 28. die Grenze zur Waage. Am Oppositionstag strahlt Mars mit $-2\overset{m}{,}1$ unübersehbar am südlichen Firmament. Er übertrifft dabei bei weitem sowohl Saturn als auch Antares (α Scorpii; $0\overset{m}{,}9$ bis $1\overset{m}{,}1$) an Helligkeit. Das Marsscheibchen erreicht zur Opposition einen scheinbaren Durchmesser von fast 19″. Dabei kann

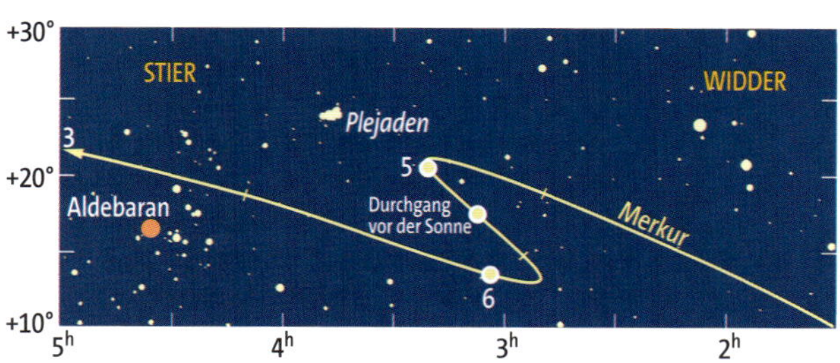

5.2 Bahn von Merkur:
Scheinbare Merkurschleife im Gebiet der Sternbilder Widder und Stier.

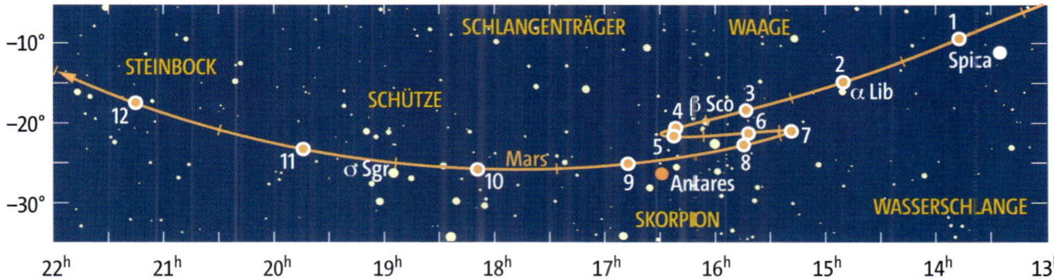

5.3 Bahn von Mars: **Scheinbare Bahn des Planeten Mars im Jahr 2016. Der rote Planet zieht seine Oppositionsschleife im Gebiet Schlangenträger/Skorpion. Die Zahlen geben die Marsposition jeweils zum Monatsersten an (5 = 1. Mai).**

man in einem guten Teleskop schon Einzelheiten auf Mars erkennen. Allerdings steht Mars in unseren Breiten relativ weit südlich (Deklination fast −22°).

Zu Monatsanfang geht der noch $-1^{m}{,}5$ helle Mars um 21^h51^m (= 22^h51^m Sommerzeit) auf. In der Oppositionsnacht geht Mars um 20^h02^m auf, kulminiert um 0^h18^m und geht morgens um 4^h29^m unter (siehe Abb. 5.3 oben und Abb. 6.3 auf Seite 137). Am Monatsende geht Mars schon um 19^h12^m auf und um 3^h41^m (= 4^h41^m MESZ) unter.

Wegen der elliptischen Bahnen von Erde und Mars wird die geringste Entfernung Erde – Mars nicht am Tag der Opposition, sondern eine Woche später erreicht. Am 30. um Mitternacht ist Mars mit nur 75,3 Millionen Kilometer (= 0,503 AE) der Erde bei der diesjährigen Opposition am nächsten. Das Licht oder ein Funksignal ist dann vier Minuten und elf Sekunden zu uns unterwegs. Noch viel näher wird uns Mars bei der Opposition am 31. Juli 2018 kommen, wo der Minimalabstand nur 57,6 Millionen Kilometer (= 0,385 AE) betragen wird. Der Vollmond besucht Mars am 21. (siehe Abb. 5.1 auf Seite 114).

Jupiter kommt in der Nacht vom 9. auf 10. im Sternbild Löwe zum Stillstand und wird wieder rechtläufig. Dabei entfernt er sich von Regulus, dem Hauptstern im Löwen (siehe Abb. 3.2 auf Seite 81). Mit seinem zweiten Stillstand in diesem Jahr beendet der Riesenplanet seine Oppositionsperiode und damit die Zeit seiner besten Sichtbarkeit. Vom Morgenhimmel zieht sich Jupiter völlig zurück. Seine Helligkeit sinkt von $-2^{m}{,}3$ im Laufe des Mai auf $-2^{m}{,}0$ ab. Am 1. geht Jupiter um 3^h24^m (= 4^h24^m Sommerzeit) unter, am 15. um 2^h29^m und am 31. schon um 1^h27^m.

Konstellationen und Ereignisse

Datum	MEZ	Ereignis
2.	12^h	Mond bei Neptun, Mond $1^{\circ}{,}7$ nördlich
5.	4	Mond bei Uranus, Mond $2^{\circ}{,}2$ südlich
9.	16	**Merkur in unterer Konjunktion mit der Sonne – Transit!** (siehe Seite 26 und Seite 126)
10.	0	Jupiter im Stillstand, anschließend rechtläufig
13.	22	Merkur bei Venus, Merkur $0^{\circ}{,}4$ südlich
15.	11	**Mond bei Jupiter**, Mond $2^{\circ}{,}0$ südlich, **Abstand $4^{\circ}{,}9$ um 2^h**
19.	17	Merkur im Aphel
21.	21	**Mond bei Mars**, Mond $6^{\circ}{,}0$ nördlich, **Abstand $5^{\circ}{,}2$ um 24^h**
21.	23	Merkur im Stillstand, anschließend rechtläufig
22.	12	**Mars in Opposition** zur Sonne
22.	23	**Mond bei Saturn**, Mond $3^{\circ}{,}2$ nördlich, **Abstand $2^{\circ}{,}4$ um 23^h**
29.	20	Mond bei Neptun, Mond $1^{\circ}{,}4$ nördlich
30.	23	**Mars in Erdnähe** (75,3 Millionen Kilometer)

Mars in Zahlen

Bahndaten	AE	Millionen Kilometer	Lichtlaufzeit in Minuten
Mittlere Entfernung von der Sonne:	1,524	227,9	12,7
Kleinste Entfernung von der Sonne:	1,38	206,7	11,5
Größte Entfernung von der Sonne:	1,67	249,2	13,5
Kleinste Oppositionsentfernung von der Erde:	0,372	55,65	3,1
Größte Oppositionsentfernung von der Erde:	0,679	101,51	5,6
Mittlere siderische Umlaufszeit:	686,98 Tage ≙ 1,882 Jahre (1 Jahr 10 Monate 3 Wochen)		
Mittlere synodische Periode: (von Opposition zu Opposition)	779,94 Tage ≙ 2,137 Jahre (2 Jahre 1 Monat 3 Wochen)		
Kürzeste synodische Periode:	764 Tage		
Längste synodische Periode:	811 Tage		
Numerische Exzentrizität:	e = 0,093	Bahnneigung: i = 1°51′	
Mittlere Bahngeschwindigkeit:	v = 24,1 km/s		
Bahngeschwindigkeit im Perihel/Aphel:	v_P = 26,5 km/s	v_A = 22,0 km/s	

Marsglobus		Mars/Erde
Mittlerer Durchmesser:	6780,9 km	0,533
Äquatordurchmesser:	6794,1 km	
Poldurchmesser:	6754,6 km	
Abplattung:	1 : 172 (= 0,0058)	
Masse:	$6{,}42 \cdot 10^{23}$ kg	0,107
Mittlere Dichte:	3,93 g/cm³	0,71
Oberflächenbeschleunigung:	3,71 m/s²	0,378
Entweichgeschwindigkeit:	5,02 km/s	0,448

		Mars / Erde
Siderische Rotationsdauer:	$24^h37^m23^s$	1,0259606
Synodische Rotationsdauer (Sonnentag):	$24^h39^m35^s$	1,027495
Neigung der Rotationsachse zur Normalen auf der Bahnebene:	25,°19	
Position des Himmelsnordpols des Mars im Sternbild Kepheus:	$\alpha = 21^h11^m$ $\delta = +52°\,55'$ (J2015.0)	
Präzession: (rückläufige Wanderung des Marsfrühlingspunktes)	7,″6 pro Jahr	
Präzessionsperiode:	170 000 Jahre	
Mittlere Oppositionshelligkeit:	V = −2,ᵐ1	
Maximale Oppositionshelligkeit:	V = −2,ᵐ9	
Minimale Oppositionshelligkeit:	V = −1,ᵐ2	
Minimale scheinbare Helligkeit:	V = +1,ᵐ8	
Farbindex:	B–V = +1,ᵐ36	
Im Vergleich:	Arktur: 1,ᵐ23/Aldebaran: 1,ᵐ53/Antares: +1,ᵐ83	
Albedo:	0,15	
Oberflächentemperaturen		
im subsolaren Punkt:	Tag: max +20 °C, Nacht: −80 °C	
an den Polen:	−120 °C	
Mittlerer Atmosphärendruck an der Oberfläche:	7 hPa	
Atmosphärendruck im Hellas-Becken:	14 hPa	
Atmosphärendruck am Gipfel des Olympus Mons:	3 hPa	

Zusammensetzung der Atmosphäre

96 % Kohlendioxid (CO_2), 2,7 % Stickstoff (N_2), 1,6 % Argon (Ar), 0,05 % Wasserdampf (H_2O), Spuren von Methan, Schwefelwasserstoff

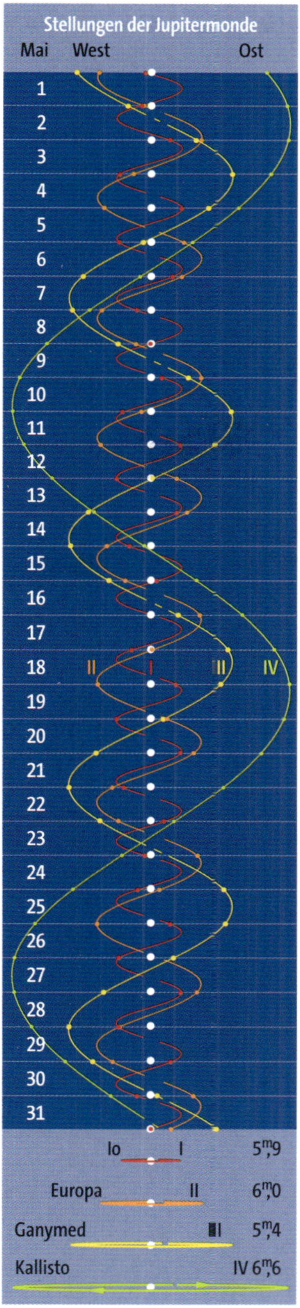

Jupitermonde

Tag	MEZ h m		Vorgang	
1.	21	09	I	DA
	22	13	I	SA
	23	24	I	DE
2.	0	01	II	BA
	0	27	I	SE
	21	47	I	VE
3.	21	06	II	SA
	21	39	II	DE
	23	51	II	SE
5.	23	27	III	DE
6.	0	41	III	SA
8.	1	48	I	BA
	23	00	I	DA
9.	0	07	I	SA
	1	14	I	DE
	23	42	I	VE
10.	20	50	I	SE
	21	20	II	DA
	23	43	II	SA
11.	0	08	II	DE
12.	20	46	II	VE
	23	52	III	DA
15.	1	05	IV	BA
16.	0	51	I	DA
	22	03	III	VE
	22	08	I	BA
17.	21	34	I	DE
	22	45	I	SE
	23	51	II	DA
19.	23	20	II	VE
23.	22	22	IV	SA
	22	50	III	VA
24.	0	01	I	BA
	0	34	IV	SE
	21	12	I	DA
	22	26	I	SA
	23	26	I	DE
25.	0	39	I	SE
	22	01	I	VE
30.	21	35	III	BA
31.	21	38	IV	BE
	23	05	I	DA

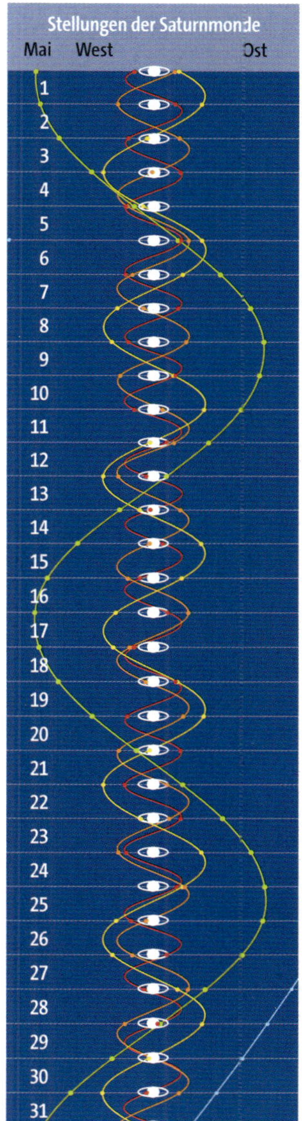

Japetus	
5.	$11^{m},9$
10.	$12^{m},3$
15.	$12^{m},3$
20.	$12^{m},0$
25.	$11^{m},6$
30.	$11^{m},2$

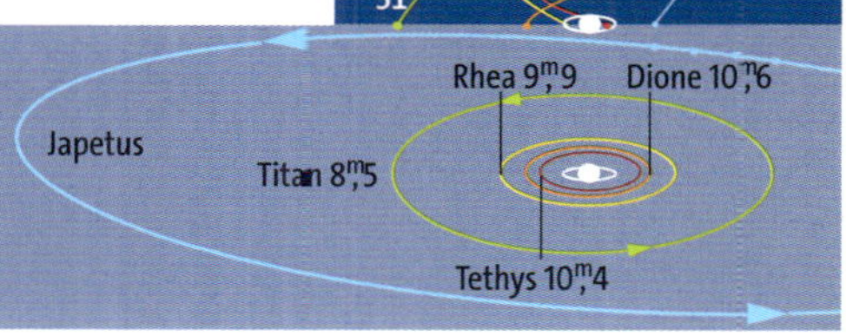

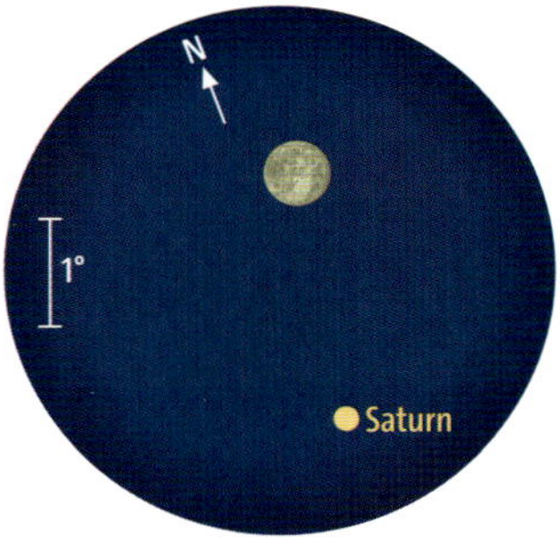

5.4 Mond bei Saturn:
Begegnung des Vollmondes mit Saturn am 22. Mai gegen Mitternacht. Fernglasanblick um 23^h MEZ (= 24^h Sommerzeit) bei 5° Gesichtsfelddurchmesser.

Saturn beschleunigt seine rückläufige Wanderung durch den Schlangenträger (siehe Abb. 6.3 auf Seite 137) und strebt seiner Opposition zur Sonne entgegen, die er Anfang Juni erreicht. Seine Helligkeit nimmt abermals um $0^m{,}2$ auf $0^m{,}0$ zu.

Saturn wird allmählich zum Planeten der gesamten Nacht. Am 1. geht der Ringplanet um 22^h20^m auf und am 15. um 21^h20^m. Am letzten Maitag steigt Saturn schon um 20^h12^m (= 21^h12^m Sommerzeit) über die südöstliche Horizontlinie.

Am 22. begegnet der Vollmond dem Ringplaneten, wobei er 3° nördlich an ihm vorbeizieht (siehe Abb. 5.4 oben).

Uranus, rechtläufig in den Fischen, stand im Vormonat in Konjunktion mit der Sonne. Der grünliche Planet hält sich noch in Sonnennähe auf und kann nicht gesehen werden.

Neptun im Sternbild Wassermann entzieht sich nach wie vor einer Beobachtung. Noch bevor er sich im Osten hoch genug über den Horizont erhoben hat, hat die Morgendämmerung eingesetzt und hellt den Himmel auf. Der lichtschwache Planet kann sich nicht durchsetzen.

Planetoiden

Juno (3) hat ihre Opposition zur Sonne eben hinter sich. Sie eilt rückläufig durch das Sternbild Jungfrau (s. Abb. 4.6 auf S. 105). Ihre Helligkeit geht um eine halbe Größenklasse auf $10^m{,}5$ zurück. Am 1. geht Juno um 0^h17^m durch den Meridian, am 15. um 23^h07^m und am 31. schon um 21^h54^m (= 22^h54^m Sommerzeit).

Vesta (4) trifft am 23. im Sternbild Stier mit der Sonne zusammen und steht somit in Konjunktion mit ihr. Von der Erde ist sie zur Konjunktion 535 Millionen Kilometer (= 3,58 AE) entfernt, während ihre Sonnendistanz 384 Millionen Kilometer (= 2,57 AE) misst.

Periodische Sternschnuppenströme

Die **Eta-Aquariden**, auch **Mai-Aquariden** genannt, flammen von Monatsbeginn bis etwa 28. Mai auf. Die ersten Exemplare dieses Stromes erscheinen bereits Ende April. Der Radiant liegt bei η Aquarii. Das ausgeprägte Maximum wird am 6. Mai zu Neumond erreicht. Im Durchschnitt sind etwa 20 Sternschnuppen pro Stunde zu registrieren, um die Zeit des Maximums sogar bis zu 60. Wegen des horizontnah liegenden Radianten sind die Mai-Aquariden in unseren Breiten kaum zu beobachten. Aber in südlichen Gegenden sind sie ein auffälliger Strom. Es handelt sich bei diesem Meteorstrom um schnelle Objekte. Sie tauchen mit Geschwindigkeiten um 65 Kilometer pro Sekunde in die Erdatmosphäre ein, wobei sie auffallend lange Leuchtspuren hinterlassen. Die beste Beobachtungszeit ist ab etwa 3^h am Morgenhimmel in den Tropen.

Die Mai-Aquariden führen ihren Ursprung auf den Kometen 1P/Halley zurück.

Die **Eta-Lyriden** erscheinen zwischen dem 3. und 14. Mai. Dieser wenig auffallende Strom erreicht am 8. sein schwaches Maximum mit etwa fünf Meteoren pro Stunde. Der Radiant liegt zwischen Wega und δ Cygni. Somit sind die η-Lyriden die gesamte Nacht über zu beobachten. Ursprungsobjekt ist der Komet C/1983 H1 (IRAS-Araki-Alcock).

Ferner sind noch die **Scorpius-Sagittarius**-Meteore zu erwarten, die von Mitternacht bis 4^h morgens günstig zu beobachten sind. Ihr Ausstrahlungspunkt liegt rund 1° nördlich von β Scorpii. Das erste Maximum dieses Stromes wird um den 20. erwartet. Es handelt sich um mittelschnelle Sternschnuppen (um 30 Kilometer pro Sekunde).

Der Fixsternhimmel

Der Frühlingssternhimmel entfaltet im Wonnemonat Mai seine volle Pracht. Zwar sind die Frühlingssternbilder nicht so reich an hellen Sternen wie die des Winters, dennoch hat diese Jahreszeit am Himmel ihre eigenen Reize.

Der Himmelswagen steht hoch über unseren Köpfen, fast im Zenit. Er passiert gerade den Meridian. Auch die Jungfrau schreitet eben durch die Mittagslinie. Den Südwesten beherrscht der Löwe. Südlich der Jungfrau fällt ein kleines, markantes Sternenviereck auf: der Rabe. Seine Figur ist recht einprägsam. Die östliche Hemisphäre wird nun von Bootes mit dem hellen Arktur, der Nördlichen Krone, Herkules und der noch horizontnahen Wega in der Leier beherrscht. Auch der Schwan mit Deneb ist schon im Nordosten auszumachen.

Leicht kann man nun das Frühlingsdreieck erkennen – es setzt den Schwerpunkt am Südhimmel und besteht aus den drei hellen Sternen Regulus im Löwen, Arktur im Bootes und Spica in der Jungfrau.

Ein Blick nach Südosten

Der Südosthimmel macht einen recht sternarmen Eindruck. Das Sternbild Waage ist nicht besonders auffällig, man muss es schon bewusst suchen. Der Waage folgt im Tierkreis der Skorpion, der sich eben anschickt, aufzugehen. Sein heller, roter Hauptstern Antares passiert gerade die Horizontlinie. In der Antike deuteten die Sterne der Waage noch die Scheren des Skorpions an. Aus dieser Zeit leiten sich auch die arabischen Namen für die beiden hellsten Sterne α und β Librae ab, Zuben el Genubi und Zuben el Chamali, was südliche und nördliche Schere bedeutet. Der helle, rötliche-gelbe Lichtpunkt im Grenzgebiet Waage/Skorpion ist Mars, der gegenwärtig durch diesen Tierkreisbereich wandert.

Im Südosten erhebt sich der Schlangenträger (griech.-lat.: Ophiuchus) mit der Schlange. Gelegentlich wird auch die ebenfalls lateinische Bezeichnung Serpentarius für den Schlangenträger verwendet. Von der Schlange ist allerdings vorläufig nur der Vorderteil (lat.: Serpens Caput) zu sehen. Das Ende der Schlange (Schwanz der Schlange, lat.: Serpens Cauda) dieses ausgedehnten und durch den Schlangenträger geteilten Sternbildes ist noch nicht aufgegangen. Der helle Planet Saturn verändert zurzeit das Aussehen des Schlangenträgers.

Zwischen der Jungfrau und dem Großen Wagen ist außer dem Sternbild Jagdhunde auch das Haar der Berenike zu finden. Dieses Sternbild ist recht lichtschwach, setzt sich aber aus zahlreichen Sternen zusammen. Es wirkt besonders gut, wenn man diese Gegend mit einem lichtstarken Fernglas absucht. Dabei ist störendes Mondlicht ebenso zu vermeiden wie irdische Lichtquellen.

Objekte für Feldstecher und Fernrohr

Zu den fernsten Deep-Sky-Objekten zählen Galaxien, also Milchstraßensysteme. Amateurastronomen sprechen gerne von „Deep-Sky-Objekten“, zu Deutsch „Tiefer-Himmel-Objekte“. Gemeint sind dabei Beobachtungsobjekte außerhalb unseres Sonnensystems wie Planetarische Nebel, offene und kugelförmige Sternhaufen, Gas- und Staubnebel sowie Galaxien.

Ein beeindruckender Kugelsternhaufen am abendlichen Frühlingshimmel ist M 13 im Sternbild Herkules. Unter sehr guten Sichtbedingungen kann man M 13 sogar mit bloßen Augen ausmachen. Im Fernglas sieht man ein diffuses Lichtfleckchen. Es befindet sich in der westlichen Hälfte des zentralen Herkulestrapezes und ist als kleiner, blauer Kringel in der Monatssternkarte eingetragen. In größeren Teleskopen – so ab 25 cm freier Öffnung – und bei nicht zu hoher Vergrößerung wirkt M 13 sehr eindrucksvoll. Die Sterne im Kugelhaufen M 13 sind recht alt. Mit zehn Milliarden Jahren sind sie doppelt so alt wie unsere Sonne. Sie gehören zur Population II, der

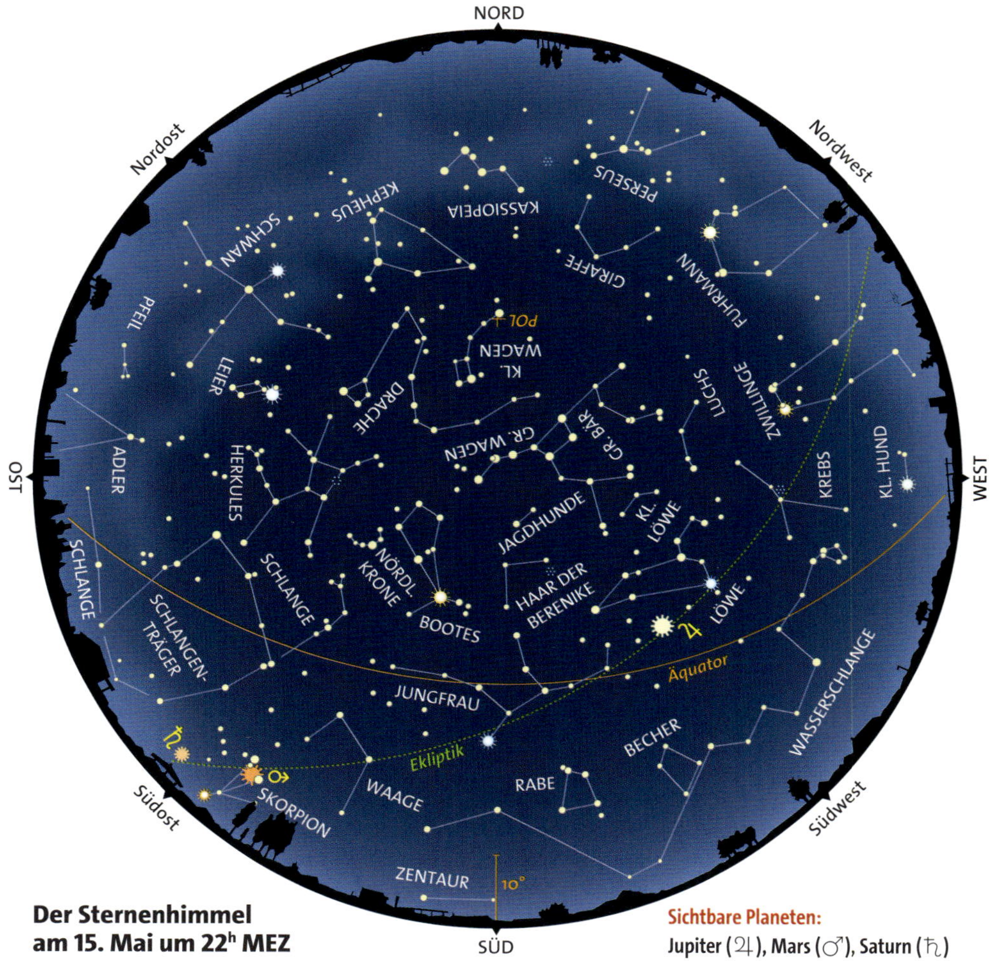

Der Sternenhimmel am 15. Mai um 22h MEZ

Sichtbare Planeten:
Jupiter (♃), Mars (♂), Saturn (♄)

Die Sternkarte ist auch gültig für:		
	MEZ	**MESZ**
15. 1.	6h	
1. 2.	5	
15. 2.	4	
1. 3.	3	
15. 3.	2	
1. 4.	1	2h
15. 4.	0	1
1. 5.	**23**	**24**
15. 5.	**22**	**23**
31. 5.	**21**	**22**

älteren Sterngesellschaft. Mit 25 000 Lichtjahren Entfernung zählt M 13 zu den ferneren galaktischen Objekten. Der Kugelhaufen befindet sich weit nördlich der Milchstraßenhauptebene in der Nähe des galaktischen Nordpols, der im Sternbild Coma Berenices liegt. Ebenfalls nahe am galaktischen Nordpol liegt der Kugelhaufen M 3. Man findet ihn in der Südostecke des Sternbildes Jagdhunde (lat.: Canes Venatici) an der Grenze zum Bootes. Um ihn zu finden, gehe man vom hellen Arktur aus in Richtung Nordwest. Im Fernglas ist M 3 leicht zu erkennen. Im Teleskop lassen sich die Randbereiche in Einzelsterne auflösen. Mit 34 000 Lichtjahren ist M 3 deutlich weiter entfernt als M 13. Die Position von M 3 findet man auf der Kar-

5.5 Sternbild Jagdhunde: Eingetragen sind die Positionen des Kugelhaufens M 3, der Strudelgalaxie M 51 und des Doppelsterns 25 CVn.

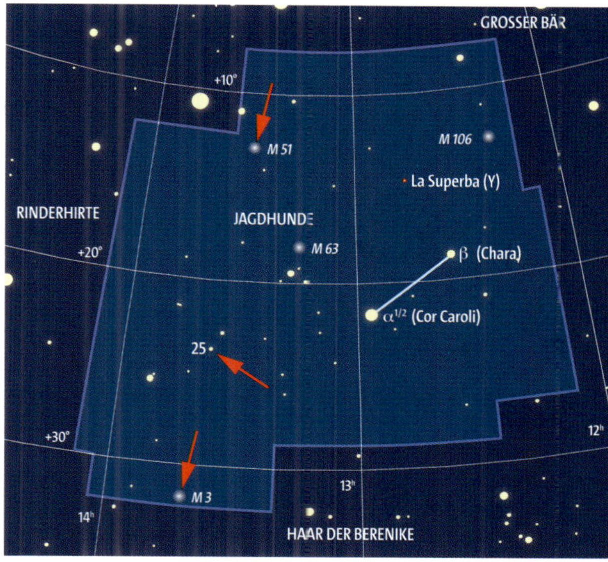

te E15 im *Atlas für Himmelsbeobachter* von Erich Karkoschka.

In den Jagdhunden liegt auch die prominente Strudelgalaxie, ein klassisches Beispiel für einen Spiralnebel, auf den man fast senkrecht blickt. Er trägt die Messier-Nummer 51. Die Strudelgalaxie (engl.: whirlpool galaxy) wurde von Lord Rosse im Jahre 1845 mit seinem Riesenteleskop (für damalige Verhältnisse) Leviathan (1,80 Meter Öffnung) als Spirale erkannt. Die vielen Milliarden Sonnen von M 51 sind immerhin 25 Millionen Lichtjahre von uns entfernt.

In den Jagdhunden findet sich ferner der Doppelstern 25 CVn. Er wurde schon 1827 von Friedrich Wilhelm Struve als Doppelstern erkannt. 25 CVn steht in einer relativ sternarmen Gegend.

Die beiden Komponenten sind $5\overset{m}{,}0$ und $7\overset{m}{,}0$ hell und nur $1\overset{\prime\prime}{,}7$ voneinander getrennt (Positionswinkel: 96°). Beide Sterne erscheinen weiß (Spektraltyp: A7). Ihre Umlaufzeit beträgt 228 Jahre. Zurzeit nimmt die Distanz ab. Das Periastron von $0\overset{\prime\prime}{,}2$ (mit P = 356°) werden sie im Jahre 2091 erreichen. Das Sternenpaar ist 190 Lichtjahre entfernt.

Eine echte Herausforderung für erfahrene Beobachter stellt der lichtschwache Planetarische Nebel NGC 4361 im Sternbild Rabe dar. Er ist knapp 6000 Lichtjahre von uns entfernt. Seine Gesamthelligkeit beträgt nur $10\overset{m}{,}3$, der heiße Zentralstern leuchtet mit $13\overset{m}{,}2$. Er zeigt eine Quadrupol-Struktur mit Ausdehnungen von 68″ × 90″. Dies lässt auf zwei getrennte Massenausstöße schließen, einen vor 5000 und einen vor 10 000 Jahren. Um die Struktur besser zu erkennen, sollte man stärker vergrößern. Die Position von NGC 4361 ist in der Sternkarte E12 im *Atlas für Himmelsbeobachter* eingetragen. Die Koordinaten lauten: $\alpha = 12^h 24\overset{m}{,}5$ und $\delta = -18°47'$ (J2000.0).

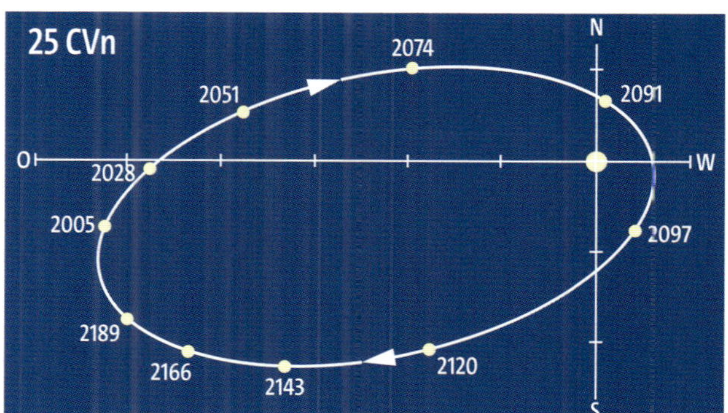

5.6 Doppelstern 25 CVn: Scheinbare relative Bahn des Doppelsterns 25 CVn.

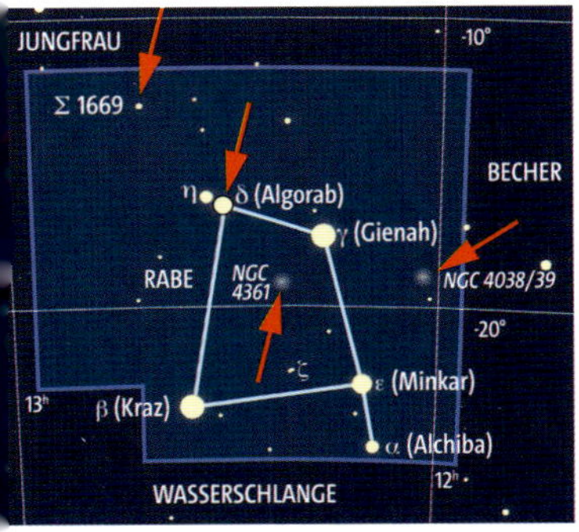

5.7 Sternbild Rabe: Der Rabe mit den Doppelsternen Algorab (δ Corvi) und Σ 1669, dem Planetarischen Nebel NGC 4361 sowie den Antennengalaxien NGC 4038/NGC 4039.

Algorab, δ Corvi, ist ein ausgesprochen leichter Doppelstern im Raben, wenn auch der Helligkeitskontrast erheblich ist. Die blauweiße, $2\overset{m}{,}9$ helle Hauptkomponente (Spektraltyp B9) hat in 25″ Distanz einen nur $9\overset{m}{,}5$ hellen Begleiter. Der Positionswinkel beträgt 217°. Diese Doppelsonne trennen 88 Lichtjahre von der Erde.

Als weiterer Doppelstern im Raben sei Σ 1669 (Struve-Nr. 1669) genannt. Die beiden weißen, fast gleich hellen Komponenten ($5\overset{m}{,}9$ und $6\overset{m}{,}0$ hell, beide vom Typ F5 V), stehen $5\overset{\prime\prime}{,}3$ auseinander und sind ab 40-facher Vergrößerung leicht aufzulösen. Die Entfernung von Σ 1669 beträgt 280 Lichtjahre.

Im Raben sind auch die beiden „Tentakelgalaxien" NGC 4038/4039 beheimatet. Sie sind zwei verschmelzende Milchstraßensysteme (siehe *Himmelsjahr 2015* auf Seite 229).

Veränderliche Sterne im Mai

Algol-Minima	3.	20^h21^m	18.	4^h26^m	21.	1^h15^m				
β-Lyrae-Minima	3.	18^hN	10.	5^hH	16.	16^hN	23.	3^hH	29.	15^hN
δ-Cepheï-Maxima	5.	11^h	10.	20^h	16.	5^h	21.	14^h	26.	22^h

Merkur vor der Sonne

5.8 Merkur vor der Sonnenscheibe. Aufnahme des Merkurtransits vom 7. Mai 2003, 8:52 UTC von Manfred Nehonsky; Kuffner-Sternwarte in Wien.

Zu den seltenen Himmelsereignissen, die noch seltener als Sonnen- und Mondfinsternisse sind, zählen Merkur- und Venustransite. Gemeint sind damit Vorübergänge der inneren Planeten vor der Sonne. Man spricht auch von „Durchgängen". Dabei sind Venusdurchgänge noch seltener als Merkurtransite, die pro Jahrhundert 13- bis 14-mal stattfinden. Im gesamten 20. Jahrhundert gab es keinen einzigen Venustransit. Die letzten beiden fanden am 8. Juni 2004 und am 5./6. Juni 2012 statt. Wer sie nicht beobachtet hat, wird in seinem Leben keinen Venusdurchgang mehr verfolgen können, denn der nächste findet erst am 11. Dezember 2117 statt. Merkur hingegen tritt im 21. Jahrhundert 14-mal vor die Sonne. Allerdings ist nicht jeder Merkurdurchgang auch von Mitteleuropa aus beobachtbar. Denn ist die Sonne in den Stunden dieses Ereignisses unter dem Horizont, so bleibt der Transit unsichtbar.

Der letzte von Mitteleuropa aus sichtbare Merkurdurchgang ereignete sich am Mittwoch, den 7. Mai 2003, und war in den Vormittagsstunden in voller Länge zu beobachten. Die Merkurtransite vom 8./9. November 2006, vom 15. November 1999 und vom 6. November 1993 entgingen uns in Mitteleuropa. Auch der vom 13. November 1986 war nur in der Endphase bei uns sichtbar.

Warum sind Merkurtransite so selten?

Merkur und Venus sind innere Planeten. Sie ziehen ihre Bahnen innerhalb der Erdbahn um die Sonne. Merkur umrundet die Sonne alle 88 Tage. Da die Erde während dieser Zeit etwa ein Viertel ihres Weges um die Sonne zurücklegt, überholt Merkur die Erde jeweils nach 116 Tagen. Diese Zeitspanne heißt synodische Umlaufperiode. Merkur kommt somit alle 116 Tage in untere Konjunktion mit der Sonne. In unterer Konjunktion hält sich der Benjamin der Planeten somit zwischen Sonne und Erde auf. Eigentlich sollte Merkur sich deshalb alle vier Monate vor der Sonnenscheibe zeigen. Doch dies ist nicht der Fall, weil Merkur nicht genau in der Erdbahnebene (Ekliptikebene) um die Sonne läuft. Die Merkurbahn ist nämlich um 7° zur Ekliptik geneigt. Somit erreicht er geozentrische ekliptikale Breiten von ±6°13′. Deshalb wandert Merkur in unterer Konjunktion meist nördlich oder südlich an der Sonne vorbei. Nur wenn er sich in der Erdbahnebene befindet und gleichzeitig die Stellung „untere Konjunktion" einnimmt, zieht er als dunkler Punkt vor der Sonne vorbei (siehe Abb. 5.8 auf Seite 126 und Abb. 5.9 oben). Merkur tritt nur dann vor die Sonne, wenn seine geozentrische ekliptikale Breite weniger als ±16′ beträgt, dies ist der scheinbare Radius der Sonnenscheibe. Merkur muss also zur unteren Konjunktion in einem seiner beiden Bahnknoten

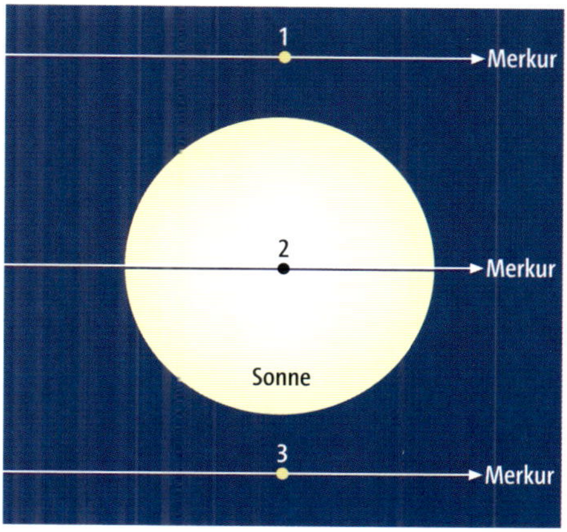

5.9 Meist läuft Merkur in unterer Konjunktion nördlich oder südlich an der Sonne vorbei (1) und (3). Nur wenn er sich exakt in oder in der Nähe einer seiner beiden Bahnknoten befindet, wandert er als dunkler Punkt über die Sonnenscheibe (2).

(Schnittpunkte der Merkurbahn mit der Ekliptik) stehen oder sich kurz vor beziehungsweise nach seiner Knotenpassage befinden.

Phänomenologisch gesehen gehören Merkurtransite wie Venusdurchgänge zu den Okkultationserscheinungen wie Sonnenfinsternisse auch. Bei einer Sonnenfinsternis wird nicht die Sonne finster, sondern der Mond bedeckt die Sonne ganz oder teilweise. Finster wird es auf der Erde in jenen Gebieten, die im Mondschatten liegen. Bei einem Merkurtransit bemerkt man allerdings keinen Helligkeitsabfall der Sonne. Denn das winzige Merkurscheibchen bedeckt lediglich 0,004 Prozent der Sonnenscheibenfläche.

Im Gegensatz zu einer Sonnenfinsternis, bei der sich der dunkle Neumond von West nach Ost über die Sonne schiebt, wandern bei einem Transit Merkur und Venus von Ost nach West über die Sonnenscheibe. Denn in der Phase „untere Konjunktion" sind Merkur und Venus rückläufig. Das dunkle Merkurscheibchen taucht somit zuerst am „linken" Sonnenrand auf, wenn man von der Nordhalbkugel aus beobachtet.

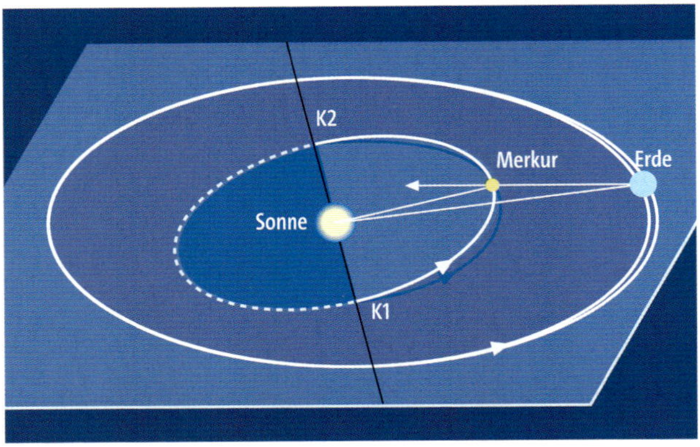

5.10 Die Merkurbahn ist zur Ekliptik (Erdbahnebene) um rund 7° geneigt. Deshalb zieht Merkur in unterer Konjunktion meist nördlich oder südlich an der Sonne vorbei. Nur wenn er sich in oder nahe seinem aufsteigenden (K1) oder absteigenden Knoten (K2) befindet, erscheint er vor der Sonnenscheibe.

Zwei Zeitfenster für Durchgänge

Im 20. und 21. Jahrhundert finden Merkurdurchgänge zwischen dem 6. und 11. Mai sowie zwischen dem 6. und 15. November statt. Am 8./9. Mai liegt der absteigende und am 10./11. November der aufsteigende Knoten von der Erde aus betrachtet vor der Sonne. Kommt Merkur in den genannten Zeitspannen in untere Konjunktion, dann zieht er vor der Sonnenscheibe vorbei. Wenn Knotenpassage und untere Konjunktion exakt zum gleichen Zeitpunkt eintreten, so kommt es zu einem *zentralen Transit*: Das Merkurscheibchen passiert dann den Mittelpunkt der Sonnenscheibe. Ein fast zentraler Merkurtransit ist am 12. November 2190 zu erwarten. Merkur wird dann nur 9″ (neun Bogensekunden) südlich vom Sonnenscheibenmittelpunkt vorbeiziehen. Auch am 10. November 1973 fand mit 26″ südlicher Distanz ein fast zentraler Transit statt. Am 11. November 2019 wird Merkur bis auf 1′16″ nördlichem Abstand an das Zentrum der Sonnenscheibe herankommen.

Da die Knoten der Merkurbahn sich rückläufig bewegen und infolge der Erdpräzession verschieben sich die Daten der möglichen Merkurtransite. Um das Jahr 3000 werden die Merkurtransite vom 19. bis 23. Mai sowie vom 19. bis 27. November stattfinden. Schon im Jahre 2295 wird Merkur erst am 17. November vor die Sonne treten, also zwei Tage später als die gegenwärtige Zeitgrenze 15. November.

Zentrale Transite dauern im Mai 7,9 Stunden, im November aber nur maximal 5,5 Stunden. Ursache ist die relativ große numerische Exzentrizität der Merkurbahn, also ihre starke Abweichung von einer Kreisbahn. Nach dem 2. Keplerschen Gesetz der Planetenbewegung läuft ein Planet im Perihel (Sonnennähe) schneller als im Aphel (Sonnenferne). Der absteigende Knoten der Merkurbahn liegt bei 228° ekliptikaler Länge, der aufsteigende bei 48°. Die ekliptikale Länge des Aphels beträgt 257°, die Perihellänge misst 77°. Somit läuft Merkur im November schneller als im Mai, wo er langsamer über die Sonnenscheibe wandert. Im November ist er auch eine Spur kleiner – das Merkurscheibchen zeigt einen scheinbaren Durchmesser von 10″, im Mai hingegen sind es 12″, weil dann Merkur weiter von der Sonne entfernt und somit näher der Erde ist.

Am Montag, 9. Mai 2016, zeigt sich Merkur abermals als dunkler Punkt vor der Sonne. Dieser Merkurtransit erfolgt in den Nachmittagsstunden. Sowohl Beginn als auch Höhepunkt (Minimalabstand von Merkur vom Sonnenscheibenmittelpunkt) sind bei klarem Himmel von ganz Europa aus beobachtbar. Für die östliche Hälfte des europäischen Kontinents gehen Sonne und Merkur jedoch noch vor Ende des Transits unter (siehe auch Abb. F. 3 auf Seite 26 sowie Tabelle „Merkurtransit am 9. Mai 2016 in Europa“ auf Seite 129).

Geozentrisch betrachtet dauert der Merkurdurchgang von 13^h12^m bis 20^h42^m MESZ, also siebeneinhalb Stunden. Da die Erde kein ausdehnungsloser Punkt und Merkur nicht unendlich weit entfernt ist, weichen die Kontaktzeiten für Beobachter auf der Erdoberfläche gegenüber den geozentrischen, also auf den Erdmittelpunkt bezogenen Zeiten, um bis zu zwei Minuten ab. Die topozentrischen Kontaktzeiten für einige Orte in Europa findet man in der Tabelle unten.

Relevante Zahlenangaben

Bei einem Merkur- oder Venustransit werden vier Kontaktzeiten berechnet sowie der Zeitpunkt (t_m), zu dem Merkur seinen geringsten Abstand (d) vom Sonnenscheibenmittelpunkt (maximale Phase) erreicht. Die Distanz wird in Bogenminuten und Bogensekunden vermerkt. Dabei bedeutet ein *positiver* Wert, Merkur zieht *nördlich* vom Sonnenscheibenmittelpunkt vorbei. Ist der Wert negativ, wandert Merkur südlich von ihm vorbei.

Der erste Kontakt (t_1) erfolgt, wenn das Merkurscheibchen den Sonnenrand erstmals von außen berührt. Beim zweiten Kontakt (t_2) befindet sich das Merkurscheibchen bereits vollständig innerhalb des Sonnenrandes und löst sich soeben von diesem ab. Erreicht Merkur den gegenüberliegenden Sonnenrand und berührt ihn von innen, so ist der dritte Kontakt (t_3) erfolgt. Die letzte Berührung von außen und damit das Ablösen des Merkurscheibchens von außen wird als vierter Kontakt (t_4) notiert (siehe Abb. 5.11 auf S. 130).

Außerdem werden noch die Positionswinkel (P_1 bis P_4) der Kontaktpunkte vermerkt. Da P_1 und P_2 sowie P_3 und P_4 sich kaum unterscheiden, sind in der Tabelle „Merkurtransit am 9. Mai 2016" unten lediglich P_1 und P_4 angegeben.

Der Positionswinkel wird vom Nordpunkt (= 0°) der Sonnenscheibe über Ost (= 90°), Süd

Merkurtransit am 9. Mai 2016 in Europa

Ort	Nördl. Breite	Östl. Länge	t_1	P_1	t_2	t_m	d	t_3	t_4	P_4
Geozentrisch	–	–	$13^h12^m18^s$	83°,4	$13^h15^m30^s$	$16^h57^m25^s$	−5′19″	$20^h39^m13^s$	$20^h42^m25^s$	224°,4
Amsterdam	+52°22′	+ 4°54′	13 12 18	83 4	13 15 29	16 56 13	−5 21	20 37 22	20 40 34	224 2
Athen	+37 58	+23 43	13 11 54	83 3	13 15 05	16 55 50	−5 19	——	——	——
Berlin	+52 31	+13 25	13 12 05	83 4	13 15 16	16 56 02	−5 24	20 37 19	20 40 31	224 1
Budapest	+47 28	+19 03	13 12 01	83 4	13 15 12	16 55 58	−5 21	——	——	——
Düsseldorf	+51 14	+ 6 47	13 12 16	83 4	13 15 27	16 56 11	−5 21	20 37 21	20 40 34	224 2
Helsinki	+60 10	+24 56	13 11 56	83 4	13 15 07	16 56 03	−5 22	——	——	——
Kopenhagen	+55 41	+12 34	13 12 08	83 4	13 15 20	16 56 08	−5 22	20 37 23	20 40 35	224 1
London	+51 37	− 0 08	13 12 24	83 4	13 15 35	16 56 18	−5 21	20 37 22	20 40 34	224 2
Madrid	+40 24	− 3 41	13 12 34	83 4	13 15 45	16 56 21	−5 20	20 37 21	20 40 33	224 3
Mailand	+45 28	+ 9 11	13 12 14	83 4	13 15 26	16 56 06	−5 20	——	——	——
München	+48 08	+11 34	13 12 11	83 4	13 15 22	16 56 05	−5 21	——	——	——
Oslo	+59 57	+10 45	13 12 10	83 5	13 15 21	16 56 12	−5 22	20 37 25	20 40 37	224 1
Paris	+48 51	+ 2 21	13 12 22	83 4	13 15 34	16 56 15	−5 21	20 37 21	20 40 33	224 2
Rom	+41 54	+12 30	13 12 11	83 4	13 15 22	16 56 02	−5 20	——	——	——
Stockholm	+59 21	+18 04	13 12 02	83 5	13 15 14	16 56 06	−5 22	20 37 25	20 40 38	224 1
Stuttgart	+48 47	+ 9 11	13 12 14	83 4	13 15 25	16 56 08	−5 21	20 37 21	20 40 33	224 2
Warschau	+52 14	+21 01	13 11 59	83 4	13 15 10	16 55 59	−5 21	——	——	——
Wien	+48 13	+16 22	13 12 05	83 4	13 15 16	16 56 00	−5 21	——	——	——
Zürich	+47 22	+ 8 33	13 12 15	83 4	13 15 21	16 56 08	−5 21	20 37 21	20 40 33	224 2

Alle Zeiten in MESZ (= Mitteleuropäische Sommerzeit)

t_1, t_2, t_3, t_4 – Zeitpunkte des ersten, zweiten, dritten und vierten Kontakts
P_1, P_4 – Positionswinkel des ersten und vierten Kontakts
t_m – Zeitpunkt der maximalen Phase – geringster Abstand des Merkur vom Sonnenscheibenmittelpunkt
d – Minimumsdistanz – geringster Abstand des Merkur von der Mitte der Sonnenscheibe

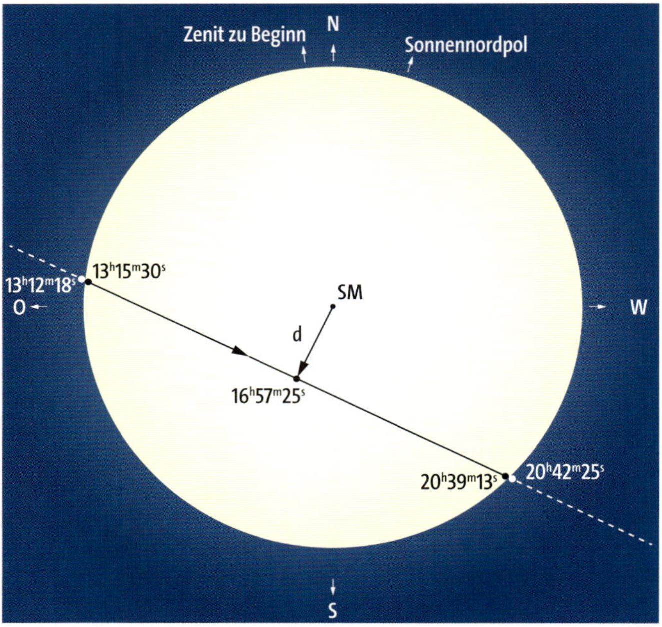

5.11 Verlauf des Merkurtransits vom 9. Mai 2016 (alle Zeiten MEZ).

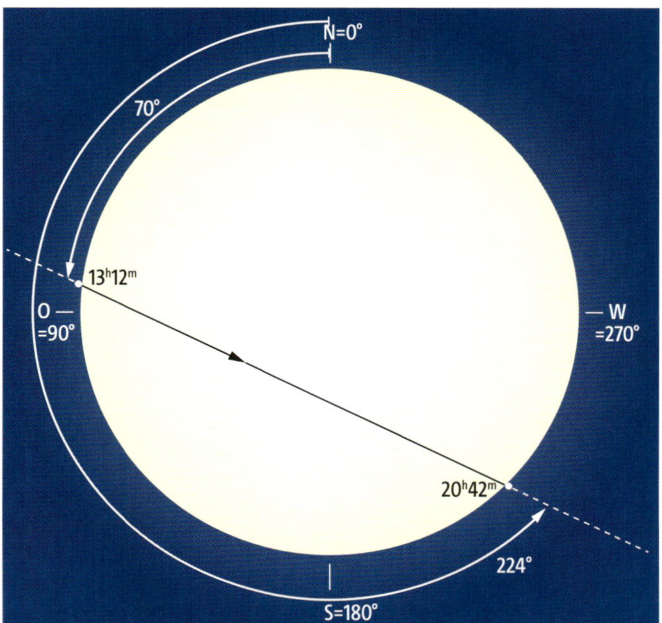

5.12 Die Positionswinkel des Ein- und Austrittes von Merkur beim Transit am 9. Mai 2016. Der Positionswinkel wird von Nord über Ost – Süd – West gezählt.

(= 180°) und West (= 270°) gezählt (siehe Abb. 5.12 unten). Da das Merkurscheibchen zum Transit nur einen Durchmesser von 12,″0 aufweist, das ist der 158. Teil des scheinbaren Sonnendurchmessers, kann man Merkur mit bloßen Augen nicht sehen.

Um Merkur als dunklen Punkt auf der Sonnenoberfläche auszumachen, benötigt man ein Fernrohr mit stabiler Montierung und mindestens fünfzigfacher Vergrößerung.

Dringende Warnung

Ohne geeignete Schutzmaßnahmen wie Objektivfilter, Herschelkeil etc. darf man **nie in die Sonne sehen!** Am sichersten ist die Projektionsmethode: Die Sonne wird auf einen weißen Schirm abgebildet, der hinter dem Okular des Teleskops angebracht wird. Ein weiterer Vorteil dieser Methode, neben der Sicherheit: Mehrere Personen können gleichzeitig Sonne und Merkurpünktchen beobachten. Am besten erkundigt man sich im einschlägigen Fachhandel über sichere Sonnenbeobachtungsmöglichkeiten. Auch die meisten öffentlichen Sternwarten bieten Führungen zur Beobachtung des Merkurtransits an.

Sollten Wolken den Blick zur Sonne am 9. Mai 2016 nachmittags versperren, dann kann man auf den 11. November 2019 hoffen. An diesem Tag findet der nächste Merkurtransit statt, der auch von Mitteleuropa aus beobachtbar ist.

Historische Merkurtransite

Vor Erfindung des Fernrohrs konnten Merkurdurchgänge nicht beobachtet werden. Aber auch die Transite des Merkur von 1615, 1618 und 1628 wurden offensichtlich nicht verfolgt, obwohl man schon seit 1609 Teleskope zur Verfügung hatte. Pierre Gassendi (1592–1656) war der erste, der den Merkurtransit vom 7. November 1631 von Paris aus verfolgte. Gassendi verfügte über die Vorausberechnungen von Johannes Kepler, der selbst nicht seine Kalkulation durch Beobachtung überprüfen konnte, denn er starb am 15. November 1630.

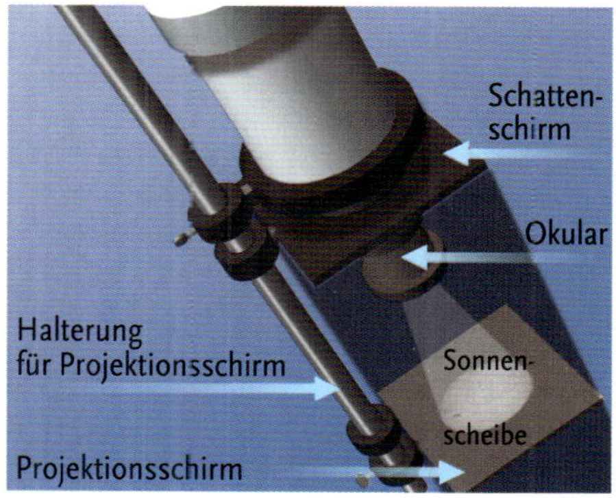

5.13 Die Projektion der Sonnenscheibe auf einen Schirm ist die sicherste Art der Sonnenbeobachtung.

Der Danziger Ratsherr und Astronom Johannes Hevelius konnte den Merkurtransit am 3. Mai 1661 beobachten, der auch von Christian Huygens von London aus verfolgt wurde. Edmond Halley wiederum beobachtete erfolgreich auf St. Helena den Merkurtransit vom 12. November 1677.

Merkurtransite im 21. Jahrhundert

Datum		t_1	P_1	t_2	t_m	d	t_3	t_4	P_4
7. Mai	2003	6^h13^m	15°	6^h17^m	8^h52^m	+11′48′	11^h27^m	11^h32^m	291°
8./9. Nov.	2006	20 12	141	20 14	22 41	– 7 03	1 08	1 10	269
9. Mai	2016	12 12	83	12 15	15 57	– 5 19	19 39	19 42	224
11. Nov.	2019	13 35	110	13 37	16 20	+ 1 16	19 02	19 04	299
13. Nov.	2032	7 41	78	7 43	9 54	+ 9 32	12 05	12 07	329
7. Nov.	2039	8 18	173	8 21	9 47	–13 42	11 12	11 15	238
7. Mai	2049	12 04	31	12 07	15 24	+ 8 32	18 41	18 44	276
10. Nov.	2052	0 53	134	0 55	3 29	– 5 19	6 04	6 06	276
10. Mai	2062	19 16	97	19 20	22 36	– 8 41	1 53	1 57	211
11. Nov.	2065	18 24	103	18 26	21 06	+ 3 01	23 46	23 48	305
14. Nov.	2078	12 42	69	12 44	14 41	+11 14	16 37	16 39	337
7. Nov.	2085	12 42	163	12 45	14 34	–11 59	16 24	16 26	248
8. Mai	2095	18 20	45	18 24	22 05	+ 5 10	1 47	1 50	263
10. Nov.	2098	5 35	127	5 37	8 16	– 3 35	10 56	10 57	282

Alle Zeiten in MEZ (= Mitteleuropäische Zeit = UT + 1^h)

t_1, t_2, t_3, t_4	– Zeitpunkte des ersten, zweiten, dritten und vierten Kontakts
P_1, P_4	– Positionswinkel des ersten und vierten Kontakts
t_m	–Zeitpunkt der maximalen Phase – geringster Abstand des Merkur vom Sonnenscheibenmittelpunkt
d	– Minimumsdistanz – geringster Abstand des Merkur von der Mitte der Sonnenscheibe

Juni 2016

- Die Sommersonnenwende vollzieht sich am 20., wenn die Sonne um 23^h34^m (= 0^h34^m Sommerzeit am 21.) den Gipfel ihrer Jahresbahn überschreitet.
- Saturn kommt am 3. im Sternbild Schlangenträger in Opposition zur Sonne. Zurzeit ist sein Ring weit geöffnet – ein prächtiger Anblick im Fernrohr.
- Jupiter ist Planet der ersten Nachthälfte.

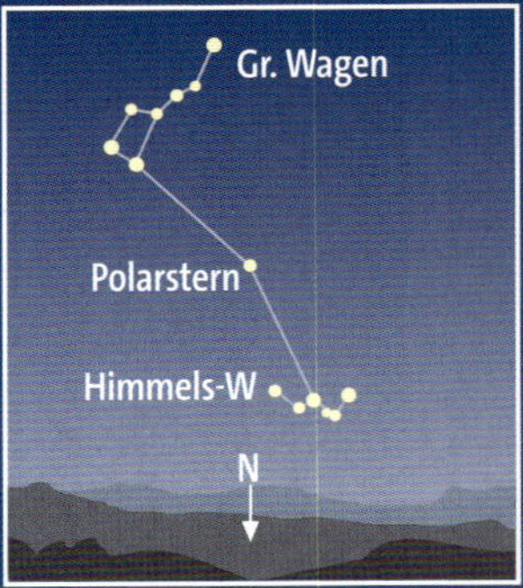

Großer Wagen und Himmels-W Anfang Juni um 22 Uhr

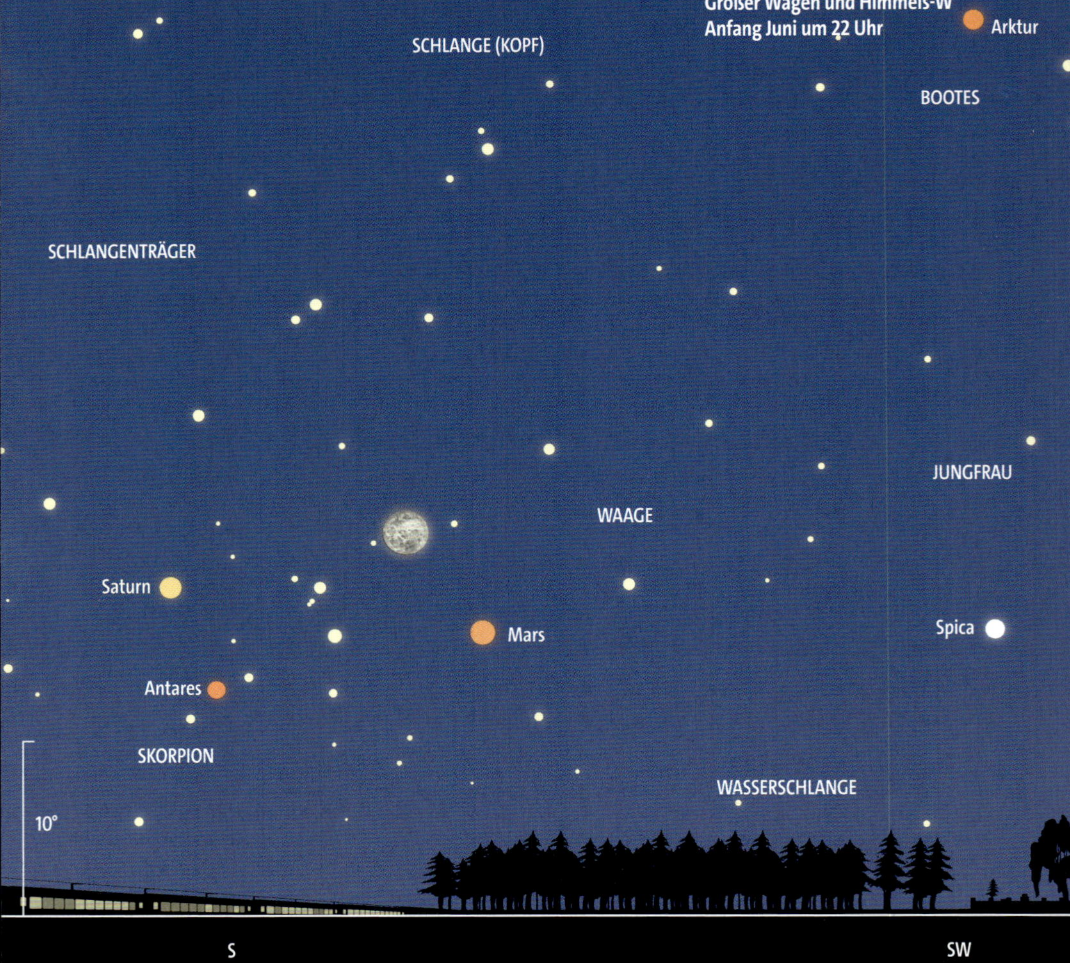

6.1 Anblick des mitternächtlichen Südhimmels am 17. Juni gegen 23^h MEZ (= 24^h MESZ). Die Planeten Mars, Saturn und der fast volle Mond beherrschen die Himmelsszene.

1 Mi	
2 Do	
3 Fr	Mond in Erdnähe Saturn in Opposition
4 Sa	
5 So	**Neumond**
6 Mo	
7 Di	
8 Mi	
9 Do	
10 Fr	
11 Sa	Mond bei Jupiter (Abendhimmel)
12 So	Mond im ersten Viertel
13 Mo	
14 Di	
15 Mi	Mond in Erdferne
16 Do	
17 Fr	
18 Sa	
19 So	Mond bei Saturn (Mitternacht)
20 Mo	**Vollmond**
21 Di	Sommerbeginn
22 Mi	
23 Do	
24 Fr	
25 Sa	
26 So	Mond bei Neptun (Morgenhimmel)
27 Mo	Mond im letzten Viertel
28 Di	
29 Mi	
30 Do	

Sonne – Sternbilder

20. 6. 23h34m:
Sonne tritt in das Tierkreiszeichen Krebs
21. 6. 9h:
Sonne tritt in das Sternbild Zwillinge
Julianisches Datum am
1. Juni, 1h MEZ: 2 457 540,5.

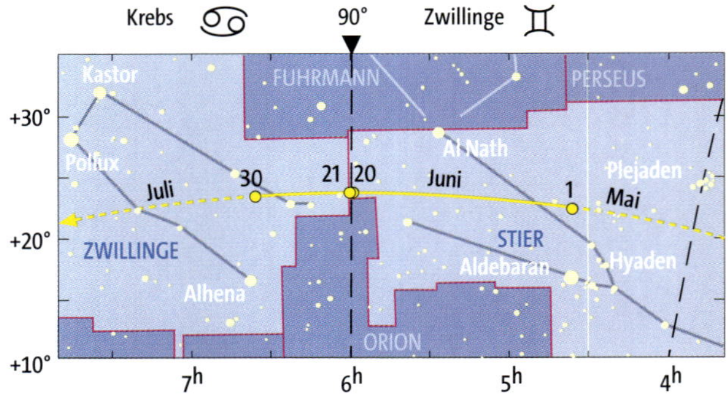

Tabelle Sonnenlauf

Tag	Dämmerg. Anfang	Aufgang MEZ	Kulmination	Untergang MEZ	Dämmerg. Ende	Mittagshöhe	Zeitgleichg.	Rektaszension	Deklination
	h m	h m	h m	h m	h m	o	m	h m	o
1.	2 32	4 16	12 18	20 21	22 05	62,1	+2	4 36	+22,1
5.	2 27	4 13	12 19	20 24	22 11	62,6	+1	4 53	+22,5
10.	2 23	4 11	12 20	20 28	22 17	63,1	0	5 14	+23,0
15.	2 21	4 10	12 21	20 31	22 21	63,3	–1	5 34	+23,3
20.	2 20	4 11	12 22	20 33	22 23	63,4	–2	5 55	+23,4
25.	2 22	4 12	12 23	20 33	22 23	63,4	–3	6 16	+23,4
30.	2 26	4 15	12 24	20 33	22 21	63,1	–4	6 37	+23,2

Tages- und Nachtstunden

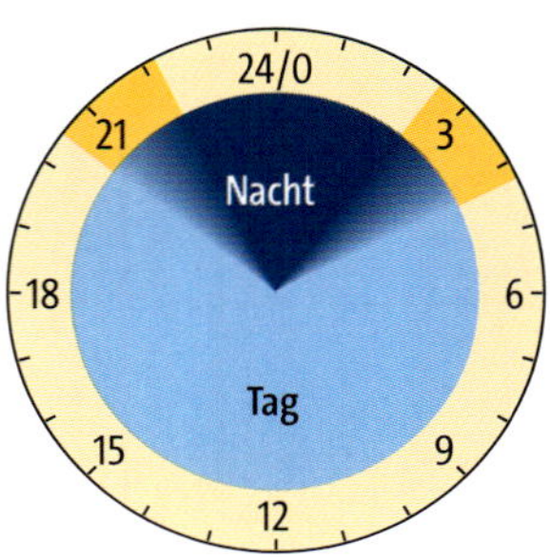

5. Juni

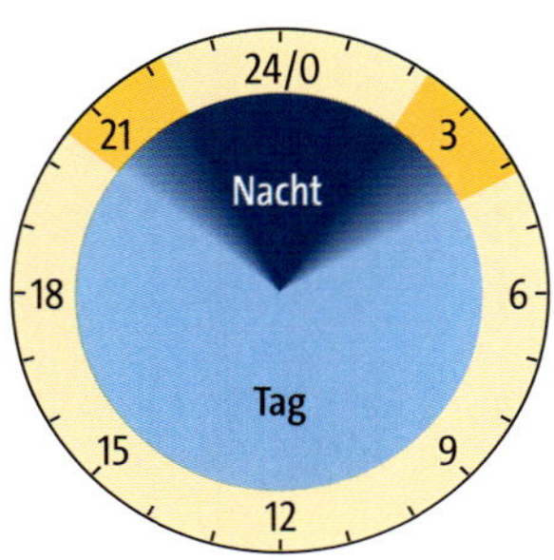

15. Juni

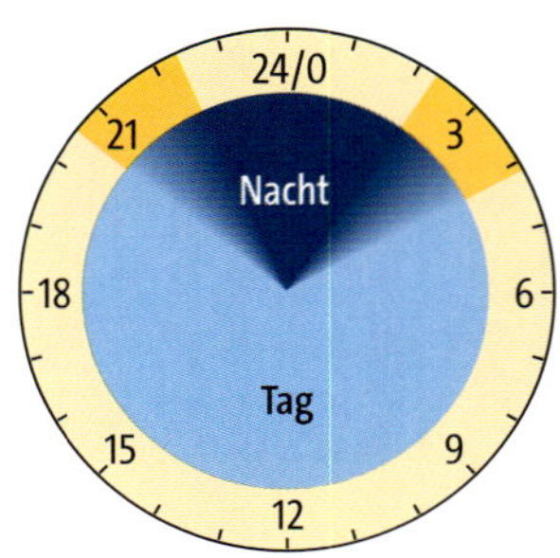

25. Juni

Tabelle Mondlauf

Datum		Aufg. MEZ	Kulmination	Unterg. MEZ	Rektaszension	Deklination		Sterne und Sternbilder	Phase	MEZ
		h m	h m	h m	h m	°				
Mi	1.	2 21	8 51	15 34	0 53	+ 3,3		Fische		
Do	2.	2 52	9 46	16 52	1 49	+ 7,7		Fische		
Fr	3.	3 27	10 43	18 10	2 47	+11, 8		Widder	Erdnähe 361/33,′1	12ʰ
Sa	4.	4 08	11 42	19 24	3 47	+15,1		Stier		
So	5.	4 55	12 42	20 33	4 48	+17,4		Aldebaran	**Neumond Nr. 1156**	**4ʰ 00ᵐ**
									Größte Südbreite	
Mo	6.	5 49	13 41	21 32	5 50	+18,5		Orion		
Di	7.	6 50	14 39	22 22	6 50	+18,4		Alhena		
Mi	8.	7 55	15 34	23 04	7 48	+17,1		Zwillinge		
Do	9.	9 02	16 25	23 39	8 44	+15,0		Krebs, Krippe	Libration West	
Fr	10.	10 08	17 14	–	9 37	+12,1		Löwe, Regulus		
Sa	11.	11 14	17 59	0 08	10 26	+ 8,7		Löwe, Regulus	Aufsteigender Knoten	
So	12.	12 17	18 43	0 34	11 14	+ 5,0		Löwe	**Erstes Viertel**	**9ʰ 10ᵐ**
Mo	13.	13 19	19 26	0 59	12 00	+ 1,2		Jungfrau		
Di	14.	14 21	20 08	1 22	12 45	– 2,6		Jungfrau		
Mi	15.	15 22	20 51	1 46	13 30	– 6,2	*	Spica	Erdferne 405/29,′5	13ʰ
Do	16.	16 23	21 35	2 12	14 16	– 9,6		Jungfrau		
Fr	17.	17 24	22 21	2 40	15 03	–12,7	*	Waage		
Sa	18.	18 24	23 08	3 12	15 51	–15,2		Waage		
So	19.	19 21	23 57	3 49	16 41	–17,2		Schlangenträger	Größte Nordbreite	
Mo	20.	20 14	–	4 32	17 33	–18,3		Schlangenträger	**Vollmond**	**12ʰ 02ᵐ**
Di	21.	21 02	0 48	5 22	18 26	–18,6		Schütze		
Mi	22.	21 45	1 39	6 19	19 19	–18,0		Schütze		
Do	23.	22 23	2 31	7 22	20 13	–16,4		Steinbock	Libration Ost	
Fr	24.	22 56	3 22	8 29	21 07	–13,9		Wassermann		
Sa	25.	23 27	4 13	9 38	22 00	–10,7		Wassermann		
So	26.	23 56	5 04	10 50	22 53	– 6,8	*	Wassermann	Absteigender Knoten	
Mo	27.	–	5 54	12 04	23 45	– 2,6		Fische	**Letztes Viertel**	**19ʰ 19ᵐ**
Di	28.	0 24	6 45	13 18	0 39	+ 1,9		Walfisch		
Mi	29.	0 54	7 38	14 34	1 33	+ 6,3		Fische		
Do	30.	1 26	8 32	15 49	2 28	+10,4		Walfisch		

Der Mond zieht am 18./19. an Saturn vorbei

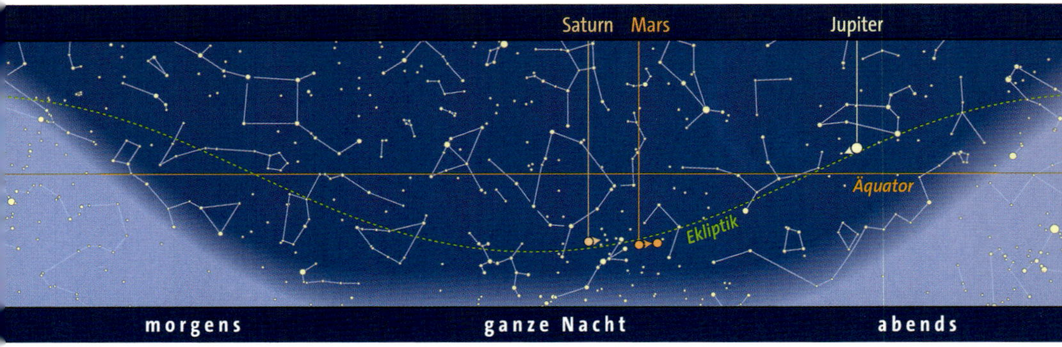

Merkur steht am 5. in größter westlicher Elongation. Trotz eines Winkelabstandes von 24°11′ kommt es in unseren Breiten nicht zu einer Morgensichtbarkeit. Südlich von 42° nördlicher Breite kann man den sonnennächsten Planeten jedoch in der Morgendämmerung erspähen. Die Merkurhelligkeit beträgt am 5. nur $0^m,4$, nimmt aber dann schnell zu. Bis zur Dichotomie am 11. erreicht sie $0^m,0$. Merkur eilt der Sonne rechtläufig nach und kommt ihr bis Ende Juni bis auf 7,°5 nahe. In der ersten Juliwoche wird die obere Konjunktion erreicht.

Venus holt die Sonne am 6. im Sternbild Stier ein und steht an diesem Tag kurz vor Mitternacht in oberer Konjunktion mit ihr. Da sie wenige Stunden später am 7. ihren aufsteigenden Knoten passiert, befindet sie sich zur oberen Konjunktion bereits fast in der Ekliptik (Erdbahnebene). Somit wandert sie hinter der Sonne vorbei, es kommt daher zu einer **Venusbedeckung durch die Sonne**. Ein solches Ereignis bleibt mit den Mitteln der Amateurastronomie allerdings unbeobachtbar. Letztmals verschwand Venus am 9. Juni 2008 hinter der Sonne. Das nächste derartige Ereignis findet am 3. Juni 2024 statt.

Mars stand im letzten Drittel des Vormonats in Opposition zur Sonne. Der rote Planet wandert rückläufig durch das Sternbild Waage. Zum Monatsende wird er stationär. Damit beendet er seine Oppositionsperiode, was auch an der stark zurückgehenden Helligkeit deutlich wird. Sie sinkt im Laufe des Juni von $-2^m,0$ auf $-1^m,4$ ab. Damit gehört Mars aber immer noch zu den auffälligen Gestirnen am Nachthimmel (siehe auch Abb. 6.3 auf Seite 137).

Aus der zweiten Nachthälfte zieht sich Mars allmählich zu-

Konstellationen und Ereignisse

Datum	MEZ	Ereignis
1.	15^h	Mond bei Uranus, Mond 2,°4 südlich
3.	8	**Saturn in Opposition** zur Sonne
3.	11	Mond bei Merkur, Mond 0,°7 südlich (Bedeckung)
5.	10	Merkur in größter westlicher Elongation (24°)
6.	23	Venus in oberer Konjunktion mit der Sonne
11.	21	**Mond bei Jupiter**, Mond 1,°5 südlich, **Abstand 2,°2 um 21^h**
14.	9	Neptun im Stillstand, anschließend rückläufig
17.	11	Mond bei Mars, Mond 7,°1 nördlich
19.	1	**Mond bei Saturn**, Mond 3,°2 nördlich, **Abstand 2,°4 um 2^h**
20.	23^h34^m	**Sonne im Sommerpunkt, Sommersonnenwende**
26.	2	**Mond bei Neptun**, Mond 1,°2 nördlich (Bedeckung), **Abstand 0,°8 um 2^h** (Teleskop!)
29.	0	Mond bei Uranus, Mond 2,°7 südlich
30.	9	Mars im Stillstand, anschließend rechtläufig

rück. Am 1. geht der rote Planet um 3^h36^m (= 4^h36^m Sommerzeit) unter. Am 15. erfolgt sein Untergang um 2^h26^m und am 30. bereits um 1^h21^m. Die scheinbare Größe des Planetenscheibchens geht auf 16″ zurück.

Am 17. ergibt sich gegen 23^h (Mitternacht Sommerzeit) ein netter Himmelsanblick. Über dem Südhorizont sind Mond, Mars, Saturn und Antares im Skorpion relativ nahe beieinander zu sehen (siehe Abb. 6.1 auf Seite 132).

Jupiter, wieder rechtläufig im Löwen, ist Planet der ersten Nachthälfte. Der Riesenplanet verlegt seine Untergänge von 1^h23^m (= 2^h23^m Sommerzeit) am 1. auf 0^h30^m am 15. und auf 23^h30^m Ende Juni. Die Jupiterhelligkeit geht leicht um $0{,}^m1$ auf $-1{,}^m9$ zurück.

Im Fernrohr erscheint das Jupiterscheibchen etwas kleiner als zur Oppositionszeit. Am Monatsende beträgt der scheinbare Äquatordurchmesser des Planetenscheibchens $34{,}''2$ und der scheinbare Poldurchmesser $32{,}''1$.

Am Abend des 11. zieht der zunehmende Halbmond etwa $1{,}^\circ5$ südlich an Jupiter vorbei (siehe Abb. 6.2 rechts). Der topozentrische Abstand dieser Konjunktion von Jupiter mit dem Mond beträgt für unsere Breite (50° Nord) allerdings $2{,}^\circ2$ (siehe auch Tabelle „Konstellationen und Ereignisse" auf Seite 136).

Saturn steht am 3. im Sternbild Schlangenträger in **Opposition** zur Sonne. Somit ist der Ringplanet die gesamte Nacht am Sternenhimmel vertreten. Am Oppositionstag geht der $0{,}^m0$ helle Saturn um 19^h59^m (= 20^h59^m Sommerzeit) auf, kulminiert in der Oppositionsnacht um 0^h20^m und sinkt morgens um 4^h38^m unter die südwestliche Horizontlinie. Wegen seiner südlichen Position erreicht Saturn bei seinem Meridiandurchgang

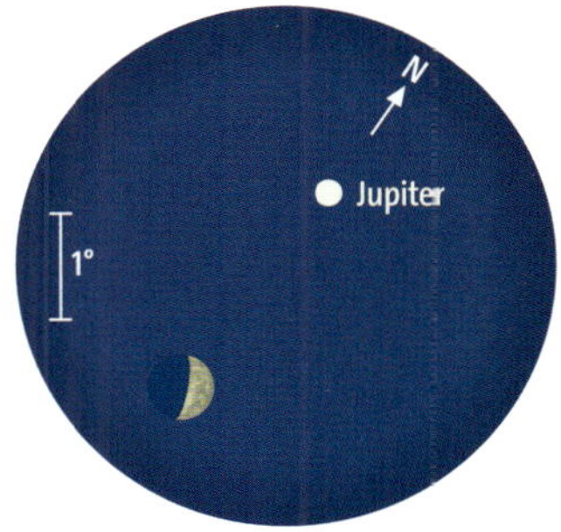

6.2 Mond bei Jupiter:
Der zunehmende Halbmond zieht am 11. Juni an Jupiter vorbei. Fernglasanblick gegen 22^h MEZ (= 23^h MESZ) bei 5° Gesichtsfelddurchmesser.

nur eine bescheidene Kulminationshöhe von gut 19°.

Am Tag der Opposition erreicht Saturn seine geringste Entfernung von der Erde in diesem Jahr. Am 3. trennen ihn 1348 Millionen Kilometer von uns, das sind 9,01 AE (Astronomische Einheiten = mittlere Entfernung Erde – Sonne). Das Licht von Saturn ist damit eine Stunde und 15 Minuten zur Erde unterwegs.

Im Teleskop erkennt man die deutlich abgeplattete Saturn-

6.3 Bahnen von Saturn und Mars:
Die scheinbaren Bahnen der Planeten Mars und Saturn im Gebiet der Sternbilder Schlangenträger und Skorpion. Die Zahlen geben die Positionen zum Monatsersten an (6 = 1. Juni).

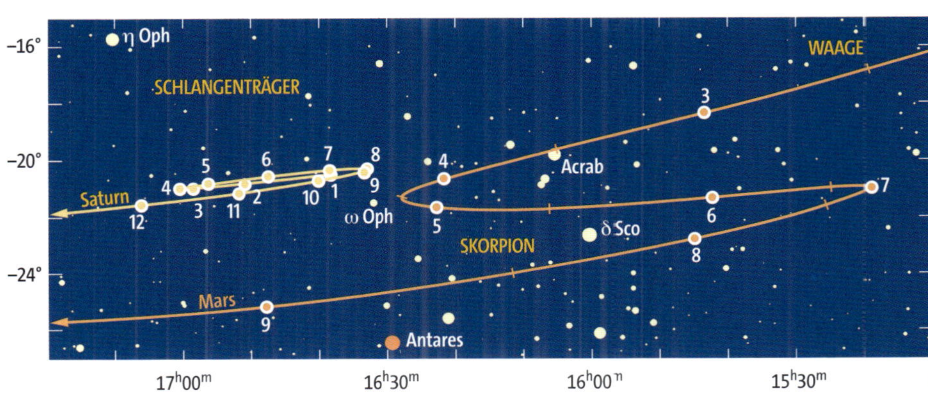

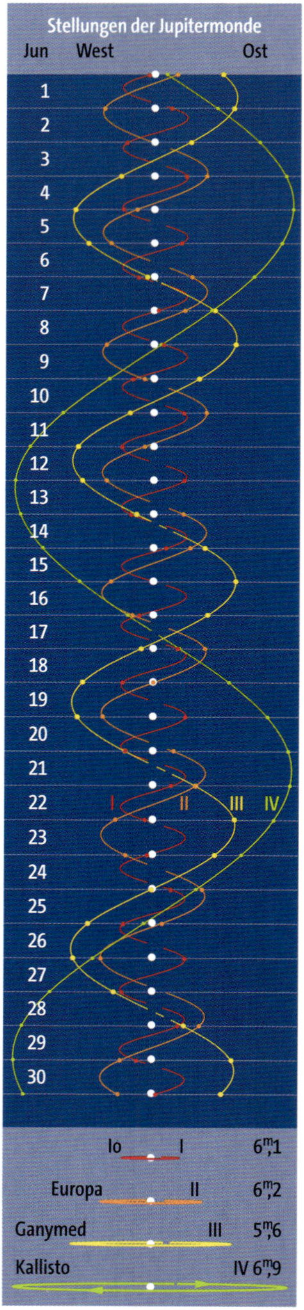

kugel, deren scheinbarer Äquatordurchmesser 18″,4, der Poldurchmesser 16″,8 beträgt. Der mit 26°,0 weit geöffnete Saturnring hat eine Längsausdehnung von 41″,8 und einen Querdurchmesser von 18″,4. Zurzeit blickt man auf die Nordhalbkugel des Ringplaneten und auf die Nordseite des Saturnrings.

Der Vollmond besucht am 19. den Ringplaneten, wobei er ihn in 3° nördlichem Abstand passiert (siehe Abb. 6.4 auf Seite 139). Bis Ende Juni nimmt die Saturnhelligkeit wieder auf $0^m,2$ ab. Am 30. geht der Ringplanet bereits um 2^h45^m (= 3^h45^m Sommerzeit) unter.

Jupitermonde

Tag	MEZ		Vorgang	
	h	m		
1.	0	20	I	SA
	23	56	I	VE
2.	23	14	II	BA
4.	23	35	II	SE
8.	22	19	I	BA
9.	21	44	I	DE
	22	58	I	SE
10.	23	46	III	SE
11.	23	29	II	SA
	23	42	II	DE
16.	21	25	I	DA
	22	39	I	SA
17.	22	15	I	VE
	22	51	III	DE
20.	22	59	II	VE
25.	22	35	IV	DA
28.	21	56	III	VE

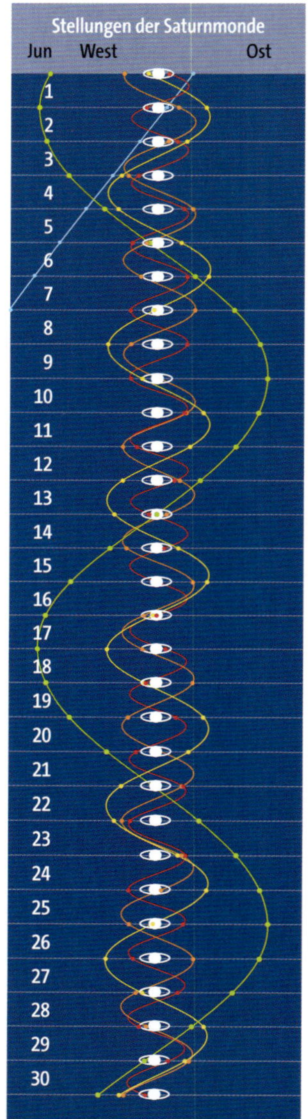

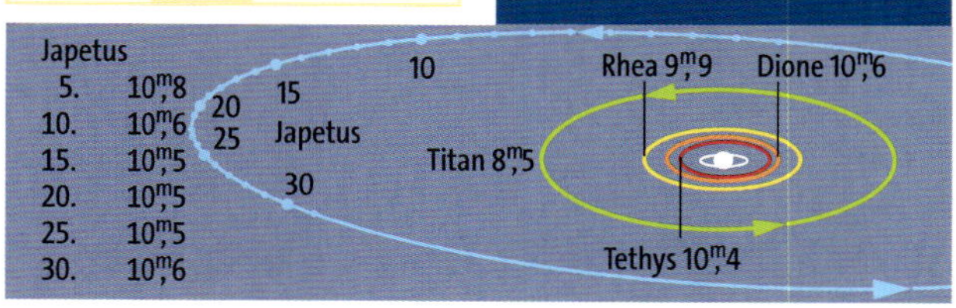

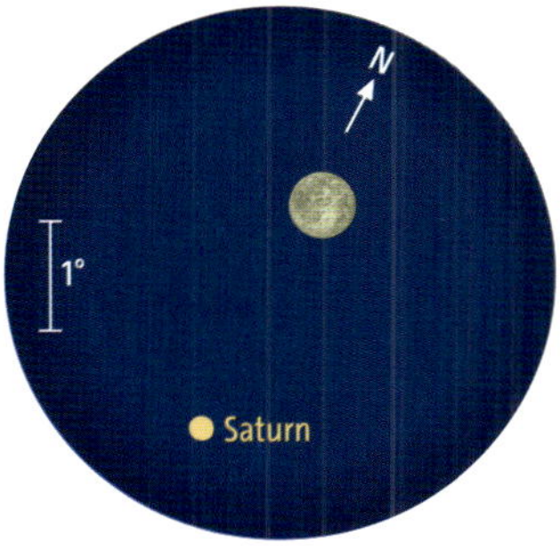

6.4 Mond bei Saturn:
Der Vollmond begegnet dem Ringplaneten am 19. Juni. Fernglasanblick gegen 2^h MEZ (= 3^h MESZ) bei 5° Gesichtsfelddurchmesser.

Uranus in den Fischen kann sich noch nicht aus den Strahlen der Sonne befreien. Der grünliche Planet bleibt unsichtbar.

Neptun wird am 14. im Wassermann stationär und setzt zu seiner Oppositionsschleife an. Der Stern λ Aquarii ($3\overset{m}{,}7$) kann dabei als Aufsuchhilfe dienen (siehe Abb. 6.5 oben rechts). Erfahrene Beobachter können ab der Monatsmitte mit Aussicht auf Erfolg nach dem bläulichen Planeten suchen.

Am 15. geht Neptun um 0^h14^m (= 1^h14^m Sommerzeit) auf und kulminiert um 5^h39^m. Die beste Zeit, um den nur $7\overset{m}{,}9$ hellen Planeten mit lichtstarker Optik zu beobachten, ist etwa eine Stunde vor Beginn der nautischen Dämmerung. Bis 30. verfrüht sich der Neptunaufgang auf 23^h11^m, die Kulminationszeit auf 4^h40^m.

Der abnehmende Mond passiert am 26. den bläulichen Planeten knapp ein Grad nördlich (siehe Abb. 6.5 rechts).

Planetoiden

Pallas (2) wird am 18. im Sternbild Pegasus stationär und setzt zu ihrer Oppositionsschleife an (siehe Abb. 8.4 auf Seite 177). Ihre Helligkeit nimmt im Laufe des Juni von $10\overset{m}{,}3$ auf $9\overset{m}{,}9$ zu. Am 1. kulminiert sie um 5^h36^m, am 15. um 4^h44^m und am 30. schon um 3^h44^m (= 4^h44^m Sommerzeit).

Juno (3) bremst ihre rückläufige Wanderung durch das Sternbild Jungfrau stark ab. Am 25. wird sie stationär und beendet damit ihre Oppositionsperiode (siehe Abb. 4.6 auf Seite 105). Bis zum Stillstand in Rektaszension geht die Junohelligkeit auf $10\overset{m}{,}9$ zurück, was es schwierig macht, sie aufzufinden. Am 1. kulminiert die noch $10\overset{m}{,}5$ helle Juno um 21^h50^m und am 25. bereits um 20^h10^m (= 21^h10^m Sommerzeit).

Periodische Sternschnuppenströme

Um den 13. Juni ist das zweite Maximum des **Scorpius-Sagittarius**-Stromes zu erwarten. Der Ausstrahlungspunkt oder Radiant liegt bei γ Sagittarii. Der Strom ist während des ganzen Monats aktiv. Wegen der geringen Höhe des Radianten sind Beobachtungen in unseren Breiten schwierig. Die beste Beobachtungszeit sind die Stunden um Mitternacht. Bei diesem Strom sind langsam fliegende Meteore (um 26 Kilometer pro Sekunde) zu registrieren.

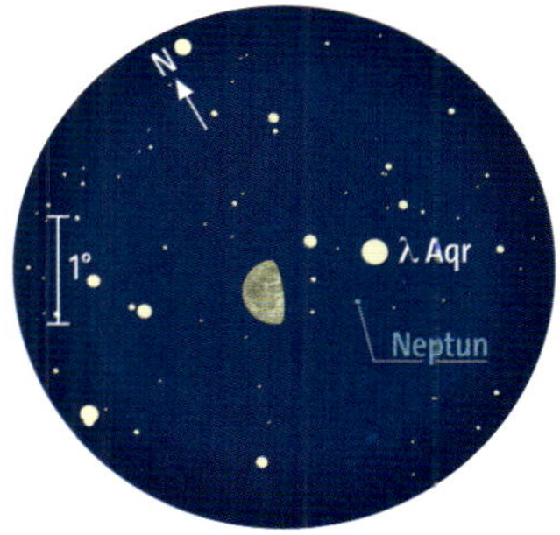

6.5 Mond bei Neptun:
Der abnehmende Mond steht am 26. Juni nahe Neptun. Fernglasanblick gegen 2^h MEZ (= 3^h MESZ) bei 5° Gesichtsfelddurchmesser.

Am 2. Juni erreichen die **Tau-Herkuliden** ihr Maximum. Dieser wenig bekannte und unauffällige Strom ist vom 18. Mai bis 13. Juni aktiv.

Am 7. und 8. Juni kann man nach den **Libriden** Ausschau halten. Der Radiant dieses Stromes liegt in der Waage.

Im letzten Junidrittel sind die **Juni-Bootiden** zu erwarten. Ihre Aktivität ist von Jahr zu Jahr sehr unterschiedlich. Sie sind Trümmer des Kometen 7P/Pons-Winnecke und seit 1916 bekannt. In den Jahren 1998 und 2004 gab es mehrere Stunden lange Maxima mit bis zu hundert Sternschnuppen pro Stunde, die zwischen dem 23. und 27. Juni auftraten. Nach Berechnungen sind 2016 keine hohen Fallraten zu erwarten.

Zwischen dem 24. Juni und dem 1. Juli tauchen die **Corviden** auf, deren Radiant im Sternbild Rabe liegt. Am 26. Juni erreicht die Corvidenaktivität ihr Maximum.

Um den 27. Juni sind die **Juni-Draconiden** zu erwarten (Radiant im Drache). Sie sind ein kometarischer Strom, dessen Ursprung auf den Kometen. 7P/Pons-Winnecke zurückgeht. Es ist mit lediglich rund fünf Meteoren pro Stunde zu rechnen.

Der Fixsternhimmel

Der Bootes mit dem kräftig leuchtenden Arktur steht unübersehbar hoch im Süden; der Ochsentreiber oder Rinderhirt beherrscht die Himmelsszene. Er gilt als Leitsternbild des Frühsommers. Der Große Wagen hat den Meridian längst durchschritten und befindet sich im Abstieg. Ihm gegenüber findet man das Himmels-W, die Kassiopeia, nahe dem Horizont. Kassiopeia und Großer Wagen sind bei uns zirkumpolar, das heißt, sie gehen niemals unter.

Die Westhälfte des Firmaments wird noch von den Frühlingssternbildern geprägt. Weit im Westen ist der Löwe zu sehen. Sein großes Sternentrapez steht schräg zum Horizont, so als ob sich diese Raubkatze auf eine imaginäre Beute stürzen wollte. Im Südostteil des Löwen an der Grenze zur Jungfrau glänzt der Riesenplanet Jupiter.

Das Feld im Südwesten gehört der Jungfrau. Ihr Hauptstern Spica strahlt in einem bläulichen Licht. Mit 260 Lichtjahren Entfernung ist Spica einer der weiter entfernten Sterne erster Größe. Der Jungfrau folgt im Tierkreis die Waage. In der Waage leuchtet gegenwärtig unübersehbar der rote Planet Mars. Arktur, Spica und Regulus im Löwen bilden das Frühlingsdreieck. Noch ist es hoch im Südwesten zu sehen.

Unübersehbare Sommersternbilder

In der östlichen Himmelshälfte hingegen kündigt sich die heiße Jahreszeit an. Das Sommerdreieck ist inzwischen vollständig aufgegangen. Es setzt sich aus folgenden drei Sternen zusammen: Wega in der Leier, Deneb im Schwan und Atair im Adler. Auf der Verbindungslinie Arktur – Wega findet man die Krone und den Herkules. Sie stehen gegenwärtig recht hoch über dem Horizont und sind daher leicht zu erkennen. Dies gilt natürlich nur, wenn der Himmelshintergrund einigermaßen dunkel ist, was leider heutzutage immer seltener der Fall ist. Südlich des Herkules dehnt sich der Schlangenträger mit der Schlange aus, die inzwischen zur Gänze über dem Horizont steht. Im Schlangenträger fällt in diesem Jahr Saturn als heller Lichtpunkt auf. Tief im Südosten schleppt sich gerade der Skorpion über die Horizontlinie. Sein roter Hauptstern Antares wird gelegentlich mit dem Planeten Mars verwechselt, denn Antares steht ebenfalls nahe der Ekliptik und gleicht farblich dem roten Planeten. Jedoch funkelt Antares meist infolge der Luftunruhe, während Mars in ruhigem Licht strahlt. Dies kann man in diesem Sommer leicht erkennen, steht doch Mars nicht allzu weit entfernt von Antares.

Wer im Gebirge bei dunklem Himmel und guter Durchsicht beobachtet, kann den horizontnahen sommerlichen Teil der Milchstraße erspähen. Ihr Lichtband zieht sich von Südosten durch die Sternbilder Adler, Schwan, Kassiopeia und Fuhrmann nach Nordwesten.

Das Sternbild Nördliche Krone (Corona Borealis)

An Sommerabenden lässt sich das kleine, aber sehr einprägsame Sternbild Nördliche Krone leicht finden: Ein Halbkreis von schwächeren Sternen, von denen einer durch seine Helligkeit hervorsticht. Dieser Sternenhalbkreis liegt auf der Verbindungslinie Arktur – Wega in der Nachbarschaft von Arktur. Die lateinische Bezeichnung für die Nördliche Krone lautet Corona Borealis, die internationale Abkürzung CrB.

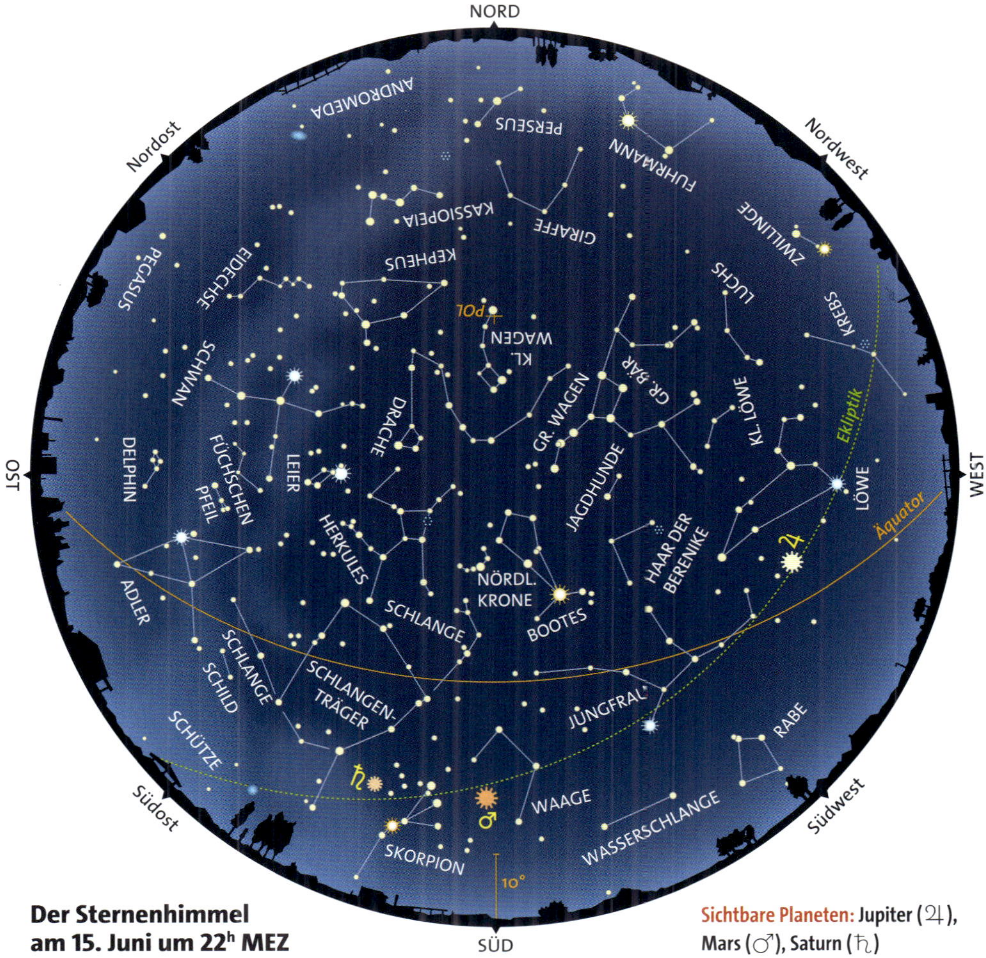

Der Sternenhimmel am 15. Juni um 22h MEZ

Sichtbare Planeten: Jupiter (♃), Mars (♂), Saturn (♄)

Die Sternkarte ist auch gültig für:

	MEZ	MESZ
15. 2.	6h	
1. 3.	5	
15. 3.	4	
1. 4.	3	4h
15. 4.	2	3
1. 5.	1	2
15. 5.	0	1
1. 6.	**23**	**24**
15. 6.	**22**	**23**
30. 6.	**21**	**22**

Gemäß der klassischen Mythologie gehört die Nördliche Krone zum Sagenkreis um Theseus, dem legendären König der Landschaft Attika und der Stadt Athen. Theseus ist der Sohn des Meeresgottes Poseidon und der Königstocher Aithra. Theseus kommt als junger Held nach Athen und will die Einwohner von einem grausigen Tribut befreien: Alle neun Jahre müssen auf Forderung König Minos von Kreta sieben Jünglinge und sieben Mädchen dem schrecklichen Ungeheuer Minotaurus geopfert werden. Der Minotaurus, ein Fabelwesen halb Mensch, halb Stier, bewohnt die tausend Irrgänge des Kretischen Labyrinths. Theseus schifft sich mit den unglücklichen Opfern nach Kreta ein. Auf dem Weg nach Kreta gerät er

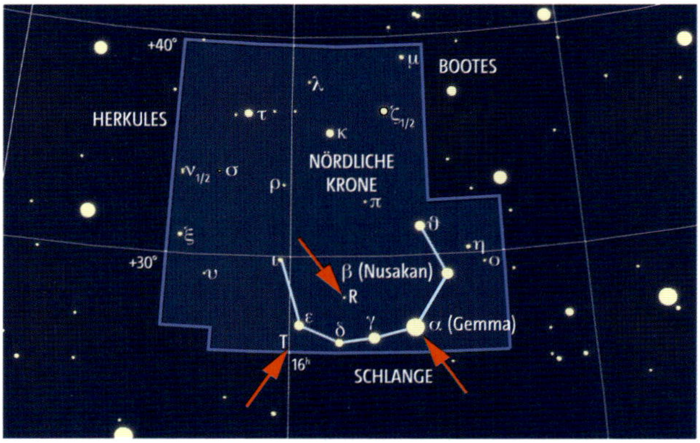

6.6 Sternbild Nördliche Krone: Skelettkarte des Sternbildes mit dem Hauptstern Gemma sowie den eruptiv Variablen R CrB und T CrB.

mit König Minos auf dem Schiff in Streit.

Minos streift seinen goldenen Ring vom Finger und wirft ihn in die Fluten. Wenn Theseus tatsächlich der Sohn des Meeresgottes sei, so solle er den Ring doch wieder bringen, meint Minos. Theseus springt ins Meer und versinkt in den Fluten. Er wird von den Nereïden, den Töchtern des Meeresgottes, freundlich empfangen. Sie überreichen ihm den goldenen Ring des Minos. Zusätzlich erhält Theseus von der Meeresgöttin Amphitrite einen goldenen Kranz geschenkt, besetzt mit Edelsteinen, eben die Krone. Theseus kehrt auf das Schiff des Minos zurück. In Kreta angekommen erblickt Ariadne, die Tochter von Minos, den schönen und starken Theseus. Auf der Stelle verliebt sie sich in ihn. Um zu vermeiden, dass er sich im Labyrinth verirrt, gibt sie ihm einen Knäuel Faden. Theseus bindet das eine Ende am Eingang zum Labyrinth fest und wickelt den Faden beim Gang in die Finsternis ab. Nach einiger Zeit hören Theseus und die armen Mädchen und Jünglinge ein grauenhaftes Gebrüll. Der Minotaurus stürzt heran und will ihnen den Garaus machen. Theseus trägt jedoch die Krone der Amphitrite auf dem Haupt, deren funkelnde Edelsteine das Untier so blenden, dass Theseus Zeit findet, sein Schwert tief in das Herz des Wesens zu stoßen. Ein letzter Schrei schallt schaurig durch die Gänge des Labyrinths und der Minotaurus bricht tot zusammen. Mit Hilfe des Fadens der Ariadne hangelt Theseus sich mit seinen Schutzbefohlenen zum Ausgang, wo ihn Ariadne freudestrahlend umarmt. Theseus schenkt ihr daraufhin seine goldene Krone als Dank für ihre Hilfe.

Noch in der gleichen Nacht fliehen Ariadne und Theseus von der Insel Kreta. Denn dem Gott des Weines, Dionysos, war Ariadne als Braut versprochen worden. Als die beiden Flüchtlinge auf Naxos übernachten, erscheint die Göttin Athene dem Theseus und klärt ihn über das Verlöbnis der Ariadne auf. Theseus verlässt sofort allein Naxos. Als Ariadne erwacht und merkt, dass sie alleingelassen wurde, bricht sie in Tränen aus. Dionysos erscheint, um sie zu trösten. Er nimmt ihr die Krone vom Haupt und schleudert sie gen Himmel, wo sie noch heute unter den Sternen zu sehen ist.

Die Nördliche Krone ist ein sehr altes Sternbild. Schon im fünften vorchristlichen Jahrhundert erwähnt der Seher Epimenides sie als „nördlicher

Veränderliche Sterne im Juni

Algol-Minima	10.	2^h57^m	12.	23^h47^m	30.	4^h39^m						
β-Lyrae-Minima	5.	2^hH	11.	13^hN	18.	1^hH	24.	12^hN	30.	23^hH		
δ-Cepheï-Maxima	1.	7^h	6.	16^h	12.	1^h	17.	10^h	22.	18^h	28.	3^h

Kranz". Die Römer sprachen von Corona Septemtrionalis. Manche Völker sahen in dieser Sternenfigur hingegen eine Schüssel. Im nordischen Sagenkreis ist der Sternenhalbkreis der abgefrorene große Zeh des Helden Aurwandil.

Beobachtungsziele in der Krone

Der mit $2\overset{m}{,}2$ hellste Stern, α Coronae Borealis, heißt Gemma (lat., Edelstein). Eine andere Bezeichnung lautet Alphekka. Sie stammt aus dem Arabischen und bedeutet „der eine Helle in der Schüssel". Gemma ist leicht variabel (Amplitude: $0\overset{m}{,}1$) und ein spektroskopischer Doppelstern (A0 V/dG 6) mit einer Periode von 17,4 Tagen. Die Entfernung von α CrB beträgt 75 Lichtjahre. Aus seiner Raumbewegung folgt, dass α CrB Mitglied des Bärenstromes ist.

Der Stern β CrB wird Nusakan genannt. Dieser Name geht auf die arabische Bezeichnung Kas al Masakin zurück und heißt Schale oder Schüssel. Nusakan ist nur $3\overset{m}{,}7$ hell und 116 Lichtjahre von uns entfernt. Nusakan gehört zur Klasse der magnetischen Variablen (auch als Ap-Sterne bekannt).

Ferner finden sich zwei interessante eruptive Variable in der Nördlichen Krone: R und T CrB. R CrB zeigt tiefe Helligkeitseinbrüche, von $5\overset{m}{,}7$ geht seine Helligkeit auf $14\overset{m}{,}8$ zurück. Seine Veränderlichkeit wurde 1799 von Edward C. Pigott entdeckt. Es handelt sich um einen alten, „rußenden" Stern (Spektraltyp: C0,0 (F8pe)), dessen Entfernung ca. 4000 Lichtjahre misst.

Beim Stern T CrB, der normalerweise um 8^{m} hell ist, handelt es sich um eine rekurrierende, also eine wiederkehrende Nova, die letztmals am 12. Mai 1866 und am 9. Februar 1946 aufflammte und 3^{m} hell wurde. Die Expansionsgeschwindigkeit der abgestoßenen Gashülle wurde zu 4300 Kilometer pro Sekunde gemessen, einer der höchsten Geschwindigkeiten von expandierenden Novahüllen (Supernovae ausgenommen). Die Leuchtkraft entsprach bei der Eruption dem 200 000-fachen unserer Sonne. Der Spektraltyp von T CrB wurde zu M3 III bestimmt. Die Entfernung beträgt rund 2000 Lichtjahre.

ROSETTA – Inspektion eines Kometen

Helle Kometen sind seltene Erscheinungen. Einst versetzten solche auffälligen Schweif- oder Haarsterne, wie Kometen auch genannt werden, die Menschen in Angst und Schrecken. Im Mittelalter sah man sie als Zuchtruten Gottes an, die der sündigen Menschheit schwere Strafen androhten. Sie galten als Vorboten von Feuersbrünsten, Seuchen und Kriegen. Da derlei Ungemach und Katastrophen zu allen Zeiten die Menschen heimsuchten, wurde der Aberglaube stets aufs Neue bestätigt. Die alten Römer sahen in den Schweifsternen die zum Himmel aufsteigenden Seelen eben verstorbener berühmter Männer. Zwei Monate nach Caesars gewaltsamem Tod erschien der helle Komet des Jahres 44 v. Chr. Die Bezeichnung Komet geht ebenfalls auf die Römer zurück, die in diesen Himmelserscheinungen auch das Haupthaar einer Frau zu erkennen meinten. Der lateinische Begriff „coma" bedeutet das Haar.

Lange hielt man Kometen nicht für Himmelskörper, sondern für meteorologische Erscheinungen wie hoch fliegende Eiswolken oder leuchtende Nachtwolken. Man vermutete sie jedenfalls als Objekte innerhalb der Mondbahn. Dass dem nicht so ist, bewies der dänische Astronom Tycho Brahe. Genaue Parallaxenmessungen am hellen Kometen des Jahres 1577 ergaben, dass dieser Schweifstern deutlich weiter als der Mond von der Erde entfernt ist. Allerdings war Brahe noch nicht in der Lage, die räumlichen Bahnen von Kometen zu bestimmen. Erst Edmond Halley, königlicher Astronom und Direktor der Sternwarte Greenwich bei London, konnte zeigen, dass Kometen ihre Bahnen im interplanetaren Raum ziehen und somit Mitglieder unseres Sonnensystems sind. Er stellte fest, dass die auffälligen Kometenerscheinungen von 1531, 1607 und 1682 von ein und demselben Kometen hervorgerufen wurden und sagte dessen Wiederkehr für 1758 voraus. Tatsächlich tauchte der Komet im Jahre 1758 auf, was Halley allerdings nicht mehr erlebte, da er bereits 1742 verstorben war. Aber fortan nannte man den Schweifstern den Halleyschen Kometen, der inzwischen die Registriernummer 1P erhalten hat. P steht dabei für „periodisch".

Weit weg von der Sonne

Die meisten Kometen beschreiben langgestreckte Ellipsenbahnen, die sie weit von der Sonne wegführen. Gemäß dem zweiten Gesetz von Johannes Kepler laufen Himmelskörper in Sonnennähe schneller als in Sonnenferne. Komet Halley passiert sein Perihel mit 55 Kilometer pro Sekunde, während er im Aphel, das jenseits der Neptunbahn liegt, nur einen Kilometer pro Sekunde zurücklegt. Kometen halten sich somit die meiste Zeit unbeobachtbar in den sonnenfernen Bezirken auf und kommen nur für kurze Zeit in die Nähe unseres Zentralgestirns. Viele Kometen haben Umlaufzeiten von mehreren Tausend Jahren. Wenn überhaupt, so erleben wir nur einmal eine ihrer Sonnenpassagen.

Kometen werden in der Regel als diffuse Lichtflecken entdeckt. Sie sehen dabei im Teleskop wie unscharf eingestellte Sterne aus. Erst in Sonnennähe entwickelt sich ein mehr oder minder langer Schweif, der stets von der Sonne weggerichtet ist. Im Teleskop sieht man im Mittelpunkt des Kometenkopfes einen hellen, sternartigen Lichtpunkt, in dessen Inneren sich der Kometenkern verbirgt, der nur wenige Kilometer Durchmesser aufweist. Ein Kometenkern ist ein lockeres Gebilde aus gefrorenen Gasen und Staub. Man spricht dabei gerne von „schmutzigen Schneebällen". Dieser Klumpen aus Eis, Sand und Ruß erhitzt sich in Sonnennähe. Die gefrorenen Gase sublimieren, gehen also aus dem festen direkt in den gasförmigen Aggregatzustand über. Es bildet sich aufgrund der geringen Schwerkraft des Kometenkerns eine riesige Gaswolke von typischerweise 100 000 Kilometer Durchmesser. Diese Wolke ist gewissermaßen die Atmosphäre des Kometen und wird Koma genannt. Kern und Koma bilden den Kopf des Kometen. In Sonnennähe treibt der Sonnenwind, ein Strom elektrisch geladener Teilchen – vornehmlich Proto-

6.7 Die Bahn von Rosetta von der Erde zum Kometen 67P/Tschurjumow-Gerasimenko.

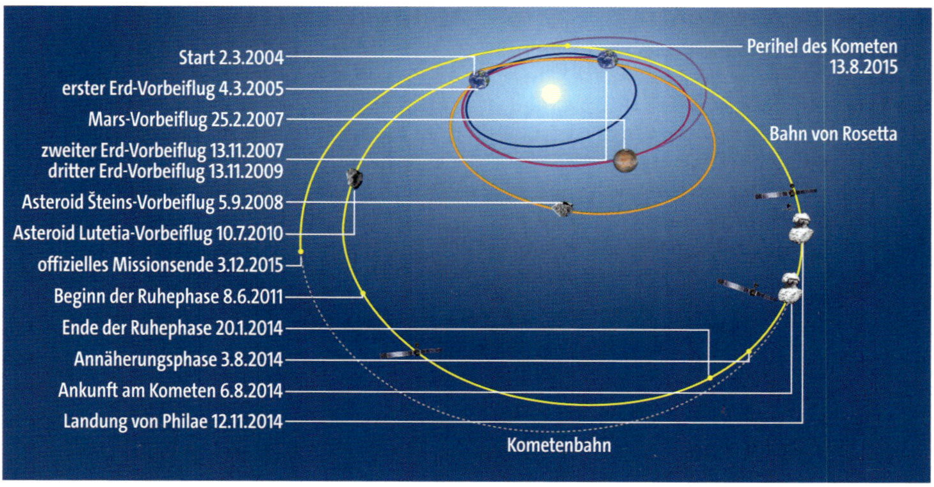

6.8 Der Kometenkern von 67P/Tschurjumow-Gerasimenko zeigt sich als bizarres Gebilde.

nen, Alpha-Teilchen und Elektronen sowie der Lichtdruck – die Gasmoleküle und Staubteilchen vom Kometenkopf fort, wobei sich ein viele Millionen Kilometer langer Schweif bildet.

Die Kometenkerne kommen aus den fernen Bezirken des Sonnensystems, weit jenseits der fernsten Planetenbahnen. Eine gewaltige zirkumsolare Wolke bildet das Reservoir der Kometen, die nach Jan Hendrik Oort (1900–1992) benannt wird, der sie postulierte. Direkt beobachtet wurde die Oortsche Wolke noch nicht. Ihr mittlerer Radius liegt bei rund 50 000 AE, dies entspricht 7500 Milliarden Kilometer. Kometenkerne setzen sich aus dem ursprünglichen Material zusammen, aus dem sich unser Sonnensystem gebildet hat. Sie sind gewissermaßen die 4,6 Milliarden Jahre alte Urmaterie, die noch nicht von der Sonnenstrahlung kontaminiert wurde.

Besuche von Raumsonden

Um zu prüfen, inwieweit das Modell des schmutzigen Schneeballs zutrifft und woraus schließlich die Materie der Kometenkerne besteht, wurde eine Reihe von interplanetaren Raumflugmissionen auf den Weg gebracht. Erstmals flog im März 1986 bei der Wiederkehr des Halleyschen Kometen die europäische Raumsonde GIOTTO in nur 600 Kilometer Entfernung an Halleys Kern vorbei: GIOTTO sandte faszinierende Aufnahmen zur Erde, die erkennen ließen, wie an einzelnen Stellen Gas- und Staubfontänen ins All schießen. Halleys Kern hat die Form einer Erdnuss mit einer Längsausdehnung von 15 Kilometer. Seine Oberfläche ist pechschwarz, der Kern ist von einer Rußschicht bedeckt. Nach der erfolgreichen Mission von GIOTTO folgten weitere Raumsonden zur Erforschung der Vagabunden des Sonnensystems. Am 22. September 2001 passierte die Raumsonde DEEP SPACE 1 den Kometen 19P/Borrelly in nur etwas mehr als 2000 Kilometern und sandte zahlreiche Aufnahmen seines Kerns zur Erde. Auch der Kern von Borrel-

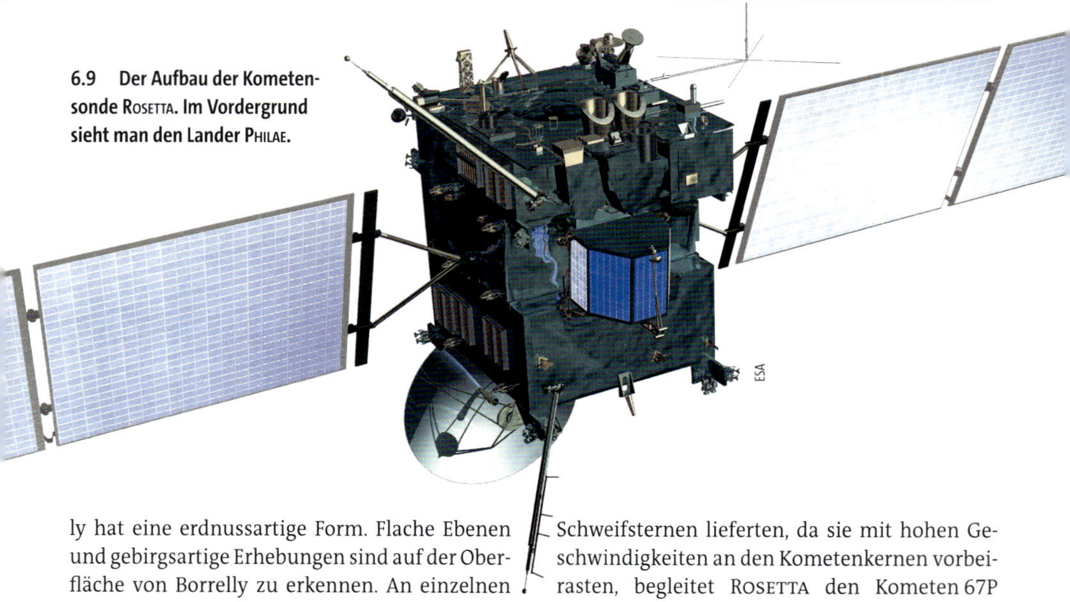

6.9 Der Aufbau der Kometensonde Rosetta. Im Vordergrund sieht man den Lander Philae.

ly hat eine erdnussartige Form. Flache Ebenen und gebirgsartige Erhebungen sind auf der Oberfläche von Borrelly zu erkennen. An einzelnen Stellen schossen Gasfontänen empor.

Die Mission Stardust (engl., Sternenstaub) knöpfte sich 2004 den Kometen 81P/Wild 2 vor. Ziel dieser Mission war es, aus der Umgebung des Kometen Staub einzufangen und in einer Kapsel zur Erde zu bringen. Die Mission war ein voller Erfolg: Am 15. Januar 2006 landete die Kapsel mit dem „Sternenstaub", besser Kometenstaub, in der Wüste des US-Bundesstaates Utah und brachte den ersehnten Staub mit.

Ein weiterer Höhepunkt in der Kometenforschung war die Mission Deep Impact. Am 4. Juli 2005 stürzte ein Kupferblock von 372 Kilogramm Masse mit einer Geschwindigkeit von 37 000 Kilometer pro Stunde auf den Kern des Kometen 9P/Tempel 1 und löste eine gewaltige Explosion aus. Die Sprengkraft entsprach etwa fünf Tonnen TNT.

Die Steigerung heißt Rosetta

Weit übertroffen wurden diese Raumflugmissionen zur Erforschung der Kometen von der europäischen Mission Rosetta zum Kometen 67P/Tschurjumow-Gerasimenko, die wohl bisher erfolgreichste Kometenmission. Während die anderen Missionen nur Momentaufnahmen von Schweifsternen lieferten, da sie mit hohen Geschwindigkeiten an den Kometenkernen vorbeirasten, begleitet Rosetta den Kometen 67P mehrere Monate lang. Überdies hatte sie einen Lander an Bord, der sanft auf dem Kometenkern aufsetzte und viele Daten zu seiner Zusammensetzung, Konsistenz, Temperatur etc. zu den irdischen Bodenstationen sandte. Es war somit das erste Mal, dass ein Komet so lange auf seinem Weg zum sonnennächsten Bahnpunkt aus nächster Nähe permanent beobachtet wurde. Ebenso erfolgte erstmals die weiche Landung eines irdischen Spähers auf einem Kometenkern mit monatelangem Aufenthalt.

Die Planungen für dieses ehrgeizige Projekt begannen bereits in den 1990er Jahren. Als Ziel wurde der Komet 46P/Wirtanen für das Rendezvous ausgewählt. Wegen technischer Probleme der Transportrakete musste der Start mehrfach verschoben werden, so dass sich dann das Startfenster schloss: Wirtanen war nicht mehr zu erreichen.

Zum Ersatzziel wurde der Komet 67P bestimmt. Dieser Haarstern wurde von dem ukrainischen Astronomenpaar Klim Iwanowitsch Tschurjumow und Swetlana Iwanowna Gerasimenko in der Nacht vom 11. auf 12. September 1969 am Observatorium Alma Ata in Kasachstan mit einem 50-cm-Maksutow-Teleskop entdeckt.

Ein „naher" Komet

Komet 67P/Tschurjumow-Gerasimenko, liebevoll auch „Tschuri" genannt, zählt mit einer Umlaufzeit von sechseinhalb Jahren zu den ausgesprochen kurzperiodischen Schweifsternen. Sein Aphel liegt dabei in 5,7 AE Sonnendistanz, also in der Nähe der Jupiterbahn. Komet 67P gehört damit zur Jupiterfamilie. Durch Bahnstörungen haben sich alle Riesenplaneten von Jupiter bis Neptun Kometenfamilien zugelegt, also Kometen, deren sonnenfernste Bahnpunkte in oder nahe bei einer der jeweiligen Planetenbahnen liegen. Allein die Jupiterfamilie – oder besser: Jupiterfamilien – umfasst mehrere Dutzend Kometen. Im Perihel kommt 67P bis auf gut 1,2 AE an die Sonne heran. Das Perihel liegt somit etwas außerhalb der Erdbahn. Die Bahn wird aber durch Jupiters Störungen von Zeit zu Zeit erheblich verändert. Die in der Tabelle „Komet 67P" auf Seite 151 vermerkten Bahndaten gelten ab dem Jahr 1959 bis auf weiteres.

Am 2. März 2004 wurde ROSETTA vom Weltraumbahnhof Kourou mit einer Rakete des Typs Ariane 5G auf die über zehn Jahre dauernde und fünf Milliarden Kilometer lange Reise zu 67P/Tschurjumow-Gerasimenko gebracht. Die gesamte Startmasse betrug fast drei Tonnen, davon waren 1,7 Tonnen Treibstoff. Die ROSETTA-Sonde selbst, ein kubischer Körper von 2,5 Meter Kantenlänge, wog samt aller Detektoren, Kameras und Messinstrumenten nur 165 Kilogramm. An Bord war außerdem die Landesonde PHILAE mit 100 Kilogramm Masse. Ferner hatte ROSETTA noch Hydrazin als Treibstoff an Bord, um die 24 Düsentriebwerke für Lagekontrolle und Bahnkorrekturmanöver zu bedienen. Pro Düse konnte damit ein Schub von zehn Newton (10 kg · m/s^2) erzeugt werden.

Per „Schwerkraftschleuder" durchs All

Um die Reisezeit nicht noch länger werden zu lassen, holte man sich Schwung bei den Planeten Erde und Mars (Impulsübertragung; Gravity assist oder Swing-by-Manöver). Am 4. März 2005 erfolgte der erste Vorbeiflug an der Erde. Am 25. Februar 2007 flog ROSETTA knapp am Mars vorbei und am 13. November 2007 abermals an der Erde. Auf ihrem Weg zum Reiseziel passierte die Raumsonde auch zwei Kleinplaneten und sandte beeindruckende Bilder von ihnen zur Erde. Am 5. September 2008 traf ROSETTA mit dem Planetoiden (2867) Šteins zusammen. Aus nur 800 Kilometer Minimaldistanz schoss die Kamera OSIRIS eine Reihe von Aufnahmen, die einen großen Krater und eine markante Kette kleiner Krater erkennen ließen. Am 13. November 2009 holte sich Rosetta schließlich zum dritten Mal Schwung an der Erde. Dabei wurde sie auf ihre endgültige Bahn zum Zielkometen 67P katapultiert. Am 10. Juli 2010 kam es zur Begegnung mit (21) Lutetia. Der Planetoid wurde mit einer Geschwindigkeit von 100 000 Kilometer pro Stunde in 3200 km Abstand passiert.

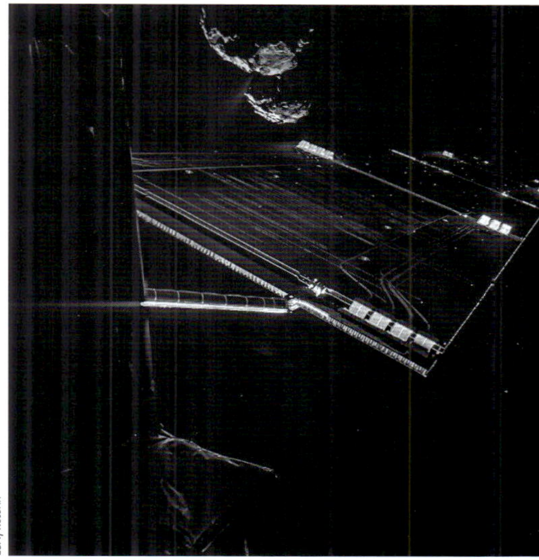
ESA/Rosetta

6.10 Die Raumsonde ROSETTA auf ihrem Flug durch das All. Im Hintergrund erkennt man den Kometenkern.

Neben Kratern und Bergrücken zeigt die Oberfläche von Lutetia auch rillenartige Formationen. Mit respektablen hundert Kilometern mittlerem Durchmesser gehört Lutetia schon zu den größeren Kleinplaneten. Allerdings reicht diese

6.11 Der Kometenlander Philae hätte sich mit seinen drei Beinen auf dem Kometen verankern sollen.

Größe noch bei Weitem nicht, um mittels Schwerkraft Lutetia zu einer kugelförmigen Gestalt zu verhelfen.

Um Strom zu sparen, wurde Rosetta in einen Modus versetzt, den man als Winterschlaf bezeichnen kann. Die Funkverbindung wurde abgeschaltet, ebenso alle Detektoren und Kameras. Man hatte auf eine radioaktive Isotopenbatterie verzichtet und stattdessen die Stromversorgung mit Solarzellen sichergestellt. Die mit den Solarzellen ausgestatteten beiden Paneele messen von Außenkante zu Außenkante 32 Meter und haben eine Fläche von 64 Quadratmeter. Keine andere Raumsonde hatte bisher so große Flächen für Sonnenkollektoren. Dies ist aber auch notwendig, denn im Aphel jenseits der Jupiterbahn beträgt die einfallende Sonnenenergie pro Flächeneinheit nur noch 1/32 derjenigen in Erdentfernung von der Sonne.

Die heiße Phase beginnt

Am 20. Januar 2014 wurde Rosetta aus ihrem Winterschlaf aufgeweckt. Groß war der Jubel im Kontrollzentrum der europäischen Raumfahrtagentur ESOC (European Space Operation Center) in Darmstadt, als sich die Sonde meldete. Nun begann der Endspurt. Rosetta näherte sich dem Kometen 67P und schoss dabei immer bessere Bilder von dessen Kern. Zur Überraschung zeigte sich, dass der Kern eigentlich aus zwei Teilen besteht, die durch eine schmale Zone miteinander verbunden sind. Der größere Zwilling hat als größten Durchmesser vier Kilometer, der kleinere misst 2,5 Kilometer. Am 6. August 2014 war es dann soweit: Rosetta erreichte Tschurjumow-Gerasimenko und schwenkte mit einem Respektabstand von hundert Kilometer in eine Umlaufbahn um den Doppelkern ein. Jetzt sollte sich zeigen, ob die Mission den Namen „Rosetta" wirklich verdient hat.

Schon 1799 fanden französische Forscher in der ägyptischen Stadt Rosetta einen Stein, der in drei Sprachen beschriftet war und aus dem Jahre 196 v. Chr. stammt. Er war der Schlüssel zur Entzifferung der ägyptischen Hieroglyphen. Denn neben den Bildsymbolen der Ägypter war der Text sowohl in Griechisch als auch in Demotisch eingemeißelt. So wie für die Althistoriker der Stein von Rosetta der Schlüssel zum Verständnis

ESA/Philae

6.12 **Philae ist auf dem Kometenkern in einer Schräglage gelandet.**

der Geschichte und Kultur des alten Ägypten ist, so erhoffen die Astronomen sich grundlegende Erkenntnisse über die Kometen und die Entstehungsgeschichte unseres Sonnensystems mit Hilfe der so benannten Raumsonde ROSETTA. Aus den bisherigen Beobachtungen ergab sich, dass Kometenkerne Dichten unter einem Gramm pro Kubikzentimeter aufweisen, also geringere Dichten als Wasser. Sie müssen daher aus lockerem, porösem Material bestehen und im Inneren Hohlräume besitzen.

Außer der Kamera OSIRIS mit Weitwinkel- und Teleobjektiv hat die Rosetta-Sonde zehn Messapparaturen bzw. Detektoren an Bord, um unter anderem zu beobachten und zu messen: die chemische Zusammensetzung der Gase in der Koma und ihre physikalischen Parameter, die Zusammensetzung und Größe der Staubkörner, die Auswirkungen des Sonnenwinds auf die Oberfläche des Zwillingskerns und dessen vollständige Kartierung.

Start frei für Philae

Im November 2014 war es dann soweit: Rosetta näherte sich bis auf fünf Kilometer dem Kern von 67P und trennte sich von der Sonde Philae, die im freien Fall zur Oberfläche driftete. Wegen der geringen Schwerkraft des Kometen erfolgte die Annäherung mit der Geschwindigkeit eines moderaten Fußgängers von knapp vier Kilometer pro Stunde. Nach sieben Stunden berührten die drei Beine von Philae die Oberfläche von 67P am 12. November um 16^h35^m MEZ. Die irdischen Beobachter erfuhren davon aber erst um 17^h03^m. Denn 28 Minuten waren die Funksignale unterwegs, um die 510 Millionen Kilometer von Tschuri zur Erde zurückzulegen. Eine direkte Steuerung kam wegen der langen Lichtlaufzeit ohnehin nicht in Frage. Groß war der Jubel in den Kontrollzentren auf der Erde, als sich herausstellte, dass alle Messapparaturen funktionierten. Nur drei bis vier Stunden täglich war eine Funkverbindung mit Philae möglich, denn diese erfolgte über Rosetta als Relaisstation. Die übrige Zeit war Rosetta von Philae aus gesehen im Funkschatten.

Die Landung erfolgte allerdings nicht ganz so wie geplant. Das Problem war die geringe Schwerkraft von Tschuri. Seine Oberflächenbeschleunigung liegt bei nur einem *Millimeter* pro

ESA/Rosetta

6.13 Die zerklüftete Oberfläche des Kometen, aufgenommen von Rosetta

Sekundenquadrat im Gegensatz zur Erde, wo sie 9,81 *Meter* pro Sekundenquadrat misst. Daraus ergibt sich für die Oberfläche von 67P eine Entweichgeschwindigkeit von lediglich etwas mehr als zwei Kilometer pro *Stunde*. Selbst ein langsam wandernder Astronaut würde diese Geschwindigkeit erreichen und auf Nimmerwiedersehen ins All entschwinden. Die irdische Entweichgeschwindigkeit ist mit 11,2 Kilometer pro *Sekunde*, das sind 40 320 Kilometer pro Stunde, fast 19 000-mal größer. Die hundert Kilogramm Masse der Landesonde Philae hat auf Tschuri nur ein Gewicht von zehn Gramm. Darum war zu befürchten, dass Philae an der Oberfläche abprallt und weggeschleudert wird. Deshalb hatte man Kaltgastriebwerke vorgesehen, die bei Bodenberührung zünden und Philae andrücken sollten. Gleichzeitig sollten aus den drei Landebeinen Harpunen in die Oberfläche geschossen werden. So sollte sich Philae am Kometen festkrallen. Zusätzlich waren Schrauben vorgesehen, die sich in den Boden bohren sollten. Doch alle drei Systeme versagten offensichtlich ihren Dienst. Und so kam es, wie es kommen musste, aber nicht sollte: Philae machte einen Hüpfer und entfernte sich mit 1,4 Kilometer pro Stunde von Tschuri bis in einen Kilometer Höhe. Anschließend fiel Philae auf Tschuri zurück und hüpfte noch dreimal – jedesmal mit geringerer Geschwindigkeit und kleinerer Höhe, bis die Sonde endgültig stehen blieb – allerdings in ziemlicher Schräglage, rund einen Kilometer vom ursprünglichen Landeplatz entfernt. Der heißt übrigens Algilkia nach der Nilinsel, auf die man die Tempelbauten von der Insel Philae verlagert hatte. Denn Philae versank nach dem Bau des Nasser-Staudamms in den Fluten des Nils.

Hoffen auf mehr Sonne

Der unbeabsichtigte Landeplatz erwies sich als recht ungünstig, denn er befindet sich in einer Zone, die meist im Schatten liegt. Nur etwa zwei Stunden während der zwölfeinhalbstündigen Rotationsperiode von Tschuri erhält Philae Sonnenlicht. Dies reicht nicht, um die Sekundärbatterien, also Akkus, genügend aufzuladen. Die nicht aufladbaren Primärbatterien waren nach 64 Stunden erschöpft. Man hat daher Philae in eine Art Stand-by-Modus versetzt und hofft, dass die Messapparaturen wieder in Betrieb genommen werden können, wenn sich Tschuri der Sonne immer mehr nähert und somit ihre Strahlung immer stärker wirkt. Die Perihelpassage von 67P/Tschurjumow-Gerasimenko erfolgte am 13. August 2015.

Doch schon in den ersten Stunden nach der Landung übermittelte Philae wertvolle Daten und Messergebnisse. So ist die Oberfläche des Kometen von einer zehn bis 20 Zentimeter dicken Staubschicht bedeckt. Das darunter liegende Eis ist extrem hart. Kein Wunder, bei –170 °C ist Eis so hart wie Stein. Bei Annäherung an die

Sonne ändert sich dies jedoch, weil der Kometenkern erhitzt wird. In der rund 100 000 Kilometer großen Koma, die den Kern gewissermaßen als Atmosphäre umhüllt, wurden neben Wasserdampf (H_2O) Gase wie Methan (CH_4), Ammoniak (NH_3), Kohlenmonoxid (CO) und Kohlendioxid (CO_2) sowie Natriumdampf (Na), Magnesiumdampf (Mg) und Methanoldampf (CH_4O) detektiert. Ferner wurden komplexere Kohlenwasserstoffe entdeckt. Aminosäuren wurden noch keine gefunden. Wenn noch welche erkannt werden sollten, so stellt sich die Frage ihrer Chiralität (Händigkeit), aus der Rückschlüsse über extraterrestrische organische Substanzen gezogen werden können. Die Größe der Staubpartikel liegt zwischen einem Hundertstel und einem halben Millimeter Durchmesser.

Interessant ist die Entdeckung, dass das Verhältnis von Wasserstoff (H_1^1) zu Deuterium (H_1^2) dreimal größer ist als bei irdischem Wasser. Daraus lässt sich schließen, dass die Wassermassen der irdischen Ozeane nicht überwiegend von Kometeneinschlägen herrühren, wie zuvor manchmal vermutet wurde.

Am 13. Juni 2015 wachte PHILAE nach sieben Monaten wieder auf. Um 23.28 Uhr empfing das Kontrollzentrum die ersten Signale mit einer Temperaturmeldung: minus 35 Grad Celsius!

Komet 67P/Tschurjumow-Gerasimenko in Zahlen

Bahndaten (ab 1959)

Große Halbachse:	a = 3,4615 AE ≙ 517,83 Millionen km
Numerische Exzentrizität:	e = 0,640
Bahnneigung:	$i = 7{,}°04$
Periheldistanz:	q = 1,246 AE ≙ 186 Millionen km (August 2015)
Apheldistanz:	Q = 5,68 AE ≙ 849,7 Millionen km (Jupiterfamilie!)
Umlaufzeit:	$U = 6{,}^a45$ ≙ 6 Jahre und 164 Tage
Perihelpassage:	13. August 2015

Physikalische Daten

Masse:	10^{16} g ≙ 10 Milliarden Tonnen
Abmessungen	
Großer Kern:	4,1 km × 3,2 km × 1,3 km
Kleiner Kern:	2,5 km × 2,5 km × 1,3 km
Volumen:	25×10^{15} cm^3 ≙ 25 Kubikkilometer
Dichte:	0,4 g/cm^3
Oberflächenbeschleunigung:	10^{-3} m/s^2
Mittlere Entweichgeschwindigkeit:	0,6 m/s
Rotationsdauer:	$12^h24^m15^s \pm 3^s$
Orientierung der Rotationsachse:	$\alpha = 4^h36^m / \delta = +64°$ (in Cam)
Nordpol im Sternbild Camelopardalis (Giraffe)	
Oberflächentemperatur:	−268 °C bis −43 °C (Juli bis August 2014)
Temperatur in ein Meter Tiefe:	−240 °C bis −110 °C (Juli bis August 2014)
Produktionsrate Wasserdampf:	bis 5 kg/s (August 2014)
Gase in Koma:	H_2O, CO, CO_2, NH_3, CH_4, Na, Mg, CH_4O
Größe der Staubteilchen:	etwa 0,01 mm bis 0,5 mm
Entdeckt am:	11./12. September 1969, Observatorium Alma Ata, Kasachstan
Entdecker:	Klim Iwanowitsch Tschurjumow, Swetlana Iwanowna Gerasimenko

Juli 2016

- Am 4. erreicht die Erde ihren sonnenfernsten Bahnpunkt – 152 Millionen Kilometer trennen sie von der Sonne.
- Mars in der Waage ist auffälliges Gestirn in der ersten Nachthälfte.
- Auch Saturn im Schlangenträger zieht die Blicke auf sich.
- Der zunehmende Mond begegnet dem Ringplaneten in der Nacht von 15. auf 16. Juli.

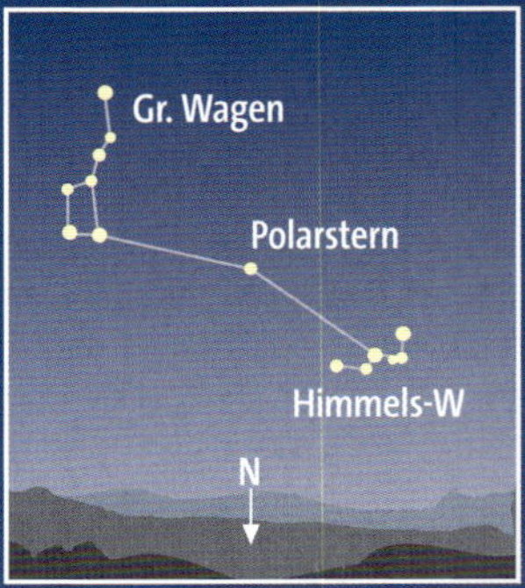

Großer Wagen und Himmels-W Anfang Juli um 22 Uhr

7.1 Himmelsanblick am 14. Juli gegen 23^h MEZ (= 24^h MESZ). Tief am Südwesthimmel halten sich Mars, Saturn und der zunehmende Mond auf.

1	Fr	Mond in Erdnähe
2	Sa	
3	So	
4	Mo	**Neumond,** Erde in Sonnenferne
5	Di	
6	Mi	
7	Do	Pluto in Opposition
8	Fr	
9	Sa	Mond bei Jupiter (Abendhimmel)
10	So	
11	Mo	
12	Di	Mond im ersten Viertel
13	Mi	Mond in Erdferne
14	Do	
15	Fr	Mond bei Saturn (Mitternacht)
16	Sa	Merkur bei Venus (Abendhimmel)
17	So	
18	Mo	
19	Di	**Vollmond**
20	Mi	
21	Do	
22	Fr	
23	Sa	Mond bei Neptun (Morgenhimmel)
24	So	
25	Mo	
26	Di	
27	Mi	Mond im letzten Viertel, Mond in Erdnähe
28	Do	
29	Fr	
30	Sa	
31	So	

Sonne – Sternbilder

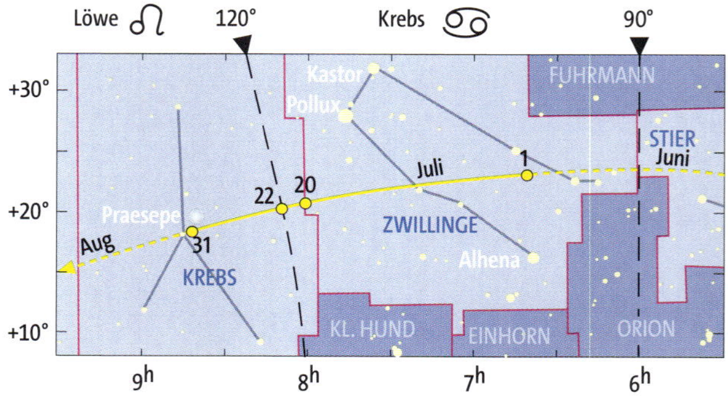

20. 7. 14^h:
Sonne tritt in das Sternbild Krebs
22. 7. 10^h:
Sonne tritt in das Tierkreiszeichen Löwe
Julianisches Datum am
1. Juli, 1^h MEZ: 2 457 570,5

Tabelle Sonnenlauf

Tag	Dämmerg. Anfang	Aufgang MEZ	Kulmination	Untergang MEZ	Dämmerg. Ende	Mittagshöhe	Zeitgleichg.	Rektaszension	Deklination
	h m	h m	h m	h m	h m	o	m	h m	o
1.	2 27	4 15	12 24	20 32	22 20	63,1	–4	6 41	+23,1
5.	2 31	4 18	12 25	20 31	22 17	62,7	–5	6 57	+22,8
10.	2 39	4 23	12 25	20 28	22 11	62,1	–5	7 18	+22,2
15.	2 47	4 28	12 26	20 24	22 04	61,4	–6	7 38	+21,5
20.	2 56	4 34	12 26	20 18	21 55	60,5	–6	7 58	+20,7
25.	3 06	4 40	12 27	20 12	21 45	59,5	–7	8 18	+19,7
31.	3 18	4 48	12 26	20 03	21 33	58,1	–6	8 42	+18,3

Tages- und Nachtstunden

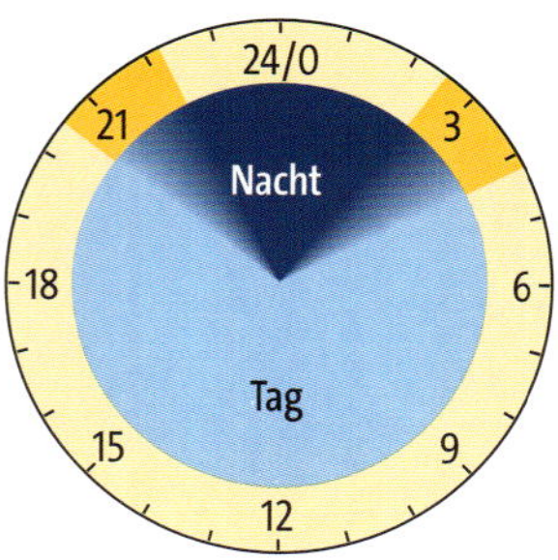

5. Juli

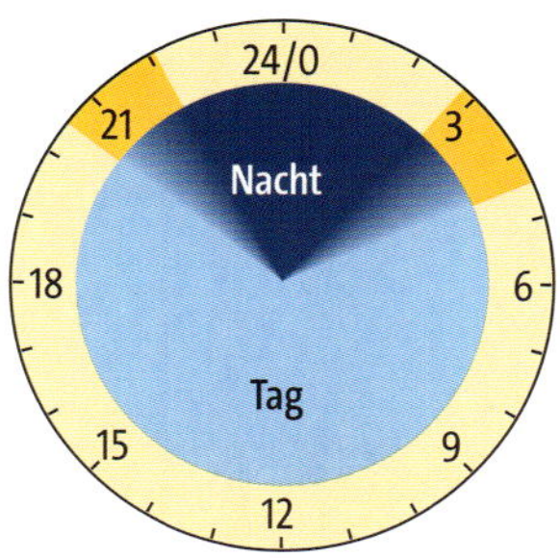

15. Juli

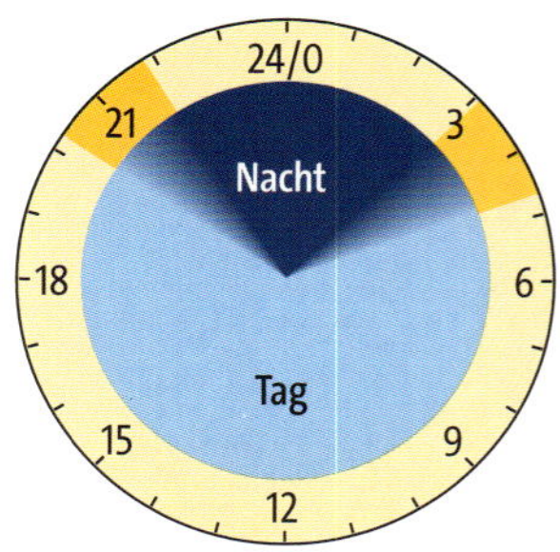

25. Juli

Tabelle Mondlauf

Datum		Aufg. MEZ	Kulmination	Unterg. MEZ	Rektaszension	Deklination	Sterne und Sternbilder	Phase	MEZ
		h m	h m	h m	h m	°			
Fr	1.	2 03	9 28	17 04	3 26	+13,9	Stier	Erdnähe 366/32,'7	8^{h}
Sa	2.	2 45	10 26	18 14	4 25	+16,6	Stier, Hyaden	Größte Südbreite	
So	3.	3 35	11 25	19 17	5 25	+18,2	Stier		
Mo	4.	4 32	12 23	20 12	6 26	+18,6	Alhena	**Neumond Nr. 1157**	$12^{h}01^{m}$
Di	5.	5 35	13 20	20 58	7 25	+17,9	Zwillinge		
Mi	6.	6 42	14 14	21 36	8 22	+16,1	Krebs, Krippe		
Do	7.	7 50	15 04	22 09	9 17	+13,4	Krebs	Libration West	
Fr	8.	8 57	15 52	22 37	10 08	+10,2	Löwe, Regulus		
Sa	9.	10 02	16 37	23 02	10 58	+ 6,6	Löwe	Aufsteigender Knoten	
So	10.	11 06	17 21	23 27	11 45	+ 2,8	Jungfrau		
Mo	11.	12 08	18 04	23 51	12 31	− 1,1	Jungfrau		
Di	12.	13 10	18 47	–	13 16	− 4,9	Spica	**Erstes Viertel**	$1^{h}52^{m}$
Mi	13.	14 11	19 30	0 15	14 02	− 8,4	Jungfrau	Erdferne 404/29,'6	6^{h}
Do	14.	15 12	20 15	0 42	14 48	−11,6	Waage		
Fr	15.	16 12	21 01	1 12	15 36	−14,3	Waage		
Sa	16.	17 10	21 50	1 47	16 25	−16,5	Schlangenträger	Größte Nordbreite	
So	17.	18 05	22 40	2 27	17 16	−17,9	Schlangenträger		
Mo	18.	18 56	23 32	3 14	18 09	−18,6	Schütze		
Di	19.	19 42	–	4 09	19 03	−18,3	Schütze, Nunki	**Vollmond**	$23^{h}57^{m}$
								Libration Ost	
Mi	20.	20 23	0 24	5 10	19 57	−17,0	Schütze		
Do	21.	20 59	1 17	6 17	20 52	−14,8	Steinbock		
Fr	22.	21 31	2 09	7 27	21 46	−11,7	Steinbock		
Sa	23.	22 01	3 01	8 40	22 40	− 8,0	Wassermann	Absteigender Knoten	
So	24.	22 30	3 52	9 53	23 34	− 3,8	Wassermann		
Mo	25.	22 59	4 43	11 08	0 27	+ 0,7	Walfisch		
Di	26.	23 30	5 35	12 23	1 21	+ 5,1	Fische		
Mi	27.	–	6 27	13 37	2 15	+ 9,3	Walfisch	**Letztes Viertel**	$0^{h}00^{m}$
								Erdnähe 370/32,'3	13^{h}
Do	28.	0 04	7 22	14 50	3 11	+12,9	Widder		
Fr	29.	0 43	8 18	16 00	4 09	+15,8	* Stier, Hyaden	Größte Südbreite	
Sa	30.	1 28	9 15	17 05	5 07	+17,7	Aldebaran		
So	31.	2 21	10 12	18 02	6 06	+18,5	Alhena		

Der Mond nähert sich am 15./16. Saturn

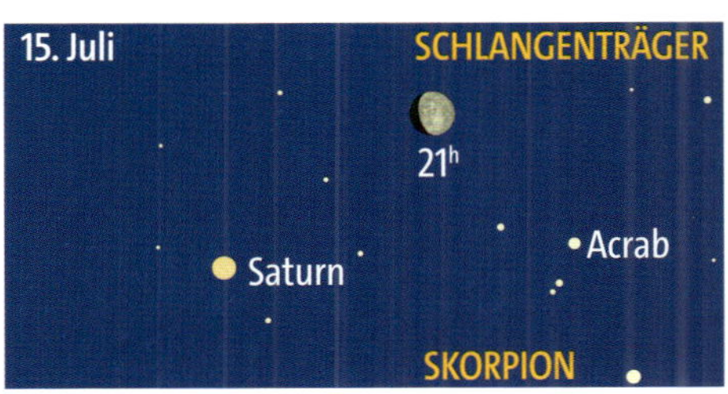

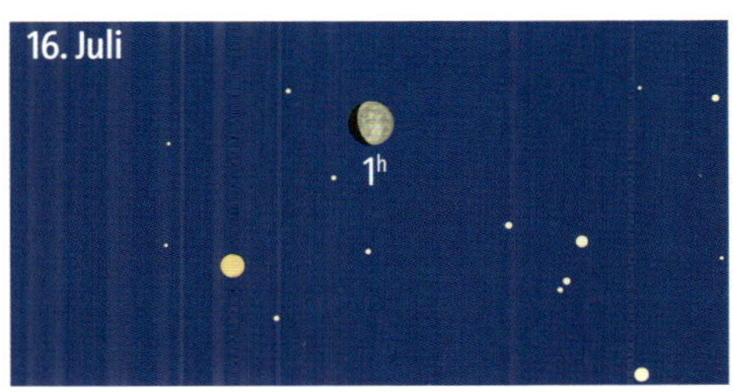

Merkur kommt am 7. in obere Konjunktion mit der Sonne. An diesem Tag ist er 1,33 AE (= 199 Millionen Kilometer) von der Erde entfernt. Dies ist fast die maximale Entfernung von uns, die Merkur erreichen kann. Sie beträgt 1,48 AE (= 222 Millionen Kilometer). Da aber Merkur am 2. durch sein Perihel eilt und dabei nur 0,307 AE (= 46 Millionen Kilometer) von der Sonne entfernt ist, wird diesmal zur oberen Konjunktion nicht die größtmögliche Entfernung von der Erde erreicht.

Bis Ende Juli wächst der östliche Winkelvorsprung Merkurs von der Sonne auf knapp 23° an. Da er aber eine um fast 7° südlichere Deklination als die Sonne hat, kommt es nicht zu einer

7.2 Heliozentrischer Anblick des Planetensystems im dritten Jahresviertel 2016. Eingetragen sind links die Positionen der inneren Planeten für den 1. Juli (7), 1. August (8), 1. September (9) und 1. Oktober (10). Der rechte Teil zeigt das äußere Planetensystem und einige Planetoiden. Die Pfeile deuten die Richtungen zu den ferneren Planeten sowie zum Frühlingspunkt an.

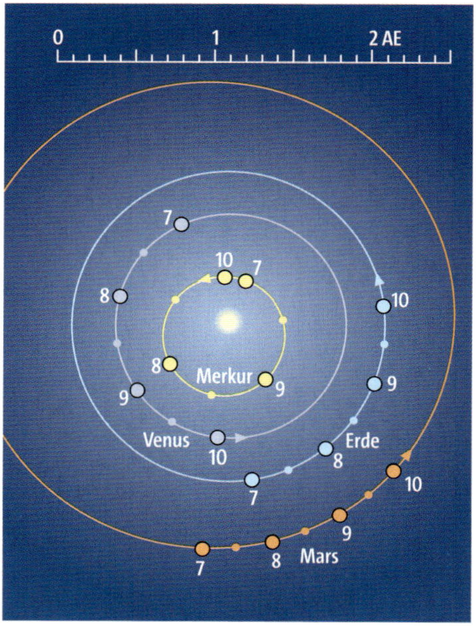

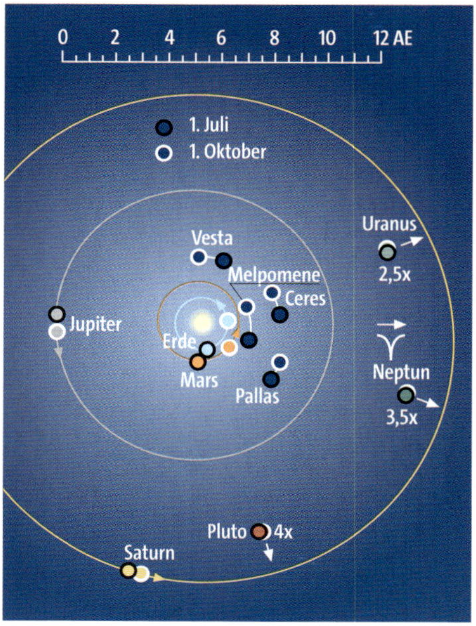

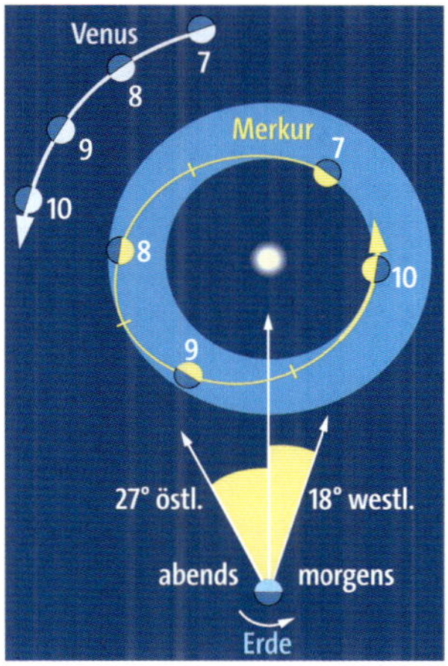

7.3 Bahnen von Merkur und Venus: Heliozentrische Bewegungen von Merkur und Venus *relativ* zur Erde. In den dicker ausgezogenen Bahnteilen sind die Planeten beobachtbar. Die Zahlen geben die Positionen jeweils zum Monatsersten an. Östlicher Winkelabstand bedeutet Abendsichtbarkeit; westliche Elongation: Planet steht am Morgenhimmel.

Abendsichtbarkeit. Mit lichtstarker Optik lässt sich jedoch die enge Begegnung mit Venus am 16. beobachten.

Venus stand zu Beginn des Vormonats in oberer Konjunktion mit der Sonne. Ihr östlicher Winkelabstand nimmt nur langsam zu, da sich beide Gestirne in gleicher Richtung, nämlich rechtläufig durch den Tierkreis bewegen. Bis Monatsende wächst ihre östliche Elongation von der Sonne erst auf 15° an. Da der Tagbogen von Venus kleiner als der der Sonne ausfällt, erscheint der Planet noch nicht am Abendhimmel. Die Begegnung mit Merkur am 16. ist nur mit einem Teleskop beobachtbar.

Am 11. passiert Venus das Perihel ihrer fast kreisförmigen Bahn. An diesem Tag trennen sie 107 Millionen Kilometer, das sind 0,715 AE, von der Sonne.

Mars ist auffälliges Gestirn am Abendhimmel, wenn auch seine Helligkeit weiter um $0^m{,}6$ auf $-0^m{,}8$ abnimmt. Der rote Planet wandert nun wieder rechtläufig durch das Sternbild Waage. In der ersten Julihälfte ist sein Lauf noch zögerlich, in der zweiten beschleunigt er aber deutlich seine Bewegung (siehe Abb. 6.3 auf Seite 137). Seine Untergänge verlegt der rote Planet in die Zeit um Mitternacht. Am 1. geht Mars um 1^h17^m (= 2^h17^m Sommerzeit) unter, am 15. um 0^h24^m und am 31. bereits um 23^h30^m. Damit wird Mars zum Planeten der ersten Nachthälfte.

Das Marsscheibchen schrumpft weiter von 16″ auf 13″. Noch lassen sich im Teleskop bei stärkerer Vergrößerung einige markante Details wie die Große Syrte oder die helle Südpolkappe erkennen. Am 4. beginnt auf der Nordhalbkugel der Herbst und auf der Südhalbkugel des Mars der Frühling.

Jupiter, rechtläufig im Sternbild Löwe, kann nach Einbruch der Dunkelheit am westlichen Abendhimmel gesehen werden. Der Riesenplanet verkürzt seine Sichtbarkeitsdauer erheblich. Erfolgt der Jupiteruntergang am 1. um 23^h26^m, so verschwindet der Riesenplanet am 15. schon

Konstellationen und Ereignisse

Datum	MEZ	Ereignis
2.	17^h	Merkur im Perihel
4.	17	Erde im Aphel (Sonnenferne), Abstand Erde – Sonne 152,104 Millionen Kilometer
7.	4	Merkur in oberer Konjunktion mit der Sonne
7.	23	**Pluto in Opposition** zur Sonne
9.	11	**Mond bei Jupiter**, Mond 0°,9 südlich (Bedeckung), **Abstand 5°,2 um 21^h**
11.	3	Venus im Perihel
14.	19	Mond bei Mars, Mond 7°,8 nördlich
16.	6	**Mond bei Saturn**, Mond 3°,4 nördlich, **Abstand 4°,2 um 1^h**
16.	19	**Merkur bei Venus**, Merkur 0°,5 nördlich, **Abstand 0°,5 um 20^h** (Teleskop!)
23.	7	**Mond bei Neptun**, Mond 1°,1 nördlich (Bedeckung), **Abstand 2°,0 um 3^h** (Teleskop!)
26.	5	Mond bei Uranus, Mond 2°,9 südlich
30.	3	Uranus im Stillstand, anschließend rückläufig

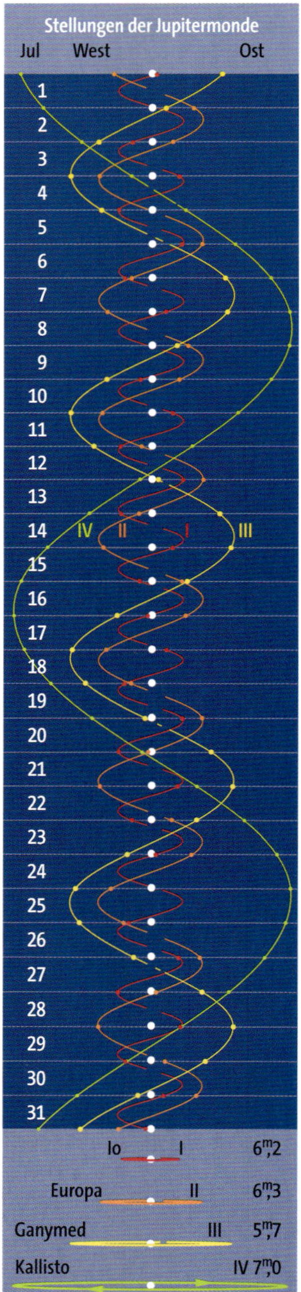

um 22^h35^m, am 31. hingegen schon um 21^h37^m (= 22^h37^m Sommerzeit). Um diese Uhrzeit endet gerade die nautische Abenddämmerung.

Die Jupiterhelligkeit nimmt abermals leicht um $0\overset{m}{,}2$ ab und beträgt am Monatsende $-1\overset{m}{,}7$.

Saturn stand zu Beginn des Vormonats in Opposition zur Sonne und ist nach wie vor ein auffälliges Objekt am Nachthimmel. Er verzögert seine rückläufige Wanderung durch den Schlangenträger deutlich, was man gut an ω Ophiuchi ($4\overset{m}{,}5$) verfolgen kann. Zu Monatsende bleibt er fast ganz stehen (siehe Abb. 6.3 auf Seite 137).

Mit Einbruch der Dunkelheit ist der $0\overset{m}{,}2$ helle Saturn bereits am Südosthimmel zu erkennen. Die Helligkeit geht bis Monatsende leicht auf $0\overset{m}{,}3$ zurück. Vom Morgenhimmel zieht sich der Ringplanet zurück und wird zum Planeten der ersten Nachthälfte. Am 1. sinkt Saturn um 2^h40^m unter den Horizont, am 15. um 1^h43^m und am 31. schon um 0^h38^m (= 1^h38^m Sommerzeit).

Der zunehmende Mond wandert in der Nacht vom 15. auf 16. rund 3° nördlich an Saturn vorbei (siehe Mondlaufgrafik auf Seite 155).

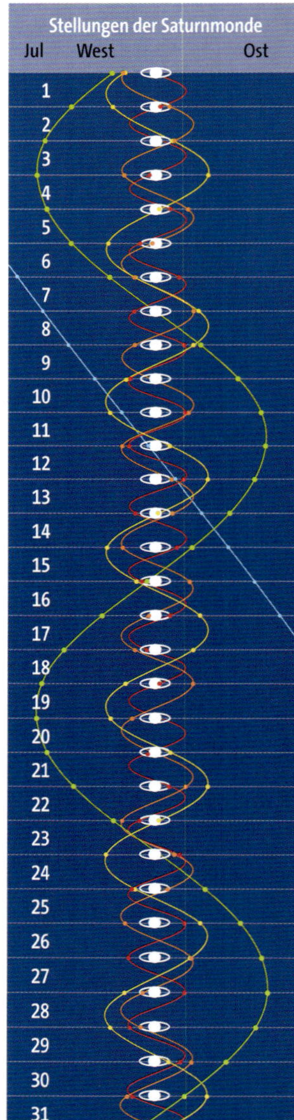

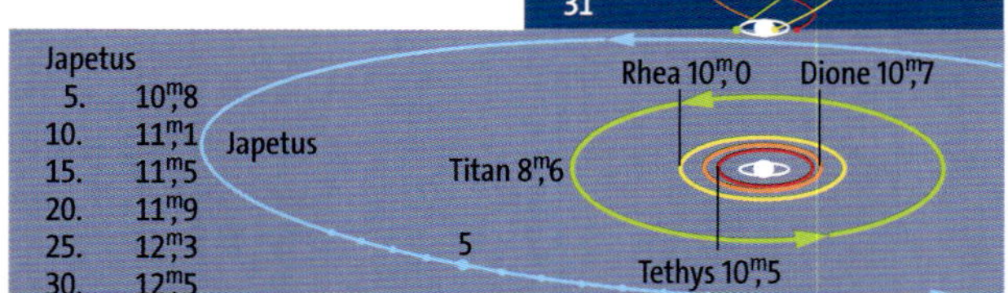

Uranus taucht am Morgenhimmel auf. Er hält sich im Sternbild Fische auf, wo er am 30. stationär wird und zu seiner Oppositionsschleife ansetzt (siehe Abb. 10.7 auf Seite 215).

Uranus geht am 1. um 0^h26^m (= 1^h26^m Sommerzeit) auf. Etwa eine Stunde später kann man mit geeigneter Optik nach dem $5^m_,8$ hellen Planeten Ausschau halten. Etwa eine gute Stunde später verschluckt ihn die Morgendämmerung.

Am 1. kulminiert Uranus um 7^h12^m, am 15. um 6^h17^m und am 31. um 5^h15^m (= 6^h15^m Sommerzeit). Der Uranusaufgang erfolgt am Monatsletzten um 22^h25^m (= 23^h25^m Sommerzeit).

Neptun, rückläufig im Wassermann, strebt seiner Opposition zur Sonne entgegen, die er aber erst Anfang September erreicht. Der sonnenfernste, bläuliche Planet verlagert zwar seine Aufgänge in die Zeit weit vor Mitternacht. Um ihn aufzusuchen, sind jedoch erst die Stunden nach Mitternacht zu empfehlen, wenn er sich in Meridiannähe aufhält.

Neptun geht am 1. um 23^h08^m (0^h08^m Sommerzeit am 2.) auf und kulminiert um 4^h36^m. Am 15. erfolgt sein Aufgang um 22^h12^m und seine Meridianpassage um 3^h41^m. Am Monatsletzten geht der inzwischen $7^m_,8$ helle Neptun um 21^h09^m auf und kulminiert um 2^h37^m (= 3^h37^m Sommerzeit). Am 23. erhält der lichtschwache Planet Besuch vom abnehmenden Mond. Neptun trotz Mondlicht zu finden, stellt eine Herausforderung für versierte Beobachter dar (siehe Abb. 7.4 oben).

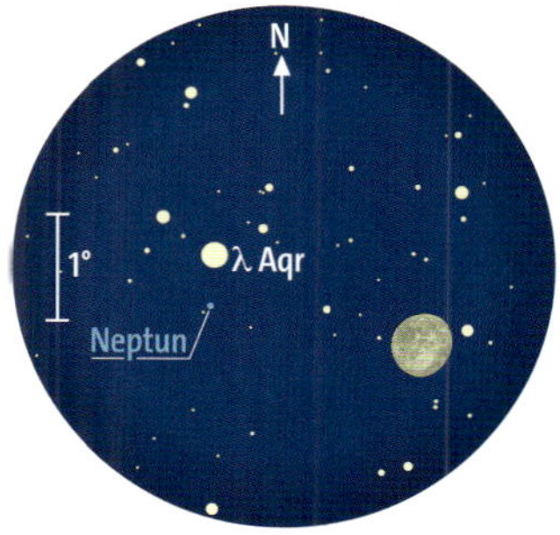

7.4 Mond trifft Neptun: **Begegnung des abnehmenden Mondes mit Neptun am 23. Juli. Fernglasanblick gegen 3^h MEZ (= 4^h MESZ) bei 5° Gesichtsfelddurchmesser.**

Pluto, Zwergplanet mit der Planetoiden-Nr. 134340, steht am 7. im Sternbild Schütze in **Opposition** zur Sonne. Trotz einer scheinbaren Helligkeit von nur $14^m_,1$ können ihn besser ausgerüstete Amateurastronomen finden. Dazu soll die Aufsuchkarte Abb. 7.5 unten hilfreich sein. In der Oppositionsnacht passiert Pluto um 0^h28^m (= 1^h28^m MESZ) den Meridian.

Zur Opposition ist Pluto 4804 Mio. Kilometer (= 32,11 AE) von der Erde entfernt. Dies entspricht einer Lichtlaufzeit von vier Stunden und 27 Minuten.

7.5 Bahn von Pluto: **Oppositionsschleife von Pluto im Sternbild Schütze im Jahr 2016.**

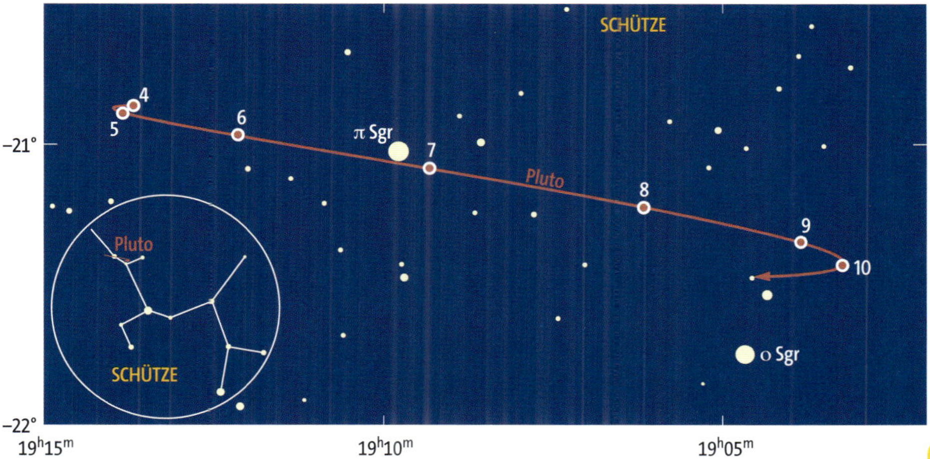

Von der Sonne trennen Pluto am Oppositionstag 4956 Millionen Kilometer (= 33,13 AE).

Auch bei hoher Vergrößerung zeigt sich Pluto punktförmig, denn sein scheinbarer Durchmesser beträgt nur 0,″1. Sein größter Mond Charon kann auch in großen Teleskopen nicht von Pluto getrennt erkannt werden. Die übrigen vier Möndchen von Pluto sind winzige Himmelskörper (siehe auch Tabelle „Die Mondes des Pluto" *im Himmelsjahr **2015*** auf Seite 171).

Planetoiden

Pallas (2), rückläufig im Pegasus, strebt ihrer Opposition entgegen, die sie im zweiten Drittel des August erreicht. Die Pallashelligkeit nimmt um eine halbe Größenklasse auf $9^m\!,6$ zu. Pallas verfrüht ihre Meridianpassagen von 3^h40^m am 1. auf 2^h40^m am 15. und auf 1^h27^m (= 2^h27^m Sommerzeit) am Monatsletzten. Das Aufsuchkärtchen Abb. 8.4 für Pallas findet sich auf Seite 177.

Periodische Sternschnuppenströme

Die **Delta-Aquariden** leuchten vom 12. Juli bis 19. August auf. Sie bilden den aktivsten Strom im Juli und werden auch **Juli-Aquariden** genannt. Ihr Radiant liegt etwa 3° westlich von δ Aquarii. Das Maximum ist nicht in jedem Jahr am selben Tag zu erwarten. In diesem Jahr dürfte es in den Stunden nach Mitternacht des 29. Juli auftreten. Die Geschwindigkeit der Sternschnuppen liegt um 40 Kilometer pro Sekunde. Im Maximum sind etwa 20 bis 25 Meteore pro Stunde zu erwarten.

Vom 2. Juli bis 14. August treten die **Alpha-Capricorniden** (Radiant im Steinbock) auf. Sie sind die ganze Nacht über beobachtbar. Der Ursprungskomet ist 45P/Honda-Mrkoš-Pajdusáková (früher 1948 XII). Um das Maximum am 29. Juli sind höchstens zehn Objekte pro Stunde zu erwarten. Es handelt sich um recht langsame Meteore, die im Mittel mit 23 Kilometer pro Sekunde in die Atmosphäre eindringen.

Ab dem 16. Juli ist mit den ersten Exemplaren des **Perseïden**-Stromes zu rechnen, der seine maximale Tätigkeit in den ersten Augusttagen entfaltet. Der Radiant liegt zunächst südlich von Kassiopeia und wandert Anfang August in den nördlichen Bereich des Perseus.

Der Fixsternhimmel

Alle Sternbilder des Sommers stehen nun zur Standardbeobachtungszeit (22^h MEZ = 23^h MESZ) bereits über dem Horizont. Zunächst werfe man einen Blick auf das Sommerdreieck, das unübersehbar am Osthimmel steht. In einem Verzeichnis der Sternbilder wird man allerdings vergeblich nach einem „Sommerdreieck" suchen. Es gehört nicht zu den 88 offiziellen Sternbildern, die die IAU (International Astronomical Union, die Dachorganisation aller Fachastronomen) in ihren Katalog im Jahre 1925 aufgenommen hat. Aber drei helle Sterne bilden den auffälligen Schwerpunkt des abendlichen Sommerhimmels, die man zum Sommerdreieck zusammenfasst.

Im Juli steht das Sommerdreieck gegen Mitternacht hoch im Süden. Es ist gewissermaßen das Gegenstück zum Wintersechseck. Das Sommerdreieck setzt sich aus den jeweils hellsten Sternen dreier Sternbilder zusammen. Es sind dies Wega in der Leier, Deneb im Schwan und Atair im Adler.

Tief am Südhorizont

Die Frühlingssternbilder Bootes mit Arktur und Jungfrau mit Spica sind die Leitbilder des westlichen Himmelsgewölbes. Sie erinnern gewissermaßen an vergangene Frühlingstage. Tief im Süden ist Antares zu sehen, der Hauptstern des Tierkreisbildes Skorpion. Der Skorpion passiert gerade den Meridian. Antares ist ein sogenannter roter Überriesenstern. Stünde die Sonne in seinem Mittelpunkt, so läge die Erdbahn noch innerhalb der Antareskugel, denn sein

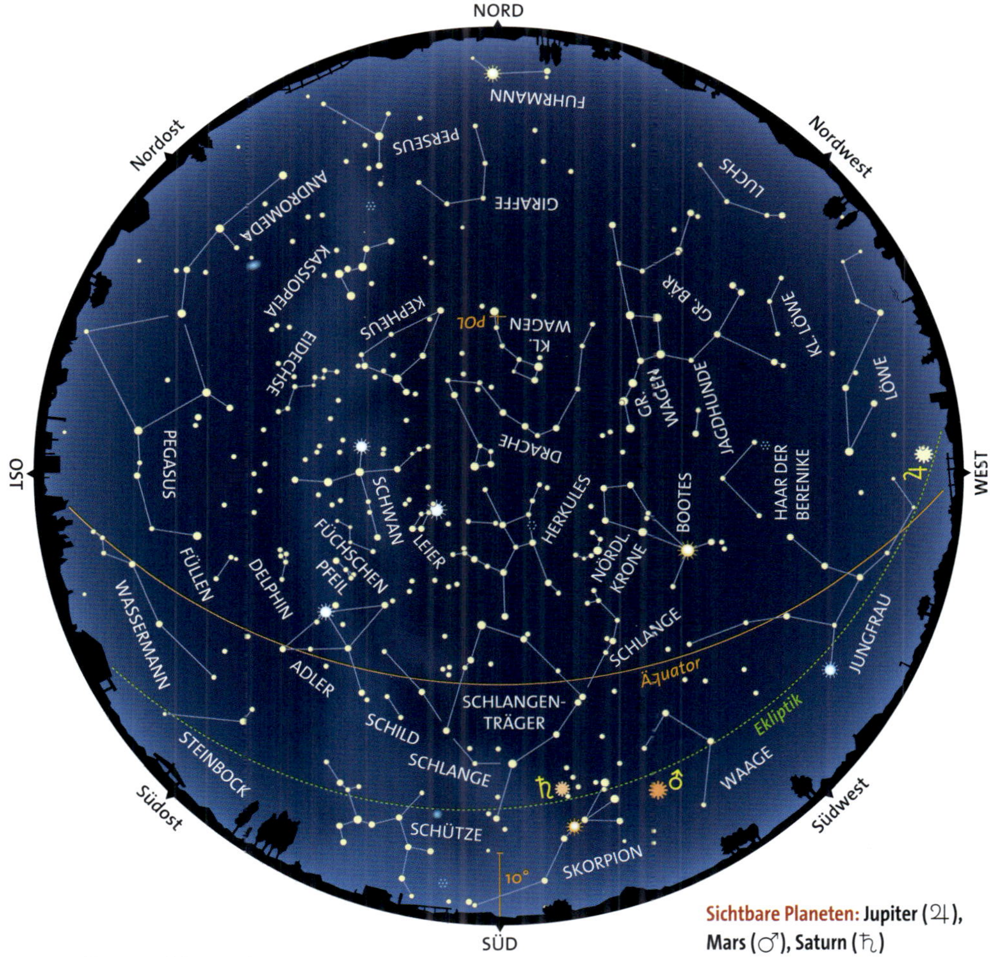

Sichtbare Planeten: Jupiter (♃), Mars (♂), Saturn (♄)

Der Sternenhimmel am 15. Juli um 22h MEZ

Die Sternkarte ist auch gültig für:

	MEZ	MESZ
15. 4.	4h	5h
1. 5.	3	4
15. 5.	2	3
1. 6.	1	2
15. 6.	0	1
1. 7.	**23**	**24**
15. 7.	**22**	**23**
31. 7.	**21**	**22**

Durchmesser beträgt etwa 970 Millionen Kilometer. Antares ist rund 600 Lichtjahre von uns entfernt. Ein wenig nördlich von Antares leuchtet im Schlangenträger ein heller Lichtpunkt, der in anderen Jahren dort nicht zu sehen ist. Es ist Saturn, der hier sein Gastspiel gibt.

Vom Skorpion zieht sich die scheinbare Sonnenbahn (Ekliptik) durch den Schützen, der tief im Südosten aufgegangen ist. Mond und Planeten erreichen am abendlichen Sommerhimmel nur geringe Höhen, da sich die südlichen Teile der Ekliptik nur knapp über dem Horizont befinden. Vor dem Skorpion steht im Südwesten die Waage, in der diesen Sommer der rote Planet Mars kurz vor der Grenze zum Skorpion zu sehen ist. Hoch im Meridian, fast im Zenit, stößt

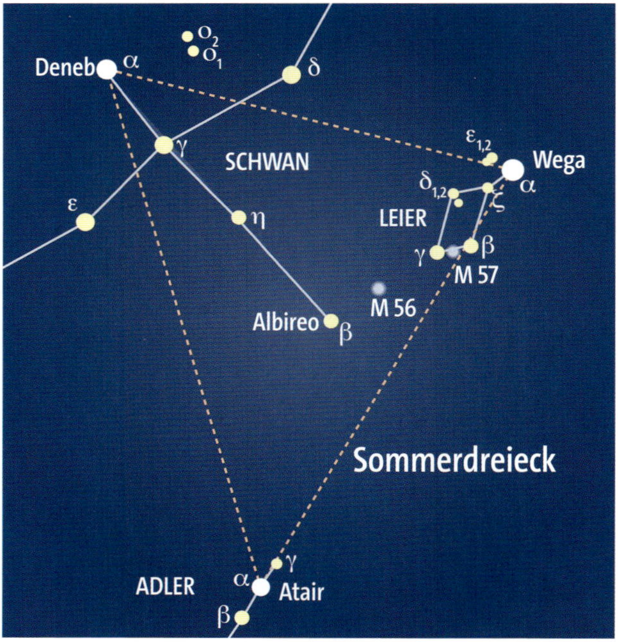

7.6 Das Sommerdreieck: Es setzt sich aus den drei hellen Sternen Wega in der Leier, Deneb im Schwan und Atair im Adler zusammen.

man auf den Herkules mit seinem schönen Kugelsternhaufen M 13. In dieser günstigen Position sollte man sich einmal die Mühe machen, die einzelnen Mitgliedssterne des Herkules zu identifizieren, um sich das Gesamtbild einzuprägen.

Ähnliches gilt für den Schlangenträger (lat.: Ophiuchus), der ebenfalls jetzt den Meridian durchwandert und südlich vom Herkules zu finden ist. Der Schlangenträger ist noch ausgedehnter als der Herkules. Außerdem hält der Schlangenträger das Ungetüm von Schlange in

7.7 Das Sternbild Skorpion mit dem hellen, roten Überriesenstern Antares (Foto: Bernhard Hubl).

seinen Händen. Der Kopf der Schlange reicht bis an die Nördliche Krone heran, die zwischen Bootes und Herkules ihren Platz hat. Gegenwärtig hält sich der Ringplanet im südlichen Teil des Ophiuchus auf.

Im Osten wiederum erstreckt sich der Schwanz der Schlange (lat.: Serpens Cauda) bis zum Sternbild Adler. Eine Kette schwacher Sterne zeigt direkt auf den hellen Atair.

Wer nun schon einige Erfahrungen im Aufsuchen lichtschwacher Sternbilder hat, sollte sich einmal das Sternbild Drache vorknöpfen. Der Drache (lat.: Draco) ist ein Zirkumpolarsternbild, das das ganze Jahr über sichtbar ist. Sein kleiner, markanter Kopf steht nun fast genau im Zenit (Scheitelpunkt). Von hier schlängelt sich der Drache um den Nordpol der Ekliptik zwischen Kleinem und Großem Wagen hindurch. Sein Schwanz deutet auf das wenig bekannte Sternbild Giraffe (lat.: Camelopardalis).

Die Milchstraße steigt im Süden zwischen Skorpion und Schütze in Richtung Adler empor. Anschließend geht sie durch Schwan und Kassiopeia zum Nordpunkt am Horizont, wo man auch die Kapella im Wintersternbild Fuhrmann erspähen kann.

Veränderliche Sterne im Juli

Algol-Minima	3.	1^h27^m	5.	22^h17^m	23.	3^h08^m	25.	23^h57^m	28.	20^h45^m		
β-Lyrae-Minima	7.	11^hN	13.	22^hH	20.	9^hN	26.	21^hH				
δ-Cepheï-Maxima	3.	12^h	8.	21^h	14.	6^h	19.	14^h	24.	23^h	30.	8^h
Mira-Helligkeit	1.	5^m	10.	5^m	20.	6^m	31.	6^m				

Wasserstoff – Lebenselixier der Sterne

NASA/ESA/STScI

7.8 Der Orion-Nebel (M 42), ein Sternentstehungsnest. Der interstellare Wasserstoff, Baumaterial neuer Sterne, glüht rot auf.

Wasserstoff spielt eine entscheidende Rolle im Aufbau und in der Entwicklung des Universums. In den ersten winzigen Augenblicken der Existenz des Kosmos entstand dieses leichteste aller chemischen Elemente. In Form von riesigen Wolken bildet Wasserstoff die Struktur der Milchstraßensysteme. Wasserstoff liefert den Brennstoff der Sterne für die meiste Zeit ihres Daseins. Wasserstoff ermöglicht erst das Leben, ob als Hauptkomponente des Wassers oder als Bestandteil organischer Moleküle. Die Geschichte des Universums ist die Geschichte des Wasserstoffs und seiner Metamorphose.

Ein Wasserstoffatom ist das einfachste aller Atome. Ein einzelnes, positiv geladenes Proton, um das ein negativ geladenes Elektron kreist, bildet ein Wasserstoffatom. Im Grundzustand hat es einen Durchmesser von lediglich einem Hundertmillionstel (10^{-8}) Zentimeter. Der Kern ist noch viel kleiner: Der Protonendurchmesser beträgt nur ein Zehnbillionstel (10^{-13}) Zentimeter. Hätte das Proton die Größe einer Kirsche, so liefe das Elektron in einem Kilometer Entfernung um den Kern. Dazwischen herrscht leerer Raum. Proton und Elektron haben gleich große elektrische Ladung, aber entgegengesetzte Polarität. Elektromagnetische Kräfte binden das Elektron an den Kern. Allerdings ist fast die gesamte Masse des Atoms im Kern vereinigt. Das Proton ist fast 2000-mal schwerer als das Elektron. Genauer: Das Massenverhältnis beträgt 1:1836. Das Elektron saust mit einer Geschwindigkeit von fast 2200 Kilometer pro Sekunde um den Kern. In einer einzigen Sekunde umrundet es somit das Proton sieben Billiarden (10^{15}) Mal. Quantenmechanisch gesehen erzeugt das Elektron eine Ladungswolke um den Kern. Ort und Impuls (= Bewegungsgröße = Masse mal Geschwindigkeit) lassen sich nicht beliebig genau angeben. Das besagt die von Werner Heisenberg formulierte Unschärferelation, eines der fundamentalen Prinzipien der Quantenmechanik.

Synthese der Materie

Vor 13,8 Milliarden Jahren entstanden Protonen und Elektronen in einem winzigen Bruchteil einer Sekunde im Feuerball des Urknalls. Der Kosmos war damals unvorstellbar heiß und dicht. Infolge der Expansion kühlte das Universum rasch ab. Die Energiedichte sank und es bildeten sich winzige Partikel, gewissermaßen Kondensate der Energie. Man nennt sie Quarks. Sie sind die Grundbausteine der baryonischen Materie, zu der auch die Protonen gehören. Bei weiter fallender Temperatur fanden sich je drei Quarks zu einem Proton oder Neutron zusammen.

Fast die gesamte baryonische Materie setzt sich aus zwei Sorten von Quarks zusammen, nämlich Up- und Down-Quarks. Die u-Quarks besitzen 2/3 der positiven elektrischen Elementarladung, die d-Quarks ⅓ der negativen Elementarladung. Ein Proton setzt sich aus zwei u- und einem d-Quark zusammen (p = uud), das ergibt genau eine elektrische Elementarladung (⅔ + ⅔ − ⅓ = 1). Die Konfiguration eines Neutrons lautet hingegen: n = udd. Somit ist ein Neutron zwar ein schweres Teilchen, ein Baryon, nach außen hin ist es jedoch elektrisch neutral (⅔ − ⅓ − ⅓ = 0).

In der überdichten Ursuppe des extrem jungen Universums zerstrahlten fast alle Quarks nach Kollisionen mit ihren Antiteilchen. Ebenso vernichteten sich Elektronen und Positronen. Dies alles geschah innerhalb einer Tausendstelsekunde, wobei sich pro Kubikzentimeter eine Sextillion (10^{36}) Partikel drängten. Ein winziger Überschuss an Teilchen gegenüber ihren Antiteilchen sorgte dafür, dass nicht alle Partikel zerstrahlten. Jeweils eines von einer Milliarde blieb übrig und lieferte die Materie, die wir heute im Weltall beobachten – Sterne, interstellare Materie, Planeten, Monde usw.

Die ersten Atomkerne

Bei weiter sinkender Energiedichte fanden sich Protonen und Neutronen zu den ersten Atomkernen zusammen. In den ersten drei Minuten bildete sich Helium sowie Spuren von Deuterium und Lithium. Deuterium, auch schwerer Wasserstoff genannt, setzt sich aus einem Proton und einem Neutron zusammen. Ein Lithiumkern beinhaltet drei Protonen und vier Neutronen. Protonen also Wasserstoffatomkerne, und Heliumkerne entstanden im Massenverhältnis von etwa 3:1 – auf zehn Protonen kam ein Heliumkern, wobei sowohl Helium-3 (zwei Protonen und ein Neutron) als auch Helium-4 (zwei Protonen und zwei Neutronen) gebildet wurde. Auf 100 000 Protonen kam ein Deuteriumkern. Noch seltener waren Lithiumkerne anzutreffen. Damit war die primordiale Elementensynthese abgeschlossen. Infolge weiter fallender Temperatur und Dichte konnten keine schwereren Elemente aufgebaut werden. Die elektrostatischen Abstoßungsbarrieren verhinderten dies. Bald gab es auch keine freien Neutronen mehr. Nach im Mittel 900 Sekunden zerfällt ein freies Neutron in ein Proton, ein Elektron und ein Antineutrino.

Nach 380 000 Jahren sank die Temperatur unter 2700 °C. Die Protonen und Alpha-Teilchen (He-Kerne) fingen Elektronen ein, atomarer Wasserstoff und Heliumatome füllten von da an die Weiten des Alls. Diese Kombination von Protonen mit Elektronen führte dazu, dass das Universum durchsichtig wurde. Denn die Photonen streuten nicht mehr an freien Elektronen. (Manchmal wird das Einfangen der Elektronen als „Rekombination" bezeichnet, was aber unzutreffend ist. Denn es war keine „Wiedervereinigung" sondern schlicht die erste Vereinigung.) Auch vereinigten sich je zwei H-Atome zu einem Wasserstoffmolekül (H_2). Ferner lagerten sich gelegentlich Protonen an Heliumatome und bildeten HeH^{+}, die aber augenblicklich wieder zerfielen. Manche H-Atome legten sich ein zweites Elektron zu und wurden zu negativ geladenen Wasserstoffionen, die ziellos durch den Kosmos drifteten, bis sie mit einem Proton zusammentrafen. Das Ergebnis dieser Kollisionen: neutrale Wasserstoffmoleküle (H_2).

Wasserstoff in Sternentstehungsgebieten

Dank der gravitativen Wirkung der bis heute noch rätselhaften Dunklen Materie begann das primordiale Wasserstoffgas zu klumpen. Der thermische Druck wurde überwunden und es bildeten sich Wasserstoffwolken. Molekularer Wasserstoff begann das umgebende Gas zu kühlen, die Wolken fragmentierten. Die Fragmente kollabierten schließlich, wobei die Schwerkraft sie zu Kugeln formte, sogenannte Globulen. Die Zentraltemperaturen erreichten mehrere Millionen Grad, Kernfusion setzte ein, die ersten Sterne begannen zu leuchten.

Bei hohen Temperaturen werden die elektrostatischen Barrieren in den Atomkernen überwunden. Zwei Protonen verschmelzen miteinander unter Aussendung eines Positrons und eines Neutrinos zu einem Deuteriumkern. Trifft ein weiteres Proton den Deuteriumkern, so bildet sich ein He^3-Kern bei Aussendung eines hochenergetischen Photons (Gamma-Quant). Prallen zwei Helium-3-Kerne zusammen, so verschmelzen sie zu einem Helium-4-Kern, wobei noch zwei Protonen frei werden (siehe Abb. 7.9). Bilanz dieses Proton-Proton-Prozesses: Vier Protonen fusionieren zu einem Heliumkern. Ein Heliumkern hat eine geringfügig geringere Masse als vier Protonen zusammengenommen. Die Massendifferenz wird nach der Einstein-Formel $E = m \cdot c^2$ (Energie = Masse mal Lichtgeschwindigkeit zum Quadrat) als Energie freigesetzt, die den Stern zum Strahlen bringt. Wasserstoff ist der erste und ergiebigste Brennstoff der Sterne.

Die ersten Sterne im Kosmos waren recht massereich und bestanden fast nur aus Wasserstoff und Helium. Schwerere Elemente gab es nicht – außer Spuren von Lithium und Beryllium. Diese Sterne der Population III hatten meist einige hundert Sonnenmassen. In ihrem Inneren wurde nicht nur Helium fusioniert, sondern bei Zentraltemperaturen von über hundert Millionen bis weit über eine Milliarde Kelvin wurden auch schwerere Elemente gebacken, die die Astronomen gerne als „Metalle" bezeichnen: Helium verschmolz zu Kohlenstoff, dieser zu Stickstoff und Sauerstoff, bis schließlich im Zentrum des Sterns eine Eisenkugel entstand (siehe auch *Himmelsjahr 2005*, Seite 160, Monatsthema „Im Backofen der Sterne – der Ursprung der Elemente").

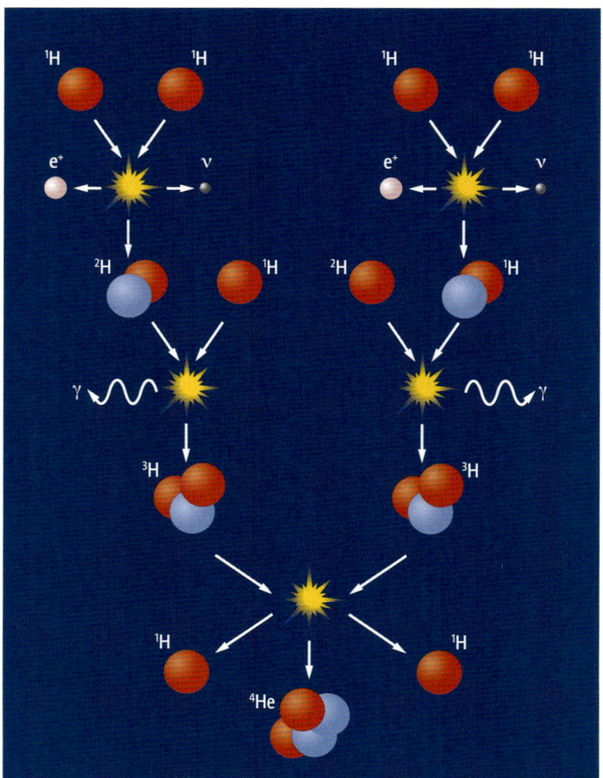

7.9 Vier Protonen fusionieren unter Abgabe von Strahlungsenergie zu einem Helium-Atomkern.

Ursprung der schweren Elemente

Da keine weitere Kernfusion im Zentrum eines solchen massereichen Sterns ihn stabilisiert, kollabiert das Sternzentrum, wobei es zu einer gewaltigen Detonation kommt. Der Stern wird zerrissen, eine Supernova leuchtet im All auf. Dabei wird die interstellare Materie mit schwereren Elementen angereichert. Neu entstehende Sterne haben somit auch einige Prozent an Elementen, die massereicher als Helium sind, wie Kohlenstoff, Stickstoff, Sauerstoff, Silizium, Eisen usw.

Bei jungen, massereichen Sternen läuft die Fusion von Wasserstoff zu Helium hauptsächlich über einen Prozess ab, den Hans Bethe und Carl Friedrich von Weizsäcker beschrieben haben und der als CNO-Zyklus bezeichnet wird – nach den chemischen Elementen, die dabei eine Rolle spielen. Kohlenstoff (C) dient hierbei gewissermaßen als Katalysator. Ein Kohlenstoffatomkern (C^{12}) fängt ein Proton (H^1) ein unter Abgabe eines Gamma-Quants (γ) und wird damit zu einem Stickstoffkern (N^{13}). Dieser zerfällt augenblicklich unter Aussendung eines Positrons (e^+) und eines Neutrinos (ν) in einen C13-Kern. Dieser fängt ein Proton ein unter Abgabe eines γ-Quants und wird zu einem Stickstoffkern (N^{14}). Ein weiterer Zusammenstoß mit einem Proton ergibt – wieder unter Abstrahlung eines γ-Quants – einen Sauerstoffkern (O^{15}). Dieser zerfällt in einen N^{15}-Kern unter Aussendung eines Positrons und eines Neutrinos. Der N^{15}-Kern wird von einem Proton getroffen und zerplatzt in ein Alpha-Teilchen (He^4-Kern) und einen C^{12}-Kern. Die Bilanz ergibt: Vier Protonen fusionieren zu einem He^4-Kern, der Kohlenstoffatomkern bleibt nach Durchlaufen des CNO-Prozesses unverändert übrig. Wasserstoff setzt somit durch Fusion zu Helium die Energie frei, die Sterne zum Leuchten bringt. Ohne Wasserstoff keine Sterne – er ist ihr Lebenselixier.

Nach Aufflammen der ersten, extrem heißen Sterne wurde das interstellare Gas in deren Umgebung reionisiert. Die intensive Ultraviolettstrahlung entriss den Wasserstoffatomen ihre Elektronen. Die Wolken aus ionisiertem Wasserstoff (sogenannte H II-Gebiete) glühten auf und erhellten weithin den Weltraum. Sie sind selbst in fernen Galaxien noch auszumachen. Als Paradebeispiel solch leuchtender interstellarer Wol-

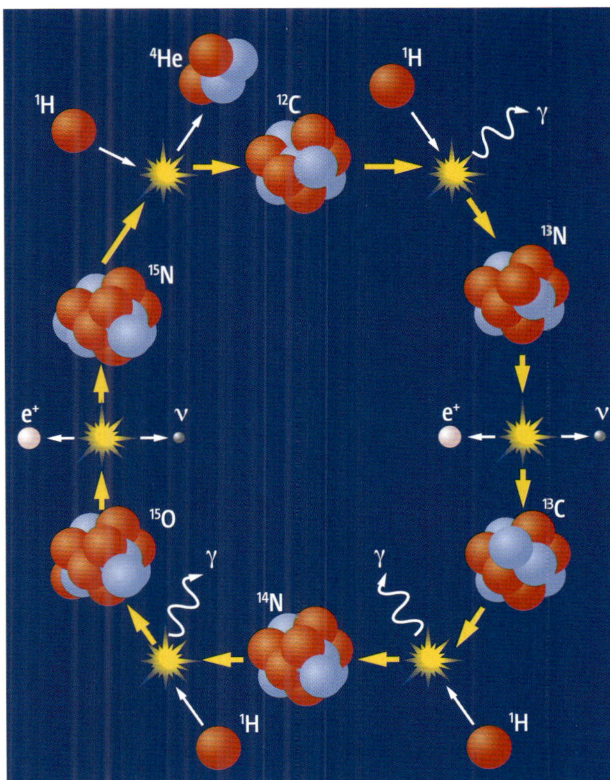

7.10 Kernfusion durch den CNO-Prozess, auch Bethe-Weizsäcker-Zyklus genannt.

ken ist der große Orionnebel zu nennen. Mit knapp 1500 Lichtjahren Entfernung liegt er gewissermaßen vor unserer Haustür. Diese H II-Gebiete sind Sternentstehungsnester. In ihnen werden auch heute noch Sterne geboren. Mit Infrarot-Teleskopen wie SOFIA und SPITZER lassen sich sogar die Vorstufen entstehender Sterne (protostellar bodies) beobachten, gewissermaßen die Sternenembryos.

Wasserstoffatome, die nicht in Sternen als Brennstoff dienen, bilden in den interstellaren Wolken, aber auch in den Atmosphären roter Riesensterne mehr oder minder komplexe Moleküle, vor allem Kohlenwasserstoffe. Diese sind das Baumaterial für organische Verbindungen.

H wie „Wasserstoff"

Mit Sauerstoff bildet Wasserstoff das im Weltall und auf der Erde reichlich vorhandene Wasser – H_2O als Formel. Daher auch die lateinische Bezeichnung Hydrogenium, der wasserbildende Stoff, und das Symbol H für das leichteste Element im Universum. Dieser Name geht auf die altgriechischen Wörter τό ὕδορ für Wasser und γίνομαι für bilden, entstehen, zurück.

Der britische Naturforscher Henry Cavendish fand schon 1766 das Wasserstoffgas, als er diverse Metalle wie Eisen und Zink mit Säuren behandelte. Das dabei frei werdende Gas stellte sich als brennbar heraus.

Dieses Gas hat schließlich der Franzose Antoine Laurent de Lavoisier als „Wasserstoff" benannt, der 1787 unabhängig von Cavendish Experimente durchführte. Zunächst sprach er von „brennbarer Luft". Denn in Verbindung mit Sauerstoff verbrennt Wasserstoff augenblicklich unter lautem Knall (daher auch „Knallgas" genannt). Da das Oxidationsprodukt Wasser ergibt, nannte Lavoisier dieses Gas „Wasserstoff". Erst allmählich wurde die Bedeutung des Wasserstoffs für die Entwicklung des Universums, seiner Sterne und des Lebens erkannt.

Das Element Wasserstoff in Zahlen

Namen/Zeichen	Hydrogenium: H, Deuterium: D (H^2), Tritium: T (H^3)		
Atommasse	$1{,}008\ u = 1{,}6726 \cdot 10^{-24}\,g$		
Radius (Grundzustand)	$0{,}5292 \cdot 10^{-8}\,cm$		
Van-der-Waal-Radius	$1{,}20 \cdot 10^{-8}\,cm$		
Position im Periodensystem	1/I/s		
Ionisierungsenergie	1312 kJ/mol		
Dichte von H_2 bei 0 °C (gasförmige Phase)	$0{,}9 \cdot 10^{-4}\,g/cm^3$		
Siedetemperatur	−252 °C		
Schmelztemperatur	−259 °C		
Verdampfungsenergie	0,90 kJ/mol		
Schmelzenergie	0,56 kJ/mol		
Spezifische Wärmekapazität	14 304 J/(kg · K)		
Schallgeschwindigkeit bei 25 °C	1270 m/s		
Isotope/Anteile	H^1	99,9885 %	stabil
	D (H^2)	0,0115 %	stabil
	T (H^3)	10^{-15} %	radioaktiv
	(β-Zerfall zu He^3, Halbwertszeit: 12,3 Jahre)		

Atomare Masseneinheit: $u = 1{,}660\,539 \cdot 10^{-24}\,g$

August 2016

- Venus beginnt ihre Abendsternperiode.
- Mars und Saturn sind am Abendhimmel vertreten.
- Am 25. überholt der rote Planet den Ringplaneten im Sternbild Schlangenträger.
- Jupiter verabschiedet sich vom Abendhimmel.

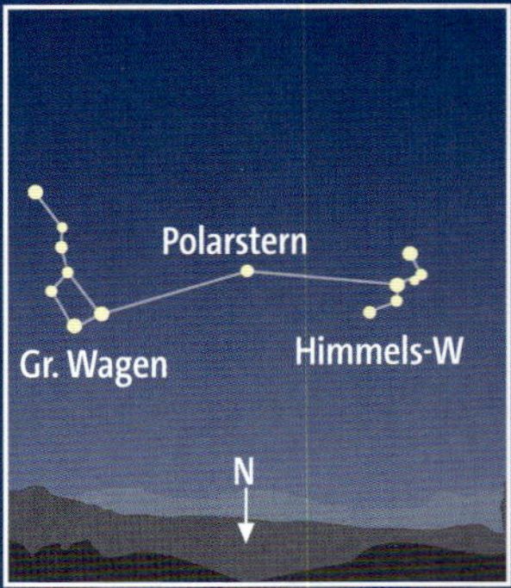

Großer Wagen und Himmels-W Anfang August um 22 Uhr

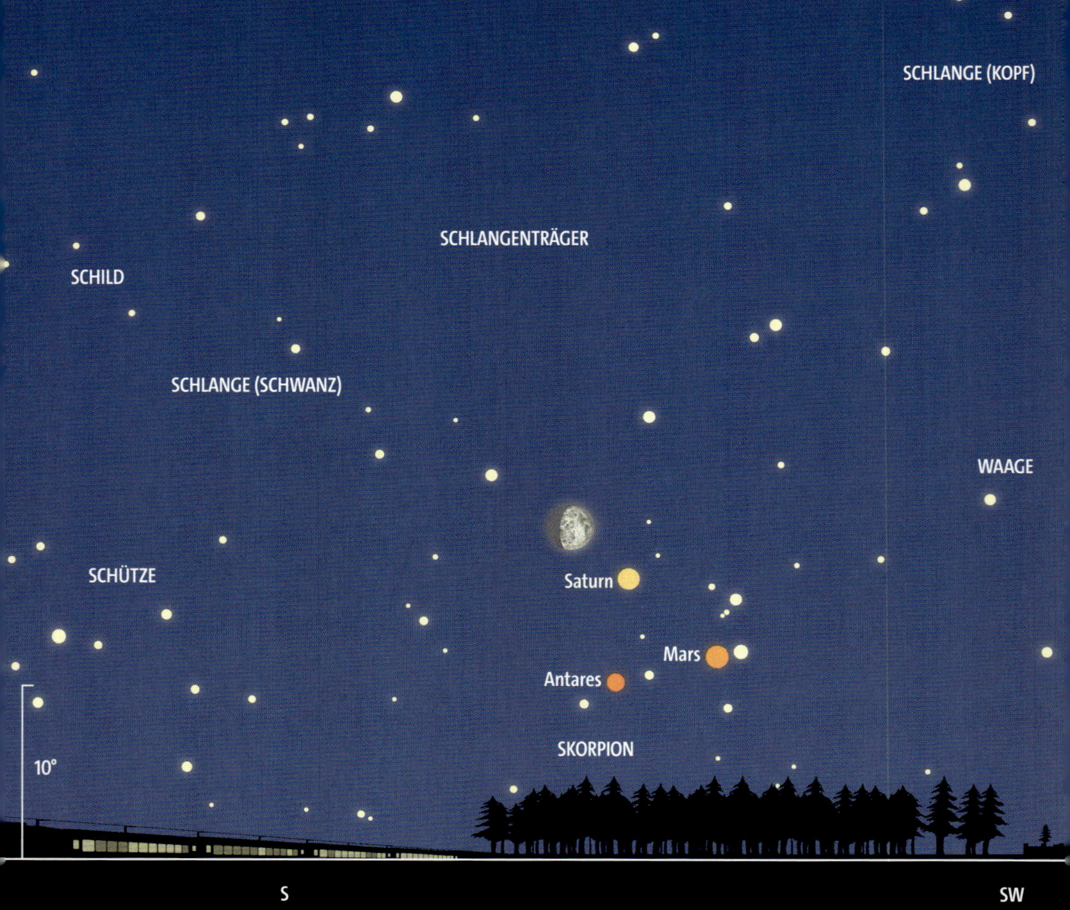

8.1 Anblick des Südwesthimmels am 12. August gegen 21^h30^m MEZ (= 22^h30^m MESZ). Knapp über dem Horizont sieht man das Dreigestirn Antares, Mars und Saturn, das vom zunehmenden Mond passiert wird.

1 Mo Schweizer Bundesfeier

2 Di Neumond

3 Mi

4 Do

5 Fr Mond bei Jupiter (Abendhimmel)

6 Sa

7 So

8 Mo

9 Di

10 Mi Mond im ersten Viertel, Mond in Erdferne

11 Do

12 Fr Mond bei Saturn (Abendhimmel)

13 Sa

14 So

15 Mo Liechtensteiner Staatsfeiertag

16 Di Merkur in größter östlicher Elongation

17 Mi

18 Do Vollmond

19 Fr

20 Sa

21 So

22 Mo Mond in Erdnähe

23 Di

24 Mi

25 Do Mond im letzten Viertel
Mars bei Saturn (Abendhimmel)

26 Fr

27 Sa Venus bei Jupiter (Abenddämmerung)

28 So

29 Mo

30 Di

31 Mi

Sonne – Sternbilder

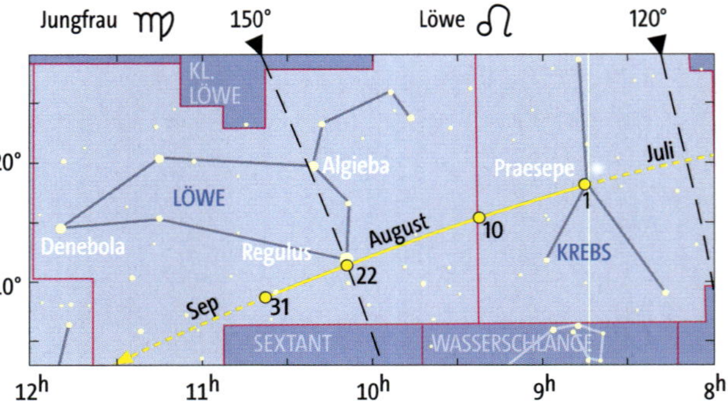

10. 8. 13h:
Sonne tritt in das Sternbild Löwe
22. 8. 18h:
Sonne tritt in das Tierkreiszeichen Jungfrau
Julianisches Datum am
1. August, 1h MEZ: 2 457 601,5

Tabelle Sonnenlauf

Tag	Dämmerg. Anfang	Aufgang MEZ	Kulmination	Untergang MEZ	Dämmerg. Ende	Mittagshöhe	Zeitgleichg.	Rektaszension	Deklination
	h m	h m	h m	h m	h m	o	m	h m	o
1.	3 20	4 50	12 26	20 02	21 31	57,8	–6	8 46	+18,0
5.	3 28	4 55	12 26	19 56	21 22	56,8	–6	9 01	+17,0
10.	3 39	5 03	12 25	19 47	21 10	55,4	–5	9 20	+15,6
15.	3 49	5 10	12 24	19 38	20 59	53,8	–4	9 39	+14,1
20.	3 58	5 18	12 23	19 28	20 47	52,2	–3	9 58	+12,5
25.	4 08	5 25	12 22	19 18	20 35	50,5	–2	10 16	+10,8
31.	4 19	5 34	12 20	19 05	20 20	48,4	0	10 38	+ 8,6

Tages- und Nachtstunden

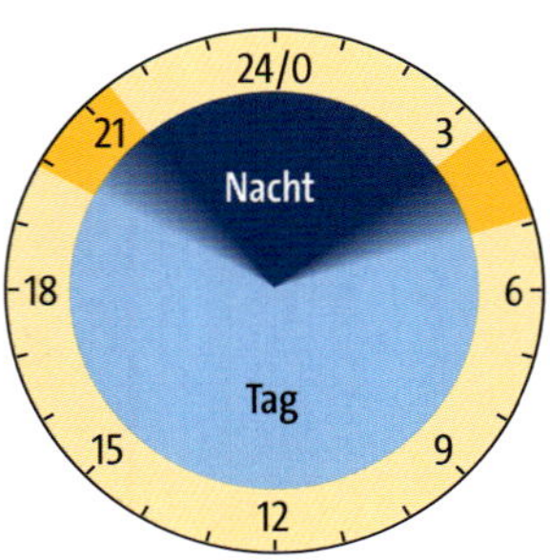

5. August

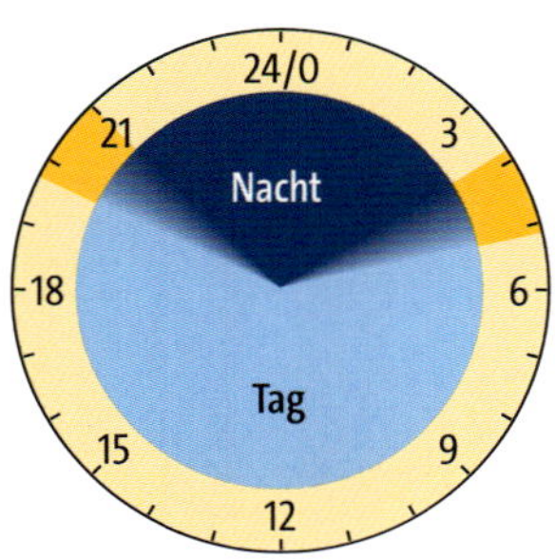

15. August

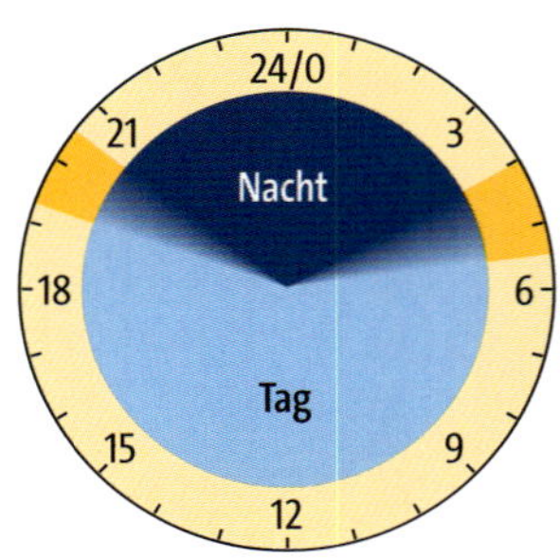

25. August

Tabelle Mondlauf

Datum	Aufg. MEZ	Kulmination	Unterg. MEZ	Rektaszension	Deklination	Sterne und Sternbilder	Phase	MEZ
	h m	h m	h m	h m	°			
Mo 1.	3 20	11 08	18 51	7 05	+18,2	Alhena		
Di 2.	4 24	12 02	19 32	8 02	+16,8	Krebs	**Neumond Nr. 1158**	**21h 45m**
Mi 3.	5 31	12 54	20 07	8 57	+14,5	Krebs, Krippe	Libration West	
Do 4.	6 39	13 43	20 38	9 50	+11,5	Löwe, Regulus		
Fr 5.	7 45	14 30	21 04	10 40	+ 8,0	Löwe	Aufsteigender Knoten	
Sa 6.	8 50	15 15	21 29	11 28	+ 4,2	Löwe		
So 7.	9 54	15 59	21 54	12 15	+ 0,4	Jungfrau		
Mo 8.	10 56	16 42	22 18	13 01	− 3,4	Jungfrau		
Di 9.	11 58	17 25	22 44	13 47	− 7,1	Spica		
Mi 10.	12 59	18 09	23 13	14 33	−10,4	Waage	**Erstes Viertel**	**19h 21m**
							Erdferne 404/29,′6	1h
Do 11.	13 59	18 54	23 45	15 20	−13,3	Waage		
Fr 12.	14 57	19 41	–	16 08	−15,7	Skorpion	Größte Nordbreite	
Sa 13.	15 53	20 30	0 22	16 58	−17,4	Schlangenträger		
So 14.	16 46	21 21	1 06	17 50	−18,3	Schütze		
Mo 15.	17 35	22 13	1 56	18 43	−18,4	Schütze, Nunki		
Di 16.	18 18	23 06	2 55	19 37	−17,5	Schütze	Libration Ost	
Mi 17.	18 56	23 59	4 00	20 32	−15,6	Steinbock		
Do 18.	19 31	–	5 10	21 28	−12,9	Steinbock	**Vollmond**	**10h 27m**
Fr 19.	20 02	0 52	6 23	22 23	− 9,3	Wassermann	Absteigender Knoten	
Sa 20.	20 32	1 45	7 38	23 18	− 5,1	Wassermann		
So 21.	21 02	2 38	8 55	0 12	− 0,6	Fische		
Mo 22.	21 33	3 30	10 11	1 07	+ 3,9	Fische	Erdnähe 367/32,′6	2h
Di 23.	22 06	4 24	11 27	2 02	+ 8,2	Fische		
Mi 24.	22 44	5 18	12 41	2 59	+12,0	Widder		
Do 25.	23 27	6 13	13 52	3 56	+15,1	Stier, Hyaden	**Letztes Viertel**	**4h 41m**
							Größte Südbreite	
Fr 26.	–	7 10	14 57	4 53	+17,2	Aldebaran		
Sa 27.	0 16	8 06	15 56	5 51	+18,3	Orion		
So 28.	1 12	9 01	16 47	6 49	+18,3	Alhena		
Mo 29.	2 13	9 55	17 30	7 46	+17,3	Zwillinge	Libration West	
Di 30.	3 18	10 47	18 07	8 40	+15,3	Krebs, Krippe		
Mi 31.	4 24	11 36	18 38	9 33	+12,5	Löwe		

Der Mond nähert sich am 24./25. den Hyaden

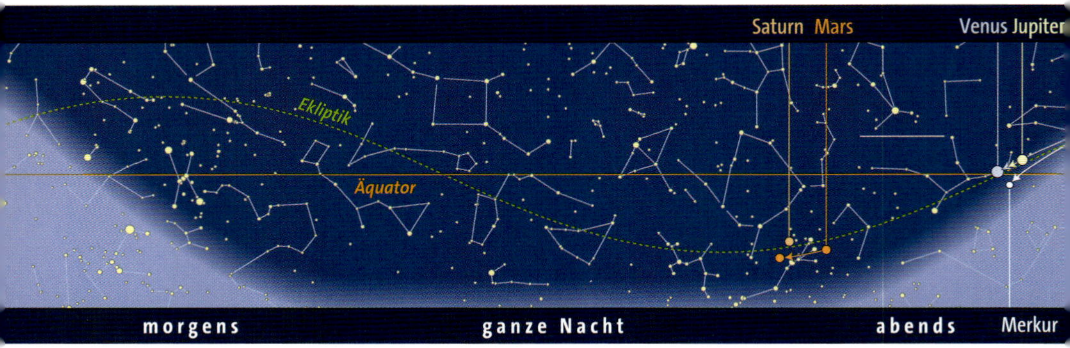

Merkur entfernt sich rechtläufig von der Sonne und erreicht am 16. mit 27°26′ seine größte östliche Elongation von der Sonne. Trotz des fast maximal möglichen Elongationswinkels ergibt sich in unseren Breiten keine Abendsichtbarkeit. Der $0\overset{m}{,}2$ helle Merkur geht um 20^h15^m (= 21^h15^m Sommerzeit) am Tag der größten Elongation unter. Der Sonnenuntergang erfolgt um 19^h36^m. Noch bevor es dunkel genug ist, um den flinken Planeten aufzuspüren, ist Merkur im Horizontdunst verschwunden. In den Mittelmeerländern kann man Merkur jedoch zur Monatsmitte am Abendhimmel weit im Westen sehen.

Am 30. wird Merkur stationär und nähert sich anschließend rasch rückläufig der Sonne, mit der er Mitte September zusammentrifft.

Konstellationen und Ereignisse

Datum	MEZ	Ereignis
4.	7^h	Mond bei Venus, Mond 2°,9 südlich
4.	23	Mond bei Merkur, Mond 0°,6 südlich (Bedeckung)
6.	5	**Mond bei Jupiter**, Mond 0°,2 südlich (Bedeckung), **Abstand 4°,3 um 21^h am 5.**
11.	23	Mond bei Mars, Mond 8°,1 nördlich
12.	13	**Mond bei Saturn**, Mond 3°,7 nördlich, **Abstand 4°,5 um 21^h**
13.	19	Saturn im Stillstand, anschließend rechtläufig
15.	17	Merkur im Aphel
16.	22	Merkur in größter östlicher Elongation von der Sonne (27°)
18.	10	Halbschattenfinsternis des Mondes – unbeobachtbar (siehe Seite 27)
19.	13	Mond bei Neptun, Mond 1°,1 nördlich (Bedeckung)
22.	11	Mond bei Uranus, Mond 3°,0 südlich
25.	19	**Mars bei Saturn**, Mars 4°,4 südlich, **Abstand 4°,4 um 21^h am 24.**
27.	6	Merkur bei Venus, Merkur 5°,3 südlich
27.	23	**Venus bei Jupiter**, Venus 0°,07 nördlich, **Abstand 0°,2 um 19^h** (Fernglas!)
30.	2	Merkur im Stillstand, anschließend rückläufig

Venus taucht allmählich am Abendhimmel auf. Sie wandert durch den Löwen und wechselt am 20. in das Sternbild Jungfrau. Dabei erreicht sie immer südlichere Deklinationen, was ihre Tagbögen in unseren Breiten verkleinert und ihre Untergänge verfrüht. Ende August überschreitet sie den Himmelsäquator in südlicher Richtung, nachdem sie am 30. den Herbstpunkt in 1°,1 nördlichem Abstand passiert hat. Bereits am 5. wandert Venus ebenfalls in 1°,1 nördlichem Abstand an Regulus, dem Löwenhauptstern vorbei.

Am 27. kommt es zu einer engen Begegnung mit dem Riesenplaneten Jupiter, der mit Hilfe

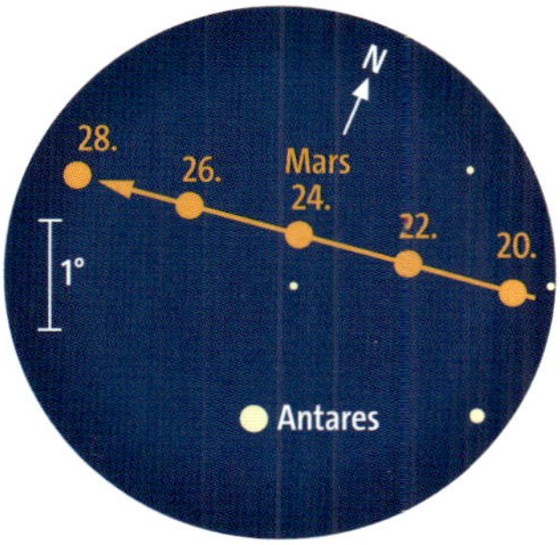

8.2 Mars bei Antares:
Mars zieht vom 22. bis 26. August an Antares im Skorpion vorbei. Die beiden Gestirne lassen sich in Helligkeit und Farbe gut miteinander vergleichen. Abendlicher Fernglasanblick.

eines Fernglases gerade noch am Abendhimmel erkannt werden kann. Venus zieht nördlich an Jupiter vorbei, wobei bei ihrer engsten Begegnung (0°04′) beide schon untergegangen sind (siehe Abb. 8.3 oben rechts).

Die Untergänge der $-3^{m},9$ hellen Venus erfolgen am 1. um $20^{h}45^{m}$ (= $21^{h}45^{m}$ Sommerzeit), am 15. um $20^{h}22^{m}$ und am 31. bereits um $19^{h}52^{m}$. Im Fernrohr zeigt Venus ein winziges, fast voll beleuchtetes Planetenscheibchen, dessen scheinbarer Durchmesser nur knapp 11″ beträgt.

Mars ist Planet am Abendhimmel. Er beschleunigt deutlich seine rechtläufige Bewegung durch die Sternbilder Waage, Skorpion und Schlangenträger. In den Skorpion tritt er am Monatsbeginn (2.), am 21. wechselt er in den Schlangenträger. Am 10. zieht Mars 0°,9 südlich an Dschubba (δ Scorpii; $1^{m},6$ bis $2^{m},3$) vorbei. Am 24. passiert er Antares (α Scorpii; $0^{m},9$ bis $1^{m},1$) etwa 1°,8 nördlich (siehe Abb. 6.3 auf Seite 137 und Abb. 5.3 auf Seite 119 sowie Abb. 8.2 links). Antares heißt so viel wie „marsähnlicher Stern", weil er ähnlich hell wie Mars ist, ebenfalls rötlich leuchtet und auch im Tierkreis steht. Deshalb wird Antares gelegentlich mit Mars verwechselt. Zurzeit ist Mars jedoch noch eindeutig heller als Antares, wenn auch seine Helligkeit von $-0^{m},8$ zu Monatsbeginn auf $-0^{m},3$ zu Ende August zurückgeht. Außerdem ist Antares deutlich röter als der eher orange Mars. Während Antares einen Farbindex von B–V = $1^{m},83$ aufweist, ist der von Mars B–V = $1^{m},36$. Bei der Antarespassage kann man nun beide Gestirne miteinander vergleichen.

Am 25. überholt Mars den Ringplaneten in 4°23′ südlichem Abstand – beobachtbar am Abendhimmel gegen 21^{h} (= 22^{h} Sommerzeit). Mars geht nun immer früher unter, am 1. um $23^{h}27^{m}$, am 15. um $22^{h}50^{m}$ und am 31. schon um $22^{h}15^{m}$ (= $23^{h}15^{m}$ Sommerzeit).

Jupiter, rechtläufig im Sternbild Löwe, verabschiedet sich vom Abendhimmel und wird um die Monatsmitte unsichtbar. Gegen Ende September holt ihn die Sonne ein, es kommt zur Konjunktion mit ihr.

Am 1. sinkt Jupiter um $21^{h}33^{m}$ (= $22^{h}33^{m}$ Sommerzeit) unter die Horizontlinie und am 10. um $21^{h}01^{m}$. Am 20. geht der $-1^{m},7$ helle Riesenplanet bereits um $20^{h}25^{m}$ unter. Nach dem 10. wird es zunehmend schwieriger, Jupiter noch in der Abenddämmerung tief am Westhorizont zu erkennen.

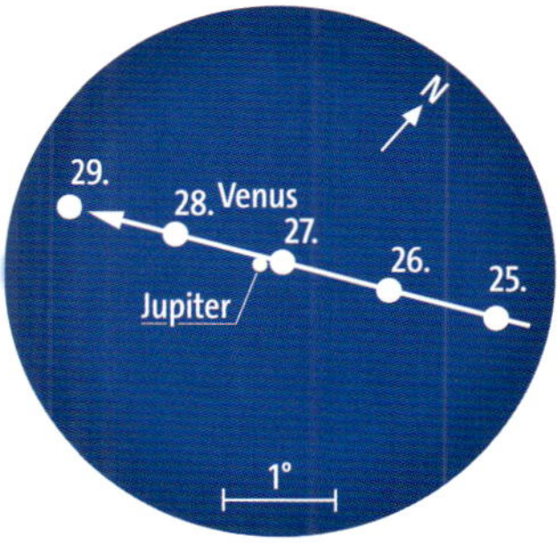

8.3 Venus trifft Jupiter:
Enge Begegnung von Venus mit dem Riesenplaneten Jupiter am 27. August. Fernglasanblick gegen 22^{h} MEZ (= 23^{h} MESZ) bei 5° Gesichtsfelddurchmesser.

In der Nacht vom 27. auf 28. überholt Venus den Riesenplaneten in nur 4′ nördlichem Abstand (siehe Abb. 8.3 oben). Um Jupiter noch in der Abenddämmerung zu erkennen, bedarf es eines lichtstarken Fernglases. Jupiter geht am 27. um $19^{h}59^{m}$ (= $20^{h}59^{m}$ Sommerzeit) unter.

Am 9. wechselt der Riesenplanet aus dem Sternbild Löwe in das der Jungfrau. Zu Monatsende passiert Jupiter dann in rund 10′ nördlichem Abstand Zawijava (β Virginis; $3^{m},6$). Die scheinbare Jupiterbahn ist aus Abb. 3.2 auf Seite 81 zu ersehen.

Saturn beendet seine Rückläufigkeit im Schlangenträger am 13. und wird wieder rechtläufig.

Der Umkehrpunkt liegt nahe ω Ophiuchi ($4^{\mathrm{m}},5$). Anschließend wandert Saturn wieder rechtläufig durch den Tierkreis (siehe Abb. 6.3 auf Seite 137). Die Saturnhelligkeit geht bis zum Monatsende ein wenig um $0^{\mathrm{m}},1$ auf $0^{\mathrm{m}},4$ zurück. Am 25. zieht Mars weit südlich, nämlich 4°23′, am Ringplaneten vorbei. Zu Saturn und Mars gesellt sich am 11. und 12. der zunehmende Mond im zweiten Viertel – ein netter Himmelsanblick gegen $21^{h}30^{m}$ (= $22^{h}30^{m}$ Sommerzeit) über dem Südhorizont (siehe Abb. 8.1 auf Seite 170).

Saturn verlagert seine Untergänge in die Zeit weit vor Mitternacht. Geht der Ringplanet am 1. noch um $0^{h}34^{m}$ (= $1^{h}34^{m}$ Sommerzeit) unter und am 15. um $23^{h}34^{m}$, so sinkt er am 31. schon um $22^{h}31^{m}$ unter den Südwesthorizont. Nach Einbruch der Dunkelheit hat Saturn seinen Meridiandurchgang bereits absolviert.

Uranus, rückläufig in den Fischen, kann mit Fernglas oder Teleskop am besten in der zweiten Nachthälfte beobachtet werden. Am 1. kulminiert der grünliche Planet um $5^{h}11^{m}$, nachdem er bereits um $22^{h}21^{m}$ (= $23^{h}21^{m}$ Sommerzeit) aufgegangen ist. Bis mindestens eine Stunde nach seinem Aufgang muss man warten, um den fernen Uranus erspähen zu können. Vorher verhindern die horizontnahen Dunstschichten eine Beobachtung. Um Uranus zu finden, soll die Aufsuchkarte Abb. 10.7 auf Seite 215 helfen.

Am 15. passiert Uranus um $4^{h}15^{m}$ den Meridian und am Monatsende schon um $3^{h}11^{m}$ (= $4^{h}11^{m}$ Sommerzeit). Der Aufgang des inzwischen $5^{\mathrm{m}},7$ hellen Uranus erfolgt am 31. bereits um $20^{h}23^{m}$ (= $21^{h}23^{m}$ MESZ).

Neptun, der bläuliche Planet, steht kurz vor seiner Opposition zur Sonne, die er zu Beginn des nächsten Monats erreicht. Der mit $7^{\mathrm{m}},8$ recht lichtschwache Planet wandert rückläufig durch das Sternbild Wassermann (siehe Abb. 9.6 auf Seite 195). Zwar ist Neptun inzwischen fast die ganze Nacht über dem Horizont, ihn aufzusuchen lohnt aber erst etwa zwei Stunden nach seinem Aufgang. Rund zwei Stunden vor dem Untergangstermin taugt Neptun nicht mehr als Beobachtungsziel. Die beste Zeit, um Neptun mit einem lichtstarken Fernglas (plus Stativ!) oder besser einem Teleskop aufzufinden, sind die beiden Stunden um seine Kulmination.

Am 1. geht Neptun um $21^{h}05^{m}$ auf und passiert den Meridian um $2^{h}33^{m}$ (= $3^{h}33^{m}$ Sommerzeit). Am 15. steigt Neptun um $20^{h}09^{m}$ über die östliche Horizontlinie und kulminiert um $1^{h}36^{m}$. Ende August erfolgt der Neptunaufgang um $19^{h}05^{m}$ und die Meridianpassage um $0^{h}32^{m}$ (= $1^{h}32^{m}$ Sommerzeit).

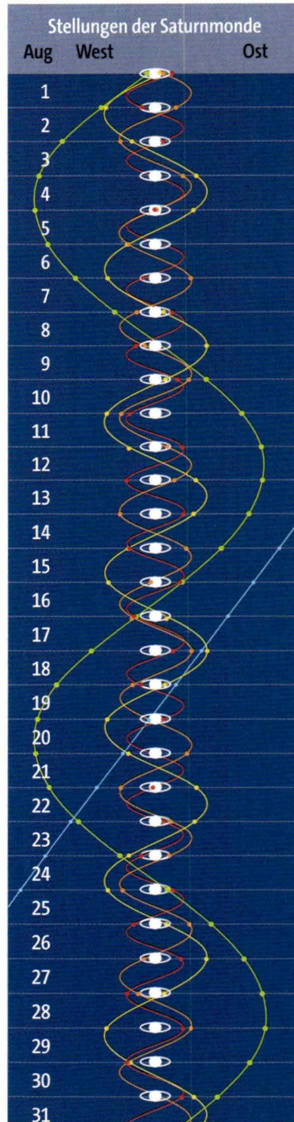

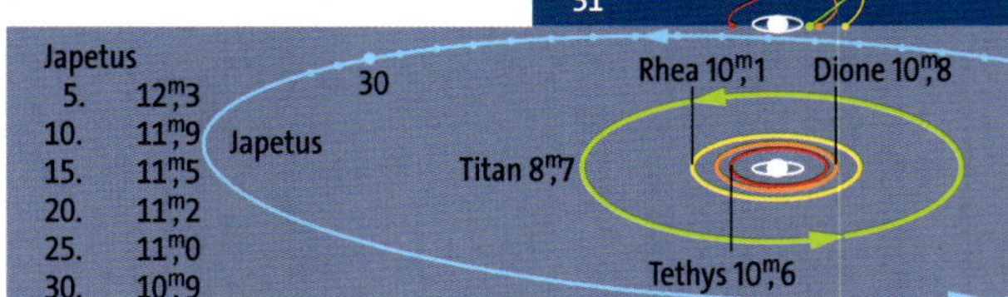

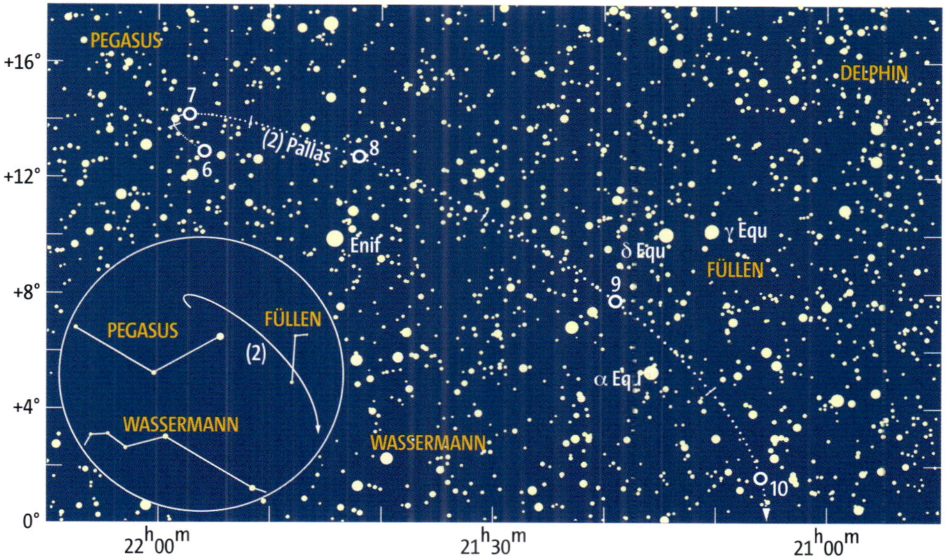

8.4 Bahn von Pallas:
Scheinbare Bahn des Kleinplaneten (2) Pallas von Juni bis Oktober 2016 im Gebiet der Sternbilder Pegasus, Füllen und Wassermann. Die Zahlen geben die jeweilige Pallasposition zum Monatsersten an (8 = 1. August).

Planetoiden

Ceres (1) wandert rechtläufig durch die Fische und bremst ihre Bewegung in der zweiten Augusthälfte stark ab. Anfang nächsten Monats kommt sie zum Stillstand (s. Abb. 10.7 auf Seite 215). Ihre Helligkeit steigt um eine halbe Größenklasse auf $8{,}^{m}3$. Am 1. kulminiert Ceres um $5^{h}57^{m}$, am 15. um $5^{h}09^{m}$ und am Monatsletzten schon um $4^{h}10^{m}$ (= $5^{h}10^{m}$ Sommerzeit). Am 31. erfolgt ihr Aufgang um $21^{h}55^{m}$ (= $22^{h}55^{m}$ Sommerzeit).

Pallas (2), rückläufig im Sternbild Pegasus, kommt am 20. in **Opposition** zur Sonne. Dabei erreicht sie eine Oppositionshelligkeit von $9{,}^{m}2$. Ihre Kulminationszeit verlegt sie von $1^{h}23^{m}$ (= $2^{h}23^{m}$ Sommerzeit) zu Monatsbeginn auf $23^{h}49^{m}$ in der Oppositionsnacht. Das Aufsuchkärtchen Abb. 8.4 oben soll helfen, Pallas im Sternengewimmel zu finden. Am 22. wechselt sie in das Sternbild Füllen (Equuleus).

Ihre Oppositionsentfernung von der Erde beträgt 359 Millionen Kilometer (= 2,40 AE). Von der Sonne trennen Pallas zur Opposition 502 Millionen Kilometer (= 3,36 AE). Von Pallas ist das Licht am Oppositionstag zwanzig Minuten zur Erde unterwegs.

Periodische Sternschnuppenströme

Die große Zahl der Meteore in den ersten Augusttagen ist auf den Strom der **Perseïden** zurückzuführen, deren maximale Tätigkeit zwischen dem 9. und 13. August liegt. Helle Objekte (um 0^{m} und heller, sogenannte Feuerkugeln oder Boliden) sind keine Seltenheit.

Das Maximum ist in der Nacht vom 11. auf 12. August zu erwarten. Als schönster und reichster Strom des Jahres bescheren die Perseïden bis zu hundert Sternschnuppen pro Stunde. In diesem Jahr ist mit deutlich mehr Meteoren zu rechnen. Durch den Einfluss von Jupiter hat sich die Distanz der Erde zu diesem Strom verringert. Auch werden Meteoroide erwartet, die vor vier Umläufen im Jahre 1479 vom Ursprungskometen abgesprengt wurden. Ihren Ursprung führen die Perseïden auf den Kometen 109P/Swift-Tuttle zurück. Die beste Beobachtungszeit liegt zwischen 22^h und 4^h morgens. Die Perseïden-Sternschnuppen sind mit 60 Kilometer pro Sekunde recht schnelle Objekte. Nachzügler der Perseïden sind noch bis 24. August zu erwarten.

Zu erwähnen sind noch die **Kappa-Cygniden** (Radiant im Sternbild Schwan). Sie treten den gesamten August über in Aktion. Allerdings sind sie kein besonders reicher Strom. Zur Zeit des Maximums um den 17. August ist nur mit etwa vier Meteoren pro Stunde zu rechnen. Mit 25 Kilometer pro Sekunde mittlerer Geschwindigkeit zählen die Cygniden zu den langsamen Sternschnuppen. Die Umlaufzeit dieses Stromes beträgt sieben Jahre. Der Ursprungskomet dürfte sich aufgelöst haben.

Der wenig bekannte Strom der **Cepheïden** macht sich um den 17. August herum bemerkbar. Die Frequenz ist gering, nämlich nur zehn Objekte pro Stunde. Vermutlich sind die Cepheïden ein Zweigstrom der Cygniden.

Der Fixsternhimmel

Der Charakter des abendlichen Sternenhimmels hat sich noch kaum geändert. Allerdings ist im Vergleich zum Vormonat Arktur schon tiefer im Westen zu finden und im Osten ist das Pegasusquadrat aufgegangen. Es wird auch Herbstviereck genannt, weil es die kommende Jahreszeit andeutet. Der Pegasus gilt als das Leitsternbild des Herbstes. Hoch im Süden nimmt das Sommerdreieck mit Wega, Deneb und Atair seine Position ein. Die Wega steht fast senkrecht über dem Betrachter.

Herkules, Nördliche Krone und der Schlangenträger mit der Schlange sind in der westlichen Hemisphäre zu sehen. Der Skorpion mit dem roten Antares neigt sich tief im Südwesten bereits dem Untergang zu. Die Gegend wird durch die Anwesenheit zweier heller Planeten gewissermaßen aufgewertet: Mars steht im Skorpion, Saturn im Schlangenträger. Gut lässt sich nun Antares mit Mars vergleichen, was Farbe und Helligkeit betrifft. Der Große Wagen verliert an Höhe und befindet sich im absteigenden Teil seiner Bahn um den Polarstern, während diametral gegenüber die Kassiopeia, das Himmels-W, emporsteigt.

Tief im Norden strahlt horizontnah die gelbliche Kapella im Sternbild Fuhrmann. Die lichtschwachen Sterne der Tierkreisbilder Steinbock und Wassermann nehmen ihren Platz im Südosten ein.

Die Sommermilchstraße

Tief im Süden kulminiert eben der Schütze. Im Bereich des Schützen und des wenig bekannten Sternbildes Schild ist die sommerliche Milchstraße besonders hell. Überhaupt ist das Lichtband der Milchstraße jetzt gut zu beobachten. Es spannt sich in hohem Bogen über das Firmament. Ausgehend vom Südhorizont steigt die Milchstraße durch Schütze, Adler und Schwan empor und zieht über Kepheus und Kassiopeia zum Nordhorizont hinunter. Das Sternbild Schild (lat.: Scutum), das seinen Platz zwischen Schütze und Adler hat, ist ein neuzeitliches Sternbild. In der Antike war es unbekannt. Erst Hevelius hat es im 17. Jahrhundert zur Erinnerung an die Befreiung Wiens von der türkischen Belagerung im Jahre 1683 eingeführt. Es soll das Wappenschild des Polenkönigs Sobieski darstellen.

Im Schild erscheint die Milchstraße besonders sternreich. Im Fernglas gewinnt man den Eindruck einer dichten Wolke aus Sternen, man spricht daher auch von der „Schildwolke". Am nördlichen Rand der Schildwolke stößt man auf einen schönen, relativ dichten, offenen Sternhaufen, M 11. Dieser Sternhaufen wird gelegentlich auch als Wildentenhaufen bezeichnet. Etwas Fantasie vorausgesetzt, kann man den Eindruck gewinnen, hier fliegt eine Gruppe von

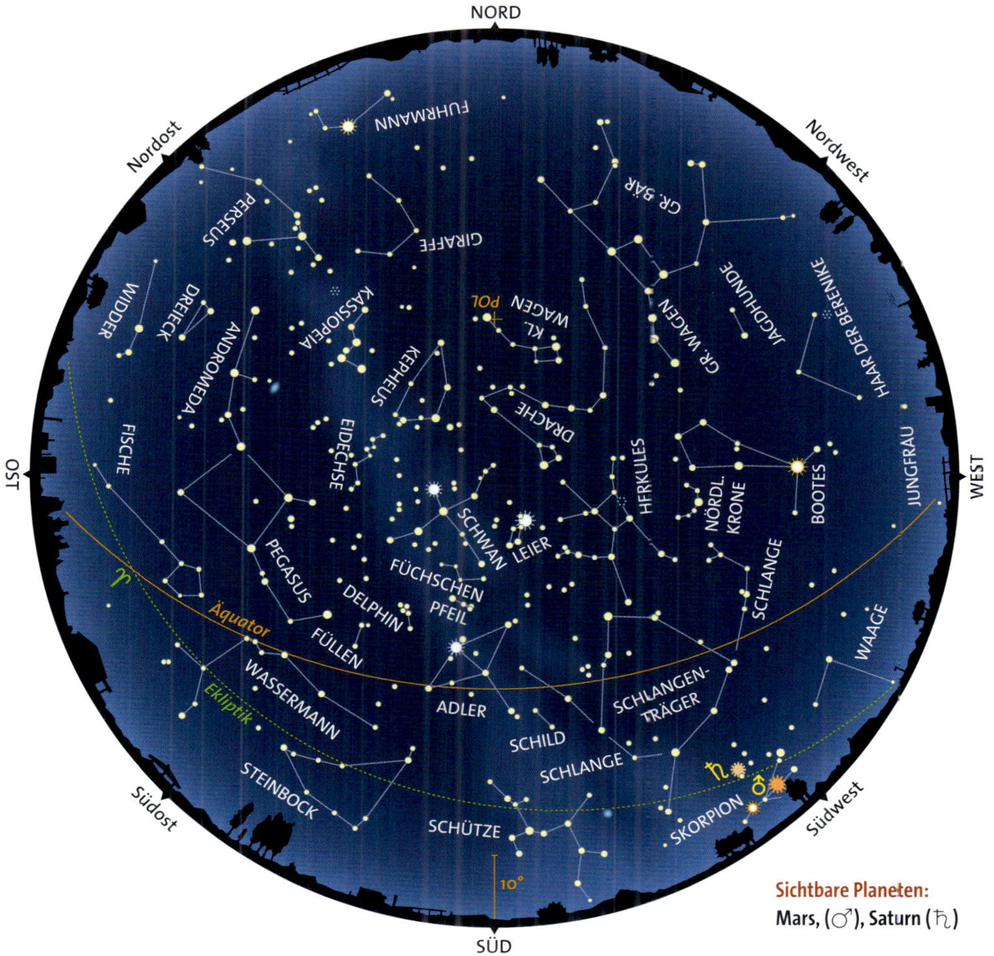

Sichtbare Planeten:
Mars, (♂), Saturn (♄)

Der Sternenhimmel am 15. August um 22h MEZ

Die Sternkarte ist auch gültig für:

	MEZ	MESZ
15. 6.	2h	3h
1. 7.	1	2
15. 7.	0	1
1. 8.	**23**	**24**
15. 8.	**22**	**23**
31. 8.	**21**	**22**
15. 9.	20	21
30. 9.	19	20

Wildenten in ihrer charakteristischen Dreiecksform am Firmament entlang. Ohne Fernglas jedoch ist M 11 nicht zu erkennen. Im Schild findet sich auch der veränderliche Stern δ Scuti, der Prototyp der Delta-Scuti-Sterne, einer Klasse von variablen Sternen mit kurzen Perioden von nur wenigen Stunden und geringen Amplituden von nur etwa $0\overset{\mathrm{m}}{,}1$. Wegen ihrer geringen Helligkeitsschwankungen und kurzfristigen Perioden sind Delta-Scuti-Sterne nicht leicht aufzuspüren, obwohl sie ebenso häufig vorkommen wie die bekannteren Delta-Cepheï-Sterne.

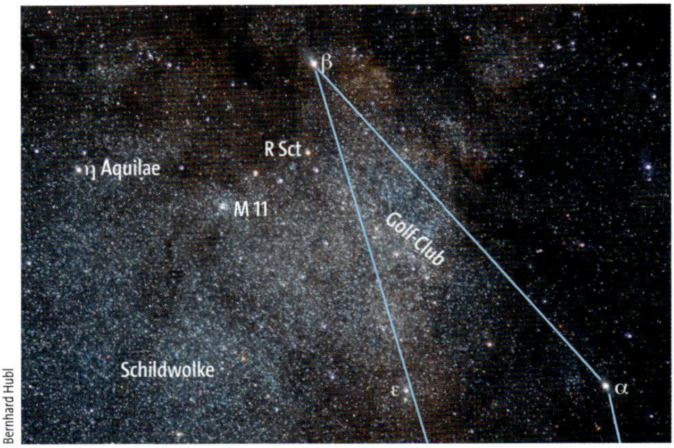

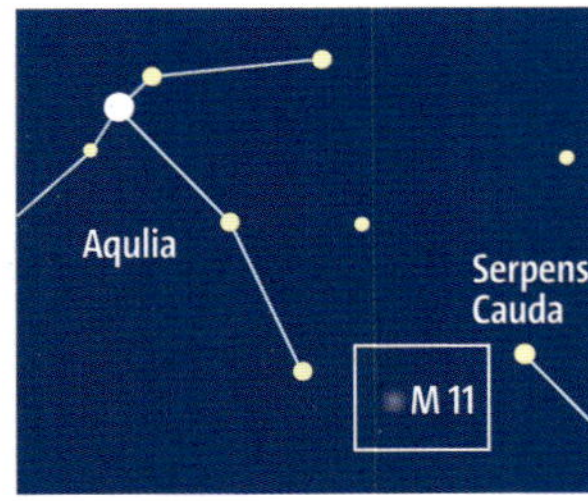

8.5 Die Milchstraße im Schild: **Das Sternbild Schild (lat.: Scutum) mit der „Schildwolke", dem „Golf-Club", dem offenen Sternhaufen M 11 und dem Veränderlichen R Scuti.**

Objekte für Feldstecher und Fernrohr

In dunkler, sternklarer Nacht fernab irdischer Lichtquellen und ohne Mondlicht lässt sich das glitzernde Lichtband der sommerlichen Milchstraße gut studieren. Besonders eindrucksvoll ist es, mit einem Fernglas die Milchstraße abzutasten. Abertausende feine Lichtpünktchen gleiten lautlos durch das Gesichtsfeld des Feldstechers. Gelegentlich erscheint ein heller Stern, manchmal ein offener Sternhaufen, dann wieder sieht man scheinbar sternleere oder zumindest sternarme Gegenden. Dabei handelt es sich um Dunkelwolken: Ansammlungen interstellaren Staubes, die das Licht dahinter stehender Sterne schwächen oder verschlucken. Besonders im Bereich der Sternbilder Schwan, Adler, Schild und Schütze ist das Band der Milchstraße besonders hell und eindrucksvoll.

Gerade im Sternbild Schild (lat.: Scutum) ist die Milchstraße leuchtkräftig und dicht mit Sternen bestückt. Das Sternbild ist klein und ansonsten unauffällig. Seine Ausdehnung misst nur 9° × 12°. Es setzt sich aus Sternen 4. Größe und schwächer zusammen. Das Schild ist ein neuzeitliches Sternbild, das in der Antike unbekannt war. Eingeführt hat es Hevelius im Jahr 1684. Es liegt zwischen dem Adler im Nordosten und dem Schützen im Süden. Im Nordosten zeigt sich eine Verdichtung der Sterne, die sogenannte Schild-Wolke. Ebenfalls dichter gedrängt stehen die Sterne im Zentrum des Schildes. Diese Sternansammlung wird gelegentlich als „Golf-Club" bezeichnet.

In der Nordostecke des Schildes, etwas nördlich der Schild-Wolke, stößt man auf den offenen Sternhaufen M 11 (NGC 6705). Im Fernglas erscheint er als Lichtfleck von einem halben Vollmonddurchmesser. Seine Gesamthelligkeit liegt bei 6^m. Hier tummeln sich etwa 700 Sonnen von 11^m und schwächer in einer Entfernung

Veränderliche Sterne im August

Algol-Minima	12.	4^h49^m	15.	1^h38^m	17.	22^h26^m	20.	19^h15^m				
β-Lyrae-Minima	2.	8^hN	8.	19^hH	15.	7^hN	21.	18^hH	28.	5^hN		
δ-Cepheï-Maxima	4.	17^h	10.	1^h	15.	10^h	20.	19^h	26.	4^h	31.	13^h
Mira-Helligkeit	1.	6^m	10.	7^m	20.	7^m	31.	8^m				

8.6 Der Skorpion:
Das Sternbild Skorpion mit dem Kugelhaufen M 4, den beiden offenen Sternhaufen M 6 und M 7 sowie dem Doppelstern Acrab (β Sco).

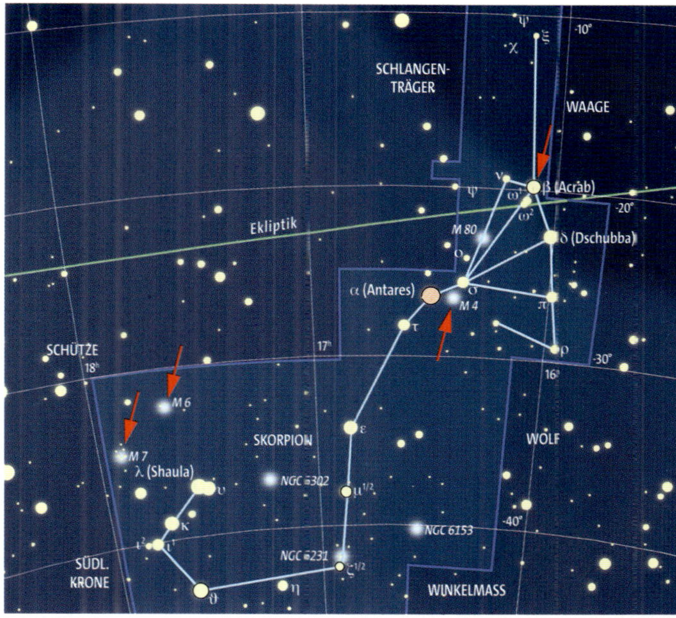

von rund 6000 Lichtjahren. Ein Stern mit $8{,}^{m}5$ mitten im Haufen ist ein Vordergrundstern. Der Sternhaufen erscheint recht kompakt, seine Trümpler-Klassifikation lautet: I2r (siehe auch Monatsthema November auf Seite 239). Der britische Admiral und Sternfreund William Smyth hatte beim Anblick des keilförmigen Haufens den Eindruck, eine Formation fliegender Vögel zu sehen. So taufte er 1844 den Haufen „Wild Duck Cluster“ (engl., Wildentenhaufen).

Im Schild findet sich auch der veränderliche Stern R Scuti. Er leuchtet gelblich. Seine Helligkeit schwankt zwischen 5^{m} und 6^{m}, gelegentlich sinkt sie innerhalb von wenigen Wochen auf 8^{m} ab.

Zu den prominenten Standarddoppelsternen des Sommerhimmels zählen Albireo (β Cygni) im Schwan und der Vierfachstern $\varepsilon_{1,2}$ Lyrae. In der Leier befindet sich auch der berühmte Ringnebel M 57.

Ziele im Skorpion

Ein weiteres attraktives Fernrohrobjekt ist der Kugelsternhaufen M 4 im Skorpion. Er ist leicht zu finden und schon im Feldstecher als Lichtfleckchen zu erkennen. Etwa zwei Vollmonddurchmesser westlich von Antares trifft man auf M 4. Ab 20 cm Objektivöffnung entfaltet dieser Kugelhaufen seine volle Pracht. Die Randpartien lassen sich in Hunderte von feinen Lichtpünktchen auflösen. Die Gesamthelligkeit liegt bei 6^{m}. Mit „nur“ 7000 Lichtjahren Entfernung gehört M 4 zu den nächsten Kugelhaufen.

Im Skorpion ist als Doppelstern Acrab (β Sco) zu nennen. Zwei bläulich-weiße, $2{,}^{m}6$ und $4{,}^{m}9$ helle Sterne stehen in $13{,}''7$ Distanz voneinander. Jeder Dreizöller trennt Acrab spielend.

Zu erwähnen sind im Skorpion ferner die beiden offenen Sternhaufen M 6 und M 7. Wegen ihrer südlichen Lage sind sie von Mitteleuropa aus nicht leicht zu beobachten (Deklination −32° und −35°), erscheinen von südlichen Ländern aus beobachtet aber recht eindrucksvoll. Sie sind gewissermaßen Urlaubsobjekte für Beobachter, die sich in südliche Gefilde begeben. M 6 hebt sich gut vom Himmelshintergrund ab. Rund 80 Sterne dieses jungen Haufens stehen in 1800 Lichtjahren Entfernung. M 7 ist mit 900 Lichtjahren nur halb so weit weg. Er erscheint auch größer als M 6. Sein Durchmesser liegt bei 50′. Trotz der hellen Sternwolken der Milchstraße in dieser Gegend ist M 7 relativ leicht aufzuspüren. Auch in kleineren Teleskopen sind schon an die hundert Mitgliedssterne auszumachen. Die hellsten, bläulich-weiß strahlenden Sterne bilden in der Mitte des Haufens ein Kreuz. Mit knapp −35° Deklination ist M 7 das südlichste aller Messier-Objekte.

Die Radiogalaxie Centaurus A

ESO

8.7 Die Radiogalaxie Centaurus A (NGC 5128) in zwölf Millionen Lichtjahren Entfernung. Der dunkle Streifen in der Mitte wird durch interstellare Staubmassen hervorgerufen, die das Licht der Sterne verschlucken.

Eines der größten und hellsten Milchstraßensysteme befindet sich im Sternbild Zentaur. Diese Galaxie ist unter der Bezeichnung Centaurus A bei Astrofans weithin bekannt. Die Katalogbezeichnung von Centaurus A lautet NGC 5128. Von Mitteleuropa aus ist dieses gewaltige Milchstraßensystem nicht zu sehen, weil tief am Südhimmel beheimatet (Deklination: –43°). Wer aber beispielsweise von Namibia aus beobachtet, findet diese beeindruckende Galaxie recht schnell. Sie ist bereits in einem guten Fernglas zu erkennen. Man gehe von dem hellen und prächtigen Kugelhaufen Omega Centauri aus und schwenke sein Instrument etwa 5° nach Norden. Dabei stößt man unmittelbar auf Centaurus A (eine Beschreibung von Omega Centauri findet man im *Himmelsjahr 2015* auf Seite 146, Monatsthema Juni). In Abb. 8.8 ist die Position von Centaurus A in der Sternkarte markiert. In Teleskopen ab 10 cm Öffnung zeigt Centaurus A ein merkwürdiges Aussehen. Die Galaxie erscheint kreisrund, allerdings leicht elliptisch mit einem breiten, dunklen Streifen, der das Lichtfleckchen symmetrisch teilt. Wegen ihres Aussehens nennen die Amerikaner Cen A (so die offizielle Abkürzung) manchmal „Hamburger Galaxy". Wer gerne in Schnellrestaurants isst, mag dies nachvollziehen können. Die Größe des nebelartigen Objekts beträgt 20′ × 26′ (siehe auch Abb. 8.9).

Bekannt seit fast 200 Jahren

Entdeckt wurde Centaurus A bereits im Jahre 1826 von dem schottischen Astronomen James Dunlop (1793–1848), der von Parramatta, heute ein Stadtteil Sydneys, aus beobachtete. Dunlop nutzte seine Privatwohnung als Sternwarte. John Herschel beschreibt 1849 dieses himmlische Gebilde mit den Worten: „... zwei helle, ovale Nebel, getrennt durch ein seltsames, dunkles Band, das parallel zu den großen Achsen der Halbellipse verläuft."

Erst Mitte des 20. Jahrhunderts wurde den Astronomen klar, dass Cen A keine Gas- und Staubwolke in unserer Milchstraße, also kein galaktischer Nebel, sondern ein riesiges und ziemlich ungewöhnliches Milchstraßensystem ist. Schon die Klassifizierung bereitete Schwierigkeiten. Zunächst als elliptische Galaxie bezeichnet, ordnete man sie schließlich als S0-Typ nach der Hubble-Klassifikation ein. Zusätzlich hängte man noch das Suffix „pec" für „peculiar" (engl., merkwürdig) an die Typbezeichnung an: S0 pec. Denn es erschien seltsam und rätselhaft, in einer elliptischen Galaxie ein dunkles Band zu beobachten. Näheres zur Klassifikation von Galaxien findet sich im *Himmelsjahr 2015* auf Seite 222 im Monatsthema Oktober: „Was sind Galaxien?".

Walter Baade und Rudolph Minkowski vermuteten 1954 als erste, bei Cen A könnte es sich um eine große elliptische Galaxie handeln, die nach Kollision mit einer etwas kleineren Spiralgalaxie zu einem Monstermilchstraßensystem wurde. Heute zweifelt niemand mehr an dieser Interpretation.

In den zentralen Bereichen von Cen A befinden sich vergleichsweise alte Sterne, rote Riesen und gelbe Hauptreihensterne sowie rote Zwerge. Das dunkle Band in der Mitte wird von interstellarem Staub erzeugt, der das Licht dahinter liegender Sterne schwächt oder völlig absorbiert. An den Rändern dieses Staubbandes halten sich helle, bläulich stahlende, heiße und junge Sterne auf. Hier liegen die Geburtsstätten neuer Sonnen. Daraus ist zu folgern, dass Cen A völlig unterschiedliche Sternpopulationen beherbergt.

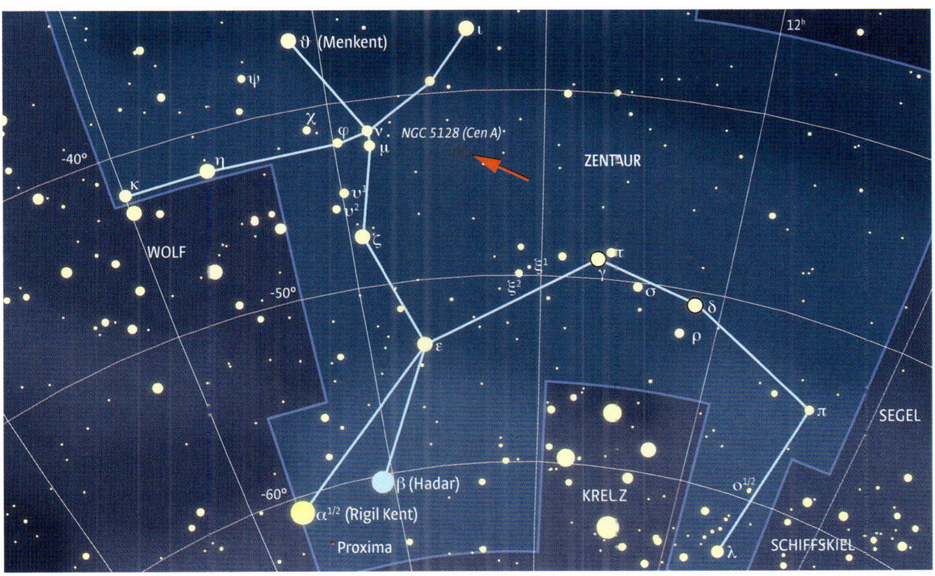

8.8 Das Sternbild Zentaur mit der Position der Radiogalaxie Cen A.

8.9 **Auf Amateuraufnahmen von Cen A hat man den Eindruck eines „Hamburgers", wie er in Fast-Food-Restaurants angeboten wird.**

Mitglied der Centaurus-Galaxiengruppe

Mit zwölf Millionen Lichtjahren Entfernung zählt NGC 5128 noch zu unserer kosmischen Nachbarschaft. Allerdings ist dieses Milchstraßensystem nicht mehr Mitglied der Lokalen Gruppe. Zur Lokalen Gruppe zählen neben unserer eigenen Milchstraße die Andromedagalaxie (M 31), die Triangulum-Galaxie (M 33) sowie einige Dutzend Zwerggalaxien. Die Lokale Gruppe nimmt einen Raum von rund vier Millionen Lichtjahren Durchmesser ein. Cen A hingegen ist Mitglied der Centaurus-Galaxiengruppe, zu der auch die Galaxie M 83 im Sternbild Wasserschlange an der Grenze zum Zentaur gehört.

Centaurus A hat die Dimensionen von 70 000 mal 90 000 Lichtjahren und setzt sich aus geschätzt zehn Billionen Sternen zusammen. Diese Sterne und die interstellare Materie ergeben eine Gesamtmasse von mindestens einer Billion, also einer Million mal einer Million, Sonnenmassen. Die wahre Leuchtkraft dieser Riesengalaxie beträgt 33 Milliarden Sonnenleuchtkräfte.

Nach Einführung der Radioastronomie zeigte sich bald, dass NGC 5128 eine der intensivsten Radioquellen am irdischen Firmament ist. Die thermische Radiostrahlung von Galaxien ist vergleichsweise schwach und war in den ersten Jahrzehnten der Radioastronomie auch nicht nachweisbar. Doch schon 1949 entpuppte sich Cen A als starke Radioquelle. Einige Galaxien strahlen nämlich tausend- bis zehntausend Mal „heller" im Radiofrequenzbereich als die „normalen" Galaxien. Man nennt sie daher auch Radiogalaxien. Zu ihnen zählen außer Centaurus A noch Cygnus A, Hercules A und Virgo A (= M 87). Die Astronomen bezeichnen Radioquellen nach dem Sternbild, in dem sie gefunden werden, und mit einem Großbuchstaben. Der stärkste Radiostrahler erhält ein „A", der zweitstärkste ein „B", der drittstärkste ein „C" usw. Cen A ist somit die „radiohellste" Quelle im Sternbild Zentaur.

„Heller" im Radiobereich

Radiogalaxien emittieren wesentlich mehr Energie im Radiofrequenzbereich als im sichtbaren Licht. Dabei kommt die Radiostrahlung häufig aus zwei Gebieten, die weit vom optischen Bild der Radiogalaxie entfernt sind, aber symmetrisch zum optischen Bild der Galaxie liegen. So strahlen zwei blasenartige Bereiche intensives „Radiolicht" aus, die zu beiden Seiten von Cen A zu sehen sind und von der Galaxienmitte je fünf Grad entfernt liegen; das entspricht mehr als einer Million Lichtjahre.

Radiogalaxien senden nicht nur thermische Strahlung aus, sondern vor allem Synchrotronstrahlung. Die extrem polarisierte Synchrotronstrahlung entsteht, wenn elektrisch geladene Partikel, vornehmlich Elektronen, stark beschleunigt werden. Tatsächlich schießen aus dem Zentrum von Cen A hochenergetische Teilchen in zwei scharf gebündelten Jets mit rund einem Drittel der Lichtgeschwindigkeit heraus. Im sichtbaren Licht sind diese Jets allerdings nicht zu erkennen. Mit Hilfe von Satelliten, die außerhalb der absorbierenden Erdatmosphäre kosmische Röntgenstrahlung beobachten können, wurde bereits 1970 Cen A als intensive

NASA

8.10 Im Radiofrequenzbereich erscheint Cen A wesentlich größer als im Optischen. Symmetrisch zum Zentrum sind zwei ausgedehnte Blasen, aus denen Radiostrahlung emittiert wird.

Röntgenquelle erkannt. Nur fünf Jahre später konnte auch die sehr kurzwellige, hochenergetische Gammastrahlung von Cen A detektiert werden. Inzwischen liegen dank moderner Beobachtungstechniken Aufnahmen von NGC 5128 in allen Frequenzbereichen vor – von Gammastrahlung über Röntgen-, Ultraviolett und Infrarot- bis Radiostrahlung. Im Röntgenlicht sind die Jets von Cen A recht gut sichtbar. Im Gammastrahlungsbereich sendet Cen A rund 200-mal mehr Energie aus als durch Radiostrahlung. Diese Monstergalaxie ist gewissermaßen ein kosmisches Superkraftwerk. Doch woher speist sich dieses kosmische Energiebündel?

Hinweis auf ein Schwarzes Loch

Einen wichtigen Hinweis liefert die Beobachtung, dass die Intensität der Röntgenstrahlung innerhalb weniger Tage stark variiert. Das kosmische Kraftwerk muss somit recht klein sein gegenüber den Dimensionen der Galaxie. Die Kraftmaschine ist ein supermassereiches Schwarzes Loch von 55 Millionen Sonnenmassen. Ursprünglich wurde es sogar auf 200 Millionen Sonnenmassen geschätzt. Um das zentrale Black Hole rotiert eine ein Million Grad heiße Gasscheibe. Diese Akkretionsscheibe wird gespeist aus dem Material der Spiralgalaxie, die

Centaurus A in Zahlen

Katalogbezeichnungen:	Cen A/NGC 5128/Arp 153/Caldwell 77/ IRAS 13225-4245/ESO 270-9/HIPASS J1324-42/DUN 482
Äquatoriale Koordinaten:	$\alpha = 13^h25^m28^s / \delta = -43°01'09''$ (J2000.0)
	$\alpha = 13^h26^m22^s / \delta = -43°05'58''$ (J2016.0)
Hubble-Typ:	S0 peculiar (E + Spec)
V-Helligkeit:	$6\overset{m}{,}7$
B-Helligkeit:	$7\overset{m}{,}5$
Flächenhelligkeit:	12^m pro Quadratbogenminute
Ausdehnung:	$26' \times 20'$
Radialgeschwindigkeit:	+559 km/s
Entfernung:	3700 kpc $\triangleq 12 \times 10^6$ LJ
Entfernungsmodul (m–M):	$27\overset{m}{,}83$
Abmessungen in Lichtjahren:	$70\,000 \times 90\,000$
Masse (Sonne = 1):	$10^{12}\,M_\odot$
Leuchtkraft (Sonne = 1):	$33 \times 10^9\,L_\odot$

NASA/ESA/STScI

8.11 Der zentrale Bereich von Cen A. Aufnahme des Hubble-Weltraumteleskops.

sich die riesige elliptische Galaxie Cen A einverleibt hat. Ein Teil der Materie in der Akkretionsscheibe bewegt sich auf Spiralbahnen in das zentrale Black Hole, es wird gewissermaßen gefüttert. Ein anderer Teil der Materie schießt in zwei Jets in den intergalaktischen Raum hinaus, wo sie mit dem intergalaktischen Medium wechselwirkt, was zu einer intensiven Radiostrahlung führt, die man als zwei riesige Blasen beobachtet.

Heute kennt man zahlreiche solcher aktiver Galaxien, die in ihren Zentren ein massereiches Schwarzes Loch beherbergen, um das eine Akkretionsscheibe wie ein Dynamo rotiert. Man bezeichnet sie auch als AGN, nämlich als Active Galactic Nuclei (engl., aktive galaktische Kerne). Auch unsere Milchstraße hat im Zentrum ein massereiches Schwarzes Loch von etwa vier Millionen Sonnenmassen. Allerdings ist es mittlerweile verhungert – fast die gesamte Materie in seiner Umgebung hat das Black Hole inzwischen aufgefressen.

Am 3. Mai 1986 flammte in NGC 5128 eine Supernova auf. SN 1986 G wurde von Robert Evans im Staubband von Cen A entdeckt. Sie erreichte eine Maximalhelligkeit von $11\overset{\mathrm{m}}{,}4$. Aus der Rötung ergab sich, dass der interstellare Staub in Cen A das Licht der Supernova um vier Größenklassen schwächte, sonst wäre sie immerhin $7\overset{\mathrm{m}}{,}4$

8.12 Die Galaxie Centaurus A strahlt sowohl im Submillimeter-Bereich (orange) als auch im Röntgenlicht (blau). Die Aufnahme ist eine Zusammensetzung aus Aufnahmen im sichtbaren Licht als auch Aufnahmen im Submillimeterbereich von APEX und im Röntgenlicht von Chandra.

ESO/NASA/MPIfR

hell geworden. Sie wurde als Typ Ia identifiziert: Ein Weißer Zwerg kollabierte, als er seine Chandra-Massengrenze durch Akkretion überschritt. Schlagartig setzte atomare Kohlenstoff-Fusion ein, die zu einer thermonuklearen Explosion führte und den Weißen Zwerg zerfetzte.

Wer einmal Gelegenheit hat, den südlichen Sternenhimmel mit Fernglas und Teleskop zu durchmustern, sollte keinesfalls versäumen, auch die Riesengalaxie Centaurus A ins Visier zu nehmen. Vielleicht ist ihm oder ihr das Glück hold, und er oder sie entdeckt eine weitere Supernova in diesem kosmischen Superkraftwerk.

September 2016

- Die Sonne passiert am 22. um 15^h21^m den Herbstpunkt, die Herbst-Tagundnachtgleiche tritt ein.
- Venus, Mars und Saturn sind am Abendhimmel zu sehen.
- Neptun steht am 2. im Sternbild Wassermann in Opposition zur Sonne.
- Merkur zeigt sich zu Monatsende in der Morgendämmerung.

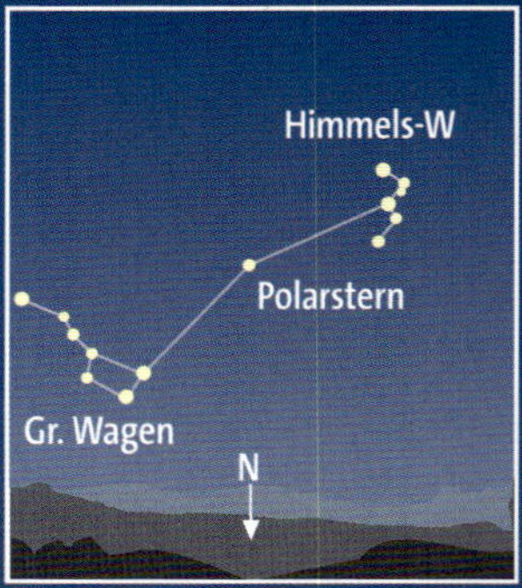

Großer Wagen und Himmels-W Anfang September um 22 Uhr

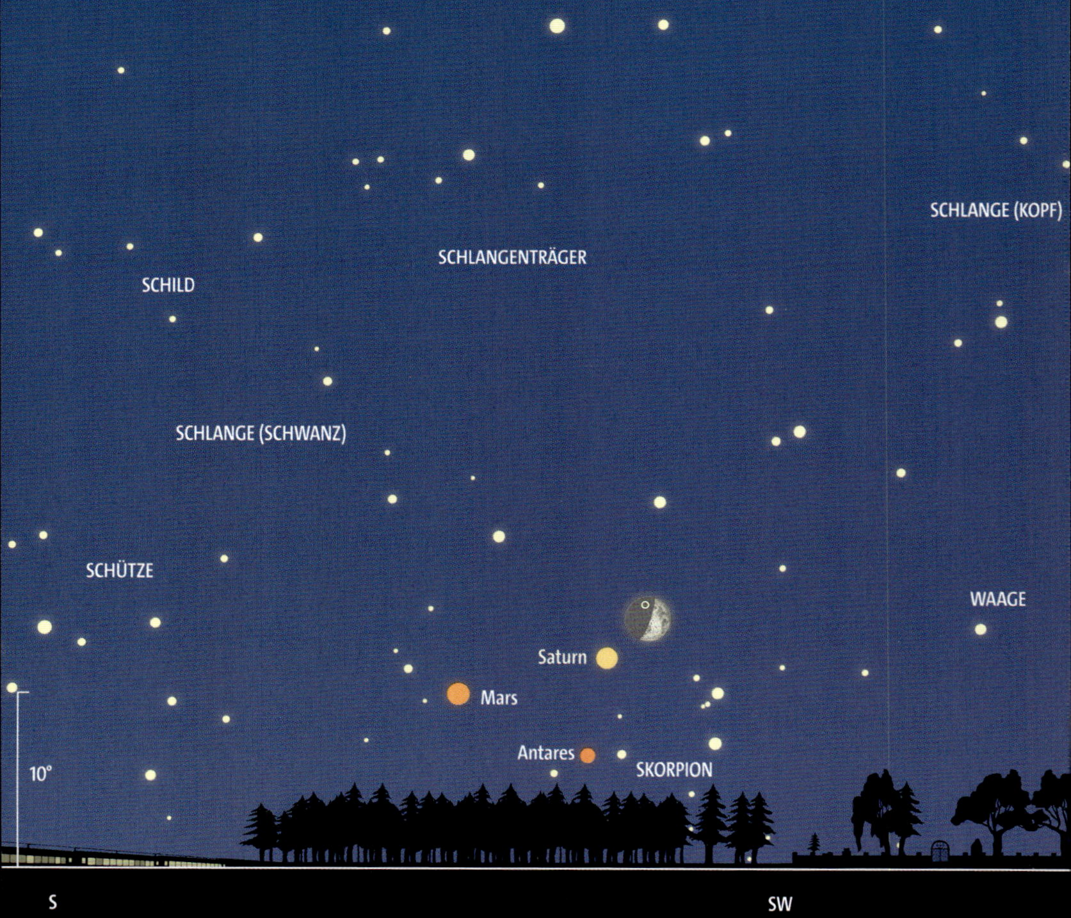

9.1 Himmelsanblick am 8. September gegen 20^h MEZ (= 21^h MESZ). Tief am Südwesthimmel sieht man Mars, Saturn und den zunehmenden Halbmond.

1 Do **Neumond**	**17 Sa**
2 Fr Neptun in Opposition	**18 So** Mond in Erdnähe
3 Sa Mond bei Venus (Abendhimmel)	**19 Mo**
4 So	**20 Di**
5 Mo	**21 Mi**
6 Di Mond in Erdferne	**22 Do** Herbstbeginn
7 Mi	**23 Fr** Mond im letzten Viertel
8 Do Mond bei Saturn (Abendhimmel)	**24 Sa**
9 Fr Mond im ersten Viertel	**25 So**
10 Sa	**26 Mo**
11 So	**27 Di**
12 Mo	**28 Mi** Merkur in größter westlicher Elongation
13 Di	**29 Do** Mond bei Merkur (Morgenhimmel)
14 Mi	**30 Fr**
15 Do	
16 Fr **Vollmond, Halbschattenfinsternis**	

Sonne – Sternbilder

16.9. 14^h:
Sonne tritt in das Sternbild Jungfrau
22.9. 15^h21^m:
Sonne tritt in das Tierkreiszeichen Waage
Julianisches Datum am
1. September, 1^h MEZ:
2 457 632,5

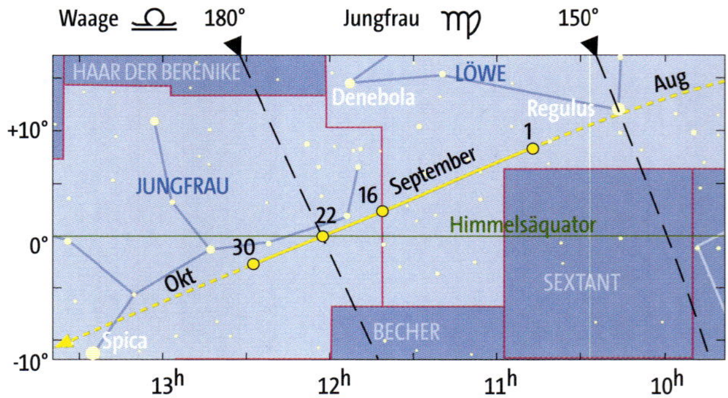

Tabelle Sonnenlauf

Tag	Dämmerg. Anfang	Aufgang MEZ	Kulmination	Untergang MEZ	Dämmerg. Ende	Mittagshöhe	Zeitgleichg.	Rektaszension	Deklination
	h m	h m	h m	h m	h m	°	m	h m	°
1.	4 21	5 35	12 20	19 03	20 18	48,0	0	10 42	+8,3
5.	4 28	5 41	12 19	18 55	20 08	46,6	+ 1	10 56	+6,8
10.	4 36	5 49	12 17	18 44	19 56	44,7	+ 3	11 14	+4,9
15.	4 45	5 56	12 15	18 33	19 44	42,8	+ 5	11 32	+3,0
20.	4 53	6 04	12 13	18 22	19 32	40,8	+ 7	11 50	+1,1
25.	5 01	6 11	12 12	18 11	19 21	38,9	+ 8	12 08	−0,8
30.	5 09	6 19	12 10	18 00	19 10	36,9	+10	12 26	−2,8

Tages- und Nachtstunden

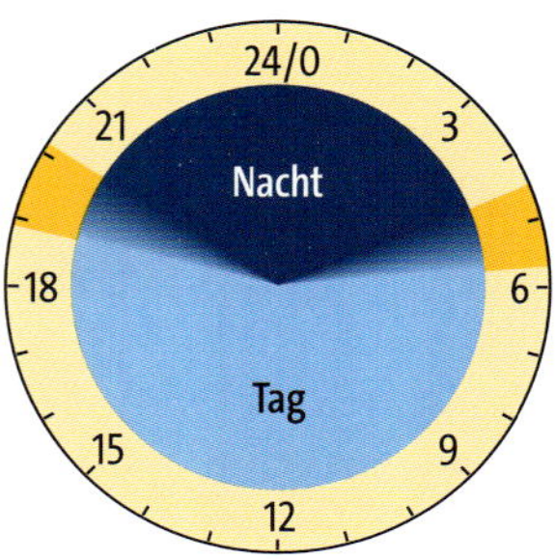

5. September

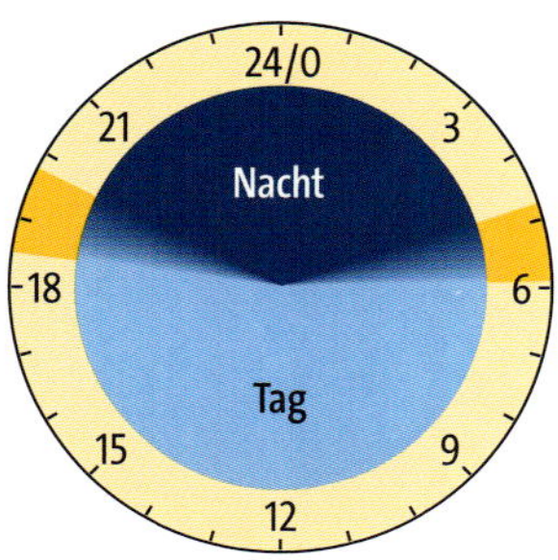

15. September

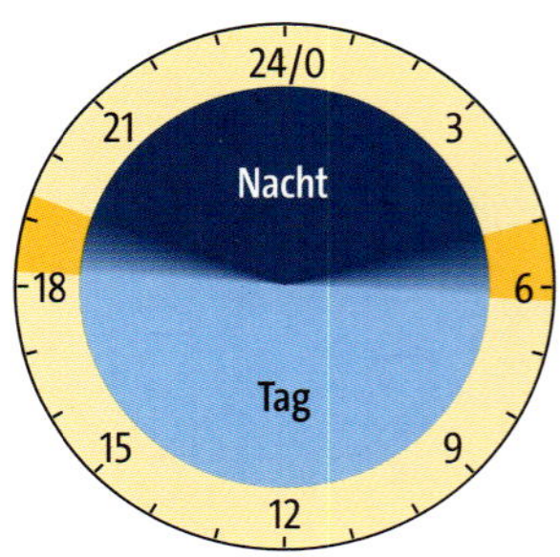

25. September

Tabelle Mondlauf

Datum	Aufg. MEZ	Kulmination	Unterg. MEZ	Rektaszension	Deklination	Sterne und Sternbilder	Phase	MEZ
	h m	h m	h m	h m	°			
Do 1.	5 31	12 24	19 06	10 24	+ 9,2	Löwe, Regulus	**Neumond Nr. 1159**	**$10^h\,03^m$**
							Aufsteigender Knoten	
Fr 2.	6 36	13 09	19 32	11 13	+ 5,5	Löwe		
Sa 3.	7 40	13 53	19 56	12 00	+ 1,7	Jungfrau		
So 4.	8 44	14 37	20 21	12 46	– 2,2	Jungfrau		
Mo 5.	9 46	15 20	20 46	13 32	– 5,9	* Spica		
Di 6.	10 47	16 04	21 13	14 18	– 9,3	Jungfrau	Erdferne 405/29′,5	20^h
Mi 7.	11 47	16 48	21 44	15 05	–12,4	Waage		
Do 8.	12 46	17 34	22 18	15 52	–14,9	Waage		
Fr 9.	13 42	18 21	22 59	16 41	–16,9	Schlangenträger	**Erstes Viertel**	**$12^h\,49^m$**
							Größte Nordbreite	
Sa 10.	14 36	19 11	23 45	17 31	–18,1	Schlangenträger		
So 11.	15 25	20 01	–	18 23	–18,5	* Schütze		
Mo 12.	16 10	20 53	0 39	19 16	–17,9	Schütze	Libration Ost	
Di 13.	16 50	21 45	1 40	20 10	–16,5	Steinbock		
Mi 14.	17 26	22 39	2 47	21 05	–14,1	Wassermann		
Do 15.	18 00	23 32	3 59	22 00	–10,8	Wassermann		
Fr 16.	18 31	–	5 14	22 56	– 6,8	Wassermann	**Vollmond**	**$20^h\,05^m$**
							Absteigender Knoten	
Sa 17.	19 01	0 26	6 32	23 51	– 2,4	Fische		
So 18.	19 32	1 20	7 51	0 48	+ 2,3	* Walfisch	Erdnähe 362/33′,0	18^h
Mo 19.	20 06	2 15	9 10	1 44	+ 6,9	Fische		
Di 20.	20 43	3 11	10 27	2 42	+11,0	Widder		
Mi 21.	21 25	4 07	11 41	3 40	+14,4	Stier		
Do 22.	22 13	5 04	12 50	4 39	+16,8	* Aldebaran	Größte Südbreite	
Fr 23.	23 07	6 01	13 52	5 38	+18,2	* Stier	**Letztes Viertel**	**$10^h\,56^m$**
Sa 24.	–	6 57	14 45	6 36	+18,4	* Alhena		
So 25.	0 07	7 52	15 30	7 33	+17,6	Zwillinge	Libration West	
Mo 26.	1 10	8 43	16 08	8 28	+15,9	Krebs, Krippe		
Di 27.	2 15	9 33	16 41	9 20	+13,3	Krebs		
Mi 28.	3 21	10 20	17 09	10 10	+10,2	Löwe, Regulus	Aufsteigender Knoten	
Do 29.	4 25	11 06	17 35	10 59	+ 6,6	Löwe		
Fr 30.	5 30	11 50	18 00	11 46	+ 2,8	Jungfrau		

Der Mond entfernt sich am 21./22. von Aldebaran

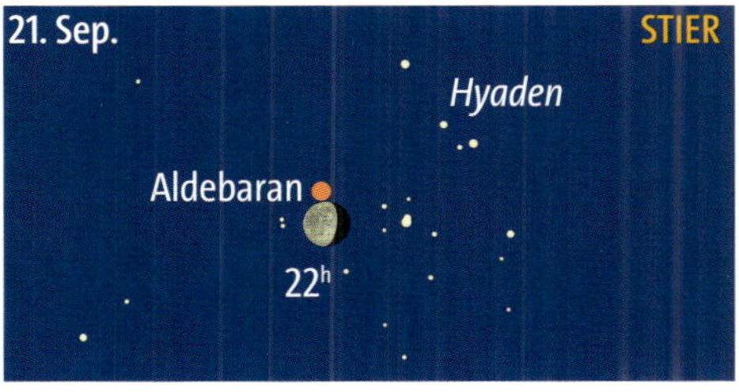

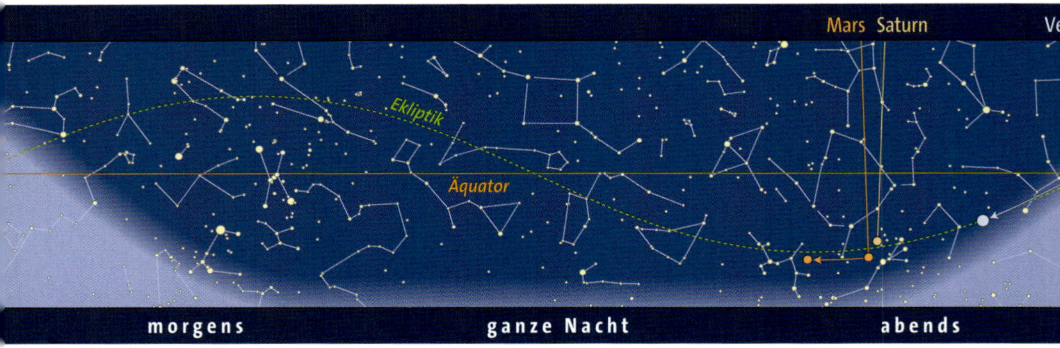

Merkur zeigt sich zu Monatsende in der Morgendämmerung. Zunächst läuft der flinke Planet noch retrograd auf die Sonne zu. Am 13. kommt er in untere Konjunktion mit ihr. Die Konjunktionsschleife zieht Merkur im Gebiet der Sternbilder Löwe und Jungfrau. Danach entfernt er sich schnell rückläufig von der Sonne. Am 21. wird Merkur stationär und ist anschließend wieder rechtläufig (siehe Abb. 9.4 auf Seite 193).

Im letzten Septemberdrittel taucht Merkur am Morgenhimmel auf. Unter sehr guten Sichtbedingungen kann man den $0^{m}{,}7$ hellen Merkur am 23. schon gegen $5^{h}10^{m}$ (= $6^{h}10^{m}$ Sommerzeit) tief am Osthimmel ausmachen. Der Merkuraufgang erfolgt an diesem Tag um $4^{h}43^{m}$ (= $5^{h}43^{m}$ Sommerzeit).

Anschließend nimmt die Merkurhelligkeit kräftig zu. Am 27. geht der $-0^{m}{,}3$ helle Merkur um $4^{h}35^{m}$ auf. Am letzten Septembertag strahlt Merkur bereits mit $-0^{m}{,}7$, seine Aufgangszeit bleibt fast konstant. Am 30. steigt er um $4^{h}38^{m}$ über die Horizontlinie. Gegen 6^{h} verblasst Merkur in der heller werdenden Morgendämmerung (siehe Abb. 9.2 und Abb. 9.3 unten).

9.2 Merkur am Morgenhimmel:
Stellung von Merkur über dem Osthorizont zu den angegebenen Daten jeweils eine Stunde vor Sonnenaufgang. Die Pfeile deuten die Bewegungen von Merkur und Sonne in der folgenden halben Stunde an.

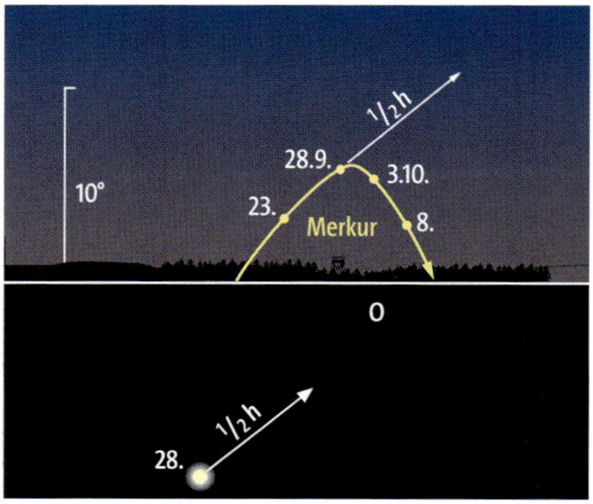

9.3 Sichtbarkeitsdiagramm für Merkur:
Es gilt genau für 50° nördlicher Breite und 10° östlicher Länge. Dunkelgelbe Fläche: Unter günstigen Sichtbedingungen kann man Merkur mit bloßen Augen erkennen; hellgelbe Fläche: Merkur ist leicht zu sehen.

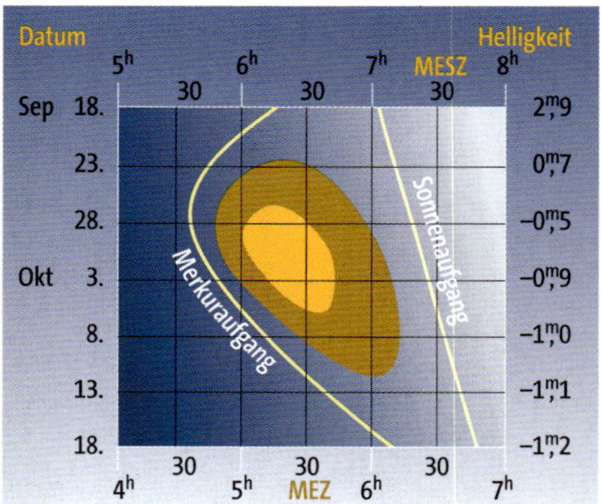

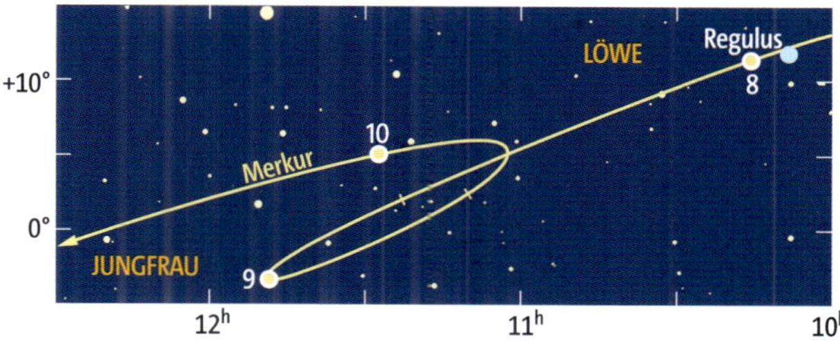

9.4 Bahn von Merkur:
Scheinbare Merkurschleife im Gebiet Löwe/Jungfrau.

Seine größte westliche Elongation erreicht Merkur am 28. mit 17°53′ Winkelabstand. Dies ist der kleinste Winkel bei einer maximalen Elongation. Er erklärt sich aus der Tatsache, dass Merkur am Tag der maximalen Elongation auch durch sein Perihel läuft, also der Sonne am nächsten kommt. Die Phase „Halbmerkur" (Dichotomie) tritt am Tag der größten westlichen Elongation ein. Am 28. zeigt sich das 7″,1 große Planetenscheibchen halb beleuchtet. Am 29. wandert die extrem schmale Sichel des Mondes nur 0°,7 südlich an Merkur vorbei (siehe Abb. 9.5 unten).

Venus baut ihre Rolle als Abendstern nur zögerlich aus. Sie wandert durch die Jungfrau und passiert am 17. deren Hauptstern Spica in drei Grad nördlichem Abstand. Da Venus immer südlichere Bereiche des Tierkreises aufsucht, verkleinern sich die Tagbögen und ihre Untergänge erfolgen immer früher. Am 1. geht die $-3^m,9$ helle Venus um 19^h50^m (= 20^h50^m Sommerzeit) unter und am 30. bereits um 18^h57^m. Nur durch die immer früher einsetzende Dämmerung ergibt sich ein kleiner Gewinn an Sichtbarkeitsdauer.

Im Teleskop erscheint Venus immer noch klein und rundlich. Bis Monatsende wächst das Planetenscheibchen lediglich auf 12″ Durchmesser an, der Beleuchtungsgrad geht auf 85 % zurück.

Mars kann am Abend tief am Südwesthimmel gesehen werden. Er wandert rechtläufig durch das Sternbild Schütze und passiert am 27. den Winterpunkt der Ekliptik 2°,4 südlich (siehe Abb. 5.3 auf Seite 119). Seine Helligkeit sinkt um $0^m,3$ im Laufe des Monats auf $0^m,0$ ab.

Der rote Planet geht immer früher unter. Am 1. sinkt er um 22^h13^m unter den Horizont, am 15. um 21^h51^m und am 30. bereits um 21^h34^m (= 22^h34^m Sommerzeit). Am 8. ergibt sich eine hübsche Konstellation, wenn der zunehmende Mond sich zu Mars, Saturn und Antares gesellt (siehe Abb. 9.1 auf Seite 188). Der scheinbare Durchmesser des Marsscheibchens geht auf knapp 9″ zurück. Im Fernrohr erkennt man einen Beleuchtungsdefekt: Der Ostrand des Marsglobus erscheint dunkel – lediglich 85 % des Marsscheibchens sind zu sehen.

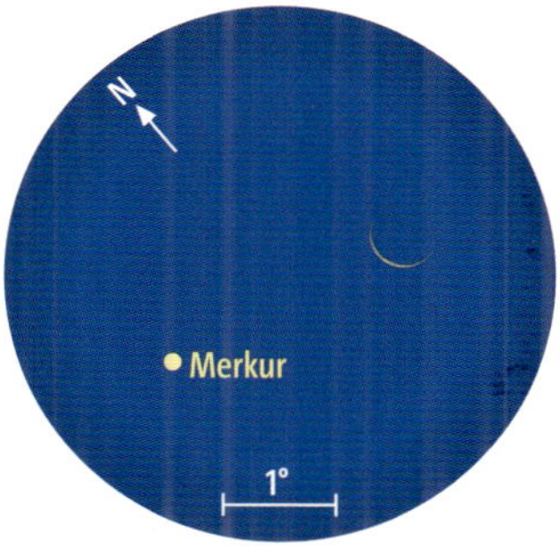

9.5 Mond bei Merkur:
Begegnung der extrem dünnen Sichel des abnehmenden Mondes mit Merkur am 29. September. Fernglasanblick gegen 5^h MEZ (= 6^h MESZ) bei 5° Gesichtsfelddurchmesser.

Jupiter hat sich vom Abendhimmel zurückgezogen und bleibt unsichtbar. Am 26. wird er von der Sonne im Sternbild Jungfrau eingeholt und steht in Konjunktion mit ihr. Bereits am 21. überschreitet der Riesenplanet den Himmelsäquator und wechselt auf die Südhalbkugel des Firmaments.

Zur Konjunktion erreicht Jupiter seine größte Entfernung von der Erde in diesem Jahr. Sie beträgt 965 Millionen Kilometer (= 6,45 AE). Seine Sonnendistanz misst am Konjunktionstag 816 Millionen Kilometer (= 5,45 AE).

Saturn kann am Abendhimmel nach Einbruch der Dunkelheit weit im Südwesten gesehen werden. Er wandert rechtläufig durch den Schlangenträger, wobei seine Bewegung nun deutlich zu erkennen ist. Der Ringplanet entfernt sich wieder von ω Ophiuchi ($4^m,5$). Die scheinbare Saturnbahn findet man in Abb. 6.3 auf Seite 137.

Am 1. geht Saturn um 22^h28^m (= 23^h28^m Sommerzeit) unter und am 15. um 21^h34^m. Bereits um 20^h38^m erfolgt am 30. der Untergang des inzwischen $0^m,5$ hellen Ringplaneten. Der zunehmende Halbmond passiert am 8. den Ringplaneten $3^\circ,4$ nördlich (siehe Abb. 9.1 auf Seite 188).

Uranus beschleunigt seine rückläufige Bewegung durch die Fische ein wenig (siehe Abb. 10.7 auf Seite 215). Er strebt seiner Oppositionsstellung zur Sonne entgegen, die er aber erst Mitte nächsten Monats erreicht.

Zu Monatsbeginn erfolgt der Aufgang des $5^m,7$ hellen Uranus um 20^h19^m (= 21^h19^m Sommerzeit). Die Aufgänge des grünlichen Planeten verfrühen sich bis 15. auf 19^h23^m und bis 30. auf 18^h23^m. Am 1. kulminiert Uranus um 3^h07^m, am 15. um 2^h11^m und am 30. um 1^h10^m (= 2^h10^m Sommerzeit). Die Stunde um die Kulmination ist die beste Beobachtungszeit.

Neptun, rückläufig im Wassermann, steht am 2. in **Opposition** zur Sonne. Am Tag der Opposition geht der mit $7^m,8$ recht lichtschwache Planet um 19^h01^m (= 20^h01^m Sommerzeit) auf, kulminiert in der Oppositionsnacht um 0^h24^m und sinkt am Morgen um 5^h46^m unter die Horizontlinie (siehe Aufsuchkarte Abb. 9.6 auf Seite 195). Bis Monatsende verfrüht sich der Untergang auf 3^h52^m und die Kulmination auf 22^h27^m (= 23^h27^m Sommerzeit).

Im Teleskop erkennt man nur eine winzige, bläuliche Murmel. Auf dem nur 2″,4 großen Neptunscheibchen sind keine Einzelheiten zu erkennen. Am 2. trennen Neptun 4330 Millionen Kilometer (= 28,94 AE) von der Erde, dies entspricht einer Lichtlaufzeit von vier Stunden und einer Minute. Von der Sonne ist Neptun am Oppositionstag in diesem Jahr 4481 Millionen Kilometer (= 29,95 AE) entfernt.

Pluto im Sternbild Schütze wird am 26. stationär und beendet damit seine Oppositionsperiode. Anschließend bewegt er sich wieder rechtläufig vor der Kulisse des Fixsternhimmels (siehe Abb. 7.5 auf Seite 159).

Am 26. passiert der prominente Zwergplanet schon um 19^h00^m (= 20^h00^m Sommerzeit) die Mittagslinie und geht um 23^h13^m unter.

Planetoiden

Ceres (1) wird am 2. im Walfisch stationär und setzt zu ihrer Oppositionsschleife an. Anschließend wandert sie zunehmend schneller werdend rückläufig durch den Walfisch (siehe

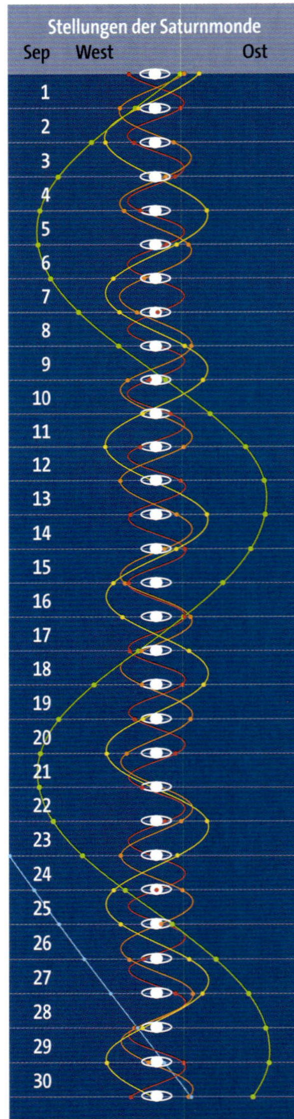

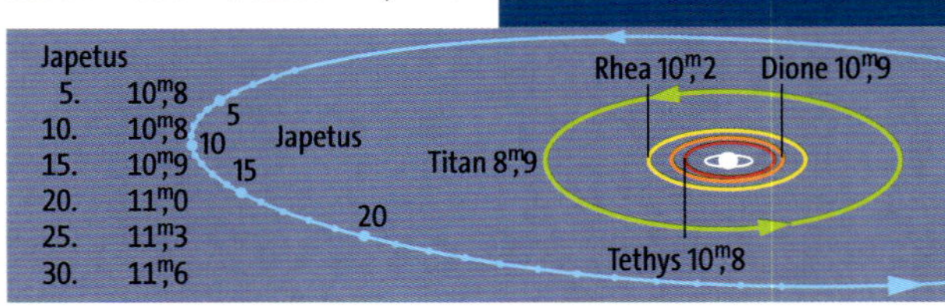

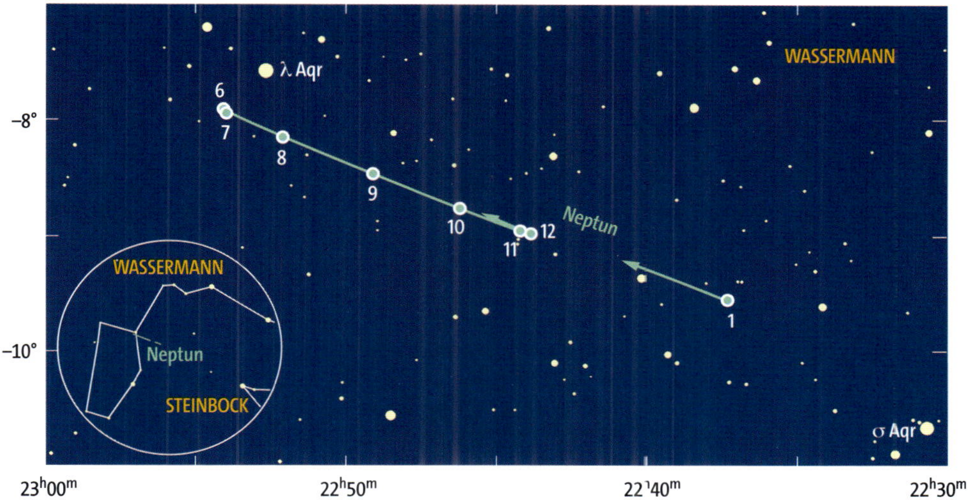

9.6 Bahn von Neptun:
Scheinbare Bahn des Planeten Neptun im Sternbild Wassermann im Januar und vom 1. Juni bis Jahresende 2016.

Abb. 10.7 auf Seite 215). Die Cereshelligkeit nimmt im Laufe des Monats von $8^m,3$ auf $7^m,8$ zu. Ihre Kulminationszeiten verlegt Ceres von 4^h06^m am 1. auf 3^h09^m am 15. und auf 2^h03^m (= 3^h03^m Sommerzeit) am Monatsletzten.

Pallas (2) hat ihre Opposition zur Sonne eben hinter sich. Ihre Helligkeit sinkt von $9^m,2$ auf $9^m,6$ merkbar ab. Sie eilt rasch rückläufig in südwestlicher Richtung durch das Sternbild Füllen und passiert am 9. in 1°,2 Abstand nordwestlich den Hauptstern des Füllen, α Equulei ($3^m,9$). Am 27. wechselt sie dann in den Wassermann (siehe Abb. 8.4 auf Seite 177). Pallas passiert den

Konstellationen und Ereignisse

Datum	MEZ	Ereignis
1.	10^h	Ringförmige Sonnenfinsternis – von Mitteleuropa aus unbeobachtbar (siehe Seite 28)
2.	18	Mond bei Merkur, Mond 6°,1 nördlich
2.	18	**Neptun in Opposition** zur Sonne
2.	23	Mond bei Jupiter, Mond 0°,4 nördlich (Bedeckung)
3.	12	**Mond bei Venus**, Mond 1°,1 nördlich (Bedeckung), **Abstand 2°,7 um 19^h**
8.	22	**Mond bei Saturn**, Mond 3°,8 nördlich, **Abstand 3°,4 um 20^h**
9.	15	Mond bei Mars, Mond 7°,9 nördlich
13.	1	Merkur in unterer Konjunktion mit der Sonne
15.	21	Mond bei Neptun, Mond 1°,2 nördlich (Bedeckung)
16.	20	*Halbschattenfinsternis des Mondes* – von Mitteleuropa aus kaum beobachtbar (siehe Seite 29)
18.	18	Mond bei Uranus, Mond 2°,9 südlich
21.	11	Merkur im Stillstand, anschließend rechtläufig
22.	15^h21^m	**Sonne im Herbstpunkt, Tagundnachtgleiche**
26.	4	Pluto im Stillstand, anschließend rechtläufig
26.	8	Jupiter in Konjunktion mit der Sonne
28.	16	Merkur im Perihel
28.	21	**Merkur in größter westlicher Elongation** (18°)
29.	12	**Mond bei Merkur**, Mond 0°,7 südlich (Bedeckung), **Abstand 2°,5 um 5^h**

Meridian am 1. um 22^h53^m, am 15. um 21^h50^m und am 30. schon um 20^h47^m (= 21^h47^m Sommerzeit).

Vesta (4) eilt rechtläufig durch das Sternbild Zwillinge (siehe Abb. 12.6 auf Seite 253). Sie kann in der zweiten Nachthälfte aufgefunden werden. Ihre Helligkeit nimmt von $8^m{,}4$ auf $8^m{,}2$ im Laufe des Monats leicht zu. Am 1. geht Vesta um 0^h48^m (= 1^h48^m Sommerzeit) auf und passiert um 8^h39^m den Meridian. Am 30. erfolgt der Vestaaufgang schon um 23^h39^m und ihre Kulmination bereits um 7^h27^m (= 8^h27^m Sommerzeit).

Melpomene – Planetoid Nr. 18 – eilt rasch südwärts durch das Sternbild Walfisch und zieht am 20. rund $1^\circ{,}6$ westlich an δ Ceti ($4^m{,}1$) vorbei. Am 25. wird sie in Rektaszension stationär und beginnt damit ihre Oppositionsperiode. Die Opposition zur Sonne erreicht Melpomene dann im Oktober (siehe Aufsuchkarte Abb. 10.7 auf Seite 215). Ihre Helligkeit nimmt um $0^m{,}6$ im Laufe des Monats zu und erreicht Ende September $8^m{,}2$. Melpomene kann in den Morgenstunden mit geeigneter Optik aufgespürt werden. Am 1. kulminiert sie um 4^h01^m, am 15. um 3^h15^m und am 30. schon um 2^h17^m (= 3^h17^m Sommerzeit).

Periodische Sternschnuppenströme

Schon in der Nacht zum 1. September erreichen die **Alpha-Aurigiden** ihr Maximum. Es handelt sich um recht schnelle Sternschnuppen – um die 65 Kilometer pro Sekunde. Der Radiant liegt nahe Kapella im Fuhrmann. Seit ihrer Entdeckung 1935 gab es wiederholt erhöhte Raten. Zuletzt wurden 2007 kurzfristig im Maximum mehr als hundert Meteore beobachtet. Der Ursprungskomet C/1911 N1 (Kiess) wird erst wieder in mehr als 2000 Jahren ins innere Sonnensystem gelangen. Die Teilchen, die zu den hohen Raten führten, befinden sich auf weit engeren Umlaufbahnen als der Komet.

Die **Pisciden** sind im gesamten September aktiv. Ihr Ausstrahlungspunkt liegt in den Fischen. Beste Beobachtungszeit ist zwischen 22^h und 4^h morgens. Das Maximum ist um den 19. September zu erwarten, wobei nur etwa fünf bis zehn Meteore pro Stunde auftauchen. Die Geschwindigkeit der Meteoroide liegt um 25 Kilometer pro Sekunde. Die Pisciden zerfallen in mehrere Teilströme, einer davon ist bis Mitte Oktober tätig.

Die **Epsilon-Perseïden** treten ebenfalls im September auf. Zum Maximum am 9. werden etwa zehn Meteore pro Stunde erwartet. In manchen Jahren wurden erhöhte Raten beobachtet, so 2008 und 2013, wo im Maximum bis zu dreißig Sternschnuppen gezählt wurden. Mit Überraschungen ist zu rechnen.

Die **Süd-Tauriden** tauchen vom letzten Septemberdrittel bis Ende November auf. Ihr Radiant liegt im Stier. Der Tauriden-Strom geht wahrscheinlich auf den Kometen 2P/Encke zurück. Das wenig ausgeprägte Maximum fällt auf den 11. November. Die Objekte sind um 30 Kilometer pro Sekunde schnell, haben also mittlere Geschwindigkeiten.

Ein relativ neuer Strom sind die **Delta-Aurigiden**, deren Radiant im Fuhrmann nahe δ Aurigae zu finden ist. Es sind schnelle, aber seltene Objekte. Ihre Geschwindigkeiten liegen bei 60 Kilometer pro Sekunde. Sie erscheinen vom 17. September bis etwa 9. Oktober, wobei das wenig ausgeprägte Maximum um den 3. Oktober liegt. Nur etwa fünf Meteore sind pro Stunde zu erwarten.

Veränderliche Sterne im September

Algol-Minima	4. 3^h18^m	7. 0^h06^m	9. 20^h56^m	24. 4^h59^m	27. 1^h48^m	29. 22^h36^m
β-Lyrae-Minima	3. 17^hH	10. 4^hN	16. 15^hH	23. 3^hN	29. 14^hH	
δ-Cepheï-Maxima	5. 21^h	11. 6^h	16. 15^h	21. 24^h	27. 9^h	
Mira-Helligkeit	1. 8^m	10. 8^m	20. 9^m	30. 9^m		

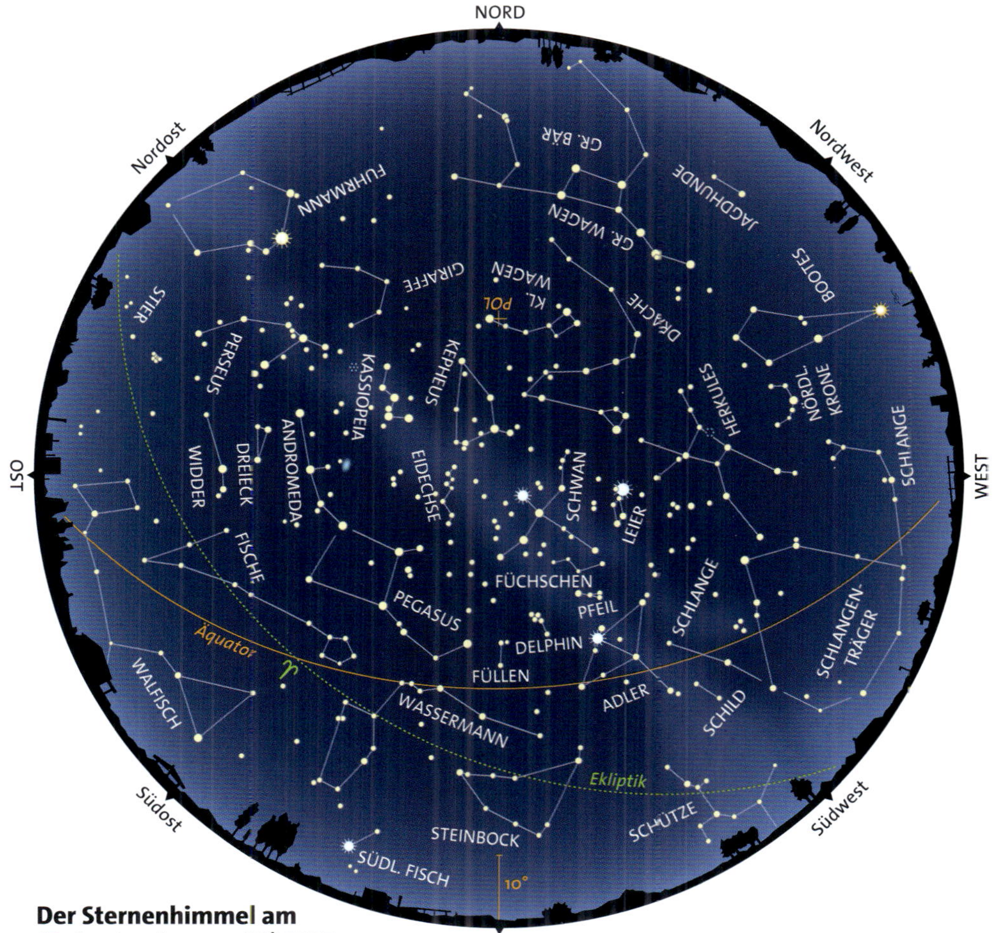

Der Sternenhimmel am 15. September um 22^h MEZ

Die Sternkarte ist auch gültig für:		
	MEZ	MESZ
15. 7.	2^h	3^h
1. 8.	1	2
15. 8.	0	1
1. 9.	**23**	**24**
15. 9.	**22**	**23**
30. 9.	**21**	**22**
15.10.	20	21
31.10.	19	
15.11.	18	

Ein Blick zum klaren Firmament vermittelt noch einen sommerlichen Eindruck. Allerdings hat sich die Szenerie der Sommersternbilder inzwischen deutlich nach Westen verschoben. Der Skorpion mit dem hellen, roten Antares ist gar schon untergegangen, während im Osten der Aufmarsch der Herbststernbilder beginnt.

Der Himmelswagen ist nach Nordwesten herabgesunken, das Himmels-W, die Kassiopeia, ist statt ihm emporgestiegen. Das Sommerdreieck mit Wega, Deneb und Atair bestimmt nach wie vor den Helligkeitsschwerpunkt. Der Schwan mit dem schönen Sternenhintergrund der Milchstraße steht nun fast genau im Scheitelpunkt oder Ze-

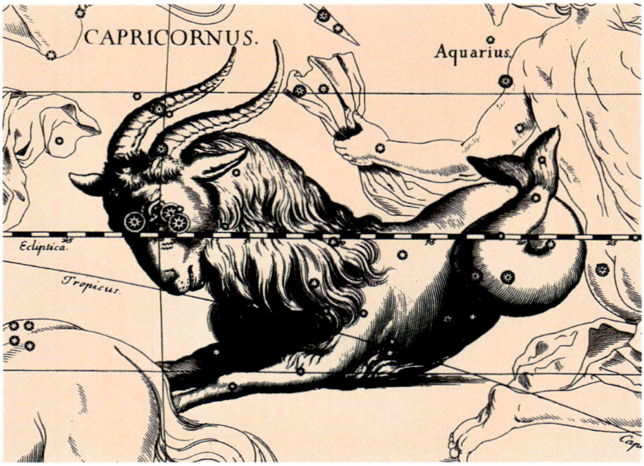

Johannes Hevelius, *Firmamentum Sobiescianum*

9.7 Der Steinbock:
Figürliche Darstellung des Sternbildes Steinbock (lat.: Capricornus)

nit. Neben dem Adler stößt man im Meridian auf das kleine, aber einprägsame Sternbild Delphin. Es wird in erster Linie durch einen kleinen Sternenrhombus mit einem zusätzlichen angehängten Stern gebildet.

Tief im Süden kulminiert gerade der Steinbock, ein nicht besonders auffälliges Tierkreisbild, aber dennoch gut auszumachen. Flankiert wird der Steinbock von seinen ausgedehnten und lichtschwachen Tierkreisnachbarn Schütze im Westen und Wassermann im Osten.

Günstige Beobachtungsbedingungen vorausgesetzt, kann man südlich des Steinbocks in unseren Breiten bei sehr klarer Luft sogar das Sternbild Mikroskop (lat.: Microscopium) erspähen. Das Mikroskop ist ein neuzeitliches Sternbild des Südhimmels und wurde von dem französischen Astronomen Nicolas Louis de Lacaille (1713–1762) eingeführt. Wesentlich deutlicher ist tief im Süden ein recht heller Stern zu erkennen, Fomalhaut im Südlichen Fisch (lat.: Piscis Austrinus). Der Name Fomalhaut stammt aus dem Arabischen und bedeutet so viel wie „Maul des Fisches".

Die Herbststernbilder

Das Pegasusquadrat hat sich den Osthimmel erobert. Der Pegasus ist das Leitsternbild des Herbsthimmels. Gemäß der antiken Mythologie ist der Pegasus das geflügelte Pferd der Dichter. An die Nordostecke des Pegasusvierecks schließt sich die Sternenkette der Andromeda an. Die Andromeda ist der Sage nach die unglückliche Tochter des Königspaares Kassiopeia und Kepheus. Der Andromeda folgt halbhoch im Nordosten der Perseus, ihr strahlender Held und Erretter. Im Perseus findet man Algol (β Perseï), den Teufelsstern – ein bekannter Bedeckungsveränderlicher und Prototyp der Klasse der Algol-Variablen.

Im Osten fällt das kleine Sternbild Widder auf, das im Wesentlichen aus drei Sternen besteht, die in einem stumpfwinkligen Dreieck angeordnet sind. Der Hauptstern, α Arietis, heißt Hamal, was arabisch so viel wie Lamm bedeutet. Davon leitet sich auch unser deutsches Wort Hammel ab.

Im Südosten ist das ausgedehnte, aber lichtschwache Tierkreissternbild Fische aufgetaucht. In ihm liegt in unserer Zeit der Frühlingspunkt. Im Herbst stehen die Fische der Sonne genau gegenüber. Geht die Sonne im Westen unter, so steigen die Fische über dem Osthorizont empor (sogenannter akronyktischer Aufgang).

Das Sternbild Steinbock (Capricornus)

Erstaunlich viele Völker sahen in den Sternen dieses Himmelsareals eher einen Ziegenbock als einen Steinbock. Die Perser sprachen von Bahi (auch Nahi), die Türken von Ughlah, die Syrier von Gadjo und die Araber von Al Jady. Alle diese Bezeichnungen haben die gleiche Bedeutung, nämlich Ziegenbock.

Laut der klassischen Sage, so berichtet der griechische Gelehrte Eratosthenes, verwandelt sich der Waldgott oder Hirten-

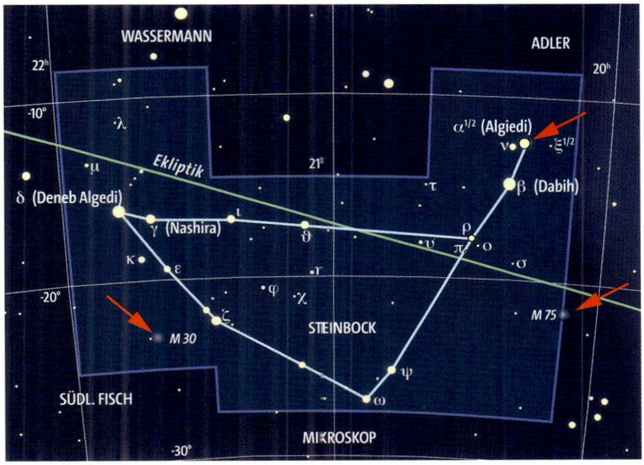

9.8 Sternbild Steinbock: Skelettkarte des Sternbildes Steinbock mit dem optischen Doppelstern $\alpha_{1,2}$ Cap und den beiden Kugelhaufen M 30 und M 75.

gott Pan in einen Steinbock, um sich vor dem Riesen Typhon zu verstecken. Typhon gilt als Gott des Urwassers.

Ähnlich lautet die ägyptische Version: In panischer Angst vor der Annäherung des Monsters Typhon sprang Pan in den Nil. Sein Körper soll halb Ziegenbock, halb Fisch gewesen sein. Auch aus dem alten Babylon dringt die Kunde vom Ziegenfisch. In vielen Darstellungen endet der Körper des Steinbocks als Schwanz eines Fisches, so auf dem Fragment eines babylonischen Planisphäriums aus dem zwölften vorchristlichen Jahrhundert, das im Britischen Museum in London aufbewahrt wird. Auch eine Silberschale aus Burma, auf der der brahmanische Tierkreis eingraviert ist, zeigt ein Wesen halb Fisch, halb Ziege. Das Tierkreissymbol ♑ für den Steinbock deutet denn auch die Anfangsbuchstaben des griechischen Wortes τρὰ γος (Ziegenbock) an.

Bei den Römern war eindeutig von Capricornus (Steinbock) die Rede. Sueton berichtet in seiner Lebensbeschreibung des Augustus, dass der Steinbock auf die Silbermünze des Kaisers geprägt war, um daran zu erinnern, dass Augustus unter diesem Zeichen geboren wurde. Bei Numa Pompilius, dem zweiten legendären König von Rom (715–673 v. Chr.) begann das Jahr, wenn die Sonne genau in der Mitte des Steinbocks stand und die Tageslänge nach der Wintersonnenwende um eine halbe Stunde zugenommen hatte.

Beim römischen Geschichtsschreiber Caesius wird das Sternbild Steinbock als Apostel Simon Zelotes bezeichnet. Als „Tor der Götter" wurde dieses Sternenareal angesehen, durch das die Seelen schreiten, wenn sie ihre menschlichen Körper verlassen haben und in den Himmel aufgestiegen sind. Der Abstieg erfolgte im Gebiet des Krebses.

Bei den Hindus sprach man von Makara, der Antilope, mitunter auch von einem Flusspferd (Hippopotamos), später von Sim-Shu-Marh, dem Krokodil. Die Azteken nannten dieses Bild Cipactli, die Figur des Narwals. Im chinesischen Tierkreis markierten diese Sterne einen Stier. In älteren Zeiten sahen die Chinesen in den drei Bildern Wassermann, Steinbock und Schütze das Bild des Schwarzen Kriegers, in dem sich im Dezember 1226 fünf Planeten versammelten.

Die Bezeichnung „südliches Tor der Sonne" erinnert daran, dass einst das Wintersolstitium (der Winterpunkt) in diesem Bild lag. Durch die Präzessionsbewegung der Erde liegt der Winterpunkt heute im Schützen in der Nähe des Sterns μ Sgr. Die Bezeichnung „Wendekreis des Steinbocks" stammt aus jener Zeit, als der Winterpunkt noch im Steinbock zu finden war. Heute wandert die Sonne vom 20. Januar bis 16. Februar durch den Steinbock. Je nach Lage des letzten Schaltjahrs können sich diese Termine um einen Tag verschieben.

Interessante Objekte

Der Hauptstern des Steinbocks heißt Algiedi. Er ist ein leicht zu trennender Doppelstern: α_1 Cap ist $4^m_,3$ hell, α_2 $3^m_,6$. Beide sind 376″ voneinander entfernt. Ein normalsichtiges Auge sollte beide Lichtpunkte ohne weiteres getrennt erkennen. Dies gelingt auf alle Fälle mit einem kleinen Fernglas. Algiedi ist ein optischer Doppelstern, die beiden gelben Sonnen sind nicht gravitativ gebunden, sondern weit voneinander entfernt. Sie stehen nur zufällig in gleicher Richtung. α_1 Cap ist 700 Lichtjahre entfernt, während α_2 Cap nur 108 Lichtjahre von uns trennen. α_1 Cap hat in 44″ Distanz noch einen optischen Begleiter 9. Größenklasse.

Im Steinbock liegt der Kugelsternhaufen M 30 und, offiziell im Schützen aber nah an der Grenze zum Steinbock, der Kugelhaufen M 75. M 30 zeigt eine relativ helle Mitte, im Fernrohr kann man die Randpartien in Einzelsterne auflösen. Die Entfernung von M 30 liegt bei 29 000 Lichtjahren. Weit weg ist der Kugelhaufen M 75 (65 000 Lichtjahre). Er erscheint lichtschwach mit einem hellen Zentrum. Wegen der großen Entfernung hat er nur drei Bogenminuten scheinbaren Durchmesser. Auch die Randpartien sind nicht in Einzelsterne auflösbar.

Die Magnetfelder der Planeten

Im Unterschied zu Schwerkraftfeldern haben Magnetfelder etwas Geheimnisvolles an sich. Die Schwerkraft kennt man aus der alltäglichen Erfahrung, wenn man schwere Gegenstände schleppt, Treppen steigt oder gar von ihr zu Fall gebracht wird. So wundert sich auch niemand, dass alle Himmelskörper ein Gravitationsfeld besitzen, dessen Stärke von der jeweiligen Masse bestimmt wird. Bei Magnetfeldern ist dies jedoch anders. Es gibt kein Sinnesorgan, mit dem man magnetische Felder direkt beobachten könnte. Auch scheint ihr Auftreten nicht von der Masse bestimmt zu werden. So ist Venus nur wenig kleiner als die Erde, was ihren Durchmesser und ihre Masse betrifft. Unser Heimatplanet besitzt ein globales Magnetfeld, Venus aber nicht.

Schon in den frühen Hochkulturen fiel auf, dass manche Steine einander anziehen oder abstoßen. Nach ihrem Fundort in Magnesia, Kleinasien, nannte man solche Steine Magnetite. Die Chinesen und Mongolen kannten bereits im elften Jahrhundert den Magnetkompass. Pierre de Maricourt beobachtete im Jahre 1269, dass sich eine freibewegliche Nadel in einem Magnetfeld ausrichtet, und zwar parallel zu den Feldlinien. Er nannte die Spitzen der Nadel „Pole". Der Raum, in dem ein Magnet seine Kraftwirkung entfaltet, heißt magnetisches Feld. Anschaulich wird es durch Kraftlinien dargestellt, die aber in der Realität nicht sichtbar sind. Bei einem Stabmagneten verlaufen sie in geschlossenen Kurven von einem Pol zum anderen.

William Gilbert (1544–1603), Hofarzt von Königin Elisabeth I. von England, hat 1600 in seiner Schrift *De Magnete* die Hypothese vertreten, die Erde sei als Ganzes ein riesiger Magnet. Die Feldlinien dieses irdischen Magneten ziehen sich von Pol zu Pol und reichen weit in das Weltall hinaus (siehe Abb. 9.9 auf Seite 201). Sie umschließen den Erdglobus wie ein Käfig. Tatsächlich schützt dieser magnetische Käfig das Leben auf der Erde vor energiereicher und darum gefährlicher Korpuskularstrahlung aus dem Weltall. Der Bereich um die Erde oder anderer Planeten, in dem die Magnetfeldlinien ihre Wirkung ausüben, wird Magnetosphäre genannt.

Magnete besitzen zwei Pole

Das Besondere an einem Magneten ist nun, dass sein Kraftfeld nicht nur eine einzige Quelle besitzt, sondern deren zwei: Man spricht von einem Dipolfeld. Da eine Kompassnadel sich zu den beiden Magnetpolen der Erde ausrichtet, nennt man die beiden Pole eines Magneten Nord- und Südpol, manchmal auch Plus- und Minuspol. Hat man zwei Magnete, so ziehen ungleichnamige Pole einander an, gleichnamige Pole stoßen einander ab.

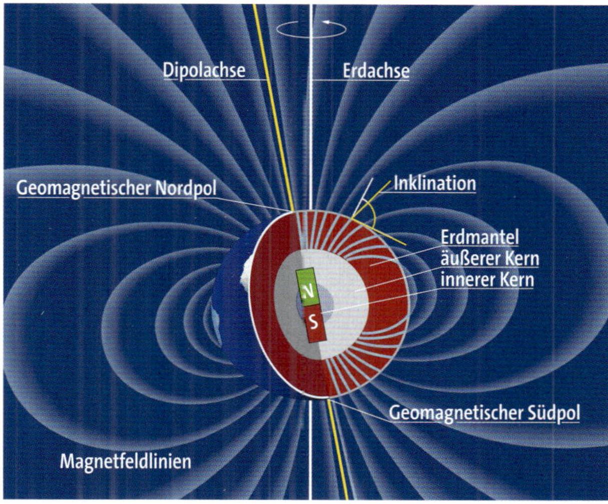

9.9 Das Magnetfeld der Erde gleicht einem Dipolfeld.

Da der Nordpol einer Kompassnadel nach Norden zeigt, muss der geomagnetische Pol, der nahe dem geografischen Nordpol liegt, ein Südpol sein. Die nach Süden weisende Spitze der Kompassnadel wiederum deutet auf den magnetischen Nordpol, der in der Antarktis, also in der Nähe des geografischen Südpols, liegt.

Christoph Kolumbus (1446–1506) und dem Instrumentenbauer Georg Hartmann (1489–1564) fiel bereits bei ihren Seefahrten auf, dass sich die Kompassnadel nicht exakt in Nord-Süd-Richtung einstellt, sondern davon ein wenig abweicht. Diese „Missweisung" nennt man magnetische Deklination. Sie ist der Winkel zwischen der geografischen Nordrichtung und der Richtung zu den magnetischen Erdpolen. Allerdings kommt es vor, dass durch lokale Abweichungen vom idealen Dipolmoment der Erde die Magnetnadel nicht genau zu den Erdmagnetpolen zeigt, sondern die Deklination einen anderen Wert annimmt.

Die geografischen Pole fallen nicht mit den Magnetpolen der Erde zusammen. Denn die Magnetfeldhauptachse hat gegenwärtig eine Neigung von 11,°4 zur Rotationsachse der Erde. Außerdem geht die magnetische Erdachse nicht genau durch den Erdmittelpunkt, sondern ist um etwa sieben Prozent des Erdradius, das sind rund 450 Kilometer, versetzt.

Henry Gellibrand (1597–1636) stellte 1635 die Hypothese auf, dass sich die magnetische Deklination im Laufe der Zeit, nämlich innerhalb von ein, zwei Dutzend Jahren ändert. Offensichtlich bleiben die magnetischen Erdpole nicht ortsfest, sondern wandern. Auch scheint es kurzfristige Änderungen zu geben: Der schwedische Physiker Anders Celsius (1701–1744), bekannt für seine Temperaturskala, beobachtete bei wehenden Polarlichtern ein Zittern der Magnetnadel.

Alexander von Humboldt (1769–1859) wies schließlich nach, dass Gellibrands Vermutung zutrifft. Die Deklination ändert sich im Laufe der Zeit infolge der Wanderung der Magnetpole, wie folgendes Beispiel verdeutlicht:

Geografische Positionen der Erdmagnetpole:

	geomagnetischer Südpol	Nordpol
1995	74° Nord/100° West	72° Süd/155° Ost
2005	80° Nord/120° West	64° Süd/138° Ost
2015	86° Nord/160° West	64° Süd/137° Ost

Auf den zweiten Blick erkennt man, dass die magnetischen Pole der Erde nicht genau einander gegenüberliegen, sondern versetzt sind.

Carl Friedrich Gauß, der geniale Göttinger Mathematiker, hat sich ausführlich mit dem Erdmagnetfeld befasst und auch dessen Intensität gemessen. Zur ständigen Beobachtung des Erdmagnetfelds gründete er die „Magnetische Gesellschaft" und richtete das erste geophysikalische Observatorium ein.

Zu Ehren von Gauß hat man die Einheit der magnetischen Flussdichte „Gauß" genannt. Später hat man jedoch als SI-Einheit das Tesla einge-

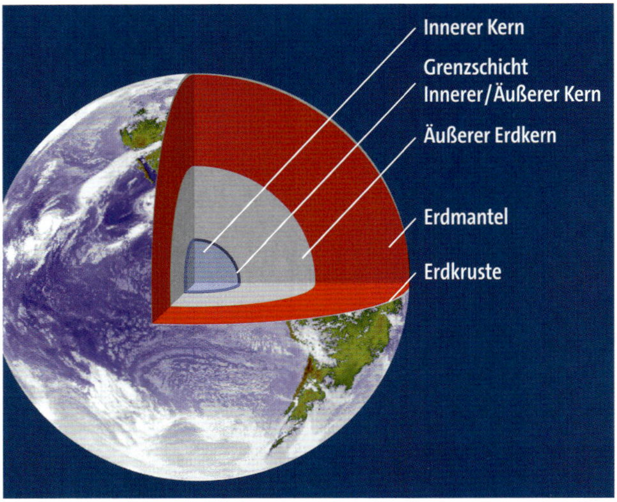

9.10 **Innerer Aufbau der Erde.**

führt, benannt nach dem mit 28 Jahren in die USA emigrierten kroatischen Physiker Nikola Tesla (1856–1943), der sich unter anderem mit elektrotechnischen Hochspannungsgeräten (Tesla-Transformator) beschäftigte und Wechselstromgeneratoren entwickelte (siehe Kasten „Maßeinheiten von Magnetfeldern" auf Seite 207).

Die Inklination

Neben der Deklination wird auch der Winkel gemessen, unter dem die Feldlinien des globalen Erdmagnetfelds die Erdoberfläche treffen. Er wird Inklination genannt. Die Inklination beträgt an den beiden Erdmagnetpolen 90°. Denn hier stoßen die Feldlinien senkrecht auf die Erdoberfläche. Am geomagnetischen Äquator hingegen verlaufen sie parallel zur Erdoberfläche. Dies ist gerade die Definition für die Lage des geomagnetischen Äquators, der zum geografischen Äquator (geografische Breite = 0°) um 11°,4 geneigt ist.

Karl Kreil, Direktor der „Centralanstalt für Meteorologie und Erdmagnetismus" in Wien, hat 1851 festgestellt, dass die Inklination kleinen, aber kurzfristigen Schwankungen unterliegt. Diese sind mit der Deklination des Mondes korreliert, ein Hinweis auf die Existenz eines Geodynamos (siehe auch Monatsthema Oktober „Die Magie des Mondes" im *Himmelsjahr 2011* auf Seite 204).

Wie entstand das Erdmagnetfeld, das in erster Näherung einem Stabmagneten gleicht? Darüber herrschte lange Zeit großes Rätselraten. Albert Einstein meinte einst, die Frage nach dem Ursprung des Erdmagnetfelds gehört zu den drei wichtigsten Herausforderungen der Physik. Erst in der zweiten Hälfte des 20. Jahrhunderts konnte die Entstehung des Erdmagnetfelds weitgehend geklärt werden, wenn auch noch manche Fragen offen bleiben. Zu verdanken ist dies der neu entwickelten Theorie der Magnetohydrodynamik.

Woher kommen Magnetfelder?

Das Auftauchen von Magnetfeldern ist eng verbunden mit dem Fließen von elektrischem Strom. Die Elektrodynamik beschreibt die Wechselwirkungen zwischen Elektrizität und Magnetismus. Bewegte elektrische Ladungen verursachen Magnetfelder. Fließender elektrischer Strom ist stets von einem Magnetfeld umgeben. Daher besitzen auch kreisende Elektronen und rotierende Atomkerne ein Magnetfeld. Sind diese Elementarmagnete beispielsweise in einem Eisenstab parallel ausgerichtet, so entsteht ein permanenter Stabmagnet. Man spricht in diesem Fall von Ferromagnetismus (lat.: ferrum = Eisen). Erhitzt man den Eisenmagneten über eine bestimmte Temperatur, so verliert er sein äußeres Magnetfeld. Denn durch die thermische Molekularbewegung wird die parallele Ausrichtung der Elementarmagnete aufgehoben. Diese Schwellentemperatur, oberhalb derer permanente Magnetfelder verschwinden, wird Curie-Temperatur genannt nach Pierre Curie

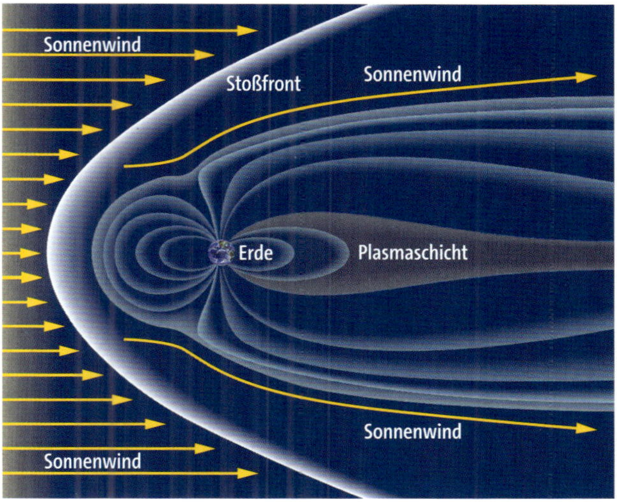

9.11 Die Magnetosphäre der Erde.

(1859–1906), der 1903 den Nobelpreis für Physik erhielt. Für Eisen beträgt die Curie-Temperatur 768 °C (= 1041 K) für Nickel 360 °C und für Kobalt 1130 °C.

Da die Erde im tiefen Inneren einige Tausend Grad heiß ist, kann sie kein Ferromagnet sein, auch wenn der Erdkern fast ausschließlich aus Eisen und Nickel besteht (FeNi). Man hat zur Erklärung des Magnetfelds der Erde und auch der anderen Planeten das Modell eines Geodynamos entwickelt. Der Geodynamo hat eine, allerdings entfernte, Ähnlichkeit mit einem Fahrraddynamo.

Der innere Aufbau der Erde lässt sich in vier Bereiche differenzieren: Die Erdkruste bildet die äußerste Hülle unseres Globus. Sie ist zwischen 30 und 60 Kilometer dick. Darunter liegt der zähflüssige, eher plastische Erdmantel, der bis in eine Tiefe von 2900 Kilometer reicht. In dieser Tiefe nimmt die Dichte fast sprunghaft von fünf auf zehn Gramm pro Kubikzentimeter zu. Unter dem Erdmantel stößt man auf den feurig-flüssigen äußeren Erdkern. An dieser Grenze herrscht eine Temperatur von rund 3500 °C. In 5150 km Tiefe beginnt der innere, feste Erdkern mit einer Temperatur von 5500 °C im Zentrum.

Der vornehmlich aus Eisen und Nickel bestehende Erdkern ist elektrisch leitend. Durch die Erdrotation entsteht ein, wenn auch schwaches, globales Dipolmagnetfeld. Der etwas rascher rotierende Erdkern eilt dem Erdmantel ein wenig voraus. Es kommt zur Reibung zwischen dem inneren und dem äußeren Kern. Infolge der von innen nach außen abnehmenden Temperatur treten konvektive Strömungen in radialer Richtung auf, die aber durch die Coriolis-Kräfte abgelenkt werden (siehe auch Monatsthema Februar „Die Kräfte des Herrn Coriolis“ im *Himmelsjahr 2015* auf Seite 68). Dabei bilden sich Wirbel des feurig-flüssigen Eisen, die das Magnetfeld verstärken. Es entstehen magnetische Flussröhren, die neben der Thermik zusätzlich für Auftrieb sorgen. Die Fließgeschwindigkeiten liegen dabei zwischen 30 und 100 Kilometer pro Jahr.

In Magnetfeldern steckt viel Energie

Stärke und Richtung des Erdmagnetfelds variieren örtlich und zeitlich. An den Polen erreicht die magnetische Flussdichte rund 0,6 G, am magnetischen Äquator nur etwa 0,3 G. Für die Erde und die Planeten gibt man meist für die Gesamtgröße das magnetische Dipolmoment an. Darunter versteht man das Produkt aus dem Strom, der die Dipolachse umfließt, und der umflossenen Fläche. Somit hat das magnetische Dipolmoment die Dimension Ampère mal Quadratmeter oder Gauß mal Kubikzentimeter. Das Dipolmoment des Erdmagnetfeldes beträgt $8 \cdot 10^{22}$ A·m² oder $8 \cdot 10^{25}$ G·cm³. Die Gesamtenergie des Erdmagnetfeldes ist beachtlich: 10^{18} Joule, das sind rund drei Billionen ($3 \cdot 10^{12}$) Kilowattstunden. Dies entspricht dem Energiebedarf der zehn größten Städte der Welt pro Jahr.

Aus dem Mineral Magnetit (Fe_3O_4), das im von Vulkanen ausgestoßenen Basaltgestein vorkommt, lässt sich Stärke und Richtung der Ma-

9.12 Der Physiker Nikola Tesla (1856 – 1943)

gnetfelder im Laufe der Erdgeschichte ermitteln. Die paläologischen Magnetfeldlinien sind gewissermaßen im Magnetit eingefroren. Das Erdmagnetfeld variierte im Laufe von Millionen Jahren, nicht nur was die Feldstärke betrifft, sondern es kam zu zahlreichen Umpolungen. In den letzten 170 Millionen Jahren ereigneten sich mindestens 300 Feldumkehrungen.

Die Perioden zwischen den Polaritätswechseln liegen zwischen 300 000 und 700 000 Jahren. Bei unserer Sonne geht dies schneller: Mit ziemlicher Regelmäßigkeit kommt es alle elf Jahre zu einer Umpolung des globalen Magnetfelds, weshalb der physikalische Zyklus der Sonnenaktivität 22 Jahre dauert.

Durch die Umpolungen des Erdmagnetfelds verschwindet jeweils für einige tausend Jahre (etwa 4000 bis 10 000 Jahre lang) die Magnetosphäre. Die Erde entbehrt dann ihres Schutzschildes. Die letzte Umpolung des Erdmagnetfeldes fand vor 780 000 Jahren statt. Andererseits gab es in der Kreidezeit vor 120 bis 80 Millionen Jahren offensichtlich keine Umpolungen. Gegenwärtig nimmt die Stärke des Erdmagnetfelds permanent ab (rund 0,05 % pro Jahr). Vor 4000 Jahren war das Erdmagnetfeld relativ schwach ($5 \cdot 10^{22}$ A·m^2), vor 2000 Jahren mit fast $10 \cdot 10^{22}$ A·m^2 vergleichsweise stark. Zurzeit hat es $8 \cdot 10^{22}$ A·m^2 mit abnehmender Tendenz. Seit 1830 wurde eine Abschwächung des irdischen Magnetfelds um zehn Prozent gemessen, davon allein sechs Prozent im 20. Jahrhundert. Wann es wieder zu einer Umpolung des Erdmagnetfelds kommt, kann man nicht kalkulieren.

Gegenwärtig schützt die Magnetosphäre das Leben auf unserem Heimatplaneten vor dem energiereichen Partikelstrom des Sonnenwinds. Sie ist aber keineswegs so schön symmetrisch wie bei einem Stabmagneten. Der heranströmende Sonnenwind und das mitgeschleppte interplanetare Magnetfeld deformieren die Magnetosphäre. Auf der zur Sonne gerichteten Seite prallen die zur Strömungsrichtung des Sonnenwinds senkrecht verlaufenden Feldlinien des interplanetaren Magnetfelds auf die irdische Magnetosphäre und stauchen diese zusammen. Auf der entgegengesetzten Seite werden die Feldlinien lang gezogen, es bildet sich ein ausgedehnter Magnetschweif, in dem die Partikel des Sonnenwinds entlang rasen – man spricht daher auch vom Plasmaschweif der Erde (siehe Abb. 9.11 auf Seite 203).

Ursache der Polarlichter

Die elektrisch geladenen Partikel des Sonnenwinds, vornehmlich Elektronen, Protonen und Alphateilchen, werden von den irdischen Magnetfeldlinien umgelenkt und bewegen sich auf Spiralbahnen entlang dieser Linien auf die Magnetpole zu. Sie prallen dabei mit den Molekülen und Atomen der Atmosphäre zusammen, wobei die Atome angeregt oder auch ionisiert werden. Es kommt zum Rekombinationsleuchten, was die prächtige Erscheinung der Polarlichter beschert (siehe Monatsthema Februar „Flammendes Firmament" im *Himmelsjahr 2002* auf Seite 62). Die Teilchen des Sonnenwinds erzeugen auch zwei Strahlungsgürtel um die Erde, die von James Alfred van Allen mit dem ersten US-amerikanischen Satelliten EXPLORER 1 im Jahre 1958 entdeckt wurden. Der innere Gürtel aus Protonen befindet sich in einer Höhe von 1300 bis 6300 km über der Erdoberfläche. Der äußere Gürtel umspannt die Erde in einer Höhe von

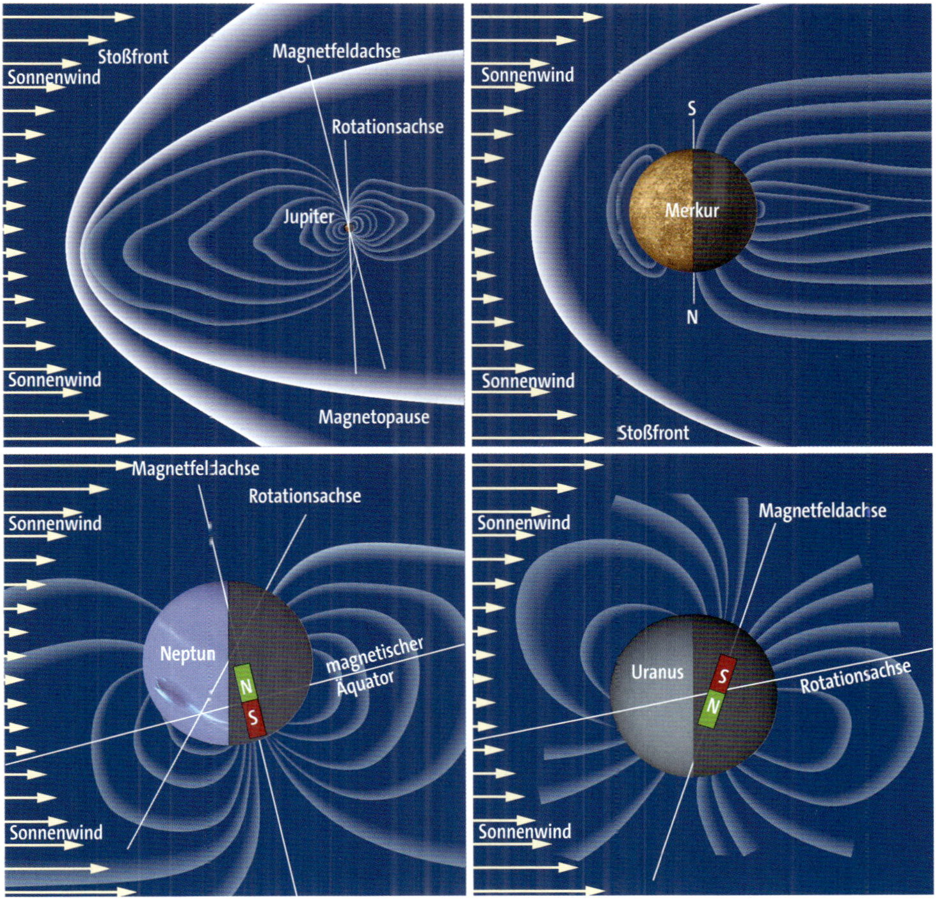

9.13 Schematische Darstellung der Magnetosphären der Planeten Merkur, Jupiter, Uranus und Neptun.

12 000 bis 25 000 Kilometer und setzt sich hauptsächlich aus hochenergetischen Elektronen zusammen. Auch in den Magnetosphären der anderen Planeten existieren solche Strahlungsgürtel aus hochenergetischem Plasma.

Lange war völlig unbekannt, ob auch die anderen Planeten unseres Sonnensystems über ein Magnetfeld verfügen. Erste Hinweise ergaben sich nach Einführung der Radioastronomie. Im Jahre 1955 wurde Jupiter als intensive Radioquelle ausgemacht. Da die Radiostrahlung im Dezimeterbereich als Synchrotronstrahlung erkannt wurde, war dies ein Hinweis auf Elektronen, die im Magnetfeld beschleunigt werden. Als 1973 Pioneer 10 am Riesenplaneten vorbeiflog, registrierte die Raumsonde ein enorm starkes Magnetfeld und einen intensiven Strahlungsgürtel. In erster Näherung handelt es sich um ein Dipolfeld, das rund 20 000-mal stärker als das Erdmagnetfeld ist (Dipolmoment $1{,}5 \cdot 10^{30}$ G·cm^3). Nicht der Gesteins- und Felsenkern des Jupiter sorgt für die Aufrechterhaltung des Ma-

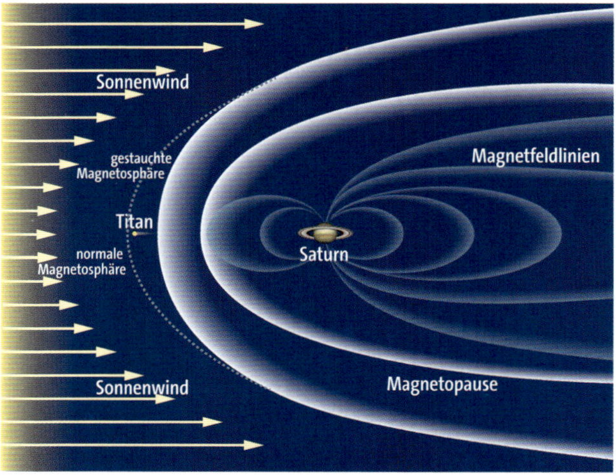

9.14 Die Magnetosphäre von Saturn im Dezember 2013. Ein heftiger Sonnensturm stauchte die Stoßfront der Magnetosphäre, weshalb Saturnmond Titan zeitweise außerhalb der Magnetosphäre den Ringplaneten umrundete.

gnetfelds, sondern der darüberliegende Mantel aus elektrisch leitendem, metallischen Wasserstoff in Verbindung mit der raschen Rotation (eine siderische Rotation in $9^h 55^m$).

Die Magnetfeldachse ist um 9,°5 zur Rotationsachse des Jupiter geneigt. Auch wurden bei Jupiter und ebenso bei Saturn intensive Polarlichter beobachtet. Die Feldstärke beträgt am Jupiteräquator 4,2 G. Die magnetische Polarität ist bei Jupiter entgegengesetzt der irdischen. Der magnetische Nordpol des Jupiter befindet sich somit in der Nähe des Nordpols der Rotationsachse (jovigrafische Breite = 90°).

Die Raumsonde VOYAGER 1, die im März 1979 Jupiter passierte, registrierte eine Wechselwirkung mit Io, dem innersten der vier großen Jupitermonde. Io pflügt durch die Magnetosphäre des Jupiter und erzeugt dabei als Dynamo hohe elektrische Spannungen zwischen ihm und dem Riesenplaneten, die sich von Zeit zu Zeit in gewaltigen Blitzen entladen. Der künstliche Jupitersatellit GALILEO wiederum entdeckte, dass auch Ganymed, der größte Jupitermond, ein eigenes Magnetfeld besitzt.

Magnetfelder bei allen Gasplaneten

Auch die anderen Wasserstoffplaneten Saturn, Uranus und Neptun verfügen über Magnetfelder, deren Gesamtstärke jeweils das irdische Magnetfeld übertrifft.

Besonders einfach gestrickt ist das globale Magnetfeld von Saturn. Beim Ringplaneten fällt die Magnetfeldachse mit der Rotationsachse praktisch zusammen ($i < 1°$). Mit einem Dipolmoment von $4{,}3 \cdot 10^{28}$ G·cm^3 ist sein Magnetfeld erheblich schwächer als das von Jupiter aber immer noch etwa 500-mal stärker als das Erdmagnetfeld.

Die Feldstärke am Saturnäquator entspricht mit 0,2 G etwa der am irdischen Äquator. Auch bei Saturn ist davon auszugehen, dass sein Mantel aus metallischem Wasserstoff in Kombination mit der schnellen Rotation sein Dipolfeld generiert. Die Magnetosphäre des Ringplaneten reagiert ebenso empfindlich auf stürmische Sonnenwinde wie die der Erde. Im Dezember 2013 wurde die Magnetopause, die Grenzschicht zwischen Magnetosphäre und dem interplanetaren Magnetfeld, so gestaucht, dass Saturns größter Mond Titan kurzfristig außerhalb der Magnetosphäre seine Bahn zog (siehe Abb. 9.14 oben).

Die Magnetfelder von Uranus und Neptun sind zwar stärker als das Erdmagnetfeld, aber deutlich schwächer als die von Jupiter und Saturn. Das magnetische Dipolmoment von Uranus misst $3{,}8 \cdot 10^{27}$ G·cm^3, das von Neptun $2 \cdot 10^{27}$ G·cm^3. Ungeklärt ist die Frage, weshalb die Magnetfeldachsen von Uranus und Neptun eine erhebliche Neigung zur jeweiligen Rotationsachse aufweisen. Bei Uranus nimmt die Magnetfeldachse einen Winkel von 59° zur Rotationsachse ein, bei Neptun sind es 47°. Es gibt Hinweise, dass sich diese großen Winkel kurzfristig ändern. Vermutlich werden erst Orbiter, die diese sonnenfernen Planeten permanent umkreisen, das Rätsel lösen können.

Von den terrestrischen Planeten besitzen weder Venus noch Mars ein globales Magnetfeld. Bei Venus treten nur lokale Magnetfelder geringer Stärke in der Ionosphäre auf, die durch Wechselwirkung mit dem Sonnenwind entstehen. Bei Mars gibt es Anzeichen, dass er einst ein Magnetfeld besaß, wie man aus permanent magnetisierten Gesteinsformationen schließt. Ähnliches trifft auch auf den Erdmond zu.

Überraschung bei Merkur

Zur Überraschung der Astronomen fand MARINER 10 bereits 1974 bei Merkur ein globales Magnetfeld vor. Der mit 4378 Kilometer Durchmesser kleinste Planet unseres Sonnensystems rotiert sehr langsam (eine siderische Rotation = 58,6 Tage).

Allerdings besitzt Merkur von allen Planeten den größten Eisen-Nickel-Kern relativ zu seinem Durchmesser. Das globale Magnetfeld von Merkur ist rund 2500-mal schwächer als das der Erde, wie der künstliche Merkursatellit MESSENGER registrierte. Merkurs Dipolmoment wurde zu $3 \cdot 10^{22}$ G · cm³ gemessen. Die Feldstärke am Merkuräquator beträgt nur 0,002 G, dies ist nur ein Hundertfünfzigstel des irdischen Wertes. Durch Wechselwirkung mit dem Partikelstrom der nahen Sonne wird ebenfalls ein Magnetfeld induziert, das allerdings das globale Dipolfeld des Merkur schwächt. Immerhin besitzt der Benjamin der Planeten eine Magnetosphäre, die sich fast ausschließlich auf der sonnenabgewandten Seite befindet. Einen stabilen Strahlungsgürtel besitzt Merkur dagegen nicht.

Insgesamt betrachtet sind die Magnetfelder der Planeten recht schwach. Die in unserem Sonnensystem stärksten Magnetfelder von einigen Tausend Gauß befinden sich in den Sonnenflecken. Im Kosmos treten jedoch enorm starke Felder bei Neutronensternen und Quasaren auf, die erheblich Einfluss auf Aufbau und Entwicklung dieser exotischen Himmelskörper haben.

Maßeinheiten von Magnetfeldern

Magnetische Feldstärke: Kraft, die auf einen magnetischen Probekörper ausgeübt wird. Da Magnete stets als Dipole auftreten, üben Magnete aufeinander ein Drehmoment aus. Magnetische Monopole gab es nur in der Frühphase des Universums als topologische Defekte in der GUT-Ära.

SI-Einheit der magnetischen **Feldstärke**: 1 A/m (Ampere pro Meter)
Die Einheit Oe (Oersted) für die Feldstärke ist nicht mehr in Gebrauch.
1 Oe (Oersted) = 1000/4 π = 79,58 A/m

Magnetische Flussdichte: Die magnetische Flussdichte (auch Induktion genannt) ist im Vakuum der Feldstärke proportional. Sie ist somit ein Maß für die Stärke eines Magnetfeldes.
SI-Einheit der magnetischen Flussdichte: 1 Tesla (T) = 1 N/Am (Newton pro Ampere und pro Meter) = 1 Vs/m² (Voltsekunde pro Quadratmeter).

Ein **Tesla** (T) hat ein Magnetfeld, das auf einen Leiter von einem Meter (m) Länge, der von einem Strom von 1 Ampere (A) Stärke durchflossen wird, die Kraft von einem Newton (N) ausübt.
cgs-Einheit der magnetischen Flussdichte:
1 **Gauß** (G)

1 T = 10^4 G	Nikola Tesla (1856–1943)
1 G = 10^{-4} T	Carl Friedrich Gauß (1777–1855)
	Hans Christian Oersted (1777–1851)

1 MT (Megatesla)	= 10^6 T	= 10^{10} G
1 kT (Kilotesla)	= 10^3 T	= 10^7 G
1 mT (Millitesla)	= 10^{-3} T	= 10 G
1 µT (Mikrotesla)	= 10^{-6} T	= 10^{-2} G
1 nT (Nanotesla)	= 10^{-9} T	= 10^{-5} G
1 pT (Picotesla)	= 10^{-12} T	= 10^{-8} G

Magnetfelder

Erde (Mittelwert):	20 µT = 0,2 G
Gr. Hufeisenmagnet:	1 mT = 10 G
Kernspintomograph:	0,2 bis 7 T
Sonnenfleck:	bis 0,4 T = 4000 G
Neutronenstern:	100 MT
Interstellarer Raum:	100 pT bis 10 µT

Oktober 2016

- Venus, Mars und Saturn sind am Abendhimmel knapp über dem Südwesthorizont sichtbar.
- Am 30. überholt Venus den langsamen Ringplaneten weit südlich.
- Zur Monatsmitte kommt Uranus im Sternbild Fische in Opposition zur Sonne.
- Merkur kann zu Monatsbeginn am Morgenhimmel gesehen werden.

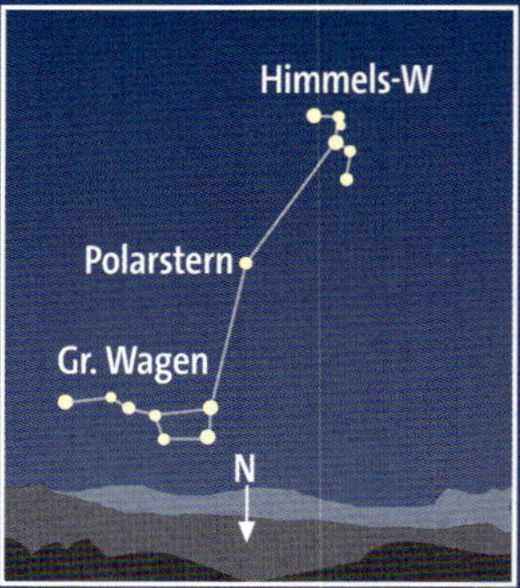

Großer Wagen und Himmels-W Anfang Oktober um 22 Uhr

10.1 Anblick des abendlichen Südwesthimmels am 6. Oktober gegen 18h30m MEZ (= 19h30m MESZ). Knapp über dem Horizont sind Mars, Saturn und Venus zu sehen. An Saturn wandert die Sichel des zunehmenden Mondes vorbei.

1 Sa Neumond	**17 Mo** Mond in Erdnähe
2 So	**18 Di**
3 Mo Tag der deutschen Einheit Mond bei Venus (Abendhimmel)	**19 Mi**
4 Di Mond in Erdferne	**20 Do**
5 Mi	**21 Fr**
6 Do Mond bei Saturn (Abendhimmel)	**22 Sa** Mond im letzten Viertel
7 Fr	**23 So**
8 Sa	**24 Mo**
9 So Mond im ersten Viertel	**25 Di**
10 Mo	**26 Mi** Österreichischer Nationalfeiertag
11 Di Merkur bei Jupiter (Morgenhimmel)	**27 Do**
12 Mi	**28 Fr** Mond bei Jupiter (Morgenhimmel)
13 Do	**29 Sa** Venus bei Saturn (Abendhimmel)
14 Fr	**30 So** Ende der Sommerzeit Mond in Erdferne
15 Sa Uranus in Opposition (ganze Nacht)	**31 Mo** Neumond
16 So Vollmond	

Sonne – Sternbilder

23.10. 1ʰ:
Sonne tritt in das Tierkreiszeichen Skorpion
31.10. 2ʰ:
Sonne tritt in das Sternbild Waage
Julianisches Datum am
1. Oktober, 1ʰ MEZ: 2457662,5

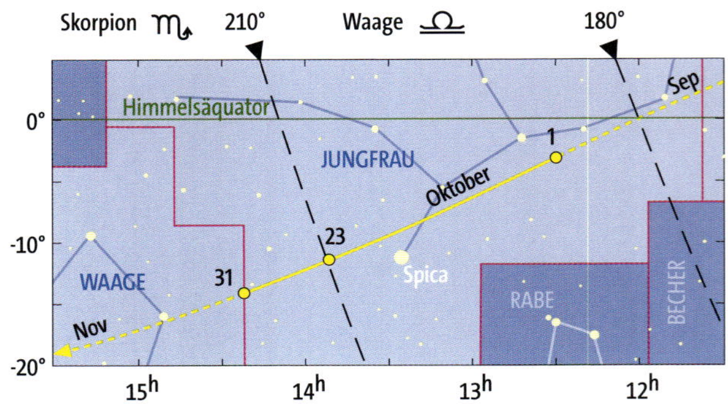

Tabelle Sonnenlauf

Tag	Dämmerg. Anfang	Aufgang MEZ	Kulmination	Untergang MEZ	Dämmerg. Ende	Mittagshöhe	Zeitgleichg.	Rektaszension	Deklination
	h m	h m	h m	h m	h m	°	m	h m	°
1.	5 11	6 20	12 10	17 58	19 07	36,5	+10	12 29	– 3,2
5.	5 17	6 27	12 08	17 49	18 59	35,0	+12	12 44	– 4,7
10.	5 25	6 34	12 07	17 39	18 48	33,1	+13	13 02	– 6,6
15.	5 32	6 42	12 06	17 28	18 38	31,2	+14	13 21	– 8,5
20.	5 40	6 50	12 05	17 18	18 29	29,4	+15	13 39	–10,3
25.	5 47	6 59	12 04	17 09	18 20	27,7	+16	13 58	–12,1
31.	5 56	7 09	12 04	16 58	18 10	25,7	+16	14 22	–14,1

Sonntag, 30. Oktober 2016: Ende der Sommerzeit!

Tages- und Nachtstunden

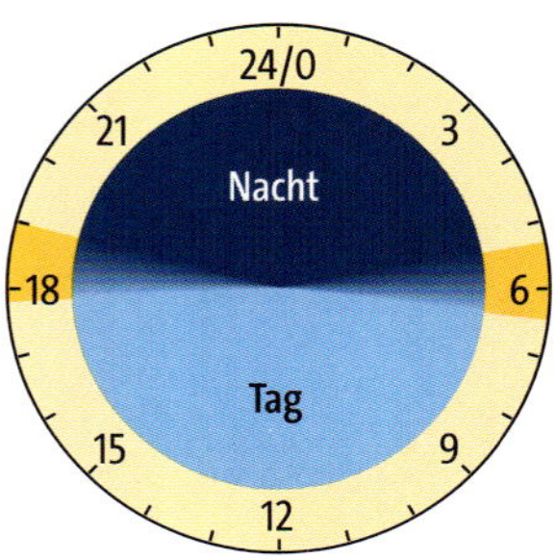

5. Oktober

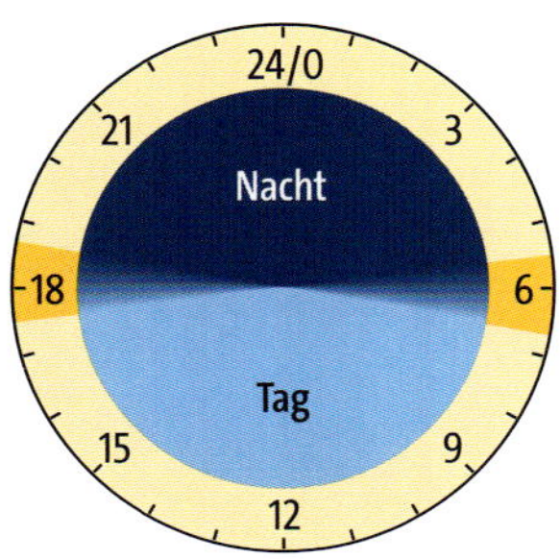

15. Oktober

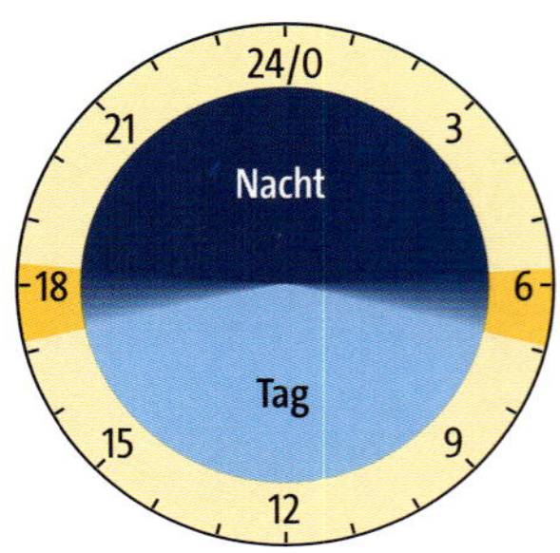

25. Oktober

Tabelle Mondlauf

Datum		Aufg. MEZ	Kulmination	Unterg. MEZ	Rektaszension	Deklination	Sterne und Sternbilder	Phase	MEZ
		h m	h m	h m	h m	°			
Sa	1.	6 33	12 33	18 24	12 33	− 1,1	Jungfrau	**Neumond Nr. 1160**	**$1^h 11^m$**
So	2.	7 35	13 16	18 49	13 19	− 4,8	Spica		
Mo	3.	8 37	14 00	19 15	14 04	− 8,4	Jungfrau		
Di	4.	9 37	14 44	19 44	14 51	−11,6	Waage	Erdferne 406/29,′4	12^h
Mi	5.	10 37	15 29	20 17	15 38	−14,3	Waage		
Do	6.	11 34	16 16	20 54	16 26	−16,4	Schlangenträger	Größte Nordbreite	
Fr	7.	12 28	17 03	21 38	17 16	−17,9	Schlangenträger		
Sa	8.	13 18	17 52	22 27	18 06	−18,5	Schütze		
So	9.	14 04	18 42	23 24	18 58	−18,3	* Schütze, Nunki	**Erstes Viertel**	**$5^h 33^m$**
Mo	10.	14 45	19 33	–	19 50	−17,2	* Schütze		
Di	11.	15 22	20 24	0 26	20 43	−15,2	Steinbock	Libration Ost	
Mi	12.	15 55	21 17	1 35	21 37	−12,4	Steinbock		
Do	13.	16 27	22 09	2 47	22 31	− 8,7	Wassermann	Absteigender Knoten	
Fr	14.	16 57	23 03	4 03	23 26	− 4,5	Wassermann		
Sa	15.	17 28	23 58	5 21	0 22	+ 0,2	Fische		
So	16.	18 01	–	6 42	1 20	+ 4,9	Fische	**Vollmond**	**$5^h 23^m$**
Mo	17.	18 37	0 55	8 02	2 18	+ 9,4	Walfisch	Erdnähe 358/33,′4	1^h
Di	18.	19 18	1 53	9 21	3 18	+13,3	Widder		
Mi	19.	20 05	2 53	10 36	4 19	+16,2	* Stier, Hyaden	Größte Südbreite	
Do	20.	20 59	3 52	11 43	5 20	+18,0	Stier		
Fr	21.	21 58	4 51	12 41	6 20	+18,6	Alhena		
Sa	22.	23 02	5 47	13 30	7 19	+18,1	Zwillinge	**Letztes Viertel**	**$20^h 14^m$**
So	23.	–	6 40	14 11	8 15	+16,5	Krebs, Krippe	Libration West	
Mo	24.	0 07	7 31	14 45	9 08	+14,1	Krebs		
Di	25.	1 13	8 19	15 14	9 59	+11,0	* Löwe, Regulus		
Mi	26.	2 18	9 04	15 40	10 48	+ 7,6	* Löwe	Aufsteigender Knoten	
Do	27.	3 22	9 48	16 05	11 35	+ 3,8	Löwe		
Fr	28.	4 25	10 31	16 29	12 21	− 0,1	Jungfrau		
Sa	29.	5 27	11 14	16 53	13 07	− 3,9	Spica		
So	30.	6 29	11 57	17 18	13 52	− 7,5	Spica	**Neumond Nr. 1161**	**$18^h 38^m$**
Mo	31.	7 30	12 41	17 46	14 38	−10,8	Waage	Erdferne 407/29,′4	20^h

Der Mond wandert am 18./19. durch die Hyaden

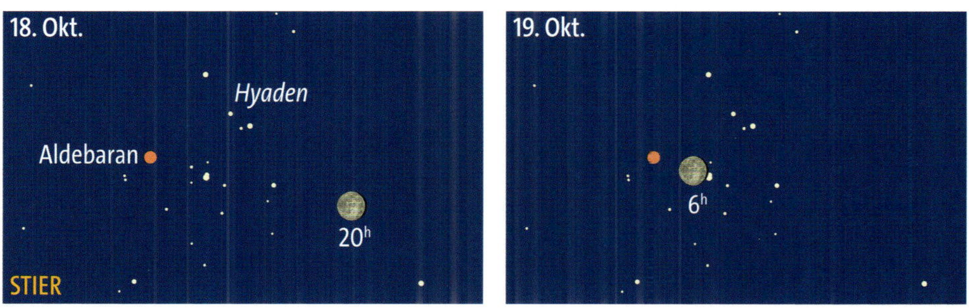

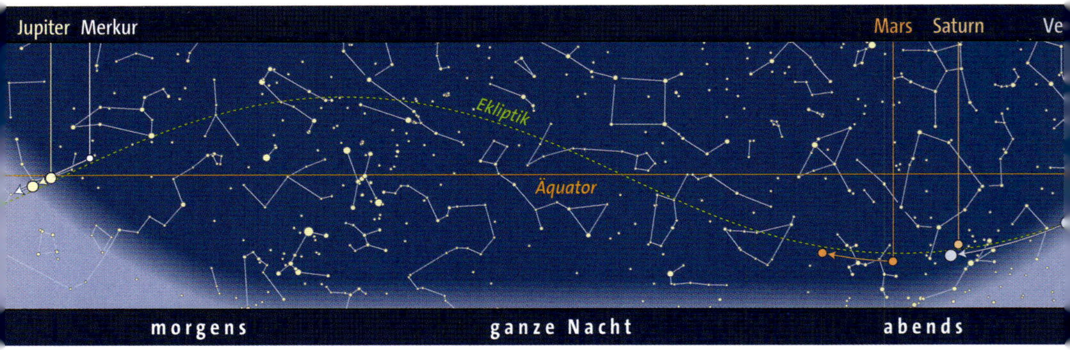

Merkur kann zu Monatsbeginn noch gut am Morgenhimmel tief im Osten gesehen werden. Am 28. des Vormonats stand er mit nur knapp 18° in größter westlicher Elongation. Trotz des extrem kleinen maximalen Elongationswinkels gibt es eine respektable Morgensichtbarkeit, da die morgendliche Ekliptik steil zum Osthorizont steht.

Am 1. erfolgt der Aufgang des $-0\overset{m}{,}8$ hellen Merkur um 4^h40^m (= 5^h40^m Sommerzeit). Eine Viertelstunde später sollte man ihn als deutlichen Lichtpunkt über dem Osthorizont erblicken. Gegen 5^h50^m (= 6^h50^m Sommerzeit) wird er in der heller werdenden Morgendämmerung unsichtbar – für die bloßen Augen. Im Teleskop kann man ihn bis nach

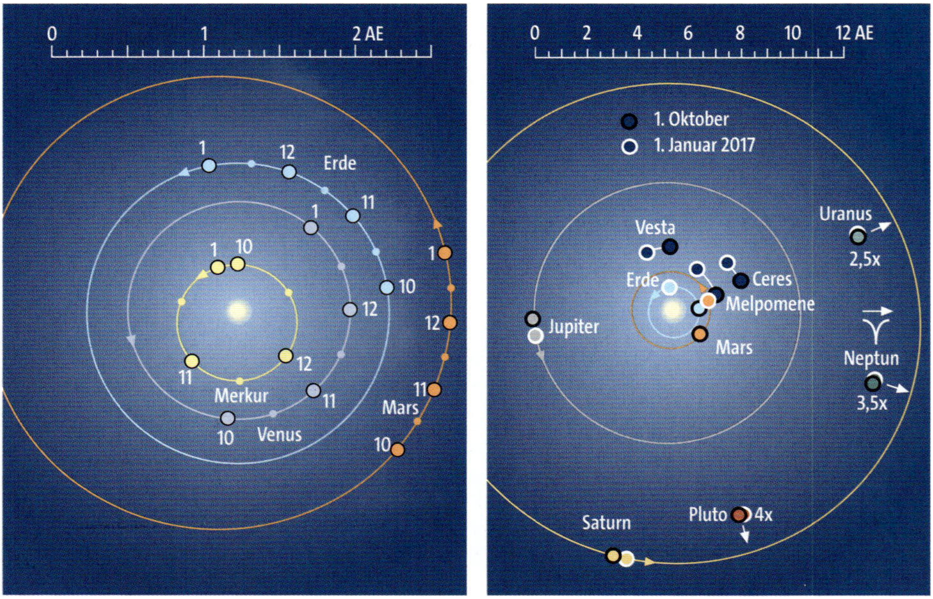

10.2 Heliozentrischer Anblick des Planetensystems im letzten Jahresviertel 2016. Eingetragen sind links die Positionen der inneren Planeten für den 1. Oktober (10), den 1. November (11), den 1. Dezember 2016 (12) und den 1. Januar 2017 (1). Der rechte Teil zeigt das äußere Planetensystem und einige Planetoiden. Die Pfeile deuten die Richtungen zu den ferneren Planeten sowie zum Frühlingspunkt an.

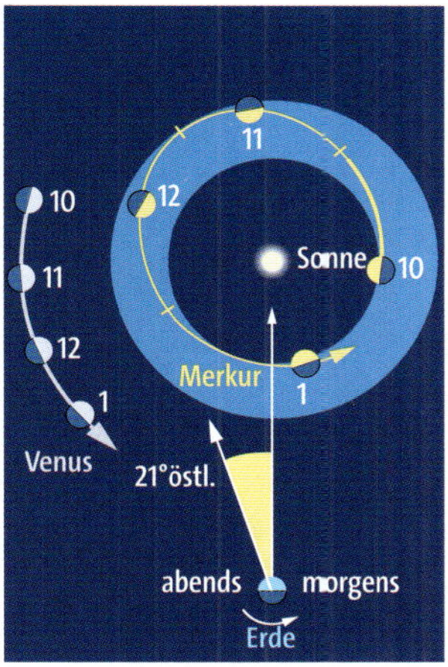

10.3 Heliozentrische Bewegungen von Merkur und Venus *relativ* zur Erde. In den dicker ausgezogenen Bahnteilen sind die Planeten beobachtbar. Die Zahlen geben die Positionen jeweils zum Monatsersten an. Östlicher Winkelabstand bedeutet Abendsichtbarkeit; westliche Elongation: Planet steht am Morgenhimmel.

Sonnenaufgang beobachten. Bis 6. nimmt die Merkurhelligkeit ein wenig auf $-1^m,0$ zu, seine Aufgänge verspäten sich auf 5^h00^m (= 6^h00^m Sommerzeit).

Nach dem 6. wird es zunehmend schwieriger, den sonnennächsten Planeten aufzustöbern. Letztmals werden ihn erfahrene Beobachter am 11. freisichtig erkennen. An diesem Tag geht der $-1^m,1$ helle Merkur um 5^h27^m auf (siehe auch Abb. 9.2 und Abb. 9.3 auf Seite 192). Zu einer Begegnung mit Jupiter kommt es am 11., wobei Merkur nur 0°52′ nördlich am Riesenplaneten vorbeiläuft (siehe Abb. 10.4 rechts). Am 27. kommt Merkur in obere Konjunktion mit der Sonne.

Venus ist zwar Abendstern, aber noch nicht besonders auffällig. Nach Sonnenuntergang kann man sie tief am Südwesthimmel ausmachen.

Am letzten Tag des Vormonats wechselt Venus aus der Jungfrau in die Waage. Am 17. verlässt sie die Waage und wandert durch den Skorpion in den Schlangenträger. Am 26. wandert sie drei Grad nördlich an Antares, dem Hauptstern des Skorpions vorbei, der aber in der hellen Dämmerung nicht sichtbar ist. Zu Monatsende, am 29./30. zieht Venus drei Grad südlich am fernen Saturn vorbei (siehe Abb. 10.6 auf Seite 214).

Am 1. erfolgt der Venusuntergang um 18^h55^m (= 19^h55^m Sommerzeit). Am 31. geht die $-4^m,0$ helle Venus bereits um 18^h31^m unter. Am 3. erhält Venus Besuch vom zunehmenden Mond. Am 31. passiert Venus abermals das Aphel ihrer Bahn, wobei sie 109 Millionen Kilometer, das sind 0,73 AE, von der Sonne entfernt ist.

Mars hält sich noch am Abendhimmel auf. Der rote Planet eilt durch den Schützen und zieht zur Monatsmitte an Nunki (σ Sagittarii; $2^m,0$) 1°,3 nördlich vorbei (siehe Abb. 5.3 auf Seite 119). Die Marshelligkeit nimmt im Laufe des Oktobers von $0^m,0$ auf $0^m,3$ weiter ab.

Die Marsuntergänge bleiben fast konstant. Am 1. geht der kalte Wüstenplanet um 21^h33^m (= 22^h33^m Sommerzeit) unter und am 31. um 21^h24^m. Da nun auch die Dunkelheit immer früher einsetzt, ändert sich die Sichtbarkeitsdauer von Mars am Abendhimmel kaum. Am Monatsende misst das Marsscheibchen nur noch 7″,5.

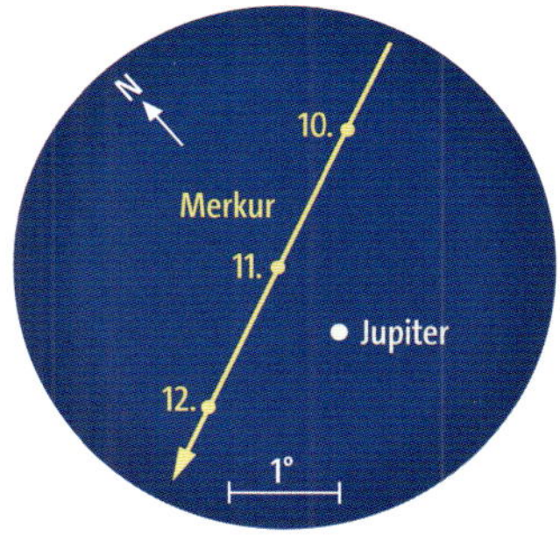

10.4 Merkur bei Jupiter: Merkur eilt am 11. Oktober an Jupiter vorbei. Fernglasanblick gegen 6^h MEZ (= 7^h MESZ) bei 5° Gesichtsfelddurchmesser.

Sein Perihel durcheilt Mars am 29., wobei ihn 207 Millionen Kilometer (= 1,384 AE) von der Sonne trennen. Dies entspricht einer Lichtlaufzeit von elf Minuten und dreißig Sekunden. Schon am 3. erreicht Mars seine größte heliozentrische Südbreite mit b = −1°,8.

Jupiter hat seine Konjunktion mit der Sonne gerade hinter sich. Er wandert rechtläufig durch das Sternbild Jungfrau und passiert Ende des Monats Porrima (γ Virginis; $2^m,7$) in etwa 2° südlichem Abstand (siehe Abb. 3.2 auf Seite 81). An Porrima kann man gut die Wande-

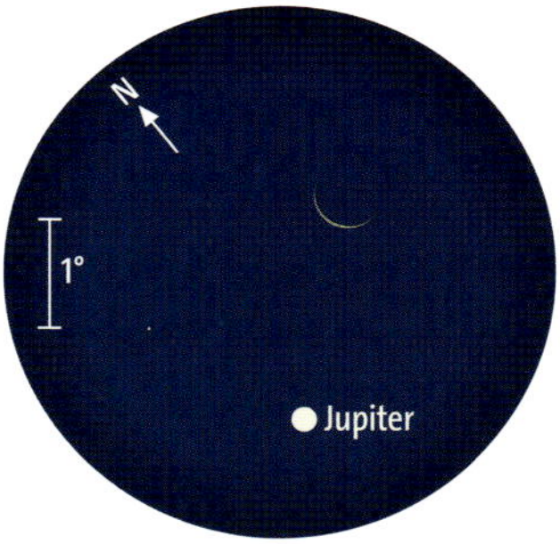

10.5 Mond bei Jupiter:
Die extrem schmale Sichel des abnehmenden Mondes gesellt sich am 28. Oktober zu Jupiter. Fernglasanblick gegen 6^h MEZ (= 7^h MESZ).

rung von Jupiter im Laufe des Monats verfolgen.

Bereits in der zweiten Oktoberhälfte taucht der Riesenplanet am Morgenhimmel wieder auf. Bei sehr guten Sichtverhältnissen können ihn erfahrene Beobachter ab dem 10. in der beginnenden Morgendämmerung knapp über dem Osthorizont aufspüren.

Am 10. geht der $-1^m{,}7$ helle Jupiter um 5^h33^m (= 6^h33^m Sommerzeit) auf. Bis 20. verfrühen sich seine Aufgänge auf 5^h06^m und am 31. überscheitet er bereits um 4^h35^m die östliche Horizontlinie.

Am 11. kommt es zu einer engen Begegnung mit Merkur. Der sonnennächste Planet zieht in 0°52′ nördlichem Abstand am Riesenplaneten vorbei (siehe Abb. 10.4 auf Seite 213). Ein Fernglas ist empfehlenswert, um die Konjunktion von Merkur und Jupiter in der Morgendämmerung zu verfolgen. Am 28. passiert die extrem schmale Sichel des abnehmenden Mondes Jupiter 2°,2 nördlich (siehe Abb. 10.5 oben links).

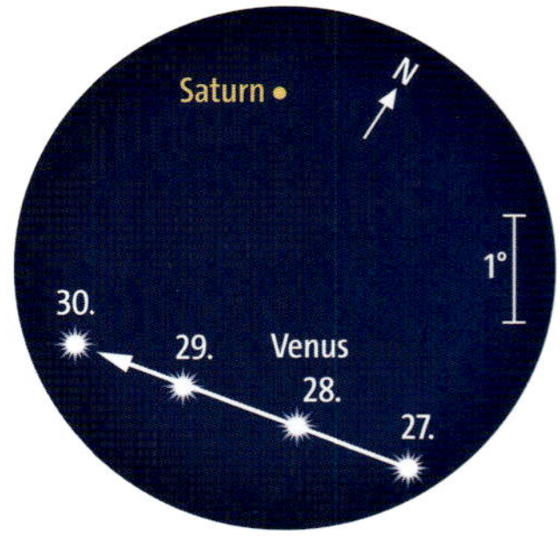

10.6 Venus bei Saturn:
Venus passiert den Ringplaneten am 29. Oktober weit südlich. Fernglasanblick gegen 18^h MEZ (= 19^h MESZ) bei 5° Gesichtsfelddurchmesser.

Saturn kann noch am frühen Abend knapp über dem Südwesthorizont aufgespürt werden. Gegen Monatsende wird es schwierig, den Ringplaneten ohne Fernglas zu finden. Saturn wandert rechtläufig durch den Schlangenträger (siehe Abb. 6.3 auf Seite 137). Der $0^m{,}5$ helle Saturn geht am 1. um 20^h34^m (= 21^h34^m Sommerzeit) unter, am 15. um 19^h43^m und am 31. schon um 18^h45^m. Nur durch die jetzt immer früher einsetzende Dunkelheit kann man ihn noch eine Zeitlang am Abendhimmel beobachten.

In den Abendstunden des 6. passiert die Sichel des zunehmenden Mondes den ringgeschmückten Planeten (siehe Abb. 10.1 auf Seite 208). Am 30. überholt Venus in 3°02′ südlichem Abstand den Ringplaneten (siehe Abb. 10.6 oben rechts).

Konstellationen und Ereignisse

Datum	MEZ	Ereignis
3.	18^h	**Mond bei Venus**, Mond 5°,0 nördlich, **Abstand 4°,4 um 18^h**
6.	9	**Mond bei Saturn**, Mond 3°,8 nördlich, **Abstand 5°,2 um 19^h**
8.	13	Mond bei Mars, Mond 7°,0 nördlich
11.	5	**Merkur bei Jupiter**, Merkur 0°,9 nördlich, **Abstand 0°,9 um 6^h**
13.	7	Mond bei Neptun, Mond 1°,2 nördlich (Bedeckung)
15.	12	**Uranus in Opposition** zur Sonne
16.	3	Mond bei Uranus, Mond 2°,8 südlich
27.	17	Merkur in oberer Konjunktion mit der Sonne
28.	11	**Mond bei Jupiter**, Mond 1°,4 nördlich, **Abstand 2°,2 um 6^h**
29.	14	Mars im Perihel
30.	9	**Venus bei Saturn**, Venus 3°,0 südlich, **Abstand 3°,0 um 18^h am 29.**
31.	9	Venus im Aphel

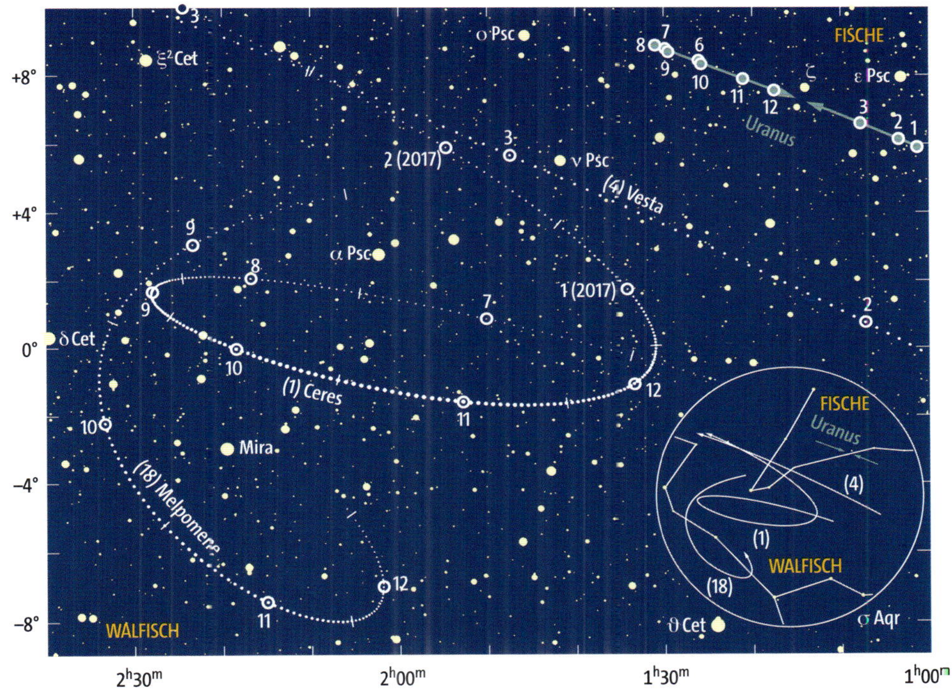

10.7 Uranus und Kleinplaneten: Die scheinbaren Bahnen von Uranus sowie der Kleinplaneten (1) Ceres, (4) Vesta und (18) Melpomene im Gebiet der Sternbilder Fische und Walfisch. Die Zahlen geben die Positionen jeweils zum Monatsanfang an (10 = 1. Oktober 2016).

Uranus, rückläufig im Sternbild Fische, kommt am 15. in **Opposition** zur Sonne. In der Oppositionsnacht geht der $5\overset{\mathrm{m}}{,}7$ helle Uranus um $17^{\mathrm{h}}23^{\mathrm{m}}$ (= $18^{\mathrm{h}}23^{\mathrm{m}}$ Sommerzeit) auf, passiert um $0^{\mathrm{h}}09^{\mathrm{m}}$ den Meridian und geht am nächsten Morgen um $6^{\mathrm{h}}52^{\mathrm{m}}$ wieder unter. Damit ist Uranus die gesamte Nacht über dem Horizont vertreten. Allerdings ist er jeweils erst eine Stunde nach Aufgang beobachtbar. Ebenso bleibt er in der letzten Stunde vor Untergang in der Regel nicht mehr auffindbar.

Um Uranus zu finden, soll die Aufsuchkarte Abb. 10.7 oben hilfreich sein.

Bis Monatsende verfrühen sich die Uranusaufgänge auf $5^{\mathrm{h}}44^{\mathrm{m}}$. Die Kulmination des grünlichen Planeten erfolgt am 31. schon um $22^{\mathrm{h}}59^{\mathrm{m}}$. Im Teleskop erkennt man ein winziges, grünliches Planetenscheibchen von nur $3\overset{\prime\prime}{,}7$ scheinbarem Durchmesser. Selbst in großen Teleskopen sind im sichtbaren Spektralbereich keine Oberflächendetails zu erkennen. Zur Opposition beträgt die Distanz Uranus – Erde 2835 Millionen Kilometer (= 18,95 AE). Das Uranuslicht ist somit zwei Stunden und 38 Minuten zur Erde unterwegs. Von der Sonne trennen Uranus am Oppositionstag 2984 Millionen Kilometer (= 19,95 AE).

Neptun, rückläufig im Wassermann, stand zu Anfang des Vormonats in Opposition zur Sonne. Der bläuliche Planet kann in der ersten Nachthälfte aufgesucht werden (siehe auch Aufsuchkarte Abb. 9.6 auf Seite 195). Seine Kulminationen verlegt der sonnenferne Planet in die Abendstunden. Am 1. passiert Neptun um 22^h23^m (= 23^h23^m Sommerzeit) den Meridian und geht um 3^h48^m unter.

Am 31. kulminiert der lichtschwache Planet, dessen Helligkeit leicht auf $7^m{,}9$ zurückgeht, schon um 20^h23^m und sinkt um 1^h47^m unter die Horizontlinie. Nach Mitternacht lohnt es sich kaum mehr, nach Neptun zu suchen.

Planetoiden

Ceres (1), rückläufig im Walfisch, nähert sich ihrer **Opposition** zur Sonne, die sie am 21. erreicht.

Von Monatsbeginn bis zur Opposition steigt ihre Helligkeit von $7^m{,}7$ auf $7^m{,}4$. Somit ist der Planetoid Nr. 1 mit jedem guten Fernglas auffindbar. Die Aufsuchkarte Abb. 10.7 auf Seite 215 soll dabei hilfreich sein.

Am 1. passiert Ceres den Meridian um 1^h58^m. In der Oppositionsnacht geht Ceres um 18^h22^m auf, kulminiert um 0^h24^m (= 1^h24^m Sommerzeit) und geht um 6^h21^m unter.

Zur Opposition trennen Ceres 284 Millionen Kilometer (= 1,90 AE) von der Erde, dies entspricht einer Lichtlaufzeit von knapp 16 Minuten. Ihre Sonnendistanz beträgt am 21. immerhin 431 Millionen Kilometer (= 2,88 AE).

Pallas (2) wird am 8. im Sternbild Wassermann stationär, was ihre Bewegung in Rekaszension betrifft. In Deklination eilt sie flott nach Süden (siehe Abb. 8.4 auf Seite 177). Nach dem 8. wachsen ihre Rektaszensionswerte wieder an. Am 1. kulminiert die $9^m{,}6$ helle Pallas um 20^h43^m (= 21^h43^m Sommerzeit). Danach lohnt es nicht mehr, nach dem Planetoiden Nr. 2 Ausschau zu halten.

Vesta (4) wandert rechtläufig durch die Zwillinge und wechselt am 9. in den Krebs. Sie kann in der zweiten Nachthälfte aufgefunden werden (siehe auch Abb. 12.6 auf Seite 253). Ihre Aufgänge verlagert sie von 23^h37^m (= 0^h37^m Sommerzeit) zu Oktoberbeginn auf 22^h15^m am Monatsende. Am 1. kulminiert Vesta um 7^h24^m, am 15. um 6^h46^m (= 7^h46^m Sommerzeit) und am 31. bereits um 5^h59^m.

Melpomene (18) steht am 24. im Sternbild Walfisch (Cetus) in **Opposition** zur Sonne. Sie eilt rückläufig in südwestlicher Richtung durch den Cetus (siehe Abb. 10.7 auf Seite 215). Zur Opposition erreicht sie eine scheinbare Helligkeit von $8^m{,}0$. Melpomene kulminiert am 1. um 2^h13^m und am Oppositionstag schon um 0^h31^m (= 1^h31^m Sommerzeit). Bis Monatsende verfrühen sich ihre Kulminationszeiten auf 23^h53^m. Am 24. trennen Melpomene 127 Millionen Kilometer (= 0,85 AE) von der Erde, dies entspricht einer Lichtlaufzeit von sieben Minuten. Von der Sonne ist der Kleinplanet Nr. 18 am Oppositionstag 269 Millionen Kilometer (= 1,798 AE) entfernt.

Oppositionen von (18) Melpomene 2011 – 2025

Datum			Hell. m	Dekl. °
2011	Mrz	17.	10,2	+ 8
2012	Jun	24.	9,4	− 8
2014	Jan	28.	9,3	+12
2015	Mai	2.	10,3	− 1
2016	**Okt**	**24.**	**8,0**	**− 6**
2018	Mrz	21.	10,2	+ 7
2019	Jul	2.	9,2	− 9
2021	Feb	2.	9,4	+12
2022	Mai	6.	10,3	− 2
2023	Nov	6.	8,1	− 4
2025	Mrz	25.	10,3	+ 6

Die Opposition im Jahr 2016 ist die günstigste.

Periodische Sternschnuppenströme

Die **Delta-Draconiden**, auch **Oktober-Draconiden** genannt, sind ein temporärer Strom, dessen Radiant im Sternbild des Drachen etwa 3° östlich von δ Draconis liegt. Der Radiant liegt somit in unmittelbarer Zenitnähe bei seiner Kulmination. Die Oktober-Draconiden führen ihren Ursprung auf den Kometen 21P/Giacobini-Zinner zurück, weshalb dieser Meteorstrom auch **Giacobiniden** heißt. Vom 5. bis 9. Oktober passiert die Erde relativ nahe den absteigenden Knoten der Bahn des Kometen 21P. Seine Umlaufzeit beträgt 6,5 Jahre. Das Maximum erreicht dieser Strom am 9., wobei stets wechselnde Raten zu registrieren sind. Im Jahr 2011 gab es eine Häufigkeit von 400 Sternschnuppen pro Stunde. Die Meteore treffen die irdische Atmosphäre mit 21 Kilometer pro Sekunde.

Von Anfang Oktober bis in die erste Novemberwoche sind die **Orioniden** aktiv, deren Ursprung auf den Halleyschen Komet deutet. Mit dem Maximum ist am 21. Oktober zu rechnen, wobei etwa 20 Meteore pro Stunde zu erwarten sind. Die Breite des Stromes ist recht ausgedehnt, so dass die Orioniden vom 2. Oktober bis 7. November auftreten. Der Radiant liegt etwa 10° nordöstlich von Beteigeuze. Es handelt sich bei den Orioniden um sehr schnelle Objekte (um 65 Kilometer pro Sekunde). Die Frequenz ist von Jahr zu Jahr verschieden. Im Jahr 2010 flammten im Maximum am 21. Oktober gegen 10^h MEZ innerhalb einer Stunde um die vierzig Sternschnuppen auf. Die beste Beobachtungszeit, um die Orioniden zu verfolgen, ist die Zeit von Mitternacht bis 5^h morgens. In diesem Jahr stört Mondlicht die Beobachtung.

Der Fixsternhimmel

Noch steht das Sommerdreieck mit den drei hellen Sternen Wega, Deneb und Atair hoch im Westen. Diese drei Sterne erster Größe fallen besonders auf, vor allem im Kontrast zu den Herbstbildern, die sich nur aus Sternen zweiter Größenklasse und schwächer zusammensetzen.

Typische Sommersternbilder wie der Skorpion mit dem hellen, roten Antares und der Schütze sind bereits unter dem Horizont verschwunden. Auch Arktur hat sich von der Himmelsbühne verabschiedet. Der Große Wagen ist tief im Norden, nahe dem Horizont zu entdecken. Dafür springt das Himmels-W, die Kassiopeia, hoch im Nordosten dem Betrachter förmlich ins Auge. Die mittlere Spitze des Sternen-Ws deutet bekanntlich auf den Polarstern, der das Deichselende des Kleinen Wagens markiert. Der Kleine Wagen ist viel schwerer zu erkennen als der Große, nicht, weil er etwa kleiner ist, sondern weil seine Sterne weit weniger hell sind als die des Großen Wagens. Wer prüfen will, wie gut die Durchsicht des Himmels ist und wie stark irdisches Streulicht stört, sollte regelmäßig versuchen, die Sterne des Kleinen Wagens zu erkennen. In Abb. E.2 auf Seite 12 findet man die Sterne des Kleinen Wagens mit Helligkeitsangaben. Wer ein wenig systematisch beobachten will, kann an jedem Beobachtungsabend notieren, welche Sterne des Kleinen Wagens ohne Mühe freiäugig zu sehen sind.

Das Pegasusquadrat hat fast den Meridian erreicht. Dieses markante Sternenviereck ist kaum zu übersehen. Man nennt es auch Herbstviereck analog zum Sommerdreieck oder Wintersechseck. Der Pegasus gehört zu den leicht erkennbaren Sternbildern, die man auf Anhieb findet. Die vier Sterne des Herbstvierecks heißen Markab, Scheat, Algenib und Sirrah, wobei Sirrah nicht mehr zum Pegasus gehört, sondern schon der erste Stern der Andromeda (α Andromedae) ist, die aus einer Kette von vier Sternen gebildet wird. In der Andromeda entdeckt man bei guten Beobachtungsbedingungen ein wenig nördlich des Sternes Mirach (β Andromedae) den berühmten Andromedanebel (Katalogbe-

Veränderliche Sterne im Oktober

Algol-Minima	2.	19^h25^m	14.	6^h40^m	17.	3^h29^m	20.	0^h18^m	22.	21^h06^m	25.	17^h55^m
β-Lyrae-Minima	6.	1^hN	12.	13^hH	18.	24^hN	25.	11^hH	31.	22^hN		
δ-Cepheï-Maxima	2.	17^h	8.	2^h	13.	11^h	18.	20^h	24.	5^h	29.	13^h
Mira-Helligkeit	1.	9^m	10.	9^m	20.	9^m	31.	10^m				

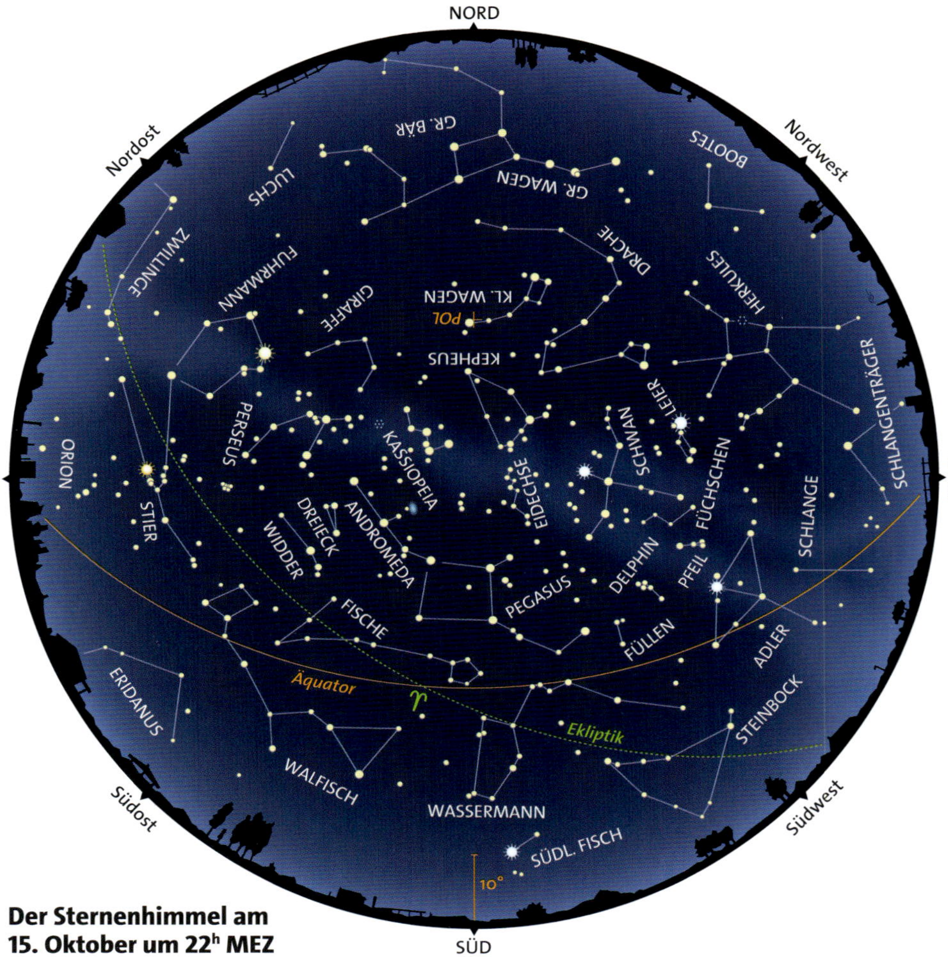

Der Sternenhimmel am 15. Oktober um 22^h MEZ

Die Sternkarte ist auch gültig für:		
	MEZ	MESZ
1. 8.	3^h	4^h
15. 8.	2	3
1. 9.	1	2
15. 9.	0	1
1.10.	**23**	**24**
15.10.	**22**	**23**
31.10.	**21**	
15.11.	20	
30.11.	19	
15.12.	18	

zeichnung: M 31). Der Andromedanebel ist unsere Nachbarmilchstraße. Das Licht der Sterne des Andromedanebels ist rund drei Millionen Jahre unterwegs, bis es die Erde erreicht. Es ist das fernste Himmelsobjekt, das man mit bloßen Augen sehen kann.

Südlich der Andromeda steht das Tierkreisbild Widder. Zwischen Widder und Andromeda hat das kleine Sternbild Dreieck (lat.: Triangulum) seinen Platz. Östlich der Andromeda ist ihr Retter zu finden, der strahlende Held Perseus. Im Perseus steht der Bedeckungsveränderliche Algol, ein ideales Übungsobjekt für diejenigen Sternfreunde, die sich der Beobachtung veränderlicher Sterne widmen wollen. Die Lichtminima von Algol sind je-

10.8 Sternbild Walfisch:
Der Cetus mit dem Veränderlichen Stern Mira. Aufnahme: Bernhard Hubl.

weils in der Rubrik „Veränderliche Sterne" vermerkt.

Mira im Walfisch

Den Südosten nimmt der ausgedehnte Walfisch (lat.: Cetus) ein, mit dem berühmten Veränderlichen Mira Ceti. Seine Helligkeit schwankt in rund 330 Tagen zwischen dritter und neunter Sterngröße. Das heißt, zeitweise ist Mira überhaupt nicht zu sehen. Entdeckt wurde Mira im Jahre 1596 von dem ostfriesischen Landpfarrer David Fabricius. Er nannte diesen Stern Mira Stella, was seltsamer oder verwunderlicher Stern heißt.

Hoch im Osten hat sich der Fuhrmann (lat.: Auriga) mit der hellen Kapella breit gemacht. Kapella gehört mit $0_{,}^{m}1$ zu den hellsten Sternen des Himmels und hat ungefähr die gleiche Oberflächentemperatur wie unsere Sonne. Allerdings besteht Kapella aus zwei einzelnen Riesensonnen, die einander umkreisen. Die Entfernung von Kapella misst 42 Lichtjahre.

Tief im Osten ist bereits der Stier mit dem hellen, rötlichen Aldebaran und dem Siebengestirn, den Plejaden, aufgegangen. Der Stier ist ein erster Vorbote des kommenden Winters. Als kulminierendes Tierkreisbild ist der Wassermann (lat.: Aquarius) zu nennen. Ebenfalls durch den Meridian wandert tief im Süden der Südliche Fisch. Von seinen Sternen ist nur Fomalhaut gut zu sehen, während die übrigen meist vom Horizontdunst verschluckt werden. Für Spezialisten sei ein lichtschwaches Sternbild genannt, das gerade den Meridian passiert und zenitnah steht: Die Eidechse (lat.: Lacerta).

Um die Eidechse zu identifizieren, sollte man ein lichtstarkes Fernglas mit geringer Vergrößerung benutzen.

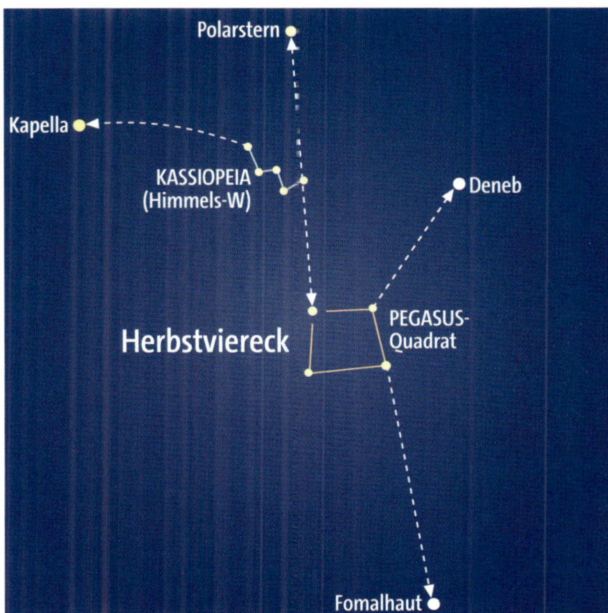

10.9 Das Herbstviereck:
Vom Herbstviereck (Pegasusquadrat) ausgehend findet man schnell die Kassiopeia, den Polarstern, Deneb und Fomalhaut, Hauptstern des Sternbildes Südlicher Fisch.

Der Nordstern im Visier

Sven Melchert

10.10 Die Sterne beschreiben infolge der Erdrotation konzentrische Kreise um den Himmelsnordpol.

Zu den in der Bevölkerung weithin bekannten Sternen zählt der Nordstern. Er heißt so, weil er uns die Nordrichtung weist und somit die Orientierung auf Land und Meer ermöglicht. Doch nicht nur das: Seine Höhe über dem Horizont lässt auch die geografische Breite des Beobachters abschätzen. Daraus folgt, dass der Nordstern von der Südhalbkugel der Erde aus nicht zu sehen ist. Denn dort sind seine Höhen negativ, er bleibt somit stets unter dem Horizont. Da der Nordstern zur Orientierung dient, nennt man ihn auch Lotsenstern (engl.: Lodestar).

Während im Lauf einer Nacht die Sterne infolge der Erdrotation über den Himmel ziehen, scheint sich der Nordstern nicht vom Fleck zu rühren – zumindest für das bloße Auge. Denn er steht nahe jenem Punkt, an dem die nach Norden verlängert gedachte Erdachse das Himmelsgewölbe durchstößt. Dieser Punkt stellt den Himmelsnordpol dar, weshalb man den Nordstern auch Polarstern nennt, lateinisch Stella Polaris, meist nur kurz als Polaris bezeichnet. Der Nordstern oder Polaris ist auch deshalb so bekannt, weil diese Bezeichnung für alles Mögliche verwendet wird: Versicherungsgesellschaften, Forschungsschiffe, eine Industriefirma für Transportfahrzeuge, eine Mittelstreckenrakete, ein Seekabel von den Bermudas nach Kanada, einen Mikroprozessor, eine Armbanduhr u. v. m. werden „Polaris" oder „Nordstern" genannt.

Viele meinen, Polaris sei der hellste Stern am irdischen Firmament. Dies ist jedoch keineswegs der Fall. Diesen Rang nimmt unstreitig Sirius im Großen Hund ein. Als Stern zweiter Größenklasse ist Polaris zwar gut mit bloßen Augen zu sehen, allerdings ist er nicht besonders auffällig. Er steht an 45. Stelle in der Helligkeitsrangfolge der Sterne und bildet die Spitze vom Schwanz des Kleinen Bären und das Ende der Deichsel des Kleinen Wagens. Der Polarstern hat daher im Sternatlas *Uranometria* von Johannes Bayer – erschienen 1603 in Augsburg – die Bezeichnung α Ursae Minoris erhalten. Mit $2\overset{m}{,}0$ scheinbarer Helligkeit ist Polaris der hellste Stern im Kleinen Bär, ein Sternbild, das wegen der Aufhellung des Nachthimmels durch irdische Lichter nur noch mit Mühe zu erkennen ist.

Irrtum im Spätmittelalter

Im Katalog von John Flamsteed, königlicher Astronom und Direktor der Sternwarte Greenwich bei London, erhielt Polaris die Nummer 1 in UMi. Ein arabischer Name für den Nordpolarstern lautet Alrukaba, das Knie. Dies war und ist schwer verständlich. Inzwischen hat man entdeckt, dass diese Bezeichnung ursprünglich für δ UMa gegolten hat – das Knie in dem rechten Vorderlauf des Großen Bären. Irrtümlicherweise ging im Spätmittelalter diese Bezeichnung auf den Polarstern über.

Im antiken Griechenland nannte man ihn Kynosura, den Hundeschwanz (griech.: Κυνόσουρα), eine Bezeichnung, die sich ursprünglich auf die ganze Deichsel bezog und dann auf ihren letzten Stern überging. Die Muslime benutzten den Polarstern, um die Richtung nach Mekka zu bestimmen und gaben ihm den Namen Al-Kiblah. Die Türken nennen ihn Yilduz, den Nordstern.

Die alten Chinesen bezeichneten Polaris als Tien Hwang Ta Ti, der große kaiserliche Himmelsherrscher. Da alle Sterne ihre Kreise um Polaris ziehen, bedeutete dies für den Kaiser von China eine gewaltige Machtfülle. Die Inder sprachen von Grahadhara, wenn sie den Polarstern erwähnten, was so viel wie „Drehpunkt der kreisenden Sterne“ heißt.

Weitere, gelegentlich benutzte Bezeichnungen für den Polarstern lauten: Mismar, Phönix, Stern von Arkadien und Tramontana. Die Flagge des US-Bundesstaates Alaska zeigt den Polarstern samt den sieben Sternen des Großen Wagens, der bei den Amerikanern allerdings Big Dipper (engl., Großer Schöpflöffel) heißt. Die sieben Wagensterne helfen auch, den Polarstern zu finden. Verlängert man die Strecke zwischen den beiden von der Deichsel abgelegenen Sternen (also α und β UMa) etwa fünfmal in die Richtung, in die der Knick der Deichsel zeigt, so stößt man auf den Polarstern. Auch das Himmels-W, das Sternbild Kassiopeia, eignet sich zum Auffinden des Polarsterns. Die mittlere Spitze des W deutet in etwa auf Polaris. Großer Wagen und Himmels-W sind in unseren Breiten zirkumpolar, das heißt, sie gehen nie unter und sind somit in jeder klaren Nacht beobachtbar. Ihre relativen Stellungen zum Nordhorizont jeweils zu Monatsbeginn um 22^h MEZ (= 23^h MESZ) sind aus einer Grafik am Anfang eines jeden Monatskapitels zu ersehen (siehe z. B. auf Seite 208, rechts oben).

Die Höhe des Polarsterns über dem Nordpunkt am Horizont entspricht, wie erwähnt, der geografischen Breite des Beobachters. Steht der Beobachter am Nordpol, so sieht er den Polarstern im Zenit. Für einen Beobachter am Äquator der Erde befindet er sich im mathematischen Horizont, wo ihn der Horizontdunst unsichtbar werden lässt, auch wenn ihn die Refraktion (atmosphärische Strahlenbrechung) etwa ein halbes Grad anhebt.

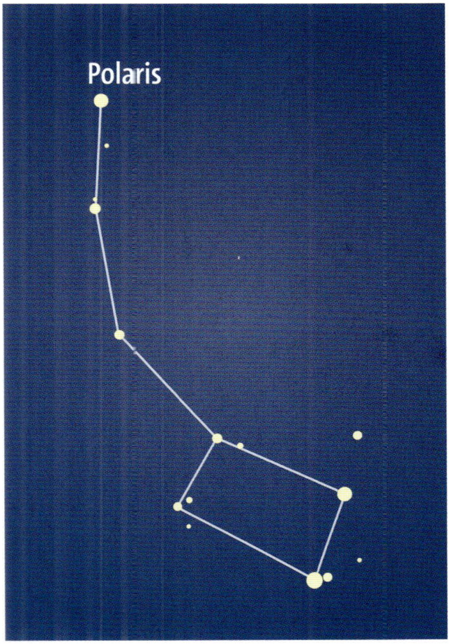

10.11 Das Sternbild Kleiner Bär (Kleiner Wagen) mit der Position des Nordsterns (Polaris).

Die polnahe Position des Nordsterns ermöglicht auch die (grobe) Justierung eines parallaktisch montierten Teleskops. Die Stundenachse ist auf Polaris auszurichten, damit man durch Drehen des Teleskops um diese Achse die Erdrotation kompensieren kann.

Ein glücklicher Umstand

Es ist ein Zufall, dass wir im 20. und 21. Jahrhundert einen relativ hellen Stern nahe dem Himmelsnordpol stehen haben. In der Antike war Polaris noch 12°, dies entspricht 24 Vollmonddurchmessern, vom Himmelsnordpol entfernt. Damals konnte man ihn noch nicht als Polar-

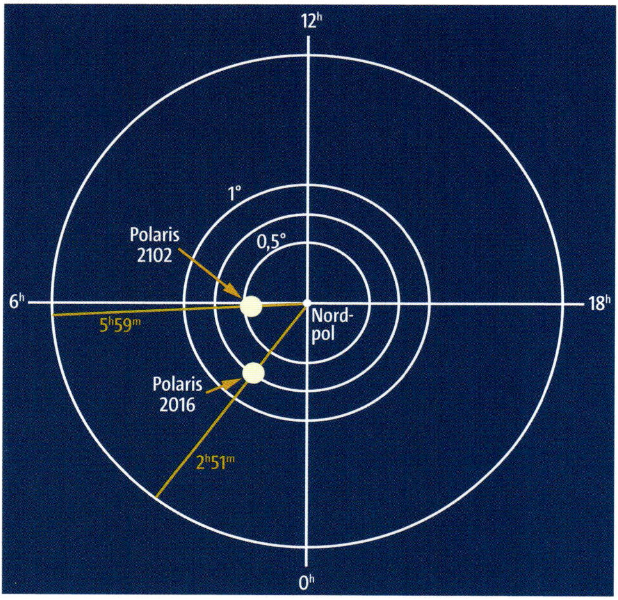

10.12 Wanderung des Nordsterns am Himmelsnordpol vorbei. Die geringste Distanz vom Pol wird er im Jahre 2102 erreichen (siehe auch Tabelle unten).

Poldistanzen des Nordsterns

Epoche	α	δ	Poldistanz
1800.0	0h52m26s	+88°14′24″	1°45′36″
1850.0	1 05 02	+88 30 35	1°29′25″
1900.0	1 22 34	+88 46 26	1°13′34″
1950.0	1 48 48	+89 01 43	0°58′17″
2000.0	2 31 49	+89 15 51	0°44′09″
2010.0	2 43 42	+89 18 25	0°41′35″
2016.0	2 51 02	+89 19 54	**0°40′06″**
2020.0	2 57 06	+89 20 53	0°39′07″
2030.0	3 12 11	+89 23 11	0°36′49″
2040.0	3 29 11	+89 25 20	0°34′40″
2050.0	3 48 16	+89 27 15	0°32′45″
2060.0	4 09 33	+89 28 56	0°31′04″
2070.0	4 33 00	+89 30 20	0°29′40″
2080.0	4 58 28	+89 31 23	0°28′37″
2090.0	5 25 30	+89 32 05	0°27′55″
2100.0	5 53 29	+89 32 22	0°27′38″
2102.0	5 59 07	+89 32 20	**0°27′36″**
2110.0	6 21 39	+89 32 15	0°27′45″

stern bezeichnen. Vor 4700 Jahren, als die Ägypter schon eifrig Himmelskunde betrieben, spielte Thuban (α Draconis) die Rolle des Nordsterns. Mit nur 3,m7 scheinbarer Helligkeit ist Thuban aber erheblich lichtschwächer als α UMi, unser gegenwärtiger Nordstern. Im Jahre 14 000 wird Wega (α Lyr) die Funktion als Polarstern übernehmen. Sie ist mit 0,m0 der hellste Stern des Nordhimmels. In 13 000 Jahren wird dann unser heutiger Polarstern mit knapp 47° die maximale Entfernung vom Himmelsnordpol erreichen. Und in 26 000 Jahren werden ihn unsere fernen Nachkommen wieder als Polarstern zur Orientierung nutzen können. Ursache für die stets wechselnden Polarsterne ist die Präzessionsbewegung der Erdachse. Diese Kreiselbewegung bewirkt, dass die Erdachse nicht immer auf dieselbe Stelle am Firmament deutet. Sie beschreibt vielmehr in 26 000 Jahren einen Kreis am Firmament mit einem Durchmesser von 47°.

Im Jahre 2016 ist Polaris immerhin noch 40′06″ vom exakten Himmelsnordpol entfernt, das ist deutlich mehr als ein Vollmonddurchmesser. Gegenwärtig nähert sich der Nordstern dem Himmelsnordpol. Die geringste Distanz wird er im Februar 2102 mit nur 27′36″ einnehmen. Damit wird Polaris weniger als ein Vollmonddurchmesser vom Himmelsnordpol entfernt sein. Danach nehmen die Entfernungen vom Pol wieder zu (siehe Tabelle „Poldistanzen des Nordsterns“).

Der nächste Cepheïde

Die Entfernung von Polaris wurde zu 132 Parsec bestimmt, dies entspricht 430 Lichtjahren. Da er am irdischen Firmament als ein vergleichsweise recht heller Stern erscheint, muss er ein wahrer Leuchtkraftriese sein. Tatsächlich ist er ein heller Überriesenstern (Leuchtkraftklasse Ib) mit sechsfacher Sonnenmasse. Er ist knapp 2400-mal heller als unsere Sonne. Stünde er an ihrer Stelle, so würde er die Erde rösten. Mit 6730 °C Oberflächentemperatur ist er auch deutlich heißer als unsere Sonne, deren Oberflächentemperatur nur 5510 °C beträgt. Mit 32-fachem Sonnendurchmesser, dies sind 45 Millionen Kilometer, ist Polaris ein wahrer Riesenstern, der ein weißes Licht aussendet (Spektraltyp F5–F8). Seine Spektralklasse variiert ebenso wie seine Helligkeit. Der Nordstern wurde als Veränderlicher vom Typ Delta Cepheï erkannt. Tatsächlich nachgewiesen wurde seine Variabilität erst 1911 von Ejnar Hertzsprung. Die Delta-Cepheï-Sterne, kurz auch als Cepheïden bezeichnet, gehören zu den hellsten und leuchtkräftigsten Sternen im Universum. Aus ihrer Blinkperiode lässt sich auf ihre wahre Leuchtkraft schließen (die sogenannte Perioden-Leuchtkraft-Beziehung). Je länger die Periode (von einem Helligkeitsmaximum bis zum folgenden), desto leuchtkräftiger ist eine Cepheïden-Sonne. Die meisten Cepheïden weisen Amplituden von einer Größenklasse und mehr auf. Nicht so beim Polarstern: Seine Amplitude beträgt gegenwärtig lediglich $0\overset{m}{.}02$. Eine Helligkeitsänderung von nur zwei Hundertstel Größenklasse ist visuell nicht zu bemerken,

Der Nordstern in Zahlen

Bezeichnungen:	α Ursae Minoris, Polarstern, Polaris, Lodestar, Alrukaba, Kynosura, Yilduz, Mismar, Stern von Arkadien	
Katalog-Nummern:	Flamsteed Nr. 1 / BD + 88°008 / HD 8890 / SAO 308 / Yale BSC 424 / ADS 1477 / Σ (Struve) 93	
Äquatoriale Koordinaten:	α	δ
(B1900.0)	$1^{h}22^{m}33\overset{s}{.}7$	88°46′26″
(J2000.0)	$2^{h}31^{m}50\overset{s}{.}5$	89°15′51″
(J2016.0)	$2^{h}51^{m}02\overset{s}{.}1$	89°19′54″
Scheinbare Helligkeit:	V = $1\overset{m}{.}98$ (variabel) P = 3,97 Tage Amplitude: $0\overset{m}{.}02$ (abnehmend) Cepheïde (Typ W Virginis)	
Farbindices:	B–V = + $0\overset{m}{.}63$ / U–B = + $0\overset{m}{.}38$	
Spektraltyp:	F8 Ib	
Trigonometrische Parallaxe:	$\pi = 0\overset{''}{.}00756$	
Entfernung:	132 Parsec = 430 Lichtjahre	
Eigenbewegung pro Jahr:	$\mu_\alpha = 0\overset{''}{.}038$ $\mu_\delta = -0\overset{''}{.}015$	
Radialgeschwindigkeit:	RG = –16,7 km/s	
Raumgeschwindigkeit:	v_R = 30,6 km/s	
Absolute Helligkeit:	$-3\overset{M}{.}64$	
Leuchtkraft:	2370 Sonnenleuchtkräfte	
Doppelstern (ADS 1477):	Begleiter in $18\overset{''}{.}5$ Distanz, P = 218°, V = $9\overset{m}{.}5$	

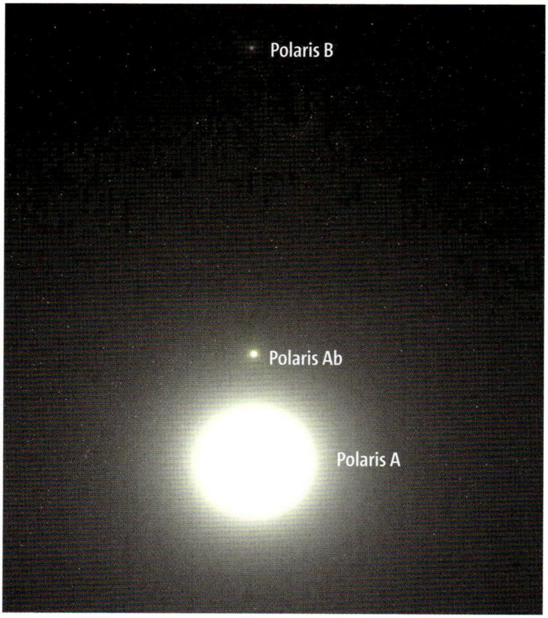

NASA/ESA/G. Bacon

10.13 Der Nordstern besitzt zwei Begleiter (Skizze).

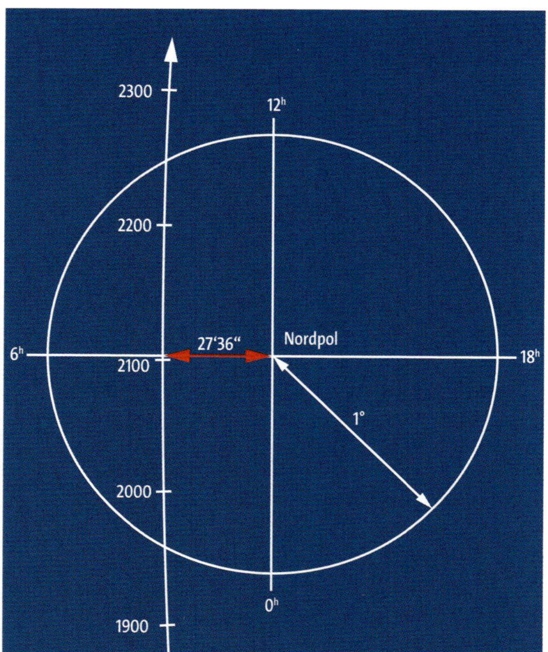

10.14 Der Wanderpfad von Polaris relativ zum Himmelspol von 1900 bis 2300.

lediglich lichtelektrische Messungen lassen dies erkennen. Zudem nimmt die Amplitude noch weiter ab. Noch zu Beginn des 20. Jahrhunderts schwankte die Helligkeit des Polarsterns innerhalb von vier Tagen um $0^{m},15$. Die Periode nimmt zurzeit zu und wird nach Modellrechnungen eines Tages 5,7 Tage erreichen. Für die Astronomen ist Polaris so interessant, weil er der uns nächste und hellste Cepheïde ist. Möglicherweise stellt er seine Pulsationen vollständig ein, bis er nach längerer Pause wieder zu schwingen beginnt.

Ein Dreifachstern

Polaris ist kein Einzelstern, sondern ein Dreifachstern. In einer Distanz von 18″,5 findet sich in südwestlicher Richtung (P = 218°) ein weißer Begleitstern 9. Größenklasse. Mit einem Teleskop ist er zu sehen.

Der Begleiter ist ein weißer Hauptreihenstern (Leuchtkraftklasse: V) des Spektraltyps F3. Rund 100 000 Jahre benötigt UMi B, um mit Polaris einmal um den gemeinsamen Schwerpunkt zu kreisen. Die große Halbachse der Bahn misst dabei 0,065 Lichtjahre, das sind 41 000 AE oder 6133 Milliarden Kilometer, also über sechs Billionen!

Entdeckt hat den Begleiter Wilhelm Herschel im Jahre 1780. Seit 1929 weiß man, dass der Nordstern ein spektroskopischer Doppelstern ist. Die Komponente Ab ist nur 0″,172 von der hellen Hauptkomponente Aa entfernt, so dass man auch in großen Teleskopen den nur $9^{m},2$ hellen engen Begleiter optisch

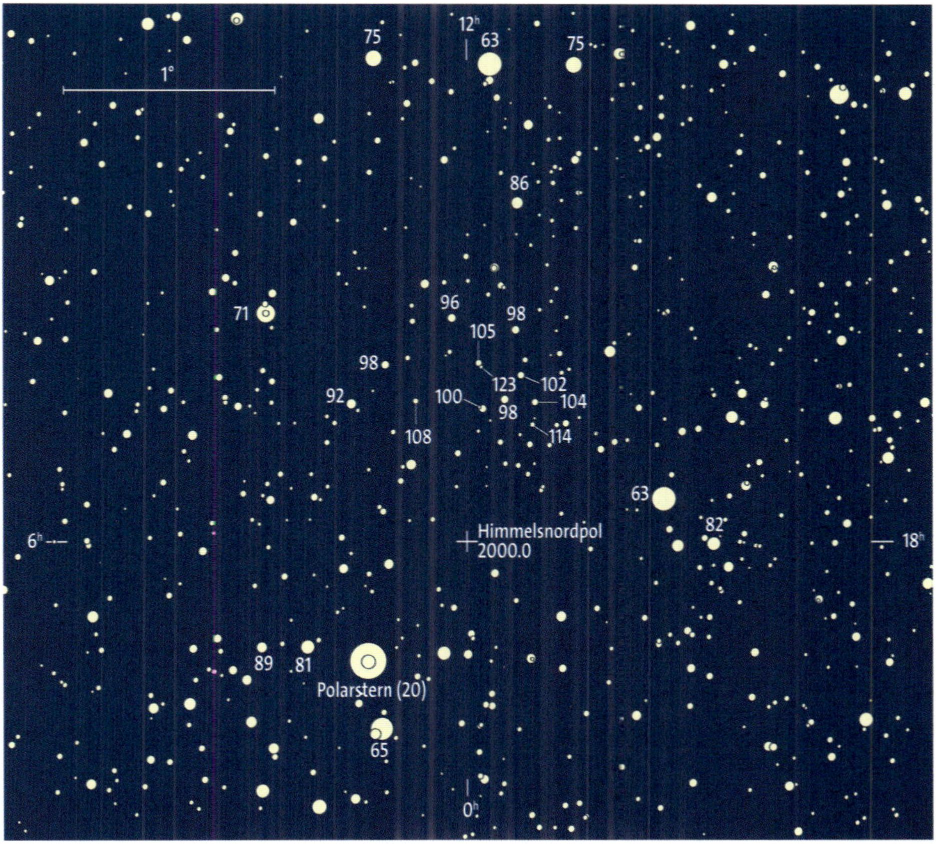

10.15 **Die Nordpolarfolge mit Helligkeitsangaben zum Testen von Teleskopen.**

nicht trennen kann. Erst 2006 gelang es dem Hubble-Weltraumteleskop, das Sternenpaar aufzulösen. Nur 18,8 AE, das sind 2812 Millionen Kilometer, sind die beiden Polaris-Sonnen voneinander im Mittel entfernt, dies entspricht ziemlich genau der Distanz Sonne – Uranus. Mit einer numerischen Exzentrizität von e = 0,608 ist die Bahn recht lang gestreckt. Im Periastron nähern sich beide bis auf 7,4 AE an, im Apastron beträgt der maximale Abstand 30,2 AE. Beide Komponenten umkreisen einander in knapp 30 Jahren. Der spektroskopische Begleiter Ab ist ein Hauptreihenstern (Leuchtkraftklasse V) der Spektralklasse F6 mit einer Masse von 1,26 Sonnenmassen und einem Durchmesser von 1,04 Sonnendurchmesser. Seine Leuchtkraft beträgt das Dreifache unserer Sonne. Zurzeit misst sein Positionswinkel P = 231°. Er steht damit fast in der gleichen südwestlichen Richtung wie die von Herschel entdeckte visuelle Komponente α UMi B.

Polaris hilft dem Laien, die Nordrichtung zu finden, dem Seefahrer, die geografische Breite zu bestimmen, dem Sternfreund, sein Teleskop auszurichten und den Astronomen, mehr über die Eigenschaften und das Verhalten von Cepheïden zu erfahren.

November 2016

- Venus ist am frühen Abendhimmel vertreten.
- Mars hält sich nach wie vor am Abendhimmel auf, während sich der Ringplanet Saturn vom Abendhimmel zurückzieht und unsichtbar wird.
- Jupiter im Sternbild Jungfrau kann am Morgenhimmel gesehen werden.

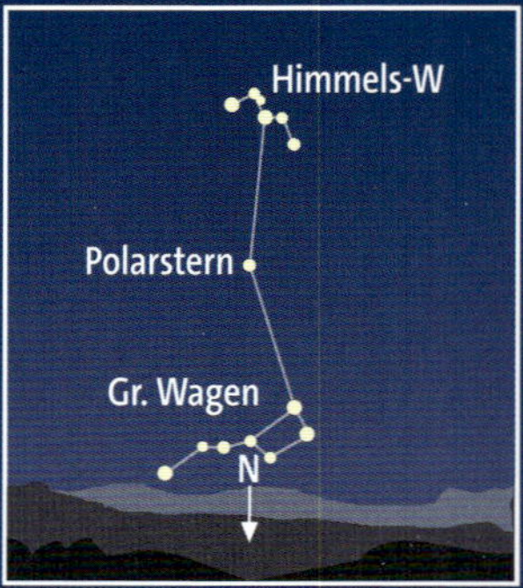

Großer Wagen und Himmels-W
Anfang November um 22 Uhr

11.1 Anblick des abendlichen Südwesthimmels am 2. November gegen 18^h MEZ. Knapp über dem Horizont stehen Venus, Saturn und die schmale Sichel des zunehmenden Mondes. Weiter östlich hält sich Mars auf.

1	Di	Allerheiligen
2	Mi	Mond bei Saturn (Abendhimmel)
3	Do	
4	Fr	
5	Sa	
6	So	Mond bei Mars (Abendhimmel)
7	Mo	Mond im ersten Viertel
8	Di	
9	Mi	Mond bei Neptun (Abendhimmel)
10	Do	
11	Fr	
12	Sa	
13	So	
14	Mo	**Vollmond**, Mond in Erdnähe
15	Di	
16	Mi	Buß- und Bettag
17	Do	
18	Fr	
19	Sa	
20	So	Totensonntag
21	Mo	Mond im letzten Viertel
22	Di	
23	Mi	
24	Do	
25	Fr	Mond bei Jupiter (Morgenhimmel)
26	Sa	
27	So	1. Advent, Mond in Erdferne
28	Mo	
29	Di	**Neumond**
30	Mi	

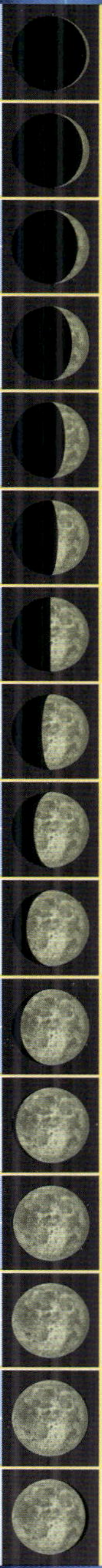

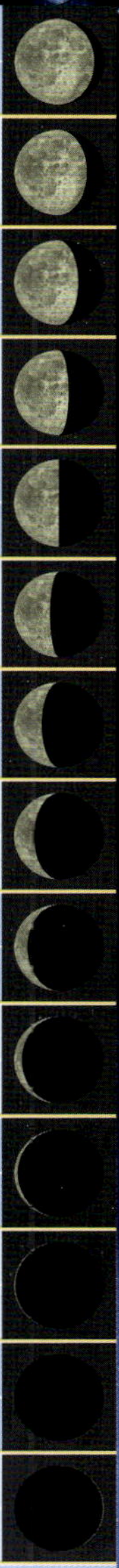

Sonne – Sternbilder

21. 11. 22^h:
Sonne tritt in das Tierkreiszeichen Schütze
23. 11. 5^h:
Sonne tritt in das Sternbild Skorpion
29. 11. 17^h:
Sonne tritt in das Sternbild Schlangenträger
Julianisches Datum am
1. November, 1^h MEZ: 2 457 693,5

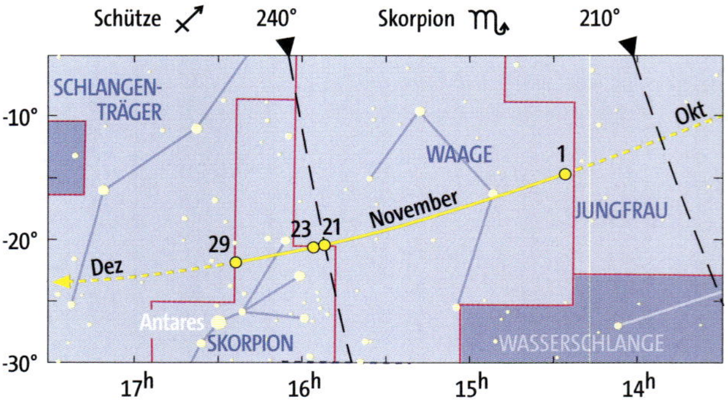

Tabelle Sonnenlauf

Tag	Dämmerg. Anfang	Aufgang MEZ	Kulmination	Untergang MEZ	Dämmerg. Ende	Mittagshöhe	Zeitgleichg.	Rektaszension	Deklination
	h m	h m	h m	h m	h m	°	m	h m	°
1.	5 58	7 10	12 04	16 56	18 08	25,4	+16	14 26	−14,4
5.	6 04	7 17	12 04	16 50	18 03	24,1	+16	14 41	−15,7
10.	6 11	7 25	12 04	16 42	17 56	22,7	+16	15 01	−17,1
15.	6 18	7 33	12 05	16 35	17 50	21,3	+15	15 22	−18,5
20.	6 25	7 41	12 06	16 30	17 46	20,2	+14	15 42	−19,7
25.	6 32	7 49	12 07	16 25	17 42	19,1	+13	16 03	−20,7
30.	6 38	7 56	12 09	16 21	17 39	18,3	+11	16 25	−21,6

Tages- und Nachtstunden

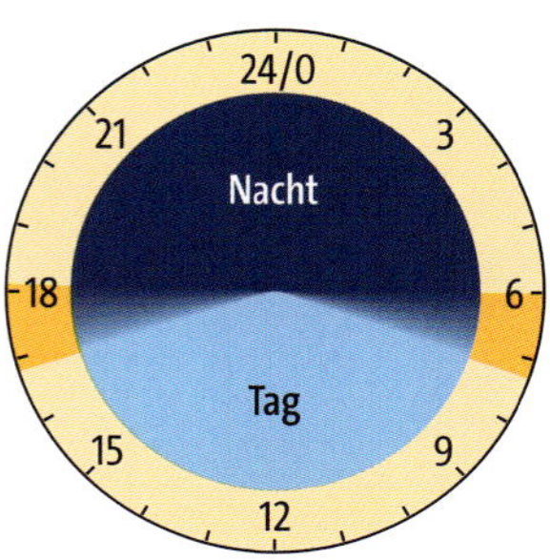

5. November

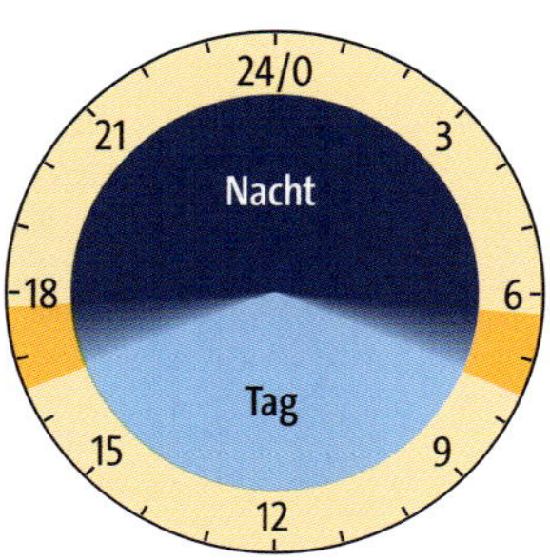

15. November

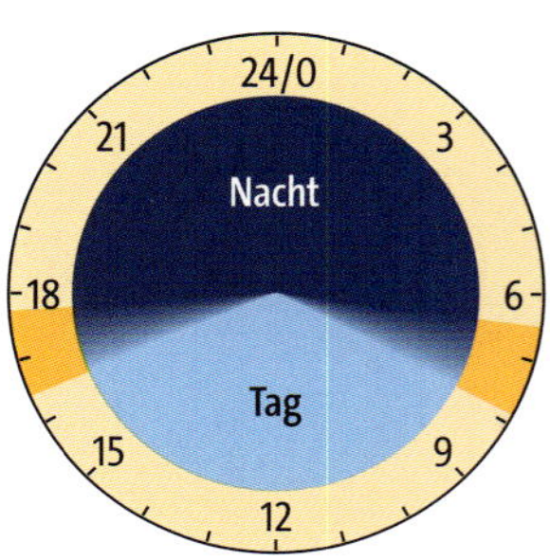

25. November

Tabelle Mondlauf

Datum		Aufg. MEZ	Kulmination	Unterg. MEZ	Rektaszension	Deklination		Sterne und Sternbilder	Phase	MEZ
		h m	h m	h m	h m	°				
Di	1.	8 30	13 26	18 17	15 25	−13,7		Waage		
Mi	2.	9 28	14 12	18 53	16 13	−16,1		Skorpion	Größte Nordbreite	
Do	3.	10 23	14 59	19 34	17 02	−17,7		Schlangenträger		
Fr	4.	11 15	15 48	20 21	17 52	−18,6		Schütze		
Sa	5.	12 02	16 37	21 14	18 43	−18,7	*	Schütze, Nunki		
So	6.	12 43	17 26	22 13	19 35	−17,9		Schütze		
Mo	7.	13 21	18 16	23 17	20 27	−16,2		Steinbock	**Erstes Viertel**	**20h 51m**
Di	8.	13 54	19 06	–	21 19	−13,7		Wassermann	Libration Ost	
Mi	9.	14 25	19 56	0 25	22 11	−10,4		Wassermann	Absteigender Knoten	
Do	10.	14 55	20 48	1 37	23 04	− 6,4	*	Wassermann		
Fr	11.	15 24	21 41	2 52	23 58	− 2,0		Fische		
Sa	12.	15 55	22 36	4 10	0 53	+ 2,7		Walfisch		
So	13.	16 28	23 33	5 30	1 50	+ 7,3		Fische		
Mo	14.	17 06	–	6 51	2 50	+11,6		Widder	**Vollmond**	**14h 52m**
									Erdnähe 356/33,'5	12h
Di	15.	17 51	0 33	8 10	3 51	+15,1		Stier	Größte Südbreite	
Mi	16.	18 43	1 34	9 24	4 54	+17,5		Aldebaran		
Do	17.	19 42	2 35	10 29	5 56	+18,7		Orion		
Fr	18.	20 47	3 35	11 24	6 58	+18,6		Alhena		
Sa	19.	21 54	4 32	12 10	7 57	+17,3		Krebs		
So	20.	23 02	5 26	12 47	8 53	+15,1		Krebs, Krippe	Libration West	
Mo	21.	–	6 16	13 19	9 46	+12,1		Löwe, Regulus	**Letztes Viertel**	**9h 33m**
Di	22.	0 08	7 03	13 46	10 36	+ 8,7		Löwe	Aufsteigender Knoten	
Mi	23.	1 13	7 47	14 11	11 24	+ 4,9		Löwe		
Do	24.	2 17	8 31	14 35	12 10	+ 1,1		Jungfrau		
Fr	25.	3 19	9 13	14 58	12 56	− 2,8		Jungfrau		
Sa	26.	4 21	9 56	15 23	13 41	− 6,5		Spica		
So	27.	5 22	10 39	15 49	14 27	−10,0		Waage	Erdferne 407/29,'4	21h
Mo	28.	6 23	11 24	16 19	15 13	−13,0		Waage		
Di	29.	7 22	12 10	16 53	16 01	−15,6		Waage	**Neumond Nr. 1162**	**13h 18m**
									Größte Nordbreite	
Mi	30.	8 19	12 57	17 32	16 50	−17,5		Schlangenträger		

Der Vollmond entfernt sich am 15./16. von Aldebaran

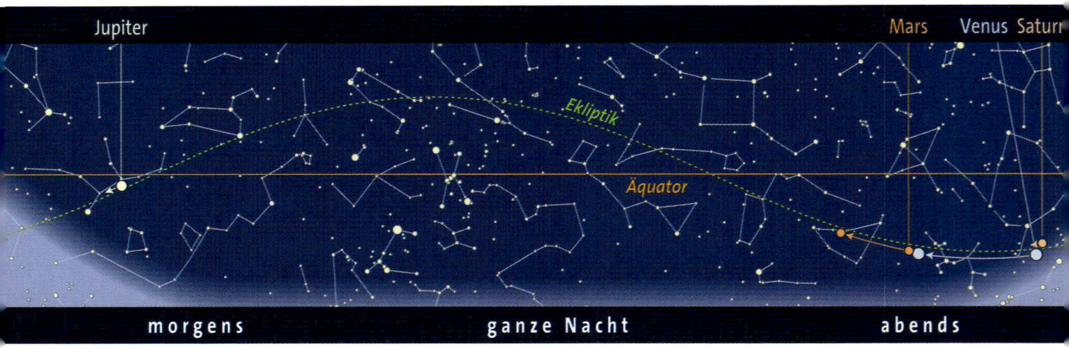

Merkur hat seine obere Konjunktion mit der Sonne gerade hinter sich. Er entfernt sich rechtläufig allmählich von der Sonne, die ihm folgt. Bis Monatsende wächst sein östlicher Winkelabstand auf 18° an.

Wegen der flach zum Westhorizont verlaufenden abendlichen Ekliptik reicht dies nicht, um Merkur in der Abenddämmerung zu erkennen. Am 30. geht der $-0^{m}.5$ helle Merkur um $17^{h}11^{m}$ unter, der Sonnenuntergang erfolgt an diesem Tag um $16^{h}21^{m}$. Bevor es dunkel genug ist, um Merkur zu sichten, ist er bereits in den horizontnahen Dunstschichten verschwunden. Merkur bleibt im November unsichtbar. Auch die Begegnung mit Saturn am 24. entgeht uns. Am 11. passiert Merkur das Aphel seiner Bahn.

Venus ist am frühen Abendhimmel vertreten. Sie verlässt den Schlangenträger und wechselt am 9. in das Sternbild Schütze, wobei sie den Winterpunkt am 12. in $2^{\circ}.1$ südlichem Abstand passiert. Im letzten Monatsdrittel zieht sie etwa ein Grad nördlich an Nunki (σ Sagitarii) vorbei. Die Sichel des zunehmenden Mondes sieht man am frühen Abend des 2. nahe Venus und Saturn (siehe Abb. 11.1 auf Seite 226).

Ihre Untergänge verlagert Venus von $18^{h}31^{m}$ am 1. auf $18^{h}43^{m}$ am 15. und auf $19^{h}13^{m}$ am Monatsletzten. Die Venushelligkeit nimmt leicht um $0^{m}.2$ zu und erreicht bis 30. immerhin $-4^{m}.2$. Am 11. sind 75 % des 15″ großen Venusscheibchens von der Sonne beleuchtet. Die Größe des Planetenscheibchens nimmt in den folgenden Wochen deutlich zu, der Beleuchtungsgrad nimmt auf knapp 70 % ab.

Mars hält sich nach wie vor am Abendhimmel auf. Die nun immer früher einsetzende Abenddämmerung und seine Wanderung am aufsteigenden Ast der Ekliptik verlängert die Sichtbarkeitszeit. Auch eilt er der Sonne im Tierkreis davon, weshalb seine östlichen Elongationen nur langsam abnehmen. Am 8. wechselt der rote Planet aus dem Schützen in den Steinbock

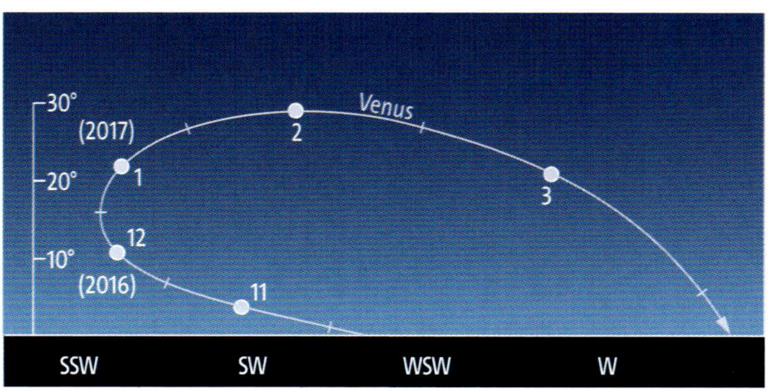

11.2 Venus am Abendhimmel: Stellung von Venus über dem Südwesthorizont jeweils eine Stunde nach Sonnenuntergang von November 2016 bis Mitte März 2017. Die Zahlen geben die Venusposition zum jeweiligen Monatsbeginn an (11 = 1. November 2016).

(siehe Abb. 5.3 auf Seite 119). Die Marsuntergänge bleiben fast konstant. Am 1. geht der rote Planet um 21^h24^m unter und am 30. um 21^h32^m. Im Laufe des November sinkt die Marshelligkeit um $0^m,3$ auf $0^m,6$ abermals ab. Zu Monatsende zeigt das Planetenscheibchen nur noch einen scheinbaren Durchmesser von $6'',5$. Am 28. beginnt auf der Nordhalbkugel des Mars der Winter.

Der zunehmende Halbmond begegnet Mars am 6. mittags, wobei er gut fünf Grad nördlich an Mars vorbeizieht. Wenn Mars am Abend sichtbar wird, hat sich der Abstand Mond – Mars kaum verändert.

Jupiter kann am Morgenhimmel gesehen werden. Seine Aufgänge erfolgen nun immer früher. Geht der Riesenplanet am 1. noch um 4^h32^m auf, so erfolgt sein Aufgang am 15. um 3^h52^m. Am 30. geht der $-1^m,8$ helle Jupiter schon um 3^h08^m auf.

Jupiter wandert rechtläufig durch die Jungfrau, wobei er sich von Porrima entfernt und auf den Jungfrauhauptstern Spica (α Virginis; $1^m,0$) zusteuert (siehe Abb. 3.2 auf Seite 81). Am 25. erhält der Riesenplanet Besuch vom Mond. Die schmale Sichel des abnehmenden Mondes sieht man gegen 4^h morgens etwa $1^\circ,5$ nördlich von Jupiter (siehe Abb. 11.3 oben).

Saturn im Schlangenträger nähert sich seiner Konjunktion mit der Sonne, die er im ersten Dezemberdrittel erreicht. Der $0^m,5$ helle Ringplanet zieht sich vom Abendhimmel zurück und wird unbeobachtbar. Allenfalls zu Monatsbeginn kann Saturn noch tief am Südwesthimmel in der Abenddämmerung erspäht werden.

Am 1. geht Saturn um 18^h42^m unter. Ab etwa 17^h30^m kann man ihn zu Ende der Dämmerung noch erspähen. Bald nach 18^h verschlucken ihn die horizontnahen Dunstschichten. Am 10. erfolgt der Saturnuntergang bereits um 18^h10^m. Die Sichtbarkeit des Ringplaneten schrumpft auf eine Viertelstunde. Nach dem 10. bleibt Saturn verborgen und ist vom Beobachtungsprogramm zu streichen. Auch die Begegnung mit Merkur am 24. bleibt unbeobachtbar, da beide Planeten schon unter dem Horizont sind, wenn es ausreichend dunkel geworden ist, um sie zu erkennen.

Verfolgen kann man hingegen noch die Passage der schmalen

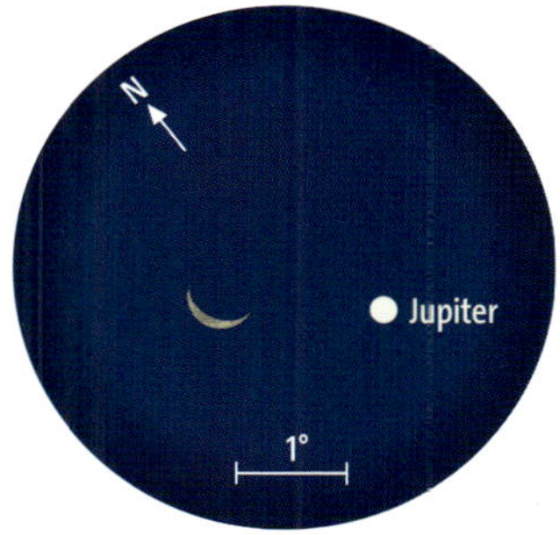

11.3 Mond bei Jupiter:
Begegnung der abnehmenden Mondsichel mit Jupiter am 25. November. Fernglasanblick gegen 4^h MEZ bei 5° Gesichtsfelddurchmesser.

Sichel des zunehmenden Mondes am 2. gegen 18 Uhr, die neben Saturn und Venus knapp über dem Südwesthorizont steht (siehe Abb. 11.1 auf Seite 226).

Uranus, rückläufig im Wassermann, stand Mitte des Vormonats in Opposition zur Sonne. Mit Einbruch der Dunkelheit ist

Konstellationen und Ereignisse

Datum	MEZ	Ereignis
2.	20^h	**Mond bei Saturn**, Mond $3^\circ,7$ nördlich, **Abstand $3^\circ,5$ um 18^h**
3.	5	Mond bei Venus, Mond $6^\circ,8$ nördlich
6.	13	**Mond bei Mars**, Mond $5^\circ,3$ nördlich, **Abstand $5^\circ,3$ um 18^h**
9.	16	**Mond bei Neptun**, Mond $1^\circ,0$ nördlich (Bedeckung), **Abstand $1^\circ,5$ um 18^h** (Teleskop!)
11.	16	Merkur im Aphel
12.	12	Mond bei Uranus, Mond $3^\circ,8$ südlich
20.	11	Neptun im Stillstand, anschließend rechtläufig
24.	2	Merkur bei Saturn, Merkur $3^\circ,5$ südlich
25.	3	**Mond bei Jupiter**, Mond $1^\circ,9$ nördlich, **Abstand $1^\circ,5$ um 4^h**

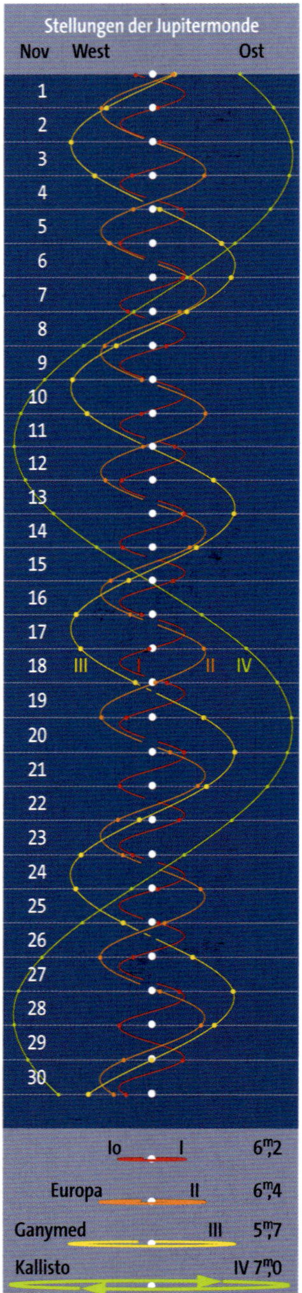

der grünliche Planet bereits mit Fernglas oder Teleskop auffindbar. Vom Morgenhimmel zieht sich Uranus zurück. Am 1. geht der grünliche Planet um 16^h15^m auf, kulminiert um 22^h55^m und geht um 5^h40^m unter. Zur Monatsmitte am 15. erfolgt seine Meridianpassage um 21^h58^m und sein Untergang um 4^h42^m.

Am 31. sinkt der mit $5^m,7$ nicht besonders helle Uranus schon um 3^h41^m unter die Horizontlinie, nachdem er um 20^h58^m den Meridian passiert hat.

Das Aufsuchkärtchen für Uranus Abb. 10.7 findet man auf Seite 215.

Neptun bremst seine ohnehin langsame, rückläufige Bewegung im Wassermann ab und bleibt am 20. vollends stehen. Damit beendet der nur $7^m,9$ helle Planet seine Oppositionsperiode. Anschließend ist er wieder rechtläufig, was zunächst kaum erkennbar ist (siehe Abb. 9.6 auf Seite 195). Die jetzt immer früher einsetzende Dunkelheit erlaubt es, Neptun noch am Abendhimmel aufzufinden.

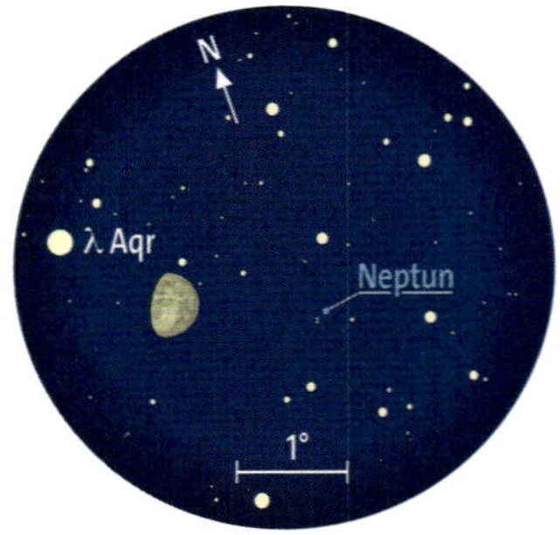

11.4 Mond bei Neptun:
Der zunehmende Mond besucht den sonnenfernen Neptun am 9. November. Fernglasanblick gegen 18^h MEZ bei 5° Gesichtsfelddurchmesser.

Zu Monatsbeginn kulminiert Neptun um 20^h19^m und geht um 1^h43^m unter. Ende November passiert der sonnenfernste Planet schon um 18^h25^m die Mittagslinie und sinkt um 23^h44^m unter den Horizont.

Am 9. begegnet der zunehmende Halbmond dem bläulichen Planeten (siehe Abb. 11.4 oben).

Jupitermonde

Tag	MEZ	Vorgang	
	h m		
1.	5 26	I	BE
	5 40	II	SE
8.	5 38	II	SA
15.	6 24	I	VA
16.	4 28	I	DA
	5 54	I	SE
	6 41	I	DE
19.	5 08	III	VE
	5 46	III	BA
23.	5 34	I	SA
	6 27	I	DA
24.	5 35	II	VA
	5 52	I	BE
26.	4 21	II	DE
	6 19	III	VA

Planetoiden

Ceres (1) stand im letzten Oktoberdrittel in Opposition zur Sonne. Sie bremst ihre rückläufige Wanderung durch die Fische ab. Stationär wird sie aber erst Mitte Dezember (siehe Abb. 10.7 auf Seite 215). Die Cereshelligkeit sinkt deutlich von $7^m,5$ auf $8^m,1$ im Laufe des November. Am

1. kulminiert Ceres um 23^h26^m, am 15. um 22^h20^m und am 30. bereits um 21^h14^m.

Juno (3) steht am 29. im Sternbild Schlangenträger in Konjunktion mit der Sonne. An diesem Tag ist Planetoid Nr. 3 von der Erde 644 Millionen Kilometer (= 4,30 AE) entfernt. Von der Sonne trennen Juno am Konjunktionstag 499 Millionen Kilometer (= 3,35 AE).

Vesta (4) bremst ihre rechtläufige Wanderung durch den Krebs stark ab und bleibt Ende November fast ganz stehen (siehe Abb. 12.6 auf Seite 253). Ihre Helligkeit nimmt deutlich von $7^m{,}9$ auf $7^m{,}3$ zu, so dass sie am Monatsende schon in einem bescheidenen Fernglas bei guter Sicht zu entdecken ist. Ihre Aufgänge verfrühen sich von 22^h12^m am 1. auf 20^h30^m am Monatsletzten. Die Vestakulmination erfolgt am 1. um 5^h55^m, am 15. um 5^h10^m und am 30. bereits um 4^h15^m.

Melpomene (18) stand im letzten Drittel des Vormonats in Opposition zur Sonne. Sie wandert rückläufig durch den Walfisch, wobei sie ihren Lauf deutlich abbremst.

Um die Monatsmitte beginnt Melpomene wieder nach Norden zu streben (siehe Abb. 10.7 auf Seite 215). Die Helligkeit von Melpomene sinkt von $8^m{,}1$ auf $8^m{,}8$ im Laufe des Monats ab. Am 1. kulminiert sie um 23^h48^m, am 15. um 22^h45^m und am 30. bereits um 21^h42^m.

Periodische Sternschnuppenströme

Vom 13. bis 30. November an treten am Morgenhimme die **Leoniden** in Aktion. Ihr Radiant liegt im Löwen rund 10° nordöstlich von Regulus. Das spitze Maximum ist in der Nacht vom 17. auf 18. November zu erwarten. Diesmal ist mit einer Rate von 20 Meteoren pro Stunde zu rechnen. Die Sternschnuppen sind außerordentlich schnell (um 70 Kilometer pro Sekunde). Das Erscheinen der Leoniden geht auf den Kometen 51P/Tempel-Tuttle zurück, der sich zurzeit nahe seinem Aphel aufhält. In manchen Jahren waren die Leoniden besonders aktiv. Nur alle 33 Jahre kollidiert die Erde mit dem Zentrum der Leoniden-Trümmerwolke. In diesem Jahr ist mit einer eher bescheidenen Aktivität zu rechnen. Die beste Beobachtungszeit sind die Stunden nach Mitternacht.

Auf die **Tauriden**, deren Maximum auf den 11. November fällt, wurde schon im September hingewiesen. Zwischen 20^h und 4^h morgens ist mit etwa fünf bis zehn Meteoren pro Stunde zu rechnen. In den letzten Jahren hat sich gezeigt, dass die **Tauriden** eigentlich in zwei Teilströme zerfallen. Die **N-Tauriden** haben ihr Maximum am 11. November, die **S-Tauriden** sind etwas früher dran, ihr Höhepunkt fällt auf den 4. November.

Die **Alpha-Monocerotiden** sind ein periodisch aktiver Strom. In den Jahren 1925, 1935, 1985 und 1995 konnte jeweils innerhalb einer halben Stunde eine besonders hohe Aktivität mit Fallraten von maximal 500 Sternschnuppen beobachtet werden. Der Verursacherkomet ist noch unbekannt. Die berechneten Bahnen der zuletzt aufgezeichneten Meteore weisen auf ein Objekt mit rund 500 Jahren Umlaufzeit hin. Unter einigen Annahmen wurde ein erneutes Auftreten des Stromes erst für 2019 vorausberechnet. Beobachtungen sind daher sehr erwünscht.

Der Fixsternhimmel

Das Himmels-W hat nun seine höchste Position erreicht und steht zwischen Zenit und Polarstern. Eigentlich macht es jetzt nicht den Eindruck eines großen lateinischen W, es sieht eher wie ein M aus. Die Amerikaner bezeichnen die Kassiopeia daher auch als Himmels-M.

Der Große Wagen kreuzt zwischen Polarstern und Nordpunkt am Horizont den Meridian. Er befindet sich somit in unterer Kulmination. Bei Zirkumpolarsternbildern wie beispielsweise Großer Wagen oder Kassiopeia findet sowohl die obere als auch die untere Kulmination über dem Horizont statt und ist somit beobachtbar.

Weit im Westen ist immer noch das Sommerdreieck zu sehen. Relativ hoch steht Deneb, der Schwanzstern des Schwans. Auch die helle Wega ist gut im Nordwesten zu erkennen, während Atair im Adler nahe dem Westhorizont steht und kaum mehr auszumachen ist.

Hoch im Süden erspäht man die Sternbildergruppe Pegasus, Andromeda, Widder und Perseus. Dies sind die typischen Herbstbilder, die den Abendhimmel zur Standardbeobachtungszeit dominieren.

Fische in Südstellung

Die beiden Fische ziehen gerade durch den Meridian. Sie sind schwer zu beobachten, denn sie sind recht lichtschwach. Dennoch sind die Fische allgemein bekannt, da sie dem Tierkreis angehören. Jetzt ist die Zeit günstig, einmal dieses Sternbild aufzusuchen. Dazu ein Tipp: Man beginne mit der einen Sternengruppe südlich des leicht erkennbaren Pegasusquadrats, die eine kleine Ellipse bildet. Von dort lasse man den Blick nach Osten schweifen und wieder hoch zur Andromedasternenkette. Zwischen dem Sternbild Dreieck und dem Pegasusquadrat findet sich die zweite Fischellipse, die allerdings nicht so ausgeprägt ist.

Den Südwestquadrant beherrscht der Wassermann. Auch er gehört wie die Fische zu den lichtschwachen Tierkreisbildern. Tief im Südwesten kann man noch Fomalhaut im Südlichen Fisch aufblitzen sehen.

Der Südostquadrant ist auch nicht sehr eindrucksvoll. Der Walfisch (lat.: Cetus) und der Fluss Eridanus füllen ihn aus. Dafür wird es im Osten lebendig, die Wintersternbilder drängen auf die Himmelsbühne: Fuhrmann, Stier, Orion und Zwillinge sorgen für helle Sterne am Osthimmel. Vom Wintersechseck fehlen nur noch Sirius im Großen Hund und Prokyon im Kleinen Hund. Wenige Wochen trennen uns von der Wintersonnenwende.

Veränderliche Sterne im November

Algol-Minima	6. 5^h11^m	9. 2^h00^m	11. 22^h49^m	14. 19^h38^m	26. 6^h54^m	29. 3^h44^m
β-Lyrae-Minima	7. 10^hH	13. 21^hN	20. 8^hH	26. 20^hN		
δ-Cepheï-Maxima	3. 22^h	9. 7^h	14. 16^h	20. 1^h	25. 9^h	30. 18^h
Mira-Helligkeit	1. 10^m	10. 10^m	20. 10^m	30. 10^m		

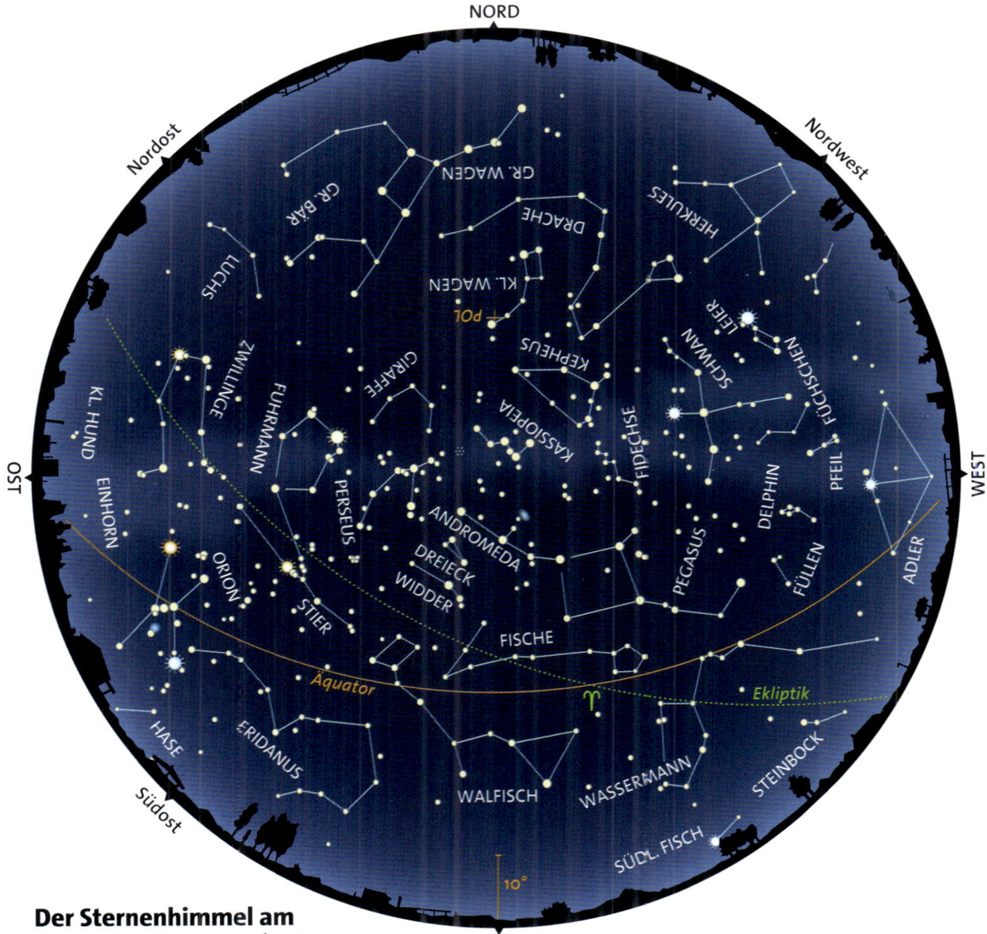

Der Sternenhimmel am 15. November um 22h MEZ

Die Sternkarte ist auch gültig für:		
	MEZ	MESZ
1. 9.	3^h	4^h
15. 9.	2	3
1.10.	1	2
15.10.	0	1
1.11.	**23**	
15.11.	**22**	
30.11.	**21**	
15.12.	20	
31.12.	19	
15. 1.	18	

Objekte für Feldstecher und Fernrohr

Zu den prominenten Standardobjekten am herbstlichen Abendhimmel zählt die berühmte Andromedagalaxie (M 31), unsere Nachbarmilchstraße in knapp drei Millionen Lichtjahren Entfernung. Auch die beiden offenen Sternhaufen h und χ im Perseus sind den meisten Sternfreundinnen und Sternfreunden wohl bekannt. Sie sind schon im Fernglas prächtige Objekte, erst recht im Teleskop bei niedriger Vergrößerung und weitem Gesichtsfeld. Manchmal wird der Anblick dieser Sterngesellschaften als glitzernde Edelsteine aller Farben auf samtschwarzem Untergrund beschrieben. h Perseï ist

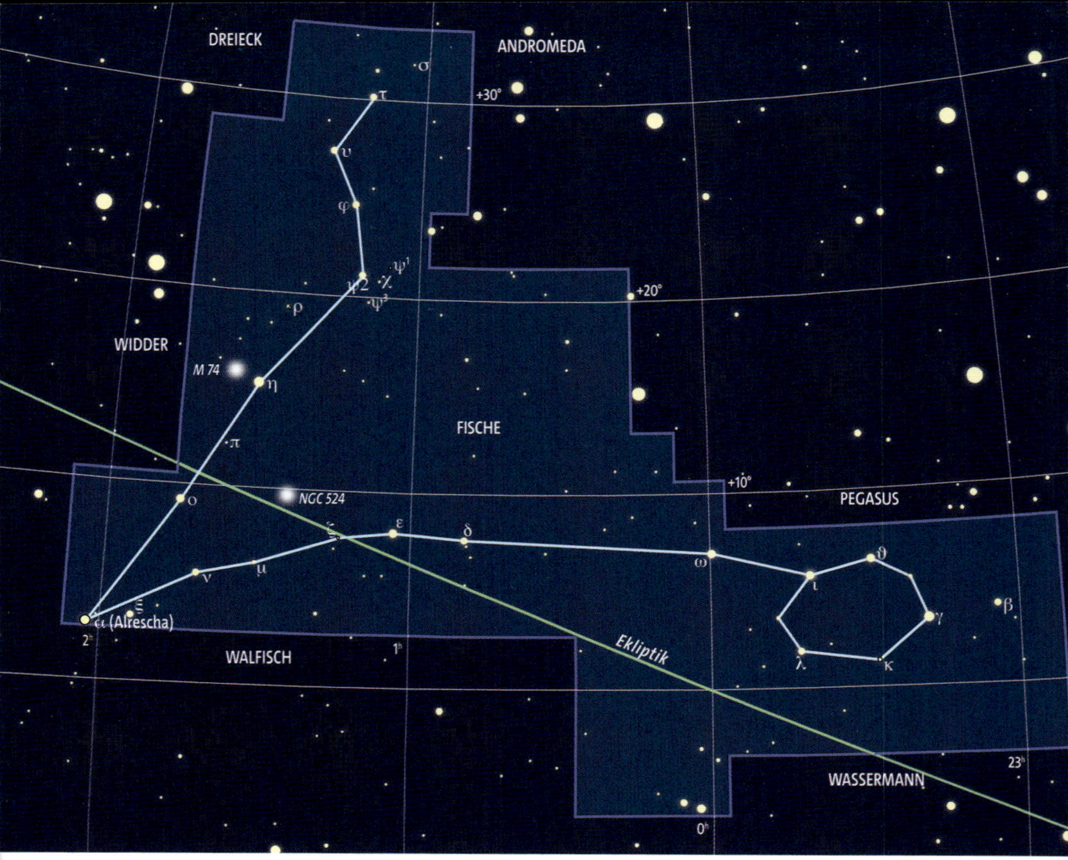

11.5 Die Fische:
Das Sternbild Fische (lat.: Pisces).

7000 Lichtjahre und χ Perseï 8100 Lichtjahre weit weg.

Als Paradedoppelsterne sind Alamak (β Andromedae) und Mesarthim (γ Arietis) zu nennen. Alamak zeigt einen Farbkontrast: Ein gelber, $2^{m}2$ heller Stern besitzt in 9″6 Distanz einen bläulichen, $4^{m}9$ hellen Begleiter, der wiederum in nur 0″4 Abstand einen 6^{m} hellen Nachbarn besitzt. Die Entfernung von Alamak beträgt 350 Lichtjahre.

Mesarthim setzt sich aus zwei weißen, fast gleich hellen Sonnen zusammen. Die beiden Komponenten von $4^{m}6$ und $4^{m}7$ zeigen eine Separation von 7″5, was ein Dreizöller leicht trennt. Mit 200 Lichtjahren Entfernung ist Mesarthim etwas näher als Alamak.

Drei schöne, offene Sternhaufen befinden sich im Fuhrmann (lat.: Auriga), nämlich M 36, M 37 und M 38. Sie sind gut in einem Fernglas auszumachen. Relativ sternarm zeigt sich M 36. M 37 erscheint im Feldstecher eher als größerer Nebelfleck. Erst im Teleskop löst sich dieser Lichtfleck in zahlreiche Einzelsterne auf. M 38 ist zwar der lichtschwächste dieser drei Haufen, ist jedoch ohne weiteres im Fernglas zu erkennen. Im Fernrohr zeigt sich der Sternenreichtum von M 38. Alle drei Sternhaufen liegen in Entfernungen von 3600 bis 3800 Lichtjahren.

Der Fuhrmann beherbergt auch den Doppelstern ω Aurigae, der schon in kleineren Fernrohren leicht zu trennen ist, nicht aber im Fernglas. Zwei $4^{m}9$ und $7^{m}8$ helle Sterne stehen in 4″9 Abstand voneinander. Beide erscheinen weiß, die schwächere Komponente leicht gelblich (Spektralklasse A0 und F0). ω Aurigae ist 160 Lichtjahre von uns entfernt.

Noch leichter zu trennen ist 14 Aurigae. Die beiden Komponenten dieser Doppelsonne sind

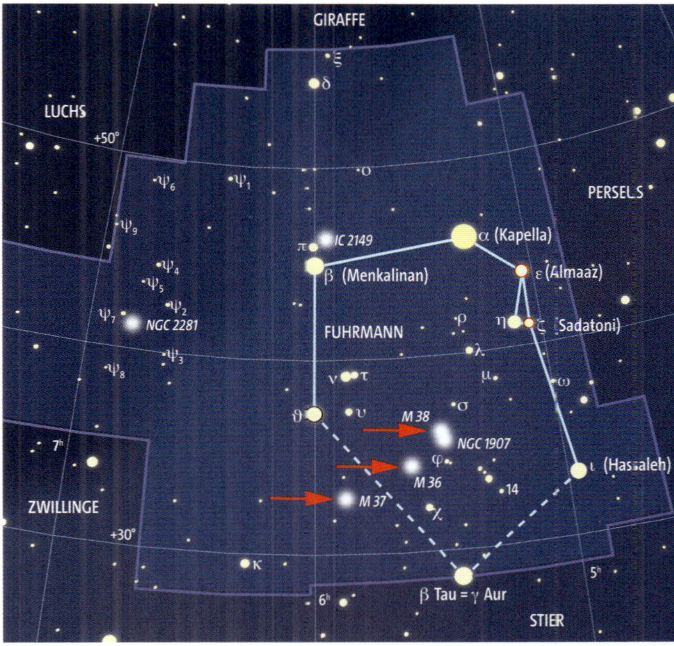

11.6 Der Fuhrmann:
Das Sternbild Fuhrmann mit den drei offenen Sternhaufen M 36, M 37 und M 38.

5^{m},0 und 7^{m},5 hell und stehen in einer Distanz von 14″,3 zueinander. Der hellere Stern gehört zum Spektraltyp A9, der schwächere ist ein F-Stern.

Tief im Süden zeigt sich eine mächtige Galaxie, NGC 253 gemäß Katalogbezeichnung. Sie liegt im Sternbild Bildhauer (lat.: Sculptor) an der Nordgrenze zum Walfisch (lat.: Cetus). Man stößt auf die Sculptor-Milchstraße, wenn man von β Ceti ausgehend sein Fernglas oder Teleskop gut 7° südlich schwenkt. Man blickt auf die Kante der Sculptor-Galaxie, weshalb sie länglich erscheint. NGC 253 ist rund zehn Millionen Lichtjahre von uns entfernt.

Kembles Kaskade

Ein schönes Beobachtungsziel ist eine Sternenkette im Sternbild Giraffe (lat.: Camelopardalis). Man nennt sie auch Kembles Kaskade nach dem Franziskanermönch Lucian Josef Kemble (1922–1999), einem begeisterten Amateurastronomen aus Alberta (Kanada). Zwei Dutzend Sterne von 5^{m} bis 10^{m} Helligkeit verlaufen als Kette von etwa

11.7 Kembles Kaskade:
Die Sternenkette Kembles Kaskade und der Sternhaufen NGC 1502 im Sternbild Giraffe (Aufnahme Martin Gertz/Sternwarte Welzheim).

11.8 Die Giraffe:
Das Sternbild Giraffe (lat.: Camelopardalis) mit der Position von Kembles Kaskade und dem offenen Sternhaufen NGC 1502.

2°,5 Länge, dies sind fünf Vollmondbreiten, in leichter Wellenlinie von Nordwest nach Südost.

Kemble fiel dieser Asterismus auf, als er mit einem 7 × 35-Fernglas die Gegend um den Himmelsnordpol durchmusterte. Das Sternbild Giraffe liegt nahe beim Nordpol und ist somit zirkumpolar. Unter einem Asterismus versteht man eine auffällige Sternenanordnung, der man einen Namen gegeben hat, die aber keines der 88 offiziellen Sternbilder und kein physisch zusammengehöriges Objekt ist. Bestes Beispiel für einen Asterismus ist der Große Wagen. Er ist kein Sternbild, denn diese Sternfigur ist Teil des Großen Bären (Ursa Maior).

Kemble teilte seine Beobachtung Walter Scott Houston mit, der sie in der Fachzeitschrift *Sky & Telescope* in der Rubrik „Deep-Sky Wonders“ publizierte und diese Sternenfigur „Kemble's Cascade“ taufte (siehe Abb. 11.7 auf Seite 237).

Am südöstlichen Ende von Kembles Kaskade stößt man auf den relativ kompakten offenen Sternhaufen NGC 1502 (Trümpler-Klassifikation I3m, siehe auch Monatsthema November rechts). NGC 1502 weist einen scheinbaren Durchmesser von 8′ auf. Mit $6^{m},9$ Helligkeit ist er im Fernglas gut erkennbar. Im Teleskop sieht er prächtig aus, wenn er in einzelne Lichtpunkte aufgelöst wird. Fast im Zentrum stehen zwei relativ helle Sterne in 18″ Distanz voneinander – ein optisches Paar.

NGC 1502 ist ein junger Sternhaufen von nur zehn Millionen Jahren. Seine Entfernung wurde zu gut 3300 Lichtjahren bestimmt. Für Nutzer von Go-To-Montierungen seien die Koordinaten genannt: $\alpha = 4^{h}07^{m},6$ und $\delta = +62°22'$ (J2000.0).

Robert Julius Trümpler und seine Klassifikation

11.9 Der offene Sternhaufen Plejaden (M 45) im Sternbild Stier. Klassifikation I 3 r.

Wer sich am Sternenhimmel umsieht, dem fällt auf, dass manche Sterne in Gruppen beieinanderstehen. Auffälligste Beispiele sind zwei Sternenansammlungen im Sternbild Stier, die schon mit bloßen Augen leicht zu erkennen sind. Man nennt sie Hyaden und Plejaden, gelegentlich auch Regen- und Siebengestirn. Dem Sternfreund und der Sternfreundin sind diese beiden Anhäufungen von Sternen wohl vertraut. Im Sternbild Krebs findet sich ebenfalls ein scheinbar dicht gedrängtes Grüppchen von Sternen, Krippe oder Praesepe genannt. Im Fernglas wimmelt es dort nur so von Sternen, während man freiäugig nur den Eindruck eines schwachen Lichtfleckchens hat. Eine wahre Pracht bieten die beiden benachbarten Sternengruppen h und χ im Sternbild Perseus, wenn man sie im Gesichtsfeld eines Teleskops erblickt. Im Fachjargon der Astronomen heißen solche Sternansammlungen „offene Sternhaufen". „Offen" bezieht sich auf die Tatsache, dass man die Sterne in einem solchen Haufen einzeln erkennt und abzählen kann. Im Gegensatz dazu erscheinen die kugelförmigen Sternhaufen als kreisrunde Lichtfleckchen, wobei die Sterne so zahlreich sind und so dicht gedrängt stehen, dass man sie nicht als einzelne Lichtpunkte erkennen kann. Offene Sternhaufen haben einige Dutzend bis Hunderte

11.10 Die Sternhaufen h und χ im Sternbild Perseus. Beide wurden als I 3 r klassifiziert. Aufnahme: Martin Gertz/Sternwarte Welzheim.

Mitgliedssterne, während die Kugelhaufen Hunderttausende bis Millionen Sonnen besitzen, die zu den ältesten Sternen zählen. Die Mitglieder eines offenen Sternhaufens sind in der Regel recht junge Sterne. Die offenen Sternhaufen findet man stets nahe der Milchstraßenhauptebene, während die Kugelhaufen in einem sphärischen Halo um die Milchstraße angeordnet sind.

Für die astrophysikalische Forschung sind offene Sternhaufen recht interessant, haben doch ihre Sterne eine gemeinsame Entstehungsgeschichte. Auch sind alle Sterne gleich weit entfernt. Somit sind die scheinbar hellsten Sterne auch diejenigen mit der größten Leuchtkraft in einem Haufen, während die lichtschwachen Sterne auch tatsächlich eine geringere wahre oder absolute Helligkeit besitzen. Auch zeigen die Haufensterne eine gemeinsame Wanderung durch den interstellaren Raum.

Für Sternbegeisterte bieten offene Sternhaufen einfach einen Genuss, sie mit mehr oder minder starker Optik zu beobachten. Insbesondere im Fernglas beeindrucken bei großem Gesichtsfeld die Plejaden ungemein. Einem Besucher auf einer Sternwarte, dem man die beiden Sternhaufen h und χ Perseï im Teleskop zeigte, entlockte man damit den Ausspruch: „Sieht aus wie funkelnde Edelsteine auf mattschwarzem Samt."

Doch nicht alle offenen Sternhaufen erscheinen so prächtig. Bei manchem Haufen sind die Sterne weit verstreut, so dass man vor lauter Vorder- und Hintergrundsternen den Haufen als solchen gar nicht erkennt.

Der Nestor der Sternhaufen

Im Jahre 1930 hat Julius Robert Trümpler 334 offene Sternhaufen nach drei Gesichtspunkten entsprechend ihrem Aussehen klassifiziert, nämlich nach der Zahl der Mitglieder, nach der Helligkeit der Sterne und nach ihrer Konzentration.

Trümpler wurde am 2. Oktober 1886 in Zürich als drittes Kind einer Familie mit zehn Kindern geboren. Sein Vater Wilhelm Ernst war ein wohlhabender Geschäftsmann und Fabrikant. Nach Ablegen der Matura als Klassenbester begann Julius Robert auf Wunsch seines Vaters eine Banklehre. Das Kaufmännische lag ihm jedoch nicht so sehr. Und so begann Trümpler 1906 ein Studium der Astronomie an der Eidgenössisch-Technischen Hochschule (ETH) in Zürich. 1908 wechselte er an die Universität Göttingen, wo er bereits 1910 mit summa cum laude zum Dr. phil. promovierte. Nach seiner Promotion ging er nach Zürich zurück und fand eine Anstellung bei der Schweizer Geodätischen Kommission. Im Jahre 1913 nahm er an der Tagung der Astronomischen Gesellschaft in Hamburg teil, wo er mit Frank Schlesinger, Direktor des Allegheny-Observatoriums in Pittsburgh (Pennsylvania, USA) zusammentraf. Schlesinger lud Trümpler ein, als sein Assistent an das Allegheny-Observatorium zu kommen, wo man gerade mit der Untersuchung der Bewegung der Plejaden beschäftigt war. Doch daraus wurde zunächst nichts. Denn 1914 brach der Erste Weltkrieg aus und Trümpler wurde zum Schweizer Militär eingezogen. Schlesinger schrieb ihm, er könne sein Angebot nicht beliebig lange aufrechterhalten. Trümpler zeigte dieses Schreiben seinen militärischen Vorgesetzten, worauf man ihn ziehen ließ. Im Mai 1915 traf Schlesinger in Pittsburgh ein und begann unmittelbar mit Untersuchungen an offenen Sternhaufen. 1918 wechselte Trümpler an das Lick-Observatorium auf dem Mt. Hamilton bei San José in Kalifornien, wo er seine Arbeiten fortsetzte. Dabei fiel im auf, dass mit zunehmender

11.11 Der Wildentensternhaufen (M 11) im Sternbild Schild. Klassifikation: I 2 r. Aufnahme: Mark Emmerich, Sven Melchert.

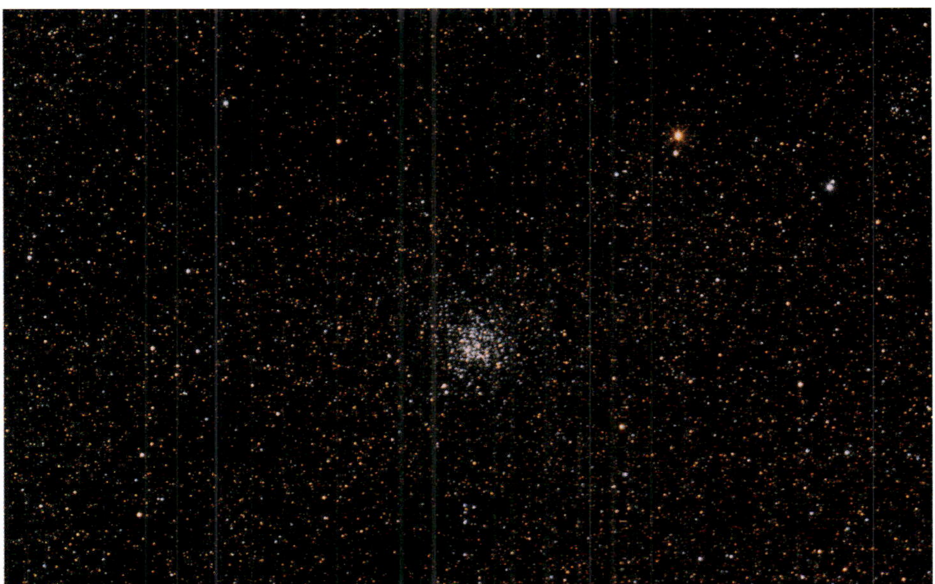

11.12 Der Mondkrater Trümpler in einer Aufnahme des Lunar Orbiter (NASA).

Entfernung die offenen Sternhaufen immer größer werden. Dies ist jedoch physikalisch nicht zu verstehen. Denn im Mittel sollten alle Sternhaufen ähnlich groß sein. Es macht keinen Sinn, anzunehmen, dass Größe und Entfernung eines Sternhaufens korreliert sind. Hinzu kam, dass die Sterne umso röter erschienen, je weiter der Haufen weg ist. Trümpler vermutete richtig, dass die bisher angenommene Vorstellung, der interstellare Raum sei ein völliges Vakuum, nicht zutrifft. Vielmehr existiert eine Staubkomponente, die das Sternenlicht schwächt, und zwar durch Streuung frequenzabhängig. Kurzwelliges (blaues) Licht wird stärker gestreut als langwelliges (rotes). Trümpler bestimmte den Absorptionsgrad zu 0^{m},67 pro Kiloparsec (= 3260 Lichtjahre). Damit war klar: Die Sternhaufen werden nicht mit zunehmender Entfernung immer größer, sondern sie sind näher als angenommen. Ihr Licht ist nicht nur wegen der größeren Distanz schwächer, sondern auch wegen der interstellaren Absorption.

Methode zur Entfernungsbestimmung

Für bereits astronomisch vorinformierte Leserinnen und Leser sei angemerkt: Bei den vergleichsweise großen Distanzen der Sternhaufen konnten im vorigen Jahrhundert keine trigonometrischen Parallaxen gemessen werden (siehe auch Monatsthema März „Die Vermessung des Kosmos" auf Seite 88). Trümpler und seine Kollegen bestimmten die Distanzen der Sternhaufen, indem sie das **F**arben-**H**elligkeits-**D**iagramm (FHD) in ein Standard-**H**ertzsprung-**R**ussell-**D**iagramm (HRD) so einpassten, dass die Hauptreihen dieser Diagramme zur Deckung kommen. Im FHD sind in der Ordinate die scheinbaren Helligkeiten (m) aufgetragen, in der Ordinate des HRD jedoch die absoluten Helligkeiten (M). Aus der Differenz scheinbare minus absolute Helligkeit ergibt sich der Entfernungsmodul (m–M), der direkt ein Maß für die Distanz des Sternhaufens darstellt (Methode ZAMSF – **Z**ero-**A**ge-**M**ain-**S**equence-**F**itting). Werden jedoch im FHD eines Sternhaufens die scheinbaren Helligkeiten nicht um den interstellaren Absorptionskoeffizient korrigiert, so erhält man eine zu große Entfernung für den Sternhaufen.

Trümpler widmete sich außer den Sternhaufenuntersuchungen noch weiteren Beobachtungsprogrammen. So beobachtete er ausführlich visuell und fotografisch die günstigen Marsoppositionen von 1922 und 1924 sowie die Eros-Opposition von 1931, um die Sonnenparallaxe abzuleiten, aus der sich die Länge der Astronomischen Einheit (mittlere Entfernung Erde–Sonne) ergibt.

Ferner beobachtete er gemeinsam mit William Wallace Campbell, Direktor des Lick-Observatoriums, die totale Sonnenfinsternis vom 21. September 1922 in Australien und bestimmte die von Albert Einstein in der Allgemeinen Relativitätstheorie prognostizierte Lichtablenkung durch die Masse der Sonne zu 1″,75 ±0″,09 (theoretischer Wert: 1″,745) und damit genauer als die davor gewonnenen Ergebnisse (wie die bei der von Arthur Stanley Eddington bei der totalen Sonnenfinsternis vom 29. Mai 1919 gemessenen Werte).

Bereits 1921 erhielt Trümpler die US-amerikanische Staatsbürgerschaft. 1932 wurde er zum Mitglied der amerikanischen Akademie der Wissenschaften (National Academy of Science) berufen. 1932 und 1939 wurde er zum Präsidenten der renommierten Astronomical Society of the Pacific gewählt.

Die Trümpler-Klassifikation

Trümplers bedeutendste Publikation erschien 1930 im Bulletin Volume (Band) 14 des Lick-Observatoriums: *Preliminary Results on Distances, Dimensions and Space Distribution of Open Clusters* (Vorläufige Ergebnisse von Entfernungen, Größen und räumlicher Verteilung von offenen Sternhaufen). Sie enthält einen Katalog aller damals bekannten 334 offenen Sternhaufen, von denen Trümpler 37 selbst entdeckt hat. Trümpler hat außerdem erstmals eine Klassifikation der offenen Sternhaufen eingeführt. Sie beurteilt die offenen Sternhaufen nach ihrem äußeren Erscheinungsbild, wobei drei Kriterien maßgebend sind: die Konzentration der Sterne im Haufen, die Zahl der Mitgliedssterne und ihre Helligkeitsverteilung. Insgesamt lassen sich damit alle offenen Sternhaufen in 36 Kategorien klassifizieren.

Nach Trümpler teilt man die Sternhaufen in vier Hauptgruppen ein:

I. Der Haufen zeigt eine starke Konzentration zur Mitte hin und hebt sich deutlich vom Sternenhintergrund ab.
II. Der Haufen zeigt eine etwas schwächere Konzentration, hebt sich aber einwandfrei vom Hintergrund ab.
III. Der Haufen zeigt keine merkliche Verdichtung zum Zentrum hin.
IV. Der Haufen hebt sich kaum vom Hintergrund ab und scheint eine eher zufällige Anhäufung von Sternen zu sein.

11.13 Der offene Sternhaufen M 23 im Sternbild Schütze. Klassifikation: III 1 m. Aufnahme: Bernd Koch, Bildagentur Astrofoto.

Drei Kriterien beziehen sich auf die Helligkeitsverteilung:

1. Alle Sterne des Haufens leuchten mit fast gleicher scheinbarer Helligkeit.
2. Gleichmäßige Verteilung der Helligkeiten über den gesamten Beobachtungsbereich.
3. Einige Sterne im Haufen sind deutlich heller gegenüber vielen schwächeren Sternen.

Schließlich lassen sich die Haufen nach ihrem Sternreichtum in drei Gruppen einteilen:

p (poor – arm): Der Haufen hat weniger als 50 Sterne.
m (moderately – mäßig): Haufen mit 50 bis 100 Mitgliedsternen.
r (rich – reich): Haufen mit mehr als 100 Sternen.

Später hat Trümpler noch drei weitere Merkmale hinzugefügt, die aber selten im Katalog zu finden sind:

E (elongated – länglich): Die Haufensterne sind nicht kreisrund angeordnet, sondern der Haufen erscheint in einer Richtung auseinandergezogen.
U (unsymmetrical – unsymmetrisch): Die Haufensterne sind in verschiedenen Richtungen gestreut.
N (nebulosity – nebelig): Im Haufen sind interstellare, leuchtende Materiewolken eingebettet.

Nach diesen Kriterien hat der bekannteste offene Sternhaufen, die Plejaden (M 45) folgende Klassifizierung: I3rN. Weitere Beispiele sind aus der Tabelle „Trümpler-Klassifikation prominenter offener Sternhaufen“ (siehe unten) ersichtlich.

Außer seiner Beschäftigung mit offenen Sternhaufen widmete sich Trümpler ausführlich der Stellarstatistik. Gemeinsam mit Harald F. Weafer erschien erstmals 1953 sein Buch *Statistical Astronomy*.

Im Jahre 1938 wechselte Trümpler an die University of California in Berkeley, wo er als Professor bis zu seiner Emeritierung 1951 lehrte. Seine letzten Lebensjahre verbrachte er in Rio del Mar (Kalifornien). Nach Jahren angeschlagener Gesundheit verstarb Trümpler nach einigen Tagen Aufenthalt in einer Klinik in Oakland am 10. September 1956. Ihm zu Ehren und zu seinem Andenken vergibt die Astronomical Society of the Pacific jährlich den Trumpler Award (Trümpler-Preis) für eine herausragende astronomische Dissertation (Doktorarbeit). Zur ewigen Erinnerung an Trümpler wurde sowohl auf dem Mond als auch auf dem Mars je ein Krater nach ihm benannt. Der Mondkrater Trümpler liegt auf der Rückseite des Mondes bei 165° östlicher selenografischer Länge und 29° nördlicher selenografischer Breite und hat einen Durchmesser von 77 Kilometer. Im Jahre 1973 wurde ein 78 Kilometer großer Krater auf Mars nach Trümpler benannt.

Trümpler-Klassifikation prominenter offener Sternhaufen

Sternhaufen	Sternbild	Klassifikation
Hyaden	Stier	II3m
Plejaden (M 45, NGC 1432)	Stier	I3r
Krippe (M 44, NGC 2632)	Krebs	II2r
h Per (NGC 869)	Perseus	I3r
χ Per (NGC 884)	Perseus	I3r
Schmetterlingshaufen (M 6, NGC 6405)	Skorpion	II3r
Wildentenhaufen (M 11, NGC 6705)	Schild	I2r
M 23 (NGC 6494)	Schütze	III1m
M 35 (NGC 2168)	Zwillinge	III3r
M 39 (NGC 7092)	Schwan	III2m

Wunderbare
WELT

320 Seiten, €/D 24,99

- Der Atlas für die ganze Familie: mit aktuellen und besonders übersichtlichen Karten
- Extra: Reisekarten für Deutschland, Österreich und die Schweiz

544 Seiten, €/D 49,99

- Regionen und Attraktionen: über 150 Luftbilder und 130 Sehenswürdigkeiten
- Mit exklusiven Luftaufnahmen von Berlin nach dem Mauerfall

kosmos.de

Dezember 2016

- Am 21. geht die Sonne um 11^h44^m durch den tiefsten Punkt ihrer Jahresbahn, die Wintersonnenwende tritt ein.
- Venus wird zum auffälligen Abendstern.
- Mars kann zum Jahresende noch am frühen Abend im Südwesten erspäht werden.
- Jupiter baut seine Morgensichtbarkeit aus.
- Saturn wird am 10. von der Sonne überholt. Er steht am Taghimmel und bleibt nachts unter dem Horizont.

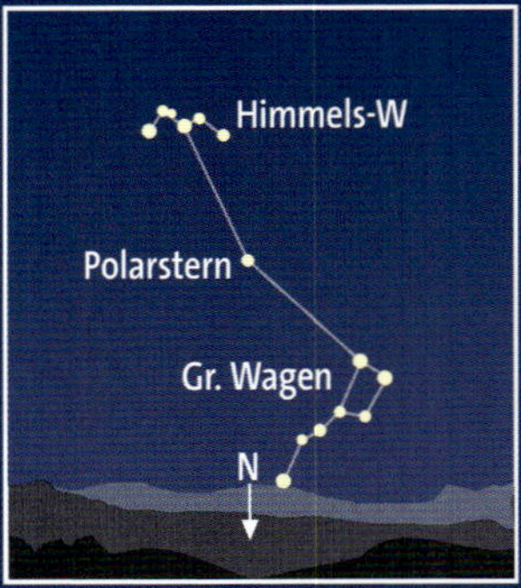

Großer Wagen und Himmels-W Anfang Dezember um 22 Uhr

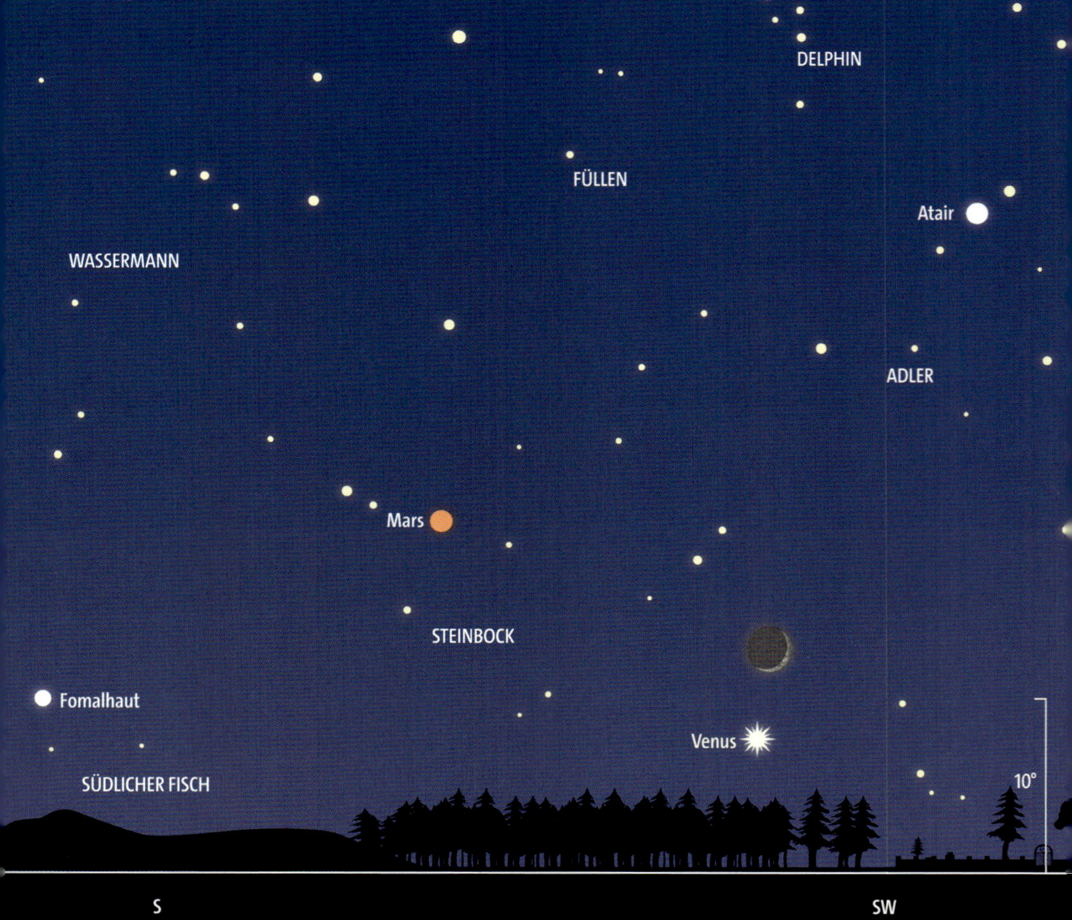

12.1 Himmelsanblick am 3. Dezember gegen 18^h MEZ. Tief am Südwesthorizont stehen Venus und die Sichel des zunehmenden Halbmondes. Etwas höher leuchtet Mars im Steinbock.

1 Do	
2 Fr	
3 Sa	Mond bei Venus (Abendhimmel)
4 So	2. Advent
5 Mo	Mond bei Mars (Abendhimmel)
6 Di	Mond bei Neptun (Abendhimmel)
7 Mi	Mond im ersten Viertel
8 Do	
9 Fr	
10 Sa	
11 So	3. Advent
12 Mo	
13 Di	Mond in Erdnähe
14 Mi	**Vollmond**
15 Do	
16 Fr	

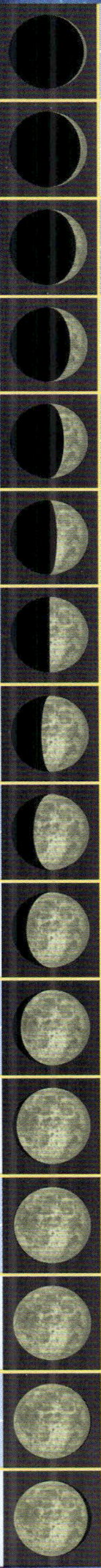

17 Sa	
18 So	4. Advent
19 Mo	
20 Di	
21 Mi	Winterbeginn, Mond im letzten Viertel
22 Do	Mond bei Jupiter (Morgenhimmel)
23 Fr	
24 Sa	Heiliger Abend
25 So	1. Weihnachtstag, Mond in Erdferne
26 Mo	2. Weihnachtstag
27 Di	
28 Mi	
29 Do	**Neumond**
30 Fr	
31 Sa	Silvester

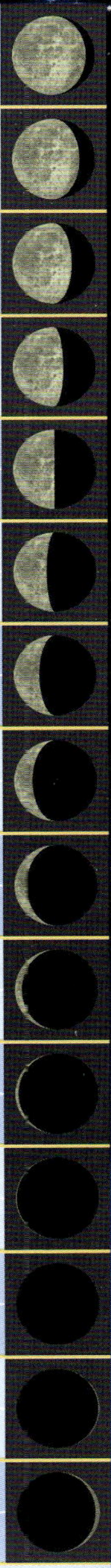

Sonne – Sternbilder

18. 12. 1^h:
Sonne tritt in das Sternbild Schütze
21. 12. 11^h44^m:
Sonne tritt in das Tierkreiszeichen Steinbock
Julianisches Datum am
1. Dezember, 1^h MEZ: 2 457 723,5

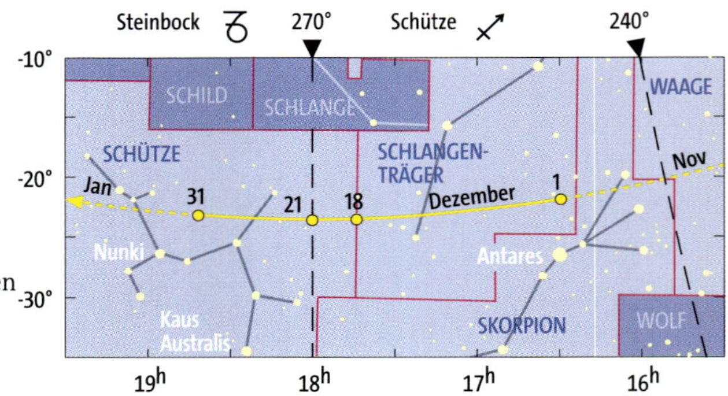

Tabelle Sonnenlauf

Tag	Dämmerg. Anfang	Aufgang MEZ	Kulmination	Untergang MEZ	Dämmerg. Ende	Mittagshöhe	Zeitgleichg.	Rektaszension	Deklination
	h m	h m	h m	h m	h m	o	m	h m	o
1.	6 39	7 57	12 09	16 21	17 39	18,1	+11	16 29	−21,8
5.	6 43	8 02	12 11	16 19	17 38	17,5	+ 9	16 46	−22,4
10.	6 48	8 08	12 13	16 18	17 38	17,0	+ 7	17 08	−22,9
15.	6 52	8 12	12 15	16 18	17 38	16,7	+ 5	17 30	−23,3
20.	6 55	8 16	12 18	16 20	17 40	16,6	+ 2	17 53	−23,4
25.	6 58	8 18	12 20	16 23	17 43	16,6	0	18 15	−23,4
31.	6 59	8 19	12 23	16 28	17 48	17,0	− 3	18 41	−23,1

Tages- und Nachtstunden

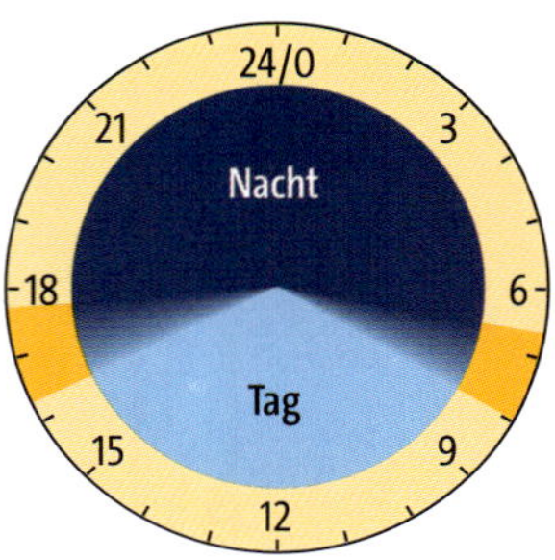

5. Dezember

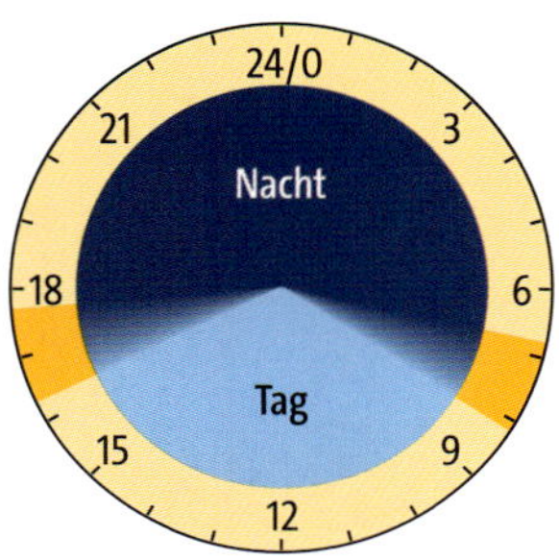

15. Dezember

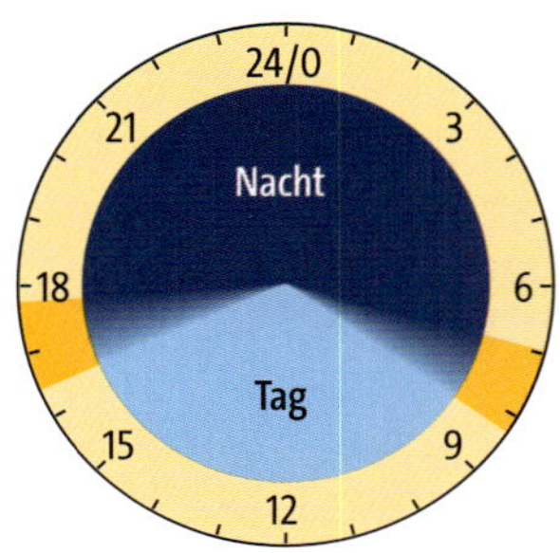

25. Dezember

Tabelle Mondlauf

Datum	Aufg. MEZ	Kulmination	Unterg. MEZ	Rektaszension	Deklination	Sterne und Sternbilder	Phase	MEZ
	h m	h m	h m	h m	°			
Do 1.	9 13	13 45	18 17	17 40	−18,6	Schlangenträger		
Fr 2.	10 01	14 34	19 08	18 31	−18,9	Schütze		
Sa 3.	10 45	15 23	20 05	19 23	−18,3	Schütze		
So 4.	11 23	16 12	21 07	20 14	−16,9	Steinbock		
Mo 5.	11 57	17 01	22 12	21 06	−14,6	Wassermann		
Di 6.	12 28	17 50	23 21	21 57	−11,6	* Steinbock	Absteigender Knoten	
							Libration Ost	
Mi 7.	12 57	18 39	–	22 48	− 7,9	Wassermann	**Erstes Viertel**	**$10^h 03^m$**
Do 8.	13 25	19 29	0 32	23 40	− 3,8	Wassermann		
Fr 9.	13 53	20 21	1 46	0 33	+ 0,7	* Walfisch		
Sa 10.	14 23	21 15	3 02	1 27	+ 5,3	Fische		
So 11.	14 58	22 12	4 20	2 23	+ 9,6	Walfisch		
Mo 12.	15 38	23 12	5 39	3 22	+13,5	* Widder		
Di 13.	16 25	–	6 56	4 24	+16,5	* Stier, Hyaden	Erdnähe 358/33,′3	0^h
							Größte Südbreite	
Mi 14.	17 21	0 14	8 07	5 27	+18,4	Stier	**Vollmond**	**$1^h 06^m$**
Do 15.	18 24	1 15	9 09	6 30	+19,0	Alhena		
Fr 16.	19 32	2 16	10 01	7 32	+18,2	Zwillinge		
Sa 17.	20 43	3 13	10 44	8 31	+16,3	Krebs, Krippe		
So 18.	21 52	4 06	11 19	9 27	+13,5	Löwe	Libration West	
Mo 19.	23 00	4 56	11 49	10 20	+10,2	Löwe, Regulus	Aufsteigender Knoten	
Di 20.	–	5 43	12 16	11 10	+ 6,4	Löwe		
Mi 21.	0 05	6 28	12 40	11 57	+ 2,4	Jungfrau	**Letztes Viertel**	**$2^h 56^m$**
Do 22.	1 09	7 11	13 04	12 43	− 1,5	Jungfrau		
Fr 23.	2 12	7 54	13 28	13 29	− 5,3	Spica		
Sa 24.	3 13	8 37	13 53	14 15	− 8,9	Jungfrau		
So 25.	4 14	9 21	14 21	15 01	−12,1	Waage	Erdferne 406/29,′4	7^h
Mo 26.	5 14	10 06	14 53	15 48	−14,8	Waage	Größte Nordbreite	
Di 27.	6 12	10 53	15 30	16 37	−17,0	Schlangenträger		
Mi 28.	7 07	11 41	16 13	17 27	−18,4	Schlangenträger		
Do 29.	7 59	12 30	17 03	18 18	−19,0	Schütze	**Neumond Nr. 1163**	**$7^h 53^m$**
Fr 30.	8 45	13 20	17 58	19 10	−18,7	Schütze, Nunki		
Sa 31.	9 25	14 10	18 59	20 02	−17,5	Schütze		

Der Mond bedeckt am 13. Aldebaran (siehe Seite 288)

Merkur kommt am 11. mit 20°46′ Winkelabstand in größte östliche Elongation. Unter sehr guten Sichtbedingungen können Beobachter südlich von 49° nördlicher Breite Merkur für etwa eine Viertelstunde in der Abenddämmerung erspähen. Am 11. geht der $-0\overset{m}{,}5$ helle Planet auf 48° Nord um 17^h44^m unter. Bis zum 16. verspäten sich die Merkuruntergänge lediglich um vier Minuten, die Merkurhelligkeit sinkt merkbar auf $-0\overset{m}{,}3$ (siehe Abb. 12.2 und 12.3 unten).

Am 14. tritt die Dichotomie ein, das $7\overset{\prime\prime}{,}3$ große Merkurscheibchen zeigt sich halb beleuchtet. Danach wächst der scheinbare Planetendurchmesser bis zur unteren Konjunktion auf $10\overset{\prime\prime}{,}0$ an, wobei Merkur eine immer dünner werdende Sichel erkennen lässt bis zur Phase Neumerkur, wenn er uns seine unbeleuchtete, also die Nachtseite zukehrt.

Am 19. wird Merkur stationär und eilt anschließend auf die Sonne zu, mit der er am 28. zusammentrifft. An diesem Tag erreicht er seine untere Konjunktion. Zur unteren Konjunktion hat Merkur eine Minimalentfernung von der Erde mit

12.2 Merkur am Abendhimmel:
Stellung von Merkur über dem Südwesthorizont zu den angegebenen Daten jeweils eine Stunde nach Sonnenuntergang. Die Pfeile geben die Bewegungen von Merkur und Sonne während der letzten halben Stunde an.

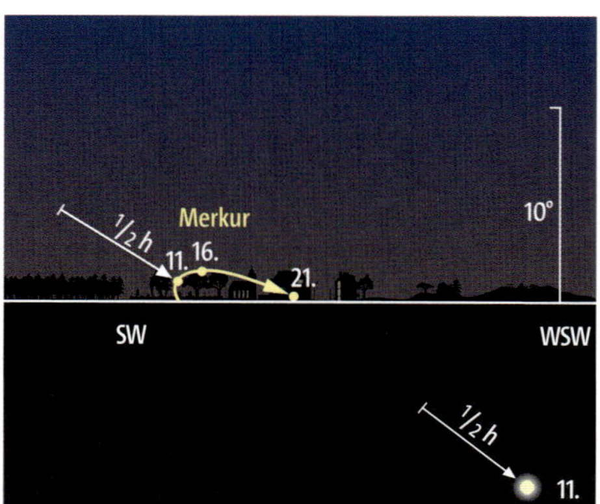

12.3 Sichtbarkeitsdiagramm für Merkur:
Es gilt genau für 50° nördlicher Breite und 10° östlicher Länge. Das Kreuz bedeutet: günstigste Sichtbarkeit.

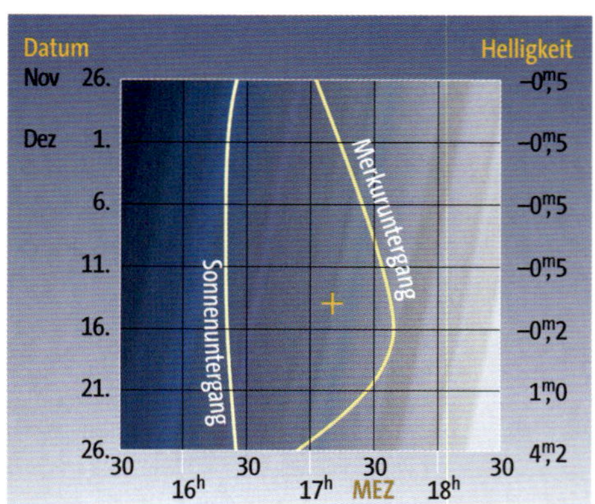

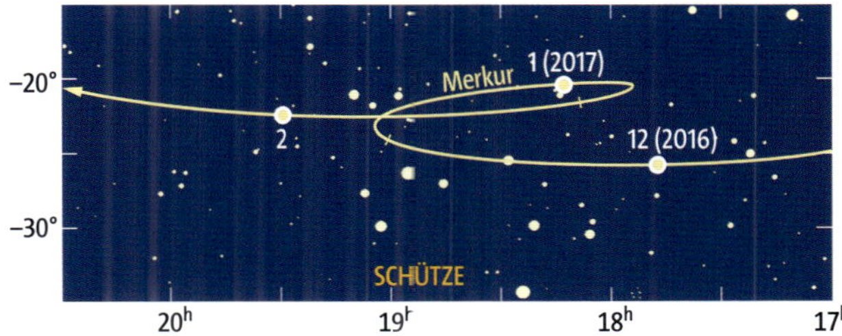

12.4 Bahn von Merkur: Konjunktionsschleife von Merkur im Sternbild Schütze. Die Zahlen geben die Merkurposition zum jeweiligen Monatsersten an (12 = 1. Dezemer).

0,675 AE (= 101 Millionen Kilometer). Durch sein Perihel rast Merkur am 25., wobei ihn 0,307 AE (= 46,00 Millionen Kilometer) von der Sonne trennen. Seine Konjunktionsschleife zieht Merkur im Sternbild Schütze (siehe Abb. 12.4 oben).

Venus wird zum auffälligen Abendstern und übertrifft bei weitem den ebenfalls noch am Abendhimmel vertretenen Mars an Helligkeit. Zu Venus gesellt sich am 3. die Sichel des zunehmenden Mondes. Mit Mars zusammen ergibt sich gegen 18^{h} ein netter Himmelsanblick über dem Südwesthorizont (siehe Abb. 12.1 auf Seite 246). Bis Jahresende steigt die Venushelligkeit auf $-4^{m}\!,4$ an, der Beleuchtungsgrad geht auf 57 % zurück. Im Fernrohr erscheint die knapp 22″ große Venus halb beleuchtet, obwohl die Dichotomie noch nicht ganz erreicht ist.

Venus verlässt am 7. das Sternbild Schütze und wandert durch den Steinbock. Zu Silvester wechselt sie dann in den Wassermann. Am 1. geht Venus um $19^{h}15^{m}$ unter, am 15. um $19^{h}52^{m}$ und am letzten Tag des Jahres erst um $20^{h}33^{m}$. Damit ist sie über vier Stunden am Abendhimmel vertreten. Ihre Stellung über dem Südwesthorizont jeweils eine Stunde nach Sonnenuntergang ist aus Abb. 11.2 auf Seite 230 zu ersehen.

Mars kann zum Jahresende noch am frühen Abend knapp über dem Westhorizont erspäht werden. Er wandert durch den Steinbock und passiert Deneb Algedi (δ Capricorni; $2^{m}\!,8$ bis $3^{m}\!,1$) am 10. in $1^{\circ}\!,9$ nördlichem Abstand. Zur Monatsmitte wechselt Mars in das Sternbild Wassermann (siehe Abb. 5.3 auf Seite 119). Dabei läuft er zielstrebig auf den Himmelsäquator zu. Durch seine Wanderung nach Norden gewinnt Mars höhere Deklinationen, was seine Tagbögen vergrößert.

Dadurch verspäten sich sogar seine Untergänge ein wenig von $21^{h}32^{m}$ zu Monatsbeginn auf $21^{h}43^{m}$ zu Silvester.

Die Helligkeit geht abermals um $0^{m}\!,3$ zurück und beträgt zu Jahresende nur noch $0^{m}\!,9$. Damit

Konstellationen und Ereignisse

Datum	MEZ	Ereignis
1.	5^{h}	Mond bei Merkur, Mond $7^{\circ}\!,1$ nördlich
3.	14	**Mond bei Venus**, Mond $5^{\circ}\!,8$ nördlich, **Abstand $5^{\circ}\!,2$ um 16^{h}**
5.	12	**Mond bei Mars**, Mond $2^{\circ}\!,9$ nördlich, **Abstand $3^{\circ}\!,8$ um 17^{h}**
6.	23	**Mond bei Neptun**, Mond $0^{\circ}\!,7$ nördlich (Bedeckung), **Abstand $1^{\circ}\!,6$ um 21^{h}** (Teleskop!)
9.	21	Mond bei Uranus, Mond $3^{\circ}\!,0$ südlich
10.	13	Saturn in Konjunktion mit der Sonne
11.	6	*Merkur in größter östlicher Elongation (21°)*
19.	8	Merkur im Stillstand, anschließend rückläufig
21.	$11^{h}44^{m}$	**Sonne im Winterpunkt, Wintersonnenwende**
22.	18	**Mond bei Jupiter**, Mond $2^{\circ}\!,4$ nördlich, **Abstand $4^{\circ}\!,9$ um 3^{h}**
25.	19	Merkur im Perihel
27.	22	Mond bei Saturn, Mond $3^{\circ}\!,6$ nördlich
28.	20	Merkur in unterer Konjunktion mit der Sonne
29.	17	Uranus im Stillstand, anschließend rechtläufig

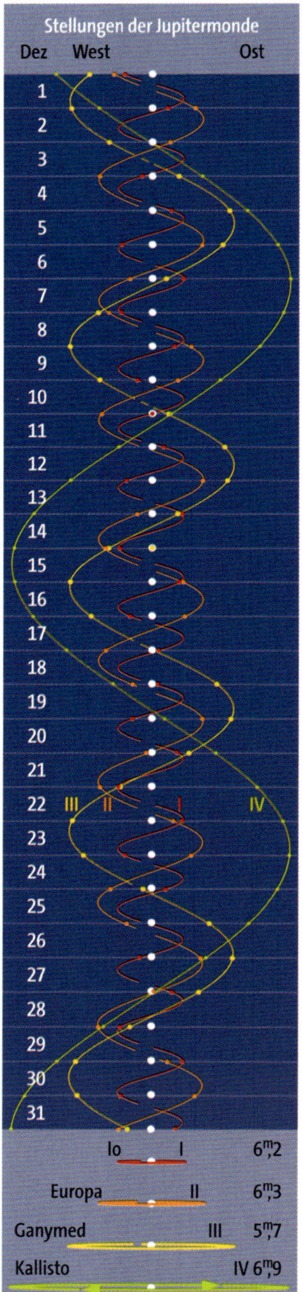

ist seine Glanzzeit für dieses Jahr vorbei. Der scheinbare Marsdurchmesser schrumpft auf 5,″7 bis Ende Dezember. Fernrohrbeobachter werden kaum mehr Details auf dem Planetenscheibchen erkennen. Am 31. Dezember trennen uns 245 Millionen Kilometer (= 1,64 AE) vom roten Planeten.

Jupiter baut seine Morgensichtbarkeit aus. Er wandert rechtläufig durch die Jungfrau und nähert sich Spica, dem hellsten Stern in der Jungfrau (siehe Abb. 3.2 auf Seite 81). Bis Jahresende nimmt seine Helligkeit auf $-1^{m}{,}9$ zu. Am 1. geht Jupiter um $3^{h}05^{m}$ auf, am 15. um $2^{h}22^{m}$ und am 31. bereits um $1^{h}30^{m}$.

Im Teleskop zeigt das ovale Jupiterscheibchen am Jahresende einen scheinbaren Äquatordurchmesser von 35,″5 und einen scheinbaren Poldurchmesser von 33,″6. Der abnehmende Halbmond passiert am 22. den Riesenplaneten. Am 28. erreicht Jupiter mit 1°18′ seine größte heliozentrische Nordbreite.

Saturn im Schlangenträger wird am 10. von der Sonne eingeholt und steht in Konjunktion mit ihr. Der Ringplanet befindet sich somit am Taghimmel und bleibt nachts unsichtbar. Bis Monatsende wächst seine westliche Elongation von der Sonne auf 19° an. Dies reicht noch nicht, um den Ringplaneten am Morgenhimmel sichtbar werden zu lassen.

Zur Konjunktion wird die maximale Erdferne erreicht. Von Sa-

Jupitermonde

Tag	MEZ h m	Vorgang	
1.	4 39	I	VA
2.	4 10	I	SE
	5 08	I	DE
3.	4 34	II	DA
	5 08	II	SE
	7 03	II	DE
7.	4 25	III	DA
	6 57	III	DE
8.	6 32	I	VA
9.	3 50	I	SA
	4 53	I	DA
	6 03	I	SE
	7 05	I	DE
10.	4 16	I	BE
	5 08	II	SA
	7 16	II	DA
	7 40	II	SE
12.	4 49	II	BE
14.	4 07	III	SA
	6 49	III	SE
16.	5 44	I	SA

Tag	MEZ h m	Vorgang	
	6 51	I	DA
17.	2 53	I	VA
	6 12	I	BE
	7 42	II	SA
18.	3 31	I	DE
19.	2 40	II	VA
	7 30	II	BE
23.	7 37	I	SA
24.	4 46	I	VA
25.	2 06	I	SA
	3 02	III	BA
	3 16	I	DA
	4 18	I	SE
	5 27	I	DE
	5 27	III	BE
26.	2 37	I	BE
	5 15	II	VA
28.	1 55	II	DA
	2 03	II	SE
	4 21	II	DE
31.	6 39	I	VA

turn trennen uns dann 1650 Millionen Kilometer (= 11,0 AE). Von der Sonne ist der Ringplanet am 10. Dezember 1502 Millionen Kilometer (= 10,0 AE) entfernt.

Uranus bremst seine ohnehin langsame, rückläufige Wanderung im Sternbild Fische immer mehr ab und kommt kaum vom Fleck. Am 29. wird er nahe ζ Piscium (4^{m},9) stationär und kehrt seine Bewegungsrichtung um. Damit endet auch seine Oppositionsperiode (siehe Abb. 10.7 auf Seite 215).

Aus der zweiten Nachthälfte zieht sich Uranus allmählich zurück. Am 1. geht der sonnenferne Planet um 3^{h}37^{m} unter und am 15. um 2^{h}40^{m}. Am letzten Tag des Jahres erfolgt der Untergang des 5^{m},8 hellen Uranus um 1^{h}37^{m}. Spätestens eine Stunde vor Untergang ist Uranus von der Beobachtungsliste zu streichen. Die günstigste Beobachtungszeit sind jetzt die Abendstunden. Am 1. kulminiert Uranus um 20^{h}54^{m}, am 15. um 19^{h}58^{m} und am 31. bereits um 18^{h}55^{m}.

Neptun, wieder rechtläufig im Wassermann, zieht sich allmählich vom Abendhimmel zurück. Um die Monatsmitte stört das helle Licht des Vollmondes die Beobachtung von Neptun. Am 1. geht Neptun um 18^{h}21^{m} durch den Meridian und um 23^{h}41^{m} unter. Am 31. kulminiert der nur 7^{m},9 helle Planet bereits um 16^{h}24^{m}. Sein Untergang erfolgt am letzten Tag des Jahres um 21^{h}45^{m}. Erst gegen 18^{h} ist es dunkel genug, um nach dem Planeten mit geeigneter Optik Ausschau zu halten. Seine Konjunktion mit der Sonne wird Neptun am 2. März 2017 erreichen.

Planetoiden

Ceres (1) wird am 15. im Sternbild Walfisch stationär und beendet damit ihre Oppositionsperiode, was auch an der von 8^{m},1 auf 8^{m},6 zurückgehenden Helligkeit deutlich wird. Das „stationär" bezieht sich auf ihre Bewegung in Rektaszension. In Deklination strebt sie nach Norden (siehe Abb. 10.7 auf Seite 215). Ihre Kulminationen verfrühen sich von 21^{h}09^{m} am 1. auf 20^{h}12^{m} am 15. und auf 19^{h}12^{m} zu Silvester.

12.5 Mond bei Neptun:
Der zunehmende Halbmond begegnet Neptun am 6. Dezember. Fernglasanblick gegen 21^{h} MEZ bei 5° Gesichtsfelddurchmesser.

Vesta (4) wird am 3. im Sternbild Krebs etwa 2° westlich von M 44 (Praesepe oder Krippe) stationär und wandert anschließend rückläufig durch den Tierkreis (siehe Abb. 12.6 unten). Damit läutet sie ihre Oppositionsperiode ein. Die nahende Opposition macht sich auch an der kräftigen Helligkeitssteigerung von 7^{m},3 auf 6^{m},7 bemerkbar. Damit wird sie zu Jahresende zu einem leichten Fernglas-

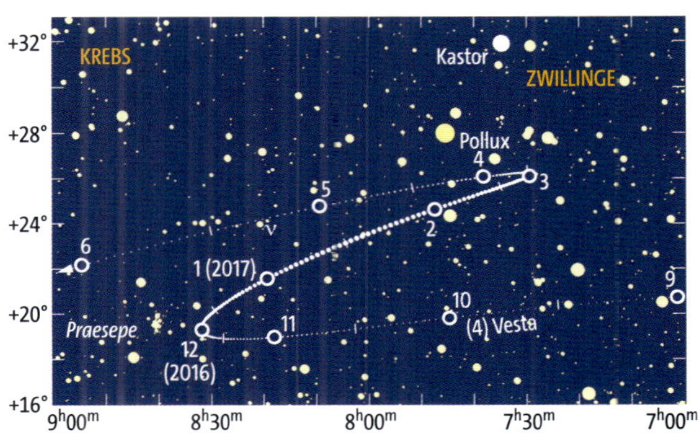

12.6 Bahn von Vesta:
Scheinbare Bahn des Kleinplaneten (4) Vesta im Gebiet der Sternbilder Zwillinge und Krebs von Oktober 2016 bis Juni 2017. Die Zahlen geben die Vestaposition zum jeweiligen Monatsbeginn an (12 = 1. Dezember).

objekt. Am 18. Januar 2017 kommt Vesta in Opposition zur Sonne, wobei sie $6\overset{m}{,}2$ hell wird und somit fast mit bloßen Augen zu sehen ist – auf alle Fälle in jedem Fernglas. Zur Opposition trennen sie dann 227 Millionen Kilometer (= 1,52 AE) von der Erde. Vesta kulminiert am 1. um 4^h11^m, am 15. um 3^h14^m und am letzten Tag des Jahres um 2^h01^m, wobei sie bereits um 18^h02^m aufgeht.

Melpomene (18) beendet am 1. ihre Oppositionsperiode mit ihrem Stillstand in Rektaszension. In Deklination strebt sie im Walfisch nach Norden (siehe Abb. 10.7 auf Seite 215). Ihre Helligkeit geht von $8\overset{m}{,}8$ auf $9\overset{m}{,}6$ zurück. Am 1. passiert sie um 21^h38^m den Meridian, am 15. um 20^h47^m und zu Silvester schon um 19^h55^m.

Periodische Sternschnuppenströme

Vom 6. bis 16. Dezember macht sich der ekliptikale Strom der **Geminiden** bemerkbar. Ihr Ausstrahlungspunkt liegt in den Zwillingen, rund 1° südwestlich von Kastor. Das Maximum ist in der Nacht vom 13. auf den 14. Dezember zu erwarten, wo stündlich bis 120 Meteore, mitunter auch sehr helle Objekte, über den Himmel huschen. Leider stört in diesem Jahr der Vollmond ganz erheblich die Beobachtungen. Die Geschwindigkeiten der Geminiden liegen um 35 Kilometer pro Sekunde. Die günstigste Beobachtungszeit ist zwischen 21^h und 6^h morgens. Ihren Ursprung führen die Geminiden auf den Planetoiden (3200) Phaeton zurück, der ein inaktiver Kometenkern sein dürfte mit einer Umlaufzeit von 1,4 Jahren.

Vom 16. bis 25. Dezember tauchen die **Ursiden** auf, deren Radiant im Sternbild Kleiner Bär zu finden ist. Ihr scharfes Maximum erreichen die Ursiden-Meteore in der Nacht vom 21. auf 22. Dezember gegen Mitternacht. Dabei ist mit rund zehn Meteoren pro Stunde zu rechnen. In den Jahren 2004 und 2007 waren die Raten jedoch deutlich höher. Da der Radiant zirkumpolar ist, können die Ursiden die ganze Nacht beobachtet werden. Der Ursprung der Ursiden wird auf den Kometen 8P/Tuttle zurückgeführt. Die Sternschnuppen haben mittlere Geschwindigkeiten von 35 Kilometer pro Sekunde. In den letzten Jahren wurden rund zehn bis 20, manchmal auch mehr Objekte pro Stunde im Maximum registriert.

Wenig ergiebig ist der Strom mit dem Namen **Coma-Bereniciden**, dessen Radiant im Haar der Berenike liegt und der um die Jahreswende auftritt – etwa von Mitte Dezember bis Mitte Januar. Es handelt sich um sehr schnelle Objekte (um 65 Kilometer pro Sekunde). Das Maximum liegt um den 19. Dezember, wobei lediglich fünf bis zehn Meteore pro Stunde zu erwarten sind.

Der Fixsternhimmel

Die Herbstbilder bereiten nun ihren Abschied vor. Sie sind alle schon in die westliche Himmelshälfte gewechselt. Nur der Perseus steht noch im Meridian, und zwar fast genau im Zenit. Jetzt ist die Gelegenheit günstig, dieses nicht allzu auffällige Sternbild einmal genau zu studieren. Auch der veränderliche Stern Algol im Perseus kann jetzt leicht gefunden werden.

Tief im Nordwesten leuchtet die bei uns fast zirkumpolare Wega. Der Schwan mit Deneb ist ebenfalls noch im Westen zu finden. Der dritte Stern des Sommerdreiecks, Atair, ist schon untergegangen. Das Sommerdreieck hat sich somit aufgelöst. Im Südwesten und im Süden finden sich ausgedehnte, aber lichtschwache Sternbilder. Von Westen her gesehen sind es Wassermann, Fische, Walfisch und Fluss Eridanus. Fomalhaut im Südlichen Fisch ist dagegen bereits untergegangen.

Hoch im Süden hat der Widder mit seinem Hauptstern Hamal (α Arietis) die Mittagslinie passiert. Der Widder gehört zu den Tierkreisbildern. Vor über 2000 Jahren lag der Frühlingspunkt noch im Sternbild Widder.

Die gesamte östliche Himmelshälfte ist nun reich an hellen Sternen. Während im Westen

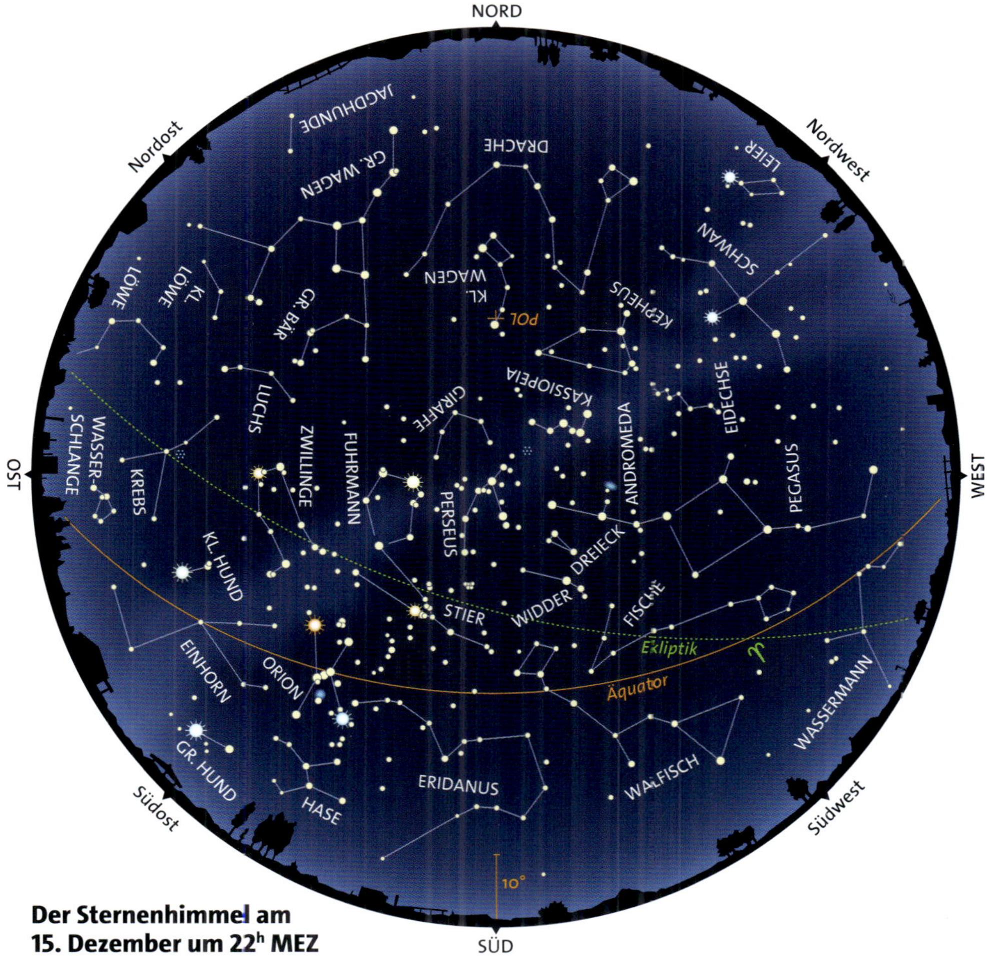

Der Sternenhimmel am 15. Dezember um 22h MEZ

Die Sternkarte ist auch gültig für:		
	MEZ	MESZ
15. 9.	4^h	5^h
1.10.	3	4
15.10.	2	3
1.11.	1	
15.11.	0	
1.12.	**23**	
15.12.	**22**	
31.12.	**21**	
15. 1.	20	
31. 1.	19	

das Pegasusquadrat und die Sternenkette der Andromeda noch als Herbstbilder zu sehen sind, hat am Osthimmel der Aufmarsch der Wintersternbilder begonnen. Das Wintersechseck ist komplett erschienen. Es setzt sich aus den hellsten Sternen der sechs bekanntesten Wintersternbilder zusammen: Hoch im Südosten, fast im Zenit, steht die helle Kapella und bildet die Spitze des Wintersechsecks. Es folgen Aldebaran im Stier, Rigel im Orion, Sirius im Großen und Prokyon im Kleinen Hund sowie Pollux in den Zwillingen.

Der hellste Stern am irdischen Himmel

Obwohl Sirius noch tief im Südosten steht, funkelt er dennoch auffällig in einem bläulich-weißen Licht. Sirius ist nämlich der hellste Fixstern des ganzen Firmaments. Seine scheinbare Helligkeit beträgt −1,5 Größenklassen. Mit knapp neun Lichtjahren Entfernung ist Sirius der nächste der 20 hellsten Fixsterne des irdischen Firmaments, sieht man einmal von Toliman ab, der nur 4,4 Lichtjahre entfernt ist aber von Mitteleuropa wegen seiner südlichen Stellung nicht zu beobachten ist.

Ein wenig westlich vom Orion scheint eine sternleere Gegend zu sein. Hier schlängelt sich der Fluss Eridanus entlang. An unserem durch grelle künstliche Lichter aufgehellten Himmel ist der Fluss Eridanus fast nicht zu erkennen. Nur unter guten Sichtbedingungen an dunklen Orten ohne störende irdische Lichtquellen sieht man die Sterne des Eridanus. Von Mitteleuropa ist auch nur der nördliche Teil des Fluss Eridanus zu sehen, und dieser ist recht unscheinbar. Der Hauptstern Achernar (α Eridani) gehört zwar mit $0\overset{\mathrm{m}}{,}5$ zu den zehn hellsten Sternen des irdischen Firmaments. Mit −57° Deklination steht er aber so weit südlich, dass er in unseren Breiten nie aufgeht und daher bei uns unsichtbar bleibt. Achernar ist mit 143 Lichtjahren von uns relativ weit entfernt.

Der Eridanus ist keine Sagengestalt, also keine Person, sondern ein Fluss. Der Fluss Eridanus entspringt bei Rigel im Orion. Er schlängelt sich zunächst westwärts in Richtung Cetus (Walfisch), windet sich dann in zwei großen Bögen südwärts und verschwindet anschließend in unseren geografischen Breiten unter dem Horizont. Die bei uns sichtbaren Sterne sind dritter und vierter Größe, so dass der Eridanus den Mitteleuropäern nicht besonders auffällt. Die alten Ägypter sahen im Eridanus den Totenfluss, über den die Verstorbenen von einem Fährmann ins Jenseits gebracht wurden.

Die Kassiopeia (Cassiopeia)

Die Kassiopeia gehört zu den bekanntesten Sternbildern überhaupt, es kommt gleich nach dem Großen Wagen, was den Bekanntheitsgrad betrifft. Wie der Große Wagen so ist auch die Kassiopeia in unseren Breiten ein Zirkumpolarsternbild und daher in jeder klaren Nacht des Jahres sichtbar. Fünf Sterne zweiter und dritter Größe bilden ein markantes und einprägsames W, das sofort auffällt. Deshalb spricht man auch vom Himmels-W. Besonders dann, wenn die Figur unter dem Pol steht, hat man den Eindruck eines W, während man in der Stellung über dem Pol eher ein M sieht. Die Amerikaner sprechen daher bevorzugt vom Himmels-M. Die Kassiopeia steht dem Himmelswagen gegenüber, nimmt man den Polarstern als Zentrum. Steht die Kassiopeia hoch über unseren Köpfen, so ist der Große Wagen horizontnah. Das Himmels-W dient auch als Polweiser. Die mittlere Spitze des W deutet in etwa in Richtung Polarstern. Die jeweilige Stellung von Himmels-W und Großem Wagen relativ zum Nordhorizont ersieht man aus einer kleinen Grafik jeweils auf der Startseite jedes Monatskapitels rechts oben.

Viele Völker sahen im Himmels-W eine sitzende Frauengestalt. Die Araber sprachen von Al Dhat al Kursiyy, der Frau auf dem Stuhl. Bei den Griechen hieß es 'Η τοῦ θρόνου „die auf dem Thron", die Römer nannten diese Sternenfigur Mulier Sedis, die sitzende Frau.

Ältere arabische Quellen sehen hier eine Hand (Kaff al Hadib), wobei die helleren Sterne die Fingerspitzen markieren. Auch ein Kamel, das mit untergeschlagenen Beinen am Boden ruht, findet man in der arabischen Vorstellungswelt, ebenso zwei Hunde. Der christliche Sternbilderhimmel ordnet dem Himmels-W wieder eine Frauengestalt zu, nämlich Maria Magdalena. In den meisten Darstellungen findet man die sitzende Frauengestalt mit einem Zweig oder Palmwedel in einer Hand, das Symbol des Siegers oder das christliche Zeichen des Märtyrertums.

Gemäß der klassischen Mythologie gehört die Kassiopeia zur Andromedasage. Während sonst die einzelnen Sternbilder ziemlich zusammenhanglos am Himmel angeordnet sind, findet man die Kassiopeia in einer Gruppe von fünf beieinander stehenden Sternbildern, die einem Sagenkreis angehören: Ke-

12.7 Sternbild Kassiopeia: **Skelettkarte des Sternbildes Kassiopeia mit dem Doppelstern η Cas und den beiden offenen Sternhaufen M 52 und M 103.**

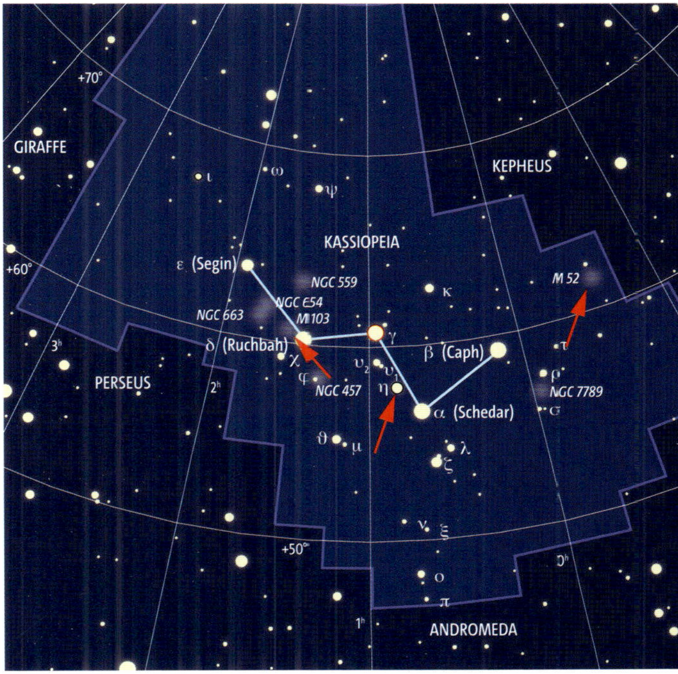

pheus, Kassiopeia, Andromeda, Perseus und Walfisch.

Kassiopeia, die Gemahlin des Königs Kepheus, der einst in Äthiopien herrschte, schenkte ihm eine Tochter, die Andromeda, die zu einem bildhübschen Mädchen heranwuchs. Die eitle Mutter Kassiopeia prahlte nun, ihre Tochter sei hübscher als die Nereïden, die Töchter des Meeresgottes. Tief gekränkt beklagten sich die Nereïden bei Poseidon, dem Meeresgott. Dieser wollte die Schmach seiner Töchter rächen und sandte ein schreckliches Meeresungeheuer, den Cetus (Walfisch), an die Gestade Äthiopiens, das Schiffe, Herden und Menschen in die Tiefen des Okeanos riss. Um sein Land zu retten, sandte König Kepheus in höchster Bedrängnis einen Boten nach Delphi, um das Orakel zu befragen. Die Antwort war niederschmetternd: Andromeda müsse dem Cetus geopfert werden, erst dann könne Äthiopien von der schrecklichen Plage befreit werden. Vom Volke bedrängt, entschloss sich Kepheus schweren Herzens, seine Tochter preiszugeben.

Perseus, der Retter

Andromeda wird an einen Felsen in der Meeresbrandung gekettet, um dem Ungeheuer zum Fraße zu dienen. Schon nähert sich mit brausenden Wogen der Cetus, als in höchster Not Perseus mit seinen geflügelten Schuhen auftaucht. Perseus, vom Anblick der unglücklichen Andromeda entzückt und gerührt zugleich, stürzt aus den Lüften herab und bohrte sein Schwert tief in das Ungeheuer. Mit dem Schwert allein kann Perseus den Cetus jedoch nicht zur Strecke bringen. Schließlich zieht er aus einem Sack das von ihm selbst abgeschlagene Gorgonenhaupt, bei dessen grauenvollem Anblick der Cetus augenblicklich zu Stein erstarrt. Noch heute ist der zu Stein erstarrte Cetus als Fels in der Brandung vor der Küste Äthiopiens zu sehen.

Perseus befreit Andromeda von ihren Fesseln und bringt sie den Eltern Kepheus und Kassiopeia zurück. Perseus erhält zum Dank für seine Heldentat Andromeda zur Frau und das Königreich Äthiopien als Mitgift. Zur ewigen Erinnerung an diesen glücklichen Ausgang werden alle Beteiligten unter die Sterne versetzt.

Eine andere griechische Darstellung, die man bei Aratos findet, zeigt einen Schlüssel. Dieser Lakonische Sternenschlüssel taucht in verschiedenen Quellen auf.

Im frühen China hieß diese Sternenfigur Ko Taou, der Säuleneingang zum Palast. In späteren chinesischen Quellen wird von Wang Liang gesprochen, dem Lenker des Triumphwagens der Tsin-Dynastie (470 v. Chr.).

Die Perser erkannten im Himmels-W ein kniendes Kamel. Im ägyptischen Totenbuch wird dieses Sternbild mit einem Bein identifiziert.

Die Kassiopeia liegt mitten in der Milchstraße, so dass ein reicher Sternenhintergrund zu beobachten ist. Bei den Kelten sah man hier die Wohnstadt des Don, des Königs der Feen und Vater von Gwydyon, dem Erfinder der Schrift, Zauberer und Erzeuger des Regenbogens.

Beobachtungsobjekte in der Kassiopeia

Allgemein werden 35 Sterne angegeben, die in der Kassiopeia mit bloßen Augen zu sehen sind. F. W. Argelander nennt 68 freisichtige Sterne. Der mit $2\overset{m}{,}2$ hellste Stern, α Cas, heißt Schedar, gelegentlich auch Schedir genannt. Die Bezeichnung kommt aus dem Arabischen und bedeutet „die Brust". Schedar ist 240 Lichtjahre entfernt und leuchtet rötlich-gelb (Spektraltyp: K0 III).

β Cassiopeiae wird Caph, seltener Cheph, genannt, was vom Arabischen Al Kaff al Khadib, die gefleckte Hand, abgeleitet ist, eine Bezeichnung, die ursprünglich dem ganzen Sternbild gegolten hat. Ein anderer arabischer Name lautet Al Sanam al Nakah, der Höcker des Kamels. Caph ist $2\overset{m}{,}3$ hell und 55 Lichtjahre entfernt. Er wird auch Kolurstern genannt, da er nahe dem 0^{h}-Stundenkreis (Kolur), steht, der durch den Frühlingspunkt geht. Die Rektaszension von β Cas beträgt $0^{h}09^{m}$. So kann man aus seiner relativen Position im Laufe der Nacht die Sternzeit schnell und bequem abschätzen (siehe Monatsthema November „Was sind Kolursterne?" im *Himmelsjahr 2015*, auf Seite 245).

γ Cassiopeiae ist ein seltsamer, unregelmäßiger Variabler, dessen Helligkeit zwischen $2\overset{m}{,}0$ und $2\overset{m}{,}5$ schwankt, im Maximum ist er auch etwas heller als α Cas. γ Cas ist vom Spektraltyp ein B0 IV-Stern. Die Entfernung wird auf 600 Lichtjahre geschätzt. Bei den Chinesen hieß γ Cas Tsih, die Peitsche (des Wagenlenkers). γ Cas hat in $2\overset{\prime\prime}{,}1$ Distanz einen 11^{m} lichtschwachen Begleiter. Da sich dessen Distanz seit 1888 nicht merklich geändert hat, vermutet man ein optisches Paar (Positionswinkel: 255°).

δ Cas ($2\overset{m}{,}7$) wird Ruchbah genannt, was sich vom Arabischen Rukbat dhat al Kursiy ableitet, was „Knie der Frau auf dem Stuhl" bedeutet. δ Cas ist rund 100 Lichtjahre entfernt. Als interessanter Doppelstern entpuppt sich η Cas. Die $3\overset{m}{,}5$ helle, gelbe (G0) Hauptkomponente hat in $13\overset{\prime\prime}{,}3$ Distanz einen tiefroten (M0), $7\overset{m}{,}4$ hellen Begleiter. Die Umlaufzeit beträgt rund 480 Jahre, die Entfernung nur 19 Lichtjahre. Jeder Dreizöller erlaubt es, η Cas zu trennen.

In der Kassiopeia befindet sich der offene Sternhaufen M 52 (NGC 7654). Im Fernglas erscheint er nebelhaft, im Teleskop wimmelt es in ihm von Sternen. Die Zahl der Mitgliedssterne liegt bei hundert, die in einer Entfernung von 5200 Lichtjahren stehen.

Mit nur 25 Mitgliedssternen viel kleiner ist der offene Haufen M 103 (NGC 581), wobei der hellste mit 7^{m} leuchtet. Die Entfernung liegt bei stolzen 8200 Lichtjahren.

Knapp nordwestlich von κ Cas flammte im Jahre 1572 eine Supernova auf, die kurzfristig etwa Venushelligkeit erreichte und von Tycho Brahe beobachtet und ausführlich beschrieben wurde. Noch heute spricht man von der „Tychonischen Nova" in der Kassiopeia.

Veränderliche Sterne im Dezember

Algol-Minima	2. $0^{h}32^{m}$	4. $21^{h}21^{m}$	7. $18^{h}11^{m}$	22. $2^{h}16^{m}$	24. $23^{h}06^{m}$	27. $19^{h}55^{m}$
β-Lyrae-Minima	3. 7^{h}H	9. 18^{h}N	16. 6^{h}H	22. 17^{h}N	29. 4^{h}H	
δ-Cepheï-Maxima	6. 3^{h}	11. 12^{h}	16. 20^{h}	22. 5^{h}	27. 14^{h}	
Mira-Helligkeit	1. 10^{m}	10. 9^{m}	20. 9^{m}	31. 9^{m}		

Der Schleier der Venus

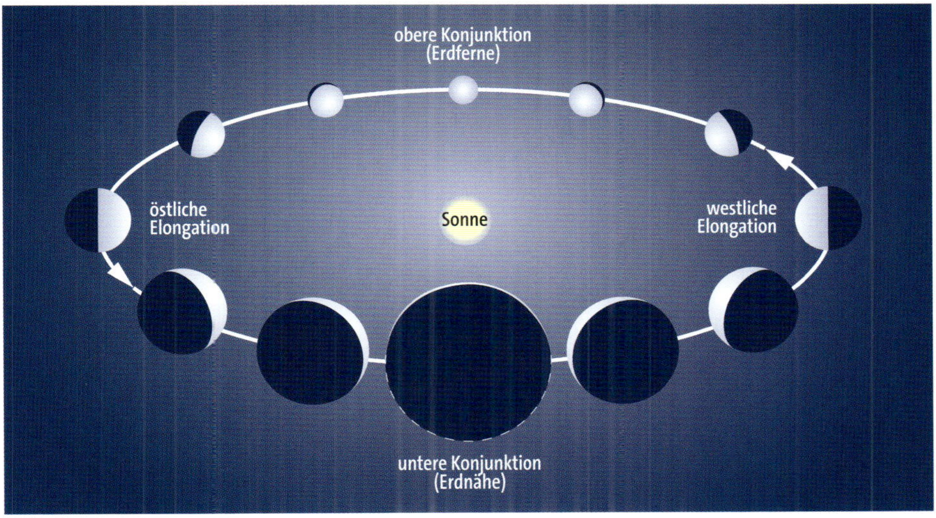

12.8 Die Entstehung der Venusphasen.

Der innere Nachbarplanet der Erde ist für so manche UFO-Meldung verantwortlich. Wenn Venus am Abendhimmel hoch im Westen strahlt, dann sind manche Zeitgenossen so überrascht, dass sie meinen, ein außerirdisches Raumschiff oder sonst ein ungewöhnliches Phänomen zu sehen und nicht schlicht den Abendstern. Nach Sonne und Mond ist Venus das hellste Gestirn am irdischen Firmament. Bei sehr klarer Luft und vor allem im Hochgebirge kann man Venus selbst bei Tag erblicken. Meist zeigt sie sich aber entweder abends nach Sonnenuntergang am Westhimmel oder morgens vor Sonnenaufgang über dem Osthorizont. Dann spielt sie ihre Rolle als Morgenstern.

Genau genommen ist Venus freilich ein Planet und kein Stern, also kein heißer, selbstleuchtender Kernfusionsreaktor wie unsere Sonne und die anderen Sterne. Planeten sind vergleichsweise kühle Körper, die man nur sieht, weil sie von der Sonne beleuchtet werden.

Venus läuft innerhalb der Erdbahn in 225 Tagen, das sind knapp siebeneinhalb Monate, einmal um die Sonne. Ihr mittlerer Abstand von der Sonne misst 108 Millionen Kilometer, das sind 72 Prozent der Entfernung von der Sonne zur Erde. Die Venusbahn ist dabei fast exakt kreisförmig. Alle 584 Tage überholt Venus die Erde auf der Innenbahn, sie kommt in untere Konjunktion (siehe auch Abb. 12.8 oben). In unterer Konjunktion ist Venus nicht zu sehen, sie zeigt die Phase „Neuvenus". Nach der unteren Konjunktion taucht sie am Morgenhimmel auf. Denn sie befindet sich dann westlich der Sonne und geht somit vor der Sonne auf, wo man sie über dem Osthorizont als Morgenstern bewundern kann. Nach ihrer größten westlichen Elongation (ihrem maximalen Winkelabstand) von der Sonne läuft sie dieser im Tierkreis nach. Schließlich überholt sie die Sonne in oberer Konjunktion. Von der Erde aus betrachtet befindet sich Venus dabei hinter der Sonne. Zwar zeigt sie dann die Phase „Vollvenus", steht allerdings am Taghim-

12.9 Um die untere Konjunktion zeigt Venus eine große, schlanke Sichel. Die übergreifenden Hörnerspitzen entstehen durch Streuung des Sonnenlichtes in der Venusatmosphäre. Aufnahme: Mario Weigand.

mel. Nach der oberen Konjunktion erscheint der Planet allmählich am Abendhimmel über dem Westhorizont. Da die Venusbahn um 3,°4 zur Erdbahnebene (Ekliptik) geneigt ist, wandert Venus in unterer Konjunktion meist nördlich oder südlich an der Sonne vorbei. Nur in seltenen Fällen zieht sie als dunkler Punkt über die Sonnenscheibe. Wegen der Bahnneigung verschwindet Venus für gewöhnlich nicht hinter der Sonne, wenn sie in obere Konjunktion kommt. Bei der diesjährigen oberen Konjunktion am 6. Juni wird sie jedoch für über einen Tag von der Sonne bedeckt. Venus befindet sich fast genau in der Erdbahnebene, die sie einen Tag später von Nord nach Süd passiert. Die Schnittpunkte der Venusbahn mit der Ekliptik heißen Drachenpunkte oder Knoten. In den Fällen, bei denen Venus bei ihrer unteren Konjunktion gleichzeitig oder kurz davor oder kurz danach einen ihrer beiden Bahnknoten passiert, wandert sie als dunkler Punkt über die Sonnenscheibe. Ein solcher Venusdurchgang oder -transit erfolgt äußerst selten. Die letzten beiden Venustransite fanden am 8. Juni 2004 und am 5./6. Juni 2012 statt. Auf den nächsten muss man bis zum 11. Dezember 2117 warten.

Der Planet am Himmel

Nicht jede Abend- oder Morgensichtbarkeit von Venus fällt in unseren Breiten gleich günstig aus. Im Herbst liegt die abendliche Ekliptik recht flach zum Horizont. Wenn sich außerdem Venus wegen ihrer Bahnneigung zusätzlich noch südlich der Ekliptik befindet, so steht sie in der Abenddämmerung recht horizontnah und bleibt unauffällig. Der zufällige Betrachter meint dann eher, eine irdische Lichtquelle wie einen Scheinwerfer oder eine Straßenlampe zu sehen. Im Frühjahr hingegen steht die abendliche Ekliptik steil zum Horizont. Der Abendstern steht hoch am Himmel und zieht die Blicke auf sich. Wenn bei der letzten günstigen Abendsichtbarkeitsperiode eine wolkenreiche Schlechtwetterperiode die Sicht auf die Venus versperrt hat, so muss man eventuell zwei oder drei synodische Umläufe abwarten, bis Venus wieder eine auffällige Position am Abendhimmel einnimmt. Dies sind dann rund fünf bis sieben Jahre. So wird verständlich, wenn manche Mitmenschen beim Anblick der Venus überrascht sind und meinen, ein UFO zu sehen. Die nächste günstige Abendsichtbarkeit der Venus erwartet uns im Februar 2017.

Venus erscheint uns so gleißend hell (bis $-4{,}^{m}9$), weil sie uns so nahe wie kein anderer Planet kommen kann. Außerdem reflektiert sie fast 80 Prozent des einfallenden Sonnenlichts. Venus wird nämlich von einem weiß leuchtenden Wolkenschleier eingehüllt, wie es sich für die züchtige Göttin der Liebe gehört. Schon die ersten Fernrohrbeobachter wie Galileo Galilei, Simon Marius und Thomas Harriot erkannten, dass Venus' Lichtgestalten, oder Phasen, wie der Mond zeigt. Mal erscheint sie halb beleuchtet, mal als schlanke, große Sichel, dann wieder als kleines, fast voll beleuchtetes Scheibchen (siehe Abb. T.1 auf Seite 276). Mehr aber sahen die Beobachter nicht. Im Gegensatz zu Mars oder Jupiter sind selbst in großen Teleskopen keinerlei Strukturen oder Oberflächendetails zu erkennen. Man blickt auf eine blendend weiße, strukturlose Wolkenschicht, die wie ein Schleier den Blick auf die feste Oberfläche der Venus versperrt. Hinzu kommt:

Wenn Venus in Erdnähe ist, also in der Zeit um die untere Konjunktion, dann blickt man zwar auf ein großes Planetenscheibchen von rund einer Bogenminute Durchmesser, das aber nur zu wenigen Prozent beleuchtet ist – der größte Teil liegt im Dunkel der Venusnacht. Die fast voll beleuchtete Venus in der Zeit der oberen Konjunktion hält sich in Erdferne auf und hat deshalb nur einen scheinbaren Durchmesser von zehn Bogensekunden.

Zwilling der Erde?

Die Dimensionen der Venus gleichen denen des Erdglobus. Mit 12 104 Kilometer Durchmesser ist die Venuskugel nur wenig kleiner als die Erde. Die Venusmasse entspricht etwa 82 Prozent der Erdmasse. Somit hat unser innerer Nachbarplanet eine mittlere Dichte von 5,3 Gramm pro Kubikzentimeter. Dies ist etwa die gleiche Dichte wie die der Erdkugel.

Was man nicht sehen kann, regt die Fantasie an: Wie sieht es auf der Venus aus? Da die Venus der Sonne näher ist, muss es auf ihr wärmer sein als auf der Erde. Die einfallende Sonnenstrahlung liefert pro Flächeneinheit die doppelte Energiemenge wie auf der Erde. Und so vermutete man, dass unter dem Wolkenschleier auf der Venusoberfläche Zustände herrschen wie einst auf der Erde im Mesozoikum. Man fantasierte von Schachtelhalmwäldern und Riesenechsen. Manche spekulierten von der Existenz einer hochentwickelten Zivilisation. Findige Scharlatane gaben sich als Beauftragte der Venusianer aus, um angeblich eine neue Weltordnung auf der Erde zu schaffen. Sie verkauften sogar Ministerposten und andere hochrangige Posten gegen Bares.

Dass Venus tatsächlich einen Wolkenschleier besitzt und man nicht auf eine glattpolierte Billardkugel blickt, hat als erster der russische Universalgelehrte Michail Wassiljewitsch Lomonossow (1711–1765) bei der Beobachtung des Venustransits vom 6. Juni 1761 festgestellt. Lomonossow beobachtete mit einem achromatischen Refraktor von John Dollond mit 7 cm Objektivöffnung und 140 cm Brennweite bei einer Vergrößerung von 37-fach den Ein- und Austritt der dunklen Venus vor der Sonnenscheibe. Während die meisten anderen Beobachter vor allem die genauen Kontaktzeiten zu erfassen suchten, um aus diesen Daten die Sonnenparallaxe und damit die Länge der Astronomischen Einheit (1 AE = mittlere Entfernung Erde – Sonne) abzuleiten, bemerkte Lomonossow ein anderes Phänomen: Bevor das dunkle Venusscheibchen völlig vor die Sonne trat, also zum 2. Kontakt, war es von einem Lichtsaum umgeben. Dasselbe Phänomen sah er beim Austritt (3. Kontakt). Lomonossow schloss daraus, dass dieser Lichtsaum durch die Refraktion des Sonnenlichtes in einer die Venus umschließenden Atmosphäre hervorgerufen wird (siehe Abb. 12.13). Ein ähnliches Phänomen, allerdings durch Streuung hervorgerufen, kann man übrigens auch kurz vor und nach einer unteren Konjunktion beobachten, vor allem wenn Venus eine große geozentrische ekliptikale Breite aufweist: Die leuchtenden Hörnerspitzen der Venussichel greifen auf die Nachtseite über und enden nicht an den Polen.

Vom Paradies zur Hölle

Die Vorstellung von einer Tropenwelt mit reichhaltiger Flora und Fauna erhielt einen gewaltigen Dämpfer, als bereits 1932 spektroskopisch Kohlendioxid (CO_2) in der Venusatmosphäre nachgewiesen wurde. Stickstoff und Sauerstoff lässt sich vom Erdboden aus spektroskopisch nicht ermitteln. Denn bevor das Venuslicht die irdischen Teleskope erreicht, läuft es durch die Erdatmosphäre, in der N_2 und O_2 Hauptbestandteile sind. Modellrechnungen ergaben aber schon damals, dass die Temperaturen auf der Venusoberfläche infolge der näheren Sonne und eines erheblichen Treibhauseffektes wohl um die 100 °C betragen müssen. Und das wäre den Venusianern, den Dinosauriern und auch der gesamten Pflanzenwelt doch entschieden zu warm.

Ein lange ungelöstes Rätsel blieb die Rotationsdauer der Venus. Während bei Mars die Rotationsdauer durch Beobachtung zahlreicher Oberflächendetails ziemlich genau zu 24^h37^m schon bald nach Einsatz der ersten Teleskope ermittelt wurde, bot die im Sonnenlicht gleißend helle

12.10 **Im Ultraviolettlicht zeigt die dichte Wolkenhülle der Venus Strukturen wie langgestreckte Wolkenbänder.**

Wolkenschicht der Venus keinerlei Anhaltspunkte, um die Umdrehungsdauer unseres Nachbarplaneten zu bestimmen. Versucht wurde es dennoch immer wieder, sowohl von Profis als auch von Amateuren. Manche meinten, eine Rotationsdauer von 22^h ermittelt zu haben, andere kamen zu dem Ergebnis, Venus besitze wie der Erdmond eine gebundene Rotation (Umdrehungsdauer gleich Umlaufdauer um die Sonne). Damit würde Venus immer die gleiche Seite der Sonne zukehren. Die der Sonne abgewandte Seite läge dagegen im ewigen Dunkel des Universums.

Erst 1967 wurde das Rätsel der Venusrotation mit Hilfe des größten Radioteleskops der Welt, dem 300-Meter-Reflektor von Arecibo in Puerto Rico, gelöst. Man tastete mit Radiosignalen die Venusoberfläche ab. Dabei entdeckte man nicht nur ihre gebirgige Struktur, sondern konnte auch die Umdrehungsdauer des Venusglobus bestimmen. Die Überraschung war groß. Niemand hatte damit gerechnet, dass Venus für eine einzige Umdrehung länger benötigt als für einen Lauf um die Sonne. Venus rotiert in 243 Tagen ein einziges Mal um ihre fast senkrecht stehende Achse. Die Rotation erfolgt dabei *retrograd*, also im Uhrzeigersinn und somit *entgegengesetzt* dem allgemeinen Drehsinn im Sonnensystem. Ihre Rotationsachse ist nur um knapp 3° zur Senkrechten auf der Umlaufebene geneigt. Somit gibt es auch keine Jahreszeiten auf der Venus. Das nördliche Ende der Venusrotationsachse zeigt dabei auf einen Punkt im Sternbild Drache, ein wenig östlich von ω Draconis (siehe Tabelle „Venus in Zahlen“ auf Seite 266).

Aus der siderischen Rotationszeit von 243 Tagen (= ein Sterntag auf Venus) und einer Umlaufzeit von 225 Tagen für eine volle Sonnenumkreisung folgt die Länge eines Sonnentages zu 117 irdischen Tagen. Alle 117 Tage wird es für einen ortsfesten Beobachter auf der Venus wieder hell. Einen sichtbaren Sonnenaufgang gibt es nicht, denn der Wolkenschleier versperrt den Blick zur Sonne.

Wegen der langsamen Rotation ist die Venuskugel auch nicht abgeplattet. Ebenso besitzt die Venus kein globales Magnetfeld, eine Folge der langsamen Drehung, die keinen messbaren Dynamoeffekt bewirkt. Die schwachen, lokal stark variablen Magnetfelder werden durch die Wechselwirkungen des Sonnenwindes mit den äußeren Atmosphärenschichten hervorgerufen.

Ungünstiges Verhältnis

Die Ursache für die langsame Rotation der Venuskugel ist ein Resonanzeffekt: Fünf Sonnentage auf Venus entsprechen ziemlich genau der Länge einer synodischen Rotation ($5 \times 116{,}78 = 583{,}92$ Tage). Zwischen zwei unteren Konjunktionen vollführt die Venus genau fünf synodische Rotationen. Daraus folgt: In unterer Konjunktion kehrt die Venus der Erde stets dieselbe Seite zu. Abweichungen von der exakten Kugelgestalt wie gewaltige Gebirgsmassive bewirken im Laufe von Milliarden Jahren die Abbremsung der Venusrotation durch Gezeitenkräfte.

Wie die Verhältnisse auf Venus wirklich sind, haben erst die Beobachtungen und Messungen von Raumsonden erkennen lassen, die unseren inneren Nachbarplaneten inzwischen besucht haben. Zahlreiche irdische Späher flogen knapp an Venus vorbei, umkreisten den verschleierten Planeten oder landeten auf der Oberfläche. So passierte MARINER 2 im Dezember 1962 Venus in 35 000 Kilometer Abstand. Noch näher kam MARINER 5, als die Sonde im Jahre 1964 in nur 3940 Kilometer Distanz am Wolkenschleier der Venus vorbeiraste. MARINER 10 passierte 1974 auf seinem Weg zu Merkur den Planeten der Liebesgöttin in 5870 Kilometer Entfernung von der Oberfläche.

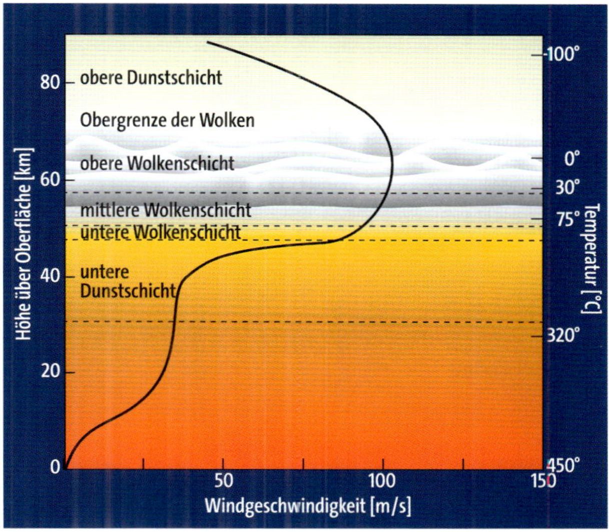

12.11 **Aufbau der Venusatmosphäre.**

Die erste erfolgreiche weiche Landung auf der Venusoberfläche gelang der sowjetischen Raumsonde VENERA 7 im Jahre 1970, nachdem die VENERA-Vorgängersonden bereits beim Eindringen in die Venusatmosphäre zerstört wurden. Niemand wusste damals etwas von den höllischen Zuständen in der Welt der Venus. VENERA 7 funkte 23 Minuten lang und meldete Temperaturen am Grund des „Gasozeans“ von 475 °C bei einem Druck von 90 Atmosphären (= 9,12 MPa). Dies entspricht dem Druck in 900 Meter Meerestiefe.

Im Jahre 1978 folgten die beiden Sonden PIONEER-VENUS 1 und 2, die bis 1992 als künstliche Monde Venus umkreisten. PIONEER 2 sandte vier Sonden in die Atmosphäre, die hart auf der Oberfläche aufschlugen. Schließlich verglühten die beiden PIONEER-Sonden in der Venusatmosphäre.

Kartierung der Oberfläche

Eine der erfolgreichsten Venussonden, die amerikanische Mission MAGELLAN, kam im August 1990 bei unserem Schwesterplaneten an und schwenkte in eine Umlaufbahn ein. Bis 1994 tastete der Venusorbiter MAGELLAN mit einem Radarstrahl, der durch den Venusschleier drang, den Venusglobus ab und kartierte fast die ganze Oberfläche. Teilweise verwirrende und bizarre Formen wurden entdeckt. Riesige Vulkane, ausgedehnte Calderen, lange, gewundene Lavakanäle, gewaltige Gebirgsmassive und Hochländer sowie Einschlagkrater registrierte MAGELLAN. Das Maxwell-Gebirge ist mit elf Kilometer die höchste Erhebung über Normalnull, das von einer Referenzkugeloberfläche mit 6052 Kilometer Radius definiert ist. Auffällig sind auch geologische Formationen, wie sie auf der Erde nicht existieren, etwa die „Koronen“, kreisförmige, kuppelartige Erhebungen oder die Arachniden, Krustenaufwölbungen mit zahlreichen, netzartig verlaufenden Rissen, die an Spinnweben erinnern. Die Bezeichnung stammt von dem griechischen Wort Arachne (ἡ ἀράχνη) für Spinne. Die sogenannten Tesserae wiederum sind kachelartige Verwerfungen, die teilweise rechtwinklig sich schneidende Rillen bilden und daher an gekachelte Badezimmerböden erinnern.

Die Landschaften voll pechschwarzer Lava sind in ein düsteres, rötliches Licht getaucht. Die vergleichsweise geringe Zahl meteoritischer Einschlagkrater deutet auf ein geringes Alter der

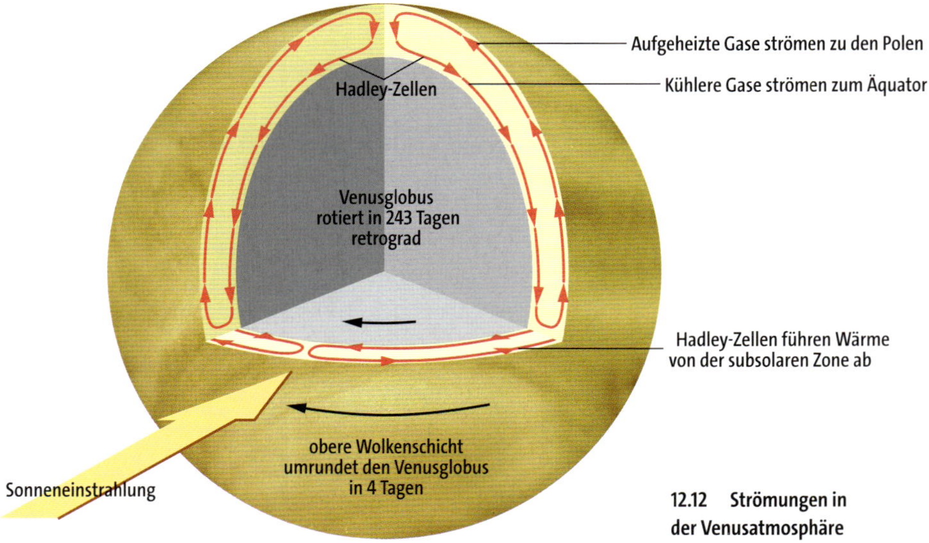

12.12 Strömungen in der Venusatmosphäre

Venusoberfläche hin. Man schätzt das Alter auf rund 600 Millionen Jahre. Im Übrigen sind nur große Impaktkrater vorhanden. Krater unter drei Kilometer Durchmesser fehlen völlig. Der Grund liegt in der hohen Dichte der Atmosphäre, die kleinere Meteoroide beim Eindringen verdampfen lässt. Nur größere Impaktkörper gelangen bis zur Oberfläche.

Kein Zwilling der Erde!

Venus hat eine völlig andere geologische Entwicklung durchgemacht als die Erdoberfläche. Eine Plattentektonik wie auf der Erde gab und gibt es nicht auf der Venus. Die Venuskruste ist eine einzige Hülle aus vulkanischem Basaltgestein, die durch heftigen Vulkanismus erzeugt wurde. Sie ist heiß und extrem trocken. Die Wasserdampfmoleküle wurden durch die UV-Strahlung der Sonne zerlegt. H_2 diffundierte ins Weltall und O vereinigte sich mit CO (Kohlenmonoxid) zu CO_2 (Kohlendioxid). In jüngster Zeit wurden auch heiße Stellen entdeckt (Hot Spots), bei denen die Oberflächentemperatur auf über 800 °C anstieg. Anschließend fiel die Temperatur wieder ab, woraus zu schließen ist, dass der Vulkanismus auf Venus noch nicht erloschen ist.

MAGELLAN hat zwar die Oberfläche abgetastet, sich aber kaum um die Atmosphäre und den Wolkenschleier gekümmert. Dies hat die europäische Raumfahrtmission **V**ENUS **EX**PRESS (VEX) gründlich nachgeholt. Der VEX-Orbiter kurvte in einer langgestreckten Ellipse um die Venus. VEX startete am 9. November 2005 zur Venus und schwenkte im April 2006 in eine elliptische Umlaufbahn um unseren Nachbarplaneten ein. Die geringste Entfernung von der Venusoberfläche betrug dabei 250 Kilometer. Im venusfernsten Punkt trennten VEX 66 000 Kilometer von unserem Nachbarplaneten. Zunächst war eine Missionsdauer von zwei Jahren vorgesehen. Doch VEX lieferte neun Jahre wertvolle Daten und Bilder zur Erde, bis sie im Dezember 2014 in der Venusatmosphäre verglühte.

Die Venusatmosphäre setzt sich zum allergrößten Teil, nämlich zu 96,5 %, aus Kohlendioxid (CO_2) zusammen. Molekularer Stickstoff (N_2) ist zu 3,5 % Bestandteil der Venusluft. Ferner sind Spuren der Edelgase Argon (0,007 %), Helium, Neon und Krypton vorhanden. Ebenfalls kommen in minimalen Mengen Schwefeldioxid (SO_2), Salzsäure (HCI), Kohlenmonoxid (CO), molekularer Sauerstoff (O_2) sowie Wasserdampf vor. In höheren Atmosphärenschichten wurden auch – ebenfalls nur in Spuren – Chlorine (CCl_4, ClF_2Cl_2) nachgewiesen.

Blick durch die Wolkenhülle

Während im sichtbaren Licht die Wolkendecke strukturlos erscheint, zeigen sich auf Aufnahmen im UV-Licht und im Infraroten langgestreckte, äquatorparallele Wolkenbänder und Streifen. Sie sind das sichtbare Zeichen für orkanartige Stürme, die in vier Tagen die Wolken um den Venusglobus jagen. Deshalb meinten einige, als die ersten Wolkenbilder vorlagen, Venus rotiere in vier Tagen um die eigene Achse. Doch diese Zeitspanne bezieht sich lediglich auf die Zirkulation der höheren Atmosphärenschichten. In hundert Kilometer Höhe herrscht ein orkanartiger Sturm von 360 Kilometer pro Stunde, während auf der Oberfläche fast Windstille herrscht. Lediglich ein laues Lüftchen von einigen Metern pro Sekunde weht hier (etwa zehn bis zwanzig Kilometer pro Stunde). Allerdings würde der Druck dieses „Lüftchens" wegen der hohen Dichte ausreichen, einen Astronauten umzuwerfen.

Auf der gesamten Venusoberfläche herrscht eine hohe Temperatur von im Mittel 475 °C – sowohl in der Äquatorzone als auch in den Polregionen. Auch in der 58 Tage dauernden Venusnacht sinkt die Temperatur kaum ab. Der dichte Wolkenschleier wirkt wie eine Wärmedecke und verhindert eine Abstrahlung der Wärme ins Weltall. Auf dem atmosphärelosen Merkur hingegen beträgt die Temperaturdifferenz zwischen Tag und Nacht mehr als 600 °C! Am Tag heizt sich die Gesteinsoberfläche bei Merkur auf 430 °C auf, nachts sinkt die Temperatur auf –180 °C.

Der Luftdruck am Venusboden misst 91 Atmosphären. Am tiefsten Punkt wurden 117 Atmosphären (= 119 000 hPa) bei einer Temperatur von 493 °C gemessen. Manche Stellen sind noch heißer. Neun Hot Spots (engl., heiße Flecke) mit Temperaturen über 500 °C wurden registriert. Sie lassen vermuten, dass der Venusvulkanismus noch nicht völlig erloschen ist. Vor kurzem wurde eine Stelle entdeckt, die sich vorübergehend auf 830 °C aufheizte und nach wenigen Monaten wieder auf 510 °C abkühlte, ein deutlicher Hinweis auf vulkanische Aktivität. Die generell hohen Temperaturen sind eine Folge der Sonnennähe von Venus und des extremen Treibhauseffekts der dichten Kohlendioxid-Atmosphäre. Ähnlich wie auf der Erde lassen sich in der Venusatmosphäre hauptsächlich drei Schichten unterscheiden. Die Troposphäre reicht vom Venusboden bis in 65 Kilometer Höhe. Darüber liegt die Stratosphäre, die sich bis in 95 Kilometer Höhe erstreckt. Die Mesopause grenzt sie gegen die oberste Schicht ab: die Thermosphäre oder Exosphäre, die allmählich in das interplanetare Plasma übergeht.

Die Wolkenschichten liegen zwischen 45 und 70 Kilometer über der Venusoberfläche. Unterhalb der Wolkenschicht erstreckt sich zwischen

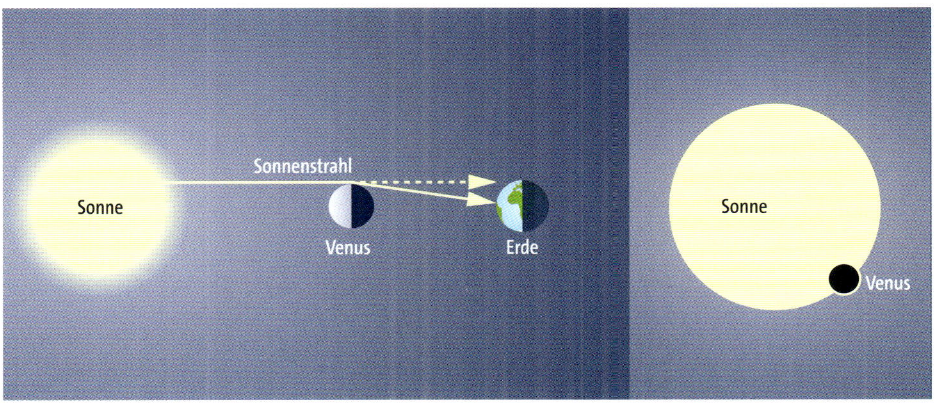

12.13 Der Lomonossow-Effekt: Das Sonnenlicht wird in der Venusatmosphäre gebeugt und abgelenkt. Auf der dunklen Seite der Venus erscheint deshalb ein Lichtsaum.

Venus in Zahlen

Bahndaten	Mio. km	AE	Lichtlaufzeiten in Minuten
Mittlere Entfernung von der Sonne:	108,2	0,723	6,01
Kleinste Entfernung von der Sonne:	107,5	0,719	5,97
Größte Entfernung von der Sonne:	108,9	0,728	6,05
Kleinste Entfernung von der Erde:	38,9	0,260	2,13
Größte Entfernung von der Erde:	260,9	1,744	14,49

Mittlere Umlaufzeit (Siderische Revolution):	$224^{d}{,}7$
Synodische Periode (Zeit zwischen zwei unteren Konjunktionen):	$583^{d}{,}92$
Numerische Exzentrizität:	$e = 0{,}0068$
Bahnneigung zur Ekliptik	$i = 3°23'40''$
Mittlere Bahngeschwindigkeit:	$v = 35{,}0$ km/s

Photometrische Daten

Scheinbare Helligkeit:	$-3^{m}{,}8$ bis $-4^{m}{,}9$
Albedo (Rückstrahlungsvermögen):	76 %
Farbindices:	$B{-}V = 0^{m}{,}82$ / $U{-}B = 0^{m}{,}50$
Scheinbarer Durchmesser	
in oberer Konjunktion:	10″ (minimal)
in unterer Konjunktion :	63″ (maximal)

Physische Daten

		Venus/Erde
Durchmesser:	12 104 km	0,950
Abplattung:	0	
Masse:	$4{,}87 \times 10^{24}$ kg	0,815
Mittlere Dichte:	5,25 g/cm^3	0,96
Schwerebeschleunigung an der Oberfläche:	8,87 m/s^2	0,91
Entweichgeschwindigkeit:	10,36 km/s	0,93

		Erde
Siderische Rotationsdauer („Sterntag"):	$-243^{d}{,}0185$	$0^{d}{,}993$
Synodische Rotationsdauer („Sonnentag"):	$116^{d}{,}78$	$1^{d}{,}000$
Neigung der Rotationsachse zur Senkrechten auf der Bahnebene:	177°21′36″	23°26′21″
Himmelsnordpol (2016.0):	$\alpha = 18^{h}11^{m}02^{s}$	-- -- --
	$\delta = .{+}67°09'{,}6$	90°00′

35 und 45 Kilometer Höhe eine dunstige Zone. Die Wolken werden von kugelförmigen Schwefelsäuretröpfchen gebildet sowie von chlor- und phosphorhaltigen Aerosolen. Die Schwefelsäuretröpfchen sinken langsam ab, verdunsten aber noch bevor sie die feste Oberfläche erreichen.

Atmosphäre

Mittlere Oberflächentemperatur:	475 °C
Maximal gemessene Temperatur:	510 °C
Temperaturgradient:	8°/km (Höhe)
Mittlerer Gasdruck an der Oberfläche:	91 atm
Maximaler gemessener Druck:	117 atm
Windgeschwindigkeit am Boden:	bis 20 km/h
In 100 km Höhe:	360 km/h

Chemische Zusammensetzung

Kohlendioxid (CO_2)	96,5 %
Stickstoff (N_2)	3,5 %
Argon (Ar)	0,007 %

Spuren von Schwefeldioxid (SO_2), Salzsäure (HCl), Kohlenmonoxid (CO), Sauerstoff (O_2), Wasserdampf (H_2O), Chlorinen (CCl_4, ClF_2, Cl_2)

Troposphäre:	0 bis 65 km
Stratosphäre:	65 bis 95 km
Wolkenschichten:	45 bis 70 km
Dunstschicht mit Aerosolen:	35 bis 45 km
Ionosphäre:	95 bis > 1000 km

Nullgradgrenze in 60 Kilometer Höhe

Der atmosphärische Temperaturgradient, also die Abnahme der Temperatur mit steigender Höhe, liegt bei 8 °C pro Kilometer. Auf den Maxwell-Bergen, der mit knapp elf Kilometer höchsten Erhebung, beträgt die Temperatur nur noch 380 °C. Mitten im Wolkenschleier ist es mit 30 °C gemütlich warm. In 60 Kilometer Höhe sinkt die Temperatur unter 0 °C. Das Minimum wird bei 120 Höhenkilometer mit −120 °C erreicht. Von da ab steigt die Temperatur wieder an – ähnlich wie in der irdischen Ionosphäre – und erreicht in tausend Kilometer Höhe schließlich 700 °C. In diesem Bereich wechselwirken ionisierte Atmosphärengase mit den Partikeln des Sonnenwinds. Es entstehen elektrische Ströme, die wiederum Magnetfelder induzieren.

Im subsolaren Bereich in der Äquatorzone, also dort wo die Sonne im beziehungsweise nahe dem Zenit steht, erfolgt die stärkste Sonneneinstrahlung. Infolge der extrem langsamen Rotation heizt sich die Atmosphäre im wahren Mittag am stärksten auf. Es bilden sich Gaszellen mit zirkulierenden Strömungen, die nach Norden und Süden wandern, sich aber auch parallel zum Äquator bewegen. Diese konvektiven Strömungszellen verteilen die empfangene Sonnenenergie von der subsolaren Zone über den gesamten Venusglobus. Sie gleichen damit Temperaturunterschiede aus. Diese Strömungszellen werden Hadley-Zellen nach Sir George Hadley (1685–1768) genannt, der sie 1735 in seiner bahnbrechenden Arbeit *Concerning the cause of the General Trade-Winds* (engl.: Betreffend die Ursache der allgemeinen Passat-Winde), erschienen in den *Philosophical Transactions XXXIX* der Royal Society, zu deren Mitglied Hadley 1735 gewählt wurde. Ursprünglich Jurist, widmete sich Hadley später ausführlich der Erforschung der Erdatmosphäre, vor allem den allgemeinen, großräumigen Zirkulationen. Mit seiner Arbeit, die nur knapp fünf Seiten umfasst, hat er die Tür zum Verständnis der weltweiten Luftströmungen aufgestoßen.

Obwohl die Coriolis-Kräfte wegen der langsamen Rotation auf Venus eine viel geringere Rolle spielen als auf der Erde, kommt es dennoch an den Polen der Venus zu riesigen Zyklonen. Diese Wirbelstürme haben Durchmesser von rund 2000 Kilometer. Ihre Entstehung ist im Detail allerding noch nicht verstanden (siehe auch Monatsthema Februar „Die Kräfte des Herrn Coriolis“ im *Himmelsjahr 2015* auf Seite 68).

Der Anblick der Venus am Abend- oder Morgenhimmel hat seit jeher romantische Gemüter erfreut. Aber erst im Raumfahrtzeitalter wurde offenkundig, dass ein dichter Schleier die Gluthölle auf unserem Nachbarplaneten vor unseren Augen verbirgt.

Die Erforschung der Zustände auf der Venus kann uns aber die Augen öffnen, was der Erde bevorsteht, wenn der Kohlendioxidgehalt der Luft immer stärker ansteigt.

FÜR ALLE, DIE
DEM HIMMEL GANZ NAH
SEIN WOLLEN.

Bernhard Mackowiak
DIE ENTDECKUNG DER EXOPLANETEN
176 Seiten
€/D 24,99

20 Jahre nach der ersten Entdeckung eines Planeten bei einem fernen Stern zieht dieses Buch eine ausführliche Bilanz: Welche Typen von Exoplaneten kennt man, wie wird heutzutage nach ihnen gesucht und warum ist es so schwierig, eine zweite Erde zu nachzuweisen?
Ein weiterer Schleier des Universums wird gelüftet.

Hermann-Michael Hahn,
Gerhard Weiland
DREHBARE KOSMOS-STERNKARTE
€/D 14,99

Die drehbare Kosmos-Sternkarte macht die Orientierung am Sternenhimmel besonders leicht.
Sie ist für Einsteiger einfach zu bedienen und bietet auch Fortgeschrittenen eine Vielzahl an Zusatzinformationen.

Stefan Seip
HIMMELSFOTOGRAFIE MIT DER DIGITALEN SPIEGELREFLEXKAMERA
160 Seiten
€/D 19,99

Vom ersten Sternhimmelbild bis zu professionellen Deep-Sky-Aufnahmen: Mit Anleitungen für das Fotografieren und die anschließende Bildbearbeitung gelangen Sie zu tollen Aufnahmen.
Zahlreiche Praxistipps vom Profi lassen keine Fragen offen.

Joachim Herrmann
WELCHER STERN IST DAS?
224 Seiten
€/D 16,99

Besonders leicht verständlich und seit Generationen weiterempfohlen – mit diesem Buch findet sich jeder sofort in der Welt der Sternbilder zurecht. Egal wann und egal wo Sie an den Sternenhimmel schauen.
Dieses Buch ist immer der passende Wegweiser.

Erich Karkoschka
ATLAS FÜR HIMMELSBEOBACHTER
160 Seiten
€/D 19,99

Die Top-Empfehlung für Hobby-Astronomen. Mit der gelungenen Kombination von Übersichtskarten vergrößerten Aufsuchkarten sowie Einzelbeschreibung aller Objekte.
Extra: Mit Ringbindung und feuchtigkeitsresistenten Seiten

Heike Hermann, Angelika Sust

DER WELTATLAS

114 Seiten

€/D 24,99

Erhältlich ab Oktober 2015

Aufblättern und los geht die spannende, bilderreiche Reise rund um den Globus! Wunderschöne Karten und die tollen Zusatzinfos beflügeln die Fantasie.

Mit diesem Kinderatlas macht eine Reise um die Welt Spaß!

Hermann-Michael Hahn, Gerhard Weiland

NACHTLEUCHTENDE STERNKARTE FÜR EINSTEIGER

€/D 14,99

Diese nachtleuchtende Sternkarte zeigt Einsteigern alle wichtigen Sternbilder für erste Himmelsspaziergänge. Mit einer Kurzanleitung zur Orientierung am Sternenhimmel, den Positionen der Planeten sowie Daten zu Sonnen- und Mondfinsternissen.

Die Karte kurz mit der Taschenlampe bestrahlen, schon leuchtet sie im Dunkeln.

iSPACE

32 Seiten

€/D 14,99

Jetzt können kleine Himmelsforscher die Geheimnisse unseres Sonnensystems ganz neu entdecken und erleben!

Mit der kostenlosen App zaubern Sie unsere Planeten aus dem Buch heraus.

ASTRO-TELESKOP

ab 12 Jahre

Mondkrater, Galaxien, Planeten und Gasnebel – all das rückt zum Greifen nah, wenn Sie mit dem neuen Linsenteleskop auf Entdeckungsreise gehen.

Besonders durch die hohe optische und technische Qualität wird das Beobachten zum Vergnügen.

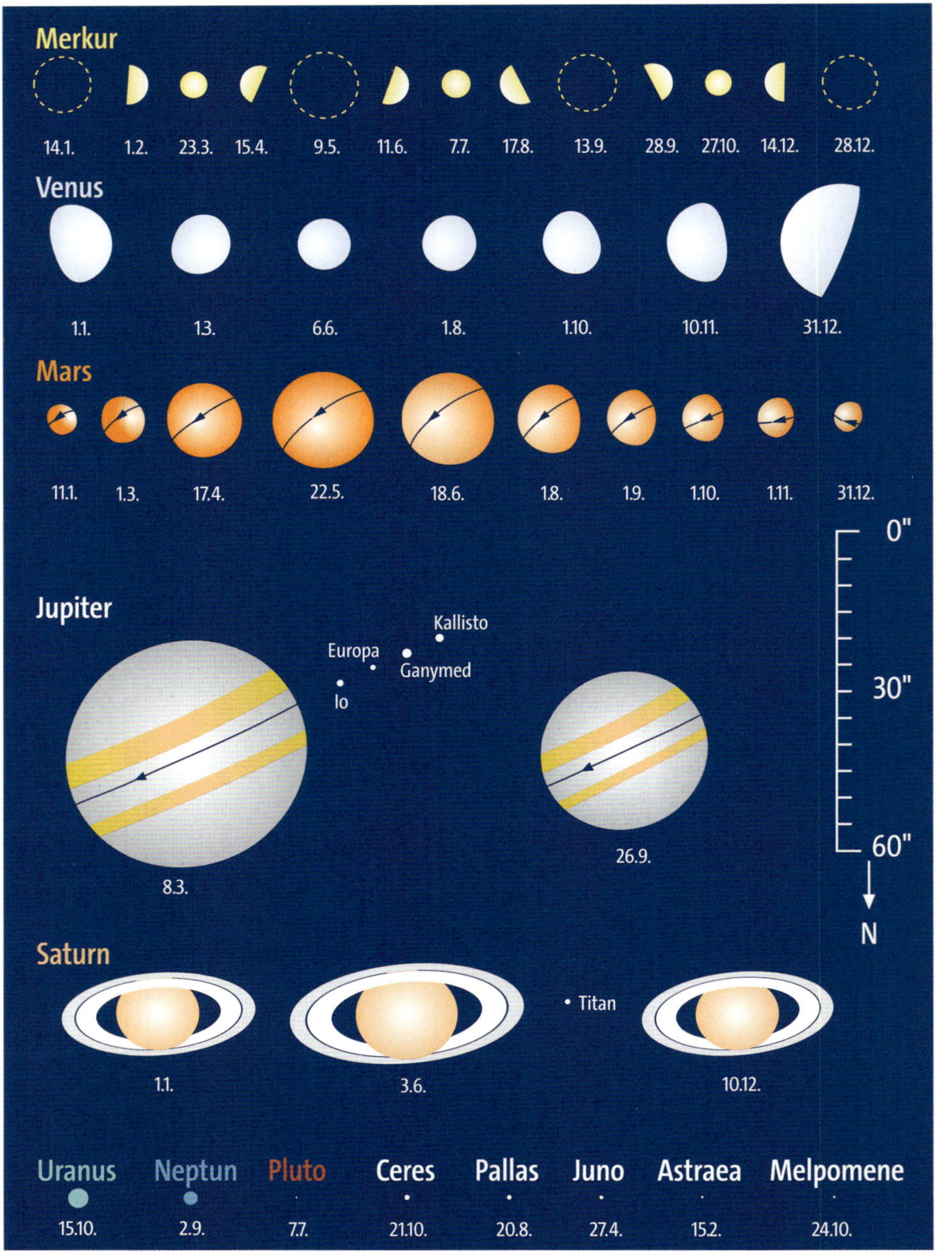

T.1 Die Größe der Planetenscheibchen im Jahre 2016. Man beachte den eingetragenen Maßstab in Bogensekunden. Anblick im umkehrenden Fernrohr (Norden unten, Osten rechts).

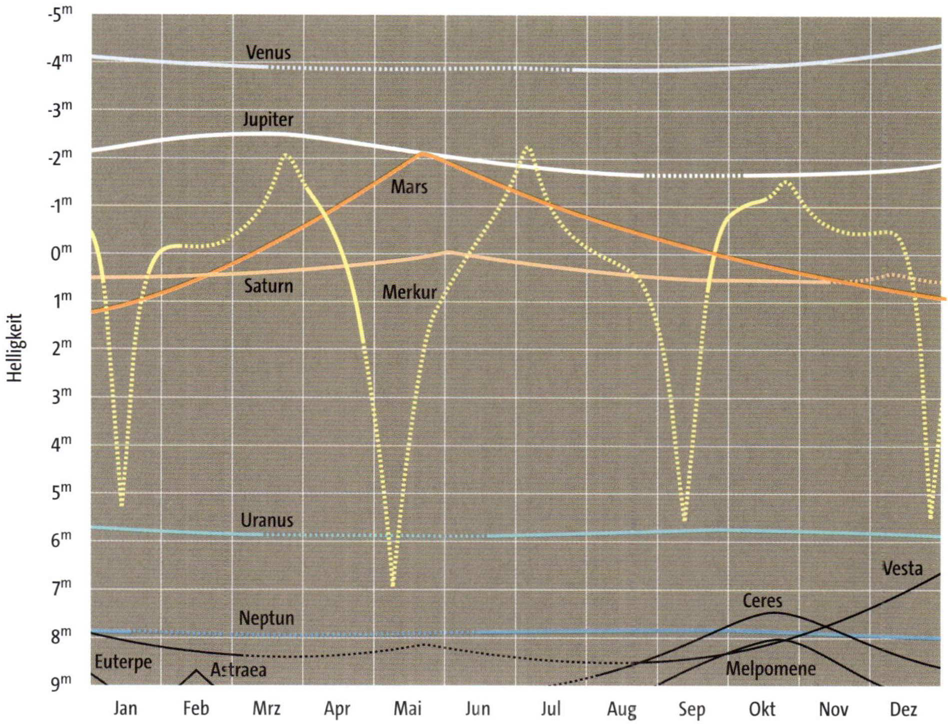

T.2 Die Helligkeiten der Planeten 2016.

T.3 Die Sichtbarkeiten der Planeten im Jahr 2016.

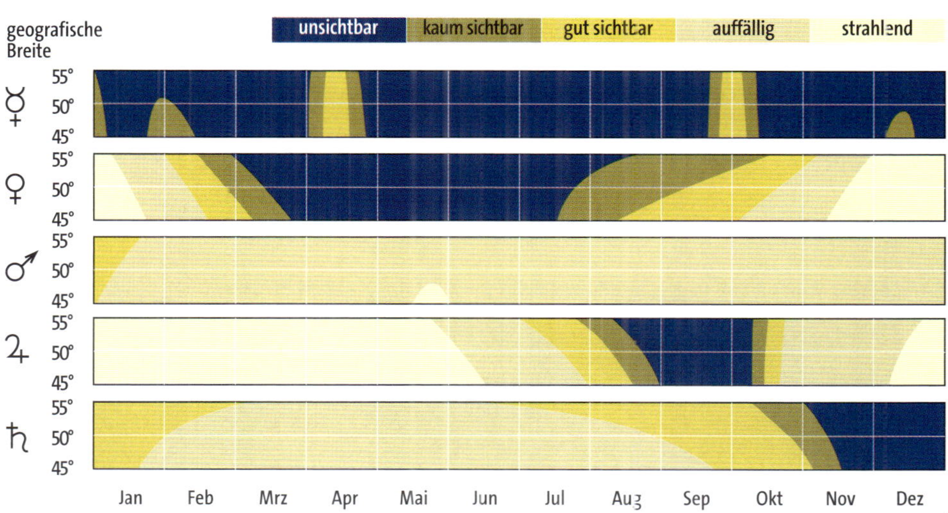

Ekliptikale Koordinaten des Mondes 2016

	JANUAR		FEBRUAR		MÄRZ		APRIL		MAI		JUNI	
Tag	Länge °	Breite °	Länge °	Breite °	Länge °	Breite °	Länge °	Breite °	Länge °	Breite °	Länge °	Breite °
2.	188,3	+1,2	231,7	+4,5	252,0	+5,2	298,9	+4,2	335,2	+1,3	28,1	−3,3
4.	212,0	+3,1	256,5	+5,2	277,3	+5,1	326,3	+2,2	4,0	−1,2	57,9	−4,7
6.	236,2	+4,5	282,6	+4,9	304,2	+3,9	355,5	−0,4	34,1	−3,6	87,5	−4,9
8.	261,5	+5,0	310,3	+3,5	332,7	+1,7	25,8	−3,0	64,4	−4,9	115,9	−3,9
10.	288,1	+4,6	339,1	+1,1	2,5	−1,0	56,1	−4,7	93,7	−4,9	142,5	−2,1
12.	315,8	+3,1	8,3	−1,5	32,4	−3,5	85,0	−5,2	121,1	−3,8	167,4	+0,1
14.	344,0	+0,8	37,2	−3,7	61,5	−5,0	112,2	−4,5	146,7	−2,0	191,4	+2,1
16.	12,3	−1,7	65,2	−5,0	89,2	−5,2	137,8	−2,9	171,1	+0,1	215,0	+3,8
18.	40,4	−3,8	92,3	−5,2	115,5	−4,4	162,2	−0,8	194,8	+2,2	239,0	+4,8
20.	68,3	−4,9	118,5	−4,2	140,7	−2,7	186,0	+1,3	218,4	+3,8	263,5	+5,0
22.	95,7	−5,0	143,9	−2,5	165,1	−0,6	209,6	+3,2	242,4	+4,8	288,9	+4,2
24.	122,3	−3,9	168,4	−0,3	189,0	+1,6	233,4	+4,6	266,9	+5,0	315,0	+2,5
26.	147,8	−2,1	192,3	+1,9	212,7	+3,5	257,5	+5,1	292,0	+4,2	341,9	+0,3
28.	172,3	0,0	216,0	+3,7	236,4	+4,8	282,3	+4,8	318,0	+2,5	9,6	−2,1
30.	196,1	+2,1	–	–	260,6	+5,3	308,1	+3,5	345,1	+0,2	38,1	−4,1

	JULI		AUGUST		SEPTEMBER		OKTOBER		NOVEMBER		DEZEMBER	
Tag	Länge °	Breite °	Länge °	Breite °	Länge °	Breite °	Länge °	Breite °	Länge °	Breite °	Länge °	Breite °
2.	67,2	−5,0	119,1	−3,6	166,9	+0,4	199,9	+3,2	244,3	+5,0	277,4	+4,3
4.	96,1	−4,7	145,7	−1,5	191,5	+2,6	223,8	+4,6	268,2	+4,8	302,0	+2,9
6.	124,0	−3,3	171,1	+0,8	215,4	+4,2	247,5	+5,2	292,5	+3,7	327,3	+0,8
8.	150,5	−1,2	195,4	+2,8	239,1	+5,1	271,4	+4,9	317,8	+1,9	353,9	−1,5
10.	175,4	+1,0	219,2	+4,4	263,2	+5,2	296,3	+3,7	344,6	−0,4	22,0	−3,6
12.	199,5	+3,0	243,1	+5,2	288,1	+4,3	322,5	+1,7	13,3	−2,8	51,7	−4,9
14.	223,2	+4,4	267,6	+5,1	314,5	+2,5	350,5	−0,8	43,5	−4,5	82,1	−4,8
16.	247,2	+5,1	293,2	+4,0	342,6	0,0	20,2	−3,2	74,2	−5,0	111,8	−3,5
18.	272,1	+4,9	320,2	+2,0	11,8	−2,6	50,6	−4,8	103,8	−4,1	139,8	−1,4
20.	298,0	+3,7	348,3	−0,5	41,5	−4,5	80,4	−5,1	131,5	−2,3	165,9	+0,9
22.	324,9	+1,6	17,0	−3,0	70,6	−5,3	108,7	−4,1	157,4	−0,1	190,6	+2,9
24.	352,5	−0,8	45,7	−4,7	98,6	−4,7	135,3	−2,3	181,9	+2,0	214,4	+4,3
26.	20,5	−3,2	74,1	−5,3	125,3	−3,2	160,5	−0,1	205,8	+3,7	238,1	+5,0
28.	48,9	−4,7	101,7	−4,6	151,0	−1,1	184,9	+2,0	229,5	+4,7	262,1	+4,8
30.	77,3	−5,2	128,5	−3,0	175,8	+1,2	208,8	+3,8	253,3	+5,0	286,5	+3,8

Koordinaten gelten für 1^h MEZ und sind geozentrische Werte.
Von Mitteleuropa aus steht der Mond etwa 0,°7 südlicher.
Abstand der Mondbahn relativ zu helleren Sternen 2016:

Stern:	Hamal	Aldebaran	Al Nath	Alhena	Pollux	Regulus	Spica	Antares	Nunki
Mond:	15° südl.	0°	11° südl.	1° nördl.	11° südl.	3° südl.	4° nördl.	9° nördl.	7° nördl.

T.4 **Lage der Mondbahn im Tierkreis relativ zur Ekliptik von 180° bis 360° ekliptikaler Länge.**

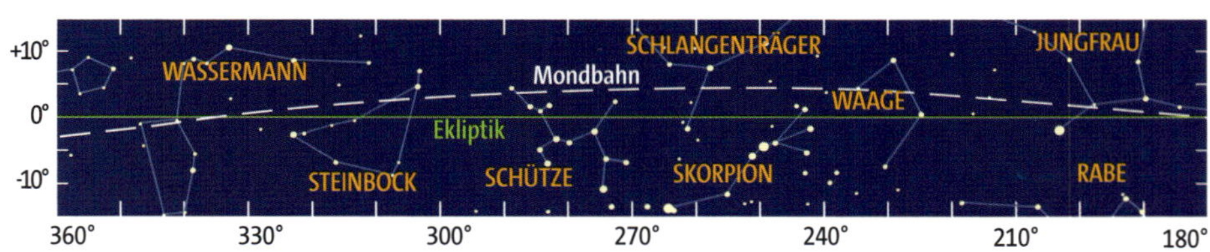

Ekliptikale Koordinaten der Sonne und der großen Planeten 2016

Datum		SONNE	MERKUR		VENUS		MARS		JUPITER		SATURN	
		Länge °	Länge °	Breite °	Länge °	Breite °	Länge °	Breite °	Länge °	Breite °	Länge °	Breite °
Jan	1.	279,8	299,1	−0,8	241,8	+2,0	208,3	+1,5	172,9	+1,2	250,9	+1,6
	10.	288,9	298,9	+1,8	252,8	+1,7	213,3	+1,5	173,0	+1,3	251,9	+1,6
	20.	299,1	287,2	+3,4	265,0	+1,3	218,6	+1,5	172,8	+1,3	252,8	+1,6
	31.	310,3	286,2	+2,0	278,6	+0,7	224,2	+1,5	172,2	+1,4	253,8	+1,7
Feb	10.	320,4	295,1	+0,2	290,9	+0,2	229,1	+1,4	171,3	+1,4	254,6	+1,7
	20.	330,5	307,8	−1,1	303,3	−0,2	233,6	+1,4	170,3	+1,4	255,2	+1,7
	29.	339,6	321,1	−1,9	314,4	−0,6	237,4	+1,3	169,2	+1,5	255,6	+1,7
Mrz	10.	349,6	337,5	−2,2	326,8	−1,0	241,2	+1,2	167,9	+1,5	256,0	+1,7
	20.	359,6	355,9	−1,7	339,1	−1,3	244,3	+1,1	166,6	+1,5	256,1	+1,7
	31.	10,5	18,0	−0,2	352,7	−1,5	246,9	+0,9	165,3	+1,5	256,1	+1,8
Apr	10.	20,3	37,0	+1,7	5,1	−1,5	248,3	+0,7	164,3	+1,5	256,0	+1,8
	20.	30,1	49,7	+2,8	17,4	−1,4	248,6	+0,3	163,6	+1,4	255,6	+1,8
	30.	39,9	53,3	+2,2	29,7	−1,3	247,7	0,0	163,2	+1,4	255,2	+1,8
Mai	10.	49,5	48,9	−0,2	42,1	−1,0	245,5	−0,5	163,0	+1,4	254,6	+1,8
	20.	59,2	44,3	−2,8	54,4	−0,7	242,4	−1,0	163,2	+1,3	253,9	+1,8
	31.	69,8	46,8	−3,8	67,9	−0,3	238,5	−1,6	163,7	+1,3	253,1	+1,8
Jun	10.	79,3	56,0	−3,1	80,2	+0,1	235,5	−2,0	164,5	+1,3	252,4	+1,8
	20.	88,9	70,6	−1,5	92,5	+0,5	233,5	−2,4	165,5	+1,2	251,7	+1,8
	30.	98,4	89,8	+0,4	104,7	+0,9	232,8	−2,6	166,7	+1,2	251,0	+1,8
Jul	10.	107,9	111,4	+1,6	117,0	+1,1	233,5	−2,8	168,1	+1,2	250,5	+1,7
	20.	117,5	131,4	+1,7	129,3	+1,4	235,4	−2,8	169,7	+1,2	250,0	+1,7
	31.	128,0	150,1	+0,7	142,8	+1,5	238,7	−2,9	171,7	+1,1	249,7	+1,7
Aug	10.	137,6	164,0	−0,7	155,1	+1,5	242,7	−2,9	173,5	+1,1	249,5	+1,6
	20.	147,2	174,3	−2,5	167,4	+1,3	247,3	−2,8	175,5	+1,1	249,6	+1,6
	31.	157,8	178,8	−4,1	180,9	+1,1	253,1	−2,7	177,8	+1,1	249,8	+1,5
Sep	10.	167,5	173,4	−4,0	193,1	+0,7	258,9	−2,6	179,9	+1,1	250,1	+1,5
	20.	177,2	165,0	−1,2	205,4	+0,3	265,0	−2,5	182,0	+1,1	250,7	+1,5
	30.	187,0	169,3	+1,3	217,5	−0,2	271,5	−2,4	184,2	+1,1	251,3	+1,4
Okt	10.	196,9	184,2	+1,9	229,7	−0,7	278,2	−2,3	186,3	+1,1	252,1	+1,4
	20.	206,8	201,5	+1,3	241,8	−1,2	285,2	−2,1	188,5	+1,1	253,0	+1,4
	31.	217,8	219,9	+0,1	255,1	−1,7	293,0	−2,0	190,8	+1,1	254,0	+1,4
Nov	10.	227,8	235,7	−1,0	267,1	−2,1	300,3	−1,8	192,8	+1,1	255,1	+1,3
	20.	237,9	251,0	−1,9	279,0	−2,3	307,7	−1,6	194,7	+1,2	256,2	+1,3
	30.	248,0	265,7	−2,4	290,9	−2,4	315,2	−1,4	196,4	+1,2	257,4	+1,3
Dez	10.	258,1	278,7	−2,1	302,5	−2,3	322,7	−1,3	198,0	+1,2	258,6	+1,3
	20.	268,3	284,9	−0,3	313,9	−2,1	330,2	−1,1	199,5	+1,2	259,7	+1,3
	31.	279,5	274,2	+2,9	326,2	−1,5	338,5	−0,9	200,8	+1,3	261,0	+1,3

Länge:	Jan 1.	Mrz 1.	Mai 1.	Jul 1.	Sep 1.	Nov 1.	Dez 31.	Breite
URANUS	16,°3	18,°1	21,°4	23,°9	23,°8	21,°6	20,°3	−0,°6
NEPTUN	337,3	339,3	341,3	341,7	340,4	339,1	339,5	−0,°9 bis −0,°8
PLUTO	284,8	286,7	287,2	286,1	284,8	235,0	286,7	+1,°0 bis +1,°6

T.4 Lage der Mondbahn im Tierkreis relativ zur Ekliptik von 0° bis 180° ekliptikaler Länge.

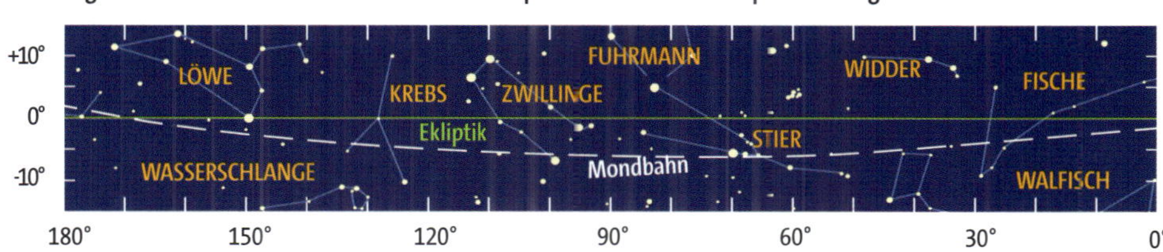

Ephemeriden der großen Planeten Januar – Juni 2016

Datum		Merkur Rektas. h m	Deklin. °	Kulmin. h m	Unterg. h m	Du. ″	bel. %	Venus Rektas. h m	Deklin. °	Kulmin. h m	Aufg. h m	Du. ″	bel. %
Jan	1.	20 05	−21,1	13 45	18 02	7,3	49	16 01	−18,6	9 42	5 12	14,4	77
	5.	20 12	−19,7	13 34	17 58	8,2	30	16 21	−19,6	9 46	5 23	14,1	78
	10.	20 02	−18,6	13 04	17 32	9,4	9	16 46	−20,7	9 52	5 35	13,8	80
	15.	19 37	−18,4	12 18		10,1	1	17 12	−21,5	9 58	5 46	13,4	81
	20.	19 13	−18,9	11 35	Aufg.	9,7	11	17 39	−22,1	10 05	5 56	13,1	82
	25.	19 03	−19,7	11 07	6 44	8,8	28	18 05	−22,4	10 12	6 05	12,8	84
	31.	19 09	−20,5	10 51	6 33	7,8	46	18 37	−22,4	10 20	6 13	12,5	85
Feb	5.	19 26	−20,9	10 48	6 32	7,0	58	19 04	−22,1	10 27	6 18	12,3	86
	10.	19 48	−20,9	10 51	6 35	6,5	66	19 30	−21,6	10 34	6 21	12,0	87
	15.	20 14	−20,4	10 58	6 38	6,0	73	19 57	−20,7	10 40	6 23	11,8	88
	20.	20 42	−19,4	11 06	6 41	5,7	79	20 23	−19,7	10 46	6 22	11,6	89
	25.	21 12	−17,9	11 16	6 42	5,5	83	20 48	−18,3	10 52	6 20	11,4	90
	29.	21 36	−16,3	11 25	6 42	5,3	86	21 08	−17,1	10 57	6 18	11,3	91
Mrz	5.	22 08	−13,8	11 37	6 40	5,1	90	21 33	−15,4	11 02	6 13	11,1	92
	10.	22 40	−10,8	11 50	6 37	5,0	93	21 57	−13,5	11 06	6 08	11,0	92
	15.	23 13	− 7,2	12 03		5,0	97	22 21	−11,5	11 10	6 02	10,8	93
	20.	23 48	− 3,2	12 18	Unterg.	4,9	99	22 45	− 9,3	11 14	5 55	10,7	94
	25.	0 23	+ 1,2	12 34	18 48	5,0	100	23 08	− 7,0	11 18	5 47	10,6	95
	31.	1 07	+ 6,9	12 54	19 35	5,3	96	23 36	− 4,2	11 22	5 37	10,4	95
Apr	5.	1 43	+11,4	13 10	20 15	5,6	85	23 58	− 1,8	11 25	5 29	10,3	96
	10.	2 16	+15,4	13 24	20 49	6,2	69	0 21	+ 0,6	11 28	5 20	10,2	97
	15.	2 45	+18,5	13 32	21 13	7,0	51	0 44	+ 3,1	11 30	5 11	10,1	97
	20.	3 06	+20,4	13 32	21 23	8,1	34	1 06	+ 5,5	11 34	5 03	10,1	98
	25.	3 18	+21,2	13 24	21 18	9,3	20	1 29	+ 7,9	11 37	4 54	10,0	98
	30.	3 21	+20,8	13 06	20 56	10,5	9	1 52	+10,2	11 40	4 46	9,9	98
Mai	5.	3 16	+19,4	12 41	20 21	11,6	2	2 16	+12,4	11 44	4 39	9,9	99
	10.	3 06	+17,3	12 11		12,1	0	2 40	+14,5	11 48	4 32	9,8	99
	15.	2 56	+15,1	11 42	Aufg.	12,0	3	3 04	+16,4	11 53	4 26	9,8	99
	20.	2 51	+13,5	11 18	4 08	11,4	9	3 29	+18,2	11 58	4 21	9,7	100
	25.	2 52	+12,8	10 59	3 53	10,4	17	3 54	+19,8	12 03	4 17	9,7	100
	31.	3 02	+13,2	10 46	3 37	9,2	27	4 25	+21,3	12 10	4 14	9,7	100
Jun	5.	3 17	+14,4	10 42	3 26	8,3	37	4 51	+22,4	12 17		9,7	100
	10.	3 38	+16,2	10 44	3 18	7,4	47	5 17	+23,2	12 24	Unterg.	9,7	100
	15.	4 04	+18,3	10 51	3 13	6,7	58	5 44	+23,7	12 31	20 42	9,7	100
	20.	4 37	+20,5	11 05	3 13	6,1	70	6 11	+23,9	12 38	20 51	9,7	100
	25.	5 15	+22,5	11 24	3 20	5,6	83	6 38	+23,8	12 45	20 57	9,7	100
	30.	5 59	+23,8	11 49	3 35	5,3	94	7 04	+23,5	12 52	21 01	9,8	99

Datum		Saturn Rektas. h m	Deklin. °	Kulmin. h m	Aufg. h m	Äqu. ″	Pol. ″	Ring gr. A. ″	kl. A. ″	Öffn. °	hel. Ö. °	Leucht.
Jan	1.	16 38	−20,5	10 18	6 00	15,3	14,0	34,7	15,3	26,1	25,7	1,31
	15.	16 44	−20,7	9 29	5 12	15,5	14,2	35,2	15,5	26,2	25,8	1,28
	31.	16 51	−20,8	8 32	4 16	15,8	14,4	35,8	15,8	26,2	25,8	1,25
Feb	15.	16 55	−20,9	7 37	3 22	16,1	14,7	36,6	16,2	26,3	25,9	1,24
	29.	16 58	−21,0	6 46	2 31	16,5	15,1	37,4	16,6	26,3	25,9	1,23
Mrz	15.	17 00	−21,0	5 48	1 34	16,9	15,5	38,4	17,0	26,3	26,0	1,23
	31.	17 01	−21,0	4 46	0 31	17,4	15,9	39,4	17,4	26,2	26,0	1,24
Apr	15.	16 59	−20,9	3 45	23 26	17,8	16,2	40,3	17,8	26,2	26,1	1,27
	30.	16 56	−20,8	2 44	22 24	18,1	16,5	41,1	18,1	26,2	26,1	1,30
Mai	15.	16 53	−20,7	1 41	21 20	18,3	16,7	41,6	18,3	26,1	26,2	1,35
	31.	16 48	−20,6	0 33		18,4	16,8	41,8	18,4	26,1	26,2	1,59
Jun	15.	16 43	−20,5	23 25	Unterg.	18,4	16,8	41,8	18,3	26,0	26,3	1,37
	30.	16 39	−20,4	22 22	2 45	18,2	16,6	41,4	18,1	26,0	26,3	1,32

Mars Rektas. h m	Mars Deklin. °	Mars Kulmin. h m	Mars Aufg. h m	Mars Du. ″	Mars bel. %	Jupiter Rektas. h m	Jupiter Deklin. °	Jupiter Kulmin. h m	Jupiter Aufg. h m	Jupiter Äqu. ″	Jupiter Pol. ″	Datum	
13 47	−9,5	7 27	2 11	5,6	91	11 36	+3,9	5 16	22 51	39,1	36,5	1.	Jan
13 56	−10,3	7 20	2 07	5,7	91	11 36	+3,9	5 00	22 36	39,5	37,0	5.	
14 06	−11,2	7 11	2 03	5,9	91	11 36	+4,0	4 41	22 16	40,1	37,5	10.	
14 17	−12,1	7 01	1 58	6,1	91	11 36	+4,0	4 21	21 56	40,7	38,1	15.	
14 27	−13,0	6 52	1 53	6,3	90	11 36	+4,1	4 01	21 35	41,3	38,6	20.	
14 37	−13,8	6 42	1 47	6,5	90	11 35	+4,2	3 40	21 14	41,8	39,1	25.	
14 49	−14,7	6 31	1 41	6,8	90	11 33	+4,4	3 15	20 48	42,4	39,7	31.	
14 59	−15,4	6 21	1 34	7,0	90	11 32	+4,5	2 54	20 26	42,9	40,1	5.	Feb
15 08	−16,1	6 11	1 28	7,3	90	11 30	+4,7	2 33	20 04	43,3	40,5	10.	
15 17	−16,7	6 00	1 21	7,6	90	11 29	+4,9	2 11	19 41	43,7	40,8	15.	
15 26	−17,3	5 49	1 14	8,0	90	11 27	+5,2	1 50	19 18	44,0	41,1	20.	
15 35	−17,9	5 38	1 06	8,3	90	11 24	+5,4	1 28	18 55	44,2	41,3	25.	
15 42	−18,3	5 29	0 59	8,6	90	11 23	+5,6	1 10	18 37	44,3	41,5	29.	
15 50	−18,8	5 18	0 50	9,0	90	11 20	+5,9	0 48	18 14	44,4	41,6	5.	Mrz
15 57	−19,2	5 05	0 40	9,5	91	11 18	+6,1	0 26		44,5	41,6	10.	
16 04	−19,6	4 52	0 29	10,0	91	11 15	+6,4	0 04	Unterg.	44,4	41,5	15.	
16 10	−19,9	4 39	0 18	10,5	91	11 13	+6,7	23 38	6 16	44,3	41,4	20.	
16 16	−20,2	4 25	0 05	11,0	92	11 11	+6,9	23 16	5 55	44,0	41,2	25.	
16 21	−20,6	4 06	23 46	11,7	93	11 08	+7,1	22 50	5 31	43,7	40,9	31.	
16 24	−20,8	3 50	23 31	12,4	93	11 06	+7,3	22 28	5 10	43,4	40,5	5.	Apr
16 27	−21,0	3 33	23 15	13,1	94	11 05	+7,5	22 07	4 49	43,0	40,2	10.	
16 28	−21,2	3 14	22 58	13,8	95	11 03	+7,6	21 46	4 29	42,5	39,7	15.	
16 28	−21,4	2 54	22 38	14,5	96	11 02	+7,8	21 25	4 09	42,0	39,3	20.	
16 26	−21,5	2 33	22 18	15,2	97	11 01	+7,8	21 05	3 48	41,5	38,8	25.	
16 23	−21,6	2 11	21 56	16,0	98	11 00	+7,9	20 44	3 28	40,9	38,3	30.	
16 19	−21,7	1 47	21 32	16,7	98	11 00	+7,9	20 24	3 08	40,4	37,7	5.	Mai
16 14	−21,7	1 22	21 07	17,3	99	11 00	+7,9	20 04	2 49	39,8	37,2	10.	
16 08	−21,7	0 56	20 41	17,8	100	11 00	+7,9	19 45	2 29	39,2	36,7	15.	
16 00	−21,6	0 29	20 13	18,3	100	11 00	+7,8	19 26	2 09	38,6	36,1	20.	
15 53	−21,5	0 02		18,5	100	11 01	+7,7	19 07	1 50	38,1	35,6	25.	
15 44	−21,4	23 24	Unterg.	18,6	100	11 02	+7,6	18 44	1 27	37,4	35,0	31.	
15 37	−21,2	22 57	3 15	18,5	99	11 03	+7,4	18 26	1 08	36,8	34,4	5.	Jun
15 31	−21,1	22 32	2 50	18,3	98	11 05	+7,3	18 08	0 49	36,3	33,9	10.	
15 26	−21,0	22 07	2 26	18,0	97	11 07	+7,1	17 50	0 30	35,8	33,5	15.	
15 22	−20,9	21 44	2 03	17,5	96	11 08	+6,9	17 32	0 11	35,3	33,0	20.	
15 20	−20,9	21 23	1 42	17,0	95	11 11	+6,6	17 15	23 49	34,8	32,6	25.	
15 19	−21,0	21 02	1 21	16,5	93	11 13	+6,4	16 58	23 30	34,4	32,1	30.	

Uranus Rektas. h m	Uranus Deklin. °	Uranus Kulmin. h m	Uranus Unterg. h m	Uranus Du. ″	Neptun Rektas. h m	Neptun Deklin. °	Neptun Kulmin. h m	Neptun Unterg. h m	Neptun Du. ″	Pluto Rektas. h m	Pluto Deklin. °	Datum	
1 01	+5,8	18 39	1 14	3,6	22 36	−9,6	16 15	21 32	2,2	19 03	−21,1	1.	Jan
1 02	+5,9	17 44	0 20	3,5	22 38	−9,5	15 22	20 39	2,2	19 05	−21,0	15.	
1 03	+6,1	16 43	23 15	3,5	22 40	−9,3	14 21	19 39	2,2	19 07	−21,0	31.	
1 05	+6,3	15 46	22 19	3,4	22 42	−9,1	13 24	18 43	2,2	19 09	−21,0	15.	Feb
1 07	+6,5	14 53	21 27	3,4	22 44	−8,9	12 31		2,2	19 10	−20,9	29.	
1 10	+6,8	13 57	20 33	3,4	22 46	−8,7	11 34	Aufg.	2,2	19 12	−20,9	15.	Mrz
1 13	+7,1	12 57	19 35	3,4	22 48	−8,5	10 33	5 10	2,2	19 13	−20,9	31.	
1 17	+7,5	12 01		3,4	22 50	−8,3	9 36	4 12	2,2	19 13	−20,9	15.	Apr
1 20	+7,8	11 06	Aufg.	3,4	22 51	−8,2	8 38	3 14	2,2	19 13	−20,9	30.	
1 23	+8,1	10 10	3 28	3,4	22 52	−8,1	7 40	2 16	2,3	19 12	−20,9	15.	Mai
1 26	+8,3	9 10	2 26	3,4	22 53	−8,0	6 38	1 13	2,3	19 11	−21,0	31.	
1 28	+8,6	8 13	1 28	3,4	22 53	−8,0	5 39	0 14	2,3	19 10	−21,0	15.	Jun
1 29	+8,7	7 15	0 30	3,5	22 53	−8,0	4 40	23 11	2,3	19 08	−21,1	30.	

Ephemeriden der großen Planeten Juli – Dezember 2016

Datum		Merkur Rektas. h m	Deklin. °	Kulmin. h m	Unterg. h m	Du. "	bel. %	Venus Rektas. h m	Deklin. °	Kulmin. h m	Unterg. h m	Du. "	bel. %
Jul	1.	6 09	+24,0	11 54	20 08	5,2	95	7 10	+23,4	12 54	21 02	9,8	99
	5.	6 46	+24,1	12 16	20 31	5,1	99	7 31	+22,8	12 59	21 03	9,8	99
	10.	7 34	+23,4	12 44	20 52	5,1	99	7 57	+21,9	13 05	21 03	9,9	99
	15.	8 18	+21,5	13 08	21 03	5,1	94	8 23	+20,7	13 12	21 01	9,9	98
	20.	8 58	+19,0	13 28	21 07	5,3	88	8 49	+19,2	13 17	20 58	10,0	98
	25.	9 33	+16,0	13 43	21 04	5,5	81	9 13	+17,6	13 22	20 53	10,1	97
	31.	10 10	+12,1	13 56	20 56	5,9	73	9 43	+15,3	13 28	20 46	10,2	97
Aug	5.	10 37	+ 8,8	14 02	20 46	6,3	67	10 07	+13,2	13 32	20 39	10,3	96
	10.	11 00	+ 5,6	14 05	20 33	6,7	61	10 30	+11,0	13 36	20 31	10,4	95
	15.	11 20	+ 2,6	14 05	20 18	7,2	54	10 53	+ 8,7	13 39	20 22	10,5	94
	20.	11 35	0,0	14 00	20 01	7,8	46	11 16	+ 6,2	13 42	20 13	10,6	94
	25.	11 45	− 2,0	13 50	19 42	8,5	37	11 38	+ 3,7	13 45	20 04	10,8	93
	31.	11 49	− 3,3	13 29	19 15	9,5	24	12 05	+ 0,6	13 48	19 52	11,0	92
Sep	5.	11 43	− 2,9	13 03		10,2	12	12 27	− 1,9	13 50	19 42	11,1	91
	10.	11 29	− 1,0	12 29	Aufg	10,6	3	12 49	− 4,5	13 53	19 33	11,3	90
	15.	11 13	+ 2,0	11 53	5 42	10,2	1	13 12	− 7,0	13 56	19 23	11,5	89
	20.	11 03	+ 4,8	11 24	4 59	9,2	12	13 34	− 9,5	13 58	19 14	11,7	88
	25.	11 06	+ 6,1	11 09	4 37	7,9	32	13 57	−11,9	14 02	19 05	11,9	87
	30.	11 23	+ 5,5	11 07	4 38	6,8	56	14 21	−14,2	14 05	18 57	12,2	86
Okt	5.	11 49	+ 3,3	11 14	4 55	6,0	75	14 44	−16,3	14 09	18 49	12,4	85
	10.	12 19	+ 0,1	11 24	5 21	5,4	88	15 08	−18,3	14 14	18 43	12,7	83
	15.	12 50	− 3,5	11 36	5 50	5,1	95	15 33	−20,1	14 19	18 38	13,0	82
	20.	13 22	− 7,2	11 48	6 20	4,9	99	15 58	−21,7	14 24	18 34	13,3	81
	25.	13 53	−10,7	12 00	6 49	4,7	100	16 23	−23,0	14 30	18 31	13,6	80
	31.	14 30	−14,6	12 13		4,7	100	16 55	−24,3	14 37	18 31	14,0	78
Nov	5.	15 01	−17,6	12 25	Unterg.	4,7	99	17 21	−25,0	14 44	18 33	14,4	77
	10.	15 33	−20,1	12 36	16 55	4,7	98	17 47	−25,5	14 51	18 37	14,8	75
	15.	16 04	−22,3	12 49	16 55	4,8	96	18 14	−25,6	14 58	18 43	15,3	74
	20.	16 37	−23,9	13 01	16 57	5,0	93	18 40	−25,4	15 04	18 51	15,8	72
	25.	17 09	−25,1	13 14	17 02	5,2	90	19 06	−25,0	15 10	19 01	16,3	71
	30.	17 41	−25,7	13 26	17 11	5,5	85	19 32	−24,2	15 16	19 13	16,8	69
Dez	5.	18 12	−25,8	13 37	17 22	5,9	77	19 57	−23,2	15 22	19 25	17,5	67
	10.	18 39	−25,2	13 44	17 32	6,5	66	20 21	−21,9	15 26	19 38	18,1	66
	15.	18 58	−24,2	13 42	17 38	7,3	49	20 45	−20,4	15 30	19 52	18,8	64
	20.	19 05	−22,9	13 27	17 31	8,5	27	21 08	−18,6	15 33	20 05	19,6	62
	25.	18 51	−21,6	12 52	17 04	9,6	6	21 30	−16,7	15 36	20 18	20,5	60
	31.	18 18	−20,5	11 56	16 14	9,9	3	21 56	−14,2	15 37	20 33	21,6	57

Datum		Saturn Rektas. h m	Deklin. °	Kulmin. h m	Unterg. h m	Äqu. "	Pol. "	Ring gr. A. "	kl. A. "	Öffn. °	hel. Ö. °	Leucht.
Jul	1.	16 39	−20,4	22 18	2 40	18,2	16,6	41,3	18,1	26,0	26,3	1,32
	15.	16 35	−20,3	21 20	1 43	17,9	16,4	40,7	17,8	25,9	26,3	1,28
	31.	16 33	−20,3	20 15	0 38	17,6	16,0	39,9	17,4	25,9	26,4	1,25
Aug	15.	16 33	−20,3	19 15	23 34	17,2	15,7	38,9	17,1	26,0	26,4	1,24
	31.	16 34	−20,4	18 13	22 31	16,7	15,3	37,9	16,7	26,1	26,4	1,24
Sep	15.	16 36	−20,5	17 17	21 34	16,3	14,9	37,0	16,3	26,2	26,5	1,24
	30.	16 40	−20,7	16 22	20 38	15,9	14,6	36,2	16,0	26,3	26,5	1,25
Okt	15.	16 45	−20,9	15 28	19 43	15,6	14,3	35,4	15,8	26,4	26,5	1,28
	31.	16 51	−21,1	14 32	18 45	15,4	14,0	34,8	15,6	26,6	26,6	1,31
Nov	15.	16 58	−21,3	13 39	17 52	15,2	13,9	34,5	15,5	26,6	26,6	1,35
	30.	17 06	−21,5	12 48		15,1	13,8	34,2	15,4	26,7	26,6	1,44
Dez	15.	17 13	−21,7	11 56	Aufg.	15,1	13,8	34,2	15,4	26,8	26,6	1,52
	31.	17 21	−21,9	11 01	6 52	15,1	13,8	34,4	15,5	26,8	26,6	1,36

Mars						Jupiter							
Rektas. h m	Deklin. o	Kulmin. h m	Unterg. h m	Du. ″	bel. %	Rektas. h m	Deklin. o	Kulmin. h m	Unterg. h m	Äqu. ″	Pol. ″	Datum	
15 19	−21,0	20 59	1 17	16,4	93	11 13	+6,3	16 54	23 26	34,3	32,1	1	Jul
15 19	−21,1	20 44	1 01	15,9	92	11 16	+6,1	16 40	23 12	33,9	31,7	5	
15 21	−21,3	20 26	0 42	15,3	91	11 18	+5,8	16 24	22 53	33,5	31,4	10	
15 25	−21,6	20 10	0 24	14,8	90	11 21	+5,5	16 07	22 35	33,2	31,0	15	
15 29	−21,9	19 55	0 07	14,2	89	11 24	+5,1	15 50	22 17	32,8	30,7	20.	
15 35	−22,2	19 41	23 48	13,7	88	11 27	+4,8	15 34	21 58	32,5	30,4	25.	
15 43	−22,7	19 26	23 30	13,1	87	11 31	+4,3	15 14	21 37	32,1	30,1	31.	
15 51	−23,1	19 15	23 16	12,6	87	11 35	+4,0	14 58	21 19	31,9	29,8	5.	Aug
16 00	−23,5	19 04	23 02	12,2	86	11 38	+3,6	14 41	21 01	31,6	29,6	10.	
16 10	−23,9	18 54	22 50	11,7	86	11 42	+3,2	14 25	20 43	31,4	29,4	15.	
16 20	−24,3	18 45	22 38	11,3	86	11 45	+2,8	14 09	20 25	31,2	29,2	20.	
16 31	−24,7	18 36	22 27	11,0	85	11 49	+2,4	13 53	20 07	31,0	29,0	25.	
16 45	−25,1	18 27	22 15	10,5	85	11 54	+1,9	13 34	19 45	30,9	28,9	31.	
16 58	−25,4	18 20	22 06	10,2	85	11 57	+1,5	13 19	19 28	30,8	28,8	5.	Sep
17 11	−25,6	18 13	21 58	9,9	85	12 01	+1,0	13 03	19 10	30,7	28,7	10.	
17 24	−25,8	18 07	21 51	9,6	85	12 05	+0,6	12 47	18 52	30,6	28,6	15.	
17 38	−25,9	18 01	21 44	9,3	85	12 09	+0,2	12 31	18 34	30,6	28,6	20.	
17 52	−25,9	17 55	21 39	9,1	85	12 13	−0,2	12 16		30,6	28,6	25.	
18 07	−25,8	17 50	21 34	8,8	85	12 17	−0,7	12 00	Aufg.	30,6	28,6	30.	
18 21	−25,7	17 45	21 30	8,6	85	12 21	−1,1	11 44	5 47	30,6	28,6	5.	Okt
18 36	−25,5	17 41	21 28	8,4	85	12 25	−1,5	11 28	5 33	30,7	28,7	10.	
18 52	−25,1	17 36	21 26	8,2	85	12 29	−1,9	11 13	5 20	30,7	28,8	15.	
19 07	−24,7	17 32	21 24	8,0	85	12 33	−2,3	10 57	5 06	30,9	28,9	20.	
19 22	−24,2	17 28	21 24	7,8	86	12 37	−2,7	10 41	4 52	31,0	29,0	25.	
19 41	−23,4	17 22	21 24	7,5	86	12 41	−3,2	10 22	4 35	31,2	29,2	31.	
19 56	−22,7	17 18	21 24	7,3	86	12 45	−3,6	10 05	4 21	31,4	29,4	5.	Nov
20 12	−21,8	17 14	21 25	7,2	87	12 49	−4,0	9 50	4 07	31,6	29,6	10.	
20 27	−20,9	17 09	21 26	7,0	87	12 52	−4,4	9 34	3 52	31,9	29,8	15.	
20 42	−19,9	17 05	21 28	6,9	87	12 56	−4,7	9 13	3 38	32,2	30,1	20.	
20 57	−18,8	17 00	21 30	6,7	87	12 59	−5,0	9 01	3 23	32,5	30,4	25.	
21 12	−17,7	16 55	21 32	6,5	88	13 02	−5,4	8 45	3 08	32,8	30,7	30.	
21 27	−16,4	16 50	21 33	6,4	88	13 05	−5,7	8 23	2 53	33,1	31,0	5.	Dez
21 42	−15,2	16 45	21 35	6,3	88	13 08	−6,0	8 12	2 38	33,5	31,4	10.	
21 56	−13,8	16 40	21 37	6,1	89	13 11	−6,2	7 55	2 22	33,9	31,7	15.	
22 11	−12,4	16 35	21 39	6,0	89	13 14	−6,5	7 38	2 06	34,4	32,2	20.	
22 25	−11,0	16 29	21 41	5,9	90	13 16	−6,7	7 20	1 50	34,9	32,6	25.	
22 42	− 9,2	16 23	21 43	5,7	90	13 19	−6,9	6 59	1 30	35,4	33,1	31.	

Uranus					Neptun					Pluto			
Rektas. h m	Deklin. o	Kulmin. h m	Aufg. h m	Du. ″	Rektas. h m	Deklin. o	Kulmin. h m	Aufg. h m	Du. ″	Rektas. h m	Deklin. o	Datum	
1 30	+8,7	7 12	0 26	3,5	22 53	−8,0	4 36	23 08	2,3	19 08	−21,1	1.	Jul
1 30	+8,8	6 17	23 28	3,5	22 52	−8,1	3 41	22 12	2,3	19 07	−21,2	15.	
1 31	+8,8	5 15	22 25	3,6	22 51	−8,2	2 37	21 09	2,3	19 05	−21,2	31.	
1 30	+8,8	4 15	21 26	3,6	22 50	−8,4	1 36	20 09	2,4	19 04	−21,3	15.	Aug
1 29	+8,7	3 11	20 23	3,7	22 48	−8,5	0 32		2,4	19 03	−21,4	31.	
1 28	+8,5	2 11	19 23	3,7	22 47	−8,7	23 27	Unterg.	2,4	19 02	−21,4	15.	Sep
1 26	+8,3	1 10	18 23	3,7	22 45	−8,8	22 27	3 52	2,3	19 02	−21,5	30.	
1 23	+8,1	0 09		3,7	22 44	−9,0	21 27	2 51	2,3	19 03	−21,5	15.	Okt
1 21	+7,8	22 59	Unterg.	3,7	22 43	−9,0	20 23	1 47	2,3	19 04	−21,5	31.	
1 19	+7,7	21 58	4 42	3,7	22 43	−9,1	19 24	0 47	2,3	19 05	−21,5	15.	Nov
1 17	+7,5	20 58	3 41	3,7	22 43	−9,1	18 25	23 44	2,3	19 06	−21,5	30.	
1 16	+7,4	19 58	2 40	3,6	22 43	−9,0	17 26	22 46	2,3	19 08	−21,5	15.	Dez
1 16	+7,4	18 55	1 37	3,6	22 45	−8,9	16 24	21 45	2,2	19 11	−21,4	31.	

Ephemeriden hellerer Kleinplaneten 2016

Ceres (1)

Datum		Rektas. h m	Deklin. °	Kulmin. h m
Aug	1.	2 16	+2,0	5 57
	5.	2 18	+2,0	5 43
	10.	2 21	+2,1	5 26
	15.	2 23	+2,0	5 09
	20.	2 25	+1,9	4 51
	25.	2 26	+1,8	4 33
	31.	2 27	+1,6	4 10
Sep	**5.**	2 27	+1,4	3 50
	10.	2 26	+1,2	3 30
	15.	2 25	+0,9	3 09
	20.	2 23	+0,6	2 47
	25.	2 21	+0,3	2 25
	30.	2 18	0,0	2 03
Okt	**5.**	2 15	−0,4	1 40
	10.	2 11	−0,7	1 16
	15.	2 07	−1,0	0 53
	20.	2 02	−1,2	0 29
	25.	1 58	−1,5	0 05
	31.	1 53	−1,7	23 31
Nov	**5.**	1 48	−1,8	23 07
	10.	1 44	−1,8	22 44
	15.	1 41	−1,8	22 20
	20.	1 38	−1,7	21 58
	25.	1 35	−1,5	21 35
	30.	1 33	−1,3	21 14
Dez	**5.**	1 31	−1,0	20 53
	10.	1 30	−0,6	20 32
	15.	1 30	−0,2	20 12
	20.	1 30	+0,3	19 53
	25.	1 31	+0,8	19 34
	31.	1 33	+1,5	19 12

Pallas (2)

Datum		Rektas. h m	Deklin. °	Kulmin. h m
Aug	1.	21 41	+12,6	1 23
	5.	21 38	+12,2	1 04
	10.	21 35	+11,5	0 41
	15.	21 31	+10,7	0 17
	20.	21 27	+ 9,9	23 49
	25.	21 23	+ 9,0	23 26
	31.	21 19	+ 7,8	22 58
Sep	**5.**	21 16	+ 6,8	22 35
	10.	21 13	+ 5,8	22 13
	15.	21 10	+ 4,8	21 50
	20.	21 08	+ 3,7	21 29
	25.	21 06	+ 2,7	21 08
	30.	21 05	+ 1,7	20 47

Juno (3)

Datum		Rektas. h m	Deklin. °	Kulmin. h m
Apr	20.	14 41	−1,5	1 09
	25.	14 38	−0,9	0 46
	30.	14 34	−0,4	0 22
Mai	5.	14 30	0,0	23 54
	10.	14 26	+0,4	23 30

Vesta (4)

Datum		Rektas. h m	Deklin. °	Kulmin. h m
Jan	**1.**	0 32	− 4,5	18 11
	5.	0 36	− 3,9	17 59
	10.	0 41	− 3,1	17 44
	15.	0 46	− 2,3	17 30
	20.	0 52	− 1,4	17 16
	25.	0 58	− 0,6	17 02
	31.	1 05	+ 0,4	16 46
Feb	**5.**	1 11	+ 1,3	16 33
	10.	1 18	+ 2,1	16 20
	15.	1 25	+ 3,0	16 07
	20.	1 32	+ 3,9	15 54
	25.	1 39	+ 4,7	15 42
	29.	1 45	+ 5,4	15 32
Sep	**1.**	7 00	+20,8	8 39
	5.	7 07	+20,7	8 30
	10.	7 14	+20,6	8 18
	15.	7 22	+20,4	8 05
	20.	7 29	+20,3	7 53
	25.	7 36	+20,1	7 40
	30.	7 42	+20,0	7 27
Okt	**5.**	7 49	+19,8	7 14
	10.	7 55	+19,6	7 00
	15.	8 01	+19,5	6 46
	20.	8 06	+19,3	6 32
	25.	8 11	+19,2	6 17
	31.	8 16	+19,1	5 59
Nov	**5.**	8 20	+19,1	5 43
	10.	8 23	+19,0	5 26
	15.	8 26	+19,0	5 10
	20.	8 28	+19,1	4 52
	25.	8 30	+19,2	4 34
	30.	8 31	+19,4	4 15
Dez	**5.**	8 31	+19,6	3 55
	10.	8 30	+19,9	3 35
	15.	8 29	+20,2	3 14
	20.	8 27	+20,6	2 52
	25.	8 24	+21,0	2 30
	31.	8 19	+21,6	2 01

Astraea (5)

Datum		Rektas. h m	Deklin. °	Kulmin. h m
Jan	1.	10 11	+ 9,4	3 52
	5.	10 12	+ 9,5	3 37
	10.	10 12	+ 9,7	3 17
	15.	10 12	+10,0	2 57
	20.	10 10	+10,4	2 36
	25.	10 08	+10,9	2 15
	31.	10 05	+11,6	1 48
Feb	5.	10 02	+12,2	1 25
	10.	9 58	+12,9	1 01
	15.	9 54	+13,6	0 38
	20.	9 50	+14,3	0 14
	25.	9 46	+14,9	23 46
	29.	9 43	+15,4	23 27
Mrz	5.	9 40	+16,0	23 04
	10.	9 37	+16,5	22 42
	15.	9 35	+16,9	22 21
	20.	9 34	+17,2	22 00
	25.	9 33	+17,4	21 40
	31.	9 34	+17,6	21 18

Melpomene (18)

Datum		Rektas. h m	Deklin. °	Kulmin. h m
Aug	25.	2 15	+3,8	4 22
	31.	2 21	+3,1	4 04
Sep	1.	2 22	+3,0	4 01
	5.	2 25	+2,5	3 49
	10.	2 29	+1,7	3 32
	15.	2 31	+0,9	3 15
	20.	2 32	−0,1	2 57
	25.	2 33	−1,0	2 37
	30.	2 33	−2,1	2 17
Okt	**5.**	2 31	−3,1	1 56
	10.	2 29	−4,1	1 35
	15.	2 26	−5,1	1 12
	20.	2 23	−6,0	0 49
	25.	2 19	−6,7	0 26
	31.	2 15	−7,4	23 53
Nov	**5.**	2 11	−7,8	23 30
	10.	2 08	−8,0	23 07
	15.	2 05	−8,1	22 45
	20.	2 03	−7,9	22 23
	25.	2 02	−7,6	22 02
	30.	2 01	−7,2	21 42
Dez	5.	2 01	−6,6	21 23
	10.	2 02	−5,9	21 04
	15.	2 04	−5,2	20 47

Spaltenüberschriften: Rektaszension und Deklination für 1^h MEZ.
Kulmination = Meridiandurchgang: MEZ für 10° östliche Länge.
Aufgang und Untergang: MEZ für 10° östliche Länge und 50° nördliche Breite.
Scheinbarer Durchmesser für 1^h MEZ, Äqu.: Äquatordurchmesser, Pol: Poldurchmesser.
Beleuchteter Teil des Planetenscheibchens für 1^h MEZ.
Saturnring: große und kleine Ringachse, Öffnung, heliozentrische Öffnung, Leuchtkraft relativ zur Leuchtkraft der Saturnkugel.
In den halbfett gedruckten Tagesintervallen sind die Kleinplaneten einfacher aufzufinden.

Zentralmeridiane Mars und Jupiter 2016 (1^h MEZ = 2^h MESZ)

Mars

Dat.	Mrz	Apr	Mai	Jun	Jul	Aug	Sep
1.	208°	277°	4°	90°	181°	252°	316°
2.	198	268	355	81	172	243	307
3.	189	259	346	72	163	233	297
4.	180	250	337	63	153	224	287
5.	170	240	328	54	144	214	278
6.	161	231	319	45	135	205	268
7.	151	222	310	37	126	195	258
8.	142	213	301	28	117	186	249
9.	132	204	292	19	107	176	239
10.	123	194	284	10	98	167	229
11.	114	185	275	1	89	157	220
12.	104	176	266	352	80	148	210
13.	95	167	257	343	70	138	201
14.	85	158	248	334	61	129	191
15.	76	149	239	325	52	119	181
16.	67	140	230	316	42	110	172
17.	57	130	222	307	33	100	162
18.	48	121	213	299	24	90	152
19.	39	112	204	290	14	81	143
20.	29	103	195	281	5	71	133
21.	20	94	186	272	356	62	123
22.	10	85	178	263	346	52	113
23.	1	76	169	253	337	43	104
24.	352	67	160	244	328	33	94
25.	342	58	151	235	318	23	84
26.	333	49	142	226	309	14	75
27.	324	40	134	217	299	4	65
28.	315	31	125	208	290	355	55
29.	305	22	116	199	280	345	46
30.	296	13	107	190	271	335	36
31.	287		98		262	326	
D	8	6	9	15	15	10	2

Jupiter System I

Dat.	Jan	Feb	Mrz	Apr	Mai	Jun	Jul	Nov	Dez
1.	56°	274°	177°	35°	93°	305°	356°	311°	4°
2.	214	72	335	193	251	103	154	109	162
3.	12	230	133	351	49	260	312	267	320
4.	170	28	291	149	206	58	109	64	118
5.	328	186	89	307	4	216	267	222	275
6.	126	344	247	105	162	14	65	20	73
7.	284	142	45	263	320	171	223	178	231
8.	82	300	203	61	118	329	20	335	29
9.	240	98	1	219	276	127	178	133	187
10.	38	256	159	17	73	284	336	291	344
11.	196	54	317	175	231	82	133	89	142
12.	354	212	115	333	29	240	291	246	300
13.	152	10	273	131	187	38	89	44	98
14.	310	168	71	289	345	195	246	202	256
15.	108	326	229	87	143	353	44	360	53
16.	266	124	27	245	300	151	202	157	211
17.	64	282	186	42	98	309	359	315	9
18.	222	81	344	200	256	106	157	113	167
19.	20	239	142	358	54	264	315	271	325
20.	178	37	300	156	212	62	112	68	123
21.	336	195	98	314	9	219	270	226	281
22.	134	353	256	112	167	17	68	24	78
23.	292	151	54	270	325	175	225	182	236
24.	90	309	212	68	123	333	23	340	34
25.	248	107	10	226	280	130	181	137	192
26.	46	265	168	24	78	288	338	295	350
27.	204	63	326	181	236	86	136	93	148
28.	2	221	124	339	34	243	294	251	306
29.	160	19	281	137	192	41	91	49	103
30.	318		79	295	349	199	249	206	261
31.	116		237		147		47		59
D	−1.9	−1.9	−1.8	−1.7	−1.5	−1.5	−1.6	−2.5	−2.7

Jupiter System II

Dat.	Jan	Feb	Mrz	Apr	Mai	Jun	Jul	Nov	Dez
1.	87°	68°	110°	92°	280°	256°	78°	175°	359°
2.	237	218	260	242	70	46	228	325	149
3.	27	9	51	32	221	196	18	115	299
4.	178	159	201	183	11	346	168	265	89
5.	328	309	351	333	161	136	319	55	239
6.	118	100	142	123	311	286	109	205	29
7.	269	250	292	274	101	76	259	355	180
8.	59	41	83	64	252	226	49	145	330
9.	209	191	233	214	42	17	199	295	120
10.	360	342	23	5	192	167	349	86	270
11.	150	132	174	155	342	317	139	236	60
12.	300	282	324	305	132	107	289	26	211
13.	91	73	115	95	283	257	79	176	1
14.	241	223	265	246	73	47	229	326	151
15.	31	14	55	36	223	197	19	116	301
16.	182	164	206	186	13	347	169	266	91
17.	332	314	356	337	163	137	319	57	242
18.	123	105	147	127	314	287	109	207	32
19.	273	255	297	277	104	77	259	357	182
20.	63	46	87	67	254	228	49	147	332
21.	214	196	238	218	44	18	199	297	122
22.	4	346	28	8	194	168	349	87	273
23.	154	137	178	158	344	318	139	237	63
24.	305	287	329	308	134	108	289	28	213
25.	95	78	119	99	285	258	79	178	3
26.	246	228	269	249	75	48	229	328	154
27.	36	19	60	39	225	198	20	118	304
28.	186	169	210	189	15	348	170	268	94
29.	337	319	1	340	165	138	320	58	244
30.	127		151	130	315	288	110	208	34
31.	277		301		105		260		185

D = Neigung der Planetenachse zur Erde

Korrektur für MEZ	0^h	1^h	2^h	3^h	4^h	5^h	6^h	7^h	17^h	18^h	19^h	20^h	21^h	22^h	23^h	24^h	Änderung
Mars	−15°	0	+15°	+29°	+ 44°	+ 58°	+ 73°	+ 88°	−126°	−111°	−97°	−82°	−68°	−53°	−38°	− 24°	+14°,6/Stunde
Jupiter System I	−37	0	+37	+73	+110	+146	+183	+219	−135	− 98	−62	−25	+12	+48	+85	+121	+36°,6/Stunde
Jupiter System II	−36	0	+36	+73	+109	+145	+181	+218	−140	−104	−67	−31	+ 5	+41	+78	+114	+36°,3/Stunde

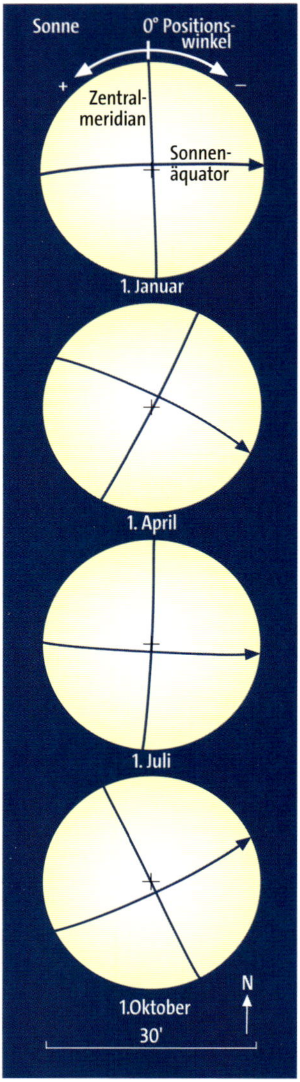

T.5 Lage des Zentralmeridians und des Äquators der Sonne im Verlauf des Jahres relativ zum Beobachter auf der Erde.

Ephemeride der Sonnenscheibe 2016 (1^h MEZ)

Datum		Entferng. AE	Du. ′	Z.M. °	B_0 °	P °	Sternzeit h m
Jan	1.	0,983	32,5	274,3	–2,9	+ 2,5	6 40
	10.	0,983	32,5	155,8	–3,9	– 1,9	7 16
	20.	0,984	32,5	24,1	–5,0	– 6,6	7 55
	31.	0,985	32,5	239,3	–5,9	–11,4	8 39
Feb	10.	0,987	32,4	107,6	–6,5	–15,3	9 18
	20.	0,989	32,4	335,9	–7,0	–18,8	9 57
	29.	0,991	32,3	217,4	–7,2	–21,3	10 33
Mrz	10.	0,993	32,2	85,6	–7,2	–23,6	11 12
	20.	0,996	32,1	313,8	–7,0	–25,2	11 52
	31.	0,999	32,0	168,8	–6,6	–26,1	12 35
Apr	10.	1,002	31,9	36,8	–6,0	–26,3	13 15
	20.	1,005	31,8	264,8	–5,2	–25,6	13 54
	30.	1,007	31,8	132,7	–4,2	–24,3	14 33
Mai	10.	1,010	31,7	0,5	–3,2	–22,2	15 13
	20.	1,012	31,6	228,2	–2,1	–19,5	15 52
	31.	1,014	31,6	82,7	–0,8	–15,8	16 36
Jun	10.	1,015	31,5	310,3	+0,4	–11,9	17 15
	20.	1,016	31,5	178,0	+1,6	– 7,6	17 55
	30.	1,017	31,5	45,6	+2,8	– 3,1	18 34
Jul	10.	1,017	31,5	273,2	+3,8	+ 1,4	19 13
	20.	1,016	31,5	140,9	+4,8	+ 5,9	19 53
	31.	1,015	31,5	355,4	+5,7	+10,5	20 36
Aug	10.	1,014	31,6	223,2	+6,4	+14,3	21 16
	20.	1,012	31,6	91,0	+6,9	+17,7	21 55
	31.	1,009	31,7	305,6	+7,2	+20,8	22 38
Sep	10.	1,007	31,8	173,6	+7,2	+23,1	23 18
	20.	1,004	31,9	41,5	+7,1	+24,9	23 57
	30.	1,001	31,9	269,6	+6,7	+25,9	0 37
Okt	10.	0,999	32,0	137,6	+6,2	+26,3	1 16
	20.	0,996	32,1	5,7	+5,5	+25,9	1 56
	31.	0,993	32,2	220,6	+4,5	+24,7	2 39
Nov	10.	0,990	32,3	88,8	+3,4	+22,7	3 18
	20.	0,988	32,4	317,0	+2,2	+19,9	3 58
	30.	0,986	32,4	185,2	+1,0	+16,4	4 37
Dez	10.	0,985	32,5	53,4	–0,3	+12,4	5 17
	20.	0,984	32,5	281,6	–1,6	+ 7,9	5 56
	31.	0,983	32,5	136,7	–2,9	+ 2,6	6 39

Z.M. Zentralmeridian (Abnahme 13°,2/Tag), B_0 Neigung der Sonnenachse zur Erde, P Positionswinkel des Sonnen-Nordpols, Sternzeit Greenwich um 0^h UTC.

Beginn der synodischen Sonnenrotation nach Carrington 2016

Rot. Nr.	Datum		MEZ h m	Rot. Nr.	Datum		MEZ h m
2173	Jan	21.	20 56	2180	Jul	30.	16 39
2174	Feb	18.	5 08	2181	Aug	26.	22 14
2175	Mrz	16.	12 58	2182	Sep	23.	4 32
2176	Apr	12.	19 56	2183	Okt	20.	11 24
2177	Mai	10.	1 51	2184	Nov	16.	18 39
2178	Jun	6.	6 56	2185	Dez	14.	2 14
2179	Jul	3.	11 40				

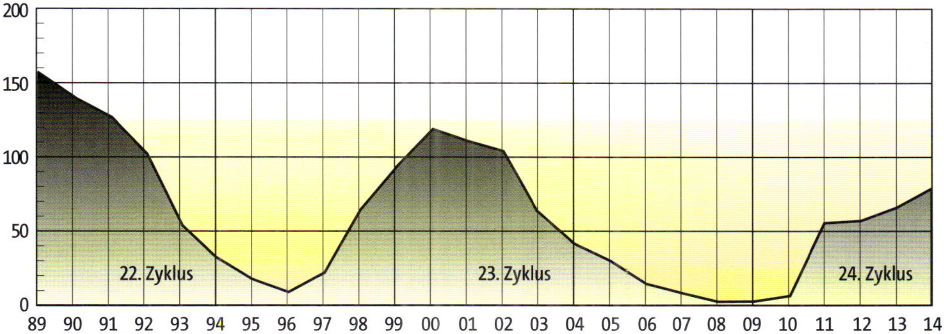

T.6 Jahresmittel der Sonnenfleckenrelativzahlen von 1989 bis 2014.

T.7 Monatsmittel der Sonnenfleckenrelativzahlen von Januar 2009 bis März 2015.

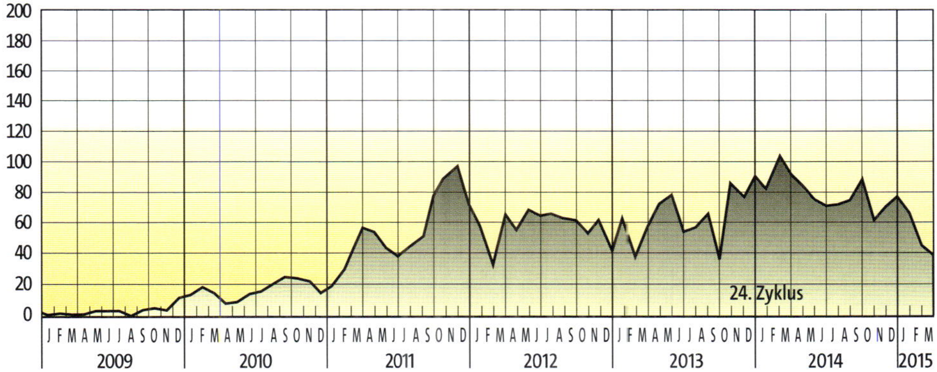

T.8 Stellung und relative Lage der zunehmenden Mondsichel zum Westhorizont jeweils am ersten Sichtbarkeitsabend nach Neumond eine halbe Stunde nach Sonnenuntergang im Jahre 2016.

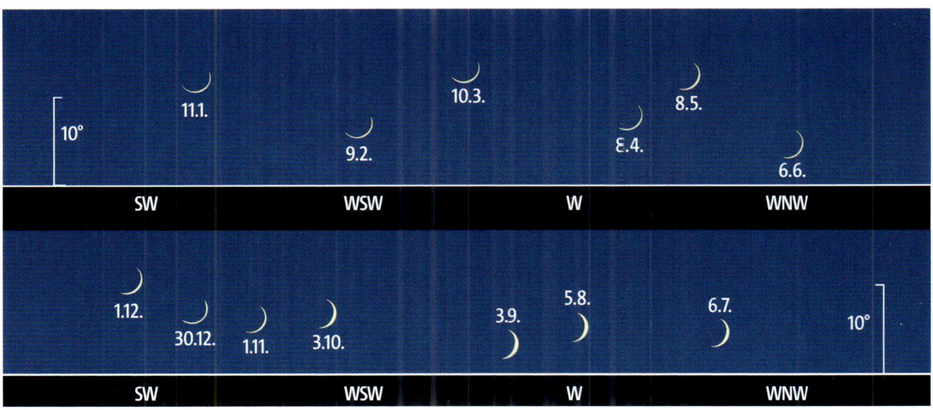

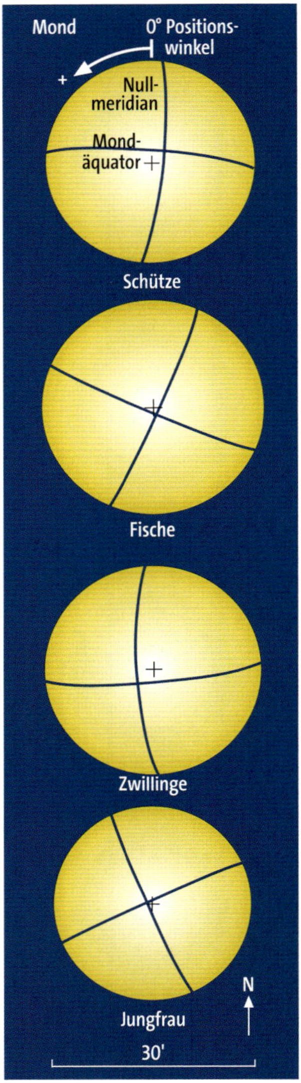

T.9 Lage des Nullmeridians und des Mondäquators relativ zum Beobachter auf der Erde in Abhängigkeit von der Position des Mondes im Tierkreis (siehe auch monatliche Rubrik „Der Mondlauf").

Sternbedeckungen durch den Mond 2016

Datum		MEZ h m	Stern	Hell. m	bel. %	E/A	P °
Jan	12.	17 35	λ Cap	5,6	8	E	25
	16.	19 55	**μ Psc**	4,8	47	E	60
	17.	21 00	25 Cet	6,5	59	E	80
	20.	1 10	75 Tau	5,0:	81	E	50
	20.	1 20	ϑ_1 Tau	3,8:	81	E	150
	20.	2 00	HR 1427	4,8:	81	E	95
	20.	4 25	Aldebaran	0,9	82	E	30
	21.	0 15	111 Tau	5,0	89	E	120
	30.	5 15	ϑ Vir	4,4:	68	A	340
Feb	13.	20 40	**ξ_1 Cet**	4,4:	33	E	125
	15.	21 25	HR 1279	6,0:	55	E	125
Mrz	15.	21 25	**130 Tau**	5,5	51	E	50
	16.	20 25	**26 Gem**	5,2	62	E	60
Apr	6.	8 30	Venus	–3,9	2	E	20
	6.	9 20	Venus	–3,9	2	A	295
	10.	19 50	70 Tau	6,5:	15	E	85
	10.	21 05	**ϑ_1 Tau**	3,8:	16	E	90
	10.	21 10	**ϑ_2 Tau**	3,4:	16	E	110
	10.	21 25	SAO 93961	6,6:	16	E	45
	10.	22 05	**HR 1427**	4,8:	16	E	40
	11.	19 15	111 Tau	5,0	24	E	90
	11.	21 00	117 Tau	5,8	25	E	120
	21.	1 30	ϑ Vir	4,4:	99	E	65
Mai	11.	19 55	1 Cnc	5,8	30	E	155
	14.	22 10	**48 Leo**	5,1	61	E	125
Jun	15.	23 35	**κ Vir**	4,2	82	E	105
	17.	20 25	η Lib	5,4	93	E	105
	26.	0 15	λ Aqr	3,7	69	A	305
Jul	29.	4 20	γ Tau	3,6	26	E	55
	29.	5 25	γ Tau	3,6	25	A	275
Sep	5.	19 40	95 Vir	5,5	17	E	90
	11.	21 00	HR 7241	6,3	72	E	30
	18.	23 00	ν Psc	4,5	93	A	185
	22.	0 00	σ Tau	5,1:	66	A	195
	22.	0 20	92 Tau	4,7	66	A	225
	23.	5 00	130 Tau	5,5	53	A	260
	24.	3 00	26 Gem	5,2	42	A	230
Okt	9.	18 55	HR 7743	5,7	55	E	25
	10.	21 35	HR 7865	6,2	66	E	115
	19.	1 25	γ Tau	3,6	88	A	260
	19.	5 00	ϑ_2 Tau	3,4:	87	E	120
	19.	5 55	ϑ_2 Tau	3,4:	87	A	225
	19.	6 00	ϑ_1 Tau	3,8:	87	A	250
	19.	6 55	HR 1427	4,8:	87	A	285
	25.	4 45	31 Leo	4,4	26	A	300
	26.	6 05	59 Leo	5,0	17	E	90
Nov	5.	16 40	43 Sgr	4,9	29	E	55
	10.	22 55	24 Psc	5,9:	81	E	85
Dez	6.	18 20	SAO 146161	6,7	43	E	30
	9.	20 45	89 Psc	5,1	76	E	120
	12.	22 55	γ Tau	3,6	98	E	110
	13.	3 20	ϑ_1 Tau	3,8:	98	E	115
	13.	3 30	ϑ_2 Tau	3,4:	98	E	145
	13.	6 25	**Aldebaran**	0,9	99	E	25

Hell. = Helligkeit („:" = Doppelstern), E/A = Eintritt/Austritt,
bel. = beleuchteter Teil der Mondscheibe, P = Positionswinkel
halbfett: Ereignis bereits im Fernglas sichtbar

Datum		MEZ h	Hamburg m	Hannover m	Berlin m	Dresden m	Leipzig m	Düsseldorf m	Frankfurt m	Nürnberg m	Stuttgart m	München m	Zürich m	Wien m
Jan	12.	17	39,1	37,8	38,8	38,0	37,8	36,0	35,7	36,2	35,0	36,0	34,0	38,3
	16.	19/20	55,9	55,2	59,1	59,4	57,9	51,5	53,4	56,2	53,9	57,0	52,9	02,9
	17.	20/21	57,1	57,1	01,3	02,5	00,7	53,7	56,5	00,1	57,9	01,7	57,9	07,9
	20.	1	08,5	08,1	11,0	11,3	10,3	05,6	07,4	09,6	08,3	10,4	08,3	13,8
	20.	1	09,6	13,3	13,4	18,2	17,1	17,4	22,3	25,1	30,7	33,8	–	29,3
	20.	1/2	55,6	57,3	58,0	00,2	59,5	58,0	00,3	02,0	02,7	04,2	04,9	04,8
	20.	4	26,9	26,1	–	–	–	25,4	25,4	–	–	–	–	–
	21.	0	06,8	08,6	12,0	15,2	13,4	07,7	12,2	16,2	15,9	19,9	19,1	24,0
	30.	5	06,8	09,4	11,0	15,1	13,6	09,7	13,4	17,0	16,6	20,2	18,6	24,2
Feb	13.	20	33,0	35,5	37,9	42,0	40,2	35,8	40,6	44,8	45,6	50,1	51,2	53,0
	15.	21	18,6	20,7	24,1	27,7	25,7	19,9	24,8	29,2	29,2	33,8	33,4	37,8
Mrz	15.	21	24,9	23,8	28,7	28,6	26,9	19,3	21,6	24,8	22,3	25,6	21,6	31,6
	16.	20	27,1	25,5	31,6	31,1	29,1	19,5	21,9	25,7	22,2	26,2	20,6	34,5
Apr	6.	8	39,9	36,6	38,7	35,1	35,1	32,0	29,8	29,3	26,4	26,2	22,3	29,9
	6.	9	19,3	18,8	25,5	25,9	23,4	13,3	16,3	20,5	16,9	21,0	15,1	30,0
	10.	19	47,2	48,4	50,1	51,9	50,9	47,9	50,3	52,5	52,3	54,4	53,9	56,5
	10.	21	02,6	04,1	04,4	06,2	05,8	05,1	06,9	08,2	08,9	10,0	10,9	10,0
	10.	21	05,0	07,0	06,8	09,2	08,8	08,8	10,9	12,1	13,5	14,5	16,3	13,7
	10.	21	24,4	24,3	25,6	25,8	25,4	23,5	24,5	25,5	25,2	26,1	25,7	27,1
	10.	22	03,0	02,9	03,8	03,8	03,5	02,3	03,0	03,5	03,5	03,9	03,9	04,3
	11.	19	10,6	11,5	15,0	16,8	15,2	09,4	12,7	16,1	14,9	18,2	16,1	22,7
	11.	20/21	55,0	57,2	58,0	00,9	00,0	58,7	01,7	03,7	04,9	06,7	08,1	07,1
	21.	1	29,1	29,0	35,5	36,7	34,2	23,8	27,7	32,5	29,2	34,1	28,7	42,6
Mai	11.	19/20	–	–	46,4	50,5	49,1	–	51,5	54,4	56,3	59,0	02,1	59,6
	14.	22	04,5	06,5	09,3	12,5	10,8	06,1	10,0	13,5	13,3	16,6	15,7	20,2
Jun	15.	23	29,8	31,3	35,2	38,0	36,0	29,3	33,3	37,4	36,1	40,1	37,5	45,5
	17.	20	–	–	29,0	28,5	26,8	–	–	23,8	21,0	23,9	19,5	31,0
	26.	0	15,6	14,7	16,5	15,7	15,2	12,8	12,6	13,1	11,8	12,3	10,4	15,1
Jul	29.	4	27,7	25,0	26,9	24,0	24,0	21,6	19,9	19,5	17,3	17,2	14,3	20,1
	29.	5	24,5	23,2	27,5	26,6	25,3	18,9	19,9	21,9	19,1	21,1	16,8	26,9
Sep	5.	19	33,1	34,8	36,8	39,3	38,1	34,4	37,5	40,3	40,0	42,6	41,8	45,2
	11.	20/21	02,7	01,0	04,5	03,6	02,6	56,5	57,3	59,3	56,4	58,8	54,1	04,6
	18.	22/23	09,1	05,8	06,7	01,9	03,0	02,1	59,1	56,6	54,5	51,0	49,3	–
	22.	23/0	08,7	05,2	04,4	58,7	00,7	02,7	58,3	54,0	52,8	–	–	–
	22.	0	24,5	22,0	22,9	19,7	20,1	19,2	17,0	15,7	14,0	12,8	10,8	13,2
	23.	4/5	59,3	58,3	03,5	03,1	01,3	53,2	54,9	57,8	54,3	57,2	51,6	04,7
	24.	2/3	07,5	04,8	07,1	03,8	03,8	00,9	59,0	58,4	55,9	55,1	51,8	57,2
Okt	9.	18	57,5	55,1	59,0	57,3	56,2	49,6	49,9	51,9	48,4	50,8	45,3	57,1
	10.	21	30,2	31,4	36,7	40,0	37,2	28,2	32,8	38,4	36,2	42,0	37,5	51,2
	19.	1	26,8	25,7	30,5	29,9	28,3	20,9	22,3	25,0	21,8	24,3	19,3	31,0
	19.	4/5	51,8	53,3	57,3	00,3	58,3	51,5	56,0	00,5	59,7	04,3	02,5	09,6
	19.	5	53,2	53,0	56,6	57,1	55,7	49,6	51,2	53,7	51,0	53,4	48,7	58,9
	19.	5/6	55,1	55,8	59,0	00,5	59,1	53,4	55,9	58,8	57,0	59,7	56,4	04,5
	19.	6/7	48,2	50,5	52,0	55,1	53,9	50,8	54,0	56,6	56,6	59,1	58,3	01,4
	25.	4	43,1	42,6	45,8	45,8	44,6	39,8	40,8	42,6	40,5	42,4	39,0	47,4
	26.	6	10,6	08,4	13,0	11,3	10,0	03,4	03,9	05,9	02,9	05,1	00,8	11,5
Nov	5.	16	36,6	35,5	41,0	40,8	38,9	–	–	35,7	–	35,8	30,0	43,8
	10.	22/23	52,4	52,8	56,8	58,5	56,6	49,8	52,9	56,5	54,6	58,4	54,8	04,6
Dez	6.	18	24,7	22,8	25,7	24,4	23,5	18,9	18,8	20,2	17,5	19,2	14,9	24,2
	9.	20/21	39,6	40,1	46,7	49,6	46,4	35,4	40,2	46,6	43,3	50,7	44,3	05,6
	12.	22/23	54,1	54,0	59,4	00,9	58,5	49,7	53,2	57,7	55,0	00,0	55,1	08,7
	13.	3	11,5	13,6	15,2	18,2	17,0	14,1	17,6	20,3	21,0	23,7	24,4	25,2
	13.	3	19,8	23,1	23,8	28,3	27,1	26,0	31,0	34,3	38,0	41,3	–	39,2
	13.	6	–	29,2	–	29,4	29,0	26,2	26,1	26,4	25,6	25,9	25,2	–

Unter jeder Stadt sind die Minuten und Zehntelminuten der Sternbedeckungszeit angegeben.

Sternzeit um 20^h MEZ = 21^h MESZ auf 10° östlicher Länge

Tag	Jan	Feb	Mrz	Apr	Mai	Jun	Jul	Aug	Sep	Okt	Nov	Dez
	h m	h m	h m	h m	h m	h m	h m	h m	h m	h m	h m	h m
1.	2 23	4 26	6 20	8 22	10 21	12 23	14 21	16 23	18 25	20 24	22 26	0 24
2.	2 27	4 30	6 24	8 26	10 24	12 27	14 25	16 27	18 29	20 28	22 30	0 28
3.	2 31	4 34	6 28	8 30	10 28	12 31	14 29	16 31	18 33	20 32	22 34	0 32
4.	2 35	4 38	6 32	8 34	10 32	12 35	14 33	16 35	18 37	20 36	22 38	0 36
5.	2 39	4 41	6 36	8 38	10 36	12 39	14 37	16 39	18 41	20 40	22 42	0 40
6.	2 43	4 45	6 40	8 42	10 40	12 42	14 41	16 43	18 45	20 43	22 46	0 44
7.	2 47	4 49	6 44	8 46	10 44	12 46	14 45	16 47	18 49	20 47	22 50	0 48
8.	2 51	4 53	6 48	8 50	10 48	12 50	14 49	16 51	18 53	20 51	22 54	0 52
9.	2 55	4 57	6 52	8 54	10 52	12 54	14 53	16 55	18 57	20 55	22 58	0 56
10.	2 59	5 01	6 56	8 58	10 56	12 58	14 57	16 59	19 01	20 59	23 01	1 00
11.	3 03	5 05	6 59	9 02	11 00	13 02	15 00	17 03	19 05	21 03	23 05	1 04
12.	3 07	5 09	7 03	9 06	11 04	13 06	15 04	17 07	19 09	21 07	23 09	1 08
13.	3 11	5 13	7 07	9 10	11 08	13 10	15 08	17 11	19 13	21 11	23 13	1 12
14.	3 15	5 17	7 11	9 14	11 12	13 14	15 12	17 15	19 17	21 15	23 17	1 16
15.	3 19	5 21	7 15	9 17	11 16	13 18	15 16	17 18	19 21	21 19	23 21	1 19
16.	3 23	5 25	7 19	9 21	11 20	13 22	15 20	17 22	19 25	21 23	23 25	1 23
17.	3 27	5 29	7 23	9 25	11 24	13 26	15 24	17 26	19 29	21 27	23 29	1 27
18.	3 31	5 33	7 27	9 29	11 28	13 30	15 28	17 30	19 33	21 31	23 33	1 31
19.	3 34	5 37	7 31	9 33	11 32	13 34	15 32	17 34	19 36	21 35	23 37	1 35
20.	3 38	5 41	7 35	9 37	11 35	13 38	15 36	17 38	19 40	21 39	23 41	1 39
21.	3 42	5 45	7 39	9 41	11 39	13 42	15 40	17 42	19 44	21 43	23 45	1 43
22.	3 46	5 49	7 43	9 45	11 43	13 46	15 44	17 46	19 48	21 47	23 49	1 47
23.	3 50	5 52	7 47	9 49	11 47	13 49	15 48	17 50	19 52	21 50	23 53	1 51
24.	3 54	5 56	7 51	9 53	11 51	13 53	15 52	17 54	19 56	21 54	23 57	1 55
25.	3 58	6 00	7 55	9 57	11 55	13 57	15 56	17 58	20 00	21 58	0 01	1 59
26.	4 02	6 04	7 59	10 01	11 59	14 01	16 00	18 02	20 04	22 02	0 05	2 03
27.	4 06	6 08	8 03	10 05	12 03	14 05	16 04	18 06	20 08	22 06	0 08	2 07
28.	4 10	6 12	8 06	10 09	12 07	14 09	16 07	18 10	20 12	22 10	0 12	2 11
29.	4 14	6 16	8 10	10 13	12 11	14 13	16 11	18 14	20 16	22 14	0 16	2 15
30.	4 18	–	8 14	10 17	12 15	14 17	16 15	18 18	20 20	22 18	0 20	2 19
31.	4 22	–	8 18	–	12 19	–	16 19	18 22	–	22 22	–	2 23

Korrektur für andere östliche geografische Längen

Länge	4°	5°	6°	7°	8°	9°	11°	12°	13°	14°	15°	16°
Korr.	-24^m	-20^m	-16^m	-12^m	-8^m	-4^m	$+4^m$	$+8^m$	$+12^m$	$+16^m$	$+20^m$	$+24^m$

Korrektur für andere Uhrzeiten derselben Nacht (Datumswechsel um Mitternacht)

MEZ	18^h	19^h	21^h	22^h	23^h	0^h	1^h	2^h	3^h	4^h	5^h	6^h
MESZ	19^h	20^h	22^h	23^h	0^h	1^h	2^h	3^h	4^h	5^h	6^h	7^h
Korr.	-2^h00^m	-1^h00^m	$+1^h00^m$	$+2^h00^m$	$+3^h00^m$	$+4^h01^m$	$+5^h01^m$	$+6^h01^m$	$+7^h01^m$	$+8^h01^m$	$+9^h01^m$	$+10^h02^m$

Erläuterungen siehe auch Seite 14 unter „Sternzeit".
Die obige Tabelle gibt für jeden Tag des Jahres die Sternzeit um 20^h MEZ (= 21^h Sommerzeit) am Meridian 10° östlicher Länge an. Für den Ortsmeridian des Beobachters ist eine Korrektur entsprechend der geografischen Längendifferenz zu 10° östlicher Länge anzubringen. Pro Längengrad beträgt diese Korrektur vier Minuten. Für Orte westlich des Meridians ist die Korrektur abzuziehen, für Orte östlich hingegen zu addieren. Auf der rechten Seite findet man in der Tabelle „Geografische Koordinaten größerer Städte" in der letzten Spalte die Zeitkorrektur vermerkt. Wer zu einer anderen Zeit als 20^h beobachtet, muss noch die Zeitkorrektur gemäß der obigen Tabelle anbringen. Beispiel: Wieviel Uhr Sternzeit ist es am 25. März um 23^h in München? Aus der Tabelle entnimmt man: Sternzeit am 25. März um 20^h = 7^h55^m. Dies gilt für 10° östlicher Länge. Die Zeitkorrektur für München beträgt laut Tabelle rechts sechs Minuten. Da München östlich vom 10°-Meridian liegt, sind diese sechs Minuten zu addieren, und man erhält 8^h01^m (Achtung: Das Vorzeichen in der Spalte Zeitkorrektur der rechten Tabelle gilt für die Korrektur der Kulminationszeiten! Für die Sternzeitberechnung kehren sich die Vorzeichen um!). Am 25. März ist es also um 20^h MEZ 8^h01^m Sternzeit. Für 23^h MEZ ist gemäß obiger Tabelle die Korrektur von 3^h00^m anzubringen; um 23^h MEZ ist es also am 25. März in München 11^h01^m Sternzeit.

Geografische Koordinaten größerer Städte mit Zeitkorrektur

Stadt	östl. Länge	nördl. Breite	Zeitkorrektur gegen 10° östl. Länge
Aachen	6°1	50°8	+16^m
Amsterdam	4,9	52,4	+20
Antwerpen	4,4	51,2	+22
Augsburg	10,9	48,4	− 4
Baden-Baden	8,2	48,8	+ 7
Basel	7,6	47,6	+ 9
Berlin	13,4	52,5	−14
Bern	7,4	46,9	+10
Bielefeld	8,5	52,0	+ 6
Bochum	7,2	51,5	+11
Bonn	7,1	50,7	+12
Bozen	11,3	46,5	− 5
Braunschweig	10,5	52,3	− 2
Bregenz	9,8	47,5	+ 1
Bremen	8,8	53,1	+ 5
Brünn	16,6	49,2	−26
Brüssel	4,3	50,8	+23
Chemnitz	12,9	50,8	−12
Coburg	11,0	50,3	− 4
Darmstadt	8,7	49,9	+ 5
Dortmund	7,5	51,5	+10
Dresden	13,7	51,1	−15
Düsseldorf	6,8	51,2	+13
Duisburg	6,8	51,4	+13
Eisenach	10,3	51,0	− 1
Emden	7,2	53,4	+11
Erfurt	11,0	51,0	− 4
Essen	7,0	51,5	+12
Frankfurt (Main)	8,7	50,1	+ 5
Frankfurt (Oder)	14,6	52,3	−18
Freiburg (Breisgau)	7,9	48,0	+ 9
Genf	6,2	46,2	+15
Görlitz	15,0	51,2	−20
Graz	15,5	47,1	−22
Halle	12,0	51,5	− 8
Hamburg	10,0	53,6	0
Hannover	9,7	52,4	+ 1
Heidelberg	8,7	49,4	+ 5
Heilbronn	9,2	49,1	+ 3
Innsbruck	11,4	47,3	− 6
Kaiserslautern	7,8	49,4	+ 9
Karlsruhe	8,4	49,0	+ 6
Kassel	9,5	51,3	+ 2
Kiel	10°1	54°3	− 1^m
Klagenfurt	14,3	46,6	−17
Koblenz	7,6	50,4	+10
Köln	7,0	50,9	+12
Konstanz	9,2	47,7	+ 3
Krefeld	6,6	51,3	+14
Leipzig	12,4	51,3	−10
Linz (Donau)	14,3	48,3	−17
Ludwigshafen (Rh.)	8,4	49,5	+ 6
Lübeck	10,7	53,9	− 3
Lüttich	5,5	50,6	+18
Luxemburg	6,1	49,6	+15
Magdeburg	11,6	52,1	− 7
Mailand	9,2	45,5	+ 3
Mainz	8,3	50,0	+ 7
Mannheim	8,5	49,5	+ 6
Mönchengladbach	6,4	51,2	+14
München	11,6	48,1	− 6
Münster	7,6	52,0	+10
Nürnberg	11,1	49,5	− 4
Osnabrück	8,0	52,3	+ 8
Potsdam	13,1	52,4	−12
Prag	14,4	50,1	−18
Regensburg	12,1	49,0	− 8
Reutlingen	9,2	48,5	+ 3
Rostock	12,1	54,1	− 8
Rotterdam	4,5	51,9	+22
Saarbrücken	7,0	49,2	+12
Salzburg	13,1	47,8	−12
Schwerin	11,4	53,6	− 6
Stralsund	13,1	54,3	−12
Straßburg	7,7	48,6	+ 9
Stuttgart	9,2	48,8	+ 3
Trier	6,6	49,8	+13
Tübingen	9,1	48,5	+ 4
Ulm	10,0	48,4	0
Wien	16,4	48,2	−25
Wiesbaden	8,2	50,1	+ 7
Wilhelmshaven	8,1	53,5	+ 8
Worms	8,4	49,6	+ 7
Würzburg	9,9	49,8	0
Wuppertal	7,1	51,3	+11
Zürich	8,6	47,4	+ 6

Erläuterungen siehe auch Seite 13/14 unter „Auf- und Untergangszeiten".
Die Tabelle enthält die geografischen Koordinaten einiger größerer Städte in Mitteleuropa. In der vierten Spalte ist der Zeitunterschied der Ortszeit zum Meridian 10° östlicher Länge in Minuten angegeben. Um diesen Betrag kulminieren die Gestirne in der jeweiligen Stadt früher (negativer Wert) oder später (positiver Wert). Beispiel: Für Stuttgart findet man +3^m, für München −6^m.
In Stuttgart gehen die Gestirne jeweils drei Minuten später durch den Meridian als im Himmelsjahr angegeben, in München dagegen um sechs Minuten früher.
Die Auf- und Untergangszeiten sind außer von der geografischen Länge auch noch von der geografischen Breite abhängig. Um sie für einen bestimmten Ort zu korrigieren, benutze man das Nomogramm auf Seite 292.

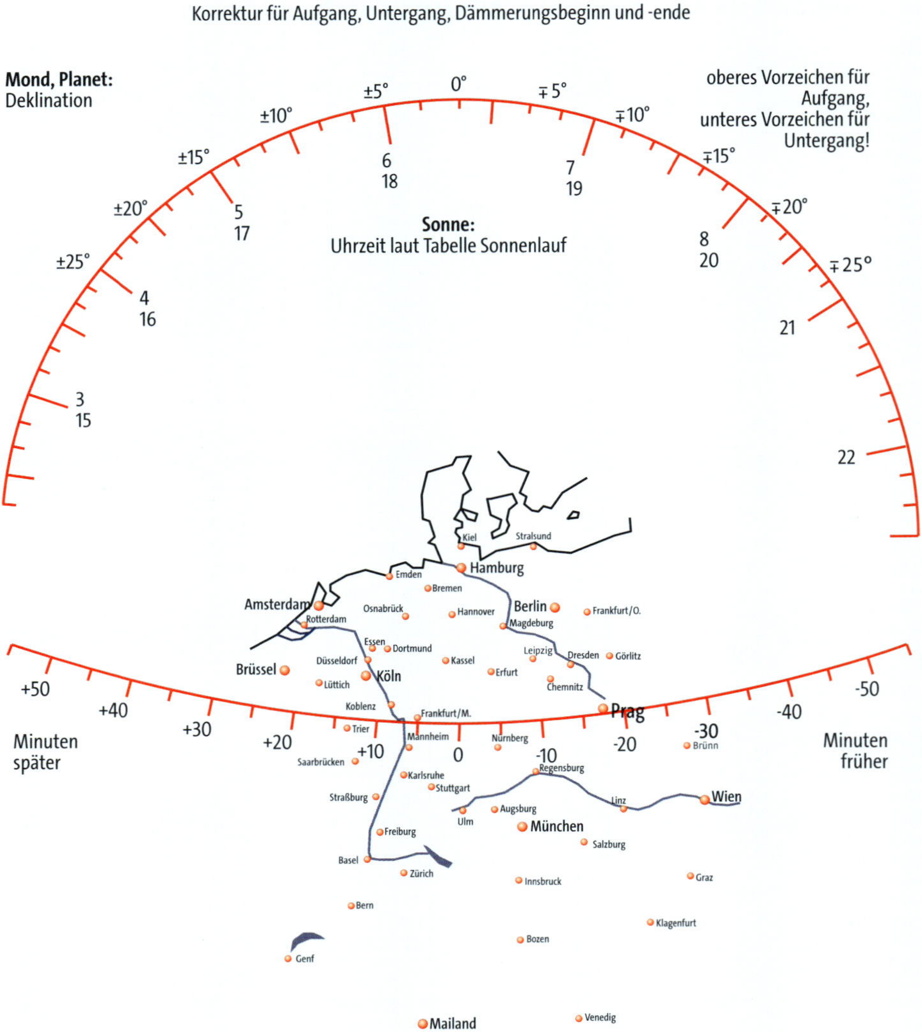

T.10 Nomogramm zur Bestimmung der Auf- und Untergangszeiten (Erläuterungen siehe Seite 13).

Korrektur für Auf- und Untergangszeiten

Sonne: Datum:			Jan. 21.	Febr. 8.	Febr. 23.	März 8.	März 20.	April 2.	April 16.	Mai 1.	Mai 20.	Juni 21.
		Dez. 22.	Nov. 22.	Nov. 3.	Okt. 19.	Okt. 6.	Sept. 23.	Sept. 10.	Aug. 27.	Aug. 12.	Juli 24.	
Mond, Planet:												
Deklination		−25°	−20°	−15°	−10°	− 5°	0°	+ 5°	+10°	+15°	+20°	+25°
Hamburg	Aufgang	$+21^m$	$+15^m$	$+10^m$	$+6^m$	$+3^m$	$+1^m$	-4^m	-7^m	-11^m	-16^m	-22^m
	Unterg.	−21	−15	−10	− 6	− 3	+ 1	+ 4	+ 7	+11	+16	+22
Hannover	Aufgang	+14	+11	+ 8	+ 5	+ 3	+ 1	− 1	− 4	− 6	− 9	−13
	Unterg.	−12	− 9	− 6	− 3	− 1	+ 1	+ 3	+ 6	+ 8	+11	+15
Berlin	Aufgang	+ 1	− 3	− 6	− 9	−12	−14	−16	−19	−21	−25	−29
	Unterg.	−28	−24	−21	−18	−16	−14	−11	− 9	− 6	− 3	+ 1
Dresden	Aufgang	− 9	−11	−12	−13	−14	−15	−16	−17	−18	−19	−21
	Unterg.	−20	−19	−18	−17	−16	−15	−14	−13	−12	−11	− 9
Leipzig	Aufgang	− 2	− 4	− 6	− 7	− 8	−10	−11	−12	−13	−15	−17
	Unterg.	−17	−15	−13	−12	−11	−10	− 8	− 7	− 6	− 4	− 2
Düsseldorf	Aufgang	+19	+18	+16	+15	+14	+13	+12	+11	+10	+ 8	+ 6
	Unterg.	+ 7	+ 8	+10	+11	+12	+13	+14	+15	+16	+18	+20
Frankfurt	Aufgang	+ 6	+ 6	+ 6	+ 5	+ 5	+ 5	+ 5	+ 5	+ 5	+ 5	+ 4
	Unterg.	+ 4	+ 5	+ 5	+ 5	+ 5	+ 5	+ 5	+ 5	+ 6	+ 6	+ 6
Nürnberg	Aufgang	− 6	− 6	− 5	− 5	− 4	− 4	− 3	− 3	− 2	− 2	− 1
	Unterg.	− 1	− 2	− 2	− 3	− 3	− 4	− 4	− 5	− 5	− 6	− 6
Stuttgart	Aufgang	− 3	− 1	0	+ 1	+ 2	+ 3	+ 4	+ 5	+ 6	+ 7	+ 9
	Unterg.	+ 9	+ 7	+ 6	+ 5	+ 4	+ 3	+ 2	+ 1	0	− 1	− 3
München	Aufgang	−15	−13	−11	− 9	− 8	− 6	− 5	− 3	− 1	+ 1	+ 3
	Unterg.	+ 3	0	− 2	− 3	− 5	− 6	− 8	− 9	−11	−13	−16
Zürich	Aufgang	− 7	− 3	0	+ 2	+ 4	+ 6	+ 8	+11	+13	+16	+20
	Unterg.	+19	+15	+12	+10	+ 8	+ 6	+ 4	+ 1	− 1	−4	− 8
Wien	Aufgang	−34	−32	−30	−28	−27	−25	−24	−22	−21	−19	−16
	Unterg.	−17	−19	−21	−22	−24	−25	−27	−28	−30	−32	−35
Halber Tagbogen												
53° nördl. Breite		3^h32^m	4^h09^m	4^h41^m	5^h10^m	5^h37^m	6^h04^m	6^h31^m	6^h58^m	7^h28^m	8^h00^m	8^h38^m
50° nördl. Breite		3 50	4 21	4 50	5 15	5 40	6 04	6 28	6 52	7 19	7 47	8 20
47° nördl. Breite		4 04	4 32	4 57	5 20	5 42	6 03	6 25	6 47	7 11	7 36	8 04

\+ positiv: Korrektur addieren, Auf- oder Untergang findet später statt
− negativ: Korrektur subtrahieren, Auf- oder Untergang findet früher statt

Beispiel: Auf- und Untergang der Sonne am 20. März in Stuttgart.
Laut Tabelle „Sonnenlauf“ auf Seite 78 lauten die Werte 6^h22^m und 18^h33^m für 50° Nord und 10° Ost.
Korrektur +3 und +3. Also geht die Sonne in Stuttgart um 6^h25^m auf und um 18^h36^m unter.
Für Daten und Deklinationen, die nicht in obiger Tabelle aufgeführt sind, nimmt man den nächstliegenden Wert, ohne einen großen Fehler zu begehen.

2017

Januar

Mo		2	9	16	23	30
Di		3	10	17	24	31
Mi		4	11	18	25	
Do		5☽	12○	19☾	26	
Fr		6	13	20	27	
Sa		7	14	21	28●	
So	1	8	15	22	29	

Februar

Mo		6	13	20	27
Di		7	14	21	28
Mi	1	8	15	22	
Do	2	9	16	23	
Fr	3	10	17	24	
Sa	4☽	11○	18☾	25	
So	5	12	19	26●	

März

Mo		6	13	20☾	27
Di		7	14	21	28●
Mi	1	8	15	22	29
Do	2	9	16	23	30
Fr	3	10	17	24	31
Sa	4	11	18	25	
So	5☽	12○	19	26	

April

Mo		3☽	10	17	24
Di		4	11○	18	25
Mi		5	12	19☾	26●
Do		6	13	20	27
Fr		7	14	21	28
Sa	1	8	15	22	29
So	2	9	16	23	30

Mai

Mo	1	8	15	22	29
Di	2	9	16	23	30
Mi	3☽	10○	17	24	31
Do	4	11	18	25●	
Fr	5	12	19☾	26	
Sa	6	13	20	27	
So	7	14	21	28	

Juni

Mo		5	12	19	26
Di		6	13	20	27
Mi		7	14	21	28
Do	1☽	8	15	22	29
Fr	2	9○	16	23	30
Sa	3	10	17☾	24●	
So	4	11	18	25	

Juli

Mo		3	10	17	24	31
Di		4	11	18	25	
Mi		5	12	19	26	
Do		6	13	20	27	
Fr		7	14	21	28	
Sa	1☽	8	15	22	29	
So	2	9○	16☾	23●	30☽	

August

Mo		7○	14	21●	28
Di	1	8	15☾	22	29☽
Mi	2	9	16	23	30
Do	3	10	17	24	31
Fr	4	11	18	25	
Sa	5	12	19	26	
So	6	13	20	27	

September

Mo		4	11	18	25
Di		5	12	19	26
Mi		6○	13☾	20●	27
Do		7	14	21	28☽
Fr	1	8	15	22	29
Sa	2	9	16	23	30
So	3	10	17	24	

Oktober

Mo		2	9	16	23	30
Di		3	10	17	24	31
Mi		4	11	18	25	
Do		5○	12☾	19●	26	
Fr		6	13	20	27☽	
Sa		7	14	21	28	
So	1	8	15	22	29	

November

Mo		6	13	20	27
Di		7	14	21	28
Mi	1	8	15	22	29
Do	2	9	16	23	30
Fr	3	10☾	17	24	
Sa	4○	11	18●	25	
So	5	12	19	26☽	

Dezember

Mo		4	11	18●	25
Di		5	12	19	26☽
Mi		6	13	20	27
Do		7	14	21	28
Fr	1	8	15	22	29
Sa	2	9	16	23	30
So	3○	10☾	17	24	31

Feiertage:

Aschermittwoch:	1. März	Pfingstsonntag:	4. Juni	Totensonntag:	26. November
Ostersonntag:	16. April	Fronleichnam:	15. Juni	1. Advent:	3. Dezember
Chr. Himmelfahrt:	25. Mai	Buß- und Bettag:	22. November		

Das Jahr 2017 ist ein **Gemeinjahr** zu 365 Tagen.

Beginn der Jahreszeiten:

Frühling: 20. März 11^h30^m
Sommer: 21. Juni 5^h25^m
Herbst: 22. September 21^h03^m
Winter: 21. Dezember 17^h29^m
Erde in Sonnennähe: 4. Januar 15^h
Erde in Sonnenferne: 3. Juli 21^h

Finsternisse:

11. Februar: *Halbschattenfinsternis des Mondes*
26. Februar: Ringförmige Sonnenfinsternis
7. August: *Partielle Mondfinsternis*
21. August: Totale Sonnenfinsternis

Planeten:

Innere Planeten

Merkur:	Größte östliche Elongation:	**1. Apr.**	(19°)	30. Juli	(27°)	24. Nov.	(22°)
	Größte westliche Elongation:	*19. Jan.*	(24°)	17. Mai	(26°)	**12. Sep.**	(18°)
Venus:	Größte östliche Elongation:	12. Januar	(47°)	Größte westliche Elongation:		3. Juni	(46°)
	Untere Konjunktion:	25. März					

Äußere Planeten	Opposition	(Mio. km)	im Sternbild	Konjunktion
Mars:	–	–	–	27. Juli
Jupiter:	7. April	666	Jungfrau	26. Oktober
Saturn:	15. Juni	1353	Schlangenträger	21. Dezember
Uranus:	19. Oktober	2830	Fische	14. April
Neptun:	5. September	4329	Wassermann	2. März
Pluto:	10. Juli	4839	Schütze	7. Januar

2018

Januar

Mo	1	8☾	15	22	29
Di	2○	9	16	23	30
Mi	3	10	17●	24☽	31○
Do	4	11	18	25	
Fr	5	12	19	26	
Sa	6	13	20	27	
So	7	14	21	28	

Februar

Mo		5	12	19	26
Di		6	13	20	27
Mi		7☾	14	21	28
Do	1	8	15●	22	
Fr	2	9	16	23☽	
Sa	3	10	17	24	
So	4	11	18	25	

März

Mo		5	12	19	26
Di		6	13	20	27
Mi		7	14	21	28
Do	1	8	15	22	29
Fr	2○	9☾	16	23	30
Sa	3	10	17●	24☽	31○
So	4	11	18	25	

April

Mo		2	9	16●	23	30○
Di		3	10	17	24	
Mi		4	11	18	25	
Do		5	12	19	26	
Fr		6	13	20	27	
Sa		7	14	21	28	
So	1	8☾	15	22☽	29	

Mai

Mo		7	14	21	28
Di	1	8☾	15●	22☽	29○
Mi	2	9	16	23	30
Do	3	10	17	24	31
Fr	4	11	18	25	
Sa	5	12	19	26	
So	6	13	20	27	

Juni

Mo		4	11	18	25
Di		5	12	19	26
Mi		6☾	13●	20☽	27
Do		7	14	21	28○
Fr	1	8	15	22	29
Sa	2	9	16	23	30
So	3	10	17	24	

Juli

Mo		2	9	16	23	30
Di		3	10	17	24	31
Mi		4	11	18	25	
Do		5	12	19☽	26	
Fr		6☾	13●	20	27○	
Sa		7	14	21	28	
So	1	8	15	22	29	

August

Mo		6	13	20	27
Di		7	14	21	28
Mi	1	8	15	22	29
Do	2	9	16	23	30
Fr	3	10	17	24	31
Sa	4☾	11●	18☽	25	
So	5	12	19	26○	

September

Mo		3☾	10	17☽	24
Di		4	11	18	25○
Mi		5	12	19	26
Do		6	13	20	27
Fr		7	14	21	28
Sa	1	8	15	22	29
So	2	9●	16	23	30

Oktober

Mo	1	8	15	22	29
Di	2☾	9●	16☽	23	30
Mi	3	10	17	24○	31☾
Do	4	11	18	25	
Fr	5	12	19	26	
Sa	6	13	20	27	
So	7	14	21	28	

November

Mo		5	12	19	26
Di		6	13	20	27
Mi		7●	14	21	28
Do	1	8	15☽	22	29
Fr	2	9	16	23○	30☾
Sa	3	10	17	24	
So	4	11	18	25	

Dezember

Mo		3	10	17	24	31
Di		4	11	18	25	
Mi		5	12	19	26	
Do		6	13	20	27	
Fr		7●	14	21	28	
Sa	1	8	15☽	22○	29☾	
So	2	9	16	23	30	

Feiertage:

Aschermittwoch:	14. Februar	Pfingstsonntag:	20. Mai	Totensonntag:	25. November
Ostersonntag:	1. April	Fronleichnam:	31. Mai	1. Advent:	2. Dezember
Chr. Himmelfahrt:	10. Mai	Buß- und Bettag:	21. November		

Das Jahr 2018 ist ein **Gemeinjahr** zu 365 Tagen.

Beginn der Jahreszeiten:

Frühling: 20. März 17^h17^m
Sommer: 21. Juni 11^h08^m
Herbst: 23. September 2^h55^m
Winter: 21. Dezember 23^h24^m
Erde in Sonnennähe: 3. Januar 7^h
Erde in Sonnenferne: 6. Juli 18^h

Finsternisse:

31. Januar: Totale Mondfinsternis
15. Februar: Partielle Sonnenfinsternis
13. Juli: Partielle Sonnenfinsternis
27. Juli: **Totale Mondfinsternis**
11. August: Partielle Sonnenfinsternis

Planeten:

Innere Planeten

Merkur:	Größte östliche Elongation:	**15. März**	(18°)	*12. Juli*	(26°)	6. Nov.	(23°)		
	Größte westliche Elongation:	**1. Jan.**	(23°)	29. April	(27°)	**26. Aug.**	(18°)	*15. Dez.*	(21°)

Venus: Obere Konjunktion: 9. Januar; Untere Konjunktion: 27. Oktober; Größte östliche Elongation: 17. August (46°)

Äußere Planeten	Opposition	(Mio. km)	im Sternbild	Konjunktion
Mars:	27. Juli	57,6	Steinbock	–
Jupiter:	9. Mai	658	Waage	26. November
Saturn:	27. Juni	1354	Schütze	–
Uranus:	24. Oktober	2824	Widder	18. April
Neptun:	7. September	4328	Wassermann	4. März
Pluto:	12. Juli	4874	Schütze	9. Januar

Astronomische Institute, Planetarien und Sternwarten

Augsburg
ṡ-Planetarium
Im Thäle 3
86152 Augsburg
Tel.: (08 21) 3 24 67 62

Bamberg
Dr.-Remeis-Sternwarte Bamberg
Astronomisches Institut der Universität Erlangen-Nürnberg
Sternwartstraße 7
96049 Bamberg
Tel.: (09 51) 9 52 22 0
www.sternwarte.uni-erlangen.de

Berlin
Zentrum für Astron. und Astrophysik
Technische Universität Berlin
Hardenbergstraße 36
10623 Berlin
Tel.: (0 30) 31 42 37 34
www-astro.physik.TU-Berlin.de

Archenhold-Sternwarte
Alt-Treptow 1
12435 Berlin-Treptow
Tel.: (0 30) 5 34 80 80
www.astw.de

Wilhelm-Foerster-Sternwarte und Planetarium
Munsterdamm 90
12169 Berlin
Tel.: (0 30) 7 90 09 30
www.planetarium-berlin.de

Zeiss-Großplanetarium Berlin
Prenzlauer Allee 80
10405 Berlin
Tel.: (0 30) 4 21 84 50
www.astw.de

Bern
Astrodrom
Universität Bern
Muesmattstr. 29
CH-3012 Bern
Tel.: ++41 (3) 16 31 86 52
E-Mail: schweng@sis.unibe.ch

Bochum
Astronomisches Institut der Ruhr-Universität
Universitätsstr. 150/NA7
44780 Bochum
Tel.: (02 34) 32 2 34 54
www.astro.ruhr-uni-bochum.de

Planetarium und Sternwarte
Castroper Straße 67
44777 Bochum
Tel.: (02 34) 32 2 34 54
www.planetarium-bochum.de

Bonn
Argelander Institut
Auf dem Hügel 71
53121 Bonn
Tel. Sternwarte: (02 28) 73 36 55, 56
Tel. Radioastronomie: (02 28) 73 36 57, 58
Tel. Astrophysik: (02 28) 73 36 71, 76
www.astro.uni-bonn.de

Radioobservatorium Effelsberg
53902 Bad Münstereifel
Tel.: (0 22 57) 30 11 01

Max-Planck-Institut für Radioastronomie
Auf dem Hügel 69
53121 Bonn
Tel.: (02 28) 52 50
www.mpifr-bonn.mpg.de

Bremen
Sternwarte der Olbers-Gesellschaft
Olbers-Planetarium der Hochschule
Werderstr. 73
28199 Bremen
Tel.: (04 21) 70 68 82
http://olbers.hs-bremerhaven.de/

Cottbus
Raumflugplanetarium Juri Gagarin
Lindenplatz 21
03044 Cottbus
Tel.: (03 55) 71 31 09
www.planetarium-cottbus.de

Freiburg im Breisgau
Kiepenheuer-Institut für Sonnenphysik
Schöneckstraße 6
79104 Freiburg
Tel.: (07 61) 31 98 0
www.kis.uni-freiburg.de

Planetarium Freiburg
Bismarckallee 7 g
79098 Freiburg
Tel.: (07 61) 3 89 06 30
www.planetarium-freiburg.de

Garching siehe **München**

Göttingen
Institut für Astrophysik;
Georg-August-Universität Göttingen
Friedrich-Hund-Platz 1
37077 Göttingen
Tel.: (05 51) 39 50 42/39 50 53
www.astro.physik.uni-goettingen.de

Max-Planck-Institut für Sonnensystemforschung
Justus-von-Liebig-Weg 3
37077 Göttingen
Tel.: 0551 384 979-0
www.mps.mpg.de

Graz
Sektion Astrophysik des Instituts für Geophysik, Astrophysik und Meteorologie der Universität Graz
Universitätsplatz 5
A-8010 Graz
Tel.: ++43 (0) 316 380 52 70
www.kfunigraz.ac.at/igam

Hamburg
Hamburger Sternwarte
Gojenbergsweg 112
21029 Hamburg
Tel.: (0 40) 4 28 91-41 42
www.hs.uni-hamburg.de

Planetarium
Hindenburgstraße 1 b
22303 Hamburg
Tel.: (0 40) 4 28 86 52 52
www.planetarium-hamburg.de

Hannover
Astronomische Station am Institut für Erdmessung der Universität
Schneiderberg 50
30167 Hannover
Tel.: (05 11) 7 62 24 75

Heidelberg
Astronomisches Rechen-Institut
Mönchhofstraße 12–14
69120 Heidelberg
Tel.: (0 62 21) 40 50
www.ari.uni-heidelberg.de

Institut für Theoretische Astrophysik
Albert-Überle-Str. 2
69120 Heidelberg
Tel.: (0 62 21) 54 48 37
www.ita.uni-heidelberg.de

Heidelberg (Forts.)
Max-Planck-Institut für Astronomie
Königstuhl 17
69117 Heidelberg
Tel.: (0 62 21) 52 80
www.mpia.de

Landessternwarte Königstuhl 12
69117 Heidelberg
Tel.: (0 62 21) 50 90
www.lsw.uni-heidelberg.de

Innsbruck
Institut für Astro- und Teilchenphysik
Technikerstraße 25
A-6020 Innsbruck
Tel.: ++43 (0) 512 5 07 60 31
http://astro.uibk.ac.at/

Jena
Universitäts-Sternwarte
Schillergäßchen 2
07745 Jena
Tel.: (0 36 41) 94 75 01
www.astro.uni-jena.de

Planetarium
Am Planetarium 5
07743 Jena
Tel: (036 41) 94 75 01
www.planetarium-jena.de

Kassel
Planetarium im Museum für
Astronomie und Technikgeschichte
Orangerie
An der Karlsaue 20 c
34121 Kassel
www.astronomie-kassel.de

Kiel
Institut für Theoretische Physik und
Astrophysik
Leibnizstr. 15
24118 Kiel
www.astrophysik.uni-kiel.de

Kieler Planetarium e. V.
Fachhochschule Kiel
Sokratesplatz 6
24149 Kiel
Tel: (04 31) 2 10 17 41
www.Kieler-planetarium.de

Laupheim
Volkssternwarte und Planetarium
Milchstraße 1
88471 Laupheim
Tel.: (0 73 92) 9 10 59
www.planetarium-laupheim.de

Luzern
Planetarium im Verkehrshaus
der Schweiz
Lidostraße 5
CH-6006 Luzern
Tel.: ++41 (0 41) 3 70 44 44
www.verkehrshaus.ch

Mannheim
Planetarium
Wilhelm-Varnholt-Allee 1
68165 Mannheim
Tel.: (06 21) 41 56 92
www.planetarium-mannheim.de

München
Europäische Südsternwarte (ESO)
Karl-Schwarzschild-Straße 2
85748 Garching
Tel.: (0 89) 32 00 62 76
www.eso.org

Institut für Astronomie und
Astrophysik der Universität München
Scheinerstraße 1
81679 München
Tel.: (0 89) 21 80 60 01
www.usm.uni-muenchen.de

Max-Planck-Institut für Astrophysik
Karl-Schwarzschild-Str. 1
85741 Garching
Tel.: (0 89) 3 00 00 0
www.mpa-garching.mpg.de

Max-Planck-Institut
für extraterrestrische Physik
Giessenbachstraße 1
85748 Garching
Tel.: (0 89) 3 00 00 0
www.mpe.mpg.de

Planetarium und Bayerische
Volkssternwarte
Rosenheimer Str. 145 h
81671 München
Tel.: (0 89) 40 62 39
www.sternwarte-muenchen.de

München (Forts.)
Planetarium Deutsches Museum
Museumsinsel 1
80538 München
www.deutsches-museum.de

Münster
Planetarium im Westfälischen
Landesmuseum für Naturkunde
Sentruper Straße 285
48161 Münster
Tel.: (02 51) 5 91 05
www.lwl-planetarium-muenster.de

Nürnberg
Nicolaus-Copernicus-Planetarium
Am Plärrer 41
90429 Nürnberg
Tel.: (09 11) 9 29 65 53
www.planetarium-nuernberg.de

Osnabrück
Museum am Schölerberg/
Planetarium
Klaus-Strick-Weg 10
49082 Osnabrück
Tel.: (05 41) 5 60 03 26
www.planetarium-osnabrueck.de

Potsdam
Leibniz-Institut für Astrophysik
Sternwarte Babelsberg
An der Sternwarte 16
14482 Potsdam
Tel.: (03 31) 7 49 90
www.aip.de

Leibniz-Institut für Astrophysik
Sonnenobservatorium Einsteinturm
Telegrafenberg A22
14473 Potsdam
Tel.: (03 31) 2 88 23 04/23 03

Observatorium für Solare
Radioastronomie Tremsdorf
14552 Tremsdorf
Tel.: (03 31) 7 49 92 92

URANIA-Planetarium
und „Bruno H. Bürgel-Gedenkstätte"
Gutenbergstr. 71/72
14467 Potsdam
Tel.: (03 31) 7 49 90
www.urania-potsdam.de

Astronomische Institute, Planetarien und Sternwarten

Recklinghausen
Westf. Volkssternwarte/Planetarium
Stadtgarten 6
45657 Recklinghausen
Tel: (023 61) 2 31 34
www.sternwarte-recklinghausen.de

Schneeberg
Sternwarte und Planetarium
Heinrich-Heine-Straße
08289 Schneeberg
Tel.: (0 37 72) 2 24 39
www.planetarium-schneeberg.de

Schwaz
Zeiss-Planetarium Schwaz
Alte Landstr. 15
A-6130 Schwaz/Tirol
Tel.: ++43 (0 52 42) 7 21 29
www.planetarium-schwaz.at

Siegen
Sternwarte der Universität
Adolf-Reichwein-Straße
57068 Siegen
Tel.: (02 71) 7 40 46 13
www.uni-siegen.de/fb7/didaktik/sternwarte

Stuttgart
Carl-Zeiss-Planetarium mit
Sternwarte Welzheim
Mittlerer Schlossgarten
70173 Stuttgart
Tel.: (07 11) 1 62 92 15
www.planetarium-stuttgart.de

Sternwarte Welzheim
www.sternwarte-welzheim.de

Tautenburg
Thüringer Landessternwarte Tautenburg
Karl-Schwarzschild-Observatorium
Sternwarte 5
07778 Tautenburg
Tel.: (03 64 27) 86 30
www.tls-tautenburg.de

Tübingen
Institut für Astronomie und Astrophysik
Abteilung Astronomie
Sand 1
72076 Tübingen
Tel.: (0 70 71) 29 7 24 86
www.astro.uni-tuebingen.de

Tübingen (Forts.)
Abt. Theoretische Astrophysik
Auf der Morgenstelle 10
72076 Tübingen
Tel.: (0 70 71) 29 7 40 07
www.tat.physik.uni-tuebingen.de

Welzheim
Tel: (0 71 82) 42 84
www.sternwarte-welzheim.de

Wien
Astronomisches Büro und Freiluft-planetarium Sterngarten Georgenberg
Hasenwartgasse 32
A-1230 Wien
www.astronomisches-buero-wien.or.at

Institut für Astronomie der Universität Wien, Universitäts-Sternwarte
Türkenschanzstraße 17
A-1180 Wien
Tel.: ++43 (0) 14 27 75 18 01
www.astro.univie.ac.at

Kuffner-Sternwarte
Johann Staud-Straße 10
A-1160 Wien
Tel.: ++43 (0) 19 14 81 30
www.kuffner.ac.at

URANIA-Sternwarte
Uraniastraße 1
A-1010 Wien
Tel.: ++43 (0) 17 12 61 91
www.urania-sternwarte.at

Planetarium
Oswald Thomas-Platz 1
A-1020 Wien
Tel.: ++43 (0) 1 7 29 54 94
www.planetarium-wien.at

Wolfsburg
Planetarium
Uhlandweg 2
38440 Wolfsburg
Tel.: (0 53 61) 89 02 55 10
www.planetarium-wolfsburg.de

Würzburg
Institut für Theoretische
Physik und Astrophysik
Am Hubland
97074 Würzburg
Tel: (09 31) 8 88 50 31
www.astro.uni-wuerzburg.de

Zürich
Institut für Astronomie
ETH-Zentrum
CH-8092 Zürich
Tel.: ++41 (0) 44 6 33 76 08
www.astro.phys.ethz.ch

URANIA-Sternwarte Zürich AG
Uraniastraße 9
CH-8001 Zürich
Tel.: ++41 (0) 44 2 11 65 23
www.urania-sternwarte.ch

Amateurastronomische Vereinigungen und Privatsternwarten

Aalen
Astronomische AG Aalen e. V.
Sonnenbergstr. 23
73447 Oberkochen
www.sternwarte-aalen.de

Aachen
Volkshochschule Aachen/Sternwarte
Am Hangeweiher 23
52068 Aachen
www.sternwarte-aachen.de

Aichwald
Schurwaldsternwarte e. V.
Im Lutzen 21
73773 Aichwald
www.schurwaldsternwarte.de

Albstadt
Sternwarte und Planetarium
Hartmannstraße 140
72458 Albstadt-Ebingen
www.sternwarte-zollern-alb.de

Alzey
Interessengemeinschaft der Hobby-astronomen Alzey u. Umland e. V.
Theodor-Heuss-Ring 34
55232 Alzey

Arnstadt-Espenfeld
Privatsternwarte Arnstadt-Espenfeld
Espenfeld Nr. 39 a
99338 Arnstadt-Espenfeld

Augsburg siehe Diedorf

Bad Driburg
Sternwarte der F.-W.-Weber-Realschule
Elsterweg 13
33014 Bad Driburg

Bad Dürkheim
Astronomischer Arbeitskreis
Pfalzmuseum für Naturkunde
Hermann-Schäfer-Str. 17
67098 Bad Dürkheim

Bad Zwesten
Sternwarte der Hardtwaldklinik I
Hardtstr. 31
34596 Bad Zwesten

Baindt s. **Waldburg-Weingarten**

Basel
Astronomischer Verein
Venusstraße 7
CH-4102 Binningen

Bautzen
Sternwarte Bautzen
Schulsternwarte und Planetarium
Czornebohstraße 82 (Naturpark)
02625 Bautzen

Beelitz
Sternfreunde Beelitz e. V.
Jahnstr. 9
14547 Beelitz
www.sternwarte-beelitz.de

Bentheim
Astronomischer Verein der Grafschaft Bentheim e. V.
Jahnstr. 3,
49828 Neuenhaus

Berg
Christian-Jutz-Volkssternwarte Berg e. V.
Lindenallee
82335 Berg-Aufkirchen
www.sternwarte-berg.de

Bittenfeld
Privatsternwarte Bittenfeld
Ofengasse 8
71336 Waiblingen
www.allbert.de

Bochum
Institut für Umwelt- und Zukunftsforschung e. V.
Blankensteiner Str. 200 a
44797 Bochum
www.sternwarte-bochum.de

Bonn
Volkssternwarte Bonn e. V.
Poppelsdorfer Allee 47
53115 Bonn

Bozen
Amateurastronomen „Max Valier"
Neustifterweg 5
I-39100 Bozen
www.maxvalier.org

Braunschweig
Sternfreunde Braunschw.-Hondelage e. V.
Ackerweg 1 B
38108 Braunschweig
www.sternwarte-braunschweig.de

Bremerhaven
Bremerhavener Sternfreunde e. V.
Buschkämpen 29
27576 Bremerhaven
www.bremerhavener-sternfreunde.de

Brittheim
Sternwarte Zollern-Alb
Am Wasserturm 4
72348 Rosenfeld
www.sternwarte-zollern-alb.de

Buchloe
Astronomische Gesellschaft Buchloe e. V.
Alois-Reiner-Str. 15 b
86807 Buchloe
www.astronomie-buchloe.de

Bülach
Schul- und Volkssternwarte Bülach
Rotzibüch bei Eschenmosen
CH-8180 Bülach

Burgsolms
Sternwarte Burgsolms
Lindenstr. 11
35606 Solms
www.sternwarte-burgsolms.de

Casablanca
Sahara Sky
Dunes de Tinfou
45900 Zagora Marokko
www. saharasky.com

Darmstadt
Volkssternwarte Darmstadt e. V.
Karlstr. 41
64347 Griesheim
www.vsda.de

Diedorf
Astronomische Vereinigung Augsburg e. V.
Sternwarte Diedorf
Pestalozzistr. 17a
86420 Diedorf
www.sternwarte-diedorf.de

Donzdorf
Sternfreunde Donzdorf
Messelberg-Sternwarte
73072 Donzdorf
www.sternwarte-donzdorf.de

Amateurastronomische Vereinigungen und Privatsternwarten

Drebach
Volkssternwarte und Zeiss-Planetarium
Straße der Jugend 14
09430 Drebach
www.sternwarte-drebach.de
www.planetarium-drebach.de

Duisburg
Rudolf-Römer-Sternwarte
Rheinhausen e. V.
Schwarzenberger Str. 147 (im KFR)
47226 Duisburg

Ennepetal
Volkssternwarte Ennepetal e. V.
Hinnenberg 80
58256 Ennepetal
www.volkssternwarte-ennepetal.de

Erkrath
Sternwarte Neanderhöhe Hochdahl
und Planetarium
Sedentaler Str. 105
40699 Erkrath

Essen
Walter-Hohmann-Sternwarte Essen e. V.
Wallneyer Str. 159
45133 Essen
www.sternwarte-essen.de

Frankfurt/Main
Volkssternwarte des Phys. Vereins
Robert-Mayer-Straße 2–4
60054 Frankfurt/Main
www.physikalischer-verein.de

Astro-AG der Liebigschule Frankfurt
a. M.
Kollwitzstr. 3
60488 Frankfurt/Main
www.astro.junetz.de

Freiburg
Sternfreunde Freiburg e. V.
Rosenstr. 1 a
79108 Freiburg
www.sternfreunde-breisgau.de

Fulda
Hans-Nüchter-Sternwarte
Freiherr-von-Stein-Schule
Domänenweg 2
36037 Fulda
www.hans-nuechter-sternwarte.de

Fulda (Forts.)
Planetarium im Vonderau-Museum
Jesuitenplatz 2
36037 Fulda
www.museum-fulda.de

Germering
Sternwarte des
Max-Born-Gymnasiums
Johann-Sebastian-Bach-Str. 8
82110 Germering

Gilching
Volkssternwarte Gilching in der VHS
Landsberger Str. 17 a
82205 Gilching
www.astrogilde.de

Gmunden
Eisner-Sternwarte
Kalvarienberg
A-4810 Gmunden
www.eisner-sternwarte.at

Gondelsheim
Kraichgau-Sternwarte Gondelsheim e. V.
Lilienstraße 25
76669 Bad Schönborn
www.mhm-ka.de

Göttingen
Amateurastronomische Vereinigung
Göttingen e. V.
Schlesierring 8
37085 Göttingen
www.avgoe.de

Förderkreis Planetarium
Göttingen e. V.
Nordhäuser Weg 18
37085 Göttingen
www.planetarium-goettingen.de

Greifswald
Greifswalder Sternwarte e. V.
Altes Physikalisches Institut
Domstr. 10a
17489 Greifswald
www.sternwarte-greifswald.de

Hagen
Volkssternwarte
Eugen-Richter-Turm
58135 Hagen
www.sternwarte-hagen.de

Halle
Astronomische Station Kanena e. V.
Schkeuditzer Str. 4 B
06116 Halle-Kanena
www.sternwarte-halle.de

Gesellschaft für astron. Bildung e. V.
Peißnitzinsel 4 a
06108 Halle
www.astroverein-halle.de

Hamburg
Gesellschaft für volkstümliche
Astronomie e. V.
Eiffestraße 426
20537 Hamburg
www.gva-hamburg.de

Handeloh
Arbeitskreis Astronomie in Handeloh
und Umgebung e. V.
Häschenstieg 16
21256 Handeloh
www.astronomie-handeloh.de

Heilbronn
Robert-Mayer-Volks- und Schulsternwarte
Bismarckstraße 10
74072 Heilbronn
www.sternwarte.org

Herzberg
Planetarium und Volkssternwarte
Lugstr. 3
04916 Herzberg
www.herzberger-sternfreunde-eV.de

Ilsede
Privatsternwarte
Alter Weg 4 B
31241 Ilsede
http://Astro-Stammtisch.Korn-Deele.de

Ingolstadt
Sternwarte Ingolstadt AAI e. V.
Lilienthalstr. 137
85077 Manching
www.aai-Ingolstadt.de

Karlsruhe
Astronomische Vereinigung
Karlsruhe e. V.
Wilhelm-Leuschner-Str. 18
76189 Karlsruhe
www.avka.de

Kelheim
Sternfreunde Kelheim e. V.
Eschenstr. 5
93326 Abensberg
www.sternfreunde-kelheim.de

Kiel
GvA Gruppe Kiel
Hofbrook 64
24119 Kronshagen
www.gva-kiel.de

Volkssternwarte Kronshagen
Suchsdorfer Weg 33
24119 Kronshagen

Köln
Planetarium
Blücherstr. 15 17
50733 Köln
www.koelner-planetarium.de

Volkssternwarte Köln
Nikolausstr. 55
50937 Köln
www.volkssternwarte-koeln.de

Königsleiten
Sternwarte und Planetarium
Königsleiten 29
A-5742 Wald im Pinzgau
www.sternwarte-koenigsleiten.com

Krefeld
Vereinigung Krefelder Sternfreunde e. V.
Yorckstr. 42
47800 Krefeld
www.vks-krefeld.de

Kreuzlingen
Planetarium und Sternwarte Kreuzlingen
Breitenrainstraße 21
CH-8280 Kreuzlingen
www.avk.ch

Leonberg
Sternwarte Höfingen
Theodor-Heuss-Str. 6/1
71229 Leonberg
www.sternwarte-hoefingen.de

Lilienthal
Astronomische Vereinigung
Lilienthal e. V.
Ottersteiner Vorweide 10
28879 Grasberg
www.avl-lilienthal.de

Limburg
Sternwarte Limburg e. V.
Am Stefanshügel, Industriestr. 1
65549 Limburg a. d. Lahn
www.sternwarte-limburg.de

Linz
Johannes Kepler
Sternwarte Linz
Sternwarteweg 5
A-4020 Linz

Lübeck
Sternwarte Lübeck
Am Ährenfeld 2
23564 Lübeck
www.sternwarte-luebeck.de

Luxembourg
Astronomes Amateurs du Luxembourg
16 B, Rue Emile Mayrisch
L 3522 Dudelange
www.aal.lu

Luzern
Astronomische Gesellschaft Luzern
6000 Luzern
luzern.astronomie.ch

Marburg
Volkssternwarte Marburg e. V.
Dresdener Str. 18 (Schulzentrum)
35274 Kirchhain
www.volkssternwarte-marburg.de

Meiningen
Sternwarte Henfling-Gymnasium
Röntgenstr. 12
98617 Meiningen

Merseburg
Sternfreunde Planetarium Merseburg e. V.
Teichstr. 2
06217 Merseburg
www.planetarium-merseburg.de

Monschau
Eifelastronomen e. V.
Görgesstr. 42
52156 Monschau
www.eifelastronomen.de

Münster
Sternfreunde Münster e. V.
Sentruper Straße 285
48161 Münster
www.sternfreunde-muenster.de

Neumarkt i.d. OPf.
Bayerische Volkssternwarte Neumarkt
Am Höhenberg 31
92318 Neumarkt i. d. OPf.
www.sternwarte-neumarkt.de

Neumünster
VHS-Sternwarte Neumünster
Hahnknüll 58
24537 Neumünster
www.sternwarte-nms.de

Neustadt/Weinstraße s. **Bad Dürkheim**

Nordenham
Planetarium
Bahnhofstraße 52
26954 Nordenham
www.sternfreunde.nordenham.de

Norderney
Astronomischer Arbeitskreis Norderney
„Wilhelm Dorenbusch Sternwarte"
Birkenweg 22
26548 Norderney
www.sternwarte-norderney.de

Norderstedt
Volkssternwarte Norderstedt e. V.
Am Wittmoor 52
24558 Henstedt-Ulzburg

Nürnberg
Regiomontanus-Sternwarte
Nürnberger Astronomische
Arbeitsgemeinschaft e. V.
Regiomontanusweg 1
90491 Nürnberg
www.naa.net

Nürtingen
Neckar-Alb-Sternwarte
Am Lerchenberg
Astronomische Vereinigung
Nürtingen e. V.
Birkenweg 7
72622 Nürtingen
www.sternwarte-nuertingen.de

Oberwallis
Astronomische Gesellschaft Oberwallis
Ebnetstr. 12
CH-3982 Bitsch

Amateurastronomische Vereinigungen und Privatsternwarten

Oldenburg
Oldenburger Sternfreunde e. V.
Herbartstr. 15
26122 Oldenburg
www.oldenburger-sternfreunde.de

Osnabrück
Astronomische Arbeitsgemeinschaft/
Naturwissenschaftlicher Verein
Museum am Schölerberg
Am Schölerberg 8
49082 Osnabrück
www.naturwissenschaftlicher-verein-os.de

Paderborn
Volkssternwarte Paderborn e. V.
Im Schlosspark 13
33104 Paderborn
www.vspb.de

Papenburg
Astronomischer Verein der
Volkssternwarte Papenburg e. V.
Wilhelm-Leuschner-Str. 48
26871 Papenburg
www.astronomie-papenburg.de

Papenburger Sternwarte e. V.
Bethlehem rechts 51 b
26871 Papenburg
www.sternwarte-papenburg.de

Passau
Volkssternwarte
Veste Oberhaus 125
94034 Passau
www.Sternwarte-Passau.de

Pfarrkirchen
Sternfreunde Pfarrkirchen-Zeilarn
Johanniskirchen (Sternwarte)
Mahlgassinger Weg 52 c
84347 Pfarrkirchen
www.cosmopan.de

Prince Albert, South Africa
Starfriends of Prince Albert for Celestial
Enjoyment
Astro Tours
Klipstr. 17
6930 Prince Albert
South Africa
www.astrotours.co.za

Radebeul
Sternwarte und Planetarium
„Adolph Diesterweg"
Auf dem Ebenbergen 10 a
01445 Radebeul
www.sternwarte-radebeul.de

Regensburg
Verein der Freunde der Volkssternwarte
Regensburg
Ägidienplatz 2
93047 Regensburg
www.sternwarte-regensburg.de

Riesa
Sternwarte Riesa e. V.
Greizer Str. 2
01587 Riesa
SternwarteRiesa@web.de

Rodewisch
Schulsternwarte und
Planetarium „Sigmund Jähn"
Rützengrüner Str. 41 a
08228 Rodewisch (Vogtland)
www.sternwarte-rodewisch.de

Rostock
Astronomische Station „Tycho Brahe"
Astronomischer Verein Rostock e. V.
Nelkenweg 6
18057 Rostock
www.sternwarte-rostock.de

Rümlang
Sternwarte Rotgrueb Rümlang
Obermattenstr. 9
CH-8153 Rümlang
http://ruemlang.astronomie.ch

Saar
Verein der Amateurastronomen des
Saarlandes e. V. (VAS)
Sternwarte Peterberg
66625 Nohfelden-Eiweiler
www.sternwarte-peterberg.de

Saarlouis
Verein der Astronomiefreunde
Cassiopeia Saarlouis e. V.
Großstr. 37
66740 Saarlouis
www.cassiopeia-saarlouis.de

Salzburg
Salzburger Volkssternwarte
Auer von Welsbach-Str. 22
84489 Burghausen
www.hausdernatur.at/astronomie

Schwanden ob Sigriswil
Sternwarte Planetarium SIRIUS
CH-3657 Schwanden/Sigriswil
www.sternwarte-planetarium.ch

Seewalchen
Astronomischer Arbeitskreis
Salzkammergut +
Sternwarte Gahberg
Sachsenstraße 2
A-4863 Seewalchen
www.astronomie.at

Senftenberg
Planetarium
An der Ingenieurschule
01968 Senftenberg
www.planetarium-senftenberg.de

Sohland
Volks- und Schulsternwarte
„Bruno H. Bürgel" Sohland e. V.
Zöllnerweg 12
02689 Sohland
www.sternwarte-sohland.de

Solingen
Walter-Horn-Ges. e. V. Sternwarte
Sternstraße 5
42719 Solingen
www.sternwarte-solingen.de

Stuttgart
Schwäbische Sternwarte
Zur Uhlandshöhe 41
70188 Stuttgart
www.sternwarte.de

Suhl
Volks- und Schulsternwarte
Auf dem Hoheloh 1
98527 Suhl
www.suhler-sternfreunde.de

Tirschenreuth
Gerhard Franz Volkssternwarte
Marienstraße 49
95643 Tirschenreuth
www.sternwarte-tirschenreuth.de